Mathematik *Band 2*

Analytische Geometrie
Stochastik

Herausgegeben von

Dr. Anton Bigalke **Dr. Norbert Köhler**

Erarbeitet von

Dr. Anton Bigalke

Dr. Norbert Köhler

Dr. Horst Kuschnerow

Dr. Gabriele Ledworuski

Multimediales Zusatzangebot

Zu den Stellen des Buches, die durch das Symbol gekennzeichnet sind,
gibt es ein über Webcode verfügbares multimediales Zusatzangebot im Internet.

1. Webseite aufrufen: **www.cornelsen.de/bigalke-koehler**
2. Buchkennung eingeben: **MBK57110**
3. Mediencode eingeben: z. B. **018-1**

Redaktion: Dr. Jürgen Wolff
Layout: Wolf-Dieter Stark
Herstellung: Hans Herschelmann
Bildrecherche: Peter Hartmann

Technische Zeichnungen: Dr. Anton Bigalke, Waldmichelbach
Illustrationen: Detlev Schüler, Friedersdorf
Technische Umsetzung: Stürtz GmbH, Würzburg

www.cornelsen.de
www.vwv.de

Die Webseiten Dritter, deren Internetadressen in diesem Lehrwerk angegeben sind, wurden vor Drucklegung
sorgfältig geprüft. Der Verlag übernimmt keine Gewähr für die Aktualität und den Inhalt dieser Seiten oder
solcher, die mit ihnen verlinkt sind.

1. Auflage, 6. Druck 2016

Alle Drucke dieser Auflage sind inhaltlich unverändert
und können im Unterricht nebeneinander verwendet werden.

Druck: AZ Druck und Datentechnik GmbH, Kempten

ISBN 978-3-464-57110-1

PEFC zertifiziert
Dieses Produkt stammt aus nachhaltig
bewirtschafteten Wäldern und kontrollierten
Quellen.

PEFC

PEFC/04-31-2260   www.pefc.de

Inhalt

☐ Wiederholung
◼ Basis
◪ Basis / Erweiterung
☐ Vertiefung

Vorwort 5

Analytische Geometrie

I. Lineare Gleichungssysteme

☐ 1. Grundlagen 10
☐ 2. Das Lösungsverfahren von
     Gauß 15
☐ 3. Lösbarkeitsuntersuchungen 18

II. Vektoren

◼ 1. Vektoren 26
◼ 2. Rechnen mit Vektoren 38
◪ 3. Lineare Abhängigkeit und
     Unabhängigkeit 43
◪ 4. Das Skalarprodukt 60
◪ 5. Das Vektorprodukt 74

III. Geraden

◼ 1. Geradengleichungen
     im Raum 84
◼ 2. Geradengleichungen
     in der Ebene 88
◪ 3. Lagebeziehungen 91
◼ 4. Winkel zwischen Geraden 98
☐ 5. Exkurs:
     Spurpunkte mit Anwendungen 100
☐ 6. Exkurs: Geradenscharen 104

IV. Ebenen

◼ 1. Ebenengleichungen 110
◪ 2. Lagebeziehungen 122
◼ 3. Schnittwinkel 149
◼ 4. Abstandsberechnungen 154

V. Kreise und Kugeln

◼ 1. Kreise in der Ebene 168
◼ 2. Kreise und Geraden 175
◼ 3. Schnitt von zwei Kreisen 182
☐ 4. Exkurs: Kugelgleichungen 188
☐ 5. Exkurs: Kugeln, Geraden,
     Ebenen 192

Stochastik

VI. Wiederholung der Grundbegriffe der Wahrscheinlichkeitsrechnung

☐ 1. Zufallsversuche und
    Ereignisse 206
☐ 2. Relative Häufigkeit und
    Wahrscheinlichkeit 210
☐ 3. Mehrstufige Zufallsversuche /
    Baumdiagramme 217
☐ 4. Kombinatorische
    Abzählverfahren 226
☐ 5. Bedingte
    Wahrscheinlichkeiten 234

VII. Zufallsgrößen

☐ 1. Zufallsgrößen und Wahr-
    scheinlichkeitsverteilung 250
☐ 2. Der Erwartungswert
    einer Zufallsgröße 253
☐ 3. Varianz und Standard-
    abweichung 257

VIII. Die Binomialverteilung

☐ 1. Bernoulli-Ketten 266
☐ 2. Eigenschaften von
    Binomialverteilungen 270
☐ 3. Praxis der Binomial-
    verteilung 274

IX. Die Normalverteilung

☐ 1. Die Normalverteilung 288
☐ 2. Anwendung der
    Normalverteilung 294

X. Das Testen von Hypothesen

☐ 1. Der Alternativtest 304
☐ 2. Der Signifikanztest 311

XI. Komplexe Aufgaben

☐ 1. Aufgaben zur Analytischen
    Geometrie 324
☐ 2. Aufgaben zur Stochastik 329

XII. Tabellen zur Stochastik

Tabelle 1: Zufallsziffern 336
Tabelle 2: Fakultäten 337
Tabelle 3: Binomialkoeffizienten 337
Tabelle 4: Binomialverteilung 338
Tabelle 5: Kumulierte
        Binomialverteilung 340
Tabelle 6: Normalverteilung 347

Stichwortverzeichnis 348

Bildnachweis 352

Vorwort

Rahmenplan

In diesem Buch werden die neuen Rahmenrichtlinien Mathematik zur Analytischen Geometrie und zur Stochastik in der Qualifikationsphase konsequent umgesetzt. Der modulare Aufbau des Buches und auch der einzelnen Kapitel ermöglicht dem Lehrer individuelle Schwerpunktsetzungen und dem Schüler eine problemlose Orientierung bei der Arbeit mit dem Buch.

Druckformat

Das Buch besitzt ein weitgehend zweispaltiges Druckformat, was die Übersichtlichkeit deutlich erhöht und die Lesbarkeit erleichtert.
Lehrtexte und Lösungsstrukturen sind auf der linken Seitenhälfte angeordnet, während Beweisdetails, Rechnungen und Skizzen in der Regel rechts platziert sind.

Beispiele

Wichtige Methoden und Begriffe werden auf der Basis anwendungsnaher, vollständig durchgerechneter Beispiele eingeführt, die das Verständnis des klar strukturierten Lehrtextes instruktiv unterstützen. Diese Beispiele können auf vielfältige Weise als Grundlage des Unterrichtsgesprächs eingesetzt werden. Im Folgenden werden einige Möglichkeiten skizziert:

- Die Aufgabenstellung eines Beispiels wird problemorientiert vorgetragen. Die Lösung wird im Unterrichtsgespräch oder in Stillarbeit entwickelt, wobei die Schülerbücher geschlossen bleiben. Im Anschluss kann die erarbeitete Lösung mit der im Buch dargestellten Lösung verglichen werden.

- Die Schüler lesen ein Beispiel und die zugehörige Musterlösung. Anschließend bearbeiten sie eine an das Beispiel anschließende Übung in Stillarbeit. Diese Vorgehensweise ist auch für Hausaufgaben gut geeignet.

- Ein Schüler wird beauftragt, ein Beispiel zu Hause durchzuarbeiten und sodann als Kurzreferat zur Einführung eines neuen Begriffs oder Rechenverfahrens im Unterricht vorzutragen.

Übungen

Im Anschluss an die durchgerechneten Beispiele werden exakt passende Übungen angeboten.

- Diese Übungsaufgaben können mit Vorrang in Stillarbeitsphasen eingesetzt werden. Dabei können die Schüler sich am vorangegangenen Unterrichtsgespräch orientieren.

- Eine weitere Möglichkeit: Die Schüler erhalten den Auftrag, eine Übung zu lösen, wobei sie mit dem Lehrbuch arbeiten sollen, indem sie sich am Lehrtext oder an den Musterlösungen der Beispiele orientieren, die vor der Übung angeordnet sind.

- Weitere Übungsaufgaben auf zusammenfassenden Übungsseiten finden sich am Ende der meisten Abschnitte. Sie sind besonders für Hausaufgaben, Wiederholungen und Vertiefungen geeignet. Rot markierte Übungen gelten als besonders schwierig.

Test und Überblick

Am Ende eines jeden Kapitels befindet sich eine *Testseite*, die Aufgaben zum Standardstoff des jeweiligen Kapitels beinhaltet. Sie ist als Kontrolle und Übung für die Schüler, insbesondere zur Klausurvorbereitung, oder auch für Lernkontrollen geeignet.

Auf einer *Überblickseite* sind die wichtigsten Regeln, Formeln bzw. Verfahren, die in dem jeweiligen Kapitel behandelt wurden, in knapper Form zusammengefasst. Diese Zusammenfassung dient auch als Formelsammlung zum Nachschlagen für die Schüler.

An einigen Stellen des Buchs sind *Knobelaufgaben* eingestreut, die sich jedoch nicht am gerade behandelten Stoffinhalt orientieren. Sie dienen zur Förderung der Problemlösungsfähigkeit und können binnendifferenzierend für interessierte Schüler eingesetzt werden.

Kapitel I: Lineare Gleichungssysteme

In diesem Kapitel wird die *grundlegende Rechentechnik* der Vektorrechnung und der Analytischen Geometrie wiederholt und eingeübt, das **Lösen linearer Gleichungssysteme**.
Aus Zeitgründen empfiehlt es sich, nur eine *eng begrenzte Auswahl* von Aufgabenstellungen zu behandeln, die sich an den Vorkenntnissen der Lerngruppe orientiert.
Bei sicheren Vorkenntnissen kann auf eine systematische Behandlung ganz verzichtet werden. Es reicht dann, einige typische Aufgaben im Rahmen der Kapitel II und III zu bearbeiten.
Bei entsprechendem *Nachholbedarf* im Einzelfall können die Schüler selbständig nachlesen.

Kapitel II: Vektoren

In Abschnitt 1 werden Vektoren als **Pfeilklassen** und als **Spaltenvektoren** behandelt. Dabei erfolgt eine schrittweise Erweiterung vom ebenen auf das räumliche Koordinatensystem.
In Abschnitt 2 werden die **Rechengesetze für Vektoren** behandelt. Hier sollte man verstärkt Wert auf *Anschaulichkeit* legen, um die Anwendung der wichtigsten Gesetze sicher zu verankern. In Abschnitt 3 werden die wichtigen, aber auch sehr abstrakten Begriffe der **linearen Abhängigkeit und Unabhängigkeit** sowie der Basisbegriff behandelt. Man sollte sich hier auf die grundlegenden Techniken konzentrieren.
Die Abschnitte 4 und 5 (**Skalarprodukt** und **Vektorprodukt**) sind für die praktische Arbeit besonders wichtig, da abiturrelevante Fertigkeiten ausgeformt werden müssen (Winkel zwischen Vektoren, Orthogonalitätsbedingung, Flächeninhalt des Parallelogramms, Spatvolumen). Beweise mithilfe von Vektoren werden in einem Exkurs von Abschnitt 5 angeboten.

Kapitel III: Geraden

In den Abschnitten 1 und 2 werden **die vektoriellen Geradengleichungen** im Raum und in der Ebene eingeführt. Für den ebenen Fall werden auch die parameterfreien Geradengleichungen behandelt (Normalenform, Koordinatenform). Man sollte sich hier auf die notwendigen Grundlagen beschränken, da Geraden auch in den Folgekapiteln häufig auftreten. Die Abschnitte 3 und 4 enthalten die abiturrelevanten Themen **Lagebeziehungen** und **Winkelberechnungen**. Hier sollte der Kapitelschwerpunkt liegen. Abschnitt 5 enthält Vertiefungsmaterial für Zusatzaufgaben (Spurpunkte, Schatten, Reflexionen). In Abschnitt 6 werden ebenfalls nur als Vertiefung und Erweiterung zur optionalen Behandlung Geradenscharen angesprochen.

Kapitel IV: Ebenen

In Abschnitt 1 werden alle Darstellungsarten für **Ebenengleichungen** eingeführt. Hier sollte man neben Parameter- und Normalengleichung verstärkten Wert auf die *Koordinatengleichung* nehmen, da sie bei Lagebeziehungen sehr effizient eingesetzt werden kann. Außerdem gestattet sie die besonders anschauliche Darstellung einer Ebene mithilfe der Achsenabschnitte.

In Abschnitt 2 werden die ausgesprochen *abiturrelevanten* **Lagebeziehungen** *Gerade/Ebene und Ebene/Ebene* behandelt. Hier sollte man - auf das Abitur zielend – Aufgabenschwerpunkte bilden, wobei auch Aufgaben in anschaulichen und anwendungsbezogenen Zusammenhängen berücksichtigt werden sollten.

Die Seiten über Ebenenscharen sind nur als optionales Vertiefungsgebiet gedacht.

Wichtig sind die Abschnitte 3 und 4, wo die diversen **Winkelberechnungen** und die Lotfußpunktverfahren zur **Abstandsberechnung** behandelt werden.

Höhe und Volumina von Pyramiden sollten in jedem Fall einbezogen werden. Auch ebene Abstandsprobleme (Abstand Punkt/Gerade in der Ebene) sollten noch einmal kurz angesprochen werden, da sie im Abitur auftreten können.

Kapitel V: Kreise und Kugeln

In Abschnitt 1 werden **Kreise in der Ebene** behandelt. Es geht vor allem um die sichere Beherrschung der Koordinatengleichung eines Kreises.

In Abschnitt 2 werden die **Lagebeziehungen** von Kreisen und Geraden betrachtet, im kurzen Abschnitt 3 diejenigen von zwei Kreisen.

In den Abschnitten 4 und 5 – die nur zur Vertiefung gedacht sind, falls noch Zeit vorhanden ist – werden die Problemstellungen durch den Einbezug von Kugeln in den Raum übertragen.

Kapitel VI: Wiederholung der Grundlagen der Stochastik

Dieses Kapitel kann zunächst übersprungen werden, denn es ist ausschließlich *zur Wiederholung, zum Nachlesen und zur Nacharbeit* gedacht, da die Inhalte schon an früherer Stelle des Curriculums behandelt wurden.

Dennoch ist es nicht knapp oder lediglich in zusammenfassender Form geschrieben, damit einerseits der Schüler beim Auftreten von Wissenslücken diese relativ selbständig nacharbeiten kann und andererseits der Lehrer bei Bedarf ohne großen Vorbereitungsaufwand gezielt einzelne Teilabschnitte wiederholen kann, z.B. den Abschnitt über Baumdiagramme.

Es ist auch denkbar, nur die *Übungsseiten für ein gezieltes Training* zu verwenden. Man sollte sich bei der Auswahl stark an den zu erwartenden Abituraufgabenstellungen orientieren.

Kapitel VII: Zufallsgrößen

In Abschnitt 1 werden die Begriffe der **Zufallsgröße** und der **Wahrscheinlichkeitsverteilung** einer Zufallsgröße vertieft. Diese Gelegenheit kann genutzt werden, um die symbolischen Schreibweisen und die graphischen Darstellungen von Tabellen und Verteilungsdiagrammen für alle Kursschüler zu vereinheitlichen.

In den Abschnitten 2 und 3 werden die Lage- und Streuungsmaße einer Verteilung behandelt. Für den **Erwartungswert** sollte man die Schreibweise $E(X)$ und die Kurzform μ nebeneinander verwenden, ebenso für die **Standardabweichung** $\sigma(X)$ und σ. Die anschauliche Bedeutung dieser Größen sollte anhand von Diagrammen verdeutlicht werden.

Kapitel VIII: Die Binomialverteilung

Auch wenn dieses Kapitel in Teilen Wiederholungscharakter hat, da die Stoffe im Curriculum der Sekundarstufe I schon vorkamen, ist davon auszugehen, dass in Anbetracht der hohen Abiturrelevanz auf die systematische Wiederbehandlung an dieser Stelle nicht verzichtet werden kann. In Abschnitt 1 werden die Begriffe Bernoulliversuch und **Bernoullikette** in knapper Form wiederholt. Die *wichtigsten grundlegenden Aufgabenstellungen* werden auf einer speziellen zusammenfassenden Übungsseite (S. 279) angesprochen. Auch die Eigenschaften der Binomialverteilung und insbesondere die Formeln für Erwartungswert μ und die Standardabweichung σ einer binomialverteilten Zufallsgröße werden angesprochen, da sie regelmäßig benötigt werden. Den Schwerpunkt sollte man auf Abschnitt 3 legen, da dort die **praktische Arbeit mit den Tabellen zur kumulierten Binomialverteilung** erläutert und geübt wird.

Kapitel IX: Die Normalverteilung

In Abschnitt 1 werden die theoretische Grundlagen gelegt. Der **Standardisierungsprozess** wird behandelt und veranschaulicht, der die Approximation der Binomialverteilung mithilfe der Gaußschen Glockenkurve und der lokalen Näherungsformel ermöglicht. Hierbei wird auch das Kriterium für die Anwendbarkeit dieser Näherung angegeben, die **Laplace-Bedingung**.
In Unterabschnitt C wird der Begriff der normalverteilten Zufallsgröße eingeführt. Die Gaußsche Integralfunktion und die **globale Näherungsformel** werden hergeleitet.
In Abschnitt 2 stehen die praktischen Anwendungen der Normalverteilung unter Verwendung der **Normalverteilungstabelle** im Zentrum der Betrachtungen.
In den Unterabschnitten A und B wird die *Binomialverteilung durch die Normalverteilung approximiert*. Dieser Abschnitt ist besonders abiturrelevant.
In Unterabschnitt C wird die *Normalverteilung bei stetigen Zufallsgrößen* angewandt. Dieser Teil ist besonders praxisbezogen, spielt aber im Abitur keine entscheidende Rolle, und ist deshalb nur als Vertiefungsmöglichkeit gedacht.

Kapitel X: Das Testen von Hypothesen

Die Schüler sollen anhand dieses Kapitels die Einsicht gewinnen, dass Hypothesen, welche durch die Erhebung von Stichproben aufgestellt werden, Fehleinschätzungen darstellen können.

Man sollte zunächst den **Alternativtest** behandeln. Dieser Test ist einfacher zu verstehen als der Signifikanztest und alle wichtigen Begrifflichkeiten (statistische Gesamtheit, Nullhypothese, Stichprobe, Prüfgröße, Entscheidungsregel, kritische Zahl, Annahmebereich, Fehlerarten) lassen sich an einfachen Alternativbeispielen besonders leicht erarbeiten. Anwendungsorientierte Probleme sollten hier im Zentrum der Unterrichtsthematik stehen.

Anschließend wird der **Signifikanztest** behandelt. Er ist zwar etwas schwieriger, dafür aber noch praxisbezogener als der Alternativtest. Hier sollte man die vielen Übungsmöglichkeiten intensiv nutzen. Die Übungen sprechen verschiedene Anwendungsgebiete an. Signifikanztests sind besonders abiturrelevant.

Kapitel XI: Komplexe Aufgaben

Zwei **Serien von zusammengesetzten Aufgaben** zur Analytischen Geometrie und zur Stochastik dienen der Orientierung, der abschließenden Übung und der Abiturvorbereitung. Es wurde Wert gelegt auf die Erfassung der zentralen Fertigkeiten unter Verzicht auf allzu exotische Anteile.

I. Lineare Gleichungs-systeme

1. Grundlagen

A. Der Begriff des linearen Gleichungssystems

Die Bedeutung *linearer Gleichungssysteme* als unersetzliche Hilfsmittel bei der Lösung komplexer naturwissenschaftlicher, technischer und vor allem auch wirtschaftlicher Problemstellungen hat rasant zugenommen. Die Entwicklung hat sich weiter verstärkt, seit es leistungsfähige Computer gibt, denn die mathematischen Verfahren zur Lösung linearer Gleichungssysteme sind hervorragend für die kostengünstige automatisierte Bearbeitung durch einen Computer geeignet.

In diesem ersten Abschnitt wiederholen wir einige einfache Grundlagen, die beim Lösen linearer Gleichungssysteme eine Rolle spielen. In der Regel beschränken wir uns zunächst auf Gleichungssysteme mit nur zwei Variablen.

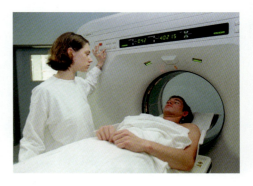

Die Computertomographie ist ohne Mathemathik undenkbar. Denn die dabei erzeugten Schnittbilder des menschlichen Körpers entstehen nicht optisch, sondern werden aus Messergebnissen mithilfe der Computerlösung großer linearer Gleichungssysteme erzeugt.

Ein **lineares Gleichungssystem** (*LGS*) besteht aus einer Anzahl linearer Gleichungen. Nebenstehend ist ein lineares Gleichungssystem mit vier Gleichungen und drei Variablen (x, y, z) dargestellt. Man spricht hier von einem (4, 3)-LGS.
Die Darstellung ist in der so genannten *Normalform* gegeben: Die variablen Terme stehen auf der linken Seite, die konstanten Terme bilden die rechte Seite.

Ein (4, 3)-LGS in Normalform:

$$
\begin{array}{rrrrr}
3x & + 2y & - 2z & = & 9 \\
2x & + 3y & + 2z & = & 6 \\
4x & - 2y & + 3z & = & -3 \\
5x & + 4y & + 4z & = & 9 \\
\uparrow & \uparrow & \uparrow & & \uparrow
\end{array}
$$

Koeffizienten des LGS   rechte Seite des LGS

Die allgemeine Form eines (m, n)-LGS ist nebenstehend abgebildet.
Die n Variablen heißen x_1, x_2, …, x_n.
Die konstanten Terme, welche die rechten Seiten der m linearen Gleichungen bilden, sind mit b_1, b_2, …, b_m bezeichnet. a_{ij} bezeichnet denjenigen Koeffizienten des LGS, der in der i-ten Gleichung steht und zur Variablen x_j gehört.
Eine Lösung des LGS gibt man als *n-Tupel* $(x_1; x_2; …; x_n)$ an.

(m, n)-LGS:

$$
\begin{array}{l}
a_{11}x_1 + a_{12}x_2 + … + a_{1n}x_n = b_1 \\
a_{21}x_1 + a_{22}x_2 + … + a_{2n}x_n = b_2 \\
\quad \cdot \quad \cdot \qquad\qquad \cdot \quad \cdot \\
\quad \cdot \quad \cdot \qquad\qquad \cdot \quad \cdot \\
\quad \cdot \quad \cdot \qquad\qquad \cdot \quad \cdot \\
a_{m1}x_1 + a_{m2}x_2 + … + a_{mn}x_n = b_m
\end{array}
$$

B. Das Additionsverfahren

Zunächst bringen wir uns ein elementares Verfahren zur Lösung linearer Gleichungssysteme anhand eines einfachen Beispiels (2 Gleichungen, 2 Variable) in Erinnerung.

> ▶ **Beispiel:** Lösen Sie das nebenstehende lineare Gleichungssystem.
>
> $$\begin{array}{ll} I & 2x - 4y = 2 \\ II & 5x + 3y = 18 \end{array}$$

Lösung:
Wir verwenden das sogenannte Additionsverfahren. Zunächst multiplizieren wir Gleichung I mit -5 und Gleichung II mit 2, sodass die Koeffizienten der Variablen x den gleichen Betrag, aber verschiedene Vorzeichen erhalten.

$$\begin{array}{lll} I & 2x - 4y = 2 & \rightarrow (-5) \cdot I \\ II & 5x + 3y = 18 & \rightarrow 2 \cdot II \end{array}$$

So entsteht ein neues Gleichungssystem. Es ist zum Ursprungssystem äquivalent, d. h. lösungsgleich.

$$\begin{array}{lll} I & -10x + 20y = -10 & \\ II & 10x + 6y = 36 & \rightarrow I + II \end{array}$$

Nun addieren wir Gleichung I zu Gleichung II. Bei diesem Additionsvorgang wird die Variable x eliminiert. Das entstehende Gleichungssystem ist wiederum äquivalent zum vorhergehenden.

$$\begin{array}{ll} I & -10x + 20y = -10 \\ II & 26y = 26 \end{array}$$

Gleichung II enthält nun nur noch eine Variable, nämlich y. Auflösen der Gleichung nach y liefert $y = 1$ als Lösungswert.

Aus II folgt $y = 1$.

Setzen wir dieses Teilresultat in Gleichung
▶ I ein, so folgt $x = 3$.

Einsetzen in I liefert: $x = 3$.
Lösungsmenge: $L = \{(3; 1)\}$.

Die Lösungsverfahren für lineare Gleichungssysteme beruhen darauf, dass die Anzahl der Variablen pro Gleichung durch Umformungen schrittweise reduziert wird, bis nur noch eine Variable übrig bleibt, nach der sodann aufgelöst werden kann.
Die verwendeten Umformungen dürfen die Lösungsmenge des Gleichungssystems nicht verändern. Umformungen mit dieser Eigenschaft werden als *Äquivalenzumformungen* bezeichnet.
Die drei wesentlichen Äquivalenzumformungen sind nebenstehend aufgeführt.

> ### Äquivalenzumformungen eines Gleichungssystems
>
> Die Lösungsmenge eines linearen Gleichungssystems ändert sich nicht, wenn
>
> (1) 2 Gleichungen vertauscht werden,
>
> (2) eine Gleichung mit einer reellen Zahl $k \neq 0$ multipliziert wird,
>
> (3) eine Gleichung zu einer anderen Gleichung addiert wird.

_____
Zur Pfeilschreibweise: $A \rightarrow B$ bedeutet: A wird durch B ersetzt.

Übung 1

Lösen Sie die linearen Gleichungssysteme rechnerisch.

a) $2x - 3y = 5$
$\quad 3x + 4y = 16$

b) $6x - 4y = -2$
$\quad 4x + 3y = 10$

c) $\frac{1}{2}x - 2y = 1$
$\quad 3x + 4y = 14$

d) $5x = y - 3$
$\quad 2y = 7 + 9x$

Übung 2

Lösen Sie die linearen Gleichungssysteme zeichnerisch.

a) $3x + 2y = 12$
$\quad 4x - 2y = 2$

b) $2x - 3y = -9$
$\quad 4x + 6y = -6$

C. Die Anzahl der Lösungen eines Gleichungssystems

Die Gesamtheit der Lösungen $(x; y)$ jeder einzelnen Gleichung eines $(2, 2)$-LGS bildet eine Gerade im $\mathbb{R}^2$. Damit kann die Frage nach der Anzahl der Lösungen eines $(2, 2)$-LGS in sehr anschaulicher Weise beantwortet werden.

Die Lösungen eines solchen Gleichungssystems sind die Koordinaten der gemeinsamen Punkte der den Gleichungen zugeordneten Geraden. Geraden haben entweder keine gemeinsamen Punkte oder sie haben genau einen gemeinsamen Punkt oder sie haben unendlich viele gemeinsame Punkte. Entsprechend ist ein lineares Gleichungssystem entweder *unlösbar* oder es ist *eindeutig lösbar* oder es hat *unendlich viele Lösungen*, ist also *nicht eindeutig lösbar*.

Dies gilt nicht nur für Gleichungssysteme mit zwei Variablen, sondern für alle lineare Gleichungssysteme.

I $\quad 2x - 2y = -2$ II $\;-3x + 3y = 6$	I $\quad 2x - y = 2$ II $\;\;3x + 3y = 12$	I $\quad 8x + 4y = 16$ II $\;-6x - 3y = -12$
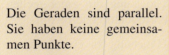	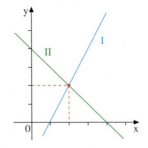	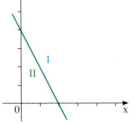
Die Geraden sind parallel. Sie haben keine gemeinsamen Punkte. **Das Gleichungssystem ist unlösbar.**	Die Geraden schneiden sich in einem Punkt. **Das Gleichungssystem hat genau eine Lösung.**	Die Geraden sind identisch. Sie haben unendlich viele gemeinsame Punkte. **Das Gleichungssystem hat unendlich viele Lösungen.**

Auch mithilfe des Additionsverfahrens kann man erkennen, welcher der drei bezüglich der Lösbarkeit möglichen Fälle vorliegt. Den Fall der eindeutigen Lösbarkeit haben wir bereits geübt (vgl. Seite 11). Die restlichen Fälle behandeln wir nun exemplarisch.

▶ **Beispiel:** Untersuchen Sie die Gleichungssysteme mithilfe des Additionsverfahrens auf Lösbarkeit.

a) $2x - 2y = -3$
   $-3x + 3y = 9$

b) $8x + 4y = 16$
   $-6x - 3y = -12$

Lösung zu a:

I $\quad 2x - 2y = -3 \quad \rightarrow 3 \cdot I$
II $\ -3x + 3y = \ \ 9 \quad \rightarrow 2 \cdot II$

I $\quad 6x - 6y = -9$
II $\ -6x + 6y = 18 \quad \rightarrow I + II$

I $\quad 6x - 6y = -9$
II $\quad 0x + 0y = \ \ 9$

Die Äquivalenzumformungen führen auf ein Gleichungssystem, dessen Gleichung II für kein Paar x, y lösbar ist, da sie $0 = 9$ lautet.
Sie stellt einen Widerspruch in sich dar.

Da eine Gleichung des Systems keine Lösung besitzt, hat das Gleichungssystem als Ganzes erst recht keine Lösungen.
Man spricht von einem unlösbaren Gleichungssystem. Die Lösungsmenge des Systems ist die leere Menge:
$L = \{ \ \}$.

Lösung zu b:

I $\quad\quad 8x + \ 4y = \ \ 16 \rightarrow 3 \cdot I$
II $\quad -6x - \ 3y = -12 \rightarrow 4 \cdot II$

I $\quad\quad 24x + 12y = \ \ 48$
II $\ -24x - 12y = -48 \rightarrow I + II$

I $\quad 24x + 12y = \ \ 48$
II $\quad\ \ 0x + \ \ 0y = \ \ \ 0$

Die Umformungen führen auf ein äquivalentes System, dessen Gleichung II für alle Paare x, y trivialerweise erfüllt ist, da sie $0 = 0$ lautet. Sie kann also auch weggelassen werden.

In der verbleibenden Gleichung I kann eine der Variablen frei gewählt werden. Sei etwa $x = c$ ($c \in \mathbb{R}$).
Dann folgt $y = -2c + 4$. Für jeden Wert des Parameters c ergibt sich eine Lösung. Man spricht von einer einparametrigen unendlichen Lösungsmenge:
$L = \{(c; \ -2c + 4); c \in \mathbb{R}\}$.

Übung 3
Untersuchen Sie das Gleichungssystem auf Lösbarkeit. Geben Sie die Lösungsmenge an.

a) $\quad 8x - \ 3y = 11$
   $\quad 5x + \ 2y = 34$

b) $3x + \ 2y = 13$
   $2x - \ 5y = -4$

c) $8x - 6y = 2$
   $2x + 3y = 2$

d) $-4x + 14y = 6$
   $\ \ 6x - 21y = 8$

e) $\quad 12x + 16y = 28$
   $\quad 15x + 20y = 35$

f) $3x - \ 4y = \ \ 14$
   $2x + \ 3y = \ -2$
   $\ x + 10y = -18$

g) $4x - 2y = 8$
   $3x + \ y = 11$
   $6x - 8y = 1$

h) $\quad 3x - \ 6y = \ \ 9$
   $-2x + \ 4y = -6$
   $\quad\ x - \ 2y = \ \ 3$

Übung 4
Für welche Werte des Parameters $a \in \mathbb{R}$ liegt eindeutige Lösbarkeit vor?

a) $\quad 2x - 5y = 9$
   $\quad 4x + ay = 5$

b) $3x + 4y = 7$
   $2x - 6y = a + 12$

c) $ax + 2y = \ 5$
   $8x + ay = 10$

d) $ax - 2y = a$
   $2x - ay = 2$

Übungen

5. Lösen Sie das lineare Gleichungssystem mithilfe des Additionsverfahrens.

a) $2x - 3y = 5$ b) $-3x + 4y = -1$ c) $1,2x - 0,5y = 5$ d) $\frac{1}{4}x - \frac{5}{4}y = 3$

$\ 3x + 2y = 1$ $4x - 2y = 8$ $3,4x - 1,5y = 14$ $-\frac{3}{4}x + 2y = -\frac{11}{2}$

e) $2 - 2x = 2y - 4$ f) $y - 3x - 3 = 2y$ g) $13 - x + 4y = 0$ h) $12x - 4y = x + 2y + 36$

$\ 6x - 4 = 6y + 2$ $4 - 4x + y = 8 - 3y$ $24 - 2(x - y) = 10$ $33 - (y - x) = 8y - x$

6. Untersuchen Sie das LGS auf Lösbarkeit. Bestimmen Sie die Lösungsmenge.

a) $x - \frac{1}{3}y = 3$ b) $2x + 4y = -4$ c) $-6x + 3y = 3$ d) $x + y = -3$

$\ x + 2y = -4$ $-0,5x - y = 1$ $4x - 2y = 2$ $\frac{1}{6}x - \frac{1}{2}y = \frac{1}{2}$

e) $-2x + 6y = -2$ f) $3x - 3y = 0$ g) $-2x + y = -1$ h) $2x - 2y = 14$

$\ \ \ x - 3y = 1$ $6x + 3y = 18$ $4x + 2y = -10$ $3x + 6y = 3$

$\ -2x + 4y = 4$ $-6x + 3y = -2$ $4x - 12y = 44$

7. Für welche Werte des Parameters $a \in \mathbb{R}$ liegt eindeutige Lösbarkeit vor?

a) $3x - 5y = 4$ b) $4x - 2y = a$ c) $ax + 3y = 8$ d) $5x - ay = a$

$\ ax + 10y = 5$ $3x + 4y = 7$ $3x + ay = 4$ $ax - 5y = 5$

8. Eine zweistellige Zahl ist siebenmal so groß wie ihre Quersumme. Vertauscht man die beiden Ziffern, so erhält man eine um 27 kleinere Zahl. Wie heißt diese zweistellige Zahl?

9. Aus 6 Liter blauer Farbe und 10 Liter gelber Farbe sollen zwei grüne Farbmischungen hergestellt werden. Die Mischung „Hellgrün" besteht zu 30% aus blauer und zu 70% aus gelber Farbe, während die Mischung „Dunkelgrün" zu 60% aus blauer und zu 40% aus gelber Farbe besteht. Wie groß sind die Mengen hellgrüner bzw. dunkelgrüner Farbe, die sich aufgrund dieser Mischungsverhältnisse ergeben?

10. Wie alt sind Max und Moritz jetzt?

2. Das Lösungsverfahren von Gauß

Carl Friedrich Gauß (1777–1855) war ein deutscher Mathematiker und Astronom, der sich bereits in frühester Jugend durch überragende Intelligenz auszeichnete. Fast 50 Jahre lang war er als Mathematikprofessor an der Uni Göttingen tätig. Neben der Mathematik beschäftigte er sich vor allem mit der Astronomie. Durch eine neue Berechnung der Umlaufbahnen von Himmelskörpern konnte der 1801 entdeckte und gleich wieder aus dem Blick verlorene Planet Ceres wieder aufgefunden werden. Hierbei entwickelte er auch das nach ihm benannte Lösungsverfahren für Gleichungssysteme, das er 1809 in seinem Buch „Theoria motus corporum caelestium" (Theorie der Bewegung der Himmelskörper) veröffentlichte.

🌐 015-1

A. Dreieckssysteme

Beispiel: Das gegebene Gleichungssystem hat eine besondere Gestalt, denn die von null verschiedenen Koeffizienten sind in Gestalt eines Dreiecks angeordnet.
Lösen Sie dieses Dreieckssystem.

Ein Dreieckssystem

$$
\begin{array}{rl}
\text{I} & 3x - 2y + 4z = 11 \\
\text{II} & 4y + 2z = 14 \\
\text{III} & 5z = 15
\end{array}
$$

Lösung:
Dreieckssysteme sind wegen ihrer besonderen Gestalt sehr einfach zu lösen:

1. Wir lösen Gleichung III nach z auf und erhalten $z = 3$.

2. Dieses Ergebnis setzen wir in Gleichung II ein, die sodann nach y aufgelöst werden kann. Wir erhalten $y = 2$.

3. Nun setzen wir $z = 3$ und $y = 2$ in Gleichung I ein, die anschließend nach x aufgelöst werden kann: $x = 1$.

Resultat: Das gegebene Dreieckssystem ist *eindeutig lösbar*.
▶ Die Lösung ist (1; 2; 3).

Lösen eines Dreieckssystems durch *Rückeinsetzung*:

Auflösen von III nach z:
$$5z = 15$$
$$z = 3$$

Einsetzen in II:
$$4y + 2z = 14$$
Auflösen nach y:
$$4y + 6 = 14$$
$$4y = 8$$
$$y = 2$$

Einsetzen in I:
$$3x - 2y + 4z = 11$$
Auflösen
$$3x - 4 + 12 = 11$$
nach x:
$$3x = 3$$
$$x = 1$$

Lösungsmenge: $L = \{(1; 2; 3)\}$

B. Der Gauß'sche Algorithmus

Im Folgenden zeigen wir das besonders systematische Verfahren zur Lösung linearer Gleichungssysteme von Gauß, das als Gauß'scher Algorithmus oder als Gauß'sches Eliminationsverfahren bezeichnet wird. Wegen seiner algorithmischen Struktur ist es hervorragend für die numerische Bearbeitung mittels Computer geeignet.

Die Grundidee von Gauß war sehr einfach: Mithilfe von Äquivalenzumformungen (vgl. S. 11) wird das lineare Gleichungssystem in ein Dreieckssystem umgewandelt. Dieses wird anschließend durch „Rückeinsetzung" gelöst.

▶ **Beispiel:** Formen Sie das lineare Gleichungssystem (LGS) in ein Dreieckssystem um und lösen Sie dieses.

$$\begin{array}{rl} I & 3x + 3y + 2z = 5 \\ II & 2x + 4y + 3z = 4 \\ III & -5x + 2y + 4z = -9 \end{array}$$

Lösung:
Die außerhalb des blauen Dreiecks stehenden Terme stören auf dem Weg zum Dreieckssystem. Sie sollen durch Äquivalenzumformungen schrittweise eliminiert werden.
Als Darstellungsmittel verwenden wir den Umformungspfeil, der angibt, wodurch die Gleichung ersetzt wird, von welcher dieser Pfeil ausgeht.

1. Wir eliminieren die Variable x aus den Gleichungen II und III.
   Wir erreichen dies, indem wir zu geeigneten Vielfachen dieser Gleichung geeignete Vielfache von Gleichung I addieren oder subtrahieren.

2. Wir eliminieren die Variable y aus der Gleichung II des neu entstandenen Systems in entsprechender Weise.

3. Es ist nun wieder ein Dreieckssystem entstanden, das wir leicht durch „Rückeinsetzung" lösen können.

▶   Resultat: $L = \{(1; 2; -2)\}$

Umformen des LGS:

1. Elimination
   von x

$$\begin{array}{rl} I & 3x + 3y + 2z = 5 \\ II & 2x + 4y + 3z = 4 \qquad \to 3 \cdot II - 2 \cdot I \\ III & -5x + 2y + 4z = -9 \qquad \to 3 \cdot III + 5 \cdot I \end{array}$$

2. Elimination
   von y

$$\begin{array}{rl} I & 3x + 3y + 2z = 5 \\ II & 6y + 5z = 2 \\ III & 21y + 22z = -2 \qquad \to 2 \cdot III - 7 \cdot II \end{array}$$

Dreieckssystem

$$\begin{array}{rl} I & 3x + 3y + 2z = 5 \\ II & 6y + 5z = 2 \\ III & 9z = -18 \end{array}$$

Auflösen von III nach z: 3. Lösen durch
$$9z = -18 \qquad \text{Rück-}$$
$$z = -2 \qquad \text{einsetzung}$$

Einsetzen in II, Auflösen nach y:
$$6y + 5z = 2$$
$$6y - 10 = 2$$
$$y = 2$$

Einsetzen in I, Auflösen nach x:
$$3x + 3y + 2z = 5$$
$$3x + 6 - 4 = 5$$
$$x = 1$$

In entsprechender Weise lassen sich auch lineare Gleichungssysteme mit größerer Anzahl von Gleichungen und Variablen lösen. Es kommt darauf an, die störenden Terme in systematischer Weise, z. B. spaltenweise, zu eliminieren, sodass eine *Dreiecksform* bzw. *Stufenform* entsteht.

Übungen

1. Lösen Sie das LGS. Formen Sie das LGS ggf. zunächst in ein Dreieckssystem um.

a)
$$\begin{aligned} 2x + 4y - z &= -13 \\ 2y - 2z &= -12 \\ 3z &= 9 \end{aligned}$$

b)
$$\begin{aligned} 2x + 4y - 3z &= 3 \\ -6y + 5z &= 7 \\ 2z &= 4 \end{aligned}$$

c)
$$\begin{aligned} 3x - 2y + 2z &= 6 \\ 2x \quad\quad - z &= 2 \\ -3x \quad\quad &= -6 \end{aligned}$$

d)
$$\begin{aligned} x - 3y + 5z &= -2 \\ y + 2z &= 8 \\ y + z &= 6 \end{aligned}$$

e)
$$\begin{aligned} x + y + 4z &= 10 \\ 2y - 5z &= -14 \\ y + 3z &= 4 \end{aligned}$$

f)
$$\begin{aligned} 2x + 2y - z &= 8 \\ -2x + y + 2z &= 3 \\ 4z &= 8 \end{aligned}$$

2. Lösen Sie das LGS mithilfe des Gauß'schen Algorithmus.

a)
$$\begin{aligned} 4x - 2y + 2z &= 2 \\ -2x + 3y - 2z &= 0 \\ 3x - 5y + z &= -7 \end{aligned}$$

b)
$$\begin{aligned} x + 2y - 2z &= -4 \\ 2x + y + z &= 3 \\ 3x + 2y + z &= 4 \end{aligned}$$

c)
$$\begin{aligned} 2x + 2y - 3z &= -7 \\ -x - 2y - 2z &= 3 \\ 4x + y - 2z &= -1 \end{aligned}$$

d)
$$\begin{aligned} 2x + y - z &= 6 \\ 5x - 5y + 2z &= 6 \\ 3x + 2y - 3z &= 0 \end{aligned}$$

e)
$$\begin{aligned} x - 2y + z &= 0 \\ 3y + z &= 9 \\ 2x + y &= 4 \end{aligned}$$

f)
$$\begin{aligned} 2x + 2y + 3z &= -2 \\ x + z &= -1 \\ y + 2z &= -3 \end{aligned}$$

3. Lösen Sie das LGS mithilfe des Gauß'schen Algorithmus.

a)
$$\begin{aligned} x - 2y + z + 2t &= 8 \\ 2x + 3y - 2z + 3t &= 14 \\ 4x - y + 3z - t &= 7 \\ 3x + 2y - 4z + 5t &= 15 \end{aligned}$$

b)
$$\begin{aligned} x + 2y - z + t &= -2 \\ 2x + y + 2z - 2t &= -2 \\ 3x + 3y + 3z + 2t &= 14 \\ x + y + 2z + t &= 9 \end{aligned}$$

c)
$$\begin{aligned} 2x + 2y - 3z + 4t &= 13 \\ 4x - 3y + z + 3t &= 9 \\ 6x + 4y + 2z + 2t &= 8 \\ 2x - 5y + 3z + t &= 1 \end{aligned}$$

4. Lösen Sie das LGS mithilfe des Gauß'schen Algorithmus. Bringen Sie das LGS zunächst auf Normalform. (Erzeugen Sie zweckmäßigerweise auch ganzzahlige Koeffizienten.)

a)
$$\begin{aligned} 2y &= 4 - z \\ 3z &= x - 10 \\ 9 + z &= x + y \end{aligned}$$

b)
$$\begin{aligned} 2y - 5 &= z + 2x \\ -2z &= x - 2y \\ 4x &= y - 10 \end{aligned}$$

c)
$$\begin{aligned} 3z &= 2y + 7 \\ x - 4 &= y + z \\ 2x + 2y &= x - 1 \end{aligned}$$

d)
$$\begin{aligned} \tfrac{1}{4}x - \tfrac{1}{2}y + \tfrac{3}{4}z &= 4 \\ \tfrac{3}{2}x - \tfrac{2}{3}y - \tfrac{1}{2}z &= -2 \\ y - \tfrac{1}{2}z &= 2 \end{aligned}$$

e)
$$\begin{aligned} -0,2x + 1,5y + 0,4z &= -9 \\ 1,1x + 2,2z &= 8,8 \\ 0,8x - 0,2y &= 4,4 \end{aligned}$$

f)
$$\begin{aligned} \tfrac{1}{2}x + \tfrac{1}{5}y + \tfrac{2}{3}z &= 7 \\ \tfrac{3}{8}x + \tfrac{1}{10}y + \tfrac{1}{12}z &= \tfrac{5}{2} \\ 4,5x - 0,5y + \tfrac{1}{3}z &= 17,5 \end{aligned}$$

5. Eine dreistellige natürliche Zahl hat die Quersumme 14. Liest man die Zahl von hinten nach vorn und subtrahiert 22, so erhält man eine doppelt so große Zahl. Die mittlere Ziffer ist die Summe der beiden äußeren Ziffern. Wie heißt die Zahl?

6. Eine Parabel zweiten Grades besitzt bei $x = 1$ eine Nullstelle und im Punkt $P(2\,|\,6)$ die Steigung 8. Bestimmen Sie die Gleichung der Parabel.

3. Lösbarkeitsuntersuchungen

A. Unlösbare und nicht eindeutig lösbare LGS   018-1

Wir haben festgestellt, dass sich die Lösung eines eindeutig lösbaren LGS mithilfe des Gauß'-schen Algorithmus berechnen lässt. Wir wollen nun untersuchen, welches Resultat der Gauß'-sche Algorithmus liefert, wenn ein LGS unlösbar ist oder wenn es unendlich viele Lösungen hat.

Beispiel: Untersuchen Sie das LGS mithilfe des Gauß'schen Algorithmus auf Lösbarkeit.

a)
$$x + 2y - z = 3$$
$$2x - y + 2z = 8$$
$$3x + 11y - 7z = 6$$

b)
$$2x + y - 4z = 1$$
$$3x + 2y - 7z = 1$$
$$4x - 3y + 2z = 7$$

Lösung zu a:

I $x + 2y - z = 3$

II $2x - y + 2z = 8$ $\rightarrow$ II $- 2 \cdot$ I

III $3x + 11y - 7z = 6$ $\rightarrow$ III $- 3 \cdot$ I

I $x + 2y - z = 3$

II $-5y + 4z = 2$

III $5y - 4z = -3$ $\rightarrow$ III $+$ II

I $x + 2y - z = 3$

II $5y - 4z = -2$

III $0 = -1$

           $\uparrow$ Widerspruchszeile

Gleichung III des Dreieckssystems wird als *Widerspruchszeile* bezeichnet. Sie ist unlösbar ($0x + 0y + 0z = -1$ ist für **kein** Tripel x, y, z erfüllt).

Damit ist das Dreieckssystem als Ganzes unlösbar.
Es folgt: Das ursprüngliche LGS ist eben-falls *unlösbar,* die Lösungsmenge ist da-her leer: $L = \{ \}$.

Die Unlösbarkeit eines LGS wird nach An-wendung des Gauß'schen Algorithmus stets auf diese Weise offenbar:

Wenigstens in einer Gleichung des resul-tierenden Dreieckssystems tritt ein offen-sichtlicher Widerspruch auf.

Lösung zu b:

I $2x + y - 4z = 1$

II $3x + 2y - 7z = 1$ $\rightarrow$ $2 \cdot$ II $- 3 \cdot$ I

III $4x - 3y + 2z = 7$ $\rightarrow$ III $- 2 \cdot$ I

I $2x + y - 4z = 1$

II $y - 2z = -1$

III $-5y + 10z = 5$ $\rightarrow$ III $+ 5 \cdot$ II

I $2x + y - 4z = 1$

II $y - 2z = -1$

III $0 = 0$

           $\uparrow$ Nullzeile

Gleichung III des Gleichungssystems wird als *Nullzeile* bezeichnet. Sie ist für jedes Tripel x, y, z erfüllt, stellt keine Einschrän-kung dar und könnte daher auch weggelas-sen werden.

Es verbleiben 2 Gleichungen mit 3 Variab-len, von denen daher eine Variable frei wählbar ist. Wir setzen für diese „über-zählige" Variable einen Parameter ein.

Wählen wir $z = c$ $(c \in \mathbb{R})$,
so folgt aus II $y = 2c - 1$
und dann aus I $x = c + 1$.

Wir erhalten für jeden Wert des freien Pa-rameters c genau ein Lösungstripel x, y, z. Das Gleichungssystem hat eine *einpara-metrige unendliche Lösungsmenge*:
$L = \{(c + 1; 2c - 1; c); c \in \mathbb{R}\}$.

Übung 1

Untersuchen Sie das LGS auf Lösbarkeit. Bestimmen Sie die Lösungsmenge.

a) $\begin{aligned} 2x + 2y + 2z &= 6 \\ 2x + y - z &= 2 \\ 4x + 3y + z &= 8 \end{aligned}$ b) $\begin{aligned} 3x + 5y - 2z &= 10 \\ 2x + 8y - 5z &= 6 \\ 4x + 2y + z &= 8 \end{aligned}$ c) $\begin{aligned} 4x - 3y - 5z &= 9 \\ 2x + 5y - 9z &= 11 \\ 6x - 11y - z &= 7 \end{aligned}$ d) $\begin{aligned} 2x - y + 3z + 2t &= 7 \\ x + 4z + 3t &= 13 \\ x + 2y + 2z - t &= 3 \\ 2x - 3y + 5z + 6t &= 17 \end{aligned}$

B. Unter- und überbestimmte LGS

Alle bisher durchgeführten Überlegungen zur Lösbarkeit bezogen sich auf den Sonderfall, dass die Anzahl der Gleichungen mit der Anzahl der Variablen übereinstimmt. Im Folgenden zeigen wir exemplarisch, dass sie jedoch sinngemäß für jedes beliebige LGS gelten.

Enthält ein LGS weniger Gleichungen als Variablen, so reichen die Informationen für eine eindeutige Lösung nicht aus, d. h., es ist *unterbestimmt*. Enthält ein LGS hingegen mehr Gleichungen als Variablen, so würden für eine eindeutige Lösung bereits weniger Gleichungen genügen. In diesem Fall ist das LGS *überbestimmt*. Wir zeigen die Vorgehensweisen bei derartigen LGS an zwei Beispielen.

> **Beispiel:** Untersuchen Sie das LGS auf Lösbarkeit.
>
> a) $\begin{aligned} x + y &= 1 \\ 2x - y &= 8 \\ x - 2y &= 5 \end{aligned}$ b) $\begin{aligned} x - 2y + z + t &= 1 \\ -2x + 5y - 4z + 2t &= -2 \end{aligned}$

Lösung zu a:

$$\begin{array}{llll} I & x + y = 1 \\ II & 2x - y = 8 & \rightarrow (-2) \cdot I + II \\ III & x - 2y = 5 & \rightarrow I - II \end{array}$$

$$\begin{array}{llll} I & x + y = 1 \\ II & -3y = 6 \\ III & 3y = -4 & \rightarrow II + III \end{array}$$

$$\begin{array}{llll} I & x + y = 1 \\ II & -3y = 6 \\ III & 0 = 2 & \text{Widerspruch} \end{array}$$

Wendet man den Gauß'schen Algorithmus an, erhält man die obige *Stufenform*. Da die Gleichung III einen Widerspruch enthält, ist das gesamte LGS unlösbar, obwohl das Teilsystem aus den ersten beiden Gleichungen eine eindeutige Lösung ($x = 3$, $y = -2$) besitzt. Diese erfüllt jedoch die Gleichung III nicht. Somit erhalten wir als Resultat: $L = \{\ \}$.

Lösung zu b:

$$\begin{array}{llll} I & x - 2y + z + t = 1 \\ II & -2x + 5y - 4z + 2t = -2 & \rightarrow 2 \cdot I + II \end{array}$$

$$\begin{array}{llll} I & x - 2y + z + t = 1 \\ II & y - 2z + 4t = 0 \end{array}$$

Das LGS ist *unterbestimmt*. Da die Anwendung des Gauß'schen Algorithmus auf keinen Widerspruch führt, besitzt das LGS unendlich viele Lösungen. Da das LGS in *Stufenform* nur 2 Gleichungen, aber 4 Variablen enthält, ersetzen wir die „überzähligen" Variablen durch Parameter. Hier können sogar 2 Variablen frei gewählt werden.

Wählen wir $z = c$ und $t = d$ ($c, d \in \mathbb{R}$), so folgt aus II $y = 2c - 4d$ und dann aus I $x = 1 + 3c - 9d$.

Das Gleichungssystem hat eine *zweiparametrige unendliche Lösungsmenge*:
$L = \{(1 + 3c - 9d; 2c - 4d; c; d); c, d \in \mathbb{R}\}$.

Übung 2

Untersuchen Sie das LGS auf Lösbarkeit. Bestimmen Sie die Lösungsmenge.

a) $\begin{aligned} 3x - 3y &= 0 \\ 6x + 3y &= 18 \\ -2x + 4y &= 4 \end{aligned}$
  b) $\begin{aligned} -2x + y &= -1 \\ 4x + 2y &= -10 \\ -6x + 3y &= -2 \end{aligned}$
  c) $\begin{aligned} 2x - 2y &= 14 \\ 3x + 6y &= 3 \\ 4x - 12y &= 44 \end{aligned}$

d) $\begin{aligned} 3x - 4y + z &= 5 \\ 2x - y - z &= 0 \\ 4x - 2y - z &= 12 \\ x - y + z &= 10 \end{aligned}$
  e) $\begin{aligned} x + z &= -1 \\ y + z &= 4 \\ x + y &= 5 \\ x + y + z &= 4 \end{aligned}$
  f) $\begin{aligned} 4x + y - 2z + t &= 1 \\ 2x + y + 3z - 2t &= 3 \end{aligned}$

g) $\begin{aligned} 3x + 2y + z &= 5 \\ -6x - 4y - 2z &= 8 \end{aligned}$
  h) $\begin{aligned} 2x + 3z + 2t &= 4 \\ y + 3z + 2t &= 4 \end{aligned}$
  i) $\begin{aligned} 2x - 4y + 2z &= 6 \\ 4x - 8y + 4z &= 12 \\ -x + 2y - z &= -3 \end{aligned}$

Die Lösbarkeitsuntersuchungen haben gezeigt, dass Nullzeilen (triviale Zeilen) noch nichts über die Lösbarkeit des gesamten LGS aussagen, während aus einer Widerspruchszeile sofort die Unlösbarkeit des gesamten LGS folgt. Wir können zusammenfassend folgendes Lösungsschema zum Gauß'schen Algorithmus angeben:

1.	LGS in die **Normalform** überführen, **ganzzahlige** Koeffizienten erzeugen, sofern möglich.
2.	**Gauß'schen Algorithmus** auf das LGS anwenden. Es entsteht eine **Dreiecks-** bzw. **Stufenform**.
3.	Prüfen, welche der folgenden Eigenschaften das aus 2. resultierende LGS besitzt.

Widerspruch	Es existiert **kein Widerspruch.**	
Wenigstens eine Gleichung stellt einen offensichtlichen **Widerspruch** dar.	Die **Anzahl der Variablen ist gleich der Anzahl der nichttrivialen Zeilen.**	Es gibt **mehr Variable als nichttriviale Zeilen.**

4.

⬇	⬇	⬇
Das LGS ist **unlösbar.**	Das LGS ist **eindeutig lösbar.**	Das LGS hat **unendlich viele Lösungen.**
	Die einzige Lösung wird durch „Rückeinsetzung" aus dem Stufenform-LGS bestimmt.	Die freien Parameter werden festgelegt. Die Parameterdarstellung der Lösungsmenge wird bestimmt.

Übungen

3. Lösen Sie das LGS. Geben Sie die Lösungsmenge an.

a) $\begin{aligned} 2x - y + 6z &= 5 \\ 2y - 3z &= 10 \\ 4z &= 8 \end{aligned}$

b) $\begin{aligned} 3x + y + 7z &= 2 \\ y + 2z &= 1 \\ 3y + 5z &= 4 \end{aligned}$

c) $\begin{aligned} 3x - y + z &= 3 \\ 2y - 2z &= 0 \\ -5x + z &= -2 \end{aligned}$

d) $\begin{aligned} x + 2y - z &= -3 \\ 2x + 4y - 2z &= -1 \\ 3x + y + 5z &= 6 \end{aligned}$

e) $\begin{aligned} -2x + 2y - 4z &= -2 \\ x + 3z &= 0 \\ x - y + 2z &= 1 \end{aligned}$

f) $\begin{aligned} x + y + z &= 5 \\ x - y + z &= 1 \\ -2x - 3z &= -3 \end{aligned}$

4. Untersuchen Sie das LGS auf Lösbarkeit. Bestimmen Sie die Lösungsmenge.

a) $\begin{aligned} 3x - 8y - 5z &= 0 \\ 2x - 2y + z &= -1 \\ x + 4y + 7z &= 2 \end{aligned}$

b) $\begin{aligned} 2x - 2y - 3z &= -1 \\ -2y + z &= -3 \\ -x + y - 3z &= -4 \end{aligned}$

c) $\begin{aligned} 4x - y + 2z &= 6 \\ x + 2y - z &= 6 \\ 6x + 3y &= 18 \end{aligned}$

d) $\begin{aligned} 2x - 3y - 8z &= 8 \\ 6y + 4z &= -8 \\ 6x + 8y - 8z &= 6 \end{aligned}$

e) $\begin{aligned} 3x - y + 2z &= 4 \\ 4x - 6y + 4z &= 10 \\ -x - 2y &= 1 \end{aligned}$

f) $\begin{aligned} 3x - 4y + z &= 5 \\ 2x - y - z &= 0 \\ 4x - 2y - 2z &= 12 \end{aligned}$

g) $\begin{aligned} z - 2 &= y - 2x \\ 2 - 2y &= -x \\ 3y - 6 &= -z \end{aligned}$

h) $\begin{aligned} \tfrac{3}{2}x - 1 &= y - \tfrac{1}{2}z \\ 5 - y &= \tfrac{1}{4}x - z \\ \tfrac{1}{2}x + z &= 4 \end{aligned}$

i) $\begin{aligned} 4x + 2y &= 2(2 + y) - z \\ 2(4 - x) &= z - 3y \\ 4x - 3y &= 3(x + y + 1) - (z - 1) \end{aligned}$

5. Untersuchen Sie das LGS auf Lösbarkeit. Bestimmen Sie die Lösungsmenge.

a) $\begin{aligned} 2x + 3z + 2t &= 4 \\ y + 3z + 2t &= 4 \\ 4x - 2y + z &= 0 \\ 2x + 2z - 2t &= 0 \end{aligned}$

b) $\begin{aligned} 4x - y - 2z &= 1 \\ 2x + 3y - 3t &= -6 \\ x + y - 3t &= -8 \\ x + y + z + t &= 3 \end{aligned}$

c) $\begin{aligned} 2x - y + 3z &= 10 \\ x - 2z + t &= -4 \\ 2y + z + t &= 6 \\ 3x - 3y &= 3 \end{aligned}$

d) $\begin{aligned} 2x + 2y - z &= 2 \\ x + y + 2t &= 2 \\ 4y + 2z + t &= 6 \\ 3x + 7y + z + 3t &= 10 \end{aligned}$

e) $\begin{aligned} 2x - 2y - t &= 0 \\ 4y - 2z + 3t &= 10 \\ x + y - z &= -5 \\ 3x + z - 5t &= 0 \end{aligned}$

f) $\begin{aligned} 3x - 2y + 4z &= -2 \\ 3y - z + 2t &= 5 \\ 2x - y + 2z &= -1 \\ 5x + 5z + 2t &= 2 \end{aligned}$

6. Untersuchen Sie das LGS auf Lösbarkeit. Bestimmen Sie die Lösungsmenge.

a) $\begin{aligned} x_1 + x_4 &= 2 \\ x_2 + x_3 &= -3 \\ x_4 - x_1 &= x_3 \\ x_4 - x_2 &= 1 \end{aligned}$

b) $\begin{aligned} x_1 + x_3 &= 1 \\ x_2 - x_3 &= 0 \\ x_1 + x_2 + x_3 - x_4 &= 1 \\ x_2 - x_4 &= 0 \end{aligned}$

c) $\begin{aligned} x_1 + x_3 &= x_2 \\ x_2 + x_5 &= x_4 \\ x_5 - x_3 &= 0 \\ x_4 - x_2 &= x_3 \\ x_4 - x_1 &= x_3 + x_5 \end{aligned}$

7. Untersuchen Sie das LGS auf Lösbarkeit. Bestimmen Sie die Lösungsmenge.

a)
$$2x + 3y = 10$$
$$4x + 5y = 18$$
$$3x - y = 4$$

b)
$$4x - 2y = 12$$
$$-x + 0{,}5y = -3$$
$$2x - y = 5$$

c)
$$4x - 2y + z = -8$$
$$9x - 3y = 0$$
$$2x + z = 12$$
$$-3x + y + 3z = 6$$

d)
$$2x - y + 2z = 3$$
$$x + y + z = 0$$
$$x - 2y + z = 3$$
$$4x - 2y + 4z = 6$$

e)
$$2x + 1 = y$$
$$4 - y = 4x$$
$$2y = 7 - 6x$$
$$x - 3y = -5$$

f)
$$4x - 6y + z = 4$$
$$2x - 6y + 2z = -4$$
$$x - y = 2$$
$$3x - 5y + z = 2$$

g)
$$3x - 5y + 3z = -2$$
$$x - 5y + z = 1$$

h)
$$3x + 4y - 2z - 2t = 0$$
$$x + y + z + t = 0$$

i)
$$4x - 2y + 2z = 6$$
$$-2x + y - z = 6$$

j)
$$4x - 2y + 2z + 6t = -8$$
$$-2x + y - z - 3t = 4$$

k)
$$3x + 2y + 5z + t = 14$$
$$2z + 3t = 9$$
$$x + y + 2z = 3$$

l)
$$4x - 2y + t = -1$$
$$4y + 4z + 2t = -9$$
$$2x + z + t = -4$$

8. Robert, Alfons und Edel finden einen Sack voller Münzen. Es sind 3 große, 16 mittlere und 40 kleine Münzen im Gesamtwert von 30 €. Die Münzen werden gerecht aufgeteilt. Robert erhält 2 große und 30 kleine Münzen, Alfons erhält 8 mittlere und 10 kleine Münzen. Den Rest erhält Edel. Wie groß sind die einzelnen Münzwerte?

9. An einer Kinokasse werden Karten in drei Preislagen verkauft: I. Rang 5 €, II. Rang 4 €, III. Rang 3 €. Bei einer Vorführung wurden 60 Karten zu insgesamt 230 € verkauft. Für den zweiten Rang wurden ebenso viele Karten wie für die beiden anderen Ränge zusammen verkauft. Wie verteilen sich die 60 Karten auf die einzelnen Ränge?

10. Im Garten sitzen Schnecken, Raben und Katzen. Großvater zählt die Köpfe und die Füße der Tiere. Er kommt auf insgesamt 39 Köpfe und 57 Füße. Die Raben haben zusammen 6 Füße mehr als die Katzen. Wie viele Katzen sind es?

Auf dem Geflügelmarkt werden an einem Stand Gänse für 5 Taler, Enten für 3 Taler und Küken zu je dreien für einen Taler angeboten. Der Standbetreiber hat insgesamt 100 Tiere und hat sich 100 Taler als Gesamteinnahme errechnet, wenn er alle Tiere verkaufen kann. Wie viele Gänse, Enten und Küken hatte er zunächst?

Test

Lineare Gleichungssysteme

1. Lösen Sie die linearen Gleichungssysteme.

a) $4x - 5y = -4$
$5x + 3y = 32$

b) $-2x - 6y = -7$
$4x + 4y = 2$

2. Lösen Sie die Gleichungssysteme mit dem Gauß'schen Algorithmus.

a) $2x + y - z = 2$
$3x - 2y + 2z = 3$
$4x - 4y + 6z = 2$

b) $\frac{1}{2}x - \frac{3}{2}y + z = -3$
$\frac{1}{2}x + \frac{1}{3}y - 4z = -7$
$\frac{1}{3}x - y + z = -1$

3. Untersuchen Sie das Gleichungssystem auf Lösbarkeit und bestimmen Sie gegebenenfalls die Lösung.

a) $3x - y + 2z = 1$
$-x + 2y - 3z = -7$
$2x - 3y + 4z = 7$

b) $x + y + 2z = 5$
$3x - 2y + z = 0$
$x + 6y + 7z = 18$

c) $x + y + 2z = 5$
$2x - y + 3z = 3$
$4x + y + 7z = 13$

4. Eine dreistellige natürliche Zahl hat die Quersumme 16. Die Summe der ersten beiden Ziffern ist um 2 größer als die letzte Ziffer. Addiert man zum Doppelten der mittleren Ziffer die erste Ziffer, so erhält man das Doppelte der letzten Ziffer.
Wie heißt die Zahl?

5. Für welche Werte des Parameters a liegt eine eindeutige Lösung vor?

a) $3x - 6y = 4$
$4x - ay = a - 1$

b) $\frac{1}{2}x - \frac{3}{5}y = 16$
$ax + (1-a)y = 5$

Überblick

Lösungen eines linearen Gleichungssystems:
Eine Lösung eines (m, n)-LGS gibt man als n-Tupel $(x_1; x_2; \ldots; x_n)$ an.

Äquivalenzumformungen eines lin. Gleichungssystems:
Die Lösungsmenge eines LGS ändert sich nicht, wenn
(1) 2 Gleichungen vertauscht werden,
(2) eine Gleichung mit einer reellen Zahl $k \neq 0$ multipliziert wird,
(3) eine Gleichung zu einer anderen Gleichung addiert wird.

Anzahl der Lösungen eines lin. Gleichungssystems:
Es können drei Fälle eintreten:
Fall 1: Das LGS ist unlösbar.
Fall 2: Das LGS hat genau eine Lösung.
Fall 3: Das LGS hat unendlich viele Lösungen.

Der Gauß'sche Algorithmus:
Man bringt das LGS mithilfe des Additionsverfahrens in ein Dreieckssystem. Anschließend bestimmt man die Lösungsmenge.
Fall 1: Wenigstens eine Gleichung stellt einen Widerspruch dar.
Dann ist das LGS unlösbar.
Fall 2: Die Anzahl der Variablen ist gleich der Anzahl der nichttrivialen Zeilen.
Dann ist das LGS eindeutig lösbar.
Fall 3: Es gibt mehr Variable als nichttriviale Zeilen.
Dann hat das LGS unendlich viele Lösungen.
Es werden die freien Parameter festgelegt. Die Lösungsmenge wird mithilfe dieser Parameter dargestellt.

Unterbestimmtes LGS:
Das LGS hat mehr Variable als Gleichungen.
Wenn der Gauß'sche Algorithmus zu keinem Widerspruch führt, hat das LGS unendlich viele Lösungen.

Überbestimmtes LGS:
Das LGS hat mehr Gleichungen als Variable.
Ergibt sich ein Widerspruch, so ist das LGS unlösbar.
Gibt es genau eine Lösung, so muss diese für *alle* Gleichungen gelten.
Gibt es keinen Widerspruch und hat das LGS mehr Variable als nicht-triviale Gleichungen, so hat das LGS unendlich viele Lösungen.

II. Vektoren

1. Vektoren

A. Vektoren als Pfeilklassen

Bei Ornamenten und Parkettierungen entsteht die Regelmäßigkeit oft durch *Parallelverschiebungen* einer Figur wie auch
bei dem abgebildeten Muster des berühmten Malers *Maurits Cornelis ESCHER*
(1898–1972).   026-1

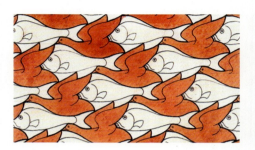

Eine Parallelverschiebung kann man
durch einen Verschiebungspfeil oder
durch einen beliebigen Punkt A_1 und dessen Bildpunkt A_2 kennzeichnen.

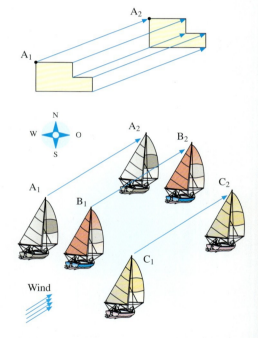

Bei einer Seglerflotte, die innerhalb eines
gewissen Zeitraumes unter dem Einfluss
des Windes abtreibt, werden alle Schiffe
in gleicher Weise verschoben.
Die Verschiebung wird schon durch jeden
einzelnen der gleich gerichteten und
gleich langen Pfeile $\overrightarrow{A_1A_2}$, $\overrightarrow{B_1B_2}$, $\overrightarrow{C_1C_2}$
eindeutig festgelegt.

> Wir fassen daher alle Pfeile der Ebene
> (des Raumes), die gleiche Länge und
> gleiche Richtung haben, zu einer Klasse
> zusammen. Eine solche Pfeilklasse be-
> zeichnen wir als einen *Vektor* in der
> Ebene (im Raum).

Vektoren stellen wir symbolisch durch
Kleinbuchstaben dar, die mit einem Pfeil
versehen sind: $\vec{a}, \vec{b}, \vec{c}, \ldots$.
Jeder Vektor ist schon durch einen einzigen seiner Pfeile festgelegt.
Daher bezeichnen wir beispielsweise den
Vektor $\vec{a}$ aus nebenstehendem Bild auch
als Vektor $\overrightarrow{P_1P_2}$. Eine vektorielle Größe
ist also durch eine Richtung und eine Län-
ge gekennzeichnet im Gegensatz zu einer
reellen Zahl, einer sog. skalaren Größe.

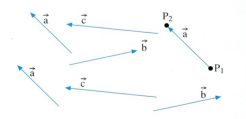

Übung 1
Übertragen Sie das nebenstehende Bild in Ihr Heft und konstruieren Sie mit der Verschiebung $\vec{v}$ das Bilddreieck $A_2B_2C_2$.

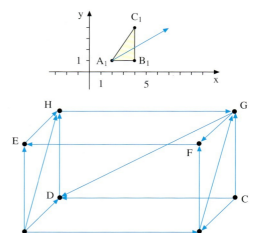

Übung 2
Geben Sie an, welche der auf dem Quader eingezeichneten Pfeile zum Vektor $\vec{a}$ gehören.

a) $\vec{a} = \overrightarrow{EH}$ b) $\vec{a} = \overrightarrow{DH}$ c) $\vec{a} = \overrightarrow{CD}$

d) $\vec{a} = \overrightarrow{AH}$ e) $\vec{a} = \overrightarrow{HG}$ f) $\vec{a} = \overrightarrow{AF}$

Begründen Sie außerdem, weshalb die Pfeile $\overrightarrow{AB}$ und $\overrightarrow{FE}$ nicht zum gleichen Vektor gehören.

Übung 3
Zeichnen Sie den Pfeil $\overrightarrow{P_1P_2}$ sowie den zum gleichen Vektor gehörenden Pfeil $\overrightarrow{Q_1Q_2}$ in ein Koordinatensystem ein. Bestimmen Sie die Koordinaten des jeweils fehlenden Punktes.

a) $P_1(3\,|\,1)$, $P_2(7\,|\,4)$, $Q_1(1\,|\,4)$ b) $P_1(4\,|\,2)$, $P_2(5\,|\,7)$, $Q_1(3\,|\,5)$

c) $P_1(0\,|\,0)$, $P_2(4\,|\,5)$, $Q_2(0\,|\,0)$ d) $P_1(1\,|\,5)$, $P_2(4\,|\,2)$, $Q_2(7\,|\,-1)$

B. Spaltenvektoren in der Ebene

Im Koordinatensystem können wir Vektoren auf besonders einfache Weise beschreiben.
Geht der Punkt $P_1(5\,|\,7)$ durch Verschiebung in den Bildpunkt $P_2(12\,|\,3)$ über, so bedeutet der Pfeil $\overrightarrow{P_1P_2}$ eine Verschiebung in x-Richtung um 7 Einheiten und in y-Richtung um -4 Einheiten. Der Vektor $\overrightarrow{P_1P_2}$ ist also eindeutig festgelegt durch die Koordinatendifferenz der Eckpunkte, also durch $x_2 - x_1 = 7$ und $y_2 - y_1 = -4$.

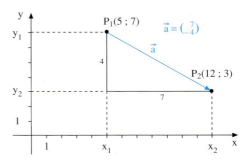

Wir schreiben daher auch $\vec{a} = \begin{pmatrix} 7 \\ -4 \end{pmatrix}$ (*Spaltenvektor*) und bezeichnen 7 und -4 als *Koordinaten* des Vektors $\vec{a}$.

Zwei Punkte $P(p_1\,|\,p_2)$ und $Q(q_1\,|\,q_2)$ der Ebene bestimmen eindeutig den Vektor $\vec{a} = \overrightarrow{PQ}$ (Verschiebung von P nach Q). Die Koordinaten von $\vec{a}$ sind gleich den Koordinatendifferenzen der Punktkoordinaten:

$$\vec{a} = \begin{pmatrix} q_1 - p_1 \\ q_2 - p_2 \end{pmatrix}$$

027-1

Wird der Vektor $\vec{a} = \begin{pmatrix} 3 \\ 4 \end{pmatrix}$ als Verschiebung in der Ebene aufgefasst, so geben seine Koordinaten 3 und 4 die Verschiebungsanteile in x-Richtung und y-Richtung an.

$$P(2\,|\,1) \; \underline{\quad\quad} \; \begin{pmatrix} 3 \\ 4 \end{pmatrix} \longrightarrow Q(5\,|\,5)$$

Ein Punkt $P(p_1\,|\,p_2)$ und ein Vektor $\vec{a} = \begin{pmatrix} a_1 \\ a_2 \end{pmatrix}$ bestimmen durch $\vec{a} = \overrightarrow{PQ}$ eindeutig den Punkt Q. Die Koordinaten von Q sind $q_i = p_i + a_i$ $(i = 1, 2)$.

Durch diesen Zusammenhang wird die Lage eines Punktes P in einem ebenen Koordinatensystem durch den sog. *Ortspfeil* $\overrightarrow{OP}$ eindeutig bestimmt, der im Ursprung O des Koordinatensystems beginnt und im Punkt P endet.
Der zugehörige Vektor heißt *Ortsvektor* von P. $P(p_1\,|\,p_2)$ besitzt den Ortsvektor

$$\overrightarrow{OP} = \begin{pmatrix} p_1 \\ p_2 \end{pmatrix}.$$

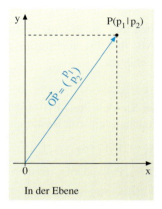

In der Ebene

Übung 4
Berechnen Sie die Koordinatendarstellung des Vektors $\vec{a} = \overrightarrow{PQ}$.

a) P(2 | 5)   b) P(−4 | 7)   c) P(3 | −4)   d) P(5 | 5)
   Q(3 | 8)   Q(3 | 6)   Q(2 | 2)   Q(8 | 6)

Übung 5
Der Vektor $\vec{a} = \begin{pmatrix} 1 \\ 3 \end{pmatrix}$ verschiebt den Punkt P in den Punkt Q. Bestimmen Sie P bzw. Q.

a) P(2 | 3)   b) P(−1 | 4)   c) P = ?   d) P = ?
   Q = ?   Q = ?   Q(7 | 6)   Q(0 | 0)

Übung 6
Das Viereck ABCD ist genau dann ein Parallelogramm, wenn die Vektorgleichungen $\overrightarrow{AB} = \overrightarrow{DC}$ und $\overrightarrow{AD} = \overrightarrow{BC}$ gelten. Begründen Sie diese Aussage anschaulich. Prüfen Sie dann, ob es sich bei den folgenden Vierecken ABCD um Parallelogramme handelt.

a) A(−2 | 1), B(4 | −1),   b) A(2 | 1), B(5 | 2),   c) A(3 | 2), B(6 | 3),
   C(7 | 2), D(1 | 4)   C(5 | 5), D(1 | 4)   C(5 | −1), D(2 | −2)

C. Der Betrag eines Vektors in der Ebene

Jeder Pfeil in einem ebenen Koordinaten-system hat eine Länge, die sich leicht mit-hilfe des Satzes von Pythagoras errechnen lässt.
Alle Pfeile eines Vektors $\vec{a}$ haben die glei-che Länge. Man bezeichnet diese Länge als *Betrag des Vektors* und verwendet die Schreibweise $|\vec{a}|$.

Länge eines Pfeils in der Ebene:

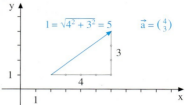

Besonders einfach lässt sich der Betrag ei-nes Vektors errechnen, wenn die Koordi-natendarstellung des Vektors gegeben ist. Man definiert daher:

Betrag eines Vektors in der Ebene:

$$\vec{a} = \begin{pmatrix} 4 \\ 3 \end{pmatrix} \Rightarrow |\vec{a}| = \sqrt{4^2 + 3^2} = \sqrt{25} = 5$$

Definition II.1: Jedem Vektor der Ebe-ne wird folgendermaßen eine nicht nega-tive reelle Zahl $|\vec{a}|$ zugeordnet, die man *Betrag* von $\vec{a}$ nennt:

In der Ebene:

$$\vec{a} = \begin{pmatrix} a_1 \\ a_2 \end{pmatrix} \Rightarrow |\vec{a}| = \sqrt{a_1^2 + a_2^2}$$

Beispiel: Bestimmen Sie den Betrag des Vektors $\vec{a}$.

a) $\vec{a} = \begin{pmatrix} 2 \\ 4 \end{pmatrix}$ b) $\vec{a} = \begin{pmatrix} a \\ -3 \end{pmatrix}$

Lösung:

a) $|\vec{a}| = \sqrt{2^2 + 4^2} = \sqrt{20} \approx 4{,}48$

b) $|\vec{a}| = \sqrt{a^2 + (-3)^2} = \sqrt{a^2 + 9}$

Übung 7
Bestimmen Sie den Betrag des gegebenen Vektors.

a) $\begin{pmatrix} 1 \\ a \end{pmatrix}$ b) $\begin{pmatrix} 5 \\ 12 \end{pmatrix}$ c) $\begin{pmatrix} -3 \\ -5 \end{pmatrix}$ d) $\begin{pmatrix} 0 \\ 1 \end{pmatrix}$ e) $\begin{pmatrix} \sqrt{2} \\ \sqrt{3} \end{pmatrix}$ f) $\begin{pmatrix} a \\ a \end{pmatrix}$

Übung 8
Stellen Sie fest, für welche $t \in \mathbb{R}$ die folgenden Bedingungen gelten.

a) $\vec{a} = \begin{pmatrix} t \\ 2t \end{pmatrix}$, $|\vec{a}| = 1$ b) $\vec{a} = \begin{pmatrix} 1 \\ t \end{pmatrix}$, $|\vec{a}| = t + 1$ c) $\vec{a} = \begin{pmatrix} t \\ 2t \end{pmatrix}$, $|\vec{a}| = 5$

Übung 9
Beweisen Sie: $\begin{pmatrix} 0 \\ 0 \end{pmatrix}$ ist der einzige Vektor der Ebene mit dem Betrag null.

D. Punkte im Raum

1. Die Koordinaten eines Punktes

Bei der Vermessung von Bauwerken, Straßen und Brücken richten sich die zuständigen Land-
vermesser und Ingenieure nach festen Messpunkten. Es handelt sich dabei um kleine Metall-
platten mit einem eingelassenen Loch, die auf Gehwegen oder an Hauswänden befestigt sind.
Die genaue räumliche Lage dieser Messpunkte ist in einem *räumlichen Koordinatensystem*
durch *drei Koordinaten* festgelegt.

Die drei Achsen eines solchen Koordinatensystems werden als x-Achse, y-Achse
und z-Achse bezeichnet. Sie schneiden
sich in einem Punkt, den man den *Ur-*
sprung des Koordinatensystems nennt,
und sie stehen paarweise senkrecht aufeinander. Jede Achse stellt eine Zahlenge-
rade dar, deren Nullpunkt im Ursprung
liegt. Die Abbildung zeigt das Schrägbild
eines Koordinatensystems, bei dem die
x-Achse in einem 135°-Winkel zur y-Achse gezeichnet ist und deren Einheiten mit
dem Verkürzungsfaktor $\frac{1}{2}\sqrt{2}$ multipliziert
sind.

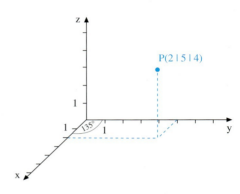

Punkte im Raum können mit einem räumlichen kartesischen * Koordinatensystem als *Zahlen-*
tripel dargestellt werden. Beispielsweise ist P(2|5|4) derjenige Punkt, zu dem man kommt,
wenn man vom Ursprung aus 2 Einheiten in Richtung der positiven x-Achse, 5 Einheiten in
Richtung der positiven y-Achse und 4 Einheiten in Richtung der positiven z-Achse geht.
Man sagt dann, der Punkt P(2|5|4) habe die x-Koordinate 2, die y-Koordinate 5 und die
z-Koordinate 4 (s. Abb.).

▶ **Beispiel:** Die nebenstehende Grafik
zeigt die Umrisse eines Hauses. Der Ursprung des eingezeichneten Koordinatensystems liegt auf dem Fußboden des
Dachraumes, x-Achse und y-Achse
verlaufen wandparallel auf dem Fußboden. Bestimmen Sie die Koordinaten
der Punkte A, B, C und D.

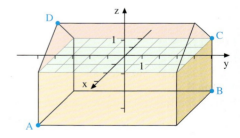

Lösung:

A(2|−4|−3), B(−2|4|−3),
▶ C(−2|4|0),   D(0|−4|2).

---

* Das Koordinatensystem wird nach dem französischen Mathematiker *René DESCARTES* (lat. *Cartesius,*
1596–1650), dem Begründer der analytischen Geometrie, *kartesisch* genannt.

Übung 10
Zeichnen Sie das Schrägbild eines räumlichen Koordinatensystems.
Tragen Sie die Punkte $A(-1|-2|-1)$, $B(5|-2|-1)$, $C(5|4|-1)$, $D(-1|4|-1)$ und $E(2|1|5)$ ein.

Übung 11
Zeichnen Sie in das Schrägbild eines Koordinatensystems die Pyramide mit den Eckpunkten $A(-1|-1|-1)$, $B(3|-1|-1)$, $C(1|2|-1)$ und $D(1|1,5|3)$.

Übung 12
Skizzieren Sie die Menge g der Punkte $P(2|4|z)$, wobei z alle reellen Zahlen durchläuft.

Übung 13
Die Punkte der x-y-Ebene kann man als Punkte beschreiben, deren z-Koordinate 0 ist. Wo liegen alle Punkte des Raumes,

a) deren x-Koordinate 0 ist?   b) deren y-Koordinate 3 ist?

2. Exkurs: Der Abstand zweier Punkte   031-1

> **Beispiel:** Beim Bau einer Seilbahn soll die Länge der Bahnstrecke berechnet werden, d.h. der Abstand von Start- und Zielpunkt. Aus den Planungsunterlagen geht hervor, dass der Startpunkt S im Ursprung des zugrunde liegenden Koordinatensystems liegt, während der Punkt $Z(600|900|500)$ der Zielpunkt ist.

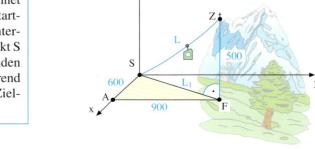

Lösung:
Die nebenstehende Abbildung zeigt, dass die gesuchte Streckenlänge L durch zweimalige Anwendung des Satzes von Pythagoras berechnet werden kann.
Zunächst wird L_1 (Hypotenuse des rechtwinkligen Dreiecks SAF) bestimmt, dann schließlich L (Hypotenuse des rechtwinkligen Dreiecks SFZ).

$$L_1^2 = 600^2 + 900^2$$

$$L = \sqrt{L_1^2 + 500^2}$$

$$= \sqrt{600^2 + 900^2 + 500^2} \approx 1192 \text{ m}$$

Übung 14
Berechnen Sie den Abstand des Punkts P vom Ursprung.

a) $P(3|4|1)$ b) $P(-2|-12|0)$ c) $P(4|-4|2)$

Analog zum Beispiel ergibt sich folgende allgemeine Formel zur Berechnung des Abstandes zweier Punkte.

Satz II.1: Die beiden Punkte $P(p_1 \mid p_2 \mid p_3)$ und $Q(q_1 \mid q_2 \mid q_3)$ haben den Abstand

$$|\overline{PQ}| = \sqrt{(q_1 - p_1)^2 + (q_2 - p_2)^2 + (q_3 - p_3)^2}.$$

Beweis:
Die Abbildung zeigt, dass der Abstand von P und Q gleich der Länge L der Raumdiagonalen eines Quaders ist, dessen Flächen parallel zu den von den Koordinatenachsen aufgespannten Ebenen liegen.

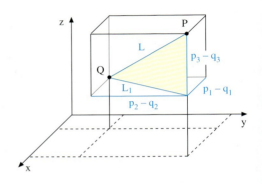

Die Abmessungen des Quaders ergeben sich aus den Koordinaten von P und Q: Der Punkt P liegt p_3 Einheiten über der x-y-Ebene, der Punkt Q liegt q_3 Einheiten über der x-y-Ebene. Daher ist die Höhe des Quaders gleich $|q_3 - p_3|$. Analog erhalten wir die Länge $|q_1 - p_1|$ sowie die Breite $|q_2 - p_2|$.

Nun können wir durch zweimalige Anwendung des Satzes von Pythagoras zunächst die Länge L_1 der Grundflächendiagonalen des Quaders und anschließend die Länge L der Raumdiagonalen $\overline{PQ}$ des Quaders berechnen.

Länge der Flächendiagonalen:

$$L_1 = \sqrt{(q_1 - p_1)^2 + (q_2 - p_2)^2}$$

Länge der Raumdiagonalen:

$$L = \sqrt{(L_1^2 + (q_3 - p_3)^2)}$$
$$= \sqrt{(q_1 - p_1)^2 + (q_2 - p_2)^2 + (q_3 - p_3)^2}$$

Die nebenstehende Rechnung zeigt die Richtigkeit der Formel aus Satz II.1.

Übung 15

Zeichnen Sie das Dreieck mit den Eckpunkten $A(-1 \mid 0 \mid 2{,}5)$, $B(2 \mid -3 \mid 1)$ und $C(0 \mid 1 \mid 1{,}5)$ und berechnen Sie dann den Umfang des Dreiecks.

Übung 16

Wie muss die fehlende Koordinate gewählt werden, damit der Abstand der Punkte P und Q gleich 10 ist?

a) $P(-1 \mid 2 \mid 3)$, $Q(2 \mid q_2 \mid 11)$ b) $P(17 \mid -14 \mid p_3)$, $Q(12 \mid -14 \mid 22)$ c) $P(-9 \mid -4 \mid 11)$, $Q(q_1 \mid 6 \mid 11)$

E. Spaltenvektoren im Raum

Die Koordinatendarstellung eines Vektors in der Ebene lässt sich unmittelbar auf Vektoren im Raum übertragen. Hier entspricht jedem Vektor eine Spalte mit *drei Koordinaten*.

Beispielsweise ist $\vec{a} = \begin{pmatrix} 1-5 \\ 5-2 \\ 2-1 \end{pmatrix} = \begin{pmatrix} -4 \\ 3 \\ 1 \end{pmatrix}$

derjenige Vektor, der durch den Pfeil $\overrightarrow{P_1 P_2}$ mit $P_1(5\,|\,2\,|\,1)$ und $P_2(1\,|\,5\,|\,2)$ definiert wird.

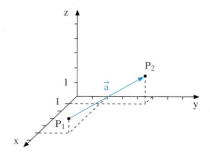

Zwei Punkte $P(p_1\,|\,p_2\,|\,p_3)$ und $Q(q_1\,|\,q_2\,|\,q_3)$ bestimmen eindeutig den Vektor $\vec{a} = \overrightarrow{PQ}$ (Verschiebung von P nach Q). Die Koordinaten von $\vec{a}$ sind gleich den Koordinatendifferenzen der Punktkoordinaten:

$$\vec{a} = \begin{pmatrix} q_1 - p_1 \\ q_2 - p_2 \\ q_3 - p_3 \end{pmatrix}$$

Wird der Vektor $\vec{a} = \begin{pmatrix} 3 \\ 4 \\ -2 \end{pmatrix}$ als Verschiebung im Raum aufgefasst, so geben seine Koordinaten 3, 4 und -2 die Verschiebungsanteile in x-Richtung, y-Richtung und z-Richtung an.

$$P(2\,|\,1\,|\,5) \;\text{———}\; \begin{pmatrix} 3 \\ 4 \\ -2 \end{pmatrix} \;\text{———}\rightarrow\; Q(5\,|\,5\,|\,3)$$

Ein Punkt $P(p_1\,|\,p_2\,|\,p_3)$ und ein Vektor $\vec{a} = \begin{pmatrix} a_1 \\ a_2 \\ a_3 \end{pmatrix}$ bestimmen durch $\vec{a} = \overrightarrow{PQ}$ eindeutig den

Punkt Q. Die Koordinaten von Q sind

$$q_i = p_i + a_i \quad (i = 1, 2, 3).$$

Durch diesen Zusammenhang wird die Lage eines Punktes P auch im räumlichen Koordinatensystem durch den sogenannten *Ortspfeil* $\overrightarrow{OP}$ eindeutig bestimmt, der im Ursprung O des Koordinatensystems beginnt und im Punkt P endet. Sein *Ortsvektor* lautet: $\overrightarrow{OP} = \begin{pmatrix} p_1 \\ p_2 \\ p_3 \end{pmatrix}$.

Übung 17
Berechnen Sie die Koordinatendarstellung des Vektors $\vec{a} = \overrightarrow{PQ}$.

a) $P(3\,|-4\,|\,5)$
   $Q(2\,|\,2\,|\,6)$

b) $P(5\,|\,5\,|\,2{,}5)$
   $Q(8\,|\,6\,|\,4)$

c) $P(3\,|\,4\,|-1)$
   $Q(2\,|\,1\,|\,3)$

d) $P(3\,|-3\,|\,5)$
   $Q(2\,|\,0\,|-2)$

F. Der Betrag eines Vektors

034-1

Der **Betrag eines Vektors im Raum** lässt sich, wenn der Vektor in Koordinatendarstellung gegeben ist, nach Satz II.1 folgendermaßen berechnen:

Definition II.2: Jedem Vektor des Raums wird folgende nicht negative reelle Zahl $|\vec{a}|$ zugeordnet, die man *Betrag* von $\vec{a}$ nennt.

Im Raum:

$$\vec{a} = \begin{pmatrix} a_1 \\ a_2 \\ a_3 \end{pmatrix} \Rightarrow |\vec{a}| = \sqrt{a_1^2 + a_2^2 + a_3^2}$$

▶ **Beispiel:** Bestimmen Sie den Betrag des Vektors $\vec{a}$.

a) $\vec{a} = \begin{pmatrix} 3 \\ -1 \\ 4 \end{pmatrix}$ b) $\vec{a} = \begin{pmatrix} 1 \\ a \\ -1 \end{pmatrix}$

Lösung:

a) $|\vec{a}| = \sqrt{3^2 + (-1)^2 + 4^2} = \sqrt{26} \approx 5{,}10$

b) $|\vec{a}| = \sqrt{1^2 + a^2 + (-1)^2} = \sqrt{a^2 + 2}$

Übung 18
Bestimmen Sie den Betrag des gegebenen Vektors.

a) $\begin{pmatrix} 1 \\ 1 \\ 1 \end{pmatrix}$ b) $\begin{pmatrix} 3 \\ -3 \\ 1 \end{pmatrix}$ c) $\begin{pmatrix} 5 \\ -2 \\ 14 \end{pmatrix}$ d) $\begin{pmatrix} 1 \\ 0 \\ 0 \end{pmatrix}$ e) $\begin{pmatrix} 2 \\ \sqrt{7} \\ 5 \end{pmatrix}$ f) $\begin{pmatrix} a \\ b \\ c \end{pmatrix}$

Definition II.3: Vektoren mit dem Betrag Eins heißen *Einheitsvektoren*.

▶ **Beispiel:** Prüfen Sie, ob der Vektor $\vec{a}$ ein Einheitsvektor ist.

a) $\vec{a} = \begin{pmatrix} a \\ 2 \end{pmatrix}$ b) $\vec{a} = \begin{pmatrix} 3a \\ 4a \end{pmatrix}$ c) $\vec{a} = \begin{pmatrix} 0 \\ -1 \\ 0 \end{pmatrix}$

Lösung:

a) $|\vec{a}| = \sqrt{a^2 + 4} \neq 1$ für alle $a \in \mathbb{R}$

b) $|\vec{a}| = \sqrt{25a^2} = 1$ nur für $a = \frac{1}{5}, a = -\frac{1}{5}$

c) $|\vec{a}| = \sqrt{1} = 1$

Übung 19
Für welche $a \in \mathbb{R}$ handelt es sich um einen Einheitsvektor?

a) $\begin{pmatrix} 1 \\ a \end{pmatrix}$ b) $\begin{pmatrix} a \\ a \end{pmatrix}$ c) $\begin{pmatrix} a \\ a+1 \end{pmatrix}$ d) $\begin{pmatrix} a^2 \\ a \end{pmatrix}$ e) $\begin{pmatrix} 0 \\ a \\ 0 \end{pmatrix}$ f) $\begin{pmatrix} 2a \\ 5a \\ 14a \end{pmatrix}$

Übung 20
Bestimmen Sie den Betrag des Vektors $\overrightarrow{AB}$.

a) $A(8 \,|\, 3)$ b) $A(11 \,|\, -4)$ c) $A(2 \,|\, -7 \,|\, -2)$ d) $A(1 \,|\, 3 \,|\, 3)$ e) $A(1 \,|\, 1 \,|\, a)$
   $B(6 \,|\, 2)$ $B(14 \,|\, 0)$ $B(0 \,|\, 7 \,|\, 3)$ $B(0 \,|\, 4 \,|\, 0)$ $B(a \,|\, 1 \,|\, 0)$

> **Beispiel:** In einem kartesischen Koordinatensystem ist ein Quader durch die Punkte A(8 | 0 | 0), B(8 | 6 | 0), D(0 | 0 | 0) und F(8 | 6 | 3) gegeben. Die Fläche ABCD liegt in der x-y-Ebene*. Geben Sie die Koordinaten der restlichen Punkte des Quaders an und zeichnen Sie ein Schrägbild des Quaders. Berechnen Sie das Volumen des Quaders sowie die Länge der Raumdiagonalen $\overline{AG}$.

Lösung:

1. Koordinaten der restlichen Punkte

Wir zeichnen zunächst ein räumliches Koordinatensystem und in dieses die gegebenen Punkte ein. Dann ergänzen wir die Punkte so, dass sich ein Quader ergibt, wobei die Fläche ABCD in der x-y-Ebene liegt. C erhält man z. B. durch Verschiebung von D mittels des Vektors $\overrightarrow{AB}$.

An der Skizze können wir nun die Koordinaten der restlichen Punkte ablesen. Wir erhalten

C(0 | 6 | 0), E(8 | 0 | 3), G(0 | 6 | 3), H(0 | 0 | 3).

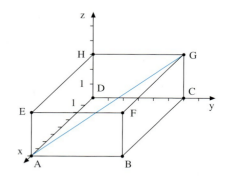

2. Volumen des Quaders

Um das Volumen zu berechnen, bestimmen wir den Betrag der Vektoren $\overrightarrow{AD}$, $\overrightarrow{DC}$ und $\overrightarrow{DH}$. Multiplizieren wir diese Seitenlängen, so erhalten wir das Volumen des Quaders: V = 144 VE.

$$|\overrightarrow{AD}| = 8$$
$$|\overrightarrow{DC}| = 6$$
$$|\overrightarrow{DH}| = 3$$
$$V = 8 \cdot 6 \cdot 3 = 144$$

3. Länge der Raumdiagonalen

Zunächst berechnen wir die Koordinaten des Vektors $\overrightarrow{AG}$, dann ermitteln wir seinen Betrag. Die Länge der Raumdiagonalen $\overline{AG}$ beträgt nach nebenstehender Rechnung also 10,44 LE.

$$\overrightarrow{AG} = \begin{pmatrix} 0-8 \\ 6-0 \\ 3-0 \end{pmatrix} = \begin{pmatrix} -8 \\ 6 \\ 3 \end{pmatrix}$$

$$|\overrightarrow{AG}| = \sqrt{(-8)^2 + 6^2 + 3^2} = \sqrt{109} \approx 10{,}44$$

Übung 21

In einem kartesischen Koordinatensystem ist ein Quader durch die Punkte A(2 | 0 | 0), B(2 | 4 | 0), C(−2 | 4 | 0) und H(−2 | 0 | 3) gegeben.

a) Zeichnen Sie ein Schrägbild des Quaders und bestimmen Sie die restlichen Punkte.
b) Berechnen Sie das Volumen des Quaders sowie die Länge der Raumdiagonalen $\overline{BH}$.

---

* Die von den Koordinatenachsen aufgespannten Ebenen bezeichnet man als *Koordinatenebenen*. Die x-y-Ebene ist diejenige Ebene, die von der x-Achse und der y-Achse aufgespannt wird. Die z-Koordinate aller Punkte, die in der x-y-Ebene liegen, ist folglich null. Analog definiert man die x-z-Ebene und die y-z-Ebene.

Übungen

22. Der abgebildete Körper setzt sich aus drei gleich großen Würfeln zusammen.

a) Welche der eingezeichneten Pfeile gehören zum gleichen Vektor?

b) Begründen Sie, weshalb die Pfeile $\overrightarrow{JH}$, $\overrightarrow{KL}$ und $\overrightarrow{GL}$ nicht zu dem gleichen Vektor gehören, obwohl sie parallel zueinander sind.

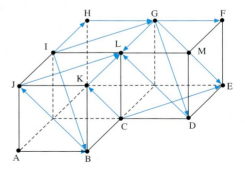

23. Die Pfeile $\overrightarrow{AB}$ und $\overrightarrow{CD}$ sollen zum gleichen Vektor gehören. Bestimmen Sie die Koordinaten des jeweils fehlenden Punktes.

a) A(−3|4), B(5|−7), D(8|11)

b) A(3|2), C(8|−7), D(11|15)

c) B(3|8), C(3|−2), D(8|5)

d) A(3|a), B(2|b), C(4|3)

e) A(−3|5|−2), C(1|−4|2), D(3|3|3)

f) A(3|3|4), B(−1|4|0), D(2|1|8)

g) A(1|8|−7), B(0|0|0), D(3|3|7)

h) A(a|a|a), B(a+1|a+2|3), D(a|2|a−1)

24. Bestimmen Sie die Koordinatendarstellung des Vektors $\vec{a} = \overrightarrow{PQ}$.

a) P(2|4)
   Q(3|8)

b) P(−3|5)
   Q(7|−2)

c) P(1|a)
   Q(3|2a+1)

d) P(4|4|−2)
   Q(1|5|5)

e) P(1|−3|7)
   Q(4|0|−3)

25. Der Vektor $\vec{a} = \begin{pmatrix} -1 \\ 2 \\ -3 \end{pmatrix}$ verschiebt den Punkt P in den Punkt Q. Bestimmen Sie P bzw. Q.

a) P(3|2|1)

b) Q(0|0|0)

c) P(3|−2|4)

d) Q(1|0|2)

e) P(4|−3|0)

f) P(0|0|0)

g) P(1|a|1)

h) Q(a|3|0)

i) Q(q_1|q_2|q_3)

j) P(p_1|p_2|p_3)

26. Der abgebildete Quader habe die Maße $4 \times 2 \times 2$. Bestimmen Sie die Koordinatendarstellung zu allen angegebenen Vektoren sowie ihre Beträge.

$\overrightarrow{AB}$, $\overrightarrow{AD}$, $\overrightarrow{AE}$, $\overrightarrow{AF}$, $\overrightarrow{AG}$, $\overrightarrow{AH}$, $\overrightarrow{BC}$, $\overrightarrow{BH}$, $\overrightarrow{CD}$, $\overrightarrow{CH}$, $\overrightarrow{DA}$, $\overrightarrow{DB}$, $\overrightarrow{DC}$, $\overrightarrow{EB}$, $\overrightarrow{EC}$, $\overrightarrow{ED}$, $\overrightarrow{EG}$, $\overrightarrow{FD}$, $\overrightarrow{FG}$, $\overrightarrow{FH}$, $\overrightarrow{HG}$.

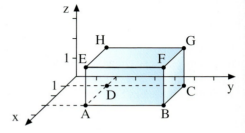

27. Für welche $b \in \mathbb{R}$ ist $\overrightarrow{AB}$ mit A(a_1|a_2|2) und B(a_1+0,5|a_2−0,5|b) ein Einheitsvektor?

28. Zeigen Sie, dass durch die Punkte A(5|4|1), B(0|4|1), C(0|1|5), D(5|1|5) eine Raute beschrieben wird (vgl. Seite 28, Übung 6).

29. In einem kartesischen Koordinatensystem ist eine senkrechte Pyramide durch die Punkte A(3 | 0 | 0), B(0 | 3 | 0), D(0 | −3 | 0) und S(0 | 0 | 5) gegeben. Das in der x-y-Ebene liegende Quadrat ABCD bildet dabei die Grundfläche der Pyramide, der Punkt S die Spitze.

a) Zeichnen Sie in einem ebenen Koordinatensystem die Grundfläche sowie ein räumliches Schrägbild der Pyramide. Bestimmen Sie die Koordinaten des Punktes C.

b) Berechnen Sie das Volumen der Pyramide.

30. In einem kartesischen Koordinatensystem sind die Punkte A(2 | −2 | 0), B(2 | 2 | 0), C(−2 | 2 | 0) und S(0 | 0 | 4) gegeben.

a) Zeigen Sie, dass das Dreieck ABC gleichschenklig ist.

b) Bestimmen Sie die Koordinaten eines weiteren Punktes D so, dass das Viereck ABCD ein Quadrat ist.

c) Die Punkte A, B, C, D und S sind Eckpunkte einer Pyramide mit quadratischer Grundfläche. Zeichnen Sie ein Schrägbild der Pyramide.

d) Berechnen Sie das Volumen der Pyramide.

31. In einem kartesischen Koordinatensystem ist ein Quader durch die Punkte A(3 | 2 | 0), B(7 | 5 | 0), C(4 | 9 | 0) und G(4 | 9 | 5) gegeben.

a) Zeichnen Sie ein Schrägbild des Quaders und bestimmen Sie die Koordinaten der restlichen Punkte.

b) Zeigen Sie, dass es sich bei diesem Quader um einen Würfel handelt, und berechnen Sie das Volumen des Würfels.

c) Berechnen Sie die Länge der Raumdiagonalen $\overline{AG}$ des Würfels.

32. Die Punkte A(0 | 0 | 0), B(9 | 0 | 0), C(0 | 6 | 0) und D(0 | 0 | 6) bilden in einem kartesischen Koordinatensystem eine Pyramide mit dreieckiger Grundfläche.

a) Zeichnen Sie ein Schrägbild der Pyramide.

b) Berechnen Sie den Flächeninhalt des Dreiecks ACD.

c) Berechnen Sie das Volumen der Pyramide.

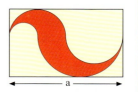

Die rot abgebildete Figur ist aus Halbkreisen zusammengesetzt, die die Rechteckseiten berühren. Ihre Durchmesser sind $\frac{1}{4}$ a, $\frac{1}{2}$ a, $\frac{1}{2}$ a und $\frac{3}{4}$ a.

Bestimmen Sie das Verhältnis des Inhaltes der roten Fläche zu der Rechteckfläche.

2. Rechnen mit Vektoren

A. Addition und Subtraktion

Die Hintereinanderausführung von Parallelverschiebungen ergibt wieder eine Parallelverschiebung.

Wird beispielsweise der Punkt A(1 | 1) mittels des Vektors $\vec{a} = \begin{pmatrix} 1 \\ 4 \end{pmatrix}$ in den Punkt B verschoben und B dann anschließend mittels des Vektors $\vec{b} = \begin{pmatrix} 3 \\ 1 \end{pmatrix}$ in den Punkt C, so entspricht dies insgesamt einer Verschiebung des Punktes A um 4 Einheiten in x-Richtung und 5 Einheiten in y-Richtung. Diese resultierende Verschiebung lässt sich durch den Vektor $\vec{c} = \begin{pmatrix} 4 \\ 5 \end{pmatrix}$ beschreiben. Es ist daher sinnvoll, den Vektor $\vec{c} = \begin{pmatrix} 4 \\ 5 \end{pmatrix}$ als Summe der beiden Vektoren $\vec{a} = \begin{pmatrix} 1 \\ 4 \end{pmatrix}$ und $\vec{b} = \begin{pmatrix} 3 \\ 1 \end{pmatrix}$ aufzufassen und die Addition von Vektoren in diesem Sinne zu definieren.

Hintereinanderausführung von Verschiebungen:

$$A(1\,|\,1) \overset{\left(\begin{smallmatrix}1\\4\end{smallmatrix}\right)}{\longrightarrow} B(2\,|\,5) \overset{\left(\begin{smallmatrix}3\\1\end{smallmatrix}\right)}{\longrightarrow} C(5\,|\,6)$$
$$\begin{pmatrix} 4 \\ 5 \end{pmatrix}$$

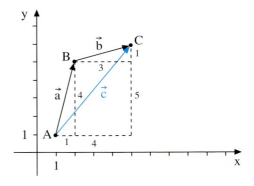

Definition II.4: Unter der *Summe* zweier Vektoren $\vec{a}$, $\vec{b}$ versteht man den Vektor, der entsteht, wenn man die einander entsprechenden Koordinaten von $\vec{a}$ und $\vec{b}$ addiert:

Addition in der Ebene:

$$\vec{a} + \vec{b} = \begin{pmatrix} a_1 \\ a_2 \end{pmatrix} + \begin{pmatrix} b_1 \\ b_2 \end{pmatrix} = \begin{pmatrix} a_1 + b_1 \\ a_2 + b_2 \end{pmatrix}$$

Addition im Raum:

$$\vec{a} + \vec{b} = \begin{pmatrix} a_1 \\ a_2 \\ a_3 \end{pmatrix} + \begin{pmatrix} b_1 \\ b_2 \\ b_3 \end{pmatrix} = \begin{pmatrix} a_1 + b_1 \\ a_2 + b_2 \\ a_3 + b_3 \end{pmatrix}$$

Geometrisch lässt sich die Addition zweier Vektoren mithilfe von Pfeilrepräsentanten nach der folgenden Dreiecksregel ausführen.

Dreiecksregel (Addition durch Aneinanderlegen): Ist $\overrightarrow{AB}$ ein Repräsentant von $\vec{a}$ und $\overrightarrow{BC}$ der in B beginnende Repräsentant von $\vec{b}$, so ist $\overrightarrow{AC}$ ein Repräsentant der Summe $\vec{a} + \vec{b}$.

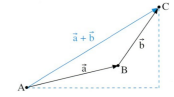

Offensichtlich spielt die Reihenfolge bei der Hintereinanderausführung von Parallelverschiebungen keine Rolle, da die resultierende Verschiebung in x-, y- bzw. z-Richtung gleich bleibt. Die Addition von Vektoren ist also *kommutativ*. Hieraus ergibt sich eine weitere geometrische Deutung des Summenvektors, die sog. *Parallelogrammregel*.

Parallelogrammregel:
Der Summenvektor $\vec{a} + \vec{b}$ lässt sich als Diagonalenvektor in dem durch $\vec{a}$ und $\vec{b}$ aufgespannten Parallelogramm darstellen.

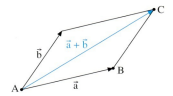

Übung 1
Berechnen Sie die Summe der beiden Vektoren, sofern dies möglich ist.

a) $\begin{pmatrix} 2 \\ 3 \end{pmatrix}, \begin{pmatrix} 3 \\ -4 \end{pmatrix}$ b) $\begin{pmatrix} 2 \\ 1 \\ 3 \end{pmatrix}, \begin{pmatrix} 3 \\ -4 \\ 1 \end{pmatrix}$ c) $\begin{pmatrix} 3 \\ -3 \\ 2 \end{pmatrix}, \begin{pmatrix} -3 \\ 3 \\ -2 \end{pmatrix}$ d) $\begin{pmatrix} 4 \\ 0 \\ 2 \end{pmatrix}, \begin{pmatrix} 0 \\ 0 \\ 0 \end{pmatrix}$ e) $\begin{pmatrix} 2 \\ 3 \\ 1 \end{pmatrix}, \begin{pmatrix} 3 \\ -4 \end{pmatrix}$

Übung 2
Bestimmen Sie zeichnerisch und rechnerisch die angegebene Summe.
a) $\vec{u} + \vec{v}$ b) $\vec{u} + \vec{w}$ c) $\vec{v} + \vec{w}$
d) $(\vec{u} + \vec{v}) + \vec{w}$ e) $\vec{v} + \vec{u}$
f) $\vec{u} + (\vec{v} + \vec{w})$ g) $\vec{u} + \vec{u}$

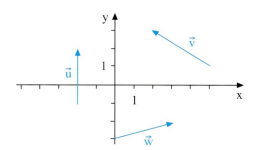

Übung 3
Was fällt Ihnen auf, wenn Sie die Resultate von Übung 2 a) und 2 e) bzw. von 2 d) und 2 f) vergleichen?

Neben dem Kommutativgesetz gelten bei der Addition von Vektoren auch noch einige weitere Rechengesetze, die Rechnungen erheblich erleichtern können, wie das Assoziativgesetz.

Satz II.2: $\vec{a}$, $\vec{b}$ und $\vec{c}$ seien Vektoren in der Ebene bzw. im Raum. Dann gilt:
$$\vec{a} + \vec{b} = \vec{b} + \vec{a} \qquad \textbf{Kommutativgesetz}$$
$$(\vec{a} + \vec{b}) + \vec{c} = \vec{a} + (\vec{b} + \vec{c}) \qquad \textbf{Assoziativgesetz}$$

Die folgenden, mithilfe von Definition II.4 trivial zu beweisenden Sätze führen auf die wichtigen Begriffe Nullvektor" und Gegenvektor".

Satz II.3: Es gibt sowohl in der Ebene als auch im Raum genau einen Vektor $\vec{0}$, für den gilt: $\vec{a} + \vec{0} = \vec{a}$ für alle Vektoren $\vec{a}$. Er heißt *Nullvektor*.

Nullvektor in der Ebene $\qquad \vec{0} = \begin{pmatrix} 0 \\ 0 \end{pmatrix}$ $\qquad\qquad$ Nullvektor in Raum $\qquad \vec{0} = \begin{pmatrix} 0 \\ 0 \\ 0 \end{pmatrix}$

Satz II.4: Zu jedem Vektor $\vec{a}$ der Ebene bzw. des Raumes gibt es genau einen Vektor $-\vec{a}$, sodass gilt:
$\vec{a} + (-\vec{a}) = \vec{0}$.
$-\vec{a}$ heißt **Gegenvektor** zu $\vec{a}$.

$$\begin{pmatrix} a_1 \\ a_2 \end{pmatrix} + \begin{pmatrix} -a_1 \\ -a_2 \end{pmatrix} = \begin{pmatrix} 0 \\ 0 \end{pmatrix} \quad \begin{pmatrix} a_1 \\ a_2 \\ a_3 \end{pmatrix} + \begin{pmatrix} -a_1 \\ -a_2 \\ -a_3 \end{pmatrix} = \begin{pmatrix} 0 \\ 0 \\ 0 \end{pmatrix}$$

Vektor Gegenvektor   Vektor Gegenvektor

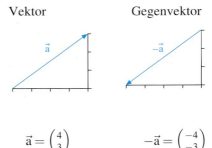

Vektor   Gegenvektor

$$\vec{a} = \begin{pmatrix} 4 \\ 3 \end{pmatrix} \qquad -\vec{a} = \begin{pmatrix} -4 \\ -3 \end{pmatrix}$$

Geometrisch bedeutet der Gegenvektor $(-\vec{a})$ diejenige Parallelverschiebung, die eine Verschiebung mittels $\vec{a}$ bei der Hintereinanderausführung wieder rückgängig macht.
Mithilfe des Gegenvektors lässt sich die Subtraktion von Vektoren definieren.

Definition II.5: Die Differenz $\vec{a} - \vec{b}$ zweier Vektoren $\vec{a}$ und $\vec{b}$ sei gegeben durch:
$$\vec{a} - \vec{b} = \vec{a} + (-\vec{b}).$$

Beispiel:

$$\begin{pmatrix} 1 \\ 4 \\ 5 \end{pmatrix} - \begin{pmatrix} 3 \\ 1 \\ 3 \end{pmatrix} = \begin{pmatrix} 1 \\ 4 \\ 5 \end{pmatrix} + \begin{pmatrix} -3 \\ -1 \\ -3 \end{pmatrix} = \begin{pmatrix} -2 \\ 3 \\ 2 \end{pmatrix}$$

Geometrisch kann man die Differenz der Vektoren $\vec{a}$ und $\vec{b}$ ähnlich wie deren Summe als Diagonalenvektor in dem von $\vec{a}$ und $\vec{b}$ aufgespannten Parallelogramm interpretieren.
Wegen $\vec{a} - \vec{b} = \vec{a} + (-\vec{b})$ wird diese Differenz durch den Pfeil repräsentiert, der von der Pfeilspitze eines Repräsentanten des Vektors $\vec{b}$ zur Pfeilspitze des Repräsentanten von $\vec{a}$ geht, der den gleichen Anfangspunkt wie der Repräsentant von $\vec{b}$ hat.

Parallelogrammregel für die Subtraktion

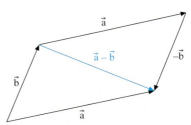

Übung 4

Gegeben sind die Vektoren $\vec{a} = \begin{pmatrix} 2 \\ 1 \\ 3 \end{pmatrix}$, $\vec{b} = \begin{pmatrix} -1 \\ 4 \\ 2 \end{pmatrix}$, $\vec{c} = \begin{pmatrix} 3 \\ 1 \\ 5 \end{pmatrix}$, $\vec{d} = \begin{pmatrix} 0 \\ 0 \\ 1 \end{pmatrix}$, $\vec{e} = \begin{pmatrix} 2 \\ 4 \end{pmatrix}$, $\vec{f} = \begin{pmatrix} 1 \\ -5 \end{pmatrix}$.

Berechnen Sie den angegebenen Vektorterm, sofern dies möglich ist.

a) $\vec{a} - \vec{b}$ b) $\vec{c} - \vec{d}$ c) $\vec{e} - \vec{f}$ d) $\vec{a} - \vec{b} - \vec{c}$ e) $\vec{a} - \vec{e}$

f) $\vec{a} + \vec{c} - \vec{d}$ g) $\vec{d} + \vec{d} - \vec{b} + \vec{a} - \vec{c} - \vec{b}$ h) $\vec{0} - \vec{a}$ i) $\vec{a} - \vec{a}$

Übung 5

Bestimmen Sie den Vektor $\vec{x}$.

a) $\begin{pmatrix} 5 \\ 3 \end{pmatrix} + \vec{x} = \begin{pmatrix} 8 \\ 7 \end{pmatrix}$ b) $\begin{pmatrix} 2 \\ 5 \end{pmatrix} + \begin{pmatrix} 1 \\ 4 \end{pmatrix} - \begin{pmatrix} 3 \\ 1 \end{pmatrix} = \begin{pmatrix} 2 \\ 4 \end{pmatrix} - \begin{pmatrix} 8 \\ 2 \end{pmatrix} + \vec{x}$ c) $\begin{pmatrix} 3 \\ 5 \end{pmatrix} + \begin{pmatrix} 2 \\ 1 \end{pmatrix} - \begin{pmatrix} 3 \\ 5 \end{pmatrix} = \begin{pmatrix} 1 \\ 4 \end{pmatrix} + \vec{x} - \begin{pmatrix} 2 \\ 5 \end{pmatrix}$

d) $\begin{pmatrix} 3 \\ 3 \\ 2 \end{pmatrix} + \vec{x} = \begin{pmatrix} 1 \\ 4 \\ 1 \end{pmatrix}$ e) $\begin{pmatrix} 3 \\ 2 \\ 1 \end{pmatrix} + \vec{x} - \begin{pmatrix} 1 \\ 1 \\ 3 \end{pmatrix} + \begin{pmatrix} 2 \\ 4 \\ 1 \end{pmatrix} = \begin{pmatrix} 2 \\ 3 \\ 5 \end{pmatrix}$ f) $\begin{pmatrix} 1 \\ 4 \\ -1 \end{pmatrix} + \begin{pmatrix} -8 \\ -5 \\ -2 \end{pmatrix} = \begin{pmatrix} 2 \\ 1 \\ 3 \end{pmatrix} + \begin{pmatrix} 0,5 \\ 1 \\ 2 \end{pmatrix} + \vec{x} - \begin{pmatrix} 3 \\ 4 \\ -1 \end{pmatrix}$

B. Skalar-Multiplikation (S-Multiplikation)

Die nebenstehend durchgeführte zeichnerische Konstruktion (Addition durch Aneinanderlegen) legt es nahe, die Summe $\vec{a} + \vec{a} + \vec{a}$ als *Vielfaches* von $\vec{a}$ aufzufassen. Man schreibt daher:

$$3 \cdot \vec{a} = \vec{a} + \vec{a} + \vec{a}\,.$$

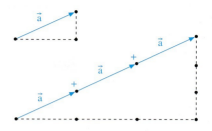

Rechnerisch ergibt sich mithilfe koordinatenweiser Addition für $\vec{a} = \begin{pmatrix} a_1 \\ a_2 \end{pmatrix}$:

$$3 \cdot \begin{pmatrix} a_1 \\ a_2 \end{pmatrix} = \begin{pmatrix} a_1 \\ a_2 \end{pmatrix} + \begin{pmatrix} a_1 \\ a_2 \end{pmatrix} + \begin{pmatrix} a_1 \\ a_2 \end{pmatrix} = \begin{pmatrix} 3\,a_1 \\ 3\,a_2 \end{pmatrix}.$$

Diese koordinatenweise Vervielfachung eines Vektors lässt sich sogar auf beliebige reelle Vervielfältigungsfaktoren ausdehnen,

z. B. $2{,}5 \cdot \begin{pmatrix} a_1 \\ a_2 \end{pmatrix} = \begin{pmatrix} 2{,}5\,a_1 \\ 2{,}5\,a_2 \end{pmatrix}.$

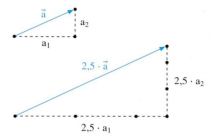

Definition II.6: Ein Vektor wird mit einer reellen Zahl s (einem sog. Skalar) multipliziert, indem jeder seiner Koordinaten mit s multipliziert wird.

$$\textbf{In der Ebene: } s \cdot \begin{pmatrix} a_1 \\ a_2 \end{pmatrix} = \begin{pmatrix} s \cdot a_1 \\ s \cdot a_2 \end{pmatrix} \qquad \Big| \qquad \textbf{Im Raum: } s \cdot \begin{pmatrix} a_1 \\ a_2 \\ a_3 \end{pmatrix} = \begin{pmatrix} s \cdot a_1 \\ s \cdot a_2 \\ s \cdot a_3 \end{pmatrix}$$

Für die S-Multiplikation gelten folgende Rechengesetze:

Satz II.5: r und s seien reelle Zahlen, $\vec{a}$ und $\vec{b}$ Vektoren. Dann gelten folgende Regeln:

(I) $r \cdot (\vec{a} + \vec{b}) = r \cdot \vec{a} + r \cdot \vec{b}$ (II) $(r + s) \cdot \vec{a} = r \cdot \vec{a} + s \cdot \vec{a}$ (III) $(r \cdot s)\vec{a} = r \cdot (s \cdot \vec{a})$

   Distributivgesetz   Distributivgesetz

Wir beschränken uns auf den Beweis zu (I) für Vektoren im Raum.

$$r\left(\begin{pmatrix} a_1 \\ a_2 \\ a_3 \end{pmatrix} + \begin{pmatrix} b_1 \\ b_2 \\ b_3 \end{pmatrix}\right) = r\begin{pmatrix} a_1 + b_1 \\ a_2 + b_2 \\ a_3 + b_3 \end{pmatrix} = \begin{pmatrix} r(a_1 + b_1) \\ r(a_2 + b_2) \\ r(a_3 + b_3) \end{pmatrix} = \begin{pmatrix} ra_1 + rb_1 \\ ra_2 + rb_2 \\ ra_3 + rb_3 \end{pmatrix} = \begin{pmatrix} ra_1 \\ ra_2 \\ ra_3 \end{pmatrix} + \begin{pmatrix} rb_1 \\ rb_2 \\ rb_3 \end{pmatrix} = r\begin{pmatrix} a_1 \\ a_2 \\ a_3 \end{pmatrix} + r\begin{pmatrix} b_1 \\ b_2 \\ b_3 \end{pmatrix}$$

  ↑   ↑   ↑   ↑   ↑
Def. II.4   Def. II.6   Distributiv-   Def. II.4   Def. II.6
                                   gesetz in ℝ

Übung 6
Beweisen Sie Satz II.5 (II) sowohl für Vektoren in der Ebene als auch für Vektoren im Raum.

> **Beispiel:** *Anwendung*
> Bestimmen Sie die Koordinaten des Mittelpunktes M der Strecke $\overline{AB}$ mit A(2|5) und B(8|1).

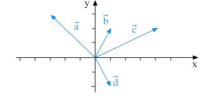

Lösung:
Wie man an der Skizze erkennt, gilt für den Ortsvektor von M:

$$\overrightarrow{OM} = \overrightarrow{OA} + \tfrac{1}{2} \cdot \overrightarrow{AB} = \overrightarrow{OA} + \tfrac{1}{2} \cdot (-\overrightarrow{OA} + \overrightarrow{OB}) = \tfrac{1}{2} \cdot (\overrightarrow{OA} + \overrightarrow{OB}).$$

Setzt man nun die Koordinaten der gegebenen Punkte ein, erhält man:

▶ $\overrightarrow{OM} = \tfrac{1}{2} \cdot \left(\binom{2}{5} + \binom{8}{1} \right) = \binom{5}{3} \Rightarrow M(5|3)$

Übung 7

Gegeben seien die Vektoren $\vec{a} = \binom{1}{2}$, $\vec{b} = \binom{3}{-2}$, $\vec{c} = \binom{6}{12}$, $\vec{d} = \begin{pmatrix} 4 \\ 1 \\ 3 \end{pmatrix}$, $\vec{e} = \begin{pmatrix} 3 \\ 2 \\ 5 \end{pmatrix}$.

Ermitteln Sie, sofern dies möglich ist, den Vektor $\vec{x}$ rechnerisch.

a) $\vec{x} = 2\vec{a}$ b) $\vec{x} = -\tfrac{1}{3}\vec{c}$ c) $\vec{x} = 3\vec{a} - 2\vec{b}$

d) $\vec{x} = \tfrac{1}{3}(4\vec{a} + 2\vec{c})$ e) $\vec{x} = \tfrac{3}{2}\vec{d} + 0\vec{e}$ f) $\vec{x} + 3\vec{e} = \vec{d} - \vec{e}$

g) $\vec{x} + 3\vec{a} = 2\vec{c} - 2\vec{x}$ h) $\vec{x} + \vec{a} - 2\vec{b} = \vec{0}$ i) $k(\vec{x} + 2\vec{a}) + r(\vec{x} - \vec{a}) = \vec{0}$

Übung 8

Konstruieren Sie zeichnerisch:

a) $\vec{a} + 2\vec{b}$ b) $\tfrac{1}{2}\vec{c} - \vec{d}$

c) $\vec{a} + \vec{b} + \vec{c}$ d) $\vec{c} - \vec{b} + \vec{d}$

Übung 9

Beweisen Sie unter Verwendung der Spaltenschreibweise für Vektoren in der Ebene:

(I) $-(\vec{a} + \vec{b}) = -\vec{a} - \vec{b}$ (II) $-(-\vec{a}) = \vec{a}$

Übung 10

a) Berechnen Sie den Mittelpunkt M der Strecke $\overline{AB}$ mit A(3|2) und B(7|6).

b) M(7|−5) sei der Mittelpunkt einer Strecke $\overline{AB}$ mit A(−2|3). Bestimmen Sie B.

Übung 11

a) Die Punkte A(2|1), B(6|3), C(5|5) und D(1|3) bilden ein Rechteck. Berechnen Sie den Mittelpunkt des Rechtecks. Fertigen Sie eine Skizze an.

b) Die Punkte A(3|2|1), B(−1|4|2) und C(−3|1|3) bilden ein Dreieck. Bestimmen Sie die Koordinaten eines Punktes D so, dass ABCD ein Parallelogramm ist.

3. Lineare Abhängigkeit und Unabhängigkeit

A. Linearkombination von Vektoren

Sind zwei Vektoren $\vec{a}$ und $\vec{b}$ gegeben, lassen sich weitere Vektoren $\vec{x}$ der Form $\vec{x} = r \cdot \vec{a} + s \cdot \vec{b}$ $(r, s \in \mathbb{R})$ aus den gegebenen Vektoren $\vec{a}$ und $\vec{b}$ erzeugen. Eine solche Summe nennt man *Linearkombination* von $\vec{a}$ und $\vec{b}$. Man kann den Begriff folgendermaßen verallgemeinern:

Eine Summe der Form $r_1 \vec{a}_1 + r_2 \vec{a}_2 + \ldots + r_n \vec{a}_n$ $(r_i \in \mathbb{R})$ bezeichnet man als *Linearkombination* der Vektoren $\vec{a}_1, \vec{a}_2, \ldots, \vec{a}_n$.

▶ **Beispiel:** Untersuchen Sie, ob die Vektoren $\begin{pmatrix} 3 \\ 1 \\ 0 \end{pmatrix}$ bzw. $\begin{pmatrix} 3 \\ 1 \\ 2 \end{pmatrix}$ als Linearkombination der Vektoren $\begin{pmatrix} 2 \\ 1 \\ 1 \end{pmatrix}$ und $\begin{pmatrix} 1 \\ 1 \\ 2 \end{pmatrix}$ dargestellt werden können.

Lösung:
Man verwendet den rechts dargestellten Ansatz mit reellen Koeffizienten r und s. Aus dem Ansatz ergibt sich ein lineares Gleichungssystem mit drei Gleichungen und zwei Variablen.

Das Gleichungssystem ist eindeutig lösbar mit $r = 2$ und $s = -1$.

Daher gilt: $\begin{pmatrix} 3 \\ 1 \\ 0 \end{pmatrix} = 2 \cdot \begin{pmatrix} 2 \\ 1 \\ 1 \end{pmatrix} - 1 \cdot \begin{pmatrix} 1 \\ 1 \\ 2 \end{pmatrix}$.

$\begin{pmatrix} 3 \\ 1 \\ 0 \end{pmatrix} = r \cdot \begin{pmatrix} 2 \\ 1 \\ 1 \end{pmatrix} + s \cdot \begin{pmatrix} 1 \\ 1 \\ 2 \end{pmatrix}$ *Ansatz*

I $2r + s = 3$
II $r + s = 1$ *LGS*
III $r + 2s = 0$

$I - 2 \cdot II$: $-s = 1 \Rightarrow s = -1$
in I: $2r - 1 = 3 \Rightarrow r = 2$ *Lösung*
Überprüfung in III: $2 + 2 \cdot (-1) = 0$

Ähnlich kann man zeigen, dass der Vektor $\begin{pmatrix} 3 \\ 1 \\ 2 \end{pmatrix}$ sich nicht als Linearkombination der Vektoren $\begin{pmatrix} 2 \\ 1 \\ 1 \end{pmatrix}$ und $\begin{pmatrix} 1 \\ 1 \\ 2 \end{pmatrix}$ darstellen lässt.

Hier erweist sich nämlich das dem Ansatz entsprechende Gleichungssystem als un-
▶ lösbar.

$\begin{pmatrix} 3 \\ 1 \\ 2 \end{pmatrix} = r \cdot \begin{pmatrix} 2 \\ 1 \\ 1 \end{pmatrix} + s \cdot \begin{pmatrix} 1 \\ 1 \\ 2 \end{pmatrix}$ *Ansatz*

I $2r + s = 3$
II $r + s = 1$ *LGS*
III $r + 2s = 2$

$I - 2 \cdot II$: $-s = 1 \Rightarrow s = -1$
in I: $2r - 1 = 3 \Rightarrow r = 2$
Überprüfung in III: $2 + 2 \cdot (-1) = 0 \neq 2$
Widerspruch

Übung 1

Überprüfen Sie, ob die Vektoren $\begin{pmatrix} 6 \\ 4 \\ 1 \end{pmatrix}$ bzw. $\begin{pmatrix} 2 \\ 3 \\ 4 \end{pmatrix}$ als Linearkombination der Vektoren $\begin{pmatrix} 2 \\ 1 \\ -1 \end{pmatrix}$ und $\begin{pmatrix} 2 \\ 2 \\ 3 \end{pmatrix}$ dargestellt werden können.

B. Kollineare und komplanare Vektoren

Zwei Vektoren, deren Pfeile parallel verlaufen, bezeichnet man als *kollinear*. Sie
verlaufen parallel, können aber eine unterschiedliche Länge haben. Ein Vektor lässt
sich dann als Vielfaches des anderen Vektors darstellen.

kollineare
Vektoren

Übung 2
Prüfen Sie, ob die gegebenen Vektoren kollinear sind.

a) $\begin{pmatrix} 3 \\ 5 \end{pmatrix}, \begin{pmatrix} -6 \\ -10 \end{pmatrix}$ b) $\begin{pmatrix} -12 \\ 3 \\ 8 \end{pmatrix}, \begin{pmatrix} 4 \\ -1 \\ 3 \end{pmatrix}$ c) $\begin{pmatrix} 4 \\ -2 \\ 8 \end{pmatrix}, \begin{pmatrix} 6 \\ -3 \\ 12 \end{pmatrix}$ d) $\begin{pmatrix} 2 \\ -3 \\ 4 \end{pmatrix}, \begin{pmatrix} 4 \\ -9 \\ 8 \end{pmatrix}$

Übung 3
Gegeben sind im räumlichen Koordinatensystem die Punkte A(3|2| − 2), B(0|8|1), C(− 1|3|3)
und D(1| − 1|1). Zeigen Sie, dass ABCD ein Trapez ist. Fertigen Sie ein Schrägbild an.

Übung 4
Sind $\vec{a}$ und $\vec{b}$ kollinear, so sind auch $\vec{x} = \vec{a} + \vec{b}$ und $\vec{y} = \vec{a} - \vec{b}$ kollinear.
Beweisen Sie diese Aussage.

Drei Vektoren, deren Pfeile sich in ein und
derselben Ebene darstellen lassen, bezeichnet man als *komplanar*. Dies bedeutet, dass sich mindestens einer der beteiligten Vektoren als Linearkombination der
restlichen beiden Vektoren darstellen
lässt.

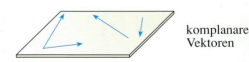

komplanare
Vektoren

Aber es muss nicht *jeder* dieser Vektoren als Linearkombination der anderen darstellbar sein. So

sind beispielsweise die Vektoren $\vec{a} = \begin{pmatrix} -2 \\ 6 \\ -8 \end{pmatrix}, \vec{b} = \begin{pmatrix} 1 \\ -3 \\ 4 \end{pmatrix}, \vec{c} = \begin{pmatrix} 1 \\ 1 \\ 0 \end{pmatrix}$ komplanar, da sich der

Vektor $\vec{a}$ als Linearkombination von $\vec{b}$ und $\vec{c}$ darstellen lässt: $\vec{a} = (- 2) \cdot \vec{b} + 0 \cdot \vec{c}$. Jedoch ist
der Vektor $\vec{c}$ nicht durch die restlichen beiden Vektoren darstellbar, da $\vec{a}$ und $\vec{b}$ kollinear sind.

Übung 5
Zeigen Sie, dass die gegebenen Vektoren komplanar sind.

a) $\begin{pmatrix} 1 \\ 7 \\ 2 \end{pmatrix}, \begin{pmatrix} 1 \\ 2 \\ 1 \end{pmatrix}, \begin{pmatrix} 2 \\ -1 \\ 1 \end{pmatrix}$ b) $\begin{pmatrix} 1 \\ 0 \\ 1 \end{pmatrix}, \begin{pmatrix} 0 \\ 1 \\ 0 \end{pmatrix}, \begin{pmatrix} 2 \\ 1 \\ 2 \end{pmatrix}$ c) $\begin{pmatrix} 3 \\ 1 \\ 4 \end{pmatrix}, \begin{pmatrix} -2 \\ 1 \\ 4 \end{pmatrix}, \begin{pmatrix} 4 \\ -2 \\ -8 \end{pmatrix}$

▶ **Beispiel:** Zeigen Sie, dass die Vektoren $\vec{a} = \begin{pmatrix} 1 \\ 0 \\ 1 \end{pmatrix}, \vec{b} = \begin{pmatrix} 0 \\ 2 \\ 1 \end{pmatrix}, \vec{c} = \begin{pmatrix} 1 \\ 0 \\ 0 \end{pmatrix}$ nicht komplanar sind.

Lösung: Es ist zu zeigen, dass keiner der Vektoren durch die anderen beiden darstellbar ist. Zum Nachweis gehen wir von einer Darstellung jedes Vektors als Linearkombination der anderen aus und zeigen, dass dieser Ansatz in allen drei Fällen auf ein unlösbares Gleichungssystem führt.

Ansatz: $\vec{a} = r\vec{b} + s\vec{c}$

$\begin{pmatrix} 1 \\ 0 \\ 1 \end{pmatrix} = r \begin{pmatrix} 0 \\ 2 \\ 1 \end{pmatrix} + s \begin{pmatrix} 1 \\ 0 \\ 0 \end{pmatrix}$

I $\quad 1 = s$
II $\quad 0 = 2r$
III $\quad 1 = r$

Ansatz: $\vec{b} = r\vec{a} + s\vec{c}$

$\begin{pmatrix} 0 \\ 2 \\ 1 \end{pmatrix} = r \begin{pmatrix} 1 \\ 0 \\ 1 \end{pmatrix} + s \begin{pmatrix} 1 \\ 0 \\ 0 \end{pmatrix}$

I $\quad 0 = r + s$
II $\quad 2 = 0r + 0s$
III $\quad 1 = r$

Ansatz: $\vec{c} = r\vec{a} + s\vec{b}$

$\begin{pmatrix} 1 \\ 0 \\ 0 \end{pmatrix} = r \begin{pmatrix} 1 \\ 0 \\ 1 \end{pmatrix} + s \begin{pmatrix} 0 \\ 2 \\ 1 \end{pmatrix}$

I $\quad 1 = r$
II $\quad 0 = 2s$
III $\quad 0 = r + s$

Es ist offensichtlich, dass die Gleichungssysteme unlösbar sind. Damit hat unser Ansatz, dass ein Vektor als Linearkombination der anderen beiden Vektoren darstellbar ist, in allen Fällen auf
▶ einen Widerspruch geführt: Die Vektoren $\vec{a}, \vec{b}, \vec{c}$ sind nicht komplanar.

Dieser Nachweis, dass drei Vektoren komplanar oder nicht komplanar sind, ist sehr umständlich, da meist drei Fälle untersucht werden müssen. Einfacher geht es mit dem folgenden Kriterium:

Satz II.6: Drei Vektoren $\vec{a}, \vec{b}, \vec{c}$ sind genau dann komplanar, wenn es drei reelle Zahlen r, s, t gibt, die nicht alle gleich null sind, sodass gilt:

$$r\vec{a} + s\vec{b} + t\vec{c} = \vec{0}.$$

Beweis:
(i) *Voraussetzung:* $\vec{a}, \vec{b}, \vec{c}$ sind komplanar.
Dann lässt sich nach der Definition ein Vektor als Linearkombination der anderen darstellen. Wir nehmen an, dass der Vektor $\vec{c}$ als Linearkombination von $\vec{a}$ und $\vec{b}$ darstellbar ist: $\vec{c} = r\vec{a} + s\vec{b}$ ($r, s \in \mathbb{R}$).
Diese Gleichung ist äquivalent zur Gleichung $r\vec{a} + s\vec{b} - \vec{c} = \vec{0}$, d. h., es gibt drei reelle Zahlen r, s, t, die nicht alle gleich null sind (zumindest $t \neq 0$), sodass gilt: $r\vec{a} + s\vec{b} + t\vec{c} = \vec{0}$.

(ii) *Voraussetzung:* Es gibt drei reelle Zahlen r, s, t, die nicht alle gleich null sind, sodass gilt: $r\vec{a} + s\vec{b} + t\vec{c} = \vec{0}$.
Wir nehmen an, dass $r \neq 0$ gilt. Dann kann die Vektorgleichung nach $\vec{a}$ umgestellt werden: $\vec{a} = -\frac{s}{r}\vec{b} - \frac{t}{r}\vec{c}$, d. h. $\vec{a} = m \cdot \vec{b} + n \cdot \vec{c}$ ($m, n \in \mathbb{R}$). Da $\vec{a}$ als Linearkombination von $\vec{b}$ und $\vec{c}$ darstellbar ist, sind die Vektoren $\vec{a}, \vec{b}, \vec{c}$ komplanar.

Für drei nicht komplanare Vektoren gilt entsprechend:

Satz II.7: Drei Vektoren $\vec{a}, \vec{b}, \vec{c}$ sind genau dann nicht komplanar, wenn die Gleichung $r\vec{a} + s\vec{b} + t\vec{c} = \vec{0}$ nur die triviale Lösung $r = s = t = 0$ hat.

Wir betrachten noch einmal das letzte Bei-spiel. Mit Satz II.7 wird der Nachweis we-sentlich einfacher. Die Vektorgleichung $r\,\vec{a}+s\,\vec{b}+t\,\vec{c}=\vec{0}$ sowie das zugehörige Gleichungssystem haben nur die triviale Lösung $r=s=t=0$. Folglich sind die Vektoren $\vec{a}$, $\vec{b}$, $\vec{c}$ nicht komplanar.

Ansatz: $r\,\vec{a}+s\,\vec{b}+t\,\vec{c}=\vec{0}$

$$r\begin{pmatrix}1\\0\\1\end{pmatrix}+s\begin{pmatrix}0\\2\\1\end{pmatrix}+t\begin{pmatrix}1\\0\\0\end{pmatrix}=\begin{pmatrix}0\\0\\0\end{pmatrix}$$

I $r+t=0$
II $2s=0$ $\Rightarrow r=s=t=0$
III $r+s=0$

Übung 6

Zeigen Sie (mit Satz II.7), dass die gegebenen Vektoren nicht komplanar sind.

a) $\begin{pmatrix}1\\-1\\1\end{pmatrix}$, $\begin{pmatrix}1\\0\\1\end{pmatrix}$, $\begin{pmatrix}0\\1\\1\end{pmatrix}$ b) $\begin{pmatrix}1\\0\\0\end{pmatrix}$, $\begin{pmatrix}0\\1\\0\end{pmatrix}$, $\begin{pmatrix}0\\0\\1\end{pmatrix}$ c) $\begin{pmatrix}1\\-1\\1\end{pmatrix}$, $\begin{pmatrix}-1\\1\\1\end{pmatrix}$, $\begin{pmatrix}1\\1\\1\end{pmatrix}$

C. Lineare Abhängigkeit und Unabhängigkeit

Sowohl bei kollinearen als auch bei komplanaren Vektoren lässt sich mindestens einer der beteiligten Vektoren als Linearkombination der restlichen Vektoren darstellen. Man bezeichnet kollineare und komplanare Vektoren auch als *linear abhängige* Vektoren. Ganz allgemein gilt folgende Definition:

> Die n Vektoren $\vec{a}_1$, $\vec{a}_2$, ..., $\vec{a}_n$ heißen *linear abhängig*, wenn (mindestens) einer der Vektoren als Linearkombination der restlichen Vektoren darstellbar ist.
> Ist dies nicht der Fall, so bezeichnet man die Vektoren $\vec{a}_1$, $\vec{a}_2$, ..., $\vec{a}_n$ als *linear unabhängig*.

Oft wird zur Überprüfung der linearen Unabhängigkeit oder Abhängigkeit das folgende Krite-rium verwendet (entsprechend Satz II.6 und Satz II.7 für komplanare Vektoren):

> ### Kriterium für lineare Unabhängigkeit
>
> Die Vektoren $\vec{a}_1$, $\vec{a}_2$, ..., $\vec{a}_n$ sind genau dann linear unabhängig, wenn die Gleichung
> $$r_1\,\vec{a}_1+r_2\,\vec{a}_2+\ldots+r_n\,\vec{a}_n=\vec{0}\quad(r_1, r_2, \ldots, r_n \in \mathbb{R})$$
> nur die triviale Lösung $r_1=r_2=\ldots=r_n=0$ hat.

> ### Kriterium für lineare Abhängigkeit
>
> Die Vektoren $\vec{a}_1$, $\vec{a}_2$, ..., $\vec{a}_n$ sind genau dann linear abhängig, wenn die Gleichung
> $$r_1\,\vec{a}_1+r_2\,\vec{a}_2+\ldots+r_n\,\vec{a}_n=\vec{0}\quad(r_1, r_2, \ldots, r_n \in \mathbb{R})$$
> neben der trivialen Lösung mindestens eine weitere nichttriviale Lösung hat.

Übung 7

Beweisen Sie die Gleichwertigkeit des Abhängigkeitskriteriums und der Definition. Begründen Sie dann die Gültigkeit des Unabhängigkeitskriteriums.

▶ **Beispiel:** Untersuchen Sie, ob die Vektoren linear unabhängig oder linear abhängig sind.

a) $\vec{a} = \begin{pmatrix} 2 \\ 1 \\ 0 \end{pmatrix}, \vec{b} = \begin{pmatrix} 0 \\ 1 \\ 0 \end{pmatrix}, \vec{c} = \begin{pmatrix} 1 \\ 1 \\ 1 \end{pmatrix}$
  b) $\vec{a} = \begin{pmatrix} 2 \\ 1 \\ 0 \end{pmatrix}, \vec{b} = \begin{pmatrix} 3 \\ 1 \\ -1 \end{pmatrix}, \vec{c} = \begin{pmatrix} 1 \\ 1 \\ 1 \end{pmatrix}$

Lösung: Wir stellen den Nullvektor als Linearkombination der Vektoren dar.

a) *Ansatz:* $r \begin{pmatrix} 2 \\ 1 \\ 0 \end{pmatrix} + s \begin{pmatrix} 0 \\ 1 \\ 0 \end{pmatrix} + t \begin{pmatrix} 1 \\ 1 \\ 1 \end{pmatrix} = \begin{pmatrix} 0 \\ 0 \\ 0 \end{pmatrix}$
  b) *Ansatz:* $r \begin{pmatrix} 2 \\ 1 \\ 0 \end{pmatrix} + s \begin{pmatrix} 3 \\ 1 \\ -1 \end{pmatrix} + t \begin{pmatrix} 1 \\ 1 \\ 1 \end{pmatrix} = \begin{pmatrix} 0 \\ 0 \\ 0 \end{pmatrix}$

I	$2r + t = 0$	
II	$r + s + t = 0$	
III	$t = 0$	

Es folgt: $r = s = t = 0$.

Die Vektorgleichung hat nur die triviale Lösung. Die Vektoren $\vec{a}$, $\vec{b}$, $\vec{c}$ sind linear
▶ unabhängig.

I $2r + 3s + t = 0$
II $r + s + t = 0$
III $-s + t = 0$

Eine mögliche Lösung ist:
$r = 2, s = -1, t = -1$.
Die Vektorgleichung hat nichttriviale Lösungen. Die Vektoren $\vec{a}, \vec{b}, \vec{c}$ sind linear abhängig.

Übung 8
Untersuchen Sie, ob die Vektoren linear abhängig oder linear unabhängig sind.

a) $\begin{pmatrix} 6 \\ 4 \\ -9 \end{pmatrix}, \begin{pmatrix} -3 \\ -2 \\ 4{,}5 \end{pmatrix}$
  b) $\begin{pmatrix} 1 \\ -2 \\ 3 \end{pmatrix}, \begin{pmatrix} 3 \\ -2 \\ 1 \end{pmatrix}$
  c) $\begin{pmatrix} 1 \\ 1 \\ 1 \end{pmatrix}, \begin{pmatrix} 2 \\ 3 \\ 4 \end{pmatrix}, \begin{pmatrix} 17 \\ 18 \\ 19 \end{pmatrix}$
  d) $\begin{pmatrix} 1 \\ -2 \\ 3 \end{pmatrix}, \begin{pmatrix} 1 \\ 2 \\ -1 \end{pmatrix}, \begin{pmatrix} 1 \\ 0 \\ 1 \end{pmatrix}$

e) $\begin{pmatrix} 3 \\ 2 \\ 1 \end{pmatrix}, \begin{pmatrix} 1 \\ 0 \\ 0 \end{pmatrix}, \begin{pmatrix} 0 \\ 1 \\ 0 \end{pmatrix}$
  f) $\begin{pmatrix} 1 \\ 0 \\ 0 \end{pmatrix}, \begin{pmatrix} 1 \\ -2 \\ 1 \end{pmatrix}, \begin{pmatrix} 1 \\ 1 \\ 1 \end{pmatrix}$
  g) $\begin{pmatrix} 1 \\ 0 \\ 1 \end{pmatrix}, \begin{pmatrix} 1 \\ -1 \\ 0 \end{pmatrix}, \begin{pmatrix} -2 \\ 3 \\ 1 \end{pmatrix}$
  h) $\begin{pmatrix} 0 \\ 1 \\ 3 \end{pmatrix}, \begin{pmatrix} -1 \\ 1 \\ 1 \end{pmatrix}, \begin{pmatrix} 2 \\ 1 \\ 1 \end{pmatrix}, \begin{pmatrix} 0 \\ 5 \\ 9 \end{pmatrix}$

Mit den behandelten Methoden können auch Vektoren mit Variablen auf lineare Abhängigkeit bzw. lineare Unabhängigkeit untersucht werden.

▶ **Beispiel:** Für welche Werte von $a \in \mathbb{R}$ sind die Vektoren $\vec{a} = \begin{pmatrix} 1 \\ 1 \\ 2 \end{pmatrix}, \vec{b} = \begin{pmatrix} 3 \\ -1 \\ 1 \end{pmatrix}, \vec{c} = \begin{pmatrix} -1 \\ 3 \\ a \end{pmatrix}$ linear abhängig?

Lösung: Da die Vektoren $\vec{a}$ und $\vec{b}$ nicht kollinear sind, ist zu prüfen, welche Bedingung a erfüllen muss, damit $\vec{c}$ als Linearkombination von $\vec{a}$ und $\vec{b}$ darstellbar ist:
$\vec{c} = r \vec{a} + s \vec{b}$.
Das äquivalente lineare Gleichungssystem besitzt nur für $a = 3$ eine Lösung:
▶ $2 \cdot \begin{pmatrix} 1 \\ 1 \\ 2 \end{pmatrix} + (-1) \cdot \begin{pmatrix} 3 \\ -1 \\ 1 \end{pmatrix} = \begin{pmatrix} -1 \\ 3 \\ 3 \end{pmatrix}$.

Ansatz: $r \begin{pmatrix} 1 \\ 1 \\ 2 \end{pmatrix} + s \begin{pmatrix} 3 \\ -1 \\ 1 \end{pmatrix} = \begin{pmatrix} -1 \\ 3 \\ a \end{pmatrix}$

I $r + 3s = -1$ ⎫
II $r - s = 3$ ⎬ $\Rightarrow s = -1, r = 2$
III $2r + s = a$ ⎭ $\Rightarrow a = 3$

Übung 9

Bestimmen Sie diejenigen reellen Zahlen a, für die die Vektoren linear abhängig sind.

a) $\begin{pmatrix} 1 \\ 0 \\ 0 \end{pmatrix}, \begin{pmatrix} 2 \\ a \\ 0 \end{pmatrix}$

b) $\begin{pmatrix} 1 \\ 1 \\ a \end{pmatrix}, \begin{pmatrix} 1 \\ a \\ -1 \end{pmatrix}, \begin{pmatrix} 2a \\ 2 \\ -1 \end{pmatrix}$

c) $\begin{pmatrix} 2 \\ -1 \\ 2 \end{pmatrix}, \begin{pmatrix} 1 \\ 1 \\ -1 \end{pmatrix}, \begin{pmatrix} 6 \\ 3 \\ a \end{pmatrix}$

d) $\begin{pmatrix} 0 \\ 1 \\ 0 \end{pmatrix}, \begin{pmatrix} 0 \\ 1 \\ a \end{pmatrix}, \begin{pmatrix} a^2 \\ 0 \\ 1 \end{pmatrix}$

e) $\begin{pmatrix} 3 \\ 1 \\ a \end{pmatrix}, \begin{pmatrix} 1 \\ -1 \\ -2 \end{pmatrix}, \begin{pmatrix} 6 \\ a \\ 6 \end{pmatrix}$

f) $\begin{pmatrix} a \\ 1 \\ a+1 \end{pmatrix}, \begin{pmatrix} a \\ 2 \\ a+2 \end{pmatrix}, \begin{pmatrix} a \\ 3 \\ a+3 \end{pmatrix}$

Im dreidimensionalen Anschauungsraum können höchstens drei Vektoren linear unabhängig sein. Später werden wir auch andere Räume – wie im nächsten Beispiel – untersuchen, in denen es mehr als drei linear unabhängige Vektoren gibt.

> **Beispiel:** Die Vektoren $\vec{a}, \vec{b}, \vec{c}$ und $\vec{d}$ seien linear unabhängig. Zeigen Sie, dass auch die Vektoren $\vec{a}_1 = \vec{a} + \vec{b}$, $\vec{a}_2 = \vec{a} + \vec{c}$, $\vec{a}_3 = \vec{b} + \vec{c}$ und $\vec{a}_4 = \vec{a} + \vec{b} + \vec{c} + \vec{d}$ linear unabhängig sind.

Lösung: Nach dem Unabhängigkeitskriterium muss nachgewiesen werden, dass die Vektorgleichung $r_1 \vec{a}_1 + r_2 \vec{a}_2 + r_3 \vec{a}_3 + r_4 \vec{a}_4 = \vec{0}$ nur die triviale Lösung $r_1 = r_2 = r_3 = r_4 = 0$ besitzt. Setzen wir in die Vektorgleichung für $\vec{a}_1, \vec{a}_2, \vec{a}_3, \vec{a}_4$ die gegebenen Linearkombinationen ein, erhalten wir: $r_1(\vec{a} + \vec{b}) + r_2(\vec{a} + \vec{c}) + r_3(\vec{b} + \vec{c}) + r_4(\vec{a} + \vec{b} + \vec{c} + \vec{d}) = \vec{0}$.

Nun wird nach den Vektoren $\vec{a}, \vec{b}, \vec{c}$ und $\vec{d}$, die nach Voraussetzung linear unabhängig sind, umgeordnet: $(r_1 + r_2 + r_4)\vec{a} + (r_1 + r_3 + r_4)\vec{b} + (r_2 + r_3 + r_4)\vec{c} + r_4 \vec{d} = \vec{0}$.

Da die Vektoren $\vec{a}, \vec{b}, \vec{c}$ und $\vec{d}$ linear unabhängig sind, müssen in der letzten Gleichung alle Koeffizienten gleich null sein. Das sich ergebende lineare Gleichungssystem für r_1, r_2, r_3 und r_4 hat nur die triviale Lösung $r_1 = r_2 = r_3 = r_4 = 0$. Damit ist die lineare Unabhängigkeit von
> $\vec{a}_1, \vec{a}_2, \vec{a}_3, \vec{a}_4$ nachgewiesen.

$$\begin{array}{ll} \text{I} & r_1 + r_2 + r_4 = 0 \\ \text{II} & r_1 + r_3 + r_4 = 0 \\ \text{III} & r_2 + r_3 + r_4 = 0 \\ \text{IV} & r_4 = 0 \end{array}$$

$$\Rightarrow \begin{array}{ll} \text{I}' & r_1 + r_2 = 0 \\ \text{II}' & r_1 + r_3 = 0 \\ \text{III}' & r_2 + r_3 = 0 \end{array}$$

$$\begin{array}{lll} \text{I}' - \text{II}' : & r_2 - r_3 = 0 \\ \text{II}' - \text{III}' : & r_1 - r_2 = 0 & \Rightarrow r_1 = r_2 = r_3 \\ \text{in I}' : & 2r_1 = 0 & \Rightarrow r_1 = r_2 = r_3 = 0 \end{array}$$

Übung 10

Die Vektoren $\vec{a}$ und $\vec{b}$ sind linear unabhängig. Zeigen Sie, dass auch

a) $\vec{a}_1 = \vec{a} + 2\vec{b}$
   $\vec{a}_2 = -2\vec{a} + \vec{b}$

b) $\vec{a}_1 = \vec{a}$
   $\vec{a}_2 = -\vec{a} - \vec{b}$

c) $\vec{a}_1 = 6\vec{a} + 4\vec{b}$
   $\vec{a}_2 = 5\vec{a} + 10\vec{b}$

linear unabhängig sind.

Übung 11

Die Vektoren $\vec{a}, \vec{b}$ und $\vec{c}$ sind linear unabhängig. Zeigen Sie die lineare Unabhängigkeit von
a) $\vec{a}_1 = \vec{a} - \vec{b}$, $\vec{a}_2 = \vec{a} - \vec{c}$, $\vec{a}_3 = \vec{b} + \vec{c}$,
b) $\vec{a}_1 = \vec{a}$, $\vec{a}_2 = \vec{a} + \vec{b}$, $\vec{a}_3 = \vec{a} - \vec{b} + \vec{c}$.

Übungen

Linearkombination von Vektoren

12. Prüfen Sie, ob der Vektor $\vec{x}$ als Linearkombination der übrigen gegebenen Vektoren darstellbar ist.

a) $\vec{x} = \begin{pmatrix} 9 \\ 1 \end{pmatrix}$, $\vec{a} = \begin{pmatrix} 2 \\ 2 \end{pmatrix}$, $\vec{b} = \begin{pmatrix} 3 \\ -1 \end{pmatrix}$

b) $\vec{x} = \begin{pmatrix} 4 \\ 2 \end{pmatrix}$, $\vec{a} = \begin{pmatrix} 2 \\ -3 \end{pmatrix}$, $\vec{b} = \begin{pmatrix} 1 \\ -4 \end{pmatrix}$

c) $\vec{x} = \begin{pmatrix} 2 \\ 6 \end{pmatrix}$, $\vec{a} = \begin{pmatrix} 1 \\ 2 \end{pmatrix}$, $\vec{b} = \begin{pmatrix} 2 \\ 4 \end{pmatrix}$

d) $\vec{x} = \begin{pmatrix} 1 \\ -4 \\ 3 \end{pmatrix}$, $\vec{a} = \begin{pmatrix} 2 \\ 2 \\ 1 \end{pmatrix}$, $\vec{b} = \begin{pmatrix} 1 \\ 0 \\ 2 \end{pmatrix}$

e) $\vec{x} = \begin{pmatrix} 6 \\ -3 \\ 1 \end{pmatrix}$, $\vec{a} = \begin{pmatrix} 1 \\ -1 \\ 0 \end{pmatrix}$, $\vec{b} = \begin{pmatrix} 1 \\ 0 \\ 1 \end{pmatrix}$, $\vec{c} = \begin{pmatrix} 1 \\ 0 \\ 0 \end{pmatrix}$, $\vec{d} = \begin{pmatrix} 1 \\ 1 \\ 1 \end{pmatrix}$

f) $\vec{x} = \begin{pmatrix} -5 \\ 8 \\ -1 \end{pmatrix}$, $\vec{a} = \begin{pmatrix} 1 \\ 4 \\ 1 \end{pmatrix}$, $\vec{b} = \begin{pmatrix} 2 \\ 1 \\ 1 \end{pmatrix}$

g) $\vec{x} = \begin{pmatrix} -1 \\ 0 \\ 0 \end{pmatrix}$, $\vec{a} = \begin{pmatrix} 1 \\ 4 \\ 1 \end{pmatrix}$, $\vec{b} = \begin{pmatrix} 0 \\ 1 \\ 1 \end{pmatrix}$, $\vec{c} = \begin{pmatrix} 1 \\ 3 \\ 0 \end{pmatrix}$, $\vec{d} = \begin{pmatrix} 2 \\ 9 \\ 3 \end{pmatrix}$

h) $\vec{x} = \begin{pmatrix} 6 \\ 2 \\ 5 \end{pmatrix}$, $\vec{a} = \begin{pmatrix} 2 \\ 0 \\ 1 \end{pmatrix}$, $\vec{b} = \begin{pmatrix} 1 \\ 1 \\ 0 \end{pmatrix}$, $\vec{c} = \begin{pmatrix} 1 \\ 1 \\ 1 \end{pmatrix}$

13. Für welche reellen Zahlen a ist $\vec{x}$ nicht als Linearkombination der übrigen gegebenen Vektoren darstellbar?

a) $\vec{x} = \begin{pmatrix} 0 \\ 9 \end{pmatrix}$, $\vec{a} = \begin{pmatrix} a \\ 6 \end{pmatrix}$, $\vec{b} = \begin{pmatrix} 2 \\ 3 \end{pmatrix}$

b) $\vec{x} = \begin{pmatrix} 1 \\ 3 \end{pmatrix}$, $\vec{a} = \begin{pmatrix} 0 \\ a \end{pmatrix}$, $\vec{b} = \begin{pmatrix} a \\ a+1 \end{pmatrix}$

c) $\vec{x} = \begin{pmatrix} a+2 \\ 2a \\ a \end{pmatrix}$, $\vec{a} = \begin{pmatrix} 1 \\ 1 \\ 0 \end{pmatrix}$, $\vec{b} = \begin{pmatrix} 2 \\ 1 \\ 1 \end{pmatrix}$

d) $\vec{x} = \begin{pmatrix} 2 \\ a \\ 1 \end{pmatrix}$, $\vec{a} = \begin{pmatrix} 1 \\ 1 \\ 2 \end{pmatrix}$, $\vec{b} = \begin{pmatrix} -1 \\ 1 \\ 1 \end{pmatrix}$, $\vec{c} = \begin{pmatrix} 1 \\ 3 \\ 5 \end{pmatrix}$

14. M und N sind Mittelpunkte der entsprechenden Kanten des Quaders. Drücken Sie $\vec{x} = \overrightarrow{AM}$ und $\vec{y} = \overrightarrow{HN}$ als Linearkombination der Vektoren $\vec{a}$, $\vec{b}$ und $\vec{c}$ aus.

15. Gegeben ist die abgebildete quadratische Pyramide. Stellen Sie die angegebenen Vektoren als Linearkombination der Vektoren $\vec{a}$, $\vec{b}$ und $\vec{c}$ dar.
$\overrightarrow{AC}, \overrightarrow{BD}, \overrightarrow{BF}, \overrightarrow{DF}, \overrightarrow{AS}, \overrightarrow{BS}, \overrightarrow{SC}, \overrightarrow{SD}$

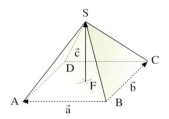

Kollineare und komplanare Vektoren

16. Prüfen Sie, ob die gegebenen Vektoren kollinear sind.

a) $\begin{pmatrix} 4 \\ 2 \end{pmatrix}, \begin{pmatrix} 8 \\ 4 \end{pmatrix}$
b) $\begin{pmatrix} 3 \\ 5 \end{pmatrix}, \begin{pmatrix} 1 \\ 1 \end{pmatrix}$
c) $\begin{pmatrix} 2 \\ -3 \end{pmatrix}, \begin{pmatrix} 0 \\ 0 \end{pmatrix}$
d) $\begin{pmatrix} 1 \\ 2 \\ 3 \end{pmatrix}, \begin{pmatrix} 4 \\ 8 \\ 12 \end{pmatrix}$

e) $\begin{pmatrix} 8 \\ -2 \\ 6 \end{pmatrix}, \begin{pmatrix} -20 \\ 5 \\ -15 \end{pmatrix}$
f) $\begin{pmatrix} 6 \\ 16 \\ 4 \end{pmatrix}, \begin{pmatrix} 10 \\ 40 \\ 10 \end{pmatrix}$
g) $\begin{pmatrix} 3 \\ 0 \\ 4 \end{pmatrix}, \begin{pmatrix} 4 \\ 1 \\ 2 \end{pmatrix}$
h) $\begin{pmatrix} 2 \\ 0 \\ -6 \end{pmatrix}, \begin{pmatrix} -3 \\ 0 \\ 9 \end{pmatrix}$

17. Prüfen Sie, ob das Viereck ABCD ein Trapez ist. Fertigen Sie ein Schrägbild an.

a) A(1|1), B(7|5), C(4|6), D(1|4)
b) A(3|1), B(8|3), C(9|6), D(6|4)
c) A(4|1|0), B(−2|3|2), C(0|2|4), D(3|1|3)
d) A(3|0|1), B(3|4|−1), C(−1|2|3), D(1|−1|3)

18. Gegeben ist ein Raumviereck durch die Eckpunkte A(4|0|0), B(4|3|1), C(0|3|4) und D(4|0|3). Zeichnen Sie ein Schrägbild des Vierecks. Zeigen Sie, dass die Seitenmittelpunkte des Vierecks ABCD ein Parallelogramm bilden.

19. Untersuchen Sie, ob die gegebenen Punkte A, B und C auf einer Geraden liegen. Fertigen Sie eine Zeichnung an.

a) A(1|1), B(5|2), C(−3|0)
b) A(2|3), B(0|2), C(5|4)
c) A(1|2|4), B(3|4|3), C(5|6|2)
d) A(1|2|2), B(3|−1|1), C(−1|4|2)

20. Beweisen Sie die folgende Aussage:

Zwei Vektoren $\vec{a}$ und $\vec{b}$ sind genau dann kollinear, wenn es zwei reelle Zahlen r und s gibt, die nicht beide gleich null sind, sodass gilt: $r \cdot \vec{a} + s \cdot \vec{b} = \vec{0}$.

21. Prüfen Sie, ob die gegebenen Vektoren komplanar sind.

a) $\begin{pmatrix} -4 \\ -2 \\ 0 \end{pmatrix}, \begin{pmatrix} 2 \\ 1 \\ 3 \end{pmatrix}, \begin{pmatrix} 0 \\ 0 \\ 1 \end{pmatrix}$
b) $\begin{pmatrix} 3 \\ 1 \\ 1 \end{pmatrix}, \begin{pmatrix} 1 \\ 1 \\ 0 \end{pmatrix}, \begin{pmatrix} 1 \\ 1 \\ 1 \end{pmatrix}$
c) $\begin{pmatrix} 2 \\ -1 \\ 1 \end{pmatrix}, \begin{pmatrix} 3 \\ 2 \\ -1 \end{pmatrix}, \begin{pmatrix} 1 \\ 1 \\ -1 \end{pmatrix}$

d) $\begin{pmatrix} 1 \\ -1 \\ 0 \end{pmatrix}, \begin{pmatrix} 2 \\ 0 \\ 1 \end{pmatrix}, \begin{pmatrix} 7 \\ -2 \\ 4 \end{pmatrix}$
e) $\begin{pmatrix} 3 \\ -1 \\ -1 \end{pmatrix}, \begin{pmatrix} 2 \\ -1 \\ 3 \end{pmatrix}, \begin{pmatrix} -2 \\ 0 \\ 8 \end{pmatrix}$
f) $\begin{pmatrix} -2 \\ 1 \\ 1 \end{pmatrix}, \begin{pmatrix} 1 \\ 0 \\ 3 \end{pmatrix}, \begin{pmatrix} -5 \\ 3 \\ 6 \end{pmatrix}$

22. Prüfen Sie anhand des abgebildeten Quaders, ob die gegebenen drei Vektoren komplanar sind.

a) $\overrightarrow{AB}, \overrightarrow{AE}, \overrightarrow{AF}$

b) $\overrightarrow{AB}, \overrightarrow{CG}, \overrightarrow{EA}$

c) $\overrightarrow{AE}, \overrightarrow{DC}, \overrightarrow{FG}$

d) $\overrightarrow{HE}, \overrightarrow{BC}, \overrightarrow{AG}$

e) $\overrightarrow{AC}, \overrightarrow{FG}, \overrightarrow{HD}$

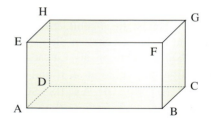

23. Beweisen Sie die folgenden Aussagen:

a) Die drei Vektoren $\vec{a}$, $\vec{b}$, $\vec{0}$ sind komplanar.

b) Sind zwei von drei Vektoren $\vec{a}$, $\vec{b}$, $\vec{c}$ kollinear, so sind die drei Vektoren komplanar.

24. Sind die gegebenen drei Vektoren im Spat komplanar?

a) $\overrightarrow{AB}$, $\overrightarrow{AF}$, $\overrightarrow{HC}$

b) $\overrightarrow{AG}$, $\overrightarrow{DB}$, $\overrightarrow{CG}$

c) $\overrightarrow{AF}$, $\overrightarrow{AH}$, $\overrightarrow{HF}$

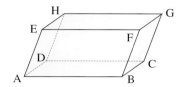

25. Untersuchen Sie, ob die gegebenen vier Punkte A, B, C und D in einer Ebene liegen. Fertigen Sie ein Schrägbild an.

a) A(3|1|2), B(6|2|2), C(5|9|4), D(1|4|3)   b) A(5|2|0), B(1|2|6), C(1|6|0), D(6|7|−2)

Lineare Abhängigkeit und Unabhängigkeit

26. Untersuchen Sie, ob die Vektoren linear abhängig oder linear unabhängig sind.

a) $\begin{pmatrix} 6 \\ -1 \\ -2 \end{pmatrix}$, $\begin{pmatrix} 12 \\ -2 \\ -4 \end{pmatrix}$, $\begin{pmatrix} -6 \\ 1 \\ 2 \end{pmatrix}$ b) $\begin{pmatrix} 1 \\ 0 \\ 0 \end{pmatrix}$, $\begin{pmatrix} 0 \\ 1 \\ 0 \end{pmatrix}$, $\begin{pmatrix} 0 \\ 0 \\ 1 \end{pmatrix}$, $\begin{pmatrix} -1 \\ 5 \\ 3 \end{pmatrix}$ c) $\begin{pmatrix} 0 \\ 4 \\ 0 \end{pmatrix}$, $\begin{pmatrix} 3 \\ 0 \\ 0 \end{pmatrix}$, $\begin{pmatrix} 1 \\ 0 \\ 2 \end{pmatrix}$

d) $\begin{pmatrix} 3 \\ -1 \\ 4 \end{pmatrix}$, $\begin{pmatrix} 2 \\ 0 \\ 1 \end{pmatrix}$, $\begin{pmatrix} 5 \\ -2 \\ 1 \end{pmatrix}$ e) $\begin{pmatrix} 1 \\ 2 \\ 4 \end{pmatrix}$, $\begin{pmatrix} 2 \\ -1 \\ 3 \end{pmatrix}$, $\begin{pmatrix} -3 \\ 4 \\ -2 \end{pmatrix}$ f) $\begin{pmatrix} 1 \\ 1 \\ 2 \end{pmatrix}$, $\begin{pmatrix} 2 \\ -2 \\ -5 \end{pmatrix}$, $\begin{pmatrix} 2 \\ -1 \\ 3 \end{pmatrix}$, $\begin{pmatrix} -3 \\ 7 \\ 5 \end{pmatrix}$

g) $\begin{pmatrix} 1 \\ 2 \\ 0 \\ -1 \end{pmatrix}$, $\begin{pmatrix} 0 \\ 1 \\ 1 \\ 1 \end{pmatrix}$, $\begin{pmatrix} 1 \\ 1 \\ 1 \\ 1 \end{pmatrix}$, $\begin{pmatrix} 4 \\ 0 \\ -3 \\ 0 \end{pmatrix}$ h) $\begin{pmatrix} 4 \\ -2 \\ 1 \\ 2 \end{pmatrix}$, $\begin{pmatrix} -2 \\ 3 \\ -1 \\ -1 \end{pmatrix}$, $\begin{pmatrix} 1 \\ 3 \\ 2 \\ 2 \end{pmatrix}$, $\begin{pmatrix} 3 \\ 4 \\ 2 \\ 3 \end{pmatrix}$ i) $\begin{pmatrix} 1 \\ 2 \\ 3 \\ 3 \end{pmatrix}$, $\begin{pmatrix} -2 \\ 1 \\ 4 \\ -4 \end{pmatrix}$, $\begin{pmatrix} 5 \\ -3 \\ -8 \\ 10 \end{pmatrix}$, $\begin{pmatrix} 3 \\ 3 \\ 6 \\ 8 \end{pmatrix}$

27. Entscheiden Sie, ob die folgenden Aussagen wahr oder falsch sind. Beweisen Sie die Aussagen gegebenenfalls oder widerlegen Sie diese mit einem Gegenbeispiel.

A. Die Vektoren einer Vektormenge, in der der Nullvektor enthalten ist, sind linear abhängig.

B. Enthält eine Menge von Vektoren einen Vektor und seinen Gegenvektor, sind die Vektoren der Menge linear abhängig.

C. Streicht man von n linear unabhängigen Vektoren einen Vektor, so sind die restlichen n − 1 Vektoren linear unabhängig.

D. Streicht man von n linear abhängigen Vektoren einen Vektor, so sind die restlichen n − 1 Vektoren linear abhängig.

E. Fügt man zu n linear unabhängigen Vektoren einen beliebigen Vektor zu, so sind die n + 1 Vektoren stets linear unabhängig.

F. Fügt man zu n linear abhängigen Vektoren einen beliebigen Vektor zu, so sind die n + 1 Vektoren stets linear abhängig.

28. a) Für einen Vektor $\vec{x}$ gebe es (mindestens) zwei verschiedene Möglichkeiten der Darstellung als Linearkombination der Vektoren $\vec{a}_1$, $\vec{a}_2$, $\vec{a}_3$:
$\vec{x} = r_1 \vec{a}_1 + r_2 \vec{a}_2 + r_3 \vec{a}_3$ und $\vec{x} = s_1 \vec{a}_1 + s_2 \vec{a}_2 + s_3 \vec{a}_3$.
Beweisen Sie, dass die Vektoren $\vec{a}_1$, $\vec{a}_2$, $\vec{a}_3$ linear abhängig sind.

b) Darf aus der Gleichung $r_1 \begin{pmatrix} 3 \\ -1 \\ 2 \end{pmatrix} + r_2 \begin{pmatrix} 1 \\ 3 \\ -2 \end{pmatrix} + r_3 \begin{pmatrix} 5 \\ -5 \\ 6 \end{pmatrix} = s_1 \begin{pmatrix} 3 \\ -1 \\ 2 \end{pmatrix} + s_2 \begin{pmatrix} 1 \\ 3 \\ -2 \end{pmatrix} + s_3 \begin{pmatrix} 5 \\ -5 \\ 6 \end{pmatrix}$

gefolgert werden, dass $r_1 = s_1$, $r_2 = s_2$ und $r_3 = s_3$ ist?

29. a) Stellen Sie, bezugnehmend auf den abgebildeten Quader, die Vektoren $\overrightarrow{AC}$, $\overrightarrow{BD}$, $\overrightarrow{CG}$, $\overrightarrow{AG}$, $\overrightarrow{EC}$, $\overrightarrow{BH}$, $\overrightarrow{DF}$ als Linearkombination der Vektoren $\vec{a}$, $\vec{b}$ und $\vec{c}$ dar.

b) Begründen Sie, weshalb sich der Nullvektor $\vec{0}$ nicht als nichttriviale Linearkombination der Vektoren $\vec{x} = \vec{a} + \vec{b}$ und $\vec{y} = \vec{c} - \vec{a}$ darstellen lässt.

c) M sei der „Mittelpunkt" des Quaders. Stellen Sie den Vektor $\overrightarrow{CM}$ als Linearkombination von $\vec{a}$, $\vec{b}$ und $\vec{c}$ dar.

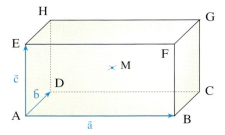

30. Bestimmen Sie diejenigen reellen Zahlen a, für die die Vektoren linear abhängig sind.

a) $\begin{pmatrix} a \\ 2a \end{pmatrix}, \begin{pmatrix} 7 \\ a \end{pmatrix}$ b) $\begin{pmatrix} a \\ 4 \end{pmatrix}, \begin{pmatrix} 2a \\ 3 \end{pmatrix}$ c) $\begin{pmatrix} 8 \\ a^2 \\ 4 \end{pmatrix}, \begin{pmatrix} a \\ 1 \\ 1 \end{pmatrix}$

d) $\begin{pmatrix} 2 \\ 1 \\ -1 \end{pmatrix}, \begin{pmatrix} 1 \\ 1 \\ 4 \end{pmatrix}, \begin{pmatrix} a \\ 3 \\ 2 \end{pmatrix}$ e) $\begin{pmatrix} a \\ 3 \\ 1 \end{pmatrix}, \begin{pmatrix} 1 \\ a \\ 1 \end{pmatrix}, \begin{pmatrix} 1 \\ 3 \\ a \end{pmatrix}$ f) $\begin{pmatrix} a \\ 0 \\ 2 \end{pmatrix}, \begin{pmatrix} 0 \\ a \\ 2 \end{pmatrix}, \begin{pmatrix} 2a \\ 1 \\ 0 \end{pmatrix}$

31. Welche Bedingung müssen die reellen Zahlen a und b erfüllen, damit die Vektoren linear abhängig sind?

a) $\begin{pmatrix} a \\ 2 \\ 1 \end{pmatrix}, \begin{pmatrix} 6 \\ b \\ 3 \end{pmatrix}$ b) $\begin{pmatrix} a \\ 1 \\ 2 \end{pmatrix}, \begin{pmatrix} 1 \\ -1 \\ 1 \end{pmatrix}, \begin{pmatrix} 1 \\ b \\ 1 \end{pmatrix}$ c) $\begin{pmatrix} 1 \\ 1 \\ 1 \end{pmatrix}, \begin{pmatrix} 1 \\ 2 \\ 1 \end{pmatrix}, \begin{pmatrix} a \\ 0 \\ b \end{pmatrix}$

32. Die Vektoren $\vec{a}$, $\vec{b}$ und $\vec{c}$ sind linear unabhängig.
Untersuchen Sie, ob die gegebenen Vektoren linear abhängig oder linear unabhängig sind.

a) $\vec{a}_1 = \vec{a} - \vec{b}$
$\vec{a}_2 = \vec{a} + \vec{b}$
$\vec{a}_3 = \vec{a} + \vec{b} + \vec{c}$

b) $\vec{a}_1 = 2\vec{a} + \vec{b}$
$\vec{a}_2 = \vec{a} - \vec{b} + \vec{c}$
$\vec{a}_3 = 8\vec{a} + \vec{b} + 2\vec{c}$

c) $\vec{a}_1 = 3\vec{a} + 2\vec{b}$
$\vec{a}_2 = \vec{b} + \vec{c}$
$\vec{a}_3 = -\vec{a} + \vec{b} + 2\vec{c}$

D. Basis

Wie in Abschnitt A gezeigt, lassen sich Vektoren des $\mathbb{R}^2$ (Ebene) und $\mathbb{R}^3$ (Raum) als Linearkombination von wenigen Vektoren ausdrücken. Dies führt auf den wichtigen Begriff *Basis*, den wir in diesem Abschnitt einführen.

> **Definition II.7:**
> Eine Menge aus zwei linear unabhängigen Vektoren des $\mathbb{R}^2$ wird als *Basis* des $\mathbb{R}^2$ bezeichnet.
> Eine Menge aus drei linear unabhängigen Vektoren des $\mathbb{R}^3$ wird als *Basis* des $\mathbb{R}^3$ bezeichnet.

Die einfachste Basis des $\mathbb{R}^2$ ist die sog. *kanonische Basis* $\left\{ \binom{1}{0}, \binom{0}{1} \right\}$.

Jeder Vektor des $\mathbb{R}^2$ lässt sich als Linearkombination dieser Basisvektoren darstellen, denn es gilt für einen beliebigen Vektor $\vec{x} = \binom{x_1}{x_2} \in \mathbb{R}^2$ die Zerlegung: $\vec{x} = x_1 \cdot \binom{1}{0} + x_2 \cdot \binom{0}{1}$, wobei die Vektoren $\binom{x_1}{0} = x_1 \cdot \binom{1}{0}$ und $\binom{0}{x_2} = x_2 \cdot \binom{0}{1}$ als *Komponenten* des Vektors $\vec{x} = \binom{x_1}{x_2}$ bezüglich der kanonischen Basis bezeichnet werden.

Dass diese Eigenschaft für *jede* Basis gilt, sagt der folgende Satz aus.

> **Satz II.8:** Jeder Vektor des $\mathbb{R}^2$ lässt sich als Linearkombination der Basisvektoren einer beliebigen Basis des $\mathbb{R}^2$ darstellen. Jeder Vektor des $\mathbb{R}^3$ lässt sich als Linearkombination der Basisvektoren einer beliebigen Basis des $\mathbb{R}^3$ darstellen.

> **Beispiel:** Zeigen Sie, dass jeder Vektor des $\mathbb{R}^2$ sich als Linearkombination der Vektoren der Basis $\left\{ \binom{1}{0}, \binom{2}{1} \right\}$ darstellen lässt.

Lösung:

Es ist zu zeigen, dass sich ein beliebiger Vektor $\vec{x}$ aus $\mathbb{R}^2$ als Linearkombination von $\binom{1}{0}$ und $\binom{2}{1}$ darstellen lässt. Dies führt auf die nebenstehende Vektorgleichung.

Vektorgleichung:
$$\vec{x} = \binom{x_1}{x_2} = r \cdot \binom{1}{0} + s \cdot \binom{2}{1}$$

Durch Betrachtung der einzelnen Koordinaten der Spaltenvektoren erhalten wir ein lineares Gleichungssystem, aus dem wir r und s in Abhängigkeit von x_1 und x_2 errechnen können.

Gleichungssystem:
$$\begin{array}{l} x_1 = r + 2s \\ x_2 = s \end{array} \Rightarrow \begin{array}{l} r = x_1 - 2x_2 \\ s = x_2 \end{array}$$

Die nebenstehende Rechnung zeigt, dass die Vektorgleichung mit $r = x_1 - 2x_2$ und $s = x_2$ erfüllt wird.

Darstellung von $\vec{x}$ durch $\binom{1}{0}$ und $\binom{2}{1}$:
$$\vec{x} = (x_1 - 2x_2) \cdot \binom{1}{0} + x_2 \cdot \binom{2}{1}$$

Übungen

33. Entscheiden Sie, ob die angegebene Menge eine Basis des $\mathbb{R}^2$ sind. Begründen Sie.

a) $\left\{ \begin{pmatrix} 3 \\ 5 \end{pmatrix}, \begin{pmatrix} 1 \\ -7 \end{pmatrix} \right\}$
b) $\left\{ \begin{pmatrix} -1 \\ 4 \end{pmatrix}, \begin{pmatrix} 5 \\ -20 \end{pmatrix} \right\}$
c) $\left\{ \begin{pmatrix} 2 \\ 3 \end{pmatrix}, \begin{pmatrix} 6 \\ 1 \end{pmatrix}, \begin{pmatrix} -1 \\ -1{,}5 \end{pmatrix} \right\}$

34. Entscheiden Sie, ob die angegebene Menge eine Basis des $\mathbb{R}^3$ sind. Begründen Sie.

a) $\left\{ \begin{pmatrix} 1 \\ 1 \\ 1 \end{pmatrix}, \begin{pmatrix} 3 \\ 0 \\ 3 \end{pmatrix}, \begin{pmatrix} 0 \\ -4 \\ 0 \end{pmatrix} \right\}$
b) $\left\{ \begin{pmatrix} 7 \\ 1 \\ 1 \end{pmatrix}, \begin{pmatrix} 6 \\ 3 \\ 3 \end{pmatrix}, \begin{pmatrix} 4 \\ 2 \\ 0 \end{pmatrix} \right\}$
c) $\left\{ \begin{pmatrix} -1 \\ 2 \\ 3 \end{pmatrix}, \begin{pmatrix} 8 \\ 5 \\ -6 \end{pmatrix}, \begin{pmatrix} 2 \\ -4 \\ -6 \end{pmatrix} \right\}$

35. Geben Sie die kanonische Basis des $\mathbb{R}^3$ an und zeigen Sie, dass sich jeder Vektor des $\mathbb{R}^3$ als Linearkombination dieser Basisvektoren darstellen lässt.

36. a) Geben Sie die Koordinaten des Vektors $\begin{pmatrix} 5 \\ 3 \end{pmatrix}$ bzgl. der Basis $\left\{ \begin{pmatrix} 1 \\ -1 \end{pmatrix}, \begin{pmatrix} 3 \\ 1 \end{pmatrix} \right\}$ an.

   b) Weisen Sie nach, dass jeder Vektor des $\mathbb{R}^2$ sich als Linearkombination dieser Basisvektoren darstellen lässt.

37. Geben Sie die Koordinaten des Vektors $\begin{pmatrix} -1 \\ 5 \\ 8 \end{pmatrix}$ bzgl. der Basis $\left\{ \begin{pmatrix} 1 \\ 2 \\ 2 \end{pmatrix}, \begin{pmatrix} 3 \\ 1 \\ 1 \end{pmatrix}, \begin{pmatrix} -2 \\ 0 \\ 1 \end{pmatrix} \right\}$ an.

38. Zeigen Sie, dass sich jeder Vektor des $\mathbb{R}^3$ als Linearkombination der Vektoren der Basis $\left\{ \begin{pmatrix} 1 \\ 1 \\ 1 \end{pmatrix}, \begin{pmatrix} 2 \\ 1 \\ 1 \end{pmatrix}, \begin{pmatrix} 1 \\ 0 \\ 1 \end{pmatrix} \right\}$ darstellen lässt. Geben Sie die Zerlegung an.

39. Reduzieren Sie die Menge $\left\{ \begin{pmatrix} 1 \\ 2 \end{pmatrix}, \begin{pmatrix} 5 \\ -1 \end{pmatrix}, \begin{pmatrix} 2 \\ 3 \end{pmatrix}, \begin{pmatrix} -4 \\ -8 \end{pmatrix} \right\}$ so, dass eine Basis des $\mathbb{R}^2$ entsteht.

40. Reduzieren Sie die Menge $\left\{ \begin{pmatrix} 1 \\ 1 \\ 1 \end{pmatrix}, \begin{pmatrix} 1 \\ 2 \\ 3 \end{pmatrix}, \begin{pmatrix} 2 \\ 1 \\ 4 \end{pmatrix}, \begin{pmatrix} 1 \\ 0 \\ 1 \end{pmatrix} \right\}$ so, dass eine Basis des $\mathbb{R}^3$ entsteht.

41. Für welche $t \in \mathbb{R}$ bildet die angegebene Vektormenge eine Basis des $\mathbb{R}^2$?

a) $\left\{ \begin{pmatrix} 1 \\ -4 \end{pmatrix}, \begin{pmatrix} t \\ 0 \end{pmatrix} \right\}$
b) $\left\{ \begin{pmatrix} 2 \\ -3 \end{pmatrix}, \begin{pmatrix} t \\ 1-t \end{pmatrix} \right\}$
c) $\left\{ \begin{pmatrix} 18 \\ t \end{pmatrix}, \begin{pmatrix} 2t \\ 1 \end{pmatrix} \right\}$

E. *EXKURS:* Teilverhältnisse

Mithilfe des Begriffs der linearen Unabhängigkeit von Vektoren lassen sich Teilverhältnisse in geometrischen Figuren, z. B. der Teilungspunkt der Seitenhalbierenden eines Dreiecks, einfacher bestimmen als mit elementaren geometrischen Methoden.

Rechts ist eine Strecke $\overline{AB}$ abgebildet, die durch den Punkt T in zwei Teilstrecken $\overline{AT}$ und $\overline{TB}$ geteilt wird. Die Strecke $\overline{AB}$ wird durch T im Verhältnis $2:5$ geteilt, denn es gilt:

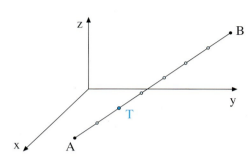

$$|\overline{AT}| : |\overline{TB}| = \tfrac{2}{7}|\overline{AB}| : \tfrac{5}{7}|\overline{AB}| = 2:5.$$

Entsprechend ergibt sich für die Vektoren:
$$\overrightarrow{AT} = \tfrac{2}{5}\overrightarrow{TB}.$$

Solche *Teilverhältnisse* spielen bei der Lösung geometrischer Probleme oft eine Rolle.

Übung 42
Die Strecke $\overline{AB}$ sei in drei gleich lange Teile geteilt. Bestimmen Sie die Koordinaten der Teilungspunkte S und T.

a) $A(4|8), B(4|-1)$ b) $A(9|6|3), B(3|-3|0)$ c) $A(5|3|4), B(2|6|-5)$

Übung 43
Bestimmen Sie, in welchem Verhältnis der Punkt T die Strecke $\overline{AB}$ teilt.

a) $A(3|4), B(17|11), T(9|7)$ b) $A(0|2), B(24|8), T(16|6)$
c) $A(1|2|3), B(17|18|11), T(5|6|5)$ d) $A(-6|7|12), B(4|37|62), T(2|31|52)$

▶ **Beispiel:** Im Parallelogramm ABCD teilt der Punkt E die Seite $\overline{BC}$ im Verhältnis $2:1$. In welchem Verhältnis teilt der Schnittpunkt S die in der Skizze eingezeichneten Transversalen $\overline{DB}$ und $\overline{AE}$?

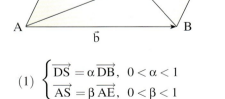

Lösung:
Der Punkt S teilt die Transversale $\overline{DB}$ in zwei Teile $\overline{DS}$ und $\overline{SB}$. Der Vektor $\overrightarrow{DS}$ lässt sich als nichtganzzahliges Vielfaches des Vektors $\overrightarrow{DB}$ ausdrücken, d. h., $\overrightarrow{DS} = \alpha\,\overrightarrow{DB}$. Dabei gilt $0 < \alpha < 1$.

▼ Analog folgt $\overrightarrow{AS} = \beta\,\overrightarrow{AE},\ 0 < \beta < 1$.

$$(1) \quad \begin{cases} \overrightarrow{DS} = \alpha\,\overrightarrow{DB}, \ 0 < \alpha < 1 \\ \overrightarrow{AS} = \beta\,\overrightarrow{AE}, \ 0 < \beta < 1 \end{cases}$$

Unser Ziel ist die Berechnung der zunächst noch unbekannten Zahlen α und β, welche die gesuchten Teilverhältnisse bestimmen. Dazu stellen wir eine Vektorgleichung auf, in der sowohl α als auch β vorkommen.

Wir verwenden dazu die geschlossene Pfeilkette (Vektorzug) $\overrightarrow{AD}$, $\overrightarrow{DS}$, $\overrightarrow{SA}$, denn die Summe dieser Vektoren ist uns bekannt. Sie ist nämlich gleich $\vec{0}$.

$$\overrightarrow{AD} + \overrightarrow{DS} + \overrightarrow{SA} = \vec{0}$$
$$(2) \quad \overrightarrow{AD} + \alpha\,\overrightarrow{DB} - \beta\,\overrightarrow{AE} = \vec{0}$$

Zur Vereinfachung drücken wir nun alle in Gleichung (2) auftretenden Vektoren als Linearkombination der Vektoren $\vec{a} = \overrightarrow{AD}$ und $\vec{b} = \overrightarrow{AB}$ aus, die das Parallelogramm aufspannen.

$$(3) \quad \begin{aligned} \overrightarrow{AD} &= \vec{a} \\ \overrightarrow{DB} &= \overrightarrow{DA} + \overrightarrow{AB} = -\vec{a} + \vec{b} \\ \overrightarrow{AE} &= \overrightarrow{AB} + \overrightarrow{BE} = \overrightarrow{AB} + \tfrac{2}{3}\overrightarrow{BC} \\ &= \vec{b} + \tfrac{2}{3}\vec{a} \end{aligned}$$

Anschließend setzen wir die Resultate (3) in (2) ein und sortieren nach $\vec{a}$ und $\vec{b}$. Wir erhalten eine Darstellung des Nullvektors als Linearkombination von $\vec{a}$ und $\vec{b}$.

$$\vec{a} + \alpha(-\vec{a} + \vec{b}) - \beta(\vec{b} + \tfrac{2}{3}\vec{a}) = \vec{0}$$
$$(4) \quad (1 - \alpha - \tfrac{2}{3}\beta)\vec{a} + (\alpha - \beta)\vec{b} = \vec{0}$$

Nun nutzen wir aus, dass $\vec{a}$ und $\vec{b}$ aufgrund ihrer unterschiedlichen Richtungen linear unabhängig (nicht kollinear) sind. Die Koeffizienten $(1 - \alpha - \tfrac{2}{3}\beta)$ und $(\alpha - \beta)$ aus (4) sind also jeweils 0. Wir erhalten das Gleichungssystem (5).

$$(5) \quad \begin{cases} 1 - \alpha - \tfrac{2}{3}\beta = 0 \\ \alpha - \quad \beta = 0 \end{cases}$$

Das System hat die Lösung $\alpha = \tfrac{3}{5}$, $\beta = \tfrac{3}{5}$. Nun können wir die gesuchten Teilverhältnisse bestimmen.

$$(6) \quad \alpha = \tfrac{3}{5}, \ \beta = \tfrac{3}{5}$$

Resultat: Sowohl $\overline{DB}$ als auch $\overline{AE}$ werden im Verhältnis 3 : 2 geteilt.

$$|\overline{DS}| : |\overline{SB}| = \tfrac{3}{5}|\overline{DB}| : \tfrac{2}{5}|\overline{DB}| = \tfrac{3}{5} : \tfrac{2}{5} = 3 : 2$$
$$|\overline{AS}| : |\overline{SE}| = \tfrac{3}{5}|\overline{AE}| : \tfrac{2}{5}|\overline{AE}| = \tfrac{3}{5} : \tfrac{2}{5} = 3 : 2$$

Übung 44

Im abgebildeten Trapez ist die Seite $\overline{DC}$ halb so lang wie die Seite $\overline{AB}$. In welchem Verhältnis teilt der Schnittpunkt S die Diagonalen $\overline{DB}$ und $\overline{AC}$?

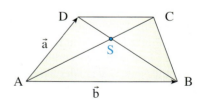

Übung 45

Im Parallelogramm ABCD teilt der Punkt E die Seite $\overline{CD}$ im Verhältnis 1 : 2 und der Punkt F die Seite $\overline{BC}$ im Verhältnis 1 : 3. Wie teilt der Schnittpunkt S die Transversalen $\overline{AC}$ und $\overline{EF}$?

Übung 46

Untersuchen Sie, in welchem Verhältnis sich zwei Seitenhalbierende in einem Dreieck ABC teilen. Geben Sie dann den Ortsvektor $\overrightarrow{OS}$ des Schnittpunktes S als Linearkombination von $\overrightarrow{OA}$, $\overrightarrow{OB}$ und $\overrightarrow{OC}$ an.

Beispiel: Drei linear unabhängige Vektoren $\vec{a}, \vec{b}, \vec{c}$ im Raum spannen einen Spat ABCDEFGH auf. Dessen Raumdiagonale $\overline{AG}$ wird vom Punkt K im Verhältnis 2 : 1 geteilt. Die Strecke $\overline{HK}$ wird bis zur Fläche BCGF verlängert und schneidet sie im Punkt L.

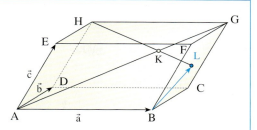

a) Drücken Sie den Vektor $\overrightarrow{BL}$ als Linearkombination der Vektoren $\vec{a}, \vec{b}, \vec{c}$ aus.
b) In welchem Verhältnis teilt der Punkt K die Transversale $\overline{HL}$?

Lösung:

Die Raumdiagonale $\overrightarrow{AG}$ und der Vektor $\overrightarrow{AK}$ lassen sich direkt durch die Vektoren $\vec{a}, \vec{b}$ und $\vec{c}$ ausdrücken.

$$\overrightarrow{AG} = \vec{a} + \vec{b} + \vec{c}$$
$$(1) \quad \overrightarrow{AK} = \tfrac{2}{3}\overrightarrow{AG} = \tfrac{2}{3}(\vec{a} + \vec{b} + \vec{c})$$

Die Vektoren $\overrightarrow{BL}, \vec{b}$ und $\vec{c}$ sind komplanar, daher kann $\overrightarrow{BL}$ als Linearkombination von $\vec{b}$ und $\vec{c}$ dargestellt werden.

$$(2) \quad \overrightarrow{BL} = \alpha \vec{b} + \beta \vec{c}$$
$$\overrightarrow{HL} = \overrightarrow{HE} + \overrightarrow{EA} + \overrightarrow{AB} + \overrightarrow{BL}$$
$$= -\vec{b} - \vec{c} + \vec{a} + \alpha \vec{b} + \beta \vec{c}$$

Dadurch kann der Vektor $\overrightarrow{HL}$ als Linearkombination von $\vec{a}, \vec{b}$ und $\vec{c}$ ausgedrückt werden.

$$\overrightarrow{HL} = \vec{a} + (\alpha - 1)\vec{b} + (\beta - 1)\vec{c}$$

Die Vektoren $\overrightarrow{HL}$ und $\overrightarrow{KL}$ sind kollinear: $\overrightarrow{KL} = \gamma \overrightarrow{HL}$.

$$(3) \quad \overrightarrow{KL} = \gamma \vec{a} + \gamma(\alpha - 1)\vec{b} + \gamma(\beta - 1)\vec{c}$$

Die Summe der Vektoren $\overrightarrow{AK}, \overrightarrow{KL}, \overrightarrow{LB}$ und $\overrightarrow{BA}$ ergibt den Nullvektor.

$$(4) \quad \overrightarrow{AK} + \overrightarrow{KL} + \overrightarrow{LB} + \overrightarrow{BA} = \vec{0}$$

Wir setzen die Resultate (1), (2) und (3) in (4) ein und sortieren nach $\vec{a}, \vec{b}$ und $\vec{c}$:

$$\tfrac{2}{3}(\vec{a} + \vec{b} + \vec{c}) + \gamma \vec{a} + \gamma(\alpha - 1)\vec{b} + \gamma(\beta - 1)\vec{c} - (\alpha \vec{b} + \beta \vec{c}) - \vec{a} = \vec{0}$$

$$(5) \quad \left(\tfrac{2}{3} + \gamma - 1\right)\vec{a} + \left(\tfrac{2}{3} + \gamma(\alpha - 1) - \alpha\right)\vec{b} + \left(\tfrac{2}{3} + \gamma(\beta - 1) - \beta\right)\vec{c} = \vec{0}$$

Die Vektoren $\vec{a}, \vec{b}$ und $\vec{c}$ sind linear unabhängig. Daher sind in Gleichung (5) alle Koeffizienten gleich 0.

Wir erhalten ein lineares Gleichungssystem für die zu bestimmenden Variablen α, β und γ. Das System hat die Lösung $\alpha = \beta = \tfrac{1}{2}, \gamma = \tfrac{1}{3}$.

$$\text{I.} \quad \tfrac{2}{3} + \gamma - 1 = 0 \quad\quad \Rightarrow \gamma = \tfrac{1}{3}$$
$$\text{II.} \quad \tfrac{2}{3} + \tfrac{1}{3}(\alpha - 1) - \alpha = 0 \quad \Rightarrow \alpha = \tfrac{1}{2}$$
$$\text{III.} \quad \tfrac{2}{3} + \tfrac{1}{3}(\beta - 1) - \beta = 0 \quad \Rightarrow \beta = \tfrac{1}{2}$$

Ergebnis:

a) $\overrightarrow{BL} = \tfrac{1}{2}(\vec{b} + \vec{c})$

b) K teilt die Transversale $\overline{HL}$ im Verhältnis 2 : 1.

Übungen

47. Der Punkt T teilt die Strecke $\overline{AB}$ im Verhältnis α. Bestimmen Sie B.

a) $A(1|4), T(5|8), \alpha = \frac{2}{3}$ b) $A(8|5), T(17|-4), \alpha = \frac{3}{5}$

c) $A(1|4|7), T(9|16|-1), \alpha = \frac{2}{5}$ d) $A(1|5|12), T(7|2|0), \alpha = \frac{3}{4}$

48. In einem Parallelogramm teilt der Punkt S die Diagonale $\overline{AC}$ im Verhältnis $2:1$. In welchem Verhälnis teilt der Strahl von B durch S die Seite $\overline{DC}$?

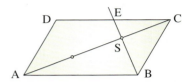

49. Im Rechteck ABCD liegt der Punkt E auf der Seite $\overline{CD}$. Der Schnittpunkt S der Transversalen $\overline{AE}$ und $\overline{DB}$ teilt $\overline{AE}$ im Verhältnis $3:2$.
In welchem Verhältnis teilt der Punkt E die Seite $\overline{CD}$?

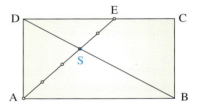

50. Im Dreieck ABC teilt der Punkt D die Seite $\overline{BC}$ im Verhältnis $3:1$. In welchem Verhältnis teilt die Transversale $\overline{AD}$ die Seitenhalbierende durch C?

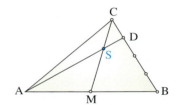

51. Im Rechteck ABCD teilt M die Seite $\overline{AB}$ im Verhältnis $2:1$, während N die Seite $\overline{BC}$ im Verhältnis $3:2$ teilt. In welchem Verhältnis teilen sich die angegebenen Transversalen?

a) $\overline{AC}, \overline{MD}$ b) $\overline{AN}, \overline{BD}$ c) $\overline{MN}, \overline{BD}$ d) $\overline{AN}, \overline{CM}$

52. a) Im Dreieck ABC teilt D die Seite $\overline{BC}$ im Verhältnis $3:1$. E sei der Mittelpunkt der Seite $\overline{AC}$. In welchem Verhältnis teilt der Schnittpunkt S die Transversalen $\overline{AD}$ und $\overline{BE}$?

b) Im Dreieck ABC sei M der Mittelpunkt der durch A gehenden Seitenhalbierenden. In welchem Verhältnis teilt der von C ausgehende Strahl $\overline{CM}$ die Seite $\overline{AB}$?

53. Im Dreieck ABC sei M der Mittelpunkt der Seitenhalbierenden durch C.
In welchem Verhältnis teilt der Strahl von A durch M die Seite $\overline{BC}$?

54. Von den Ecken A und B des Dreiecks ABC führen Transversalen zu den jeweils gegenüberliegenden Seiten. Diese Transversalen teilen sich im Verhältnis $1:4$.
In welchem Verhältnis werden die Seiten $\overline{AC}$ und $\overline{BC}$ durch die Endpunkte der Transversalen geteilt?

55. Gegeben sei das Dreieck ABC mit den Seiten a, b und c. α sei der Innenwinkel bei A. Zeigen Sie, dass die Winkelhalbierende des Winkels α die Seite $a = \overline{BC}$ im Verhältnis c : b teilt.

Hinweis: Die Winkelhalbierende $\overrightarrow{AT}$ kann mithilfe der Einheitsvektoren $\frac{1}{b}\vec{b}$ und $\frac{1}{c}\vec{c}$ dargestellt werden.

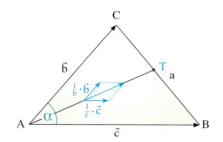

56. Im Spat ABCDEFGH sei M der Mittelpunkt der Strecke $\overline{EH}$ und K der Mittelpunkt der Raumdiagonalen $\overline{AG}$. Punkt L sei der Schnittpunkt der Verlängerung von $\overline{MK}$ mit der Ebene BCGF.

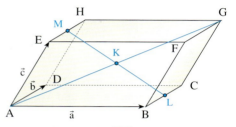

a) Weisen Sie rechnerisch nach, dass L der Mittelpunkt der Strecke $\overline{BC}$ ist.
b) In welchem Verhältnis teilt K die Strecke $\overline{ML}$?

57. Die drei linear unabhängigen Vektoren $\vec{a}$, $\vec{b}$ und $\vec{c}$ spannen eine dreiseitige Pyramide ABCD auf. S_D sei der Schwerpunkt des Dreiecks ABC, S_A der Schwerpunkt des Dreiecks BCD.

Weisen Sie nach:
a) Die Strecken $\overline{AS_A}$ und $\overline{DS_D}$ schneiden sich in einem Punkt S.
b) Der Punkt S teilt beide Strecken im Verhältnis 3 : 1.

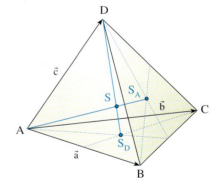

58. Die drei linear unabhängigen Vektoren $\vec{a}$, $\vec{b}$ und $\vec{c}$ erzeugen einen Spat ABCDEFGH. M sei der Mittelpunkt der Strecke $\overline{HG}$. M wird mit einem Punkt der Raumdiagonale $\overline{HB}$ so verbunden, dass die Verlängerung die Grundfläche ABCD des Spats im Punkt T mit $\overrightarrow{AT} = \frac{4}{5}\vec{a} + \beta\vec{b}$ schneidet. Bestimmen Sie β und das Verhältnis, in dem S die Strecke $\overline{MT}$ teilt.

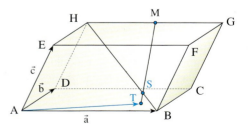

4. Das Skalarprodukt

A. Definition des Skalarproduktes

Ein Wagen wird gleichmäßig von einem Pferd über einen Sandweg gezogen. Dabei wird eine Kraft in Richtung der Deichsel aufgebracht, die sich durch den Kraftvektor $\vec{F}$ darstellen lässt.

Der zurückgelegte Weg lässt sich ebenfalls vektoriell durch den Wegvektor $\vec{s}$ darstellen. Beide seien im Winkel γ gegeneinander geneigt.

Die hierbei verrichtete Arbeit W errechnet sich als Produkt aus Kraft und Weg, genauer gesagt als Produkt aus Kraft in Wegrichtung F_s und Weglänge s.

F_s lässt sich im rechtwinkligen Dreieck mithilfe des Kosinus darstellen als $|\vec{F}| \cdot \cos\gamma$, und s lässt sich darstellen als Betrag des Vektors $\vec{s}$, d.h. als $|\vec{s}|$. Dies führt auf die Formel $W = |\vec{F}| \cdot |\vec{s}| \cdot \cos\gamma$, deren rechte Seite eine gewisse Art von Produkt der Vektoren $\vec{F}$ und $\vec{s}$ darstellt.

„Arbeit = Kraft $\cdot$ Weg"

$$\text{Arbeit} = \underset{\text{Wegrichtung}}{\text{Kraft in}} \cdot \text{Weglänge}$$

$$W = F_s \cdot s$$
$$W = |\vec{F}| \cdot \cos\gamma \cdot |\vec{s}|$$
$$W = |\vec{F}| \cdot |\vec{s}| \cdot \cos\gamma$$

Das Ergebnis dieses Produktes ist die Arbeit W, die kein Vektor, sondern eine reine Zahlengröße ist. In der Physik bezeichnet man eine Zahlengröße auch als Skalar und deshalb nennt man das Produkt $|\vec{F}| \cdot |\vec{s}| \cdot \cos\gamma$ auch *Skalarprodukt* der Vektoren $\vec{F}$ und $\vec{s}$, wofür man die Abkürzung $\vec{F} \cdot \vec{s}$ verwendet.

Definition des Skalarproduktes

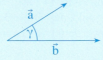

$\vec{a}$ und $\vec{b}$ seien zwei Vektoren und γ der Winkel zwischen diesen Vektoren ($0° \leq \gamma \leq 180°$).
Dann setzt man
$$\vec{a} \cdot \vec{b} = |\vec{a}| \cdot |\vec{b}| \cdot \cos\gamma$$
und bezeichnet dieses Produkt als *Skalarprodukt* von $\vec{a}$ und $\vec{b}$.

Übung 1

Bestimmen Sie das Skalarprodukt der Vektoren $\vec{a}$ und $\vec{b}$. Messen Sie die benötigten Längen und Winkel aus oder errechnen Sie diese mit dem Satz des Pythagoras und Trigonometrie.

a)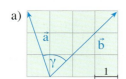

b)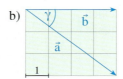

c) $\vec{a} = \begin{pmatrix} -3 \\ 5 \end{pmatrix}$, $\vec{b} = \begin{pmatrix} 5 \\ 6 \end{pmatrix}$

d) $\vec{a} = \begin{pmatrix} 4 \\ 2 \end{pmatrix}$, $\vec{b} = \begin{pmatrix} 4 \\ 6 \end{pmatrix}$

Ziel der folgenden Überlegungen ist die Gewinnung einer vektor- und winkelfreien Darstellung des Skalarproduktes von Spaltenvektoren.

Wir betrachten zwei Vektoren $\vec{a}$ und $\vec{b}$, die ein Dreieck aufspannen, wie abgebildet. In einem allgemeinen Dreieck gilt der Kosinussatz der Trigonometrie, von dem unsere Rechnung ausgeht:

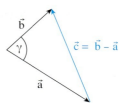

$$c^2 = a^2 + b^2 - 2 \cdot a \cdot b \cdot \cos\gamma \quad \text{Kosinussatz}$$
$$|\vec{c}|^2 = |\vec{a}|^2 + |\vec{b}|^2 - 2 \cdot |\vec{a}| \cdot |\vec{b}| \cdot \cos\gamma$$
$$|\vec{c}|^2 = |\vec{a}|^2 + |\vec{b}|^2 - 2 \cdot \vec{a} \cdot \vec{b} \quad \text{Def. des}$$
$$\text{Skalar-}$$
$$\text{produktes}$$
$$2 \cdot \vec{a} \cdot \vec{b} = |\vec{a}|^2 + |\vec{b}|^2 - |\vec{c}|^2 \quad \text{Umformung}$$

$$\vec{a} = \begin{pmatrix} a_1 \\ a_2 \end{pmatrix} \qquad |\vec{a}|^2 = a_1^2 + a_2^2$$

$$\vec{b} = \begin{pmatrix} b_1 \\ b_2 \end{pmatrix} \qquad |\vec{b}|^2 = b_1^2 + b_2^2$$

$$\vec{c} = \begin{pmatrix} b_1 - a_1 \\ b_2 - a_2 \end{pmatrix} \quad |\vec{c}|^2 = (b_1 - a_1)^2 + (b_2 - a_2)^2$$

Durch Einsetzen der rechts aufgeführten Darstellungen für die Beträge der Spaltenvektoren $\vec{a}, \vec{b}$ und $\vec{c}$ folgt:

$$2 \cdot \vec{a} \cdot \vec{b} = a_1^2 + a_2^2 + b_1^2 + b_2^2 - (b_1 - a_1)^2 - (b_2 - a_2)^2$$
$$2 \cdot \vec{a} \cdot \vec{b} = 2 a_1 b_1 + 2 a_2 b_2$$
$$\vec{a} \cdot \vec{b} = a_1 b_1 + a_2 b_2$$

Analog ergibt sich für dreidimensionale Spaltenvektoren die Formel

$$\vec{a} \cdot \vec{b} = a_1 b_1 + a_2 b_2 + a_3 b_3.$$

Das Skalarprodukt von Spaltenvektoren lässt sich also als Produktsumme von Koordinaten darstellen.

Koordinatenform des Skalarproduktes

$$\vec{a} \cdot \vec{b} = \begin{pmatrix} a_1 \\ a_2 \end{pmatrix} \cdot \begin{pmatrix} b_1 \\ b_2 \end{pmatrix} = a_1 b_1 + a_2 b_2$$

$$\vec{a} \cdot \vec{b} = \begin{pmatrix} a_1 \\ a_2 \\ a_3 \end{pmatrix} \cdot \begin{pmatrix} b_1 \\ b_2 \\ b_3 \end{pmatrix} = a_1 b_1 + a_2 b_2 + a_3 b_3$$

061-1

Beispiele: $\vec{a} = \begin{pmatrix} 1 \\ 2 \end{pmatrix}, \quad \vec{b} = \begin{pmatrix} 3 \\ 2 \end{pmatrix} \quad \Rightarrow \quad \vec{a} \cdot \vec{b} = \begin{pmatrix} 1 \\ 2 \end{pmatrix} \cdot \begin{pmatrix} 3 \\ 2 \end{pmatrix} = 1 \cdot 3 + 2 \cdot 2 = 7$

$\vec{a} = \begin{pmatrix} 1 \\ 2 \\ 1 \end{pmatrix}, \quad \vec{b} = \begin{pmatrix} 2 \\ 3 \\ -4 \end{pmatrix} \quad \Rightarrow \quad \vec{a} \cdot \vec{b} = \begin{pmatrix} 1 \\ 2 \\ 1 \end{pmatrix} \cdot \begin{pmatrix} 2 \\ 3 \\ -4 \end{pmatrix} = 1 \cdot 2 + 2 \cdot 3 + 1 \cdot (-4) = 4$

$\vec{a} = \begin{pmatrix} 2 \\ -1 \\ 4 \end{pmatrix}, \quad \vec{b} = \begin{pmatrix} 3 \\ -2 \\ -2 \end{pmatrix} \quad \Rightarrow \quad \vec{a} \cdot \vec{b} = \begin{pmatrix} 2 \\ -1 \\ 4 \end{pmatrix} \cdot \begin{pmatrix} 3 \\ -2 \\ -2 \end{pmatrix} = 2 \cdot 3 + (-1) \cdot (-2) + 4 \cdot (-2) = 0$

Im Folgenden werden wir sehen, dass viele Probleme durch Anwendung des Skalarproduktes vereinfacht gelöst werden können. Oft benötigt man dabei beide Darstellungen des Skalarproduktes, die winkelbezogene Form $\vec{a} \cdot \vec{b} = |\vec{a}| \cdot |\vec{b}| \cdot \cos\gamma$ sowie die koordinatenbezogenen Formen $\vec{a} \cdot \vec{b} = a_1 b_1 + a_2 b_2$ bzw. $\vec{a} \cdot \vec{b} = a_1 b_1 + a_2 b_2 + a_3 b_3$.

Übungen

2. Berechnen Sie in den abgebildeten Figuren das Skalarprodukt $\vec{a} \cdot \vec{b}$.

   a) Messen Sie die benötigten Längen und Winkel mit dem Geodreieck aus.

   b) Errechnen Sie die benötigten Längen und Winkel mittels Pythagoras u. Trigonometrie.

   c) Verwenden Sie Spaltenvektoren.

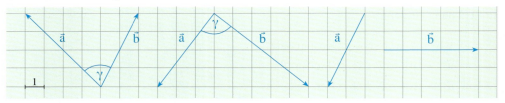

3. Berechnen Sie die angegebenen Skalarprodukte.

   a)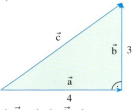

   b)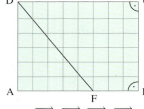

   c)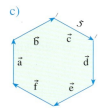

   a) $\vec{a} \cdot \vec{b}, \quad \vec{a} \cdot \vec{c}, \quad \vec{b} \cdot \vec{c}$

   b) $\overrightarrow{DA} \cdot \overrightarrow{DF}, \quad \overrightarrow{FB} \cdot \overrightarrow{FD},$
   $\overrightarrow{AF} \cdot \overrightarrow{AD}, \quad \overrightarrow{DC} \cdot \overrightarrow{DF}$

   c) $\vec{a} \cdot \vec{b}, \quad \vec{a} \cdot \vec{c}, \quad \vec{a} \cdot \vec{d},$
   $(\vec{a} + \vec{b}) \cdot \vec{c},$
   $(\vec{a} + \vec{b} + \vec{c}) \cdot (\vec{d} + \vec{e} + \vec{f})$

4. Errechnen Sie die folgenden Skalarprodukte.

   a) $\begin{pmatrix} 8 \\ -1 \\ 2 \end{pmatrix} \cdot \begin{pmatrix} 0 \\ 4 \\ 1 \end{pmatrix}$
   b) $\begin{pmatrix} 2a \\ a \\ 1 \end{pmatrix} \cdot \begin{pmatrix} a \\ -a \\ a \end{pmatrix}$
   c) $\begin{pmatrix} a \\ b \\ a \end{pmatrix} \cdot \begin{pmatrix} b \\ -a \\ 0 \end{pmatrix}$
   d) $\begin{pmatrix} 4 \\ 2 \\ 1 \end{pmatrix} \cdot \begin{pmatrix} 8 \\ 3a \\ 3 \end{pmatrix} + \begin{pmatrix} 12 \\ -a \\ 2a \end{pmatrix} \cdot \begin{pmatrix} -3 \\ 2 \\ -2 \end{pmatrix}$

5. Wie muss a gewählt werden, wenn die folgenden Gleichungen gelten sollen?

   a) $\begin{pmatrix} a \\ 2 \\ 4 \end{pmatrix} \cdot \begin{pmatrix} 2a \\ 1 \\ a \end{pmatrix} = 0$
   b) $\begin{pmatrix} 1 \\ 2 \\ 1 \end{pmatrix} \cdot \begin{pmatrix} a \\ 2a \\ a \end{pmatrix} = 1$
   c) $\begin{pmatrix} a-1 \\ 1 \\ 2 \end{pmatrix} \cdot \left(\begin{pmatrix} 1 \\ 1 \\ 2 \end{pmatrix} + \begin{pmatrix} 1 \\ 2 \\ a \end{pmatrix} \right) = 6$

6. Die Abbildung zeigt eine quadratische Pyramide mit den Seitenlängen $\overline{AB} = 6$, $\overline{BC} = 6$ sowie der Höhe h = 3.

   a) Berechnen Sie die Skalarprodukte $\overrightarrow{SB} \cdot \overrightarrow{SC}$, $\overrightarrow{AD} \cdot \overrightarrow{DC}$, $\overrightarrow{AC} \cdot \overrightarrow{BD}$, $\overrightarrow{BA} \cdot \overrightarrow{BS}$.

   b) Errechnen Sie das Skalarprodukt $\overrightarrow{SA} \cdot \overrightarrow{SB}$ mit der Koordinatenform. Errechnen Sie die Längen $\overline{SA}$ und $\overline{SB}$. Können Sie nun den Winkel $\alpha = \sphericalangle ASB$ bestimmen?

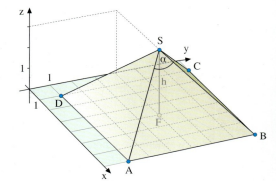

B. Rechenregeln für das Skalarprodukt

Für das Skalarprodukt von Vektoren gelten einige Rechengesetze, die wir nun auflisten und gelegentlich anwenden werden, vor allem bei theoretischen Herleitungen.

Rechenregeln für das Skalarprodukt

$\vec{a} \cdot \vec{b} = \vec{b} \cdot \vec{a}$ Kommutativ-gesetz

$(r\vec{a}) \cdot \vec{b} = r(\vec{a} \cdot \vec{b})$ für $r \in \mathbb{R}$

$(\vec{a} + \vec{b}) \cdot \vec{c} = \vec{a} \cdot \vec{c} + \vec{b} \cdot \vec{c}$ Distributiv-gesetz

$\vec{a}^2 = \vec{a} \cdot \vec{a} > 0$ für $\vec{a} \neq \vec{0}$

$\vec{a}^2 = \vec{a} \cdot \vec{a} = 0$ für $\vec{a} = \vec{0}$

Exemplarischer Beweis des Kommutativgesetzes:

1. Methode: Kosinusdefinition des SP

$$\vec{a} \cdot \vec{b} = |\vec{a}| \cdot |\vec{b}| \cdot \cos\gamma = |\vec{b}| \cdot |\vec{a}| \cdot \cos\gamma = \vec{b} \cdot \vec{a}$$

2. Methode: Koordinatenform des SP

$$\vec{a} \cdot \vec{b} = \begin{pmatrix} a_1 \\ a_2 \\ a_3 \end{pmatrix} \cdot \begin{pmatrix} b_1 \\ b_2 \\ b_3 \end{pmatrix} = a_1 b_1 + a_2 b_2 + a_3 b_3$$

$$= b_1 a_1 + b_2 a_2 + b_3 a_3 = \begin{pmatrix} b_1 \\ b_2 \\ b_3 \end{pmatrix} \cdot \begin{pmatrix} a_1 \\ a_2 \\ a_3 \end{pmatrix} = \vec{b} \cdot \vec{a}$$

Rechts sind exemplarisch zwei Beweise für das Kommutativgesetz aufgeführt. Analog lassen sich die übrigen Gesetze beweisen.

Darüber hinaus gelten weitere Rechenregeln für das Skalarprodukt, die sich aber alle aus den obigen grundlegenden Rechengesetzen sowie der Definition des Skalarproduktes herleiten lassen, wie z. B. die binomischen Formeln (vgl. Übung 9). Andere „wohlvertraute" Rechenregeln wie z. B. das Assoziativgesetz gelten für das Skalarprodukt nicht.

Übung 7
Beweisen Sie das Rechengesetz $(r\vec{a}) \cdot \vec{b} = r(\vec{a} \cdot \vec{b})$ für $r \in \mathbb{R}$ auf zwei Arten.

Übung 8
Zeigen Sie anhand eines Gegenbeispiels, dass das „Assoziativgesetz" für das Skalarprodukt nicht gilt. Widerlegen Sie also $\vec{a} \cdot (\vec{b} \cdot \vec{c}) = (\vec{a} \cdot \vec{b}) \cdot \vec{c}$.

Übung 9
Weisen Sie nur mithilfe der obigen Rechengesetze die Gültigkeit folgender Formeln nach.
a) $(\vec{a} + \vec{b})^2 = \vec{a}^2 + 2\vec{a}\vec{b} + \vec{b}^2$ b) $(\vec{a} + \vec{b}) \cdot (\vec{a} - \vec{b}) = \vec{a}^2 - \vec{b}^2$

Übung 10
Widerlegen Sie folgende „Rechenregeln", die beim Zahlenrechnen eine große Rolle spielen.
a) $(\vec{a} \cdot \vec{b})^2 = \vec{a}^2 \cdot \vec{b}^2$ b) $\vec{a} \cdot \vec{b} = 0 \Rightarrow \vec{a} = \vec{0}$ oder $\vec{b} = \vec{0}$

Übung 11
Zeigen Sie:
a) Sind zwei Vektoren gleich, so sind auch ihre Skalarprodukte mit einem 3. Vektor gleich.
b) Aus Skalarprodukten von Vektoren darf man im Allgemeinen nicht kürzen.
   (Aus $\vec{x} \cdot \vec{c} = \vec{y} \cdot \vec{c}$ folgt nicht zwingend $\vec{x} = \vec{y}$.)

C. Der Winkel zwischen zwei Vektoren

Mithilfe des Skalarproduktes zweier Vektoren können sowohl *Längen* als auch *Winkel* auf vektorieller Basis gemessen werden. Die Grundlage bilden hierbei die beiden folgenden Sätze.

Bildet man das Skalarprodukt eines Vektors mit sich selbst, so erhält man das Quadrat des Betrages des Vektors:

$$\vec{a} \cdot \vec{a} = |\vec{a}| \cdot |\vec{a}| \cdot \cos 0° = |\vec{a}|^2.$$

> **Der Betrag eines Vektors**
>
> Für den Betrag (die Länge) eines Vektors $\vec{a}$ gilt die Formel
>
> $$|\vec{a}|^2 = \vec{a} \cdot \vec{a} \ \text{ bzw. } |\vec{a}| = \sqrt{\vec{a} \cdot \vec{a}}.$$

Beispielsweise hat der Vektor $\vec{a} = \begin{pmatrix} 2 \\ 6 \\ -3 \end{pmatrix}$ die Länge 7, denn es gilt:

$$|\vec{a}|^2 = \vec{a} \cdot \vec{a} = \begin{pmatrix} 2 \\ 6 \\ -3 \end{pmatrix} \cdot \begin{pmatrix} 2 \\ 6 \\ -3 \end{pmatrix} = 4 + 36 + 9 = 49 \Rightarrow |\vec{a}| = \sqrt{49} = 7.$$

Zwei Vektoren $\vec{a}$ und $\vec{b}$ bilden stets zwei Winkel. Der kleinere der beiden Winkel wird als *Winkel zwischen den Vektoren* bezeichnet. Er kann mittels Skalarprodukt berechnet werden. Löst man die Skalarproduktgleichung $\vec{a} \cdot \vec{b} = |\vec{a}| \cdot |\vec{b}| \cdot \cos \gamma$ nach $\cos \gamma$ auf, so erhält man die sogenannte *Kosinusformel*, die zur Winkelberechnung verwendet wird. 🔶 064-1

> **Die Kosinusformel**
>
> $\vec{a}$ und $\vec{b}$ seien vom Nullvektor verschiedene Vektoren und γ sei der Winkel zwischen ihnen. Dann gilt:
>
> $$\cos \gamma = \frac{\vec{a} \cdot \vec{b}}{|\vec{a}| \cdot |\vec{b}|}.$$

> ▶ **Beispiel: Winkelberechnung**
> Errechnen Sie den Winkel zwischen den Spaltenvektoren $\vec{a} = \begin{pmatrix} 4 \\ 5 \\ 3 \end{pmatrix}$ und $\vec{b} = \begin{pmatrix} 7 \\ 5 \\ 1 \end{pmatrix}$.

Lösung:
Wir errechnen zunächst die Beträge von $\vec{a}$ und $\vec{b}$: $|\vec{a}| = \sqrt{\vec{a} \cdot \vec{a}} = \sqrt{50}$, $|\vec{b}| = \sqrt{75}$.

Nun wenden wir die Kosinusformel an:
$\cos \gamma = \frac{\vec{a} \cdot \vec{b}}{|\vec{a}| \cdot |\vec{b}|} = \frac{56}{\sqrt{50} \cdot \sqrt{75}} \approx 0{,}9145.$

Mit dem Taschenrechner (arccos-Taste)
▶ folgt $\gamma \approx 23{,}87°$.

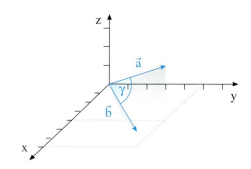

▶ **Beispiel:** Gegeben sei das Dreieck mit den Eckpunkten P(5|5|1), Q(6|1|2), R(1|0|4). Bestimmen Sie die Größe des Innenwinkels γ am Eckpunkt R des Dreiecks.

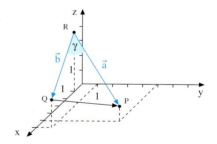

Lösung:
Wir stellen die beiden Dreiecksseiten, die am Winkel γ anliegen, zunächst durch die Vektoren $\vec{a} = \overrightarrow{RP}$ und $\vec{b} = \overrightarrow{RQ}$ dar.

γ lässt sich als Winkel zwischen diesen Vektoren $\vec{a}$ und $\vec{b}$ auffassen.
Nun können wir mithilfe der Kosinusformel den Kosinus des Winkels γ bestimmen.
Wir erhalten $\cos\gamma \approx 0{,}8004$.

▶ Hieraus folgt unmittelbar γ ≈ 36,83°.

$$\vec{a} = \overrightarrow{RP} = \overrightarrow{OP} - \overrightarrow{OR} = \begin{pmatrix} 5 \\ 5 \\ 1 \end{pmatrix} - \begin{pmatrix} 1 \\ 0 \\ 4 \end{pmatrix} = \begin{pmatrix} 4 \\ 5 \\ -3 \end{pmatrix}$$

$$\vec{b} = \overrightarrow{RQ} = \overrightarrow{OQ} - \overrightarrow{OR} = \begin{pmatrix} 6 \\ 1 \\ 2 \end{pmatrix} - \begin{pmatrix} 1 \\ 0 \\ 4 \end{pmatrix} = \begin{pmatrix} 5 \\ 1 \\ -2 \end{pmatrix}$$

$$\cos\gamma = \frac{\vec{a}\cdot\vec{b}}{|\vec{a}|\cdot|\vec{b}|} = \frac{20+5+6}{\sqrt{50}\cdot\sqrt{30}} \approx 0{,}8004$$

$$\gamma \approx 36{,}83°$$

Übung 12

Bestimmen Sie die Größe des Winkels zwischen den Vektoren $\vec{a}$ und $\vec{b}$.

a) $\vec{a} = \begin{pmatrix} 3 \\ 1 \end{pmatrix}, \vec{b} = \begin{pmatrix} 3 \\ -3 \end{pmatrix}$ b) $\vec{a} = \begin{pmatrix} 1 \\ 2 \\ -3 \end{pmatrix}, \vec{b} = \begin{pmatrix} -2 \\ -4 \\ 0 \end{pmatrix}$ c) $\vec{a} = \begin{pmatrix} 4 \\ 3 \\ 4 \end{pmatrix}, \vec{b} = \begin{pmatrix} 2 \\ -4 \\ 1 \end{pmatrix}$

Übung 13

Bestimmen Sie die Größe des Winkels α mithilfe von Spaltenvektoren.

a)   b)

   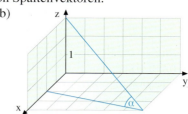

Übung 14

Bestimmen Sie alle Winkel im Dreieck PQR.
a) P(3|4), Q(6|3), R(3|0)   b) P(3|4|1), Q(6|3|2), R(3|0|3)
c) P(6|3|8), Q(7|4|3), R(4|4|2)   d) P(1|2|2), Q(3|4|2), R(2|3|2+√3)

Übung 15

Gegeben sind die Vektoren $\vec{a} = \begin{pmatrix} 4 \\ 4 \\ 2 \end{pmatrix}$ und $\vec{b} = \begin{pmatrix} 6 \\ 0 \\ z \end{pmatrix}$. Wie muss die Koordinate z gewählt werden,

damit der Winkel zwischen $\vec{a}$ und $\vec{b}$ eine Größe von 45° hat?

D. Orthogonale Vektoren

Zwei Vektoren $\vec{a}$ und $\vec{b}$ ($\vec{a}, \vec{b} \neq \vec{0}$) werden als zueinander *orthogonale Vektoren* bezeichnet, wenn sie senkrecht aufeinander stehen. Man verwendet hierfür die symbolische Schreibweise $\vec{a} \perp \vec{b}$.

Mithilfe des Skalarproduktes kann man besonders einfach überprüfen, ob zwei Vektoren orthogonal sind. Das Skalarprodukt der Vektoren ist dann nämlich gleich null, weil für $\gamma = 90°$ gilt:
$\vec{a} \cdot \vec{b} = |\vec{a}| \cdot |\vec{b}| \cdot \cos 90° = |\vec{a}| \cdot |\vec{b}| \cdot 0 = 0$.

Orthogonalitätskriterium

Zwei Vektoren $\vec{a}$ und $\vec{b}$ ($\vec{a}, \vec{b} \neq \vec{0}$) sind genau dann orthogonal (senkrecht), wenn ihr Skalarprodukt null ist.

$$\vec{a} \perp \vec{b} \quad \Leftrightarrow \quad \vec{a} \cdot \vec{b} = 0$$

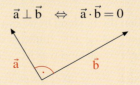

Beispiel: Orthogonale Vektoren
Prüfen Sie, ob zwei der drei Vektoren orthogonal sind.

$$\vec{a} = \begin{pmatrix} 1 \\ 2 \\ 4 \end{pmatrix}, \vec{b} = \begin{pmatrix} 1 \\ 2 \\ -1 \end{pmatrix}, \vec{c} = \begin{pmatrix} 8 \\ 2 \\ -3 \end{pmatrix}$$

Lösung:
$\vec{a} \cdot \vec{b} = 1 \quad \Rightarrow \quad \vec{a}, \vec{b}$ sind nicht orthogonal.
$\vec{a} \cdot \vec{c} = 0 \quad \Rightarrow \quad \vec{a}, \vec{c}$ sind orthogonal.
$\vec{b} \cdot \vec{c} = 15 \quad \Rightarrow \quad \vec{b}, \vec{c}$ sind nicht orthogonal.

Beispiel: Rechtwinkliges Dreieck
Prüfen Sie, ob das Dreieck mit den Eckpunkten $A(0|0|4)$, $B(2|2|2)$, $C(0|3|1)$ rechtwinklig ist (Schrägbild anfertigen).

Lösung:
Im Schrägbild ist die Rechtwinkligkeit des Dreiecks nicht erkennbar.
Bilden wir jedoch rechnerisch die Seitenvektoren und berechnen dann deren Skalarprodukte, so stellt sich heraus, dass das Dreieck bei B rechtwinklig ist.

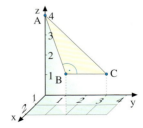

$$\overrightarrow{AB} = \begin{pmatrix} 2 \\ 2 \\ -2 \end{pmatrix}, \overrightarrow{AC} = \begin{pmatrix} 0 \\ 3 \\ -3 \end{pmatrix}, \overrightarrow{BC} = \begin{pmatrix} -2 \\ 1 \\ -1 \end{pmatrix}$$

$$\overrightarrow{AB} \cdot \overrightarrow{AC} = 12, \overrightarrow{BA} \cdot \overrightarrow{BC} = 0, \overrightarrow{CB} \cdot \overrightarrow{CA} = 6$$

Beispiel: Termvereinfachung
Gegeben sind zwei Vektoren $\vec{a}$ und $\vec{b}$ mit den Eigenschaften $|\vec{a}| = 2$, $|\vec{b}| = 1$ und $\vec{a} \perp \vec{b}$. Vereinfachen Sie den Term $(\vec{a} + \vec{b}) \cdot (2\vec{a} - 3\vec{b})$.

Lösung:
$$(\vec{a} + \vec{b}) \cdot (2\vec{a} - 3\vec{b}) =$$
$$= 2\vec{a}^2 - 3\vec{a} \cdot \vec{b} + 2\vec{b} \cdot \vec{a} - 3\vec{b}^2$$
$$= 2|\vec{a}|^2 - \vec{a} \cdot \vec{b} - 3|\vec{b}|^2$$
$$= 2 \cdot 4 - 0 - 3 \cdot 1$$
$$= 5$$

> **Beispiel: Bestimmung eines orthogonalen Vektors**
>
> Gesucht ist ein Vektor $\vec{c}$, der zu den Vektoren $\vec{a} = \begin{pmatrix} 1 \\ 2 \\ 1 \end{pmatrix}$ und $\vec{b} = \begin{pmatrix} 3 \\ -1 \\ 2 \end{pmatrix}$ orthogonal ist.

Lösung:
Wir verwenden den Ansatz $\vec{c} = \begin{pmatrix} x \\ y \\ z \end{pmatrix}$. Da $\vec{c}$ sowohl zu $\vec{a}$ als auch zu $\vec{b}$ orthogonal sein soll,

müssen die Skalarprodukte $\vec{a} \cdot \vec{c}$ und $\vec{b} \cdot \vec{c}$ Null ergeben. Setzt man die Spaltenvektoren ein und verwendet man die Koordinatenform des Skalarprodukts, so erhält man ein Gleichungssystem von 2 Gleichungen mit 3 Variablen.

$$\vec{a} \cdot \vec{c} = 0 \Rightarrow \begin{pmatrix} 1 \\ 2 \\ 1 \end{pmatrix} \cdot \begin{pmatrix} x \\ y \\ z \end{pmatrix} = 0 \Rightarrow \text{I} \ \ x + 2y + z = 0$$

$$\vec{b} \cdot \vec{c} = 0 \Rightarrow \begin{pmatrix} 3 \\ -1 \\ 2 \end{pmatrix} \cdot \begin{pmatrix} x \\ y \\ z \end{pmatrix} = 0 \Rightarrow \text{II} \ 3x - y + 2z = 0$$

$$\begin{array}{rl} \text{I} & x + 2y + z = 0 \\ \text{I} \cdot (-3) + \text{II} & -7y - z = 0 \end{array}$$

Das Gleichungssystem hat unendlich viele Lösungen, beispielsweise die Lösung x=5, y=1 und z = −7. Der Vektor $\vec{c} = \begin{pmatrix} 5 \\ 1 \\ -7 \end{pmatrix}$ ist also z. B. orthogonal zu $\vec{a}$ und $\vec{b}$.

Übung 16
Prüfen Sie, welche der Vektoren orthogonal zueinander sind oder für welchen Wert von a sie orthogonal sein könnten.

$$\vec{a} = \begin{pmatrix} 3 \\ 2 \\ 0 \end{pmatrix}, \quad \vec{b} = \begin{pmatrix} 0 \\ 4 \\ 2 \end{pmatrix}, \quad \vec{c} = \begin{pmatrix} 2 \\ -3 \\ 6 \end{pmatrix}, \quad \vec{d} = \begin{pmatrix} 4 \\ 1 \\ 1 \end{pmatrix}, \quad \vec{e} = \begin{pmatrix} 1 \\ a \\ 1 \end{pmatrix}, \quad \vec{f} = \begin{pmatrix} -a \\ 2a \\ 0 \end{pmatrix}$$

Übung 17
Untersuchen Sie, ob das Dreieck ABC einen rechten Winkel besitzt.
a) A(2|2|0), B(1|4|2), C(−1|4|0,5)   b) A(5|1|2), B(2|4|2), C(−1|1|2)

Übung 18
Zwei Vektoren $\vec{a}$ und $\vec{b}$ besitzen die Eigenschaften $|\vec{a}| = 4$, $|\vec{b}| = 3$ und $\vec{a} \perp \vec{b}$. Vereinfachen Sie die folgenden Terme:
a) $(3\vec{a} + \vec{b}) \cdot (\vec{a} - 2\vec{b})$ b) $(\vec{a} - \vec{b})^2$ c) $(\vec{a} - 5\vec{b}) \cdot (\vec{b} + \vec{a})$

Übung 19
Geben Sie einen Vektor an, der zu dem bzw. zu den gegebenen Vektoren orthogonal ist.

a) $\vec{a} = \begin{pmatrix} 2 \\ 1 \end{pmatrix}$ b) $\vec{a} = \begin{pmatrix} 2 \\ -6 \end{pmatrix}$ c) $\vec{a} = \begin{pmatrix} 2 \\ 1 \\ 0 \end{pmatrix}, \vec{b} = \begin{pmatrix} 1 \\ -4 \\ 6 \end{pmatrix}$ d) $\vec{a} = \begin{pmatrix} -3 \\ 1 \\ 2 \end{pmatrix}, \vec{b} = \begin{pmatrix} 1 \\ -2 \\ 1 \end{pmatrix}$

Übung 20
Untersuchen Sie, ob die Diagonalen im Viereck ABCD mit A(2|1), B(4|2), C(3|5) und D(0|3) orthogonal zueinander sind. Fertigen Sie eine Zeichnung an.

E. Exkurs: Flächeninhalte von Parallelogrammen und Dreiecken

Flächeninhalt eines Parallelogramms
Spannen die Vektoren $\vec{a}$ und $\vec{b}$ im Anschauungsraum ein Parallelogramm auf, so gilt für dessen Flächeninhalt A die Formel:
$$A = \sqrt{\vec{a}^2 \cdot \vec{b}^2 - (\vec{a} \cdot \vec{b})^2}.$$

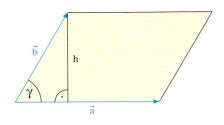

Beweis:
Ausgehend von der Standardformel für den Parallelogramminhalt
$$A = g \cdot h = |\vec{a}| \cdot h$$
ergibt sich die obige Formel nach nebenstehender Rechnung.
Dabei kommen die trigonometrische Beziehung $\sin \gamma = \frac{h}{|\vec{b}|}$ und die Kosinusformel $\vec{a} \cdot \vec{b} = |\vec{a}| \cdot |\vec{b}| \cdot \cos \gamma$ zur Anwendung.

Rechnung:
$$A = |\vec{a}| \cdot h = |\vec{a}| \cdot |\vec{b}| \cdot \sin \gamma$$
$$= \sqrt{|\vec{a}|^2 \cdot |\vec{b}|^2 \cdot \sin^2 \gamma}$$
$$= \sqrt{|\vec{a}|^2 \cdot |\vec{b}|^2 \cdot (1 - \cos^2 \gamma)}$$
$$= \sqrt{|\vec{a}|^2 \cdot |\vec{b}|^2 - |\vec{a}|^2 \cdot |\vec{b}|^2 \cdot \cos^2 \gamma}$$
$$= \sqrt{\vec{a}^2 \cdot \vec{b}^2 - (\vec{a} \cdot \vec{b})^2}$$

▶ **Beispiel:** Bestimmen Sie den Inhalt des Dreiecks mit den Eckpunkten $A(1\,|\,2\,|\,5)$, $B(4\,|\,5\,|\,1)$, $C(-2\,|\,6\,|\,2)$.

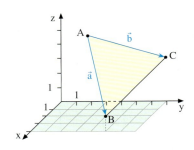

Lösung:
Das Dreieck wird von den beiden Vektoren $\vec{a} = \overrightarrow{AB} = \begin{pmatrix} 3 \\ 3 \\ -4 \end{pmatrix}$ und $\vec{b} = \overrightarrow{AC} = \begin{pmatrix} -3 \\ 4 \\ -3 \end{pmatrix}$ aufgespannt. Der Flächeninhalt des von $\vec{a}$ und $\vec{b}$ aufgespannten Parallelogramms lässt sich nach der obigen Formel berechnen. Die Dreiecksfläche hat einen halb so großen Inhalt: $A_{\text{Dreieck}} \approx 15{,}26$.

$$A_{\text{Dreieck}} = \frac{1}{2} \cdot \sqrt{\vec{a}^2 \cdot \vec{b}^2 - (\vec{a} \cdot \vec{b})^2}$$
$$= \frac{1}{2} \cdot \sqrt{34 \cdot 34 - 15^2} \approx 15{,}26$$

Übung 21
Bestimmen Sie den Oberflächeninhalt der dreiseitigen Pyramide
a) mit den Eckpunkten $A(3\,|\,3\,|\,0)$, $B(1\,|\,1\,|\,4)$, $C(6\,|\,0\,|\,2)$, $D(4\,|\,4\,|\,3)$ und
b) aus nebenstehendem Bild.

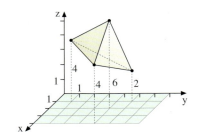

Übung 22
Wie muss z gewählt werden, damit das Dreieck ABC den Inhalt 15 besitzt?
$A(1\,|\,1\,|\,2)$, $B(1\,|\,-2\,|\,z)$, $C(7\,|\,-2\,|\,6)$

Übungen

23. Gegeben ist das Dreieck ABC mit A(6|1|2), B(5|5|1) und C(1|0|4).
 a) Fertigen Sie ein Schrägbild des Dreiecks an und berechnen Sie seine Innenwinkel.
 b) Welchen Flächeninhalt hat das Dreieck ABC?

24. Bestimmen Sie mithilfe des Skalarproduktes die Innenwinkel ε und ϕ im abgebildeten Parallelogramm. Berechnen Sie den Flächeninhalt des Parallelogramms konventionell und mittels Skalarprodukt.

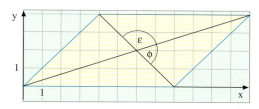

25. Bestimmen Sie einen Punkt C so. dass $\overrightarrow{AB}$ und $\overrightarrow{AC}$ orthogonal zueinander sind.
 a) A(2|−1|1), B(0|2|−3)   b) A(−5|3|4), B(7|−3|6)   c) A(7|−4|1), B(9|−1|13)

26. Bestimmen Sie die Koordinaten eines Punktes C so, dass das Dreieck ABC mit A(1|1) und B(4|5) rechtwinklig und gleichschenklig ist.

27. Winkel im Quader
Ein Quader hat die Grundflächenmaße 4×3. Wie muss seine Höhe gewählt werden, wenn seine Raumdiagonalen sich senkrecht schneiden sollen?

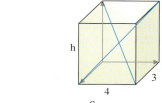

28. Doppelpyramide
Ein Edelstein hat die Form einer quadratischen Doppelpyramide mit den in der Zeichnung angegebenen Maßen (Abstände gegenüberliegender Ecken).
 a) Welche Innenwinkel hat ein Seitendreieck der Pyramide?
 b) Wie groß sind die Winkel ∢ASC bzw. ∢SBT?
 c) Wie groß ist die Oberfläche des Körpers?

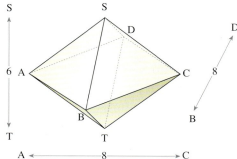

29. Pyramidenstumpf
Betrachtet wird ein regelmäßiger quadratischer Pyramidenstumpf (Abb.).
 a) Bestimmen Sie alle Eckpunktkoordinaten.
 b) Errechnen Sie den Winkel ∢ABF.
 c) Schneiden sich die Diagonalen $\overline{BH}$ und $\overline{DF}$? In welchem Winkel stehen sie zueinander bzw. schneiden sie sich?
 d) Welchen Oberflächeninhalt hat der Pyramidenstumpf?

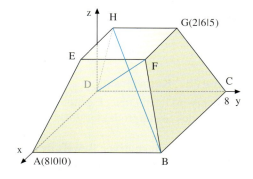

F. Exkurs: Anwendungen des Skalarproduktes

1. Elementargeometrische Beweise

Das Skalarprodukt wird häufig für Winkelberechnungen verwendet. Aber es kann auch zum Nachweis elementargeometrischer Eigenschaften und Sätze eingesetzt werden, die mit Orthogonalität zu tun haben, was im Folgenden angesprochen wird.

> **Beispiel: Beweis des Höhensatzes**
> Gegeben sei ein rechtwinkliges Dreieck ABC mit der Höhe h und den Hypotenusenabschnitten p und q.
> Beweisen Sie: $h^2 = p \cdot q$.

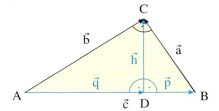

Lösung:

Wir belegen zunächst die Seiten, Höhe und die Hypotenusenabschnitte mit Vektoren, wie abgebildet. Dann nehmen wir alle Voraussetzungen in eine Sammlung auf zum Zweck des späteren Gebrauchs. Schließlich weisen wir durch eine Kettenrechnung $h^2 = p \cdot q$ nach.

Beweis:

$$
\begin{aligned}
h^2 &= |\vec{h}|^2 = \vec{h} \cdot \vec{h} && \text{Rechengesetz}\\
&= (\vec{b} - \vec{q}) \cdot \vec{h} && \text{nach (3)}\\
&= \vec{b} \cdot \vec{h} - \vec{q} \cdot \vec{h} && \text{Rechengesetz}\\
&= \vec{b} \cdot \vec{h} && \text{nach (8)}\\
&= \vec{b} \cdot (\vec{a} + \vec{p}) && \text{nach (4)}\\
&= \vec{b} \cdot \vec{a} + \vec{b} \cdot \vec{p} && \text{Rechengesetz}\\
&= \vec{b} \cdot \vec{p} && \text{nach (5)}\\
&= (\vec{q} + \vec{h}) \cdot \vec{p} && \text{nach (3)}\\
&= \vec{q} \cdot \vec{p} + \vec{h} \cdot \vec{p} && \text{Rechengesetz}\\
&= \vec{q} \cdot \vec{p} && \text{nach (7)}\\
&= |\vec{q}| \cdot |\vec{p}| \cdot \cos 0^\circ && \text{Definition des SP}\\
&= |\vec{q}| \cdot |\vec{p}| && \text{da } \cos 0^\circ = 1 \text{ ist}\\
&= p \cdot q
\end{aligned}
$$

Vektorbelegungen:

$\vec{a} = \overrightarrow{BC},\ \vec{b} = \overrightarrow{AC},\ \vec{c} = \overrightarrow{AB},\ \vec{h} = \overrightarrow{DC},$

$\vec{q} = \overrightarrow{AD},\ \vec{p} = \overrightarrow{DB}$

Sammlung der Voraussetzungen:

(1) $\vec{c} = \vec{q} + \vec{p}$

(2) $\vec{c} = \vec{b} - \vec{a}$

(3) $\vec{h} = \vec{b} - \vec{q}$

(4) $\vec{h} = \vec{a} + \vec{p}$

(5) $\vec{a} \perp \vec{b}$, d.h. $\vec{a} \cdot \vec{b} = 0$

(6) $\vec{h} \perp \vec{c}$, d.h. $\vec{h} \cdot \vec{c} = 0$

(7) $\vec{h} \perp \vec{p}$, d.h. $\vec{h} \cdot \vec{p} = 0$

(8) $\vec{h} \perp \vec{q}$, d.h. $\vec{h} \cdot \vec{q} = 0$

Übung 30   Kathetensatz

Im rechtwinkligen Dreieck gelten die Beziehungen $a^2 = p \cdot c$ und $b^2 = q \cdot c$. Beweisen Sie diese mithilfe des Skalarproduktes. Gehen Sie ähnlich vor wie im obigen Beispiel.

Übung 31   Alternativer Beweis des Höhensatzes

Erläutern Sie den folgenden Kurzbeweis des Höhensatzes schrittweise (siehe Zeichnung oben):

$$0 = \vec{a} \cdot \vec{b} = (\vec{h} - \vec{p}) \cdot (\vec{q} + \vec{h}) = \vec{h} \cdot \vec{q} + \vec{h} \cdot \vec{h} - \vec{p} \cdot \vec{q} - \vec{p} \cdot \vec{h} = \vec{h} \cdot \vec{h} - \vec{p} \cdot \vec{q} = h^2 - p \cdot q.$$

Übung 32 Satz des Thales

Der Satz des Thales besagt: Liegt ein Punkt C auf dem Kreis mit dem Durchmesser $\overline{AB}$, so hat das Dreieck ABC bei C einen rechten Winkel.
Beweisen Sie diese Aussage. Verwenden Sie die abgebildete Beweisfigur. Berechnen Sie dazu $\vec{a} \cdot \vec{b}$.

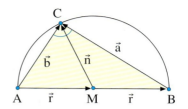

Beispiel: Mittelsenkrechte im Dreieck

Beweisen Sie, dass sich die drei Mittelsenkrechten eines Dreiecks in einem Punkt schneiden.

Lösung:
Wir verwenden die Bezeichnungen, wie abgebildet. M sei der Schnittpunkt der Mittelsenkrechten der Seiten a und c. Zu zeigen ist, dass der Vektor $\vec{z} = \overrightarrow{M_bM}$ zum Vektor $\vec{b}$ orthogonal ist. Zunächst sammeln wir wieder alle Voraussetzungen.

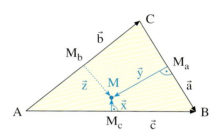

Beweis:

$\vec{z} \cdot \vec{b} = (0{,}5 \cdot \vec{b} + 0{,}5 \cdot \vec{a} + \vec{y}) \cdot \vec{b}$ nach (7)

$= (0{,}5 \cdot (\vec{b} + \vec{a}) + \vec{y}) \cdot \vec{b}$ RG

$= (0{,}5 \cdot \vec{c} + \vec{y}) \cdot \vec{b}$ nach (6)

$= (0{,}5 \cdot \vec{c} + \vec{y}) \cdot (\vec{c} - \vec{a})$ nach (6)

$= 0{,}5 \cdot \vec{c}^2 - 0{,}5 \cdot \vec{c} \cdot \vec{a} + \vec{y} \cdot \vec{c} - \vec{y} \cdot \vec{a}$ RG

$= \vec{c} \cdot (0{,}5 \cdot \vec{c} - 0{,}5 \cdot \vec{a} + \vec{y}) - \vec{y} \cdot \vec{a}$ RG

$= \vec{c} \cdot \vec{x} - \vec{y} \cdot \vec{a}$ nach (8)

$= 0 - 0$ nach (1), (2)

$= 0$

Voraussetzungen:

(1) $\vec{x} \perp \vec{c}$, d. h. $\vec{x} \cdot \vec{c} = 0$

(2) $\vec{y} \perp \vec{a}$, d. h. $\vec{y} \cdot \vec{a} = 0$

(3) $0{,}5 \cdot \vec{a} = \overrightarrow{CM_a} = \overrightarrow{M_aB}$

(4) $0{,}5 \cdot \vec{b} = \overrightarrow{AM_b} = \overrightarrow{M_bC}$

(5) $0{,}5 \cdot \vec{c} = \overrightarrow{AM_c} = \overrightarrow{M_cB}$

(6) $\vec{a} + \vec{b} = \vec{c}, \vec{b} = \vec{c} - \vec{a}$

Darstellung von $\vec{z}$ und $\vec{x}$:

(7) $\vec{z} = \overrightarrow{M_bC} + \overrightarrow{CM_a} + \overrightarrow{M_aM}$
$= 0{,}5 \cdot \vec{b} + 0{,}5 \cdot \vec{a} + \vec{y}$

(8) $\vec{x} = \overrightarrow{M_cB} + \overrightarrow{BM_a} + \overrightarrow{M_aM}$
$= 0{,}5 \cdot \vec{c} - 0{,}5 \cdot \vec{a} + \vec{y}$

Übung 33 Höhen im Dreieck

Beweisen Sie, dass sich die Höhen in einem Dreieck in einem Punkt schneiden.

Hinweis: In nebenstehender Skizze sei H der Schnittpunkt der Höhen h_a und h_b.
Zeigen Sie: $\vec{z} = \overrightarrow{CH}$ ist orthogonal zu $\vec{c}$.

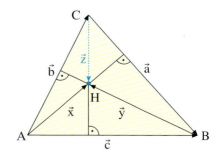

Übungen

34. Diagonalen einer Raute
Zeigen Sie mithilfe des Skalarproduktes, dass die Diagonalen einer Raute senkrecht aufeinander stehen.

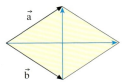

35. Beweisen Sie die Umkehrung der Aussage aus Übung 34:
Stehen in einem Parallelogramm die Diagonalen senkrecht aufeinander, ist es eine Raute.

36. Beweisen Sie:
Ein Rechteck ist genau dann ein Quadrat, wenn seine Diagonalen senkrecht aufeinander stehen.

37. Satz des Pythagoras
Beweisen Sie:
a) In einem rechtwinkligen Dreieck mit der Hypotenuse c und den Katheten a und b gilt: $a^2 + b^2 = c^2$.
b) Gilt in einem Dreieck mit den Seiten a, b und c die Gleichung $a^2 + b^2 = c^2$, so ist das Dreieck rechtwinklig.

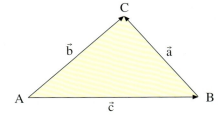

38. Senkrechte Strecken im Quader
Zeigen Sie, dass in einem Quader mit quadratischer Grundfläche die Grundflächendiagonale e und die Raumdiagonale f senkrecht zueinander stehen.

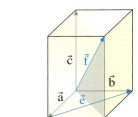

39. Beweisen Sie:
In einem Parallelogramm ist die Summe der Diagonalenquadrate ebenso groß wie die Summe der Seitenquadrate (siehe Abbildung).

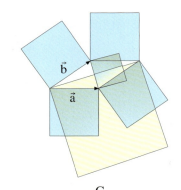

40. Sinussatz
Beweisen Sie mithilfe der Vektorrechnung den Sinussatz:
In einem beliebigen Dreieck gilt:

$$\frac{\sin\alpha}{\sin\beta} = \frac{a}{b}$$

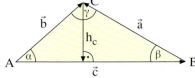

2. Die physikalische Arbeit

Abschließend wenden wir das Skalarprodukt zur Berechnung der physikalischen Arbeit an entsprechend den Ausführungen zu dessen Einführung auf Seite 60.

▸ **Beispiel:** Ein Wagen wird auf ebener Strecke 250 Meter weit gezogen, wobei die Deichsel in einem Winkel von 30° gegen die Horizontale geneigt ist.
In Richtung der Deichsel wird mit einer Kraft von 150 N gezogen.
Welche Arbeit wird dabei verrichtet?

Lösung:

Arbeit = Kraft · Weg

▸ $\quad W = \vec{F} \cdot \vec{s} = |\vec{F}| \cdot |\vec{s}| \cdot \cos 30° = 150\,\text{N} \cdot 250\,\text{m} \cdot \frac{\sqrt{3}}{2} \approx 32\,476\,\text{Nm}$

▸ **Beispiel:** Ein UFO bewegt sich unter dem Einfluss seiner drei Antriebsdüsen und des Windes vom Punkt $A(10\,|\,10\,|\,20)$ zum Punkt $B(800\,|\,200\,|\,500)$.
Welche Arbeit wird dabei von den Düsen verrichtet, wenn diese Kräfte $\vec{F}_1 = \begin{pmatrix} 100 \\ 100 \\ 2000 \end{pmatrix}$, $\vec{F}_2 = \begin{pmatrix} 200 \\ 300 \\ 2000 \end{pmatrix}$, $\vec{F}_3 = \begin{pmatrix} 100 \\ 200 \\ 2000 \end{pmatrix}$ bewirken?

Lösung:

Wir bestimmen zunächst durch Addition von $\vec{F}_1$, $\vec{F}_2$ und $\vec{F}_3$ die resultierende Gesamtkraft $\vec{F}$ sowie durch Subtraktion der Ortsvektoren von B und A den Wegvektor $\vec{s}$: $\vec{F} = \begin{pmatrix} 400 \\ 600 \\ 6000 \end{pmatrix}$, $\vec{s} = \begin{pmatrix} 790 \\ 190 \\ 480 \end{pmatrix}$.

▸ Nun bilden wir das Skalarprodukt und erhalten als Resultat: $W = \vec{F} \cdot \vec{s} = 3\,310\,000\,\text{Nm}$.

Übung 41

Ein Segelboot wird so gesteuert, dass der Wind mit einem Winkel von 40° zur Fahrtrichtung einfällt.
Der Wind übt auf das Segel eine Kraft von 2500 N aus.
Wie groß ist die vom Wind nach einer Fahrtstrecke von 10 km am Boot verrichtete Arbeit?

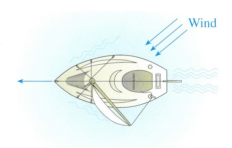

Wind

5. Das Vektorprodukt

A. Die Definition des Vektorprodukts

Im vorigen Abschnitt haben wir auf Seite 67 zu zwei gegebenen, linear unabhängigen Vektoren einen orthogonalen Vektor durch Lösen des zugehörigen Gleichungssystems ermittelt. Solche orthogonale Vektoren sind in der Geometrie und Technik häufig gesucht und werden im folgenden Kapitel benötigt. Daher entwickeln wir im Folgenden eine Formel, mit der man zu zwei gegebenen Vektoren des Raums schnell einen orthogonalen Vektor bestimmen kann.

Gesucht ist ein Vektor $\vec{x}$, der zu zwei gegebenen Vektoren $\vec{a}$ und $\vec{b}$ des Raums orthogonal ist. Daher müssen die Skalarprodukte $\vec{a} \cdot \vec{x}$ und $\vec{b} \cdot \vec{x}$ null ergeben. Das zugehörige Gleichungssystem, das sich durch Einsetzen der Spaltenvektoren ergibt, hat unendlich viele Lösungen.

$$\text{I} \quad \vec{a} \cdot \vec{x} = \begin{pmatrix} a_1 \\ a_2 \\ a_3 \end{pmatrix} \cdot \begin{pmatrix} x_1 \\ x_2 \\ x_3 \end{pmatrix} = 0$$

$$\text{II} \quad \vec{b} \cdot \vec{x} = \begin{pmatrix} b_1 \\ b_2 \\ b_3 \end{pmatrix} \cdot \begin{pmatrix} x_1 \\ x_2 \\ x_3 \end{pmatrix} = 0$$

Der Vektor $\vec{x} = \begin{pmatrix} a_2 b_3 - a_3 b_2 \\ a_3 b_1 - a_1 b_3 \\ a_1 b_2 - a_2 b_1 \end{pmatrix}$ ist eine Lösung, wie sich leicht beweisen lässt:

$$\text{I} \quad a_1 x_1 + a_2 x_2 + a_3 x_3 = 0$$
$$\text{II} \quad b_1 x_1 + b_2 x_2 + b_3 x_3 = 0$$

$$\begin{aligned} \text{I} \quad & a_1(a_2 b_3 - a_3 b_2) + a_2(a_3 b_1 - a_1 b_3) + a_3(a_1 b_2 - a_2 b_1) = \\ & a_1 a_2 b_3 - a_1 a_3 b_2 + a_2 a_3 b_1 - a_1 a_2 b_3 + a_1 a_3 b_2 - a_2 a_3 b_1 = 0 \\ \text{II} \quad & b_1(a_2 b_3 - a_3 b_2) + b_2(a_3 b_1 - a_1 b_3) + b_3(a_1 b_2 - a_2 b_1) = \\ & a_2 b_1 b_3 - a_3 b_1 b_2 + a_3 b_1 b_2 - a_1 b_2 b_3 + a_1 b_2 b_3 - a_2 b_1 b_3 = 0 \end{aligned}$$

Der obige Lösungsvektor $\vec{x}$ ist aus Koordinatenprodukten der Vektoren $\vec{a}$ und $\vec{b}$ aufgebaut. Er wird als *Vektorprodukt* der Vektoren $\vec{a}$ und $\vec{b}$ bezeichnet und symbolisch als $\vec{a} \times \vec{b}$ dargestellt.

Definition des Vektorprodukts

Für zwei Vektoren $\vec{a} = \begin{pmatrix} a_1 \\ a_2 \\ a_3 \end{pmatrix}$ und $\vec{b} = \begin{pmatrix} b_1 \\ b_2 \\ b_3 \end{pmatrix}$ des Raums heißt $\vec{a} \times \vec{b} = \begin{pmatrix} a_2 b_3 - a_3 b_2 \\ a_3 b_1 - a_1 b_3 \\ a_1 b_2 - a_2 b_1 \end{pmatrix}$

(gelesen: „a kreuz b") das *Vektorprodukt* von $\vec{a}$ und $\vec{b}$.

🌀 074-1

Bemerkung: Während das Skalarprodukt für alle Vektoren gilt, also für Spaltenvektoren mit 2 Koordinaten, 3 Koordinaten, 4 Koordinaten usw., ist das Vektorprodukt nur für Vektoren im dreidimensionalen Raum definiert. Ferner stellt das Vektorprodukt zweier Vektoren wieder einen Vektor dar im Unterschied zum Skalarprodukt, dessen Ergebnis eine reelle Zahl ist.

Beispiel: Gegeben sind $\vec{a} = \begin{pmatrix} 3 \\ 2 \\ -1 \end{pmatrix}$ und $\vec{b} = \begin{pmatrix} 1 \\ 1 \\ 2 \end{pmatrix}$. Berechnen Sie $\vec{a} \times \vec{b}$.

Lösung:
$$\begin{pmatrix} 3 \\ 2 \\ -1 \end{pmatrix} \times \begin{pmatrix} 1 \\ 1 \\ 2 \end{pmatrix} = \begin{pmatrix} a_1 \\ a_2 \\ a_3 \end{pmatrix} \times \begin{pmatrix} b_1 \\ b_2 \\ b_3 \end{pmatrix} = \begin{pmatrix} a_2 b_3 - a_3 b_2 \\ a_3 b_1 - a_1 b_3 \\ a_1 b_2 - a_2 b_1 \end{pmatrix} = \begin{pmatrix} 2 \cdot 2 - (-1) \cdot 1 \\ (-1) \cdot 1 - 3 \cdot 2 \\ 3 \cdot 1 - 2 \cdot 1 \end{pmatrix} = \begin{pmatrix} 5 \\ -7 \\ 1 \end{pmatrix}$$

Das nebenstehende Schema dient als Merkregel für das Vektorprodukt. Man erhält die 1. Koordinate des Vektorprodukts, indem man die 1. Koordinaten der gegebenen Vektoren streicht, die übrigen Koordinaten über Kreuz multipliziert und die Differenz der Produkte bildet. Analog erhält man die 2. und 3. Koordinate. Bei der Kreuzmultiplikation für die 2. Koordinate muss allerdings zusätzlich das Vorzeichen umgekehrt werden.

Merkregel:

1. Koordinate $\begin{pmatrix} 3 \\ 2 \\ -1 \end{pmatrix} \times \begin{pmatrix} 1 \\ 1 \\ 2 \end{pmatrix}$ $2 \cdot 2 - (-1) \cdot 1 = 5$

2. Koordinate $\begin{pmatrix} 3 \\ 2 \\ -1 \end{pmatrix} \times \begin{pmatrix} 1 \\ 1 \\ 2 \end{pmatrix}$ $-(3 \cdot 2 - (-1) \cdot 1) = -7$

3. Koordinate $\begin{pmatrix} 3 \\ 2 \\ -1 \end{pmatrix} \times \begin{pmatrix} 1 \\ 1 \\ 2 \end{pmatrix}$ $3 \cdot 1 - 2 \cdot 1 = 1$

Übung 1

Berechnen Sie für die Vektoren $\vec{a}$ und $\vec{b}$ das Vektorprodukt $\vec{a} \times \vec{b}$.

a) $\vec{a} = \begin{pmatrix} 2 \\ 1 \\ 5 \end{pmatrix}, \vec{b} = \begin{pmatrix} 3 \\ 4 \\ 2 \end{pmatrix}$ b) $\vec{a} = \begin{pmatrix} -1 \\ 3 \\ 7 \end{pmatrix}, \vec{b} = \begin{pmatrix} 2 \\ 0 \\ 1 \end{pmatrix}$ c) $\vec{a} = \begin{pmatrix} 1 \\ 8 \\ 0 \end{pmatrix}, \vec{b} = \begin{pmatrix} -2 \\ -1 \\ 1 \end{pmatrix}$ d) $\vec{a} = \begin{pmatrix} 2 \\ 1 \\ 3 \end{pmatrix}, \vec{b} = \begin{pmatrix} 4 \\ 2 \\ 6 \end{pmatrix}$

Der Vektor $\vec{a} \times \vec{b}$ ist, wie oben bereits bewiesen, orthogonal zu $\vec{a}$ und zu $\vec{b}$.
Die Vektoren $\vec{a}$, $\vec{b}$ und $\vec{a} \times \vec{b}$ bilden ein sog. „Rechtssystem" wie auch die Koordinatenachsen im räumlichen kartesischen Koordinatensystem. Die abgebildete „Rechte-Hand-Regel" veranschaulicht diesen Begriff. Diese Eigenschaft ist in physikalischen Zusammenhängen wichtig.

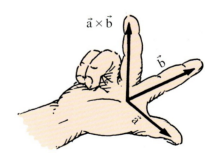

Eigenschaften des Vektorprodukts:
Für linear unabhängige Vektoren $\vec{a}$ und $\vec{b}$ im Raum gilt:
(1) $\vec{a} \times \vec{b}$ ist orthogonal zu $\vec{a}$ und zu $\vec{b}$.
(2) Die Vektoren $\vec{a}$, $\vec{b}$ und $\vec{a} \times \vec{b}$ bilden ein „Rechtssystem".

Übung 2

Gegeben sind die Vektoren $\vec{a} = \begin{pmatrix} 1 \\ 1 \\ -3 \end{pmatrix}$, $\vec{b} = \begin{pmatrix} 5 \\ -2 \\ 3 \end{pmatrix}$ und $\vec{c} = \begin{pmatrix} -2 \\ 3 \\ 0 \end{pmatrix}$.

Bilden Sie a) $\vec{a} \times \vec{b}$,   b) $\vec{a} \times \vec{c}$,   c) $\vec{b} \times \vec{c}$,   d) $\vec{c} \times \vec{a}$,   e) $\vec{a} \times (\vec{b} \times \vec{c})$.

B. Rechengesetze für das Vektorprodukt

Auch für das Vektorprodukt gelten einige Rechengesetze, von denen wir die wichtigsten auflisten und exemplarisch beweisen.

Rechengesetze für das Vektorprodukt

(1) $\vec{a} \times \vec{b} = -(\vec{b} \times \vec{a})$ Anti-Kommutativgesetz

(2) $(r \cdot \vec{a}) \times \vec{b} = r \cdot (\vec{a} \times \vec{b})$ für $r \in \mathbb{R}$ Assoziativgesetz

(3) $\vec{a} \times (\vec{b} + \vec{c}) = (\vec{a} \times \vec{b}) + (\vec{a} \times \vec{c})$ Distributivgesetz

Exemplarischer Beweis zu (1):

$$-(\vec{b} \times \vec{a}) = -\begin{pmatrix} b_2 a_3 - b_3 a_2 \\ b_3 a_1 - b_1 a_3 \\ b_1 a_2 - b_2 a_1 \end{pmatrix} = \begin{pmatrix} -b_2 a_3 + b_3 a_2 \\ -b_3 a_1 + b_1 a_3 \\ -b_1 a_2 + b_2 a_1 \end{pmatrix} = \begin{pmatrix} a_2 b_3 - a_3 b_2 \\ a_3 b_1 - a_1 b_3 \\ a_1 b_2 - a_2 b_1 \end{pmatrix} = \vec{a} \times \vec{b}$$

Übung 3
Beweisen Sie die Aussagen (2) und (3) im obigen Kasten.

Übung 4
Beweisen Sie: Für jeden Vektor $\vec{a}$ des Raumes gilt: $\vec{a} \times \vec{a} = \vec{0}$.

Übung 5
Beweisen Sie folgende Eigenschaft des Vektorprodukts:
Sind die Vektoren $\vec{a}$ und $\vec{b}$ linear abhängig, dann gilt: $\vec{a} \times \vec{b} = \vec{0}$.

Übung 6
Gilt für das Vektorprodukt das Assoziativgesetz $(\vec{a} \times \vec{b}) \times \vec{c} = \vec{a} \times (\vec{b} \times \vec{c})$?

Übung 7
Wahr oder falsch? Überprüfen Sie die Richtigkeit folgender Gleichungen für beliebige Vektoren des Raumes!
a) $\vec{a} \times \vec{b} - \vec{b} \times \vec{a} = \vec{0}$ b) $(\vec{a} + \vec{b}) \times (\vec{a} + \vec{b}) = \vec{a} \times \vec{a} + \vec{b} \times \vec{b}$

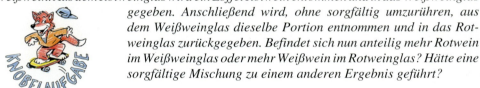

Zwei Gläser sind mit gleichem Volumen gefüllt, ein Glas mit Rotwein, das andere mit Weißwein. Aus dem Rotweinglas wird ein Löffel Rotwein entnommen und in das Weißweinglas gegeben. Anschließend wird, ohne sorgfältig umzurühren, aus dem Weißweinglas dieselbe Portion entnommen und in das Rotweinglas zurückgegeben. Befindet sich nun anteilig mehr Rotwein im Weißweinglas oder mehr Weißwein im Rotweinglas? Hätte eine sorgfältige Mischung zu einem anderen Ergebnis geführt?

C. Exkurs: Anwendungen des Vektorprodukts

Auch mithilfe des Vektorprodukts lässt sich der Flächeninhalt eines Parallelogramms im dreidimensionalen Raum berechnen.

> **Flächeninhalt eines Parallelogramms**
> Für den Flächeninhalt des von den Vektoren $\vec{a}$ und $\vec{b}$ im Raum aufgespannten Parallelogramms gilt:
> $$A = |\vec{a} \times \vec{b}| = |\vec{a}| \cdot |\vec{b}| \cdot \sin\gamma.$$

Beweis:

Wir gehen von der Flächeninhaltsformel für Parallelogramme $A = g \cdot h = |\vec{a}| \cdot h$ aus und setzen für die Höhe $h = |\vec{b}| \cdot \sin\gamma$ ein, wobei γ der von den Vektoren $\vec{a}$ und $\vec{b}$ eingeschlossene Winkel ist (vgl. S. 68). Dann erhalten wir sofort den zweiten Term. Es bleibt zu zeigen: $|\vec{a} \times \vec{b}| = |\vec{a}| \cdot |\vec{b}| \cdot \sin\gamma$.

Hierzu betrachten wir zunächst $|\vec{a} \times \vec{b}|^2 = (\vec{a} \times \vec{b})^2$.

Flächeninhalt des Parallelogramms:
$$A = |\vec{a}| \cdot h = |\vec{a}| \cdot |\vec{b}| \cdot \sin\gamma, \; 0° \leq \gamma \leq 180°$$

$$
\begin{aligned}
(\vec{a} \times \vec{b})^2 &= \begin{pmatrix} a_2b_3 - a_3b_2 \\ a_3b_1 - a_1b_3 \\ a_1b_2 - a_2b_1 \end{pmatrix}^2 = (a_2b_3 - a_3b_2)^2 + (a_3b_1 - a_1b_3)^2 + (a_1b_2 - a_2b_1)^2 \\
&= a_2^2b_3^2 - 2a_2b_3a_3b_2 + a_3^2b_2^2 + a_3^2b_1^2 - 2a_3b_1a_1b_3 + a_1^2b_3^2 + a_1^2b_2^2 - 2a_1b_2a_2b_1 + a_2^2b_1^2 \\
&= a_2^2b_3^2 + a_3^2b_2^2 + a_3^2b_1^2 + a_1^2b_3^2 + a_1^2b_2^2 + a_2^2b_1^2 - 2a_2a_3b_2b_3 - 2a_1a_3b_1b_3 - 2a_1a_2b_1b_2 \\
&\quad + a_1^2b_1^2 + a_2^2b_2^2 + a_3^2b_3^2 - a_1^2b_1^2 - a_2^2b_2^2 - a_3^2b_3^2 \\
&= (a_1^2 + a_2^2 + a_3^2) \cdot (b_1^2 + b_2^2 + b_3^2) - (a_1b_1 + a_2b_2 + a_3b_3)^2 \\
&= |\vec{a}|^2 \cdot |\vec{b}|^2 - (\vec{a} \cdot \vec{b})^2 \\
&= |\vec{a}|^2 \cdot |\vec{b}|^2 - |\vec{a}|^2 \cdot |\vec{b}|^2 \cdot \cos^2\gamma \\
&= |\vec{a}|^2 \cdot |\vec{b}|^2 \cdot (1 - \cos^2\gamma) \\
&= |\vec{a}|^2 \cdot |\vec{b}|^2 \cdot \sin^2\gamma
\end{aligned}
$$

Da $\sin\gamma \geq 0$ für $0° \leq \gamma \leq 180°$ ist, folgt nun durch Wurzelziehen $|\vec{a} \times \vec{b}| = |\vec{a}| \cdot |\vec{b}| \cdot \sin\gamma$.

Übung 8

Berechnen Sie mithilfe des Vektorprodukts den Flächeninhalt
a) des Parallelogramms ABCD mit A(3|0|4), B(4|6|0), C(0|7|1), D(−1|1|5),
b) des Dreiecks ABC mit A(5|0|0), B(0|4|0), C(0|0|6).

Mithilfe der eben bewiesenen Flächeninhaltsformel für Parallelogramme lässt sich eine einfache Formel zur Volumenberechnung eines Spats bzw. einer dreiseitigen Pyramide herleiten.

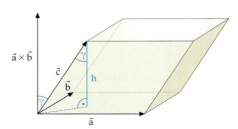

Volumen eines Spats
Der von den Vektoren $\vec{a}$, $\vec{b}$, $\vec{c}$ aufgespannte Spat hat das Volumen
$$V = |(\vec{a} \times \vec{b}) \cdot \vec{c}|.$$

Beweis:
Wir gehen von der Volumenformel $V = G \cdot h$ für Prismen aus. Die Grundfläche kann mit dem Vektorprodukt als $|\vec{a} \times \vec{b}|$ dargestellt werden, da es sich um eine Parallelogrammfläche handelt. Für die Höhe des Spats h gilt $h = |\vec{c}| \cdot \cos\gamma$, wobei γ der Winkel zwischen $\vec{c}$ und h ist. Da der Vektor $\vec{a} \times \vec{b}$ senkrecht zu $\vec{a}$ und zu $\vec{b}$ steht, verläuft er parallel zur Spathöhe h.

$V = G \cdot h$ Volumen eines Prismas

$ = |\vec{a} \times \vec{b}| \cdot h,$ da $G = |\vec{a} \times \vec{b}|$

$ = |\vec{a} \times \vec{b}| \cdot |\vec{c}| \cdot \cos\gamma,$ da $h = |\vec{c}| \cdot \cos\gamma$

$ = |(\vec{a} \times \vec{b}) \cdot \vec{c}|$ Definition des SP

Wir nehmen an, dass $\vec{a}$, $\vec{b}$, $\vec{c}$ rechtssystemartig zueinander liegen (s. Abb.). Dann ist der Winkel zwischen den Vektoren $\vec{a} \times \vec{b}$ und $\vec{c}$ ebenfalls γ. Der Term $|\vec{a} \times \vec{b}| \cdot |\vec{c}| \cdot \cos\gamma$ stellt daher das Skalarprodukt von $\vec{a} \times \vec{b}$ und $\vec{c}$ dar.
Liegen $\vec{a}$, $\vec{b}$, $\vec{c}$ linkssystemartig zueinander, so ergibt sich die Rechnung $V = |\vec{a} \times \vec{b}| \cdot h = |\vec{a} \times \vec{b}| \cdot |\vec{c}| \cdot \cos\gamma = |\vec{a} \times \vec{b}| \cdot |\vec{c}| \cdot (-\cos\gamma') = -(\vec{a} \times \vec{b}) \cdot \vec{c}$, wobei $\gamma' = 180° - \gamma$ der Winkel zwischen $\vec{a} \times \vec{b}$ und $\vec{c}$ ist. Insgesamt gilt also $V = |(\vec{a} \times \vec{b}) \cdot \vec{c}|$.

Bemerkung: Der Term $(\vec{a} \times \vec{b}) \cdot \vec{c}$ *wird auch als* **Spatprodukt** *bezeichnet.*   078-1

Volumen einer dreiseitigen Pyramide
Eine von den Vektoren $\vec{a}$, $\vec{b}$, $\vec{c}$ aufgespannte dreiseitige Pyramide hat das Volumen
$$V = \frac{1}{6}|(\vec{a} \times \vec{b}) \cdot \vec{c}|.$$

Beweis:
Die Pyramide hat bekanntlich ein Drittel des Volumens eines Prismas mit derselben Grundfläche und Höhe. Ein Prisma mit dreieckiger Grundfläche ist die Hälfte eines Spats. Daher ist das Pyramidenvolumen ein Sechstel des Spatvolumens.

Übung 9
Berechnen Sie das Volumen des von den Vektoren $\vec{a} = \begin{pmatrix} 8 \\ 0 \\ 0 \end{pmatrix}$, $\vec{b} = \begin{pmatrix} 2 \\ 2 \\ 1 \end{pmatrix}$, $\vec{c} = \begin{pmatrix} 1 \\ 1 \\ 3 \end{pmatrix}$ aufgespannten Spats.

Übung 10
Berechnen Sie das Volumen der dreiseitigen Pyramide mit den Eckpunkten A(4|4|3), B(1|5|2), C(1|1|4), D(1|4|6). Fertigen Sie ein Schrägbild an.

Übungen

11. Berechnen Sie für die Vektoren $\vec{a}$ und $\vec{b}$ das Vektorprodukt $\vec{a} \times \vec{b}$.

a) $\vec{a} = \begin{pmatrix} 0 \\ 3 \\ -5 \end{pmatrix}, \vec{b} = \begin{pmatrix} 2 \\ 1 \\ -1 \end{pmatrix}$ b) $\vec{a} = \begin{pmatrix} -3 \\ 1 \\ 2 \end{pmatrix}, \vec{b} = \begin{pmatrix} 2 \\ -2 \\ 4 \end{pmatrix}$ c) $\vec{a} = \begin{pmatrix} 4 \\ -1 \\ 2 \end{pmatrix}, \vec{b} = \begin{pmatrix} -2 \\ 1 \\ -2 \end{pmatrix}$

12. Gegeben sind die Vektoren $\vec{a} = \begin{pmatrix} -6 \\ 1 \\ -1 \end{pmatrix}, \vec{b} = \begin{pmatrix} 3 \\ -2 \\ 1 \end{pmatrix}, \vec{c} = \begin{pmatrix} 0 \\ 4 \\ 1 \end{pmatrix}$.

   a) Bilden Sie $\vec{a} \times \vec{b}$, $\vec{b} \times \vec{a}$, $\vec{c} \times \vec{a}$, $(\vec{a} \times \vec{b}) \times \vec{c}$, $(\vec{a} \times \vec{b}) \cdot \vec{c}$.
   b) Weisen Sie für die gegebenen Vektoren nach, dass $\vec{a} \times \vec{b}$ senkrecht zu $\vec{a}$ und zu $\vec{b}$ ist.
   c) Beschreiben Sie die Gemeinsamkeiten und die Unterschiede der Vektoren $\vec{a} \times \vec{b}$ und $\vec{b} \times \vec{a}$ geometrisch-anschaulich.

13. Beweisen Sie:
   Für die Vektoren $\vec{a}$ und $\vec{b}$ des Raums gilt: $(r \cdot \vec{a}) \times (s \cdot \vec{b}) = r \cdot s \cdot (\vec{a} \times \vec{b})$, $r, s \in \mathbb{R}$.

14. **Beweisen Sie:**
   Für alle Vektoren $\vec{a}$, $\vec{b}$ und $\vec{c}$ des Raums gilt: $(\vec{a} \times \vec{b}) \cdot \vec{c} = (\vec{b} \times \vec{c}) \cdot \vec{a} = (\vec{c} \times \vec{a}) \cdot \vec{b}$.

15. Berechnen Sie den Flächeninhalt des Dreiecks ABC.
   a) $A(3|0|2)$, $B(1|4|-1)$, $C(1|3|2)$ b) $A(4|1|0)$, $B(2|4|3)$, $C(1|1|5)$

16. Gegeben sind die Punkte $A(-1|-3|6)$, $B(5|-1|8)$, $C(3|5|-2)$ und $D(-3|3|-4)$.
   a) Zeigen Sie, dass ABCD ein Parallelogramm bilden.
   b) Berechnen Sie den Flächeninhalt des Parallelogramms ABCD.

17. Berechnen Sie das Volumen des Spats ABCDEFGH mit $A(4|1|-1)$, $B(4|8|-1)$, $C(1|8|-1)$ und $E(3|2|3)$. Fertigen Sie ein Schrägbild des Spats an.

18. Berechnen Sie das Volumen einer dreiseitigen Pyramide mit den Eckpunkten
   a) $A(5|0|0)$, $B(0|4|0)$, $C(0|0|0)$, $D(2|2|6)$
   b) $A(4|0|1)$, $B(1|4|-1)$, $C(-1|1|0)$, $D(1|1|5)$

19. Berechnen Sie mithilfe des Spatprodukts das Volumen einer Pyramide mit *viereckiger* Grundfläche ABCD und der Spitze S. Die Eckpunkte lauten: $A(4|3|1)$, $B(1|7|1)$, $C(-3|2|0)$, $D(0|0|0)$, $S(0|3|4)$. Fertigen Sie ein Schrägbild der Pyramide an.

20. a) Zeigen Sie: $\vec{a}$, $\vec{b}$, $\vec{c}$ sind linear unabhängig, wenn $(\vec{a} \times \vec{b}) \cdot \vec{c} \neq 0$ ist.
   b) Zeigen Sie: Wenn $\vec{a}$, $\vec{b}$, $\vec{c}$ linear unabhängig sind, dann gilt: $(\vec{a} \times \vec{b}) \cdot \vec{c} \neq 0$.
   c) Weisen Sie mithilfe des Spatprodukts die lineare Unabhängigkeit der Vektoren

   $\vec{a} = \begin{pmatrix} 1 \\ 2 \\ 4 \end{pmatrix}, \vec{b} = \begin{pmatrix} -2 \\ 3 \\ 1 \end{pmatrix}, \vec{c} = \begin{pmatrix} 2 \\ 0 \\ -3 \end{pmatrix}$ nach.

D. Zusammengesetzte Aufgaben

1. In einem kartesischen Koordinatensystem sind die Punkte A(5|1), B(2|4) und C(−1|1)
gegeben.
   a) Zeigen Sie, dass das Dreieck ABC rechtwinklig und gleichschenklig ist.
   b) Berechnen Sie den Flächeninhalt des Dreiecks ABC.
   c) Bestimmen Sie den Ortsvektor eines Punktes D so, dass ABCD ein Quadrat ist.
   d) Bestimmen Sie die Koordinaten des Mittelpunktes des Quadrats ABCD.

2. In einem kartesischen Koordinatensystem sind die Punkte A(2|2|3), B(−2|0|−3) und
C(−4|2|6) gegeben.
   a) Zeigen Sie, dass die Vektoren $\overrightarrow{AB}$ und $\overrightarrow{AC}$ nicht kollinear sind.
   b) Bestimmen Sie den Ortsvektor eines Punktes D so, dass ABCD ein Parallelogramm ist.
   c) Berechnen Sie die Innenwinkel des Dreiecks ABC.

3. In einem kartesischen Koordinatensystem sind die Punkte A(1|1|1), B(4|5|9) und
$C_t(1|t|5)$ gegeben.
   a) Zeigen Sie, dass die Vektoren $\overrightarrow{AB}$ und $\overrightarrow{AC_t}$ für kein reelles t kollinear sind. Für welchen
      Wert für t sind die Vektoren $\overrightarrow{AC_t}$ und $\overrightarrow{BC_t}$ kollinear?
   b) Für welchen Wert für t sind die Vektoren $\overrightarrow{AB}$ und $\overrightarrow{AC_t}$ orthogonal?
   c) Berechnen Sie für t = 2 den Flächeninhalt des Dreiecks ABC_2.

4. In einem kartesischen Koordinatensystem sind die Punkte A(3|0|0), B(0|3|0), C(−3|0|0),
D(0|−3|0), E(0|0|3) und F(0|0|−3) gegeben. Sie bilden die Eckpunkte eines Oktaeders.
   a) Zeigen Sie, dass ABCD ein Quadrat ist.
   b) Zeichnen Sie ein Schrägbild des Oktaeders.
   c) Berechnen Sie Volumen und Oberfläche des Oktaeders.

5. In einem kartesischen Koordinatensystem sind die Punkte A(−2|−2|−2), $B_t(−2|−1|3t)$
und $C_t(−2t−2|5|−1)$ gegeben.
   a) Zeigen Sie, dass die Ortsvektoren $\overrightarrow{OA}$, $\overrightarrow{OB_t}$, $\overrightarrow{OC_t}$ nur für t = 1 paarweise orthogonal sind.
   b) Die Punkte O, A, B_t, C_t sind Eckpunkte einer Pyramide. Zeichnen Sie für t = 1 ein Schräg-
      bild der Pyramide und berechnen Sie unter Verwendung von Aufgabenteil a das Volumen
      dieser Pyramide.
   c) Berechnen Sie die Innenwinkel des Dreiecks AB_1C_1 (für t = 1).
   d) Zeigen Sie, dass die Seitenmittelpunkte des räumlichen Vierecks OAB_tC_t (in der ange-
      gebenen Reihenfolge) ein Parallelogramm bilden.

6. Die Vektoren $\vec{a} = \begin{pmatrix} 6 \\ 0 \\ 0 \end{pmatrix}$, $\vec{b} = \begin{pmatrix} 2 \\ 4 \\ 0 \end{pmatrix}$, $\vec{c} = \begin{pmatrix} 1 \\ 1 \\ 3 \end{pmatrix}$ spannen einen Spat ABCDEFGH auf.

   a) Zeichnen Sie ein Schrägbild des Spats.
   b) M sei der Mittelpunkt der Strecke $\overline{EH}$, L sei der Mittelpunkt der Strecke $\overline{BC}$ und K sei der
      Mittelpunkt der Raumdiagonalen $\overline{AG}$. Bestimmen Sie die Ortsvektoren von M, L und K.
   c) In welchem Verhältnis teilt K die Strecke $\overline{ML}$?

Test:

Vektoren

1. In einem kartesischen Koordinatensystem sind die Punkte $A(3|-1)$, $B(2|3)$ und $C(-3|4)$ gegeben.
   a) Bestimmen Sie den Umfang des Dreiecks ABC.
   b) Bestimmen Sie die Größe des Innenwinkels α im Dreieck ABC.
   c) Bestimmen Sie die Koordinaten eines Punktes D so, dass das Viereck ABCD ein Parallelogramm ist.

2. Gegeben sind die Vektoren $\vec{a} = \begin{pmatrix} 1 \\ -1 \\ 3 \end{pmatrix}$, $\vec{b} = \begin{pmatrix} -2 \\ 6 \\ 6 \end{pmatrix}$, $\vec{c} = \begin{pmatrix} 1 \\ 1 \\ 0 \end{pmatrix}$ und $\vec{d_t} = \begin{pmatrix} 1 \\ t \\ -3 \end{pmatrix}$.

   a) Bestimmen Sie die Vektoren $\vec{x} = \vec{a} - 2\vec{b}$ und $\vec{y} = 2\vec{a} - \frac{1}{2}\vec{b}$.
   b) Sind die Vektoren $\vec{a}$ und $\vec{b}$ kollinear?
   c) Für welchen Wert für t sind die Vektoren $\vec{b}$ und $\vec{d_t}$ kollinear?
   d) Bestimmen Sie einen Einheitsvektor, der kollinear zu $\vec{a}$ ist.
   e) Welchen Winkel schließen die Vektoren $\vec{a}$ und $\vec{b}$ ein?
   f) Für welchen Wert für t schließen die Vektoren $\vec{c}$ und $\vec{d_t}$ einen Winkel von $45°$ ein?

3. Zeigen Sie, dass die Vektoren $\vec{a} = \begin{pmatrix} 5 \\ 10 \\ 10 \end{pmatrix}$, $\vec{b} = \begin{pmatrix} 2 \\ -11 \\ 10 \end{pmatrix}$, $\vec{c} = \begin{pmatrix} 14 \\ -2 \\ -5 \end{pmatrix}$ im dreidimensionalen Raum einen Würfel aufspannen.

4. Untersuchen Sie, ob die Vektoren $\vec{a} = \begin{pmatrix} 1 \\ -1 \\ 3 \end{pmatrix}$, $\vec{b} = \begin{pmatrix} -2 \\ 4 \\ 6 \end{pmatrix}$, $\vec{c} = \begin{pmatrix} -3 \\ 0 \\ 9 \end{pmatrix}$ linear abhängig oder linear unabhängig sind.

5. Bilden Sie einen Vektor $\vec{c}$, der zu den Vektoren $\vec{a} = \begin{pmatrix} 3 \\ 4 \\ 1 \end{pmatrix}$ und $\vec{b} = \begin{pmatrix} 2 \\ -2 \\ 1 \end{pmatrix}$ orthogonal ist.

6. Gegeben ist eine dreiseitige Pyramide mit den Eckpunkten $A(2|2|3)$, $B(4|8|0)$, $C(-1|6|1)$ und $D(2|5|6)$.
   a) Zeichnen Sie ein Schrägbild der Pyramide.
   b) Berechnen Sie die Oberfläche der Pyramide.
   c) Berechnen Sie das Volumen der Pyramide.

Überblick

Betrag eines Vektors: in der Ebene: $|\vec{a}| = \sqrt{a_1^2 + a_2^2}$, im Raum: $|\vec{a}| = \sqrt{a_1^2 + a_2^2 + a_3^2}$

Linearkombination: Eine Summe der Form $r_1\vec{a}_1 + r_2\vec{a}_2 + \ldots + r_n\vec{a}_n$ ($r_i \in \mathbb{R}$) bezeichnet man als *Linearkombination* der Vektoren $\vec{a}_1, \vec{a}_2, \ldots, \vec{a}_n$.

Lineare Abhängigkeit und Unabhängigkeit: Die n Vektoren $\vec{a}_1, \vec{a}_2, \ldots, \vec{a}_n$ heißen *linear abhängig*, wenn (mindestens) einer der Vektoren als Linearkombination der restlichen Vektoren darstellbar ist. Ist dies nicht der Fall, so bezeichnet man die Vektoren $\vec{a}_1, \vec{a}_2, \ldots, \vec{a}_n$ als *linear unabhängig*.

Kriterien: Die Vektoren $\vec{a}_1, \vec{a}_2, \ldots, \vec{a}_n$ sind genau dann linear unabhängig, wenn die Gleichung $r_1\vec{a}_1 + r_2\vec{a}_2 + \ldots + r_n\vec{a}_n = \vec{0}$ ($r_1, r_2, \ldots, r_n \in \mathbb{R}$) nur die triviale Lösung $r_1 = r_2 = \ldots = r_n = 0$ hat.

Die Vektoren $\vec{a}_1, \vec{a}_2, \ldots \vec{a}_n$ sind genau dann linear abhängig, wenn die Gleichung $r_1\vec{a}_1 + r_2\vec{a}_2 + \ldots + r_n\vec{a}_n = \vec{0}$ ($r_1, \ldots r_n \in \mathbb{R}$) neben der trivalen Lösung mindestens eine nichttriviale Lösung hat.

Skalarprodukt: *Kosinusformel:* $\vec{a} \cdot \vec{b} = |\vec{a}| \cdot |\vec{b}| \cdot \cos \gamma$ ($0° \leq \gamma \leq 180°$)

Koordinatenform: $\vec{a} \cdot \vec{b} = \begin{pmatrix} a_1 \\ a_2 \end{pmatrix} \cdot \begin{pmatrix} b_1 \\ b_2 \end{pmatrix} = a_1b_1 + a_2b_2$

$$\vec{a} \cdot \vec{b} = \begin{pmatrix} a_1 \\ a_2 \\ a_3 \end{pmatrix} \cdot \begin{pmatrix} b_1 \\ b_2 \\ b_3 \end{pmatrix} = a_1b_1 + a_2b_2 + a_3b_3$$

Orthogonale Vektoren: $\vec{a} \perp \vec{b} \;\Leftrightarrow\; \vec{a} \cdot \vec{b} = 0$

Vektorprodukt: $\vec{a} \times \vec{b} = \begin{pmatrix} a_2b_3 - a_3b_2 \\ a_3b_1 - a_1b_3 \\ a_1b_2 - a_2b_1 \end{pmatrix}$

Flächeninhalt eines Parallelogramms: $A = \sqrt{\vec{a}^2 \cdot \vec{b}^2 - (\vec{a} \cdot \vec{b})^2}$ oder $A = |\vec{a} \times \vec{b}| = |\vec{a}| \cdot |\vec{b}| \cdot \sin \gamma$

Volumen eines Spats: $V = |(\vec{a} \times \vec{b}) \cdot \vec{c}|$

Volumen einer dreiseitigen Pyramide: $V = \frac{1}{6}|(\vec{a} \times \vec{b}) \cdot \vec{c}|$

III. Geraden

1. Geradengleichungen im Raum

Im dreidimensionalen Anschauungsraum können Geraden besonders einfach mithilfe von Vektoren dargestellt werden. Diese Darstellung ist auch in der zweidimensionalen Zeichenebene möglich, jedoch lassen sich Geraden in der Ebene auch z. B. durch die bekannte lineare Funktionsgleichung erfassen (vgl. Abschnitt 2, Seite 88 ff.).

A. Ortsvektoren

Die Lage eines beliebigen Punktes in einem ebenen oder räumlichen Koordinatensystem kann eindeutig durch denjenigen Pfeil $\overrightarrow{OP}$ erfasst werden, der im Ursprung O des Koordinatensystems beginnt und im Punkt P endet.

Der Pfeil $\overrightarrow{OP}$ heißt *Ortspfeil* von P und der zugehörige Vektor $\vec{p} = \overrightarrow{OP}$ wird als der *Ortsvektor* von P bezeichnet.

Der Punkt $P(p_1 \mid p_2 \mid p_3)$ besitzt den Ortsvektor $\vec{p} = \overrightarrow{OP} = \begin{pmatrix} p_1 \\ p_2 \\ p_3 \end{pmatrix}$.

Entsprechendes gilt für Punkte in einem ebenen Koordinatensystem.

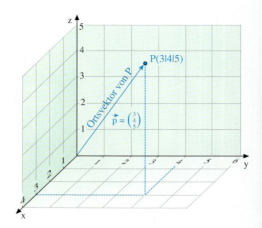

B. Die vektorielle Parametergleichung einer Geraden

Die Lage einer Geraden in der zweidimensionalen Zeichenebene oder im dreidimensionalen Anschauungsraum kann durch die Angabe eines Geradenpunktes A sowie der Richtung der Geraden eindeutig erfasst werden.

Die Lage des Punktes A kann durch seinen Ortsvektor $\vec{a} = \overrightarrow{OA}$ festgelegt werden, den man als *Stützvektor* der Geraden bezeichnet.
Die Richtung der Geraden lässt sich durch einen zur Geraden parallelen Vektor $\vec{m}$ erfassen, den man als *Richtungsvektor* der Geraden bezeichnet.

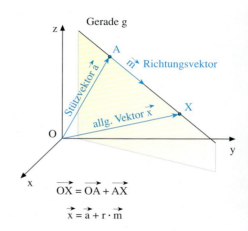

Jeder beliebige Geradenpunkt X lässt sich mithilfe des Stützvektors $\vec{a}$ und des Richtungsvektors $\vec{m}$ erfassen.

Für den Ortsvektor $\vec{x}$ von X gilt nämlich:

$$\vec{x} = \overrightarrow{OX}$$
$$= \overrightarrow{OA} + \overrightarrow{AX}$$
$$= \vec{a} + r \cdot \vec{m} \quad (r \in \mathbb{R}),$$

denn $\overrightarrow{AX}$ ist ein reelles Vielfaches von $\vec{m}$. Jedem Geradenpunkt X entspricht eindeutig ein Parameterwert r.

Die vektorielle Parametergleichung einer Geraden

Eine Gerade mit dem Stützvektor $\vec{a}$ und dem Richtungsvektor $\vec{m} \neq \vec{0}$ hat die Gleichung

$$g: \vec{x} = \vec{a} + r \cdot \vec{m} \quad (r \in \mathbb{R}).$$

r heißt *Geradenparameter*.

Mithilfe der Parametergleichung einer Geraden kann man zahlreiche Problemstellungen relativ einfach lösen.

▶ **Beispiel:** Gegeben ist die Gerade g: $\vec{x} = \begin{pmatrix} 1 \\ 2 \\ 3 \end{pmatrix} + r \begin{pmatrix} 2 \\ 3 \\ -1 \end{pmatrix}$.

Zeichnen Sie die Gerade als Schrägbild. Stellen Sie fest, welche Geradenpunkte den Parameterwerten $r = 0$, $r = -0{,}5$ und $r = 1$ entsprechen.

Lösung:
Wir zeichnen den Stützpunkt A(1|2|3) oder den Stützvektor $\vec{a}$ ein. Im Stützpunkt legen wir den Richtungsvektor $\vec{m}$ an.

Für $r = 0$ erhalten wir den Stützpunkt A(1|2|3). Für $r = -0{,}5$ erhalten wir den Geradenpunkt B(0|0,5|3,5), der „vor" dem Stützpunkt liegt. Für $r = 1$ erhalten wir den Punkt C(3|5|2), der am Ende des eingezeichneten Richtungspfeils liegt.

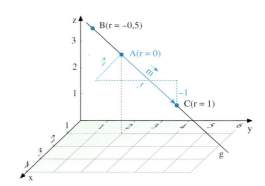

▶ **Beispiel:** Gegeben ist die Gerade g: $\vec{x} = \begin{pmatrix} 1 \\ 2 \\ 3 \end{pmatrix} + r \begin{pmatrix} 2 \\ 3 \\ -1 \end{pmatrix}$.

a) Welche Werte des Parameters r gehören zu den Geradenpunkten P(2|3,5|2,5) und Q(5|8|1)?

b) Begründen Sie, weshalb der Punkt R(3|5|1) nicht auf der Geraden liegt.

Lösung zu a:
Für $r = 0{,}5$ ergibt sich der Geradenpunkt P(2|3,5|2,5).
Für $r = 2$ ergibt sich der Geradenpunkt Q(5|8|1).

Lösung zu b:
Die x-Koordinate des Punktes R erfordert $r = 1$, ebenso die y-Koordinate.
Die z-Koordinate erfordert $r = 2$. Beides ist nicht vereinbar. Der Punkt R liegt nicht auf der Geraden g.

Übung 1

Zeichnen Sie die Gerade g: $\vec{x} = \begin{pmatrix} -2 \\ 3 \\ 1 \end{pmatrix} + r \begin{pmatrix} 3 \\ 3 \\ 1 \end{pmatrix}$ im Schrägbild.

Überprüfen Sie, ob die Punkte P(4|9|3), Q(1|6|4) und R(−5|0|0) auf der Geraden g liegen. Beschreiben Sie ggf. ihre Lage auf der Geraden anschaulich.

Übung 2

Zeichnen und beschreiben Sie die Lage der Geraden.

a) $g_1: \vec{x} = \begin{pmatrix} 1 \\ 1 \\ 2 \end{pmatrix} + r \begin{pmatrix} 0 \\ 1 \\ 0 \end{pmatrix}$ b) $g_2: \vec{x} = \begin{pmatrix} 0 \\ 2 \\ 0 \end{pmatrix} + r \begin{pmatrix} 0 \\ 0 \\ 1 \end{pmatrix}$ c) $g_3: \vec{x} = \begin{pmatrix} 0 \\ 0 \\ 0 \end{pmatrix} + r \begin{pmatrix} 1 \\ 1 \\ 1 \end{pmatrix}$ d) $g_4: \vec{x} = \begin{pmatrix} 3 \\ 0 \\ 0 \end{pmatrix} + r \begin{pmatrix} -1 \\ 0 \\ 0 \end{pmatrix}$

C. Die Zweipunktegleichung einer Geraden

In der Praxis ist eine Gerade in den meisten Fällen durch zwei feste Punkte A (mit dem Ortsvektor $\vec{a}$) und B (mit dem Ortsvektor $\vec{b}$) gegeben.

In diesem Fall kann man die vektorielle Geradengleichung besonders leicht aufstellen. Als Stützvektor verwendet man den Ortsvektor eines der beiden Punkte, also z. B. $\vec{a}$. Als Richtungsvektor verwendet man einen Verbindungsvektor der beiden Punkte, also z. B. $\vec{m} = \overrightarrow{AB}$.

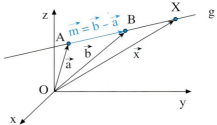

Da $\overrightarrow{AB}$ sich als Differenz $\vec{b} - \vec{a}$ der beiden Ortsvektoren von A und B darstellen lässt, erhält man die nebenstehende vektorielle *Zweipunktegleichung* der Geraden.

> **Die Zweipunktegleichung**
> Die Gerade g durch die Punkte A und B mit den Ortsvektoren $\vec{a}$ und $\vec{b}$ hat die Gleichung
> $$g: \vec{x} = \vec{a} + r \cdot (\vec{b} - \vec{a}) \ (r \in \mathbb{R}).$$

Beispielsweise hat die Gerade g durch die Punkte A(1|2|1) und B(3|4|3) die Zweipunktegleichung g: $\vec{x} = \begin{pmatrix} 1 \\ 2 \\ 1 \end{pmatrix} + r \left(\begin{pmatrix} 3 \\ 4 \\ 3 \end{pmatrix} - \begin{pmatrix} 1 \\ 2 \\ 1 \end{pmatrix} \right)$, die zur Parametergleichung g: $\vec{x} = \begin{pmatrix} 1 \\ 2 \\ 1 \end{pmatrix} + r \begin{pmatrix} 2 \\ 2 \\ 2 \end{pmatrix}$ vereinfacht werden kann.

Übung 3

Bestimmen Sie die Gleichung der Geraden g durch die Punkte A und B.
a) A(3|3), B(2|1)   b) A(−3|1|0), B(4|0|2)   c) A(−3|2|1), B(4|1|7)

Übung 4

a) Bestimmen Sie die Gleichung der Parallelen zur y-Achse durch den Punkt P(3|2|0).
b) Bestimmen Sie die Gleichung der Ursprungsgerade durch den Punkt P(a|2a|−a).

Übungen

5. Zeichnen Sie die Gerade g durch den Punkt $A(2\,|\,6\,|\,4)$ mit dem Richtungsvektor $\vec{m} = \begin{pmatrix} 3 \\ -2 \\ 2 \end{pmatrix}$ in einem räumlichen Koordinatensystem ein.

6. Gesucht ist eine vektorielle Gleichung der Geraden durch die Punkte A und B.

   a) $A(1\,|\,2)$ b) $A(-3\,|\,2\,|\,1)$ c) $A(3\,|\,3\,|\,-4)$ d) $A(a_1\,|\,a_2\,|\,a_3)$
      $B(3\,|\,-4)$ $B(3\,|\,1\,|\,2)$ $B(2\,|\,1\,|\,3)$ $B(b_1\,|\,b_2\,|\,b_3)$

7. Untersuchen Sie, ob der Punkt P auf der Geraden liegt, die durch A und B geht.
   a) $A(3\,|\,2)$ b) $A(2\,|\,7)$ c) $A(1\,|\,4\,|\,3)$ d) $A(1\,|\,1\,|\,1)$
      $B(-1\,|\,4)$ $B(5\,|\,4)$ $B(3\,|\,2\,|\,4)$ $B(3\,|\,4\,|\,1)$
      $P(1\,|\,3)$ $P(8\,|\,3)$ $P(7\,|\,-2\,|\,6)$ $P(0\,|\,0\,|\,0)$

8. Ordnen Sie den abgebildeten Geraden die zugehörigen vektoriellen Gleichungen zu.

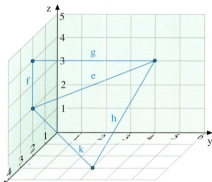 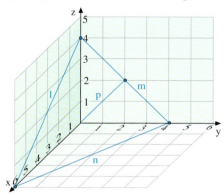

$$\text{I:} \quad \vec{x} = \begin{pmatrix} 0 \\ 0 \\ 4 \end{pmatrix} + r \begin{pmatrix} 6 \\ 0 \\ -4 \end{pmatrix} \qquad \text{II:} \quad \vec{x} = \begin{pmatrix} 2 \\ 0 \\ 2 \end{pmatrix} + r \begin{pmatrix} 1 \\ 3 \\ -2 \end{pmatrix} \qquad \text{III:} \ \vec{x} = \begin{pmatrix} 6 \\ 0 \\ 0 \end{pmatrix} + r \begin{pmatrix} -6 \\ 4 \\ 0 \end{pmatrix}$$

$$\text{IV:} \ \vec{x} = \begin{pmatrix} 2 \\ 0 \\ 4 \end{pmatrix} + r \begin{pmatrix} -2 \\ 4 \\ -1 \end{pmatrix} \qquad \text{V:} \quad \vec{x} = \begin{pmatrix} 0 \\ 0 \\ 0 \end{pmatrix} + r \begin{pmatrix} 0 \\ 1 \\ 1 \end{pmatrix} \qquad \text{VI:} \ \vec{x} = \begin{pmatrix} 3 \\ 3 \\ 0 \end{pmatrix} + r \begin{pmatrix} -3 \\ 1 \\ 3 \end{pmatrix}$$

$$\text{VII:} \ \vec{x} = \begin{pmatrix} 2 \\ 0 \\ 2 \end{pmatrix} + r \begin{pmatrix} 0 \\ 0 \\ 2 \end{pmatrix} \qquad \text{VIII:} \ \vec{x} = \begin{pmatrix} 2 \\ 0 \\ 2 \end{pmatrix} + r \begin{pmatrix} -2 \\ 4 \\ 1 \end{pmatrix} \qquad \text{IX:} \ \vec{x} = \begin{pmatrix} 0 \\ 4 \\ 0 \end{pmatrix} + r \begin{pmatrix} 0 \\ -4 \\ 4 \end{pmatrix}$$

9. a) Gesucht ist die Gleichung einer zur y-Achse parallelen Geraden g, die durch den Punkt $A(3\,|\,2\,|\,0)$ geht.
   b) Gesucht ist die Gleichung einer Ursprungsgeraden durch den Punkt $P(2\,|\,4\,|\,-2)$.
   c) Gesucht ist die vektorielle Gleichung der Winkelhalbierenden der x-z-Ebene.

2. Geradengleichungen in der Ebene

Geraden, die in einer Koordinatenebene oder im $\mathbb{R}^2$ liegen, besitzen neben der Parametergleichung eine Normalengleichung und eine Koordinatengleichung, die im weiteren Verlauf des Kurses benötigt werden. Letztere ist bereits aus der Mittelstufe als Funktionsgleichung bekannt. Die genannten Geradengleichungen für Geraden in der Ebene führen wir in diesem Abschnitt ein.

A. Normalengleichung einer Geraden

Die Lage einer Geraden g im $\mathbb{R}^2$ (in der Ebene) ist durch die Angabe eines Geradenpunktes A und eines zur Geraden g senkrecht stehenden Vektors $\vec{n} \neq \vec{0}$, den man als *Normalenvektor* der Geraden bezeichnet, eindeutig festgelegt. Unter diesen Voraussetzungen liegt ein Punkt X mit dem Ortsvektor $\vec{x}$ genau dann auf der Geraden, wenn der Vektor $\overrightarrow{AX}$ senkrecht auf dem Normalenvektor $\vec{n}$ steht, d. h. $\overrightarrow{AX} \cdot \vec{n} = 0$ bzw. $(\vec{x} - \vec{a}) \cdot \vec{n} = 0$ gilt.

Diese Darstellung ist für Geraden im Raum nicht möglich, da es zu einer Geraden im Raum unendlich viele senkrecht stehende Vektoren in verschiedene Richtungen gibt.

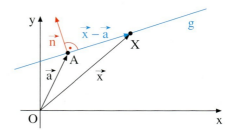

Normalengleichung der Geraden g

$$g: (\vec{x} - \vec{a}) \cdot \vec{n} = 0$$

Stütz-   Normalen-
vektor vektor

▶ **Beispiel:** Bestimmen Sie eine Normalengleichung der Geraden g: $\vec{x} = \begin{pmatrix} 1 \\ 3 \end{pmatrix} + r\begin{pmatrix} 1 \\ -2 \end{pmatrix}$.

Lösung:
g besitzt den Richtungsvektor $\begin{pmatrix} 1 \\ -2 \end{pmatrix}$.

Den Normalenvektor setzen wir als Spaltenvektor an. Da er senkrecht auf der Geraden g steht, muss er senkrecht zum Richtungsvektor der Geraden g sein. Infolgedessen ist das Skalarprodukt von $\vec{n}$ mit dem Richtungsvektor 0. Dies führt auf eine Gleichung mit 2 Variablen. Da wir nur einen speziellen Normalenvektor benötigen, bestimmen wir nur eine der unendlich vielen Lösungen.

Dann erstellen wir die Normalengleichung
▶ von g.

1. *Bestimmung eines Normalenvektors von g:*

$$\vec{n} \cdot \begin{pmatrix} 1 \\ -2 \end{pmatrix} = 0, \begin{pmatrix} n_1 \\ n_2 \end{pmatrix} \cdot \begin{pmatrix} 1 \\ -2 \end{pmatrix} = 0$$

$$n_1 - 2\,n_2 = 0, \text{ z. B. } \vec{n} = \begin{pmatrix} 2 \\ 1 \end{pmatrix}$$

2. *Normalengleichung von g:*

$$g: \left[\vec{x} - \begin{pmatrix} 1 \\ 3 \end{pmatrix}\right] \cdot \begin{pmatrix} 2 \\ 1 \end{pmatrix} = 0$$

> **Beispiel:** Bestimmen Sie eine Parametergleichung der Geraden g: $\left[\vec{x} - \begin{pmatrix} -1 \\ 1 \end{pmatrix}\right] \cdot \begin{pmatrix} -4 \\ 3 \end{pmatrix} = 0$.

Lösung:
Analog zur Bestimmung eines Normalen-vektors berechnen wir nun einen Rich-tungsvektor $\vec{m}$ von g. Dieser steht senk-recht auf $\vec{n}$, d. h. das Skalarprodukt von $\vec{m}$ und $\vec{n}$ ist null.

1. Bestimmung eines Richtungsvektors:

$$\vec{m} \cdot \begin{pmatrix} -4 \\ 3 \end{pmatrix} = 0, \ \begin{pmatrix} m_1 \\ m_2 \end{pmatrix} \cdot \begin{pmatrix} -4 \\ 3 \end{pmatrix} = 0$$

$$-4 m_1 + 3 m_2 = 0, \text{ z. B. } \vec{m} = \begin{pmatrix} 3 \\ 4 \end{pmatrix}$$

Als Stützvektor der Parametergleichung wählen wir den Stützvektor der Norma-lengleichung.

2. Parametergleichung von g:

$$g: \vec{x} = \begin{pmatrix} -1 \\ 1 \end{pmatrix} + r \begin{pmatrix} 3 \\ 4 \end{pmatrix}$$

Übung 1
Bestimmen Sie eine Normalengleichung der Geraden g.

a) $g: \vec{x} = \begin{pmatrix} -2 \\ 5 \end{pmatrix} + r \begin{pmatrix} 4 \\ -7 \end{pmatrix}$ 　　 b) $g: \vec{x} = \begin{pmatrix} -3 \\ 3 \end{pmatrix} + r \begin{pmatrix} 5 \\ 5 \end{pmatrix}$ 　　 c) $g: \vec{x} = \begin{pmatrix} 9 \\ 0 \end{pmatrix} + r \begin{pmatrix} 0 \\ -1 \end{pmatrix}$

Übung 2
Bestimmen Sie eine Parametergleichung der Geraden g.

a) $g: \left[\vec{x} - \begin{pmatrix} 8 \\ 3 \end{pmatrix}\right] \cdot \begin{pmatrix} 1 \\ 6 \end{pmatrix} = 0$ 　　 b) $g: \left[\vec{x} - \begin{pmatrix} 0 \\ 8 \end{pmatrix}\right] \cdot \begin{pmatrix} -3 \\ -2 \end{pmatrix} = 0$ 　　 c) $g: \left[\vec{x} - \begin{pmatrix} 9 \\ -5 \end{pmatrix}\right] \cdot \begin{pmatrix} 6 \\ 5 \end{pmatrix} = 0$

Übung 3
Bestimmen Sie eine Parameter- und eine Normalengleichung der Koordinatenachsen.

B. Koordinatengleichung einer Geraden

Geraden in der Ebene lassen sich bekannt-lich als lineare Funktionen $(y = mx + n)$ darstellen, die man auch *parameterfreie Gleichung* oder *Koordinatengleichung* nennt, da in ihr keine Vektoren enthalten sind.

> **Koordinatengleichung der Geraden g**
>
> $ax + by = c$ 　bzw.
> $y = mx + n$ 　$(a, b, c, m, n \in \mathbb{R}, b \neq 0)$

Wir zeigen nun, wie man von anderen Geradengleichungen zur Koordinatengleichung kommt und umgekehrt.

▶ **Beispiel:** Bestimmen Sie eine Koordinatengleichung der Geraden g: $\left[\vec{x} - \begin{pmatrix} 1 \\ 6 \end{pmatrix}\right] \cdot \begin{pmatrix} 5 \\ 1 \end{pmatrix} = 0$.

Lösung:
Wir schreiben den Ortsvektor eines beliebigen Punktes in seiner Spaltenkoordinatenform und multiplizieren aus.

▶ $\left[\begin{pmatrix} x \\ y \end{pmatrix} - \begin{pmatrix} 1 \\ 6 \end{pmatrix}\right] \cdot \begin{pmatrix} 5 \\ 1 \end{pmatrix} = 0 \Rightarrow \begin{pmatrix} x-1 \\ y-6 \end{pmatrix} \cdot \begin{pmatrix} 5 \\ 1 \end{pmatrix} = 0 \Rightarrow 5x - 5 + y - 6 = 0 \Rightarrow 5x + y = 11 \Rightarrow y = -5x + 11$

▶ **Beispiel:** Bestimmen Sie eine Koordinatengleichung der Geraden g: $\vec{x} = \begin{pmatrix} 2 \\ 8 \end{pmatrix} + r \begin{pmatrix} 2 \\ 6 \end{pmatrix}$.

Lösung:
Wir setzen die Geradengleichung in der Form $y = mx + n$ an. Da die Gerade mit dem Richtungsvektor $\vec{m} = \begin{pmatrix} m_1 \\ m_2 \end{pmatrix}$ offenbar die Steigung $m = \frac{m_2}{m_1}$ hat, erhalten wir $m = \frac{6}{2} = 3$.

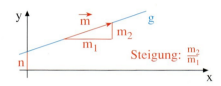

Steigung: $\frac{m_2}{m_1}$

Vereinfachter Ansatz:
$y = 3x + n$

Da der Stützvektor einen Punkt der Geraden beschreibt, setzen wir dessen Koordinaten in den vereinfachten Ansatz ein und errechnen daraus n.
▶ Als Resultat erhalten wir $y = 3x + 2$.

Einsetzen des Punktes $A(2\,|\,8)$:
$8 = 3 \cdot 2 + n \Rightarrow n = 2$

Koordinatengleichung:
$y = 3x + 2$

Der umgekehrte Weg, nämlich die Gewinnung einer Parameter- aus einer Koordinatengleichung ist noch einfacher: Für die Gerade $g(x) = mx + n$ gilt offensichtlich: $\vec{m} = \begin{pmatrix} 1 \\ m \end{pmatrix}$ ist ein Richtungsvektor und $\vec{p} = \begin{pmatrix} 0 \\ n \end{pmatrix}$ ist der Ortsvektor eines Geradenpunktes. Damit ist durch g: $\vec{x} = \begin{pmatrix} 0 \\ n \end{pmatrix} + r \begin{pmatrix} 1 \\ m \end{pmatrix}$ eine Parametergleichung von g gegeben.

Übung 4
a) Stellen Sie die Gerade g: $\left[\vec{x} - \begin{pmatrix} 2 \\ 5 \end{pmatrix}\right] \cdot \begin{pmatrix} -6 \\ 3 \end{pmatrix} = 0$ durch eine Koordinatengleichung dar.

b) Stellen Sie die Gerade g: $\vec{x} = \begin{pmatrix} -8 \\ 4 \end{pmatrix} + r \begin{pmatrix} 4 \\ 2 \end{pmatrix}$ durch eine Koordinatengleichung dar.

c) Stellen Sie die Gerade durch die Punkte $A(2\,|\,7)$ und $B(-1\,|\,1)$ durch eine Parameter- und durch eine Koordinatengleichung dar.

d) Stellen Sie die Gerade $y = 2x - 1$ durch eine Parametergleichung dar.

e) Stellen Sie die Gerade $6x + 2y = 4$ durch eine Normalengleichung dar.

3. Lagebeziehungen

A. Gegenseitige Lage Punkt/Gerade und Punkt/Strecke

Mithilfe der Parametergleichung einer Geraden lässt sich einfach überprüfen, ob ein gegebener Punkt auf der Geraden liegt und an welcher Stelle der Geraden er gegebenenfalls liegt.

> **Beispiel:** Gegeben sei die Gerade g durch $A(3|2|3)$ und $B(1|6|5)$. Weisen Sie nach, dass der Punkt $P(2|4|4)$ auf der Geraden g liegt.
>
> Prüfen Sie außerdem, ob der Punkt P auf der Strecke $\overline{AB}$ liegt.

Lösung:
Mit der Zweipunkteform erhalten wir die Parametergleichung von g.

Wir führen die Punktprobe für den Punkt P durch, indem wir seinen Ortsvektor in die Geradengleichung einsetzen.
Sie ist erfüllt für den Parameterwert $r = 0{,}5$. Also liegt der Punkt P auf der Geraden g.

Nun führen wir einen Parametervergleich durch. Die Streckenendpunkte A und B besitzen die Parameterwerte $r = 0$ und $r = 1$. Der Parameterwert von P ($r = 0{,}5$) liegt zwischen diesen Werten. Also liegt der Punkt P auf der Strecke $\overline{AB}$, und zwar genau auf der Mitte der Strecke.

Parametergleichung von g:

$$g: \vec{x} = \begin{pmatrix} 3 \\ 2 \\ 3 \end{pmatrix} + r \begin{pmatrix} -2 \\ 4 \\ 2 \end{pmatrix}, r \in \mathbb{R}$$

Punktprobe für P:

$$\begin{pmatrix} 2 \\ 4 \\ 4 \end{pmatrix} = \begin{pmatrix} 3 \\ 2 \\ 3 \end{pmatrix} + r \begin{pmatrix} -2 \\ 4 \\ 2 \end{pmatrix} \text{ gilt für } r = 0{,}5$$

$\Rightarrow$ P liegt auf g.

Parametervergleich:
A: $r = 0$
B: $r = 1$
P: $r = 0{,}5$

$\Rightarrow$ P liegt auf $\overline{AB}$.

Rechts sind die Ergebnisse zeichnerisch dargestellt.
Das Bild macht deutlich, dass durch den Geradenparameter auf der Geraden ein *internes Koordinatensystem* festgelegt wird, anhand dessen man sich orientieren kann.

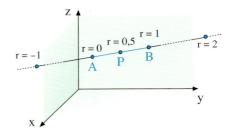

Übung 1
a) Prüfen Sie, ob die Punkte $P(0|0|6)$, $Q(3|3|3)$, $R(3|4|3)$ auf der Geraden g durch $A(2|2|4)$ und $B(4|4|2)$ oder sogar auf der Strecke $\overline{AB}$ liegen.
b) Für welchen Wert von t liegt $P(4+t|5t|t)$ auf der Geraden g durch $A(2|2|4)$ und $B(4|4|2)$?

B. Gegenseitige Lage von zwei Geraden im Raum 092-1

Zwischen zwei Geraden im Raum sind drei charakteristische Lagebeziehungen möglich. Sie können parallel sein (im Sonderfall sogar identisch), sie können sich in einem Punkt schneiden oder sie sind windschief. Als *windschief* bezeichnet man zwei Geraden, die weder parallel sind noch sich schneiden.

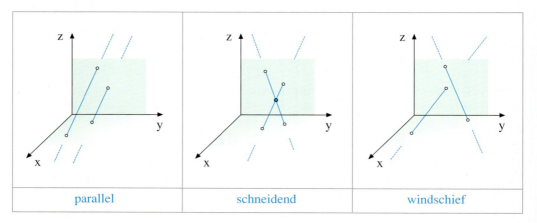

| parallel | schneidend | windschief |

Zeichnerisch lässt sich die gegenseitige Lage von zwei Geraden manchmal nur schwer einschätzen, aber mithilfe der Geradengleichungen ist die rechnerische Überprüfung möglich.

> **Beispiel:** Weisen Sie für die Geraden g, h und k die folgenden Aussagen nach:
>
> a) g und h sind parallel, b) g und k schneiden sich c) h und k sind windschief.
>   aber nicht identisch.   in einem Punkt S.
>
> $$g: \vec{x} = \begin{pmatrix} 1 \\ 0 \\ 1 \end{pmatrix} + r \begin{pmatrix} 1 \\ 1 \\ -2 \end{pmatrix}, \quad h: \vec{x} = \begin{pmatrix} 2 \\ 0 \\ 0 \end{pmatrix} + s \begin{pmatrix} -2 \\ -2 \\ 4 \end{pmatrix}, \quad k: \vec{x} = \begin{pmatrix} 1 \\ 0 \\ 0 \end{pmatrix} + t \begin{pmatrix} 2 \\ 2 \\ -3 \end{pmatrix}$$

Lösung zu a):
Parallele Geraden sind durch kollineare Richtungsvektoren gekennzeichnet.

$$\begin{pmatrix} -2 \\ -2 \\ 4 \end{pmatrix} = -2 \cdot \begin{pmatrix} 1 \\ 1 \\ -2 \end{pmatrix} \Rightarrow \text{\textit{g und h sind parallel}}$$

Hier erkennt man schon durch bloßes Hinschauen, dass der Richtungsvektor von h ein Vielfaches des Richtungsvektors von g ist, nämlich das (-2)fache.

Richtungs-   Richtungsvektor von h   vektor von g

g und h sind aber nicht identisch, da der Stützpunkt $P(2|0|0)$ von h die Geradengleichung von g nicht erfüllt und folglich nicht auf g liegt.

$$\begin{pmatrix} 2 \\ 0 \\ 0 \end{pmatrix} = \begin{pmatrix} 1 \\ 0 \\ 1 \end{pmatrix} + r \begin{pmatrix} 1 \\ 1 \\ -2 \end{pmatrix} \Rightarrow \text{\textit{g und h sind nicht identisch}}$$

ist für kein $r \in \mathbb{R}$ erfüllt

Lösung zu b):

Zunächst überprüfen wir g und k auf Parallelität. Da die beiden Richtungsvektoren ganz offensichtlich nicht kollinear sind, schneiden sich g und k oder sie sind windschief.

$$\begin{pmatrix} 2 \\ 2 \\ -3 \end{pmatrix} \neq r \cdot \begin{pmatrix} 1 \\ 1 \\ -2 \end{pmatrix} \text{ für alle } r \in \mathbb{R}$$

$\uparrow$ Richtungsvektor von k $\uparrow$ Richtungsvektor von g $\Rightarrow$ *g und k sind nicht parallel*

Nun nehmen wir versuchsweise an, dass g und k sich in einem Punkt S schneiden. Der Ortsvektor $\vec{s}$ des Punktes S muss dann beide Geradengleichungen erfüllen. Durch Gleichsetzen ergibt sich die nebenstehende Vektorgleichung.

Ansatz: $\begin{pmatrix} 1 \\ 0 \\ 1 \end{pmatrix} + r \cdot \begin{pmatrix} 1 \\ 1 \\ -2 \end{pmatrix} = \vec{s} = \begin{pmatrix} 1 \\ 0 \\ 0 \end{pmatrix} + t \cdot \begin{pmatrix} 2 \\ 2 \\ -3 \end{pmatrix}$

Aus der Vektorgleichung ergibt sich ein äquivalentes Gleichungssystem mit drei Gleichungen für die beiden Parameter r und t. Aus II und III folgt t = 1 und r = 2. Durch Rückeinsetzung zeigt sich, dass auch I für diese Parameterwerte erfüllt ist.

Äquivalentes Gleichungssystem

I $1 + r = 1 + 2t$
II $r = 2t$
III $1 - 2r = -3t$

Lösung: r = 2, t = 1

Die Geraden g und k schneiden sich. Den Ortsvektor $\vec{s}$ des Schnittpunktes erhalten wir durch Einsetzung von t = 1 in die Gleichung der Geraden k.

Ortsvektor von S $\vec{s} = \begin{pmatrix} 1 \\ 0 \\ 0 \end{pmatrix} + 1 \cdot \begin{pmatrix} 2 \\ 2 \\ -3 \end{pmatrix} = \begin{pmatrix} 3 \\ 2 \\ -3 \end{pmatrix}$

Schnittpunkt: S(3|2|−3)

$\Rightarrow$ *g und k schneiden sich im Punkt S*

Lösung zu c):

h und k sind nicht parallel, da ihre Richtungsvektoren nicht kollinear sind. Auch hier nehmen wir versuchsweise die Existenz eines Schnittpunktes an.

Ansatz: $\begin{pmatrix} 2 \\ 0 \\ 0 \end{pmatrix} + s \cdot \begin{pmatrix} -2 \\ -2 \\ 4 \end{pmatrix} = \vec{s} = \begin{pmatrix} 1 \\ 0 \\ 0 \end{pmatrix} + t \cdot \begin{pmatrix} 2 \\ 2 \\ -3 \end{pmatrix}$

Allerdings erweist sich nunmehr das Gleichungssystem als unlösbar, denn schon die Gleichungen I und II führen auf einen Widerspruch.

Gleichungssystem

I $2 - 2s = 1 + 2t$
II $-2s = 2t$
III $4s = -3t$

I − II: 2 = 1 Widerspruch!

Die Geraden h und k schneiden sich nicht ▶ und sind folglich windschief.

$\Rightarrow$ *h und k sind windschief.*

Übung 2

Untersuchen Sie die gegenseitige Lage der Geraden g durch A(6|0|6) und B(3|6|0), der Geraden h durch C(0|0|6) und D(6|6|0) und der Geraden k durch E(0|0|3) und F(3|3|0). Fertigen Sie ein Schrägbild an.

C. Gegenseitige Lage von zwei Geraden in der Ebene

Analog zu der Vorgehensweise in Abschnitt B untersucht man auch die gegenseitige Lage von zwei Geraden in der Ebene. Zwei Geraden in der Ebene können nur parallel sein (im Sonderfall sogar identisch) oder sich schneiden.

> **Beispiel:** Untersuchen Sie die gegenseitige Lage der beiden Geraden g: $\vec{x} = \begin{pmatrix} 2 \\ 0 \end{pmatrix} + r \begin{pmatrix} -1 \\ 5 \end{pmatrix}$
> und h: $\vec{x} = \begin{pmatrix} 7 \\ 3 \end{pmatrix} + s \begin{pmatrix} 3 \\ -1 \end{pmatrix}$

Lösung:
Die Geraden g und h müssen sich in einem Punkt schneiden, da ihre Richtungsvektoren nicht kollinear sind.

1. Überprüfung auf Kollinearität:

$$\begin{pmatrix} -1 \\ 5 \end{pmatrix} \neq r \begin{pmatrix} 3 \\ -1 \end{pmatrix} \text{ für alle } r \in \mathbb{R}$$

Um den Schnittpunkt zu ermitteln, setzen wir die rechten Seiten beider Geradengleichungen gleich und lösen das dabei entstehende lineare Gleichungssystem.

2. Schnittpunktberechnung:

$$\begin{pmatrix} 2 \\ 0 \end{pmatrix} + r \begin{pmatrix} -1 \\ 5 \end{pmatrix} = \begin{pmatrix} 7 \\ 3 \end{pmatrix} + s \begin{pmatrix} 3 \\ -1 \end{pmatrix}$$

Gleichungssystem:

Um die Koordinaten des Schnittpunktes zu berechnen, setzt man einen der ermittelten Parameterwerte in die zugehörige Geradengleichung ein.

> Wir erhalten den Schnittpunkt S(1|5).

I $\qquad 2 - r = 7 + 3s$
II $\qquad \qquad 5r = 3 - s$
I + 3II $\quad 2 + 14r = 16 \Rightarrow r = 1, s = -2$

Übung 3

Untersuchen Sie die gegenseitige Lage der Geraden g und h.

a) g: $\vec{x} = \begin{pmatrix} 1 \\ 5 \end{pmatrix} + r \begin{pmatrix} -1 \\ 2 \end{pmatrix}$, h: $\vec{x} = \begin{pmatrix} 3 \\ -2 \end{pmatrix} + s \begin{pmatrix} 2 \\ -4 \end{pmatrix}$

c) g geht durch A(1|1) und B(7|3), h geht durch C(4|2) und D(13|5)

b) g: $\vec{x} = \begin{pmatrix} 11 \\ 4 \end{pmatrix} + r \begin{pmatrix} -6 \\ 7 \end{pmatrix}$, h: $\vec{x} = \begin{pmatrix} -1 \\ 2 \end{pmatrix} + s \begin{pmatrix} -2 \\ 1 \end{pmatrix}$

d) g: y = 2x + 4, h: y = 3x − 4

Übung 4

Gegeben ist die Gerade g: $\left[\vec{x} - \begin{pmatrix} 2 \\ -5 \end{pmatrix} \right] \cdot \begin{pmatrix} -6 \\ -4 \end{pmatrix} = 0$.

a) Bestimmen Sie eine Parametergleichung von g.

b) Prüfen Sie, ob die Punkte P(1|−3,5) und Q(0|−3) auf der Geraden g liegen.

c) Untersuchen Sie die gegenseitige Lage der Geraden g und h: $\vec{x} = \begin{pmatrix} 4 \\ 0 \end{pmatrix} + s \begin{pmatrix} -2 \\ 1 \end{pmatrix}$.

d) Geben Sie die Gleichung einer Geraden k an, die zu g parallel verläuft und durch den Punkt R(1|1) geht.

Übungen

5. Prüfen Sie, ob die Punkte P und Q auf der Geraden g durch A und B liegen.

a) $A(0|0|5)$ $P(3|6|2)$
   $B(1|2|4)$ $Q(4|8|0)$

b) $A(6|3|0)$ $P(2|5|4)$
   $B(0|6|6)$ $Q(4|2|4)$

6. Das Schrägbild zeigt eine Gerade g durch die Punkte A and B sowie zwei weitere Punkte P und Q, die auf g zu liegen scheinen. Ist dies tatsächlich der Fall? Kommentieren Sie Ihr Resultat sowie das Schrägbild.

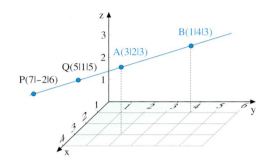

7. Untersuchen Sie, ob der Punkt P auf der Strecke $\overline{AB}$ liegt.

a) $A(2|1|4)$
   $B(5|7|1)$
   $P(3|3|3)$

b) $A(-2|4|5)$
   $B(2|8|9)$
   $P(0|6|7)$

c) $A(3|0|7)$
   $B(4|1|6)$
   $P(7|4|3)$

d) $A(2|1|3)$
   $B(6|7|1)$
   $P(4|3|1)$

8. Gegeben sei ein Dreieck ABC mit den Eckpunkten $A(0|6|6)$, $B(0|6|3)$ und $C(3|3|0)$ sowie die Punkte $P(2|2|2)$, $Q(2|4|1)$ und $R(2|5,5|4,5)$.
Fertigen Sie ein Schrägbild an und überprüfen Sie, welche der Punkte P, Q und R auf den Seiten des Dreiecks liegen.

9. Gegeben sind die folgenden sechs Geraden.
Welche Geraden sind parallel zueinander, welche sind hiervon sogar identisch?

$$g: \vec{x} = \begin{pmatrix} 1 \\ 2 \\ -4 \end{pmatrix} + r \begin{pmatrix} 8 \\ -4 \\ 2 \end{pmatrix} \qquad h: \vec{x} = \begin{pmatrix} 1 \\ 2 \\ -4 \end{pmatrix} + r \begin{pmatrix} 2 \\ -1 \\ 1 \end{pmatrix} \qquad k: \vec{x} = \begin{pmatrix} 5 \\ 0 \\ -5 \end{pmatrix} + r \begin{pmatrix} 4 \\ -2 \\ 1 \end{pmatrix}$$

u: Gerade durch $A(1|2|-6)$ und $B(9|-2|-4)$
$$v: \vec{x} = \begin{pmatrix} -3 \\ 4 \\ -5 \end{pmatrix} + r \begin{pmatrix} -2 \\ 1 \\ -0,5 \end{pmatrix}$$
w: Gerade durch $A(6|-1|-1)$ und $B(2|1|-3)$

10. Gegeben sind die Gerade g durch A und B sowie die Gerade h durch C und D.
Zeigen Sie, dass die Geraden sich schneiden, und berechnen Sie den Schnittpunkt S.

a) $A(3|1|2)$, $B(5|3|4)$
   $C(2|1|1)$, $D(3|3|2)$

b) $A(1|0|0)$, $B(1|1|1)$
   $C(2|4|5)$, $D(3|6|8)$

c) $A(4|1|5)$, $B(6|0|6)$
   $C(1|2|3)$, $D(-2|5|3)$

11. Zeigen Sie, dass die Geraden g und h windschief sind.

a) $g: \vec{x} = \begin{pmatrix} 1 \\ 0 \\ 1 \end{pmatrix} + r \begin{pmatrix} 1 \\ -1 \\ 0 \end{pmatrix}$

b) $g: \vec{x} = \begin{pmatrix} 1 \\ 1 \\ -1 \end{pmatrix} + r \begin{pmatrix} 1 \\ 2 \\ 1 \end{pmatrix}$

c) $g: \vec{x} = \begin{pmatrix} 1 \\ -1 \\ 2 \end{pmatrix} + r \begin{pmatrix} 2 \\ 2 \\ 1 \end{pmatrix}$

$h: \vec{x} = \begin{pmatrix} 0 \\ 1 \\ 0 \end{pmatrix} + s \begin{pmatrix} 0 \\ 1 \\ 1 \end{pmatrix}$

$h: \vec{x} = \begin{pmatrix} 0 \\ 1 \\ 1 \end{pmatrix} + s \begin{pmatrix} 1 \\ 1 \\ 1 \end{pmatrix}$

$h: \vec{x} = \begin{pmatrix} 3 \\ -3 \\ 0 \end{pmatrix} + s \begin{pmatrix} 0 \\ 3 \\ 1 \end{pmatrix}$

12. Die Geraden g, h und k schneiden sich in den Eckpunkten eines Dreiecks ABC. Bestimmen Sie die Eckpunkte A, B und C.

$$\text{g: } \vec{x} = \begin{pmatrix} 0 \\ -3 \\ 3 \end{pmatrix} + r\begin{pmatrix} 1 \\ 3 \\ -1 \end{pmatrix} \qquad \text{h: } \vec{x} = \begin{pmatrix} -1 \\ 6 \\ 10 \end{pmatrix} + s\begin{pmatrix} -1 \\ 3 \\ 4 \end{pmatrix} \qquad \text{k: } \vec{x} = \begin{pmatrix} 3 \\ 6 \\ 0 \end{pmatrix} + t\begin{pmatrix} 1 \\ 1 \\ -2 \end{pmatrix}$$

13. Untersuchen Sie, welche Lagebeziehung zwischen der Geraden g durch A und B und der Geraden h durch C und D besteht. Berechnen Sie gegebenenfalls den Schnittpunkt.

a) $A(-1|1|1), B(1|1|-1)$
   $C(1|1|1), D(0|1|2)$

b) $A(4|2|1), B(0|4|3)$
   $C(1|2|1), D(3|4|3)$

c) $A(2|0|4), B(4|2|3)$
   $C(6|4|2), D(10|8|0)$

d) $A(0|0|6), B(3|3|0)$
   $C(0|0|0), D(6|6|6)$

e) $A(1|-2|4), B(3|4|2)$
   $C(3|0|0), D(1|2|4)$

f) $A(1|-2|0), B(-1|2|8)$
   $C(-2|-2|5), D(4|4|2)$

14. a) Bestimmen Sie eine Parametergleichung der Geraden g: $\left[\vec{x} - \begin{pmatrix} 7 \\ 3 \end{pmatrix}\right] \cdot \begin{pmatrix} 5 \\ 11 \end{pmatrix} = 0$.

   b) Bestimmen Sie eine Koordinatengleichung der Geraden h, die durch die Punkte $A(2|-4)$ und $B(3|-5)$ geht.

   c) Untersuchen Sie die gegenseitige Lage der Geraden g und h.

15. a) Bestimmen Sie eine Normalengleichung der Geraden g: $\vec{x} = \begin{pmatrix} 3 \\ 5 \end{pmatrix} + r\begin{pmatrix} 5 \\ -4 \end{pmatrix}$.

   b) Geben Sie eine Parametergleichung der Geraden h: $2x + y = 5$ an.

   c) Untersuchen Sie, welche gegenseitige Lage die Geraden g und h einnehmen.

   d) Für welches $a \in \mathbb{R}$ liegt $P(a|9)$ auf g?

   e) Geben Sie die Gerade k an, die die Gerade h in $S(2|1)$ senkrecht schneidet.

16. Untersuchen Sie die Lagebeziehung der Geraden g und h.

a) $\text{g: } \left[\vec{x} - \begin{pmatrix} 2 \\ 3 \end{pmatrix}\right] \cdot \begin{pmatrix} 1 \\ 4 \end{pmatrix} = 0, \text{ h: } \vec{x} = \begin{pmatrix} 6 \\ 2 \end{pmatrix} + r\begin{pmatrix} -8 \\ 2 \end{pmatrix}$

b) $\text{g: } -4x + 2y = 10, \qquad \text{h: } \vec{x} = \begin{pmatrix} 1 \\ 5 \end{pmatrix} + r\begin{pmatrix} 5 \\ 10 \end{pmatrix}$

17. Überprüfen Sie, ob die eingezeichneten Geraden sich schneiden, und berechnen Sie gegebenenfalls den Schnittpunkt.

a)

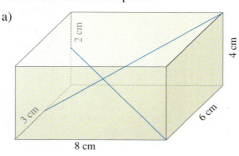

b)

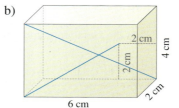

18. Seitenhalbierende im Dreieck

Bekanntlich schneiden sich die Seitenhalbierenden eines Dreiecks in einem
Punkt S.

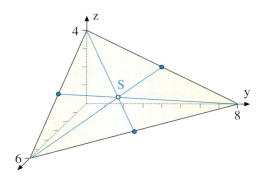

a) Berechnen Sie den Punkt S für das
   abgebildete Dreieck.

b) Weisen Sie nach, dass alle Seitenhalbierenden des Dreiecks durch
   diesen Punkt verlaufen.

19. Gegeben sei das Dreieck ABC mit A(4|0|2), B(0|4|1) und C(0|0|6). g sei eine zu $\overline{AC}$
parallele Gerade durch B, h sei eine zu $\overline{BC}$ parallele Gerade durch A.
Prüfen Sie, ob g und h sich schneiden, und bestimmen Sie gegebenenfalls den Schnittpunkt.
Fertigen Sie ein Schrägbild an.

20. Ebene Vierecke

Ein Raumviereck ABCD kann eben
sein oder aus zwei gegeneinander geneigten Dreiecken bestehen. In einem
ebenen Viereck schneiden sich die
Diagonalen.
Überprüfen Sie, ob die gegebenen
Vierecke eben sind. Fertigen Sie jeweils eine Zeichnung an.

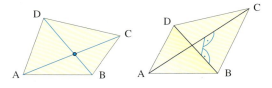

ebenes Viereck   nicht-ebenes Viereck

a) A(3|1|2), B(6|2|2), C(5|9|4), D(1|4|3)

b) A(4|0|0), B(4|3|1), C(0|3|4), D(4|0|3)

c) A(5|2|0), B(1|2|6), C(1|6|0), D(6|7|−2)

21. Gegeben ist eine 6 m hohe quadratische Pyramide, deren Grundflächen-
seiten 6 m lang sind.
Der Punkt M liegt in der Mitte der Seite SC. Die Strecke $\overline{SA}$ ist dreimal so
lang wie die Strecke $\overline{SN}$.
Wo schneiden sich die eingezeichneten Geraden?

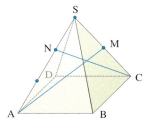

22. In den Geradengleichungen wurden
einige Koordinaten gelöscht und
durch Variablen ersetzt.
Setzen Sie neue Koordinaten ein, sodass die Geraden folgende Lagen einnehmen:

a) echt parallel

b) identisch

c) schneidend

d) windschief

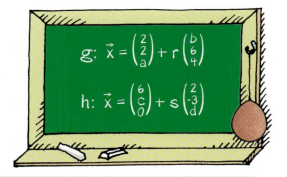

$$g: \vec{x} = \begin{pmatrix} 2 \\ 2 \\ a \end{pmatrix} + r \begin{pmatrix} b \\ 6 \\ 4 \end{pmatrix}$$

$$h: \vec{x} = \begin{pmatrix} 6 \\ c \\ 0 \end{pmatrix} + s \begin{pmatrix} 2 \\ -3 \\ d \end{pmatrix}$$

4. Winkel zwischen Geraden

Schneiden sich zwei Geraden in der Ebene oder im Raum in einem Punkt S, so bilden sie dort zwei Paare von Scheitelwinkeln. Einer der beiden Winkel überschreitet 90° nicht. Diesen Winkel bezeichnet man als *Schnittwinkel der Geraden*. Man kann ihn mithilfe der Kosinusformel (s. S. 64) berechnen.

<table>
<tr>
<td>

Schnittwinkel von Geraden

g und h seien zwei Geraden mit den Richtungsvektoren $\vec{m}_1$ und $\vec{m}_2$. Dann gilt für ihren Schnittwinkel γ:

$$\cos \gamma = \frac{|\vec{m}_1 \cdot \vec{m}_2|}{|\vec{m}_1| \cdot |\vec{m}_2|}.$$

</td>
<td>

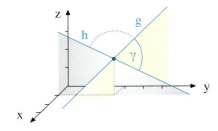

</td>
</tr>
</table>

▶ **Beispiel:** Die Geraden g: $\vec{x} = \begin{pmatrix} -2 \\ 7 \\ 6 \end{pmatrix} + r \begin{pmatrix} -3 \\ 4 \\ 4 \end{pmatrix}$ und h: $\vec{x} = \begin{pmatrix} 1 \\ -4 \\ 5 \end{pmatrix} + s \begin{pmatrix} 0 \\ -7 \\ 3 \end{pmatrix}$ schneiden sich

im Punkt $S(1\,|\,3\,|\,2)$. Bestimmen Sie den Schnittwinkel γ der Geraden.

Lösung:
Wir orientieren uns am obigen Bild. Denken wir uns die Richtungsvektoren der beiden Geraden im Schnittpunkt S angesetzt, so schließen sie entweder den Schnittwinkel γ der Geraden oder dessen Ergänzungswinkel $\gamma' = 180° - \gamma$ ein.

Es reicht also zunächst aus, den Winkel δ zwischen den Richtungsvektoren $\vec{m}_1$ und $\vec{m}_2$ zu berechnen. Wir erhalten für den Winkel $\delta \approx 109,15°$. Dies bedeutet, dass wir γ' bestimmt haben. γ hat daher die Größe
▶ $70,85°$.

1. Winkel zwischen $\vec{m}_1$ und $\vec{m}_2$:

$$\vec{m}_1 = \begin{pmatrix} -3 \\ 4 \\ 4 \end{pmatrix}, \vec{m}_2 = \begin{pmatrix} 0 \\ -7 \\ 3 \end{pmatrix}$$

$$\cos \delta = \frac{\vec{m}_1 \cdot \vec{m}_2}{|\vec{m}_1| \cdot |\vec{m}_2|} = \frac{-16}{\sqrt{41} \cdot \sqrt{58}} \approx -0,3281$$

$$\delta \approx 109,15°$$

2. Schnittwinkel von g und h:

$$\gamma \approx 180° - 109,15° = 70,85°$$

Noch einfacher ist es, die Kosinusformel leicht zu verändern durch Betragsbildung im Zähler, wie oben im roten Kasten geschehen. Dann erhält man sofort den Schnittwinkel γ. (Begründen Sie dies!)

Übung 1

Bestimmen Sie den Schnittpunkt und den Schnittwinkel der Geraden g und h.

a) g: $\vec{x} = \begin{pmatrix} 0 \\ 2 \\ 1 \end{pmatrix} + r \cdot \begin{pmatrix} 1 \\ 1 \\ 2 \end{pmatrix}$, h: $\vec{x} = \begin{pmatrix} 0 \\ 1 \\ -4 \end{pmatrix} + s \cdot \begin{pmatrix} 2 \\ 1 \\ -1 \end{pmatrix}$ b) g: $\vec{x} = \begin{pmatrix} 1 \\ -2 \end{pmatrix} + r \cdot \begin{pmatrix} 1 \\ 2 \end{pmatrix}$, h: $\vec{x} = \begin{pmatrix} 0 \\ 4 \end{pmatrix} + s \cdot \begin{pmatrix} -1 \\ 2 \end{pmatrix}$

Stehen zwei Geraden orthogonal zueinander, so lässt sich dieses sofort anhand der Orthogonalität der Richtungsvektoren feststellen. Es gilt folgende *Orthogonalitätsbedingung*:

<table>
<tr><td>

Orthogonalitätsbedingung

Zwei Geraden, die sich schneiden, stehen senkrecht aufeinander, wenn ihre Richtungsvektoren orthogonal sind (d. h., wenn das Skalarprodukt der Richtungsvektoren null ergibt.)

</td><td>

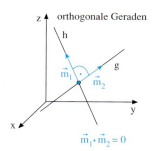

</td></tr>
</table>

Übung 2

Überprüfen Sie, ob g und h senkrecht stehen oder ob sie für einen Wert von a senkrecht stehen können.

a) $g: \vec{x} = \begin{pmatrix} 2 \\ 3 \end{pmatrix} + r\begin{pmatrix} 1 \\ 1 \end{pmatrix}$, $h: \vec{x} = \begin{pmatrix} 2 \\ 9 \end{pmatrix} + s\begin{pmatrix} 2 \\ 1 \end{pmatrix}$

b) $g: \vec{x} = \begin{pmatrix} 1 \\ 1 \\ 2 \end{pmatrix} + r\begin{pmatrix} 3 \\ -2 \\ 1 \end{pmatrix}$, $h: \vec{x} = \begin{pmatrix} 4 \\ -1 \\ 2 \end{pmatrix} + s\begin{pmatrix} 2 \\ 1 \\ -4 \end{pmatrix}$

c) $g: \vec{x} = \begin{pmatrix} 3 \\ 3 \end{pmatrix} + r\begin{pmatrix} 3 \\ -1 \end{pmatrix}$, $h: \vec{x} = \begin{pmatrix} 4 \\ 6 \end{pmatrix} + s\begin{pmatrix} -1 \\ a \end{pmatrix}$

d) $g: \vec{x} = \begin{pmatrix} 3 \\ 0 \\ 1 \end{pmatrix} + r\begin{pmatrix} 2 \\ 1 \\ -4 \end{pmatrix}$, $h: \vec{x} = \begin{pmatrix} 1 \\ 2 \\ -3 \end{pmatrix} + s\begin{pmatrix} a \\ 2 \\ -1 \end{pmatrix}$

Übung 3

Bestimmen Sie den Schnittpunkt und den Schnittwinkel der Geraden g und h.

a) $g: \vec{x} = \begin{pmatrix} 1 \\ 2 \end{pmatrix} + r\begin{pmatrix} 3 \\ 1 \end{pmatrix}$, $h: \vec{x} = \begin{pmatrix} 4 \\ 1 \end{pmatrix} + s\begin{pmatrix} 1 \\ 1 \end{pmatrix}$

b) $g: \vec{x} = \begin{pmatrix} 3 \\ 1 \\ 4 \end{pmatrix} + r\begin{pmatrix} 2 \\ 2 \\ -2 \end{pmatrix}$, $h: \vec{x} = \begin{pmatrix} 2 \\ 3 \\ -1 \end{pmatrix} + s\begin{pmatrix} 1 \\ 2 \\ -3 \end{pmatrix}$

c) g durch A(2|1) und B(3|2),
   h durch C(2|7) und D(4|5)

d) g durch A(3|2|5) und B(5|6|3),
   h durch C(4|3|7) und D(−2|−6|4)

Übung 4

Unter welchen Winkeln schneidet die Ursprungsgerade $g: \vec{x} = r\begin{pmatrix} 1 \\ 2 \\ 4 \end{pmatrix}$ die Koordinatenachsen?

Übung 5

Bestimmen Sie t so, dass die Gerade durch P(6|4|t) die x-Achse bei x = 3 unter 60° schneidet.

Übung 6

Gegeben ist ein Dreieck ABC mit A(1|2), B(9|0) und C(5|6).
a) Stellen Sie Parametergleichungen der Mittelsenkrechten g_{AB} und g_{AC} auf.
b) Berechnen Sie den Schnittpunkt der Mittelsenkrechten g_{AB} und g_{AC}.
c) Stellen Sie das Dreieck ABC sowie die Mittelsenkrechten g_{AB} und g_{AC} zeichnerisch dar.

5. Exkurs: Spurpunkte mit Anwendungen

In diesem Abschnitt werden als exemplarische Anwendungsbeispiele für Geraden Spurpunkt-probleme behandelt.

Die Schnittpunkte einer Geraden mit den Koordinatenebenen bezeichnet man als *Spurpunkte* der Geraden.

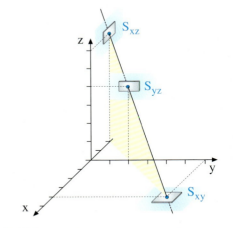

> **Beispiel: Spurpunkte**
>
> Gegeben sei g: $\vec{x} = \begin{pmatrix} 2 \\ 4 \\ 2 \end{pmatrix} + r \begin{pmatrix} 1 \\ 1 \\ -1 \end{pmatrix}$.
>
> Bestimmen Sie die Spurpunkte der Ge-raden und fertigen Sie eine Skizze an.

Lösung:
Der Schnittpunkt der Geraden mit der x-y-Ebene wird als Spurpunkt S_{xy} bezeichnet.
Er hat die z-Koordinate $z = 0$.
Die z-Koordinate des allgemeinen Ge-radenpunktes beträgt $z = 2 - r$.
Setzen wir diese 0, so erhalten wir $r = 2$,
was auf den Spurpunkt $S_{xy}(4\,|\,6\,|\,0)$ führt.

$z = 0: \quad \Leftrightarrow 2 - r = 0 \quad \Leftrightarrow r = 2$

$$\vec{x} = \begin{pmatrix} 2 \\ 4 \\ 2 \end{pmatrix} + 2 \cdot \begin{pmatrix} 1 \\ 1 \\ -1 \end{pmatrix} = \begin{pmatrix} 4 \\ 6 \\ 0 \end{pmatrix}$$

$S_{xy}(4\,|\,6\,|\,0)$

Analog errechnen wir die weiteren Spurpunkte, indem wir die x-Koordinate bzw. die y-Koor-dinate des allgemeinen Geradenpunktes null setzen.
► Ergebnisse: $S_{yz}(0\,|\,2\,|\,4)$, $S_{xz}(-2\,|\,0\,|\,6)$

Übung 1
Berechnen Sie die Spurpunkte der Geraden g durch A und B. Fertigen Sie eine Skizze an.
a) $A(10\,|\,6\,|\,-1)$, $B(4\,|\,2\,|\,1)$
b) $A(-2\,|\,4\,|\,9)$, $B(4\,|\,-2\,|\,3)$
c) $A(4\,|\,1\,|\,1)$, $B(-2\,|\,1\,|\,7)$
d) $A(2\,|\,4\,|\,-2)$, $B(-1\,|\,-2\,|\,4)$

Übung 2
Geben Sie die Gleichung einer Geraden g an, die nur zwei Spurpunkte bzw. nur einen Spurpunkt besitzt.

Übung 3
In welchen Punkten durchdringen die Kanten der skizzierten Pyramide den 2 m hohen Wasserspiegel?

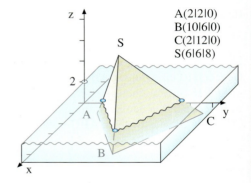

A(2|2|0)
B(10|6|0)
C(2|12|0)
S(6|6|8)

Im Folgenden werden Spurpunktberechnungen zur Lösung von Anwendungsaufgaben zur Lichtreflexion und zum Schattenwurf eingesetzt.

▶ **Beispiel: Lichtreflexion**
Der Verlauf eines Lichtstrahls soll verfolgt werden. Der Strahl geht vom Punkt $A(0|6|6)$ aus und läuft in Richtung des Vektors $\begin{pmatrix} 1 \\ -1 \\ -2 \end{pmatrix}$ auf die x-y-Ebene zu, an der er reflektiert wird.
Wo trifft der Strahl auf die x-y-Ebene?
Wie lautet die Geradengleichung des dort reflektierten Strahles und wo trifft dieser auf die x-z-Ebene?

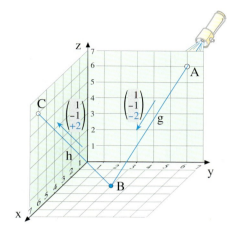

Lösung:
Wir bestimmen zunächst die Geradengleichung des von A ausgehenden Strahls g. Dessen Schnittpunkt B mit der x-y-Ebene erhalten wir durch Nullsetzen der z-Koordinate des allgemeinen Geradenpunktes von g.
Der reflektierte Strahl h geht von diesem Punkt $B(3|3|0)$ aus. Bei der Reflexion ändert sich nur diejenige Koordinate des Richtungsvektors, die senkrecht auf der Reflexionsebene steht. Diese Koordinate wechselt ihr Vorzeichen, hier also die z-Koordinate. Der Richtungsvektor von h ist daher $\begin{pmatrix} 1 \\ -1 \\ +2 \end{pmatrix}$. Nun können wird die Geradengleichung des reflektierten Strahls h aufstellen und dessen Schnittpunkt mit der x-z-Ebene berechnen. Es ist der Punkt ▶ $C(6|0|6)$.

Gleichung des Strahls g:

$$g: \vec{x} = \begin{pmatrix} 0 \\ 6 \\ 6 \end{pmatrix} + r \begin{pmatrix} 1 \\ -1 \\ -2 \end{pmatrix}$$

Schnittpunkt mit der x-y-Ebene:

$$z=0 \Leftrightarrow 6-2r=0 \Leftrightarrow r=3 \Rightarrow B(3|3|0)$$

Gleichung des reflektierten Strahls h:

$$h: \vec{x} = \begin{pmatrix} 3 \\ 3 \\ 0 \end{pmatrix} + s \begin{pmatrix} 1 \\ -1 \\ +2 \end{pmatrix}$$

Schnittpunkt mit der x-z-Ebene:

$$y=0 \Leftrightarrow 3-s=0 \Leftrightarrow s=3 \Rightarrow C(6|0|6)$$

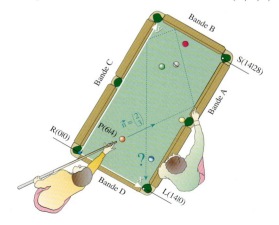

Übung 4   Billard
Auch beim Billardspiel kommt es zu Reflexionen der Kugel an der Bande. Auf dem abgebildeten Tisch liegt die Kugel in der Position $P(6|4)$. Sie wird geradlinig in Richtung des Vektors $\begin{pmatrix} 2 \\ 3 \end{pmatrix}$ gestoßen.
Trifft sie das Loch bei $L(14|0)$?
Lösen Sie die Aufgabe zeichnerisch und rechnerisch.

Spurpunktberechnungen können auch zur Konstruktion der Schattenbilder von Gegenständen im Raum auf die Koordinatenebenen verwendet werden.

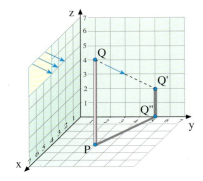

▶ **Beispiel: Schattenwurf**
Im 1. Oktanden des Koordinatensystems steht die senkrechte Strecke $\overline{PQ}$ mit P(4|3|0) und Q(4|3|6).
In Richtung des Vektors $\begin{pmatrix} -2 \\ 1 \\ -2 \end{pmatrix}$ fällt paralleles Licht auf die Strecke.
Konstruieren Sie rechnerisch ein Schattenbild der Strecke auf den Randflächen des 1. Oktanden.

Lösung:
Das Ergebnis ist rechts abgebildet, ein abknickender Schatten. Es wurde durch Verfolgung desjenigen Lichtstrahls g konstruiert, der durch den Punkt Q führt.

Nach dem Aufstellen der Geradengleichung von g errechnen wir den Spurpunkt Q' von g in der y-z-Ebene, denn wir vermuten, dass der Strahl g diese Ebene zuerst trifft.

Gleichung des Strahls g durch Q:

$$g: \vec{x} = \begin{pmatrix} 4 \\ 3 \\ 6 \end{pmatrix} + r \begin{pmatrix} -2 \\ 1 \\ -2 \end{pmatrix}$$

Durch Nullsetzen der x-Koordinate des allgemeinen Geradenpunktes erhalten wir r = 2, d. h. Q'(0|5|2).

Schnittpunkt von g mit der y-z-Ebene:

$x = 0 \Leftrightarrow 4 - 2r = 0 \Leftrightarrow r = 2 \Rightarrow Q'(0|5|2)$

Der Fußpunkt des senkrechten Lotes von Q' auf die y-Achse ist Q''(0|5|0).

Fußpunkt des Lotes von Q' auf die y-Achse:
Q''(0|5|0)

Der Schatten der Strecke $\overline{PQ}$ ist der Streckenzug PQ''Q', wie oben eingezeichnet. Es handelt sich
▶ um einen abknickenden Schatten.

Übung 5   Schatten

Im mathematischen Klassenraum steht ein Schrank für die Aufbewahrung von Punkten, Strecken und Flächen. Er hat die Höhe 4 und die Breite 2. Für seine Tiefe reicht bekanntlich 0 aus.
In Richtung des Vektors $\begin{pmatrix} -1 \\ 1 \\ -1 \end{pmatrix}$ fällt paralleles Licht auf den Schrank.
Konstruieren Sie das Schattenbild des Schrankes auf dem Boden und den Wänden rechnerisch und zeichnen Sie es auf.

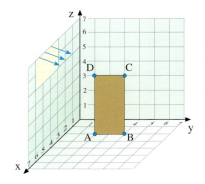

Übungen

6. Gegeben sind die Geraden g durch $A(1\,|\,3\,|\,6)$ und $B(2\,|\,4\,|\,3)$ sowie h: $\vec{x} = \begin{pmatrix} -1 \\ 4 \\ 6 \end{pmatrix} + s \begin{pmatrix} 2 \\ -2 \\ -2 \end{pmatrix}$.

Bestimmen Sie die Spurpunkte der Geraden und zeichnen Sie ein Schrägbild.

7. Geraden können 1, 2, 3 oder unendlich viele unterschiedliche Spurpunkte besitzen. Erläutern Sie diese Tatsache und überprüfen Sie, welcher Fall bei den folgenden Geraden jeweils eintritt.

a) g: $\vec{x} = \begin{pmatrix} 3 \\ 2 \\ 2 \end{pmatrix} + r \begin{pmatrix} -1 \\ 0 \\ 2 \end{pmatrix}$ b) g: $\vec{x} = \begin{pmatrix} 1 \\ 1 \\ 4 \end{pmatrix} + r \begin{pmatrix} -1 \\ 1 \\ 2 \end{pmatrix}$ c) g: $\vec{x} = \begin{pmatrix} -3 \\ -2 \\ 2 \end{pmatrix} + r \begin{pmatrix} 1 \\ 2 \\ -2 \end{pmatrix}$

d) g: $\vec{x} = \begin{pmatrix} 2 \\ 0 \\ 1 \end{pmatrix} + r \begin{pmatrix} 1 \\ 0 \\ 2 \end{pmatrix}$ e) g: $\vec{x} = \begin{pmatrix} 2 \\ 2 \\ 3 \end{pmatrix} + r \begin{pmatrix} 0 \\ 0 \\ 2 \end{pmatrix}$ f) g: $\vec{x} = r \begin{pmatrix} 2 \\ 2 \\ 3 \end{pmatrix}$

8. In welchem Punkt trifft die vom Punkt $P(2\,|\,4)$ in Richtung des Vektors $\begin{pmatrix} 3 \\ -1 \end{pmatrix}$ geradlinig gestoßene Billardkugel die Bande C erstmals?

Lösen Sie zeichnerisch und rechnerisch.

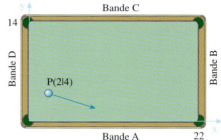

9. In Richtung des Vektors $\begin{pmatrix} -1 \\ -3 \\ 1 \end{pmatrix}$ fällt paralleles Licht.

a) Im 1. Oktanden des Koordinatensystems steht die senkrechte Strecke $\overline{PQ}$ mit $P(4\,|\,6\,|\,0)$ und $Q(4\,|\,6\,|\,3)$. Konstruieren Sie das Schattenbild der Strecke (zeichnerisch und rechnerisch).

b) Gegeben ist ein Rechteck ABCD mit $A(4\,|\,3\,|\,0)$, $B(2\,|\,3\,|\,0)$, $C(2\,|\,3\,|\,3)$, $D(4\,|\,3\,|\,3)$. Konstruieren Sie das Schattenbild des Rechtecks auf dem Boden und den Randflächen des 1. Oktanden (zeichnerisch und rechnerisch).

10. Im Koordinatenraum steht ein schräg nach oben geneigtes Dreieck ABC mit $A(3\,|\,2\,|\,0)$, $B(3\,|\,6\,|\,0)$, $C(2\,|\,3\,|\,4)$. In Richtung des Vektors $\begin{pmatrix} -1 \\ -3 \\ -1 \end{pmatrix}$ fällt paralleles Licht auf dieses Dreieck. Zeichnen Sie das Schattenbild des Dreiecks, wobei Sie sich an der (nicht maßstäblichen) Skizze orientieren. Berechnen Sie dann die Eckpunkte des Dreiecksschattens auf dem Boden und den Wänden des Raums.

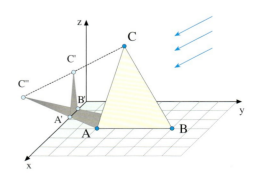

6. Exkurs: Geradenscharen

Enthält eine Geradengleichung außer dem Geradenparameter noch eine weitere Variable, so handelt es sich um eine *Geradenschar*. Zu jedem Variablenwert gehört eine Gerade der Schar. Man nennt diese Variable auch Scharparameter. Häufig steht man vor der Aufgabe, aus einer Geradenschar diejenige Gerade auszusortieren, die eine bestimmte vorgegebene Eigenschaft hat.

▶ **Beispiel:** Gegeben ist die Geradenschar g_a: $\vec{x} = \begin{pmatrix} 3-2a \\ 1 \\ 2-2a \end{pmatrix} + r \begin{pmatrix} -2 \\ 1 \\ 1 \end{pmatrix}$, $a, r \in \mathbb{R}$.

    a) Beschreiben Sie die Lage der Geraden der Schar.
       Zeichnen Sie die Geraden für $a = -1$, $a = 0$ und $a = 1$ als Schrägbild.
    b) Welche Gerade der Schar schneidet die x-Achse?

Lösung zu a):
Da sich der Scharparameter nur im Stützvektor befindet, ändert sich bei den Geraden der Schar nur der Stützpunkt, nicht aber die Richtung, d.h., dass alle Geraden der Schar parallel zueinander verlaufen. Die Stützpunkte der Geraden der Schar liegen ebenfalls auf einer Geraden, da man sie als Geradenpunkte auffassen kann:

$$\overrightarrow{OA_a} = \begin{pmatrix} 3-2a \\ 1 \\ 2-2a \end{pmatrix} = \begin{pmatrix} 3 \\ 1 \\ 2 \end{pmatrix} + a \begin{pmatrix} -2 \\ 0 \\ -2 \end{pmatrix}.$$

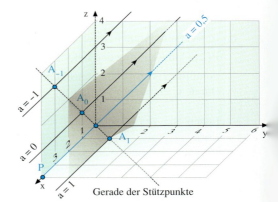

Gerade der Stützpunkte

Lösung zu b):
Gesucht ist nun diejenige Gerade der Schar, die die x-Achse schneidet. Diese gesuchte Gerade muss also einen Punkt enthalten, dessen y- und z-Koordinaten null sind, also einen Punkt $P(x|0|0)$. Da P gleichzeitig ein Punkt auf der Geraden ist, erfüllen dessen Koordinaten die Geradengleichung. Das entstehende Gleichungssystem hat die Lösungen $r = -1$, $a = 0{,}5$, $x = 4$.
Die Gerade $g_{0,5}$ der gegebenen Geradenschar schneidet als einzige die x-Achse,
▶ und zwar im Punkt $P(4|0|0)$.

Ansatz:
    $P(x|0|0)$ ist ein Punkt auf der x-Achse.

$$\begin{pmatrix} x \\ 0 \\ 0 \end{pmatrix} = \begin{pmatrix} 3-2a \\ 1 \\ 2-2a \end{pmatrix} + r \begin{pmatrix} -2 \\ 1 \\ 1 \end{pmatrix}$$

Gleichungssystem:

I $x = 3 - 2a - 2r$ $\Rightarrow$ $x = 4$
II $0 = 1 + r$ $\left.\rule{0pt}{14pt}\right\} \Rightarrow r = -1$, $a = 0{,}5$
III $0 = 2 - 2a + r$

Übung 1
Gegeben ist die Geradenschar g_a: $\vec{x} = \begin{pmatrix} a \\ a+2 \\ a \end{pmatrix} + r \begin{pmatrix} 2 \\ -2 \\ 3 \end{pmatrix}$.

a) Beschreiben Sie die Lage der Geraden der Schar. Zeichnen Sie die Geraden für $a = -2$, $a = 0$ und $a = 2$ als Schrägbild.
b) Welche Gerade der Schar schneidet die x-Achse, welche die y-Achse, welche die z-Achse?

▶ **Beispiel:** Gegeben sind die Geradenschar g_a: $\vec{x} = \begin{pmatrix} 2 \\ 2 \\ 3 \end{pmatrix} + r \begin{pmatrix} a \\ 1+a \\ -a \end{pmatrix}$ und h: $\vec{x} = \begin{pmatrix} 0 \\ -1 \\ 1 \end{pmatrix} + s \begin{pmatrix} 2 \\ 3 \\ -2 \end{pmatrix}$.

a) Beschreiben Sie die Lage der Geraden der Schar g_a.
   Zeichnen Sie die Geraden für $a = -2$, $a = -1$, $a = 0$, $a = 1$ und $a = 2$ als Schrägbild.
b) Welche Gerade der Schar ist parallel zu h? Ist diese Gerade sogar identisch mit h?
c) Gibt es Geraden der Schar, die h schneiden?

Lösung zu a):
Alle Geraden der Schar haben denselben Stützpunkt $A(2|2|3)$. Ihre Richtungsvektoren drehen sich um A und spannen dabei eine Ebene auf. Betrachtet man für $r = 1$ die Endpunkte der Richtungsvektoren, so liegen diese ebenfalls auf einer Geraden, denn es gilt:

$$\begin{pmatrix} 2 \\ 2 \\ 3 \end{pmatrix} + 1 \cdot \begin{pmatrix} a \\ 1+a \\ -a \end{pmatrix} = \begin{pmatrix} 2 \\ 3 \\ 3 \end{pmatrix} + a \begin{pmatrix} 1 \\ 1 \\ -1 \end{pmatrix}.$$

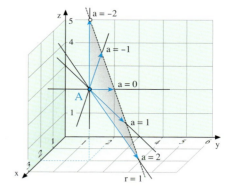

Lösung zu b):
Geraden sind parallel, wenn ihre Richtungsvektoren kollinear sind. Dies gilt offensichtlich für $a = 2$. Die Gerade g_2 ist parallel zu h. Da der Stützpunkt A nicht auf h liegt, sind g_2 und h aber nicht identisch.

$$\begin{pmatrix} a \\ 1+a \\ -a \end{pmatrix} = t \begin{pmatrix} 2 \\ 3 \\ -2 \end{pmatrix} \Rightarrow t = 1, a = 2 \Rightarrow g_2 \| h$$

$$\begin{pmatrix} 2 \\ 2 \\ 3 \end{pmatrix} = \begin{pmatrix} 0 \\ -1 \\ 1 \end{pmatrix} + s \begin{pmatrix} 2 \\ 3 \\ -2 \end{pmatrix} \begin{array}{l} \Leftrightarrow s = 1 \\ \Leftrightarrow s = 1 \\ \Leftrightarrow s = -1 \end{array} \Rightarrow A \notin h$$

Lösung zu c):
Wir gehen von der Existenz eines Schnittpunktes aus und verwenden den nebenstehenden Ansatz. Dieser führt auf ein Gleichungssystem, das unlösbar ist. Somit sind alle Geraden der Schar g_a mit Ausnahme von $a = 2$ zu h windschief. Es gibt keine
▶ Gerade g_a, die h schneidet.

$$\begin{pmatrix} 2 \\ 2 \\ 3 \end{pmatrix} + r \begin{pmatrix} a \\ 1+a \\ -a \end{pmatrix} = \begin{pmatrix} 0 \\ -1 \\ 1 \end{pmatrix} + s \begin{pmatrix} 2 \\ 3 \\ -2 \end{pmatrix}$$

I $2 + ra$ $= \quad\quad 2s$
II $2 + r + ra = -1 + 3s$
III $3 - ra$ $= 1 - 2s$

I + III: $5 = 1$ *Widerspruch!*

Übung 2
Gegeben sind die Geradenschar g_a: $\vec{x} = \begin{pmatrix} 0 \\ 0 \\ 2 \end{pmatrix} + r \begin{pmatrix} a \\ 2 \\ 2a \end{pmatrix}$ und die Gerade h: $\vec{x} = \begin{pmatrix} -1 \\ 1 \\ -2 \end{pmatrix} + s \begin{pmatrix} 2 \\ 1 \\ 3 \end{pmatrix}$.

a) Beschreiben Sie die Lage der Geraden der Schar g_a.
   Zeichnen Sie die Geraden für $a = -1$, $a = 0$, $a = 1$ und $a = 2$ als Schrägbild.
b) Welche Gerade der Schar enthält den Punkt $P(3|1|8)$?
c) Für welchen Wert von a sind die Geraden g_a und h parallel?
d) Für welchen Wert von a schneiden sich die Geraden g_a und h?
   Berechnen Sie ggf. den Schnittpunkt.

Übungen

3. Durch $A(a+3\,|\,a\,|\,1)$ und $B(a+1\,|\,a+1\,|\,3)$ wird eine Geradenschar festgelegt $(a \in \mathbb{R})$.
    a) Geben Sie eine Parametergleichung der Geradenschar an.
    b) Welche Gerade der Schar geht durch den Punkt $P(-4\,|\,-1\,|\,5)$?
    c) Welche Geraden der Schar schneiden jeweils die Koordinatenachsen?
       Geben Sie auch die Schnittpunkte an.

4. Gegeben ist die Geradenschar $g_a\!: \vec{x} = \begin{pmatrix} 2+a \\ 4-a \\ 5 \end{pmatrix} + r \begin{pmatrix} 0 \\ 1 \\ -1 \end{pmatrix}$, $r,\ a \in \mathbb{R}$.

    a) Beschreiben Sie die Lage der Geraden der Schar und zeichnen Sie die Geraden für $a = -1$, $a = 0$ und $a = 1$ als Schrägbild.
    b) Welche Gerade der Schar schneidet die z-Achse? Geben Sie auch den Schnittpunkt an.
    c) Welche Gerade der Schar geht durch den Punkt $P(8\,|\,2\,|\,1)$?
    d) Gibt es eine Gerade der Schar, die durch den Ursprung geht?
    e) Zeigen Sie, dass die Gerade $h\!: \vec{x} = \begin{pmatrix} 5 \\ 5 \\ 1 \end{pmatrix} + s \begin{pmatrix} 0 \\ -2 \\ 2 \end{pmatrix}$ zur gegebenen Geradenschar gehört.

5. Gegeben ist die Geradenschar $g_a\!: \vec{x} = \begin{pmatrix} 5 \\ 1 \\ 4 \end{pmatrix} + r \begin{pmatrix} a \\ 2 \\ 4-2a \end{pmatrix}$, $r,\ a \in \mathbb{R}$.

    a) Beschreiben Sie die Lage der Geraden der Schar und zeichnen Sie die Geraden für $a = 0$, $a = 1$ und $a = 2$ als Schrägbild.
    b) Welche Gerade der Schar ist parallel zu $\vec{v} = \begin{pmatrix} 3 \\ 1 \\ -4 \end{pmatrix}$?
    c) Welche Gerade der Schar geht durch den Punkt $P(x\,|\,-3\,|\,1)$? Bestimmen Sie x.
    d) Welche Gerade der Schar schneidet die z-Achse? Berechnen Sie auch den Schnittpunkt.
    e) Welche Gerade der Schar schneidet die y-Achse? Berechnen Sie auch den Schnittpunkt.
    f) Welche Gerade der Schar schneidet die x-Achse? Berechnen Sie auch den Schnittpunkt.

6. Gegeben sind die Geradenschar $g_a\!: \vec{x} = \begin{pmatrix} 2 \\ 4 \\ 2 \end{pmatrix} + r \begin{pmatrix} a \\ 1 \\ a \end{pmatrix}$ und die Gerade $h\!: \vec{x} = \begin{pmatrix} 2 \\ 3 \\ -2 \end{pmatrix} + s \begin{pmatrix} 3 \\ 1 \\ 1 \end{pmatrix}$.

    a) Beschreiben Sie die Lage der Geraden der Schar g_a.
       Zeichnen Sie die Gerade h sowie die Geraden g_1, g_2, g_3 und g_4 als Schrägbild.
    b) Zeigen Sie, dass die Geraden g_4 und h windschief sind.
    c) Gibt es eine Gerade der Schar g_a, die parallel zu h ist?
    d) Welche Gerade der Schar g_a geht durch den Ursprung?
    e) Welche Gerade der Schar g_a ist parallel zur y-Achse?
    f) Für welchen Wert von a schneiden sich die Geraden g_a und h? Berechnen Sie auch den Schnittpunkt.

Test

Geraden

1. Gegeben sind die Punkte P(1|4|3), A(3|0|1) und B(0|6|4).
   a) Stellen Sie eine Parametergleichung der Geraden g durch A und B auf.
   b) Überprüfen Sie, ob der Punkt P auf der Strecke $\overline{AB}$ liegt.

2. Gegeben ist die Gerade g: $\left[\vec{x} - \begin{pmatrix} 1 \\ 1 \end{pmatrix}\right] \cdot \begin{pmatrix} -2 \\ 5 \end{pmatrix} = 0$.

   a) Bestimmen Sie eine Parametergleichung von g.
   b) Prüfen Sie, ob die Punkte P(−4|−2) und Q(−1,5|0) auf g liegen.

   c) Untersuchen Sie, welche gegenseitige Lage g und h: $\vec{x} = \begin{pmatrix} 6 \\ 3 \end{pmatrix} + s\begin{pmatrix} -10 \\ -4 \end{pmatrix}$ einnehmen.

   d) Geben Sie eine Gerade k an, die parallel zu g verläuft und durch A(1|3) geht.

3. Gegeben sind die Geraden g: $\vec{x} = \begin{pmatrix} 2 \\ 2 \\ 3 \end{pmatrix} + r\begin{pmatrix} 3 \\ 6 \\ 3 \end{pmatrix}$ und h: $\vec{x} = \begin{pmatrix} 1 \\ 2 \\ 6 \end{pmatrix} + s\begin{pmatrix} -1 \\ -1 \\ 1 \end{pmatrix}$.

   a) Bestimmen Sie den Schnittpunkt der Geraden g und h sowie den Schnittwinkel.
   b) Bestimmen Sie die Spurpunkte der Geraden g.

4. Wie lauten die Gleichungen der fünf abgebildeten Geraden im Quader, bezogen auf das eingezeichnete Koordinatensystem?

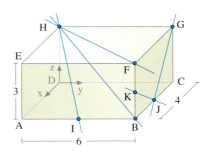

5. Geben Sie Werte für die Variablen a, b, c und d an, sodass die Geraden

g: $\vec{x} = \begin{pmatrix} -5 \\ 7 \\ a \end{pmatrix} + r\begin{pmatrix} b \\ -6 \\ 2 \end{pmatrix}$ und h: $\vec{x} = \begin{pmatrix} 1 \\ c \\ 3 \end{pmatrix} + s\begin{pmatrix} -3 \\ 3 \\ d \end{pmatrix}$

a) identisch sind,   b) sich schneiden.

Überblick

Parametergleichung einer Geraden:

$$g: \vec{x} = \vec{a} + r \cdot \vec{m} \quad (r \in \mathbb{R})$$

$\uparrow$ Stütz-vektor $\uparrow$ Richtungs-vektor

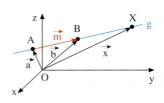

Zweipunktegleichung:

$$g: \vec{x} = \vec{a} + r \cdot (\vec{b} - \vec{a}) \quad (r \in \mathbb{R})$$

$\vec{a}$ und $\vec{b}$ sind die Ortsvektoren zweier Geradenpunkte A und B.

Normalengleichung der Geraden in der Ebene:

$$g: (\vec{x} - \vec{a}) \cdot \vec{n} = 0$$

$\uparrow$ Stütz-vektor $\uparrow$ Normalen-vektor

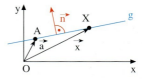

Ein Normalenvektor steht senkrecht auf der Geraden g und damit senkrecht auf dem Richtungsvektor von g.

Koordinatengleichung der Geraden in der Ebene:

$ax + by = c$ bzw. $y = mx + n$ $(a, b, c, m, n \in \mathbb{R}, b \neq 0)$

Lagebeziehung von zwei Geraden im Raum:

1. Fall: parallel (im Sonderfall: identisch)
Die Richtungsvektoren beider Geraden sind kollinear.
Liegt der Stützpunkt einer Geraden auch auf der anderen Geraden, sind die Geraden sogar identisch.

2. Fall: schneidend
Die Richtungsvektoren der Geraden sind nicht kollinear.
Man setzt die rechten Seiten der Parametergleichungen gleich und löst das entstehende eindeutig lösbare LGS.
Die Geraden schneiden sich in genau einem Punkt.

3. Fall: windschief
Die Richtungsvektoren der Geraden sind nicht kollinear.
Man setzt die rechten Seiten der Parametergleichungen gleich.
Das entstehende LGS ist unlösbar.

Lagebeziehung von zwei Geraden in der Ebene:

Die Geraden sind entweder parallel (oder sogar identisch) oder sie schneiden sich in genau einem Punkt. (vgl. Fall 1 und 2)

IV. Ebenen

1. Ebenengleichungen

A. Die vektorielle Parametergleichung einer Ebene

Ähnlich wie Geraden lassen sich auch Ebenen im Raum durch Vektoren rechnerisch erfassen und bearbeiten. Eine Ebene wird durch einen Punkt und zwei nicht parallele Vektoren eindeutig festgelegt.

Ist A ein bekannter Punkt der Ebene, ein sogenannter *Stützpunkt*, und sind $\vec{u}$ und $\vec{v}$ zwei nicht parallele, in der Ebene verlaufende Vektoren, sogenannte *Richtungsvektoren*, so lässt sich der Ortsvektor $\vec{x} = \overrightarrow{OX}$ eines beliebigen Ebenenpunktes als Summe aus dem Stützvektor $\vec{a} = \overrightarrow{OA}$ und einer Linearkombination der beiden Richtungsvektoren darstellen:

$$\vec{x} = \vec{a} + r \cdot \vec{u} + s \cdot \vec{v}.$$

In der Abbildung wird dies für die durch den Rechteckausschnitt angedeutete Ebene veranschaulicht.

Man bezeichnet diese Gleichung als *Punktrichtungsgleichung* der Ebene (1 Punkt, 2 Richtungsvektoren) oder als *vektorielle Parametergleichung* der Ebene und verwendet eine zu vektoriellen Geradengleichungen analoge Schreibweise.

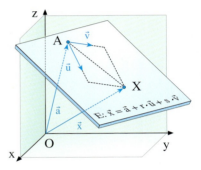

$$\overrightarrow{OX} = \overrightarrow{OA} + \overrightarrow{AX}$$
$$\vec{x} = \vec{a} + r \cdot \vec{u} + s \cdot \vec{v}$$

Vektorielle Parametergleichung einer Ebene

E: $\vec{x} = \vec{a} + r \cdot \vec{u} + s \cdot \vec{v}$ $(r, s \in \mathbb{R})$

$\vec{x}$:   allgemeiner Ebenenvektor

$\vec{a}$:   Stützvektor

$\vec{u}, \vec{v}$:   Richtungsvektoren

r, s: Ebenenparameter

Beispiel: Für die rechts ausschnittsweise dargestellte Ebene E können wir den Punkt $A(3|6|1)$ als Stützpunkt und $\vec{u} = \begin{pmatrix} 0 \\ -4 \\ 0 \end{pmatrix}$ sowie $\vec{v} = \begin{pmatrix} -3 \\ 0 \\ 5 \end{pmatrix}$ als Richtungsvektoren wählen. Eine Parametergleichung der Ebene lautet dann:

$$E: \vec{x} = \begin{pmatrix} 3 \\ 6 \\ 1 \end{pmatrix} + r \cdot \begin{pmatrix} 0 \\ -4 \\ 0 \end{pmatrix} + s \cdot \begin{pmatrix} -3 \\ 0 \\ 5 \end{pmatrix}.$$

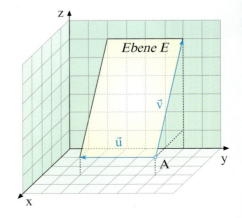

Ebene E

B. Die Dreipunktegleichung einer Ebene

Besonders einfach lässt sich eine Ebenengleichung aufstellen, wenn die Ebene durch drei Punkte gegeben ist, die natürlich nicht auf einer Geraden liegen dürfen.

▶ **Beispiel:** Zeichnen Sie einen Ausschnitt derjenigen Ebene E, welche die drei Punkte A(2|0|3), B(3|4|0) und C(0|3|3) enthält. Stellen Sie außerdem eine vektorielle Parametergleichung dieser Ebene auf.

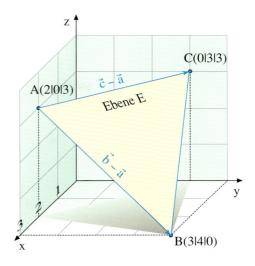

Lösung:
Der dreieckige Ebenenausschnitt ist rechts als Schrägbild dargestellt. Als Stützvektor verwenden wir den Ebenenpunkt A(2|0|3).
Als Richtungsvektoren verwenden wir die Differenzvektoren $\vec{b} - \vec{a}$ und $\vec{c} - \vec{a}$. Damit ergibt sich die Gleichung

$$E: \quad \vec{x} = \vec{a} + r \cdot (\vec{b} - \vec{a}) + s \cdot (\vec{c} - \vec{a}),$$

die man als *Dreipunktegleichung* der Ebene bezeichnet.

In unserem Beispiel ergibt sich hiermit als zugehörige Parametergleichung:

$$E: \quad \vec{x} = \begin{pmatrix} 2 \\ 0 \\ 3 \end{pmatrix} + r \cdot \begin{pmatrix} 3-2 \\ 4-0 \\ 0-3 \end{pmatrix} + s \cdot \begin{pmatrix} 0-2 \\ 3-0 \\ 3-3 \end{pmatrix},$$

▶ $$E: \quad \vec{x} = \begin{pmatrix} 2 \\ 0 \\ 3 \end{pmatrix} + r \cdot \begin{pmatrix} 1 \\ 4 \\ -3 \end{pmatrix} + s \cdot \begin{pmatrix} -2 \\ 3 \\ 0 \end{pmatrix}$$

Dreipunktegleichung der Ebene

A, B, C seien drei nicht auf einer Geraden liegende Punkte mit den Ortsvektoren $\vec{a}$, $\vec{b}$ und $\vec{c}$.
Dann hat die A, B und C enthaltende Ebene die Gleichung:

$$\mathbf{E: \quad \vec{x} = \vec{a} + r \cdot (\vec{b} - \vec{a}) + s \cdot (\vec{c} - \vec{a}).}$$

Übung 1
Wie lautet die Gleichung der Ebene E, welche die Punkte A, B und C enthält?
Fertigen Sie ein Schrägbild der Ebene an.

a) A(3|0|0)
    B(0|4|0)
    C(0|0|2)

b) A(2|0|1)
    B(3|2|0)
    C(0|3|2)

c) A(4|2|1)
    B(3|5|1)
    C(0|0|4)

Übung 2
Eine Pyramide hat als Grundfläche ein Dreieck ABC mit den Eckpunkten A(1|1|0), B(6|6|1) und C(3|6|1). Ihre Spitze ist S(2|4|4).
Zeichnen Sie ein Schrägbild der Pyramide und stellen Sie die Gleichungen der Ebenen E_1, E_2, E_3 auf, welche jeweils eine der drei Seitenflächen der Pyramide enthalten.

Übungen

3. Gesucht ist eine vektorielle Parametergleichung der abgebildeten Ebene.

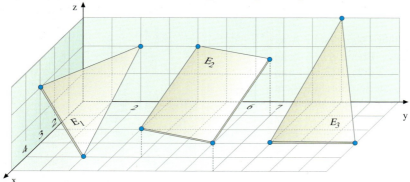

4. Geben Sie eine vektorielle Parametergleichung folgender Ebenen im Raum an.
  a) E_1 ist die x-y-Ebene, E_2 die y-z-Ebene und E_3 die x-z-Ebene.
  b) E_4 enthält den Punkt $P(2|3|0)$ und verläuft parallel zur x-z-Ebene.
  c) E_5 enthält den Punkt $P(-1|0|-1)$ und verläuft parallel zur x-y-Ebene.
  d) E_6 enthält die Ursprungsgerade durch $B(3|1|0)$ und steht senkrecht auf der x-y-Ebene.
  e) E_7 enthält die Winkelhalbierende des 1. Quadranten der y-z-Ebene und steht senkrecht zur y-z-Ebene.
  f) E_8 enthält die Gerade g: $\vec{x} = \begin{pmatrix} 1 \\ -1 \\ 1 \end{pmatrix} + r \cdot \begin{pmatrix} 3 \\ 2 \\ 1 \end{pmatrix}$ sowie die Gerade h durch die Punkte $A(3|2|2)$ und $B(4|1|2)$.

5. Wie lautet eine Parametergleichung einer Ebene E, die die Punkte A, B und C enthält?
  a) $A(1|0|1)$ b) $A(1|0|0)$ c) $A(0|0|0)$ d) $A(2|-1|4)$
      $B(2|-1|2)$ $B(0|1|0)$ $B(3|2|1)$ $B(6|5|12)$
      $C(1|1|1)$ $C(0|0|1)$ $C(1|2|1)$ $C(8|8|16)$

6. Gegeben ist ein Würfel mit der Kantenlänge 5 in einem kartesischen Koordinatensystem.
  a) Jede Seitenfläche des Würfels liegt in einer Ebene. Geben Sie für jede dieser Ebenen eine Parametergleichung an.
  b) Die Ecken D, B, G, E bilden ein Tetraeder, dessen Seitendreiecke Ebenen aufspannen. Geben Sie für jede dieser Ebenen eine Parametergleichung an.

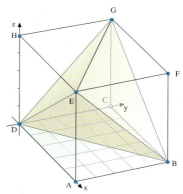

7. Durch die Punkte A, B und C sei eine Ebene mit E: $\vec{x} = \vec{a} + r(\vec{b} - \vec{a}) + s(\vec{c} - \vec{a})$ gegeben. Beschreiben Sie mithilfe einer Skizze die Lage der Punkte der Ebene E, für die
  a) $0 \leq r \leq 1$ und $0 \leq s \leq 1$,   b) $r + s = 1, r \geq 0, s \geq 0$ c) $r - s = 0$ gilt.

C. Die Normalengleichung einer Ebene

Eine besonders einfache und zugleich vorteilhafte Möglichkeit zur Darstellung von Ebenen im Anschauungsraum lässt sich unter Verwendung des Skalarproduktes gewinnen.

Die Lage einer Ebene E im Raum ist durch die Angabe eines Ebenenpunktes A und eines zur Ebene senkrechten Vektors $\vec{n} \neq \vec{0}$, den man als *Normalenvektor der Ebene* bezeichnet, eindeutig festgelegt.

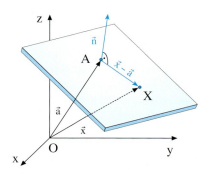

Unter diesen Voraussetzungen liegt ein Punkt X (Ortsvektor: $\vec{x}$) genau dann in der Ebene E, wenn der Vektor $\overrightarrow{AX}$ senkrecht auf dem Normalenvektor $\vec{n}$ steht, d.h., wenn die Gleichung $\overrightarrow{AX} \cdot \vec{n} = 0$ bzw. $(\vec{x} - \vec{a}) \cdot \vec{n} = 0$ gilt.

Man bezeichnet diese Art der parameterfreien Darstellung einer Ebene E unter Verwendung eines Stützvektors $\vec{a}$ und eines Normalenvektors $\vec{n}$ als *Normalenform* der Ebenengleichung oder kürzer als *Normalengleichung* der Ebene.*

> **Normalengleichung der Ebene E**
> $$\mathbf{E:}\ (\vec{\mathbf{x}} - \vec{\mathbf{a}}) \cdot \vec{\mathbf{n}} = \mathbf{0}$$
> $\qquad\quad\uparrow\quad\ \uparrow$
> Stützvektor Normalenvektor

Jede Ebene E kann auf beliebig viele Arten in Normalenform dargestellt werden, da der Ortsvektor eines jeden Ebenenpunktes als Stützvektor dienen kann und da außerdem ein Normalenvektor nur bezüglich seiner Richtung, nicht jedoch bezüglich seines Betrages eindeutig festgelegt ist.

$$E: \left[\vec{x} - \begin{pmatrix} 1 \\ 3 \\ 2 \end{pmatrix} \right] \cdot \begin{pmatrix} 1 \\ 2 \\ 1 \end{pmatrix} = 0 \qquad \textit{Normalenform}$$

Abschließend sei noch bemerkt, dass die Normalengleichung einer Ebene E durch Ausmultiplikation der Klammer in eine äquivalente Darstellung umgeformt werden kann, wie dies nebenstehend exemplarisch dargestellt ist. Man spricht dann von einer *vereinfachten Normalengleichung*.

$$E: \vec{x} \cdot \begin{pmatrix} 1 \\ 2 \\ 1 \end{pmatrix} - \begin{pmatrix} 1 \\ 3 \\ 2 \end{pmatrix} \cdot \begin{pmatrix} 1 \\ 2 \\ 1 \end{pmatrix} = 0$$

$$E: \vec{x} \cdot \begin{pmatrix} 1 \\ 2 \\ 1 \end{pmatrix} = 9 \qquad \begin{array}{l}\textit{vereinfachte}\\\textit{Normalenform}\end{array}$$

---

* Beide Begriffe werden im Folgenden synonym verwendet.

Wir behandeln nun den für das Folgende wichtigsten Umrechnungsschritt von der Parametergleichung zur Normalengleichung.

🔴 114-1

Beispiel: Parametergleichung → Normalengleichung
Bestimmen Sie eine Normalengleichung der Ebene E: $\vec{x} = \begin{pmatrix} 3 \\ 2 \\ 4 \end{pmatrix} + r \begin{pmatrix} 2 \\ -1 \\ 2 \end{pmatrix} + s \begin{pmatrix} -2 \\ 2 \\ -1 \end{pmatrix}$.

Lösung:
Wir verwenden für die Normalengleichung den Ansatz E: $(\vec{x} - \vec{a}) \cdot \vec{n} = 0$.
Als Stützvektor können wir den Stützvektor der gegebenen Parametergleichung übernehmen.

Den Normalenvektor $\vec{n}$ setzen wir in seiner Spaltenkoordinatenform an. Er steht senkrecht auf der Ebene E und folglich auch auf den beiden Richtungsvektoren aus der Parametergleichung.
Das Skalarprodukt von $\vec{n}$ mit beiden Richtungsvektoren ist also null.
Dies führt auf ein unterbestimmtes lineares Gleichungssystem mit zwei Gleichungen in drei Variablen, dessen allgemeine Lösung lautet:

$$x = -1,5\,C, \; y = -C, \; z = C.$$

Da wir nur einen speziellen Normalenvektor benötigen, können wir C frei wählen. Geschickt ist es, $C = 2$ zu wählen, damit nur ganzzahlige Koordinaten entstehen.

Ein Normalenvektor von E lässt sich auch als Vektorprodukt der Richtungsvektoren ermitteln (s. S. 75).

Wir erhalten so die nebenstehend aufgeführte Normalengleichung von E.

Ansatz: E: $(\vec{x} - \vec{a}) \cdot \vec{n} = 0$

Stützvektor: $\vec{a} = \begin{pmatrix} 3 \\ 2 \\ 4 \end{pmatrix}$

Normalenvektor: $\vec{n} = \begin{pmatrix} x \\ y \\ z \end{pmatrix}$

$$\begin{pmatrix} x \\ y \\ z \end{pmatrix} \cdot \begin{pmatrix} 2 \\ -1 \\ 2 \end{pmatrix} = 0, \; \begin{pmatrix} x \\ y \\ z \end{pmatrix} \cdot \begin{pmatrix} -2 \\ 2 \\ -1 \end{pmatrix} = 0$$

I: $2\,x - y + 2\,z = 0$
II: $-2\,x + 2\,y - z = 0$

III: I + II: $y + z = 0$

z wird frei gewählt: $z = C$
Damit folgt aus III: $y = -C$
Einsetzen in I liefert: $x = -1,5\,C$

$$\vec{n} = \begin{pmatrix} -1,5\,C \\ -C \\ C \end{pmatrix}; \vec{n} = \begin{pmatrix} -3 \\ -2 \\ 2 \end{pmatrix} \text{ für } C = 2$$

Normalenvektor: $\begin{pmatrix} 2 \\ -1 \\ 2 \end{pmatrix} \times \begin{pmatrix} -2 \\ 2 \\ -1 \end{pmatrix} = \begin{pmatrix} -3 \\ -2 \\ 2 \end{pmatrix}$

Normalengleichung von E:

E: $\left[\vec{x} - \begin{pmatrix} 3 \\ 2 \\ 4 \end{pmatrix} \right] \cdot \begin{pmatrix} -3 \\ -2 \\ 2 \end{pmatrix} = 0$

Übung 8

Wir haben im obigen Beispiel einen Normalenvektor einer Ebene E dadurch ermittelt, dass wir einen Vektor angegeben haben, der zu den beiden Richtungsvektoren $\vec{u}$ und $\vec{v}$ der Ebene E orthogonal ist. Beweisen Sie, dass ein derartiger Vektor auch zu jedem anderen Vektor der Ebene E orthogonal ist. Verwenden Sie hierzu den Stützvektor $\vec{a}$ sowie einen beliebigen Ortsvektor $\vec{x}$ eines Punktes der Ebene E. Drücken Sie $\vec{x}$ mit $\vec{u}$ und $\vec{v}$ aus.

Übung 9
Bestimmen Sie eine Normalengleichung der Ebene E.

a) $E: \vec{x} = \begin{pmatrix} 2 \\ 1 \\ 3 \end{pmatrix} + r \begin{pmatrix} 2 \\ -3 \\ 4 \end{pmatrix} + s \begin{pmatrix} -2 \\ 4 \\ -2 \end{pmatrix}$

b) $E: \vec{x} = \begin{pmatrix} 3 \\ 1 \\ 1 \end{pmatrix} + r \begin{pmatrix} 2 \\ 2 \\ 3 \end{pmatrix} + s \begin{pmatrix} 1 \\ 2 \\ 1 \end{pmatrix}$

c) E geht durch die Punkte
A(2|3|−1), B(4|1|1), C(1|2|−2).

d) E geht durch die Punkte
A(3|0|0), B(0|4|0), C(0|0|6).

Übung 10
Gegeben sind zwei sich schneidende Geraden g_1 und g_2, die daher beide in einer Ebene E liegen. Bestimmen Sie eine Normalengleichung dieser Ebene E.

a) $g_1: \vec{x} = \begin{pmatrix} 2 \\ -1 \\ 3 \end{pmatrix} + r \begin{pmatrix} 2 \\ 0 \\ 1 \end{pmatrix}$, $\quad g_2: \vec{x} = \begin{pmatrix} 2 \\ -1 \\ 3 \end{pmatrix} + s \begin{pmatrix} 0 \\ -1 \\ 1 \end{pmatrix}$

b) $g_1: \vec{x} = \begin{pmatrix} 1 \\ -10 \\ 1 \end{pmatrix} + r \begin{pmatrix} 2 \\ 5 \\ 1 \end{pmatrix}$, $\quad g_2: \vec{x} = \begin{pmatrix} 6 \\ -3 \\ -5 \end{pmatrix} + s \begin{pmatrix} -1 \\ 3 \\ 8 \end{pmatrix}$

▶ **Beispiel: Normalengleichung → Parametergleichung**

Bestimmen Sie eine Parametergleichung der Ebene $\quad E: \left[\vec{x} - \begin{pmatrix} 1 \\ 2 \\ 5 \end{pmatrix} \right] \cdot \begin{pmatrix} 2 \\ 3 \\ 5 \end{pmatrix} = 0.$

Lösung:
Die Richtungsvektoren der Parametergleichung sind orthogonal zum Normalenvektor. Ihr Skalarprodukt mit dem Normalenvektor ist jeweils null.

Zwei derartige *nicht kollineare* Vektoren lassen sich mit der nebenstehend dargestellten Methode gewinnen.

Den Stützvektor der Normalengleichung können wir auch für die Parametergleichung verwenden, sodass sich die rechts
▶ dargestellte Gleichung ergibt.

Bestimmung der Richtungsvektoren:

$\underbrace{\begin{pmatrix} 2 \\ 3 \\ 5 \end{pmatrix}}_{\vec{n}} \cdot \underbrace{\begin{pmatrix} 3 \\ -2 \\ 0 \end{pmatrix}}_{\vec{u}} = 0, \quad \underbrace{\begin{pmatrix} 2 \\ 3 \\ 5 \end{pmatrix}}_{\vec{n}} \cdot \underbrace{\begin{pmatrix} 0 \\ 5 \\ -3 \end{pmatrix}}_{\vec{v}} = 0$

Parametergleichung:

$E: \vec{x} = \begin{pmatrix} 1 \\ 2 \\ 5 \end{pmatrix} + r \begin{pmatrix} 3 \\ -2 \\ 0 \end{pmatrix} + s \begin{pmatrix} 0 \\ 5 \\ -3 \end{pmatrix}$

Übung 11
Bestimmen Sie eine Parametergleichung von E.

a) $E: \left[\vec{x} - \begin{pmatrix} 1 \\ 2 \\ 1 \end{pmatrix} \right] \cdot \begin{pmatrix} 1 \\ 4 \\ 3 \end{pmatrix} = 0$

b) $E: \left[\vec{x} - \begin{pmatrix} -3 \\ 2 \\ -1 \end{pmatrix} \right] \cdot \begin{pmatrix} 4 \\ 2 \\ 0 \end{pmatrix} = 0$

c) $E: \left[\vec{x} - \begin{pmatrix} 2 \\ 2 \\ 3 \end{pmatrix} \right] \cdot \begin{pmatrix} 2 \\ 0 \\ 0 \end{pmatrix} = 0$

Übung 12
Gegeben ist die Ebene $E: \left[\vec{x} - \begin{pmatrix} 1 \\ 0 \\ 2 \end{pmatrix} \right] \cdot \begin{pmatrix} 2 \\ -3 \\ 4 \end{pmatrix} = 0.$

a) Gesucht sind zwei sich schneidende Geraden, die in der Ebene E liegen.
b) Gesucht sind zwei echt parallele Geraden, die in E liegen.

D. Die Koordinatengleichung einer Ebene

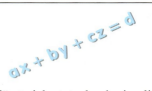

Eine Ebene im dreidimensionalen Anschauungsraum lässt sich stets durch eine lineare Gleichung der Form $\mathbf{a\,x + b\,y + c\,z = d}$ darstellen, die man als *Koordinatengleichung* bezeichnet. Diese Darstellung hat einige Vorteile, was wir im Verlauf des Kurses sehen werden.
Die Koordinatengleichung ist eng verwandt mit der Normalengleichung. Daher zeigen wir zunächst, wie man diese Gleichungen rechnerisch ineinander überführt.

▶ **Beispiel: Normalengleichung → Koordinatengleichung**

Bestimmen Sie eine Koordinatengleichung der Ebene E: $\left[\vec{x} - \begin{pmatrix} 1 \\ 3 \\ 2 \end{pmatrix}\right] \cdot \begin{pmatrix} 2 \\ 3 \\ 4 \end{pmatrix} = 0$.

Lösung:
Wir überführen die Normalengleichung zunächst in ihre vereinfachte Form:

$$\left[\vec{x} - \begin{pmatrix} 1 \\ 3 \\ 2 \end{pmatrix}\right] \cdot \begin{pmatrix} 2 \\ 3 \\ 4 \end{pmatrix} = 0 \Rightarrow \vec{x} \cdot \begin{pmatrix} 2 \\ 3 \\ 4 \end{pmatrix} - \begin{pmatrix} 1 \\ 3 \\ 2 \end{pmatrix} \cdot \begin{pmatrix} 2 \\ 3 \\ 4 \end{pmatrix} = 0 \Rightarrow \vec{x} \cdot \begin{pmatrix} 2 \\ 3 \\ 4 \end{pmatrix} - 19 = 0 \Rightarrow \vec{x} \cdot \begin{pmatrix} 2 \\ 3 \\ 4 \end{pmatrix} = 19$$

Nun ersetzen wir den Vektor $\vec{x}$ durch seine Spaltenkoordinatenform und multiplizieren aus:

▶ $\vec{x} \cdot \begin{pmatrix} 2 \\ 3 \\ 4 \end{pmatrix} = 19 \Rightarrow \begin{pmatrix} x \\ y \\ z \end{pmatrix} \cdot \begin{pmatrix} 2 \\ 3 \\ 4 \end{pmatrix} = 19 \Rightarrow 2\,x + 3\,y + 4\,z = 19$

Wir halten folgende wichtige Beobachtung fest:

Die Koeffizienten der linken Seite der Koordinatengleichung einer Ebene sind die Koordinaten eines Normalenvektors.	E: $a\,x + b\,y + c\,z = d \Rightarrow \vec{n} = \begin{pmatrix} a \\ b \\ c \end{pmatrix}$ ist ein Normalenvektor von E.

▶ **Beispiel: Koordinatengleichung → Normalengleichung**
Gesucht ist eine Normalengleichung der Ebene E: $2\,x + 3\,y - z = 6$.

Lösung:
Besonders leicht ist eine vereinfachte Normalengleichung zu bestimmen. Dazu stellen wir einfach die linke Seite der Koordinatengleichung als Skalarprodukt dar.

E: $2\,x + 3\,y - z = 6 \Rightarrow$ E: $\begin{pmatrix} x \\ y \\ z \end{pmatrix} \cdot \begin{pmatrix} 2 \\ 3 \\ -1 \end{pmatrix} = 6 \Rightarrow$ E: $\vec{x} \cdot \begin{pmatrix} 2 \\ 3 \\ -1 \end{pmatrix} = 6$

Eine weitere Möglichkeit: Wir entnehmen der Koordinatengleichung durch Einsetzen geeigneter Koordinaten einen Stützpunkt, z. B. A(3|0|0), sowie durch Ablesen der Koeffizienten der linken Seite einen Normalenvektor.

▶ Dann lautet eine Normalengleichung von E: $\left[\vec{x} - \begin{pmatrix} 3 \\ 0 \\ 0 \end{pmatrix}\right] \cdot \begin{pmatrix} 2 \\ 3 \\ -1 \end{pmatrix} = 0$.

Ein erster Vorteil der Koordinatenform besteht darin, dass sich die *Achsenabschnittspunkte* der Ebene aus der Koordinatenform einfacher bestimmen lassen, was wiederum die zeichnerische Darstellung der Ebene erheblich erleichtert.

> **Beispiel: Achsenabschnitte und Schrägbild**
> Gegeben sei die Ebene E mit der Koordinatengleichung E: $3x + 6y + 4z = 12$.
> Bestimmen Sie diejenigen Punkte, in welchen die Koordinatenachsen die Ebene durchstoßen, und zeichnen Sie mithilfe dieser Punkte ein Schrägbild der Ebene.

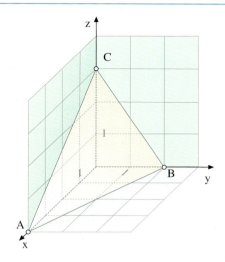

Lösung:
Der Achsenabschnittspunkt auf der x-Achse hat die Gestalt $A(x|0|0)$.
Setzen wir in der Koordinatengleichung $y = 0$ und $z = 0$, so erhalten wir $3x = 12$, d.h. $x = 4$. Also ist $A(4|0|0)$ der gesuchte Achsenabschnittspunkt auf der x-Achse.

Analog erhalten wir die beiden weiteren Achsenabschnittspunkte $B(0|2|0)$ und $C(0|0|3)$.

Tragen wir diese drei Punkte in ein Koordinatensystem ein, so können wir einen dreieckigen Ebenenausschnitt darstellen.

Übung 13
a) Bestimmen Sie die Achsenabschnitte der Ebene E: $4x + 6y + 6z = 24$ und zeichnen Sie ein Schrägbild der Ebene.
b) Zeichnen Sie ein Schrägbild der Ebene E: $2x + 5y + 4z = 10$.
c) Welche Achsenabschnitte besitzt die Ebene E: $2x + 4z = 8$?
   Beschreiben Sie die Lage dieser Ebene im Koordinatensystem.

Bemerkung: Fehlen in der Koordinatengleichung einer Ebene eine oder mehrere Variable, so nimmt die Ebene im Koordinatensystem eine besondere Lage ein.

Beispiel: Die Ebene $E_1: 2x + 3y = 6$ hat die Achsenabschnitte $x = 3$ ($y = 0$, $z = 0$) und $y = 2$ ($x = 0$, $z = 0$).
Sie hat keinen z-Achsenabschnitt, denn sie ist parallel zur z-Achse.

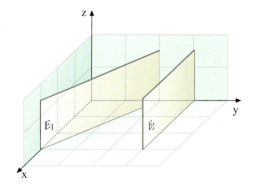

Beispiel: Die Ebene $E_2: 2y = 6$ hat den y-Achsenabschnitt $y = 3$.
Sie hat keinen x-Achsenabschnitt und keinen z-Achsenabschnitt: sie ist nämlich parallel zur x-Achse und zur z-Achse, also zur x-z-Ebene.

Übung 14

Sind die Koeffizienten a, b, c, d in einer Koordinatengleichung einer Ebene alle von Null verschieden, so kann diese in der Form E: $\frac{x}{A}+\frac{y}{B}+\frac{z}{C}=1$ dargestellt werden. Man bezeichnet diese Darstellung auch als *Achsenabschnittsform* der Ebene E.

Erläutern Sie die anschaulich-geometrische Bedeutung von A, B und C.

Man kann einige wichtige Ebeneneigenschaften unmittelbar der Koordinatengleichung einer Ebene entnehmen, wie die obigen Beispiele gezeigt haben. Wir fassen diese Eigenschaften zusammen.

> Gegeben sei die Ebene E: $ax+by+cz=d$. Dann gilt:
> (1) Die Ebene E geht genau durch den Ursprung, wenn $d=0$ ist.
> (2) Die Ebene E verläuft genau dann parallel zur x-Achse (y-Achse, z-Achse), wenn $a=0$ ($b=0$, $c=0$) ist.
> (3) Die Ebene E schneidet die Koordinatenachsen in den Punkten $X\left(\frac{d}{a}\,|\,0\,|\,0\right)$ (falls $a\neq 0$ ist),
> $Y\left(0\,|\,\frac{d}{b}\,|\,0\right)$ (falls $b\neq 0$ ist) und $Z\left(0\,|\,0\,|\,\frac{d}{c}\right)$ (falls $c\neq 0$ ist).

Übung 15

Beweisen Sie die Aussagen (1) bis (3).

Übung 16

Bestimmen Sie eine Koordinatengleichung der abgebildeten Ebene E.

a)
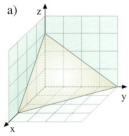

b)
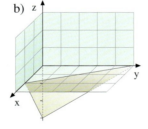

c)
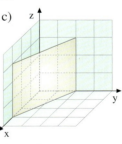

d)
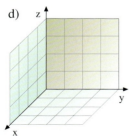

e)
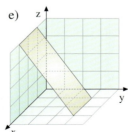

f)
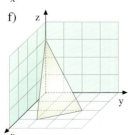

Übung 17

Bestimmen Sie die Achsenabschnitte der Ebene E und zeichnen Sie ein Schrägbild der Ebene.

a) E: $2x+4y+z=4$ b) E: $-3x+4y+8z=12$ c) E: $-2x+y-2z=4$

d) E: $2y+3z=6$ e) E: $4x=8$ f) E: $z=2$

Übung 18
Welche der folgenden Koordinatengleichungen gehören zu der abgebildeten Ebene E?
a) E: $-4x - 2y - 4z = -4$
b) E: $x + 2y + z - 2 = 0$
c) E: $2x + y + 2z = 2$
d) E: $x + \frac{1}{2}y + z - 1 = 0$

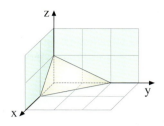

Abschließend behandeln wir der Vollständigkeit halber eine eher selten auftretende Aufgabenstellung, nämlich die Umwandlung einer Koordinatengleichung in eine Parametergleichung
und umgekehrt.

> **Beispiel: Koordinatengleichung → Parametergleichung**
> Bestimmen Sie eine vektorielle Parametergleichung der Ebene E: $2x + y - z = 3$.

Hierfür gibt es *zwei Lösungswege*, die wir im Vergleich behandeln.

Lösung:

Lösungsweg 1: Dreipunktegleichung
Wir entnehmen der Koordinatengleichung
durch Einsetzen drei Punkte, z.B. die Achsenabschnittspunkte.
Mithilfe der Dreipunkteform bestimmen
wir sodann eine Parametergleichung.

$2 \cdot 1{,}5 + 0 - \quad 0 = 3$: $A(1{,}5|0|0)$
$2 \cdot 0 \quad + 3 - \quad 0 = 3$: $B(0|3|0)$
$2 \cdot 0 \quad + 0 - (-3) = 3$: $C(0|0|-3)$

$$E: \vec{x} = \begin{pmatrix} 1{,}5 \\ 0 \\ 0 \end{pmatrix} + r \cdot \begin{pmatrix} -1{,}5 \\ 3 \\ 0 \end{pmatrix} + s \cdot \begin{pmatrix} -1{,}5 \\ 0 \\ -3 \end{pmatrix}$$

Lösungsweg 2: Direkte Parametrisierung
Wir ersetzen zunächst zwei der drei Variablen, also z. B. x und y, durch Parameter r
und s.
Anschließend lösen wir die Koordinatengleichung nach z auf und ersetzen ebenfalls x durch r und y durch s.
Insgesamt liegen nun drei parametrisierte
Koordinatengleichungen vor, die wir zu
einer vektoriellen Parametergleichung zusammenfassen.

$x = r$

$y = s$

$z = -3 + 2x + y = -3 + 2r + s$

$$E: \begin{pmatrix} x \\ y \\ z \end{pmatrix} = \begin{pmatrix} 0 + r \cdot 1 + s \cdot 0 \\ 0 + r \cdot 0 + s \cdot 1 \\ -3 + r \cdot 2 + s \cdot 1 \end{pmatrix}$$

$$E: \vec{x} = \begin{pmatrix} 0 \\ 0 \\ -3 \end{pmatrix} + r \cdot \begin{pmatrix} 1 \\ 0 \\ 2 \end{pmatrix} + s \cdot \begin{pmatrix} 0 \\ 1 \\ 1 \end{pmatrix}$$

Übung 19
Bestimmen Sie jeweils eine vektorielle Parametergleichung der Ebene E.
a) E: $3x - 2y + z = 6$ b) E: $6x + 3y + z = 3$
c) E: $2x - y = 4$ d) E: $3z = 6$

Übung 20
Bestimmen Sie eine Koordinatengleichung bzw. eine Normalengleichung von E.

a) E: $2x - 3y + z = 4$
b) E: $-3x + 5y - 2z = 6$
c) E: $\left[\vec{x} - \begin{pmatrix} 2 \\ 1 \\ 4 \end{pmatrix} \right] \cdot \begin{pmatrix} 5 \\ -4 \\ -3 \end{pmatrix} = 0$
d) E: $\vec{x} \cdot \begin{pmatrix} 2 \\ -4 \\ 3 \end{pmatrix} - 7 = 0$

Man kann auch direkt von der vektoriellen Parametergleichung zu der parameterfreien Koordinatengleichung kommen, ohne zunächst die Normalengleichung gebildet zu haben. Jedoch treten dabei Gleichungssysteme mit 3 Gleichungen und 5 Variablen auf, die man mithilfe des Gauß'schen Algorithmus (vgl. S. 15 ff.) lösen muss. Wir zeigen dies in dem folgenden Beispiel.

Beispiel: Parametergleichung → Koordinatengleichung

Gesucht ist eine Koordinatengleichung der Ebene E: $\vec{x} = \begin{pmatrix} 2 \\ 2 \\ 0 \end{pmatrix} + r \cdot \begin{pmatrix} 1 \\ 1 \\ -1 \end{pmatrix} + s \cdot \begin{pmatrix} 5 \\ -1 \\ -1 \end{pmatrix}$.

Lösung:

Wir schreiben die vektorielle Parametergleichung koordinatenweise auf und erhalten so die parametrisierten Gleichungen I, II und III.

Parametergleichung:

$$\begin{pmatrix} x \\ y \\ z \end{pmatrix} = \begin{pmatrix} 2 \\ 2 \\ 0 \end{pmatrix} + r \cdot \begin{pmatrix} 1 \\ 1 \\ -1 \end{pmatrix} + s \cdot \begin{pmatrix} 5 \\ -1 \\ -1 \end{pmatrix}$$

Durch Kombination von I und II bzw. von I und III eliminieren wir den Parameter r. Wir erhalten zwei Gleichungen IV und V, die nur noch den Parameter s enthalten.

Koordinatengleichungssystem:

I $x = 2 + r + 5\,s$
II $y = 2 + r - s$
III $z = -r - s$

Durch eine nochmalige Kombination – nun von IV und V – eliminieren wir auch noch den Parameter s.

Elimination von r:

IV $= I - II: \quad x - y = 6\,s$
V $= I + III: \quad x + z = 2 + 4\,s$

Wir erhalten so die parameterfreie Koordinatengleichung VI, die wir durch Multiplikation mit (-1) noch etwas verschönern.

Elimination von s:

VI $= 2 \cdot IV - 3 \cdot V: \quad -x - 2\,y - 3\,z = -6$

Koordinatengleichung:

E: $x + 2\,y + 3\,z = 6$

Übung 21

Bestimmen Sie eine Koordinatengleichung der Ebene E.

a) E: $\vec{x} = \begin{pmatrix} -2 \\ 4 \\ 4 \end{pmatrix} + r \cdot \begin{pmatrix} 1 \\ -2 \\ 0 \end{pmatrix} + s \cdot \begin{pmatrix} 2 \\ 0 \\ -4 \end{pmatrix}$

b) E: $\vec{x} = \begin{pmatrix} 1 \\ 0 \\ 1 \end{pmatrix} + r \cdot \begin{pmatrix} 1 \\ 2 \\ 1 \end{pmatrix} + s \cdot \begin{pmatrix} 0 \\ 1 \\ 1 \end{pmatrix}$

Übung 22

Gegeben sind die drei Punkte A, B und C. Bestimmen Sie eine vektorielle Parametergleichung sowie eine Koordinatengleichung der Ebene E durch die Punkte A, B und C.

a) A(0|0|−1), B(1|1|0), C(3|1|1)

b) A(3|1|2), B(6|2|0), C(0|1|4)

Übungen

23. Stellen Sie eine Gleichung der Ebene durch die Punkte A, B und C in Parameterform, in Normalenform und in Koordinatenform auf.

    a) $A(1|2|-2)$, $B(0|5|0)$, $C(5|0|-2)$ b) $A(2|1|1)$, $B(4|2|2)$, $C(3|3|4)$

24. Bestimmen Sie eine Normalengleichung der Ebene E.

    a) $E: -4x + 5y + 3z = 12$ b) $E: x + 2z = 4$

    c) $E: \vec{x} = \begin{pmatrix} 1 \\ 0 \\ 0 \end{pmatrix} + r\begin{pmatrix} 2 \\ 2 \\ -2 \end{pmatrix} + s\begin{pmatrix} 4 \\ 1 \\ -10 \end{pmatrix}$ d) $E: \vec{x} = \begin{pmatrix} 5 \\ 2 \\ 3 \end{pmatrix} + r\begin{pmatrix} 2 \\ 3 \\ -2 \end{pmatrix} + s\begin{pmatrix} 1 \\ -1 \\ 1 \end{pmatrix}$

25. Stellen Sie eine Normalengleichung der beschriebenen Ebene E auf.

    a) E geht durch $A(0|2|0)$, $B(2|1|2)$, $C(1|0|2)$.

    b) E hat die Koordinatengleichung $E: 2x + y - 3z = 5$.

    c) E ist die x-y-Ebene.

    d) E ist die x-z-Ebene.

    e) E enthält die z-Achse, den Punkt $P(1|1|0)$ und steht senkrecht auf der x-y-Ebene.

26. a) Bestimmen Sie die Achsenabschnittspunkte der Ebene $E: 3x + 6y - 3z = 12$ und skizzieren Sie einen Ebenenausschnitt im Koordinatensystem.

    b) Welche Achsenabschnitte hat die Ebene $E: 2x + 5y = 10$?
    Beschreiben Sie die Lage der Ebene im Koordinatensystem verbal und fertigen Sie anschließend ein Schrägbild an.

    c) Beschreiben Sie die Lage der Ebene $E: 2z = 8$ im Koordinatensystem (mit Schrägbild).

27. Gesucht ist eine Koordinatengleichung der beschriebenen oder dargestellten Ebenen.

    a) Es handelt sich um die x-y-Ebene.

    b) Die Ebene hat die Achsenabschnitte $x = 4$, $y = 2$, $z = 6$.

    c) Die Ebene enthält den Punkt $P(2|1|3)$ und ist zur y-z-Ebene parallel.

    d) Die Ebene geht durch den Punkt $P(4|4|0)$ und ist parallel zur z-Achse. Ihr y-Achsenabschnitt beträgt $y = 12$.

    e) Die Ebene enthält die Punkte $A(2|-1|5)$, $B(-1|-3|9)$ und ist parallel zur z-Achse.

    f)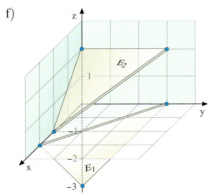

28. Beschreiben Sie die besondere Lage der Ebene E im Koordinatensystem und stellen Sie ihre Koordinatengleichung möglichst ohne weitere Rechnung auf.

    a) $E: \vec{x} = \begin{pmatrix} 2 \\ 2 \\ 2 \end{pmatrix} + r \cdot \begin{pmatrix} 0 \\ 1 \\ 0 \end{pmatrix} + s \cdot \begin{pmatrix} 0 \\ 0 \\ 1 \end{pmatrix}$ b) $E: \vec{x} = \begin{pmatrix} 1 \\ 1 \\ 0 \end{pmatrix} + r \cdot \begin{pmatrix} 1 \\ 1 \\ 0 \end{pmatrix} + s \cdot \begin{pmatrix} 0 \\ 0 \\ 1 \end{pmatrix}$

2. Lagebeziehungen

A. Die Lage von Punkt und Ebene

Die Lagebeziehung eines Punktes P zu einer Ebene E wird wie die Lagebeziehung von Punkt und Gerade durch Einsetzen des Ortsvektors $\vec{p}$ des Punktes in die Ebenengleichung geklärt.

> **Beispiel: Punktprobe**
>
> Liegen P(2|−2|−1) oder Q(2|1|1) in der Ebene E: $\vec{x} = \begin{pmatrix} 1 \\ 0 \\ -1 \end{pmatrix} + r \cdot \begin{pmatrix} 2 \\ -1 \\ 1 \end{pmatrix} + s \cdot \begin{pmatrix} 1 \\ 1 \\ 1 \end{pmatrix}$?

Lösung:
Der Ortsvektor des Punktes wird in die Ebenengleichung eingesetzt:

$$\begin{pmatrix} 2 \\ -2 \\ -1 \end{pmatrix} = \begin{pmatrix} 1 \\ 0 \\ -1 \end{pmatrix} + r \cdot \begin{pmatrix} 2 \\ -1 \\ 1 \end{pmatrix} + s \cdot \begin{pmatrix} 1 \\ 1 \\ 1 \end{pmatrix} \qquad \begin{pmatrix} 2 \\ 1 \\ 1 \end{pmatrix} = \begin{pmatrix} 1 \\ 0 \\ -1 \end{pmatrix} + r \cdot \begin{pmatrix} 2 \\ -1 \\ 1 \end{pmatrix} + s \cdot \begin{pmatrix} 1 \\ 1 \\ 1 \end{pmatrix}$$

Durch Aufspalten der Vektorgleichung in drei Koordinaten erhalten wir ein Gleichungssystem:

I	$2r + s =$	1
II	$-r + s =$	-2
III	$r + s =$	0

I	$2r + s = 1$	
II	$-r + s = 1$	
III	$r + s = 2$	

Das Gleichungssystem mit 3 Gleichungen in 2 Variablen wird auf Lösbarkeit untersucht.

I + 2 · II: $3s = -3 \Rightarrow s = -1$
in I: $2r - 1 = 1 \Rightarrow r = 1$
Probe in III:
    $1 + (-1) = 0$ wahr $\Rightarrow$ lösbar
▶ Folgerung: P(2|−2|−1) liegt in E.

I + 2 · II: $3s = 3 \Rightarrow s = 1$
in I: $2r + 1 = 1 \Rightarrow r = 0$
Probe in III:
    $0 + 1 = 2$ falsch $\Rightarrow$ unlösbar
Folgerung: P(2|1|1) liegt nicht in E.

Mithilfe der Koordinatenform der Ebenengleichung lässt sich die Punktprobe noch etwas einfacher durchführen.

> **Beispiel:** Liegen P(2| − 2| − 1) oder Q(2|1|1) in E: $2x + y - 3z = 5$?

Lösung:
Der Punkt P(2|−2| − 1) liegt in E, da Einsetzen von $x = 2$, $y = -2$ und $z = -1$ in die Koordinatengleichung auf eine wahre Aussage führt:
▶ $2 \cdot 2 + (-2) - 3 \cdot (-1) = 5$, d. h. $5 = 5$.

Der Punkt Q(2|1|1) liegt nicht in E, da Einsetzen der Koordinaten $x = 2$, $y = 1$ und $z = 1$ auf eine falsche Aussage führt, nämlich auf:
$2 \cdot 2 + 1 - 3 \cdot 1 = 5$, d. h. $2 = 5$.

Übung 1

Untersuchen Sie, ob die Punkte in der gegebenen Ebene liegen.

a) E_1: $\vec{x} = \begin{pmatrix} 1 \\ 3 \\ -2 \end{pmatrix} + r \cdot \begin{pmatrix} -1 \\ 2 \\ 4 \end{pmatrix} + s \cdot \begin{pmatrix} 1 \\ -3 \\ -1 \end{pmatrix}$; $P(-2|10|7)$, $Q(1|1|1)$

b) E_2: $2x - y + z = 4$; $P(2|1|1)$, $Q(1|0|1)$

Beispiel:

Gegeben sei die Ebene E: $\left[\vec{x} - \begin{pmatrix} 1 \\ 3 \\ 2 \end{pmatrix} \right] \cdot \begin{pmatrix} 1 \\ 2 \\ 1 \end{pmatrix} = 0$.

a) Prüfen Sie, ob die Punkte $A(1|4|0)$ und $B(2|2|1)$ in der Ebene E liegen.
b) Für welchen Wert des Parameters t liegt der Punkt $C(2|1|t)$ in der Ebene E?

Lösung zu a):
Wir setzen den Ortsvektor des Punktes A anstelle von $\vec{x}$ auf der linken Seite der Normalengleichung ein. Die linke Seite nimmt den Wert 0 an, wie die nebenstehende Rechnung zeigt. A liegt also in E.

$$\left[\begin{pmatrix} 1 \\ 4 \\ 0 \end{pmatrix} - \begin{pmatrix} 1 \\ 3 \\ 2 \end{pmatrix} \right] \cdot \begin{pmatrix} 1 \\ 2 \\ 1 \end{pmatrix} = \begin{pmatrix} 0 \\ 1 \\ -2 \end{pmatrix} \cdot \begin{pmatrix} 1 \\ 2 \\ 1 \end{pmatrix} = 0$$
$$\Rightarrow A \in E$$

Setzen wir dagegen den Ortsvektor von B ein, so nimmt die linke Seite den Wert $-2 \neq 0$ an. B liegt nicht in E.

$$\left[\begin{pmatrix} 2 \\ 2 \\ 1 \end{pmatrix} - \begin{pmatrix} 1 \\ 3 \\ 2 \end{pmatrix} \right] \cdot \begin{pmatrix} 1 \\ 2 \\ 1 \end{pmatrix} = \begin{pmatrix} 1 \\ -1 \\ -1 \end{pmatrix} \cdot \begin{pmatrix} 1 \\ 2 \\ 1 \end{pmatrix} = -2$$
$$\Rightarrow B \notin E$$

Lösung zu b):
Setzen wir den Ortsvektor von C in die linke Seite der Normalengleichung ein, so nimmt diese den Wert $t - 5$ an.
Für $t = 5$ wird dieser Term gleich 0, liegt also der Punkt C in dieser Ebene E.

$$\left[\begin{pmatrix} 2 \\ 1 \\ t \end{pmatrix} - \begin{pmatrix} 1 \\ 3 \\ 2 \end{pmatrix} \right] \cdot \begin{pmatrix} 1 \\ 2 \\ 1 \end{pmatrix} = \begin{pmatrix} 1 \\ -2 \\ t-2 \end{pmatrix} \cdot \begin{pmatrix} 1 \\ 2 \\ 1 \end{pmatrix} = t - 5$$
$$C \in E \quad \Leftrightarrow \quad t - 5 = 0 \quad \Leftrightarrow \quad t = 5$$

Übung 2

Gegeben ist die Ebene E: $\left[\vec{x} - \begin{pmatrix} 2 \\ 1 \\ 1 \end{pmatrix} \right] \cdot \begin{pmatrix} 1 \\ -1 \\ 2 \end{pmatrix} = 0$.

a) Prüfen Sie, ob die Punkte $A(3|2|1)$, $B(1|4|2)$ und $C(-1|2|3)$ in E liegen.
b) Für welchen Wert des Parameters a liegen die Punkte $D(a|a+3|3)$ bzw. $F(a|2a|3)$ in E?
c) Geben Sie eine andere Normalengleichung von E an.
d) Geben Sie eine Parametergleichung von E an.

Übung 3

Gegeben ist die Ebene E: $\left[\vec{x} - \begin{pmatrix} 2 \\ 1 \\ 2 \end{pmatrix} \right] \cdot \begin{pmatrix} 1 \\ -1 \\ 2 \end{pmatrix} = 0$.

a) Wie lautet die vereinfachte Normalengleichung von E?
b) Prüfen Sie, ob die Punkte $A(4|3|2)$ und $B(1|0|1)$ in E liegen.
c) Geben Sie eine Koordinatengleichung von E an.

Man kann mit der Punktprobe auch anspruchsvollere Aufgabenstellungen lösen, z. B. die Frage, ob ein Punkt in einem Teilbereich einer Ebene liegt.

> **Beispiel: Lage von Punkt und Dreieck**
> Die Punkte A(4|4|1), B(1|4|1) und C(0|0|5) bilden ein Dreieck im Raum.
> Untersuchen Sie, ob der Punkt P(1|2|3) im Dreieck ABC liegt oder nicht.

Lösung:
Wir stellen zunächst eine Gleichung der Ebene E auf, in der das Dreieck ABC liegt. Nun prüfen wir mit der Punktprobe, ob der Punkt P in der Ebene E liegt, denn das ist notwendige Voraussetzung dafür, dass der Punkt im Dreieck ABC liegt.
Der Punkt liegt in der Ebene, da das Gleichungssystem lösbar ist mit den Parameterwerten $r = \frac{1}{3}$ und $s = \frac{1}{2}$.

Diese Zahlen zeigen auch, dass der Punkt P tatsächlich im Dreieck ABC liegt.

> Ein Punkt liegt genau dann im Dreieck, wenn für seine Parameterwerte r und s die folgenden drei Bedingungen erfüllt sind:
>
> (1) $0 \leq r \leq 1$
> (2) $0 \leq s \leq 1$
> (3) $0 \leq r + s \leq 1$.

Die Zeichnung verdeutlicht diese Interpretation der Parameterwerte.

Gleichung der Trägerebene E:

$$E: \quad \vec{x} = \overrightarrow{OA} + r \cdot \overrightarrow{AB} + s \cdot \overrightarrow{AC}$$

$$E: \quad \vec{x} = \begin{pmatrix} 4 \\ 4 \\ 1 \end{pmatrix} + r \cdot \begin{pmatrix} -3 \\ 0 \\ 0 \end{pmatrix} + s \cdot \begin{pmatrix} -4 \\ -4 \\ 4 \end{pmatrix}$$

Punktprobe:
$$1 = 4 - 3r - 4s$$
$$2 = 4 \qquad\;\; - 4s$$
$$3 = 1 \qquad\qquad + 4s$$

Lösung:
$$s = \frac{1}{2}, \quad r = \frac{1}{3}$$

Interpretation:

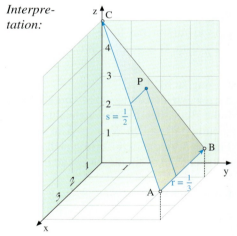

Übung 4
Gegeben sind die Punkte A(6|3|1), B(6|9|1), C(0|3|3).
Prüfen Sie, ob die Punkte P(3|5|2), Q(3|7|2), R(4|5|1) im Dreieck ABC liegen.

Übung 5
Gegeben sind die Punkte A(1|2|0), B(−1|8|1), C(−4|2|2), D(−2|−4|1).
a) Zeigen Sie, dass ABCD ein Parallelogramm ist.
b) Prüfen Sie, ob die Punkte P(−3|−1|1,5) und Q(−3,5|8|2) im Parallelogramm ABCD liegen.
c) Welche Bedingungen müssen die Parameterwerte erfüllen, damit ein Punkt im Parallelogramm liegt?

B. Die Lage von Gerade und Ebene

Es gibt drei unterschiedliche gegenseitige Lagebeziehungen zwischen einer Geraden und einer Ebene:

(A) g und E schneiden sich im Punkt S,
(B) g verläuft echt parallel zu E,
(C) g liegt ganz in E.

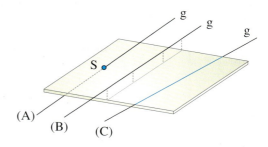

Die Überprüfung, welche Lagebeziehung im konkreten Fall vorliegt, gelingt am einfachsten, wenn man eine Parametergleichung der Geraden und eine Koordinatengleichung der Ebene verwendet.

> **Beispiel: Gerade und Ebene schneiden sich**
>
> Gegeben sind die Gerade g: $\vec{x} = \begin{pmatrix} 2 \\ 4 \\ 2 \end{pmatrix} + r \cdot \begin{pmatrix} 0 \\ 2 \\ 1 \end{pmatrix}$ und die Ebene E: $x + 2y + 3z = 9$.
>
> Zeigen Sie, dass g und E sich schneiden. Bestimmen Sie den Schnittpunkt S. Stellen Sie anschließend Ihre Ergebnisse in einem Schrägbild dar.

Lösung:
Der allgemeine Geradenvektor hat die Koordinaten $x = 2$, $y = 4 + 2r$, $z = 2 + r$. Durch Einsetzen dieser Terme in die Koordinatengleichung der Ebene erhalten wir eine Bestimmungsgleichung für den Geradenparameter r, deren Auflösung den Wert $r = -1$ liefert.

1. Lageuntersuchung:

$$\begin{aligned} x + \quad 2y \quad + \quad 3z \quad &= \quad 9 \\ 2 + 2(4 + 2r) + 3(2 + r) &= \quad 9 \\ 7r + 16 &= \quad 9 \\ 7r &= -7 \\ r &= -1 \end{aligned}$$

$\Rightarrow$ g schneidet E für $r = -1$.

Durch Rückeinsetzung von $r = -1$ in die Parametergleichung der Geraden g erhalten wir den Ortsvektor des Schnittpunktes $S(2|2|1)$.

2. Schnittpunktberechnung:

$$\vec{x} = \begin{pmatrix} 2 \\ 4 \\ 2 \end{pmatrix} + (-1) \cdot \begin{pmatrix} 0 \\ 2 \\ 1 \end{pmatrix} = \begin{pmatrix} 2 \\ 2 \\ 1 \end{pmatrix}$$

$\Rightarrow$ Schnittpunkt $S(2|2|1)$

Um die Ergebnisse graphisch darzustellen, errechnen wir zunächst die drei Achsenabschnitte der Ebene aus der Koordinatengleichung von E. Wir erhalten dann $x = 9$, $y = 4,5$ und $z = 3$.

Die Gerade g legen wir durch zwei ihrer Punkte fest. Hierfür bieten sich der Stützpunkt $A(2|4|2)$ (Parameterwert $r = 0$) und der Schnittpunkt $S(2|2|1)$ (Parameterwert $r = -1$) an.

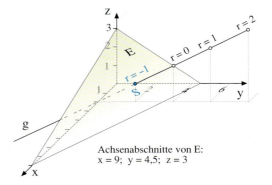

Achsenabschnitte von E:
$x = 9$; $y = 4,5$; $z = 3$

▶ **Beispiel: Gerade parallel zur Ebene / Gerade in der Ebene**

Gegeben sind die Geraden g_1: $\vec{x} = \begin{pmatrix} 2 \\ 3 \\ 1 \end{pmatrix} + r \cdot \begin{pmatrix} 1 \\ 1 \\ -1 \end{pmatrix}$, g_2: $\vec{x} = \begin{pmatrix} 2 \\ 2 \\ 1 \end{pmatrix} + r \cdot \begin{pmatrix} 1 \\ 1 \\ -1 \end{pmatrix}$ sowie die

Ebene E: $x + 2y + 3z = 9$. Untersuchen Sie die gegenseitige Lage von g_1 und g_2 zu E.

Lösung:

1. Lage von g_1 zu E:

Koordinaten von g_1:

$x = 2 + r$

$y = 3 + r$

$z = 1 - r$

Einsetzen in die Gleichung von E:

$\quad x \quad + \quad 2y \quad + \quad 3z \quad = 9$

$(2 + r) + 2(3 + r) + 3(1 - r) = 9$

$\qquad\qquad\qquad\qquad\qquad 11 = 9$

2. Interpretation:

Es gibt keinen Geradenpunkt, der die Punktprobe mit der Ebenengleichung

▶ erfüllt. g und E sind *echt parallel*.

1. Lage von g_2 zu E:

Koordinaten von g_2:

$x = 2 + r$

$y = 2 + r$

$z = 1 - r$

Einsetzen in die Gleichung von E:

$\quad x \quad + \quad 2y \quad + \quad 3z \quad = 9$

$(2 + r) + 2(2 + r) + 3(1 - r) = 9$

$\qquad\qquad\qquad\qquad\qquad 9 = 9$

2. Interpretation:

Jeder Geradenpunkt erfüllt die Punktprobe mit der Ebenengleichung.

g liegt *ganz in E*.

Übung 6

Die Gerade g durch die Punkte A und B schneidet die Ebene E.

Bestimmen Sie den Schnittpunkt S. Zeichnen Sie ein Schrägbild.

a) $A(5|4|3)$, $B(7|7|5)$ b) $A(0|0|0)$, $B(4|6|4)$ c) $A(2|0|2)$, $B(6|4|0)$

   E: $2x + 3y + 3z = 12$ E: $6x + 4y = 24$ E: $\vec{x} = \begin{pmatrix} 12 \\ 0 \\ 0 \end{pmatrix} + r \cdot \begin{pmatrix} -12 \\ 0 \\ 3 \end{pmatrix} + s \cdot \begin{pmatrix} -12 \\ 6 \\ 0 \end{pmatrix}$

Übung 7

Untersuchen Sie die gegenseitige Lage der Geraden g und der Ebene E.

a) g: $\vec{x} = \begin{pmatrix} -1 \\ 0 \\ 0 \end{pmatrix} + r \cdot \begin{pmatrix} 2 \\ 6 \\ 2 \end{pmatrix}$ b) g: $\vec{x} = \begin{pmatrix} 0 \\ 3 \\ 2 \end{pmatrix} + r \cdot \begin{pmatrix} 1 \\ -2 \\ 2 \end{pmatrix}$ c) g: $\vec{x} = \begin{pmatrix} 1 \\ 2 \\ 0 \end{pmatrix} + r \cdot \begin{pmatrix} 2 \\ 1 \\ -2 \end{pmatrix}$

   E: $2x + y + z = 4$ E: $4x + 4y + 2z = 8$ E: $2x + 2y + 3z = 6$

Übung 8

Gegeben ist die Ebene E: $3x + y + 2z = 6$.

a) Stellen Sie eine Parametergleichung von E auf.

b) Geben Sie eine Gerade g_1 an, die die Ebene E schneidet.

c) Geben Sie eine Gerade g_2 an, die in der Ebene E liegt.

d) Gesucht ist eine Gerade g_3, die echt parallel zur Ebene E verläuft.

e) Gesucht ist eine Gerade g_4, die die Ebene E im Punkt $P(3|3|-3)$ schneidet.

f) Gibt es eine Ursprungsgerade g_5, die parallel zur Ebene E verläuft?

C. Parallelität, Orthogonalität und Spiegelung

Vorteile bringt die Verwendung einer Normalenform der Ebene, wenn man Parallelität und Orthogonalität untersucht.

Anhand von Richtungsvektoren und von Normalenvektoren lassen sich die besonderen Lagen der Parallelität und der Orthogonalität von Geraden und Ebenen leicht feststellen. Wir stellen zunächst in einer Übersicht die wichtigsten Kriterien zusammen.

Parallele Geraden:
Die Richtungsvektoren sind kollinear.
Die Überprüfung erfolgt durch *Hinsehen*.

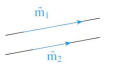
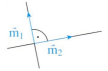

Orthogonale Geraden:
Die Richtungsvektoren sind orthogonal.
Die Überprüfung erfolgt mittels *Skalarprodukt*.

$$\vec{m}_2 = r \cdot \vec{m}_1 \qquad \vec{m}_1 \cdot \vec{m}_2 = 0$$

Parallelität Gerade/Ebene:
Der Richtungsvektor der Geraden und der Normalenvektor der Ebene sind orthogonal.

Orthogonalität Gerade/Ebene:
Der Richtungsvektor der Geraden und der Normalenvektor der Ebene sind kollinear.

$$\vec{n} \cdot \vec{m} = 0 \qquad \vec{m} = r \cdot \vec{n}$$

Ähnlich zur Geradenspiegelung in der Ebene lässt sich im Raum eine *Spiegelung an einer Ebene* definieren. Spiegelt man einen Punkt A an einer Ebene E, so gilt für den Spiegelpunkt A', dass die Gerade durch A und A' orthogonal zur Ebene E ist und dass der Schnittpunkt dieser Geraden mit der Ebene E die Verbindungsstrecke $\overline{AA'}$ halbiert.

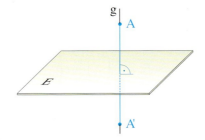

> **Beispiel: Gerade/Ebene (Lotgerade)**
>
> Gegeben sind die Ebene E: $\left[\vec{x} - \begin{pmatrix} 1 \\ 1 \\ 2 \end{pmatrix} \right] \cdot \begin{pmatrix} 1 \\ 2 \\ 3 \end{pmatrix} = 0$ sowie der Punkt A(5|4|8).
>
> a) Bestimmen Sie eine zu E orthogonale Gerade g, die den Punkt A enthält.
> b) In welchem Punkt F schneidet g die Ebene E?
> c) Der Punkt A wird an der Ebene E gespiegelt. Wie lauten die Koordinaten des Spiegelpunktes A'?

Lösung

zu a): Als Stützpunkt der Geraden verwenden wir den Punkt A(5|4|8). Als Richtungsvektor $\vec{m}$ benötigen wir einen zum Normalenvektor $\vec{n}$ der Ebene kollinearen Vektor. Am einfachsten ist es, den Normalenvektor selbst als Richtungsvektor zu wählen, was auf die rechts dargestellte Geradengleichung führt. Die Gerade g wird als *Lotgerade* oder als *Lot* vom Punkt A auf die Ebene bezeichnet.

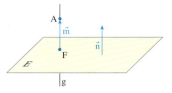

Geradengleichung der Lotgeraden:

$$g: \vec{x} = \begin{pmatrix} 5 \\ 4 \\ 8 \end{pmatrix} + r \begin{pmatrix} 1 \\ 2 \\ 3 \end{pmatrix}$$

zu b): Zur Schnittpunktberechnung setzen wir die rechte Seite der Geradengleichung für $\vec{x}$ in die Ebenengleichung ein. Durch Zusammenfassung von Vektoren und Ausmultiplizieren des Skalarproduktes erhält man $r = -2$ als Parameterwert des Schnittpunktes F.

Der Punkt F(3|0|2) heißt *Lotfußpunkt* des Lotes von A auf die Ebene E.

Schnittpunkt von g und E (Lotfußpunkt):

$$\left[\begin{pmatrix} 5 \\ 4 \\ 8 \end{pmatrix} + r \begin{pmatrix} 1 \\ 2 \\ 3 \end{pmatrix} - \begin{pmatrix} 1 \\ 1 \\ 2 \end{pmatrix} \right] \cdot \begin{pmatrix} 1 \\ 2 \\ 3 \end{pmatrix} = 0$$

$$\begin{pmatrix} 4+r \\ 3+2r \\ 6+3r \end{pmatrix} \cdot \begin{pmatrix} 1 \\ 2 \\ 3 \end{pmatrix} = 0$$

$$28 + 14r = 0$$

$$r = -2 \;\Rightarrow\; F(3|0|2)$$

zu c): Da der Spiegelpunkt A′ auf der Lotgeraden g liegt und F die Strecke $\overline{AA'}$ halbiert, gilt für den Ortsvektor von A′ die rechts dargestellte Gleichung. Einsetzen der bereits errechneten Koordinaten liefert
▶ A′(1|−4|−4).

Koordinaten des Spiegelpunktes A′:

$$\overrightarrow{OA'} = \overrightarrow{OA} + 2 \cdot \overrightarrow{AF}$$

$$= \begin{pmatrix} 5 \\ 4 \\ 8 \end{pmatrix} + 2 \cdot \left[\begin{pmatrix} 3 \\ 0 \\ 2 \end{pmatrix} - \begin{pmatrix} 5 \\ 4 \\ 8 \end{pmatrix} \right] = \begin{pmatrix} 1 \\ -4 \\ -4 \end{pmatrix}$$

Übung 9

Gegeben ist E: $\vec{x} = \begin{pmatrix} 2 \\ 2 \\ 0 \end{pmatrix} + r \begin{pmatrix} -1 \\ -1 \\ 1 \end{pmatrix} + s \begin{pmatrix} -2 \\ 2 \\ 1 \end{pmatrix}$. Gesucht ist eine Gleichung der Geraden g, welche E im Stützpunkt der Ebene senkrecht schneidet.

Übung 10

Gegeben sind die E: $\left[\vec{x} - \begin{pmatrix} 2 \\ 2 \\ 1 \end{pmatrix} \right] \cdot \begin{pmatrix} 4 \\ -1 \\ -1 \end{pmatrix} = 0$ sowie der Punkt A(5|−5|1).

a) Bestimmen Sie eine zu E orthogonale Gerade g, die den Punkt A enthält.
b) Bestimmen Sie den Schnittpunkt F der Geraden g mit der Ebene E.
c) A wird an der Ebene E gespiegelt. Wie lauten die Koordinaten des Spiegelpunkes A′?

Übung 11

Der Punkt A(1|5|4) wurde durch Spiegelung an einer Ebene E auf den Punkt A′(3|2|1) abgebildet. Bestimmen Sie eine Gleichung der Ebene E.

Man kann zur Untersuchung der Lagebeziehung einer Geraden und einer Ebene auch eine Normalengleichung der Ebene statt der Koordinatengleichung verwenden. Wir zeigen dies exemplarisch.

> **Beispiel: Gerade/Ebene**
>
> Welche gegenseitige Lage besitzen g: $\vec{x} = \begin{pmatrix} 1 \\ 2 \\ 2 \end{pmatrix} + r \begin{pmatrix} 2 \\ -1 \\ 1 \end{pmatrix}$ und E: $\left[\vec{x} - \begin{pmatrix} 2 \\ 3 \\ -2 \end{pmatrix} \right] \cdot \begin{pmatrix} 1 \\ -2 \\ 1 \end{pmatrix} = 0$?

Lösung:

g ist nicht parallel zu E, da der Richtungsvektor von g und der Normalenvektor von E ein von null verschiedenes Skalarprodukt besitzen.

1. Untersuchung auf Parallelität:

$$\begin{pmatrix} 2 \\ -1 \\ 1 \end{pmatrix} \cdot \begin{pmatrix} 1 \\ -2 \\ 1 \end{pmatrix} = 5 \neq 0 \quad \Rightarrow \quad g \nparallel E$$

Den Schnittpunkt von g und E bestimmen wir durch Einsetzen des allgemeinen Ortsvektors der Geraden g (rot markiert) in die Normalengleichung von E. Durch Ausrechnen des Skalarproduktes erhalten wir eine Bestimmungsgleichung für den Geradenparameter r, welche die Lösung r = −1 hat.

Einsetzen dieses Parameterwertes in die Geradengleichung liefert den Schnitt-
► punkt von g und E: S(−1|3|1).

2. Berechnung des Schnittpunktes:

$$\left[\left(\begin{pmatrix} 1 \\ 2 \\ 2 \end{pmatrix} + r \cdot \begin{pmatrix} 2 \\ -1 \\ 1 \end{pmatrix} \right) - \begin{pmatrix} 2 \\ 3 \\ -2 \end{pmatrix} \right] \cdot \begin{pmatrix} 1 \\ -2 \\ 1 \end{pmatrix} = 0$$

$$\Rightarrow \begin{pmatrix} 2r-1 \\ -r-1 \\ r+4 \end{pmatrix} \cdot \begin{pmatrix} 1 \\ -2 \\ 1 \end{pmatrix} = 0 \Rightarrow 5r+5 = 0, r = -1$$

$$\vec{x} = \begin{pmatrix} 1 \\ 2 \\ 2 \end{pmatrix} + (-1) \cdot \begin{pmatrix} 2 \\ -1 \\ 1 \end{pmatrix} = \begin{pmatrix} -1 \\ 3 \\ 1 \end{pmatrix}, S(-1|3|1)$$

Übung 12

Welche gegenseitige Lage besitzen g und E_1 bzw. g und E_2?

g: $\vec{x} = \begin{pmatrix} 1 \\ 2 \\ 2 \end{pmatrix} + r \begin{pmatrix} 2 \\ -1 \\ 1 \end{pmatrix}$, E_1: $\left[\vec{x} - \begin{pmatrix} 2 \\ 2 \\ 3 \end{pmatrix} \right] \cdot \begin{pmatrix} -1 \\ -1 \\ 1 \end{pmatrix} = 0$, E_2: $\left[\vec{x} - \begin{pmatrix} 2 \\ -3 \\ 2 \end{pmatrix} \right] \cdot \begin{pmatrix} 2 \\ 2 \\ -2 \end{pmatrix} = 0$

Übung 13

Untersuchen Sie die Gerade g und die Ebene E auf Orthogonalität bzw. Parallelität.

a) g: $\vec{x} = \begin{pmatrix} 1 \\ 0 \\ 0 \end{pmatrix} + r \begin{pmatrix} 2 \\ -4 \\ 4 \end{pmatrix}$

b) g: $\vec{x} = \begin{pmatrix} 4 \\ 0 \\ 0 \end{pmatrix} + r \begin{pmatrix} 2 \\ 1 \\ 3 \end{pmatrix}$

c) g: $\vec{x} = \begin{pmatrix} 1 \\ 2 \\ 4 \end{pmatrix} + r \begin{pmatrix} 2 \\ 4 \\ 5 \end{pmatrix}$

E: $\left[\vec{x} - \begin{pmatrix} 0 \\ 1 \\ 0 \end{pmatrix} \right] \cdot \begin{pmatrix} -3 \\ 6 \\ -6 \end{pmatrix} = 0$

E: $\left[\vec{x} - \begin{pmatrix} 5 \\ 1 \\ 3 \end{pmatrix} \right] \cdot \begin{pmatrix} 4 \\ -2 \\ -2 \end{pmatrix} = 0$

E: $x + 2y - 4z = 8$

Übung 14

Untersuchen Sie die gegenseitige Lage von g und E. Berechnen Sie gegebenenfalls den Schnittpunkt S.

a) g: $\vec{x} = \begin{pmatrix} 6 \\ 2 \\ 7 \end{pmatrix} + r \begin{pmatrix} 2 \\ -2 \\ 1 \end{pmatrix}$

b) g: $\vec{x} = \begin{pmatrix} 1 \\ 0 \\ 8 \end{pmatrix} + r \begin{pmatrix} 2 \\ 2 \\ -3 \end{pmatrix}$

c) g: $\vec{x} = \begin{pmatrix} 4 \\ 1 \\ 5 \end{pmatrix} + r \begin{pmatrix} 1 \\ -1 \\ -1 \end{pmatrix}$

E: $\left[\vec{x} - \begin{pmatrix} 2 \\ 3 \\ 4 \end{pmatrix} \right] \cdot \begin{pmatrix} 2 \\ -1 \\ 3 \end{pmatrix} = 0$

E: $\vec{x} \cdot \begin{pmatrix} 3 \\ 2 \\ -2 \end{pmatrix} = -5$

E: $\left[\vec{x} - \begin{pmatrix} -2 \\ 1 \\ 4 \end{pmatrix} \right] \cdot \begin{pmatrix} 3 \\ -2 \\ 5 \end{pmatrix} = 0$

Übungen

15. Prüfen Sie, ob die Punkte P und Q auf der Ebene E liegen.

a) E: $\vec{x} = \begin{pmatrix} 1 \\ 1 \\ 2 \end{pmatrix} + r \cdot \begin{pmatrix} 1 \\ 1 \\ -1 \end{pmatrix} + s \cdot \begin{pmatrix} 2 \\ -1 \\ 1 \end{pmatrix}$, $\begin{matrix} P(1|4|-1) \\ Q(8|-1|4) \end{matrix}$

d)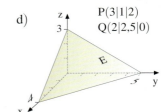
  $P(3|1|2)$
  $Q(2|2,5|0)$

b) E: $-4x + 2y + 2z = 8$, $\begin{matrix} P(2|1|5) \\ Q(-1|1|1) \end{matrix}$

c) E: Ebene parallel zur z-Achse durch
   die Punkte $A(3|3|0)$ und $B(0|6|2)$
   $P(4|2|4)$, $Q(0|7|3)$

16. Gegeben sind die Punkte $A(1|1|-1)$, $B(3|5|1)$, $C(5|5|7)$ und $D(-1|0|-6)$.
   a) Stellen Sie eine Gleichung der Ebene E durch die Punkte A, B und C auf.
   b) Zeigen Sie, dass der Punkt D in der Ebene E liegt.
   c) Untersuchen Sie, ob der Punkt $F(5|6|6)$ im Dreieck ABC liegt.

17. Die Gerade g schneidet die Ebene E. Bestimmen Sie den Schnittpunkt S.

a) g: $\vec{x} = \begin{pmatrix} 10 \\ 4 \\ 8 \end{pmatrix} + r \cdot \begin{pmatrix} 3 \\ 2 \\ -1 \end{pmatrix}$

   E: $5x - 2y + z = 10$

b) g: $\vec{x} = \begin{pmatrix} -1 \\ 2 \\ -6 \end{pmatrix} + r \cdot \begin{pmatrix} 2 \\ 2 \\ 3 \end{pmatrix}$

   E: $\vec{x} = \begin{pmatrix} 1 \\ 0 \\ 1 \end{pmatrix} + s \cdot \begin{pmatrix} 2 \\ 1 \\ 0 \end{pmatrix} + t \cdot \begin{pmatrix} 2 \\ -1 \\ 2 \end{pmatrix}$

c) g enthält $P(1|1|1)$ und $Q(5|3|-1)$,
   E geht durch $A(3|3|3)$, $B(3|0|-6)$
   und $C(0|-3|-6)$.

d) g ist parallel zur z-Achse und
   enthält $P(3|4|0)$,
   E hat die Achsenabschnitte $x = 3$,
   $y = 3$, $z = 9$.

18. Untersuchen Sie die gegenseitige Lage von g und E.

a) g: $\vec{x} = \begin{pmatrix} 4 \\ 1 \\ 1 \end{pmatrix} + r \cdot \begin{pmatrix} 2 \\ 1 \\ -2 \end{pmatrix}$
   E: $2x - 2y + z = 8$

b) g: $\vec{x} = \begin{pmatrix} 0 \\ -1 \\ 8 \end{pmatrix} + r \cdot \begin{pmatrix} 1 \\ 2 \\ -2 \end{pmatrix}$
   E: $3x + 2z = 12$

c) g: $\vec{x} = \begin{pmatrix} -2 \\ 0 \\ 6 \end{pmatrix} + r \cdot \begin{pmatrix} -1 \\ 1 \\ 3 \end{pmatrix}$
   E: $3x - 3y + 2z = 6$

d) g: $\vec{x} = \begin{pmatrix} 10 \\ 5 \\ 14 \end{pmatrix} + r \cdot \begin{pmatrix} 2 \\ 1 \\ 3 \end{pmatrix}$
   E: $y = 2$

e) g: $\vec{x} = \begin{pmatrix} 1 \\ 3 \\ 1 \end{pmatrix} + r \cdot \begin{pmatrix} 2 \\ 2 \\ -1 \end{pmatrix}$
   E: $x + 2z = -3$

f) g: $\vec{x} = r \cdot \begin{pmatrix} 1 \\ -1 \\ 0 \end{pmatrix}$
   E: $\vec{x} = \begin{pmatrix} 3 \\ 1 \\ 2 \end{pmatrix} + s \cdot \begin{pmatrix} 2 \\ 2 \\ 1 \end{pmatrix} + t \cdot \begin{pmatrix} 3 \\ 1 \\ 3 \end{pmatrix}$

19. Untersuchen Sie die gegenseitige Lage von g und E.

a) g: $\vec{x} = \begin{pmatrix} -2 \\ -1 \\ 3 \end{pmatrix} + r \cdot \begin{pmatrix} 1 \\ 2 \\ -1 \end{pmatrix}$

   E: $\vec{x} = \begin{pmatrix} -1 \\ 1 \\ 2 \end{pmatrix} + s \cdot \begin{pmatrix} 1 \\ -1 \\ 1 \end{pmatrix} + t \cdot \begin{pmatrix} 2 \\ 1 \\ 0 \end{pmatrix}$

b) g: $\vec{x} = \begin{pmatrix} -3 \\ 1 \\ 3 \end{pmatrix} + r \cdot \begin{pmatrix} 1 \\ 0 \\ -1 \end{pmatrix}$

   E: $\vec{x} = \begin{pmatrix} 1 \\ 0 \\ 1 \end{pmatrix} + s \cdot \begin{pmatrix} -1 \\ 1 \\ 1 \end{pmatrix} + t \cdot \begin{pmatrix} -4 \\ 0 \\ 2 \end{pmatrix}$

20. Prüfen Sie, ob die Gerade g das Parallelogramm ABCD schneidet.

a) g: $\vec{x} = \begin{pmatrix} 2 \\ 0 \\ 5 \end{pmatrix} + r \cdot \begin{pmatrix} 1 \\ 8 \\ -1 \end{pmatrix}$

b) g: $\vec{x} = \begin{pmatrix} 1 \\ 1 \\ -1 \end{pmatrix} + r \cdot \begin{pmatrix} 2 \\ 1 \\ 1 \end{pmatrix}$

A(0|0|0), B(6|0|0), C(6|4|2), D(0|4|2)
A(3|3|3), B(8|5|2), C(6|3|0), D(1|1|1)

21. Gegeben sind die Ebene E durch die Punkte A(1|2|2), B(2|2|0) und C(1|3|−1) sowie die

Geradenschar g_a: $\vec{x} = \begin{pmatrix} 2 \\ 1 \\ 3 \end{pmatrix} + r \cdot \begin{pmatrix} a \\ 1 \\ 1 \end{pmatrix}$, $a \in \mathbb{R}$. Bestimmen Sie die Werte von a, für die gilt:

a) g_a liegt in E.

b) g_a und E schneiden sich.

22. Gegeben sind die Ebene E sowie die Geradenschar g_a durch E: $\vec{x} = \begin{pmatrix} 1 \\ 0 \\ 1 \end{pmatrix} + r \cdot \begin{pmatrix} 2 \\ 0 \\ 1 \end{pmatrix} + s \cdot \begin{pmatrix} 0 \\ 1 \\ 2 \end{pmatrix}$

und g_a: $\vec{x} = \begin{pmatrix} 1 \\ -1 \\ a \end{pmatrix} + r \cdot \begin{pmatrix} 2 \\ 1 \\ a \end{pmatrix}$, $a \in \mathbb{R}$. Bestimmen Sie diejenigen Werte von a, für die gilt:

a) g_a und E schneiden sich,

b) g_a verläuft echt parallel zu E.

23. Gegeben sind die Ebene E: $x - 2y + 3z = 3$ sowie die Geradenschar g_a: $\vec{x} = \begin{pmatrix} 0 \\ a \\ -1 \end{pmatrix} + r \cdot \begin{pmatrix} a^2 \\ 0 \\ a \end{pmatrix}$,

$a \in \mathbb{R}$. Untersuchen Sie die möglichen Lagen von E und g_a in Abhängigkeit von a.

24. Gegeben ist der Würfel ABCDEFGH mit der Seitenlänge 6. M sei der Mittelpunkt des Vierecks BCGF.

a) In welchem Punkt S schneidet die Gerade g durch A und M das Dreieck BCE?

b) In welchem Punkt T trifft die Parallele p zur Kante AB durch M das Dreieck BCE?

c) Schneidet die Gerade h durch M und D das Dreieck?

d) In welchem Verhältnis teilt S die Strecke $\overline{MA}$?

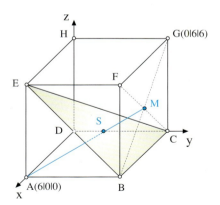

25. Gegeben ist das Polyeder mit den Ecken A(0|0|0), B(2|4|6), C(5|7|12), D(3|3|6), E(4|4|4), F(6|8|10), G(9|11|16), H(7|7|10).

a) Zeigen Sie, dass es sich um einen Spat handelt.

b) Liegen die Punkte P(6|7|10) und Q(4|3|6) im Spat?

c) Bestimmen Sie den Schnittpunkt der Geraden durch A und G mit der Ebene durch B, F und H.

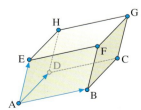

26. Untersuchen Sie die Gerade g und Ebene E auf Orthogonalität bzw. Parallelität.

a) g: $\vec{x} = \begin{pmatrix} 2 \\ 0 \\ 0 \end{pmatrix} + r \begin{pmatrix} 1 \\ -2 \\ 3 \end{pmatrix}$ b) g: $\vec{x} = \begin{pmatrix} 5 \\ 1 \\ 6 \end{pmatrix} + r \begin{pmatrix} -2 \\ 1 \\ 3 \end{pmatrix}$ c) g: $\vec{x} = \begin{pmatrix} -4 \\ -5 \\ 3 \end{pmatrix} + r \begin{pmatrix} 5 \\ 6 \\ -2 \end{pmatrix}$

E: $\left[\vec{x} - \begin{pmatrix} 0 \\ 4 \\ 0 \end{pmatrix} \right] \cdot \begin{pmatrix} -3 \\ 6 \\ 5 \end{pmatrix} = 0$ E: $4x - 2y - 6z = -18$ E: $4x - 3y + z = 5$

27. Bestimmen Sie eine Gleichung einer Geraden g, die zur Ebene E orthogonal ist und den Punkt A enthält. Berechnen Sie sodann den Schnittpunkt F von g und E (Lotfußpunkt). A wird an der Ebene E gespiegelt. Bestimmen Sie die Koordinaten des Spiegelpunktes A′.

a) E: $\vec{x} \cdot \begin{pmatrix} 3 \\ 1 \\ 4 \end{pmatrix} = 0$ b) E: $\left[\vec{x} - \begin{pmatrix} 1 \\ 1 \\ 3 \end{pmatrix} \right] \cdot \begin{pmatrix} 2 \\ -1 \\ 1 \end{pmatrix} = 0$ c) E: $\vec{x} = \begin{pmatrix} 0 \\ 2 \\ 0 \end{pmatrix} + r \begin{pmatrix} 3 \\ -1 \\ 0 \end{pmatrix} + s \begin{pmatrix} 1 \\ 0 \\ 1 \end{pmatrix}$

    A(3|2|−6)   A(4|0|8)   A(3|7|−4)

28. Der Punkt A wurde durch Spiegelung an einer Ebene auf den Punkt A′ abgebildet. Bestimmen Sie eine Gleichung der Ebene E.

a) A(1|0|3), A′(5|8|1)   b) A(2|1|−4), A′(3|3|0)   c) A(2|5|6), A′(0|3|1)

29. Die Ebene E ist orthogonal zur Ursprungsgeraden durch den Punkt A(1|1|1). E enthält den Punkt P(3|2|1). In welchen Punkten schneidet E die Koordinatenachsen?

30. Gegeben sind eine Gerade g und zwei nicht auf g liegende Punkte A und B. Gesucht ist:

I. ein Geradenpunkt C derart, dass das Dreieck ABC bei C rechtwinklig ist,

II. eine Gerade h, welche auf dem Dreieck ABC senkrecht steht und C enthält.

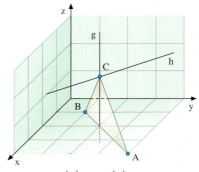

a) g: $\vec{x} = \begin{pmatrix} 2 \\ 2 \\ 0 \end{pmatrix} + r \begin{pmatrix} 0 \\ 0 \\ 2 \end{pmatrix}$

    A(4|4|0), B(1|1|0)

b) g: $\vec{x} = \begin{pmatrix} 0 \\ 2 \\ 0 \end{pmatrix} + r \begin{pmatrix} 1 \\ 1 \\ 1 \end{pmatrix}$

    A(1|2|1), B(−1|3|7)

31. Gegeben sind die Gerade g: $\vec{x} = \begin{pmatrix} 2 \\ 0 \\ 1 \end{pmatrix} + r \begin{pmatrix} 1 \\ -2 \\ -1 \end{pmatrix}$ und die Ebene E: $\left[\vec{x} - \begin{pmatrix} 1 \\ -2 \\ 1 \end{pmatrix} \right] \cdot \begin{pmatrix} 3 \\ 2 \\ -1 \end{pmatrix} = 0$.

a) Zeigen Sie, dass g echt parallel zu E verläuft.

b) Die Gerade g wird an der Ebene E gespiegelt. Bestimmen Sie eine Gleichung der gespiegelten Geraden g′.

32. Ein Flugzeug steuert auf die Cheops-Pyramide zu. Auf dem Radarschirm im Kontrollpunkt ist die Flugbahn durch die abgebildeten Punkte $F_1(56|-44|15)$ und $F_2(48|-36|14)$ erkennbar. Die Eckpunkte der Cheops-Pyramide sind ebenfalls auf dem Radarbild zu sehen. Kollidiert das Flugzeug bei gleichbleibendem Kurs mit der Cheops-Pyramide?
(Maßstab: 1 Einheit $\widehat{=}$ 10 m)

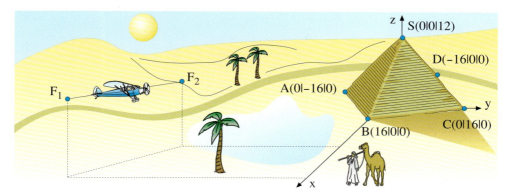

33. Ist die Bergspitze S von der Insel I bzw. vom Boot H aus zu sehen oder behindert die Pyramide die Sicht?
   a) Fertigen Sie zunächst einen Grundriss an (Aufsicht auf die x-y-Ebene).
   b) Entscheiden Sie anhand des Grundrisses, welche Pyramidenflächen die Sichtlinien unterbrechen könnten.
   c) Berechnen Sie, ob die Sichtlinien durch diese Fläche tatsächlich unterbrochen werden.
   $A(100|-100|20)$, $B(20|140|20)$,
   $C(-60|-20|-20)$, $D(0|0|80)$
   $S(-70|-210|100)$, $H(210|-10|0)$, $I(130|230|0)$

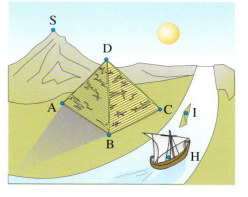

34. Gegeben ist das rechts abgebildete Haus (Maße in m).
Eine Antenne auf dem Haus hat die Eckpunkte $A(-2|2|5)$ und $B(-2|2|6)$. Fällt paralleles Licht in Richtung des Vektors
$\vec{v} = \begin{pmatrix} 2 \\ 8 \\ -3 \end{pmatrix}$ auf die Antenne, so wirft diese einen Schatten auf die Dachfläche EFGH. Berechnen Sie den Schattenpunkt der Antennenspitze auf der Dachfläche EFGH sowie die Länge des Schattenbildes der Antenne auf der Dachfläche.

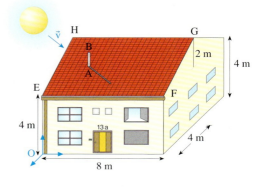

D. Die Lage von zwei Ebenen

134-1

Zwei Ebenen E und F können folgende Lagen zueinander einnehmen: Sie können sich in einer Geraden g schneiden, echt parallel zueinander verlaufen oder identisch sein.

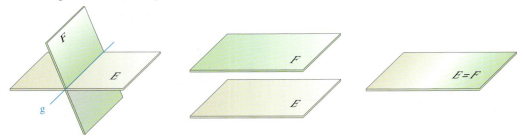

Besonders einfach lässt sich die gegenseitige Lage von Ebenen untersuchen, wenn eine der Ebenengleichungen in Koordinatenform und die andere in Parameterform vorliegt.

> **Beispiel: Koordinatenform / Parameterform**
> Untersuchen Sie die gegenseitige Lage der Ebenen E und F. Bestimmen Sie ggf. eine Gleichung der Schnittgeraden.
>
> $E: 4x + 3y + 6z = 36$
>
> $F: \vec{x} = \begin{pmatrix} 0 \\ 0 \\ 3 \end{pmatrix} + r \begin{pmatrix} 3 \\ 2 \\ -1 \end{pmatrix} + s \begin{pmatrix} 3 \\ 0 \\ -1 \end{pmatrix}$

Lösung:
Wir setzen die Koordinaten der durch ihre Parametergleichung gegebenen Ebene F in die Koordinatengleichung der Ebene E ein.

Koordinaten von F:
$x = 3r + 3s$
$y = 2r$
$z = 3 - r - s$

Wir erhalten eine Gleichung mit den Parametern r und s. Diese Gleichung lösen wir nach einem Parameter auf, z. B. nach s.

Einsetzen in die Koordinatengleichung:
$4 \cdot (3r + 3s) + 3 \cdot 2r + 6 \cdot (3 - r - s) = 36$
$12r + 12s + 6r + 18 - 6r - 6s = 36$
$6s = 18 - 12r$
$s = 3 - 2r$

Das Ergebnis $s = 3 - 2r$ setzen wir in die Parameterform von F ein, die dann nur noch den Parameter r enthält.
Durch Ausmultiplizieren und Zusammenfassen ergibt sich eine Geradengleichung. Es handelt sich um die Gleichung der Schnittgeraden g der Ebenen E und F.

Bestimmung der Schnittgeraden g:

$g: \vec{x} = \begin{pmatrix} 0 \\ 0 \\ 3 \end{pmatrix} + r \begin{pmatrix} 3 \\ 2 \\ -1 \end{pmatrix} + (3 - 2r) \begin{pmatrix} 3 \\ 0 \\ -1 \end{pmatrix}$

$= \begin{pmatrix} 9 \\ 0 \\ 0 \end{pmatrix} + r \begin{pmatrix} -3 \\ 2 \\ 1 \end{pmatrix}$

Übung 35

Die Ebenen E und F schneiden sich. Bestimmen Sie eine Gleichung der Schnittgeraden g. Stellen Sie eine der Ebenen erforderlichenfalls in Parameterform dar. Zeichnen Sie ein Schrägbild.

a) $E: \vec{x} = \begin{pmatrix} 2 \\ 0 \\ 0 \end{pmatrix} + r \begin{pmatrix} -1 \\ 0 \\ 3 \end{pmatrix} + s \cdot \begin{pmatrix} -1 \\ 4 \\ 0 \end{pmatrix}$

$F: 2x + y + 2z = 8$

b) E durch $A(0|0|0)$, $B(1|2|2)$, $C(-1|0|6)$

$F: x + y + z = 5$

c) $E: x + 2y + z = 4$

$F: x + y + z = 2$

Echt parallele oder identische Ebenen erkennt man mit dem Berechnungsverfahren aus dem vorhergehenden Beispiel ebenfalls leicht.

▶ **Beispiel:** Untersuchen Sie die gegenseitige Lage der Ebene E: $2x + 2y + z = 6$ mit den Ebenen

$$F: \vec{x} = \begin{pmatrix} 1 \\ 1 \\ 8 \end{pmatrix} + r \begin{pmatrix} -3 \\ 1 \\ 4 \end{pmatrix} + s \cdot \begin{pmatrix} 1 \\ 1 \\ -4 \end{pmatrix} \quad \text{bzw.} \quad G: \vec{x} = \begin{pmatrix} 2 \\ 4 \\ -6 \end{pmatrix} + r \begin{pmatrix} -3 \\ 2 \\ 2 \end{pmatrix} + s \cdot \begin{pmatrix} -1 \\ -2 \\ 6 \end{pmatrix}.$$

Lösung:
Wir nehmen zunächst an, dass sich die Ebenen schneiden, und versuchen, die Schnittgerade zu bestimmen.

Lage von E und F:
Wir setzen wieder die Koordinaten von F in die Gleichung von E ein:

$2(1 - 3r + s) + 2(1 + r + s) + (8 + 4r - 4s) = 6$
$2 - 6r + 2s + 2 + 2r + 2s + 8 + 4r - 4s = 6$
$\qquad\qquad 12 = 6 \quad \textit{Widerspruch}$

Nach entsprechender Vereinfachung durch Klammerauflösung und Zusammenfassung ergibt sich ein Widerspruch. Kein Punkt von F erfüllt die Gleichung von E.
▶ Die Ebenen E und F sind echt **parallel**.

Lage von E und G:
Wir setzen auch hier die Koordinaten von G in die Gleichung von E ein:

$2(2 - 3r - s) + 2(4 + 2r - 2s) + (-6 + 2r + 6s) = 6$
$4 - 6r - 2s + 8 + 4r - 4s - 6 + 2r + 6s = 6$
$\qquad\qquad 6 = 6 \quad \textit{wahre Aussage}$

Auch hier fallen alle Parameter nach Vereinfachung heraus, und übrig bleibt eine wahre Aussage. Alle Punkte von G erfüllen die Gleichung von F.
Die Ebenen E und G sind daher **identisch**.

Übung 36
Untersuchen Sie die gegenseitige Lage der Ebenen E: $3x + 6y + 4z = 36$ und F.

a) $F: \vec{x} = \begin{pmatrix} 2 \\ 0 \\ 3 \end{pmatrix} + r \begin{pmatrix} 0 \\ 2 \\ -3 \end{pmatrix} + s \cdot \begin{pmatrix} -2 \\ 3 \\ -3 \end{pmatrix}$

b) $F: \vec{x} = \begin{pmatrix} 8 \\ 0 \\ 3 \end{pmatrix} + r \begin{pmatrix} -2 \\ 3 \\ -3 \end{pmatrix} + s \cdot \begin{pmatrix} 8 \\ -2 \\ -3 \end{pmatrix}$

c) F geht durch A(4|4|0), B(0|4|3) und C(0|0|0).

d) F: $6x + 12y + 8z = 36$

e) F hat die Achsenabschnitte $x = 6$, $y = 12$ und $z = 9$.

Übung 37
Welche der Ebenen F, G und H sind echt parallel bzw. identisch zur Ebene E?

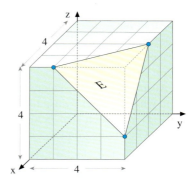

F: $2x - 6y + 5z = 0$
G: $-1,5x - y - z = -11$
H: $3x + 2y + 2z = 6$

Für eine Untersuchung zweier Ebenen auf Parallelität und Orthogonalität eignen sich erneut die Normalengleichungen.

Parallele Ebenen:
(1) Die Normalenvektoren sind kollinear.
(2) Der Normalenvektor einer Ebene ist orthogonal zu beiden Richtungsvektoren der anderen Ebene.

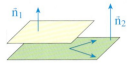

Orthogonale Ebenen:
Die Normalenvektoren sind orthogonal.

$$\vec{n}_2 = r \cdot \vec{n}_1 \qquad\qquad \vec{n}_1 \cdot \vec{n}_2 = 0$$

Die Untersuchung der gegenseitigen Lage von zwei Ebenen gestaltet sich relativ einfach, wenn eine Ebenengleichung in Normalenform und eine in Parameterform vorliegt.

▶ **Beispiel: Normalengleichung / Parametergleichung**

Gegeben seien die Ebenen $E_1: \left[\vec{x} - \begin{pmatrix} 1 \\ -2 \\ 2 \end{pmatrix} \right] \cdot \begin{pmatrix} 2 \\ 1 \\ 3 \end{pmatrix} = 0$ und $E_2: \vec{x} = \begin{pmatrix} 1 \\ 2 \\ 1 \end{pmatrix} + r \begin{pmatrix} 1 \\ -1 \\ 0 \end{pmatrix} + s \begin{pmatrix} 0 \\ -2 \\ 1 \end{pmatrix}$.

Untersuchen Sie, welche Lage E_1 und E_2 relativ zueinander einnehmen.

Lösung:
Zwei Ebenen sind offenbar genau dann parallel, wenn der Normalenvektor einer der Ebenen orthogonal ist zu beiden Richtungsvektoren der zweiten Ebene.

Da dies in unserem Beispiel, wie die Überprüfung mithilfe des Skalarproduktes ergibt, nicht der Fall ist, schneiden sich E_1 und E_2.

Zur Bestimmung der Gleichung der Schnittgeraden setzen wir den allgemeinen Ortsvektor von E_2 in die Ebenengleichung von E_1 ein.
Durch Ausrechnen des Skalarproduktes erhalten wir so einen Zusammenhang $(s = -1 - r)$ zwischen den beiden Parametern der Gleichung von E_2.

Setzen wir diesen Zusammenhang nun in die Gleichung von E_2 ein, so ergibt sich die Gleichung der Schnittgeraden g von E_1
▶ und E_2.

1. Untersuchung auf Parallelität:

$$\begin{pmatrix} 2 \\ 1 \\ 3 \end{pmatrix} \cdot \begin{pmatrix} 1 \\ -1 \\ 0 \end{pmatrix} = 1 \neq 0 \quad \Rightarrow \quad E_1 \not\parallel E_2$$

2. Bestimmung der Schnittgeraden:

$$\left[\begin{pmatrix} 1 \\ 2 \\ 1 \end{pmatrix} + r \cdot \begin{pmatrix} 1 \\ -1 \\ 0 \end{pmatrix} + s \cdot \begin{pmatrix} 0 \\ -2 \\ 1 \end{pmatrix} - \begin{pmatrix} 1 \\ -2 \\ 2 \end{pmatrix} \right] \cdot \begin{pmatrix} 2 \\ 1 \\ 3 \end{pmatrix} = 0$$

$$\Rightarrow \begin{pmatrix} r \\ -r - 2s + 4 \\ s - 1 \end{pmatrix} \cdot \begin{pmatrix} 2 \\ 1 \\ 3 \end{pmatrix} = 0$$

$$\Rightarrow r + s + 1 = 0 \Rightarrow s = -1 - r$$

$$g: \vec{x} = \begin{pmatrix} 1 \\ 2 \\ 1 \end{pmatrix} + r \cdot \begin{pmatrix} 1 \\ -1 \\ 0 \end{pmatrix} + (-1 - r) \cdot \begin{pmatrix} 0 \\ -2 \\ 1 \end{pmatrix}$$

$$= \begin{pmatrix} 1 \\ 2 \\ 1 \end{pmatrix} + r \cdot \begin{pmatrix} 1 \\ -1 \\ 0 \end{pmatrix} + \begin{pmatrix} 0 \\ 2 \\ -1 \end{pmatrix} + r \cdot \begin{pmatrix} 0 \\ 2 \\ -1 \end{pmatrix}$$

$$g: \vec{x} = \begin{pmatrix} 1 \\ 4 \\ 0 \end{pmatrix} + r \cdot \begin{pmatrix} 1 \\ 1 \\ -1 \end{pmatrix}$$

Übung 38

Untersuchen Sie die gegenseitige Lage von E und E_1 bzw. von E und E_2.

$$E: \left[\vec{x} - \begin{pmatrix} 0 \\ 2 \\ 0 \end{pmatrix}\right] \cdot \begin{pmatrix} 1 \\ 3 \\ 2 \end{pmatrix} = 0, \quad E_1: \vec{x} = \begin{pmatrix} 2 \\ 2 \\ -2 \end{pmatrix} + r\begin{pmatrix} 4 \\ -2 \\ 1 \end{pmatrix} + s\begin{pmatrix} 0 \\ 2 \\ -3 \end{pmatrix}, \quad E_2: \vec{x} \cdot \begin{pmatrix} 2 \\ 6 \\ 4 \end{pmatrix} = 12$$

Übung 39

Bestimmen Sie eine Gleichung der Schnittgeraden g von $E_1: \left[\vec{x} - \begin{pmatrix} 2 \\ 1 \\ 1 \end{pmatrix}\right] \cdot \begin{pmatrix} 1 \\ -1 \\ -1 \end{pmatrix} = 0$ und
$E_2: 2x - y - 3z = -1$.

▶ **Beispiel: Orthogonale Ebenen**

Gegeben ist die Ebene $E_1: \left[\vec{x} - \begin{pmatrix} 2 \\ 5 \\ 0 \end{pmatrix}\right] \cdot \begin{pmatrix} 2 \\ -1 \\ -1 \end{pmatrix} = 0$. Gesucht ist eine Ebene E_2, die den

Punkt $A(3|1|2)$ enthält und orthogonal zur Ebene E_1 ist. Bestimmen Sie die Schnittgerade g der beiden Ebenen.

Lösung:
Als Stützpunkt der Ebene E_2 verwenden wir den gegebenen Ebenenpunkt $A(3|1|2)$. Der Normalenvektor $\vec{n}_2$ von E_2 ist orthogonal zum Normalenvektor $\vec{n}_1$ von E_1. Wir

können z.B. $\vec{n}_2 = \begin{pmatrix} 0 \\ 1 \\ -1 \end{pmatrix}$ wählen, denn

dann gilt $\vec{n}_1 \cdot \vec{n}_2 = 0$.
Nun können wir die rechts dargestellte Normalengleichung von E_2 aufstellen.

Zur Schnittgeradenbestimmung wandeln wir die Normalengleichung von E_2 in eine äquivalente Parametergleichung um.

Die rechte Seite der Parametergleichung von E_2 setzen wir anstelle von $\vec{x}$ in die Normalengleichung von E_1 ein. Durch Zusammenfassen von Vektoren und Ausmultiplizieren des Skalarproduktes erhalten wir die Beziehung $s = r - 2$. Setzen wir diese in die Parametergleichung von E_2 ein, so
▶ ergibt sich die Gleichung von g.

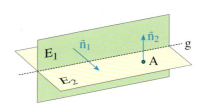

Normalengleichung von E_2:

$$E_2: \left[\vec{x} - \begin{pmatrix} 3 \\ 1 \\ 2 \end{pmatrix}\right] \cdot \begin{pmatrix} 0 \\ 1 \\ -1 \end{pmatrix} = 0$$

Parametergleichung von E_2:

$$E_2: \vec{x} = \begin{pmatrix} 3 \\ 1 \\ 2 \end{pmatrix} + r\begin{pmatrix} 0 \\ 1 \\ 1 \end{pmatrix} + s\begin{pmatrix} 2 \\ 1 \\ 1 \end{pmatrix}$$

Schnittgeradenbestimmung:

$$\left[\begin{pmatrix} 3 \\ 1 \\ 2 \end{pmatrix} + r\begin{pmatrix} 0 \\ 1 \\ 1 \end{pmatrix} + s\begin{pmatrix} 2 \\ 1 \\ 1 \end{pmatrix} - \begin{pmatrix} 2 \\ 5 \\ 0 \end{pmatrix}\right] \cdot \begin{pmatrix} 2 \\ -1 \\ -1 \end{pmatrix} = 0$$

$$\begin{pmatrix} 2s+1 \\ r+s-4 \\ r+s+2 \end{pmatrix} \cdot \begin{pmatrix} 2 \\ -1 \\ -1 \end{pmatrix} = 0 \Rightarrow s = r - 2$$

$$g: \vec{x} = \begin{pmatrix} -1 \\ -1 \\ 0 \end{pmatrix} + r\begin{pmatrix} 2 \\ 2 \\ 2 \end{pmatrix}$$

Übung 40

Gegeben ist die Ebene $E_1: \left[\vec{x} - \begin{pmatrix} 0 \\ 0 \\ 1 \end{pmatrix}\right] \cdot \begin{pmatrix} 2 \\ 1 \\ -2 \end{pmatrix} = 0$ sowie der Punkt $A(-2|1|2)$. Gesucht ist eine

Ebene E_2, die A enthält und orthogonal zu E_1 ist. Bestimmen Sie die Gleichung der Schnittgeraden g von E_1 und E_2.

E. Spurgeraden von Ebenen

Schneidet eine Ebene E im dreidimensionalen Anschauungsraum eine der Koordinatenebenen, so bezeichnet man die Schnittgerade als *Spurgerade* von E.

Die in der Abbildung dargestellte Ebene hat drei Spurgeraden: g_{xy}, g_{xz}, g_{yz}.

Die Indizierung gibt jeweils an, in welcher Koordinatenebene die Spurgerade liegt.

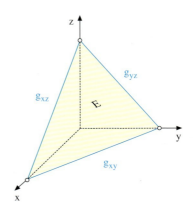

Beispiel: Gegeben ist die Ebene E durch $A(5|-4|3)$, $B(10|8|-9)$ und $C(-5|12|-3)$.
Bestimmen Sie die Gleichung der Spurgeraden g_{xy}.

Lösung:
Wir bestimmen zunächst die Gleichung der Ebene E.

Die Spurgerade g_{xy} besteht aus denjenigen Punkten von E, deren z-Komponente gleich Null ist. Daher setzen wir in der Ebenengleichung $z = 0$.

Dies führt auf die Bedingung $s = \frac{1}{2} - 2r$.

Setzen wir diesen Zusammenhang in die Gleichung von E ein, so erhalten wir die einparametrige Geradengleichung der Spurgeraden g_{xy}.

1. Gleichung der Ebene E:

$$E: \begin{pmatrix} x \\ y \\ z \end{pmatrix} = \begin{pmatrix} 5 \\ -4 \\ 3 \end{pmatrix} + r \cdot \begin{pmatrix} 5 \\ 12 \\ -12 \end{pmatrix} + s \cdot \begin{pmatrix} -10 \\ 16 \\ -6 \end{pmatrix}$$

2. Ansatz für g_{xy}: $z = 0$

$$0 = 3 - 12r - 6s$$
$$s = \frac{1}{2} - 2r$$

3. Einsetzen in die Gleichung von E:

$$g_{xy}: \vec{x} = \begin{pmatrix} 5 \\ -4 \\ 3 \end{pmatrix} + r \begin{pmatrix} 5 \\ 12 \\ -12 \end{pmatrix} + \left(\frac{1}{2} - 2r\right) \begin{pmatrix} -10 \\ 16 \\ -6 \end{pmatrix}$$

$$g_{xy}: \vec{x} = \begin{pmatrix} 5 \\ -4 \\ 3 \end{pmatrix} + r \begin{pmatrix} 5 \\ 12 \\ -12 \end{pmatrix} + \begin{pmatrix} -5 \\ 8 \\ -3 \end{pmatrix} + r \begin{pmatrix} 20 \\ -32 \\ 12 \end{pmatrix}$$

$$g_{xy}: \vec{x} = \begin{pmatrix} 0 \\ 4 \\ 0 \end{pmatrix} + r \begin{pmatrix} 25 \\ -20 \\ 0 \end{pmatrix}$$

Übung 41

a) Bestimmen Sie die Spurgeraden g_{xz} und g_{yz} der Ebene E aus dem obigen Beispiel.

b) Bestimmen Sie alle Spurgeraden von E_1 und E_2.

$$E_1: \vec{x} = \begin{pmatrix} 1 \\ 2 \\ 1 \end{pmatrix} + r \cdot \begin{pmatrix} 2 \\ -1 \\ 1 \end{pmatrix} + s \cdot \begin{pmatrix} 1 \\ 1 \\ -2 \end{pmatrix}, \quad E_2: 2x - y + 3z = 0$$

c) Eine Ebene E besitze die Spurgeraden $g_{xy}: \vec{x} = \begin{pmatrix} 1 \\ 1 \\ 0 \end{pmatrix} + r \cdot \begin{pmatrix} 1 \\ 0 \\ 0 \end{pmatrix}$ und $g_{yz}: \vec{x} = \begin{pmatrix} 0 \\ 1 \\ -1 \end{pmatrix} + s \cdot \begin{pmatrix} 0 \\ 0 \\ 3 \end{pmatrix}$.

Wie lautet die Gleichung von E? Zeigen Sie, dass E keine Spurgerade g_{xz} besitzt.

Übungen

42. Bestimmen Sie die Schnittgerade g der Ebenen E_1 und E_2.

a) $E_1: \vec{x} = \begin{pmatrix} 1 \\ 2 \\ 0 \end{pmatrix} + r\begin{pmatrix} 1 \\ 2 \\ -3 \end{pmatrix} + s\begin{pmatrix} 0 \\ -4 \\ 3 \end{pmatrix}$

   $E_2: -6x + 4y + 3z = -12$

b) $E_1: \vec{x} = \begin{pmatrix} 0 \\ 1 \\ 2 \end{pmatrix} + r\begin{pmatrix} -1 \\ 1 \\ 2 \end{pmatrix} + s\begin{pmatrix} 1 \\ 2 \\ -2 \end{pmatrix}$

   $E_2: 3x + y + z = 3$

c) $E_1: \vec{x} = \begin{pmatrix} 3 \\ 3 \\ 0 \end{pmatrix} + r\begin{pmatrix} 1 \\ -3 \\ 1 \end{pmatrix} + s\begin{pmatrix} -3 \\ -1 \\ 3 \end{pmatrix}$

   $E_2: x + 2y = 4$

d) $E_1: \vec{x} = \begin{pmatrix} 3 \\ 0 \\ 0 \end{pmatrix} + r\begin{pmatrix} -3 \\ 0 \\ 3 \end{pmatrix} + s\begin{pmatrix} -3 \\ 6 \\ 0 \end{pmatrix}$

   $E_2: 2y + z = 6$

43. Gesucht ist die Schnittgerade g von E_1 und E_2.

a) $E_1: 2x + 6y + 3z = 12$
   $E_2: 2x + 2y + 2z = 8$

b) $E_1: x + 2y + 4z = 8$
   $E_2: 3x - 2y = 0$

c) $E_1: \vec{x} = \begin{pmatrix} 1 \\ 2 \\ 2 \end{pmatrix} + r\begin{pmatrix} 1 \\ -1 \\ 0 \end{pmatrix} + s\begin{pmatrix} 1 \\ 0 \\ -1 \end{pmatrix}$

   $E_2: \vec{x} = \begin{pmatrix} 3 \\ 4 \\ -3 \end{pmatrix} + u\begin{pmatrix} 0 \\ -1 \\ 0 \end{pmatrix} + v\begin{pmatrix} -2 \\ -3 \\ 3 \end{pmatrix}$

d) $E_1: \vec{x} = \begin{pmatrix} 4 \\ 0 \\ 0 \end{pmatrix} + r\begin{pmatrix} 0 \\ 4 \\ 0 \end{pmatrix} + s\begin{pmatrix} -4 \\ 0 \\ 3 \end{pmatrix}$

   $E_2: \vec{x} = \begin{pmatrix} 0 \\ 0 \\ 0 \end{pmatrix} + u\begin{pmatrix} 4 \\ 4 \\ 0 \end{pmatrix} + v\begin{pmatrix} 0 \\ 0 \\ 3 \end{pmatrix}$

44. Auf dem abgebildeten Würfel sind zwei Ebenenausschnitte dargestellt. Zeigen Sie, dass die zugehörigen Ebenen sich schneiden. Geben Sie eine Gleichung der Schnittgeraden g an.

a)
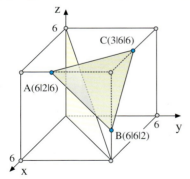

b)
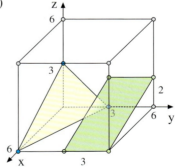

45. E_1 enthält die Geraden $g_1: \vec{x} = \begin{pmatrix} 2 \\ 0 \\ 3 \end{pmatrix} + r\begin{pmatrix} 1 \\ -1 \\ 3 \end{pmatrix}$ und $g_2: \vec{x} = \begin{pmatrix} 0 \\ 2 \\ 3 \end{pmatrix} + s\begin{pmatrix} -1 \\ 1 \\ 3 \end{pmatrix}$, die sich schneiden.

E_2 geht durch die Punkte $A(2|2|0)$, $B(0|4|6)$ und $C(-3|7|0)$.

E_3 hat die Achsenabschnitte $x = 4$, $y = 4$ und $z = 6$.

a) Untersuchen Sie die gegenseitige Lage von E_1 und E_2 bzw. von E_1 und E_3.

b) Zeichnen Sie ein Schrägbild der drei Ebenen sowie der Schnittgeraden.

46. Beschreiben Sie, wie man die gegenseitige Lage von zwei Ebenen untersucht, wenn
   a) beide Ebenen in Koordinatenform vorliegen,
   b) eine Ebene in Koordinatenform und die andere Ebene in Parameterform vorliegt,
   c) beide Ebenen in Parameterform vorliegen.

47. Untersuchen Sie, welche gegenseitige Lage die Ebenen E_1 und E_2 einnehmen.

a) $E_1: 2x + y + z = 6$

$E_2: \vec{x} = \begin{pmatrix} -2 \\ -2 \\ 3 \end{pmatrix} + r \begin{pmatrix} 1 \\ 1 \\ 0 \end{pmatrix} + s \begin{pmatrix} 2 \\ 0 \\ -3 \end{pmatrix}$

b) $E_1: x - y + z = 2$

$E_2: \vec{x} = \begin{pmatrix} 7 \\ 1 \\ -4 \end{pmatrix} + r \begin{pmatrix} 1 \\ 1 \\ 0 \end{pmatrix} + s \begin{pmatrix} 1 \\ 0 \\ -1 \end{pmatrix}$

c) $E_1: 2x - 5y - 5z = 8$

$E_2: \vec{x} = \begin{pmatrix} 0 \\ -1 \\ -1 \end{pmatrix} + r \begin{pmatrix} 5 \\ 1 \\ 1 \end{pmatrix} + s \begin{pmatrix} 5 \\ 2 \\ 0 \end{pmatrix}$

d) $E_1: 4y + z = 4$
$E_2: 3y + 2z = 6$

e) $E_1: x + 2y + 3z = 12$
$E_2: 2x + 4y + 6z = 16$

f) $E_1: x - y - 2z = -2$
$E_2: 2x - 2y - 4z = -4$

48. Bestimmen Sie die Gleichungen der Spurgeraden der Ebene E.

a) $E: \vec{x} = \begin{pmatrix} 3 \\ 0 \\ 2 \end{pmatrix} + r \cdot \begin{pmatrix} 3 \\ 4 \\ 2 \end{pmatrix} + s \cdot \begin{pmatrix} -3 \\ 0 \\ 1 \end{pmatrix}$

b) $E: \vec{x} = \begin{pmatrix} 4 \\ 3 \\ 2 \end{pmatrix} + r \cdot \begin{pmatrix} 2 \\ -1 \\ 1 \end{pmatrix} + s \cdot \begin{pmatrix} 1 \\ 2 \\ 2 \end{pmatrix}$

c) $E: -3x + 5y - z = 15$

d) $E: 3y - 2z = 12$

49. Eine Ebene E besitzt die Spurgeraden $g_1: \vec{x} = \begin{pmatrix} 1 \\ 1 \\ 0 \end{pmatrix} + r \cdot \begin{pmatrix} 2 \\ 1 \\ 0 \end{pmatrix}$ und $g_2: \vec{x} = \begin{pmatrix} 2 \\ 0 \\ 1 \end{pmatrix} + s \cdot \begin{pmatrix} 3 \\ 0 \\ 1 \end{pmatrix}$.

Bestimmen Sie die Koordinatengleichung sowie die Gleichung der dritten Spurgeraden von E.

50. Die Abbildung zeigt Ausschnitte aus zwei Ebenen E_1 und E_2.
Bestimmen Sie die Gleichung der Schnittgeraden g.
Übertragen Sie die Abbildung in Ihr Heft und zeichnen Sie diejenige Teilstrecke der Schnittgeraden g in das Schrägbild ein, die auf dem abgebildeten Ausschnitt von E_1 liegt.

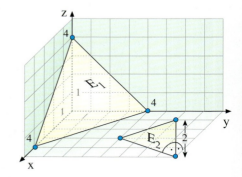

51. a) Welche gegenseitige Lagen können drei Ebenen zueinander einnehmen? Skizzieren Sie mindestens vier prinzipiell verschiedene Fälle.

   b) Die drei Ebenen E_1, E_2, E_3 schneiden sich in einer Geraden g bzw. in einem Punkt S. Bestimmen Sie g bzw. S.

(1) $E_1: \vec{x} = \begin{pmatrix} 3 \\ 3 \\ 1 \end{pmatrix} + r \begin{pmatrix} -3 \\ -1 \\ 1 \end{pmatrix} + s \begin{pmatrix} 3 \\ 0 \\ -1 \end{pmatrix}$, $E_2: \vec{x} = \begin{pmatrix} 6 \\ 0 \\ 0 \end{pmatrix} + u \begin{pmatrix} 0 \\ 6 \\ 1 \end{pmatrix} + v \begin{pmatrix} 6 \\ 0 \\ -1 \end{pmatrix}$, $E_3: y - 3z = 0$

(2) $E_1: x + y + z = 4$, $E_2: 3x + y + 3z = 6$, $E_3: \vec{x} = \begin{pmatrix} 0 \\ 0 \\ 0 \end{pmatrix} + r \begin{pmatrix} 3 \\ 1 \\ 0 \end{pmatrix} + s \begin{pmatrix} 0 \\ 1 \\ 1 \end{pmatrix}$

52. Finden Sie heraus, ob unter den Ebenen E_1, E_2 und E_3 Orthogonalitäten auftreten.

a) $E_1: \left[\vec{x} - \begin{pmatrix} 1 \\ 0 \\ 0 \end{pmatrix}\right] \cdot \begin{pmatrix} 1 \\ 4 \\ 2 \end{pmatrix} = 0$

b) $E_1: \left[\vec{x} - \begin{pmatrix} 0 \\ 1 \\ 2 \end{pmatrix}\right] \cdot \begin{pmatrix} -1 \\ 2 \\ -2 \end{pmatrix} = 0$

c) $E_1: \left[\vec{x} - \begin{pmatrix} 1 \\ 1 \\ 1 \end{pmatrix}\right] \cdot \begin{pmatrix} -1 \\ 1 \\ -1 \end{pmatrix} = 0$

$E_2: \left[\vec{x} - \begin{pmatrix} 0 \\ 1 \\ 0 \end{pmatrix}\right] \cdot \begin{pmatrix} 4 \\ -1 \\ 0 \end{pmatrix} = 0$

$E_2: \vec{x} = \begin{pmatrix} 1 \\ 1 \\ 2 \end{pmatrix} + r\begin{pmatrix} 3 \\ 1 \\ 2 \end{pmatrix} + s\begin{pmatrix} 3 \\ 3 \\ 3 \end{pmatrix}$

$E_2: \vec{x} = \begin{pmatrix} 1 \\ 1 \\ 1 \end{pmatrix} + r\begin{pmatrix} 1 \\ 2 \\ 1 \end{pmatrix} + s\begin{pmatrix} 0 \\ 2 \\ 2 \end{pmatrix}$

$E_3: \left[\vec{x} - \begin{pmatrix} 0 \\ 0 \\ 1 \end{pmatrix}\right] \cdot \begin{pmatrix} 8 \\ -3 \\ 2 \end{pmatrix} = 0$

$E_3: 2x + 2y - 4z = 0$

$E_3: \vec{x} \cdot \begin{pmatrix} 3 \\ 5 \\ 2 \end{pmatrix} = 10$

53. Bestimmen Sie eine Normalengleichung der zu E parallelen Ebene F, die den Punkt A enthält.

a) $E: 2x - 3y + 2z = 12$, $A(1|2|4)$

b) $E: \vec{x} = \begin{pmatrix} 1 \\ 2 \\ 0 \end{pmatrix} + r\begin{pmatrix} 0 \\ 2 \\ 3 \end{pmatrix} + s\begin{pmatrix} -3 \\ 4 \\ 6 \end{pmatrix}$, $A(-2|6|-2)$

54. Die Ebene E ist orthogonal zur x-y-Ebene und zur x-z-Ebene und enthält $A(1|2|3)$. Stellen Sie eine Koordinatengleichung von E auf.

55. Eine Ebene E ist orthogonal zur Ebene F: $2x - 4z = 6$. Die Gleichung $g: \vec{x} = \begin{pmatrix} 1 \\ 2 \\ -1 \end{pmatrix} + r\begin{pmatrix} -2 \\ -2 \\ 1 \end{pmatrix}$

stellt die Schnittgerade von E und F dar. Stellen Sie eine Normalengleichung von E auf.

56. Untersuchen Sie, welche Lage die Ebene $E_1: \vec{x} = \begin{pmatrix} 1 \\ 2 \\ 1 \end{pmatrix} + r\begin{pmatrix} 2 \\ -1 \\ 2 \end{pmatrix} + s\begin{pmatrix} 2 \\ 2 \\ 1 \end{pmatrix}$ in Bezug auf die

Ebene E_2 einnimmt. Bestimmen Sie gegebenenfalls die Gleichung der Schnittgeraden.

a) $E_2: \left[\vec{x} - \begin{pmatrix} 5 \\ 2 \\ 4 \end{pmatrix}\right] \cdot \begin{pmatrix} 1 \\ 1 \\ -2 \end{pmatrix} = 0$

b) $E_2: \left[\vec{x} - \begin{pmatrix} 1 \\ -1 \\ 2 \end{pmatrix}\right] \cdot \begin{pmatrix} 10 \\ 4 \\ -12 \end{pmatrix} = 0$

c) $E_2: \vec{x} \cdot \begin{pmatrix} -5 \\ 2 \\ 6 \end{pmatrix} = -3$

57. Gesucht ist derjenige Parameterwert a, für den die Ebenen E_1 und E_a orthogonal sind.

a) $E_1: 2x - y + z = 6$

$E_a: ax + 4y - 2z = 4$

b) $E_1: \vec{x} = \begin{pmatrix} 1 \\ 0 \\ 2 \end{pmatrix} + r\begin{pmatrix} 1 \\ 2 \\ 3 \end{pmatrix} + s\begin{pmatrix} 3 \\ 1 \\ -1 \end{pmatrix}$

$E_a: x - ay + z = 3$

c) $E_1: \left[\vec{x} - \begin{pmatrix} 3 \\ 1 \\ 2 \end{pmatrix}\right] \cdot \begin{pmatrix} 1 \\ 1 \\ -1 \end{pmatrix} = 0$

$E_a: ax + 2ay - 6z = 0$

Auf der Insel „Bora" sind drei Flugzeuge stationiert, deren Tanks Treibstoff für lediglich eine halbe Erdumrundung fassen können (einschließlich Start und Landung). Die Flugzeuge können während des Flugs in der Luft aufgetankt werden. Auf der Insel befinden sich ausreichend Treibstofftanks. Ist es möglich, dass ein Flugzeug mithilfe der übrigen beiden Flugzeuge einmal um die Erde fliegen kann? Alle 3 Flugzeuge müssen wieder zur Insel zurückfliegen und können nirgends zwischenlanden.

F. Exkurs: Ebenenscharen

Abschließend untersuchen wir *Ebenenscharen*. Hierbei kommt in der Ebenengleichung außer den Ebenenparametern noch mindestens eine weitere Variable vor. Zu jedem Variablenwert gehört dann eine Ebene der Schar. Im Folgenden betrachten wir nur einfache Ebenenscharen mit linearen Variablen.

▶ **Beispiel: Ebenenbüschel**
Gegeben ist die Ebenenschar E_a: $x + (1-a)\,y + (a-3)\,z = 3$, $a \in \mathbb{R}$.
a) Untersuchen Sie, ob die Ebene F: $2x - 6y + 2z = 6$ zur Ebenenschar E_a gehört.
b) Zeigen Sie, dass sich E_0 und E_1 schneiden. Bestimmen Sie die Gleichung der Schnittgeraden und zeigen Sie, dass diese Schnittgerade in allen Ebenen der Schar E_a liegt.

Lösung zu a):
Die Ebene F gehört zur Ebenenschar E_a, wenn die beiden Koordinatengleichungen für einen speziellen Wert von a äquivalent sind. Das ist der Fall, wenn die Gleichung von F ein Vielfaches der Gleichung von E_a ist oder umgekehrt. Dies führt auf den nebenstehenden Ansatz.

Ansatz: $\quad F = b \cdot E_a \qquad (a, b \in \mathbb{R})$

F: $bx + b(1-a)\,y + b(a-3)\,z = 3b$

F: $2x - 6y + 2z = 6$

Durch Koeffizientenvergleich der beiden Darstellungen von F erhalten wir ein Gleichungssystem, das die Lösungen $a = 4$ und $b = 2$ besitzt. Folglich gehört F zur Ebenenschar E_a und ist mit der Ebene E_4 identisch.

Koeffizientenvergleich:
I $b = 2$ $\qquad \Rightarrow b = 2$
II $b(1-a) = -6$ $\quad \Rightarrow a = 4$
III $b(a-3) = 2$ $\qquad \Rightarrow a = 4$
IV $3b = 6$ $\qquad \Rightarrow b = 2$

Lösung zu b):
Wir untersuchen die Lagebeziehung der Ebenen E_0 und E_1 wie im Abschnitt D und formen E_0 zunächst um. Durch Einsetzen erkennen wir, dass sich die Ebenen E_0 und E_1 in einer Geraden g schneiden, deren Gleichung rechts angegeben ist.

E_0: $x + y - 3z = 3 \quad (a = 0)$ bzw.

E_0: $\vec{x} = \begin{pmatrix} 3 \\ 0 \\ 0 \end{pmatrix} + t\begin{pmatrix} -3 \\ 3 \\ 0 \end{pmatrix} + s\begin{pmatrix} -3 \\ 0 \\ 1 \end{pmatrix}$

E_1: $x - 2z = 3 \qquad (a = 1)$

I–II: $3 - 3t - 3s + 2s = 3$ bzw. $-3t = s$

Schnittgerade: g: $\vec{x} = \begin{pmatrix} 3 \\ 0 \\ 0 \end{pmatrix} + r\begin{pmatrix} 2 \\ 1 \\ 1 \end{pmatrix}$

Nun muss noch nachgewiesen werden, dass diese Schnittgerade g in allen Ebenen der Schar E_a (also unabhängig von a) enthalten ist. Hierzu setzen wir die Koordinaten von g in die Ebenengleichung von E_a ein (vgl. S. 125). Nach nebenstehender Rechnung erhalten wir eine wahre Aussage, unabhängig von a. Also liegt die Gerade g für alle reellen Werte von a in E_a.

Nachweis, dass g in E_a liegt:
Koordinaten von g: $x = 3 + 2r$
$\qquad\qquad\qquad\qquad y = r$
$\qquad\qquad\qquad\qquad z = r$

Einsetzen in die Gleichung von E_a:
$3 + 2r + (1-a)\,r + (a-3)\,r = 3$
$3 + 2r + r - ar + ar - 3r \quad = 3$
$\qquad\qquad\qquad\qquad\qquad 3 = 3$

Da die Ebenen der Schar aus dem vorigen Beispiel eine gemeinsame Schnittgerade g haben, die man ihre *Trägergerade* nennt, handelt es sich um ein sog. *Ebenenbüschel*.

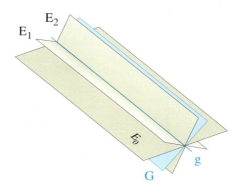

Alle g enthaltenden Ebenen gehören zum Büschel mit einer Ausnahme:
Lösen wir die Klammern in der gegebenen Ebenenschargleichung auf und klammern a aus, erhalten wir die äquivalente Gleichung E: $x + y - 3z - 3 + a(-y + z) = 0$.

Diese Gleichung enthält die linke Seite der Ebenengleichung E_0: $x + y - 3z - 3 = 0$. Der Term $-y + z$ kann ebenfalls als linker Teil einer Gleichung der Ebene G: $-y + z = 0$ gedeutet werden. Die Ebene G enthält ebenfalls die Trägergerade g, gehört aber nicht zur Ebenenschar E_a, wie sich leicht nachweisen lässt.

▶ **Beispiel:** Gegeben ist das Ebenenbüschel E_a: $x + (1 - a)y + (a - 3)z = 3$, $a \in \mathbb{R}$.

  a) Zeigen Sie, dass die Ebene G: $-y + z = 0$ nicht zur Ebenenschar E_a gehört.

  b) Zeigen Sie, dass die Ebene G: $-y + z = 0$ die Trägergerade g: $\vec{x} = \begin{pmatrix} 3 \\ 0 \\ 0 \end{pmatrix} + r \begin{pmatrix} 2 \\ 1 \\ 1 \end{pmatrix}$ enthält.

Lösung zu a):
Wir verwenden wie im vorigen Beispiel den nebenstehenden Ansatz. Das zugehörige Gleichungssystem führt aber auf einen Widerspruch und ist daher unlösbar. Folglich gehört die Ebene G nicht zur Ebenenschar E_a.

Ansatz: $G = b \cdot E_a$ $(a, b \in \mathbb{R})$
G: $bx + b(1 - a)y + b(a - 3)z = 3b$
G: $-y +$ $z = 0$

Koeffizientenvergleich:
I $b = 0$ $\Rightarrow b = 0$ in II und III
II $b(1 - a) = -1 \Rightarrow 0 = -1$ *Widerspr.*
III $b(a - 3) = 1$ $\Rightarrow 0 = 1$ *Widerspr.*
IV $3b = 0$ $\Rightarrow b = 0$

Lösung zu b):
Setzen wir die Koordinaten von g in die Ebenengleichung von G ein, erhalten wir
▶ eine wahre Aussage.

Koordinaten von g: $x = 3 + 2r$, $y = r$, $z = r$
Einsetzen in die Gleichung von G:
$-r + r = 0$ bzw. $0 = 0 \Rightarrow$ g liegt in G.

Übung 58
Zeigen Sie, dass die folgenden Ebenenscharen E_a ($a \in \mathbb{R}$) Ebenenbüschel bilden, d. h., dass alle Ebenen der Schar sich in einer Geraden schneiden. Bestimmen Sie auch eine Gleichung dieser gemeinsamen Trägergeraden. Geben Sie jeweils eine Ebene an, die ebenfalls die Trägergerade enthält, aber nicht nur Ebenenschar gehört.

a) E_a: $2ax + (4 - a)y - 2z = 6$ b) E_a: $x + ay + (5 - 2a)z = 0$
c) E_a: $2ax + 2y + (2 - a)z = 5a + 2$ d) E_a: $(3 - 2a)y + (a - 2)z = a - 1$

> **Beispiel: Schar paralleler Ebenen**
> Gegeben ist die Ebenenschar E_a: $(1-2a)x + (2a-1)y + (1-2a)z = 1$, $a \in \mathbb{R}$.
> a) Untersuchen Sie die Lagebeziehung der Ebenen E_0 und E_1 zueinander.
> b) Zeigen Sie, dass alle Ebenen der Schar parallel zueinander verlaufen.

Lösung zu a):
Der nebenstehende Ansatz führt auf ein unlösbares Gleichungssystem. Die Ebenen E_0 und E_1 sind also parallel zueinander.

$$E_0: \quad x - y + z = 1$$
$$E_1: \quad -x + y - z = 1$$
$$I + II \qquad 0 = 2 \; \textit{Widerspr.} \;\Rightarrow\; E_0 \parallel E_1$$

Lösung zu b):
Analog untersuchen wir jetzt die Lagebeziehung zweier beliebiger verschiedener Ebenen E_a und E_b der gegebenen Schar (mit $a \neq b$). Auch hier führt das zugehörige Gleichungssystem auf einen Widerspruch, da wir von verschiedenen Ebenen der Schar ausgegangen sind. Somit liegen alle Scharebenen parallel zueinander.

$$E_a: (1-2a)x + (2a-1)y + (1-2a)z = 1$$
$$E_b: (1-2b)x + (2b-1)y + (1-2b)z = 1$$
$$(a \neq b)$$

Lösen des Gleichungssystems:
$$III = I \cdot (1-2b) - II \cdot (1-2a):$$
$$0 = 1 - 2b - (1-2a)$$
$$0 = -2b + 2a \;\Rightarrow\; a = b$$
Widerspruch zur Voraussetzung $a \neq b$
$$\Rightarrow\; E_a \parallel E_b$$

Alle zu E_0 parallelen Ebenen gehören zu dieser Schar (aus dem vorigen Beispiel) mit einer Ausnahme:
Lösen wir wie oben auch hier die Klammern in der gegebenen Ebenenschargleichung auf und klammern dann a aus, erhalten wir die Gleichung
$$E_a: x - y + z - 1 + a(-2x + 2y - 2z) = 0.$$

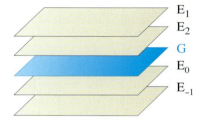

Die Ebenen E_0: $x - y + z = 1$ und G: $-2x + 2y - 2z = 0$ verlaufen offensichtlich ebenfalls echt parallel zueinander, da die linke Seite der Gleichung von G zwar das (-2)fache der linken Seite der Gleichung von E_0 ist, dies aber nicht für die rechten Gleichungsseiten gilt, sodass sich ein Widerspruch ergibt. Daher muss G auch zu allen anderen Ebenen der Schar E_a parallel sein. Auch in diesem Fall gehört G aber nicht zur Ebenenschar E_a, wie man leicht zeigen kann, weil sich ein Widerspruch ergibt, wenn man G als Vielfaches von E_a ansetzt. Diese Überlegungen gelten jedoch nur für Ebenenscharen, die lediglich eine lineare Variable a enthalten.

Übung 59
Zeigen Sie, dass alle Ebenen der Schar E_a: $(2-a)x + (a-2)y + (4-2a)z = 1$ $(a \in \mathbb{R})$ parallel verlaufen. Geben Sie eine Gleichung einer Ebene an, die zu allen Ebenen der Schar parallel verläuft, aber nicht zur Ebenenschar E_a gehört.

Übung 60
Geben Sie eine Gleichung derjenigen Ebenenschar an, welche genau die Ebenen enthält, die echt parallel zur Ebene F: $2x - 3y + 4z = 6$ verlaufen.

Übungen

61. Gegeben ist die Ebenenschar E_a: $x + a\,y - (2\,a - 1)\,z = 4$ $(a \in \mathbb{R})$.

a) Gehört die Ebene F: $-2\,x + 2\,y - 6\,z = -8$ zur Ebenenschar E_a?

b) Geben Sie eine Gleichung einer Ebene an, die nicht zur Schar E_a gehört.

c) Welche Ebene der Schar enthält den Punkt $P(-2|1|1)$?

d) Welche Ebene der Schar E_a ist parallel zur z-Achse?

e) Begründen Sie, dass die Ebenenschar E_a keine Ursprungsgerade enthält.

f) Zeigen Sie, dass alle Ebenen der Schar E_a eine gemeinsame Gerade besitzen, und geben Sie deren Gleichung an.

g) Zeigen Sie, dass die Ebene G: $y - 2\,z = 0$ die Trägergerade aus f) enthält, aber nicht zur Ebenenschar E_a gehört.

62. Gegeben ist die Ebenenschar E_a: $(a + 2)\,x + (2 - a)\,z = a + 1$ $(a \in \mathbb{R})$.

a) Welche Ursprungsebene ist in der Schar E_a enthalten?

b) Welche Ebene der Schar E_a schneidet die z-Achse bei $z = 5$?

c) Welche Ebene der Schar E_a enthält die Gerade g: $\vec{x} = \begin{pmatrix} -1 \\ 2 \\ 2 \end{pmatrix} + r \begin{pmatrix} 0 \\ 1 \\ 0 \end{pmatrix}$?

d) Untersuchen Sie die Lage der Ebenen der Schar E_a zueinander.

e) Gehört die Ebene F: $x - z - 1 = 0$ zur Ebenenschar E_a?

63. Geben Sie eine Gleichung einer Ebenenschar an, deren Ebenen sich alle in der Trägergeraden g: $\vec{x} = \begin{pmatrix} 1 \\ -1 \\ 4 \end{pmatrix} + r \begin{pmatrix} 2 \\ -2 \\ 1 \end{pmatrix}$ schneiden.

64. Geben Sie eine Gleichung derjenigen Ebenenschar an, die alle Ebenen enthält, die echt parallel zur x-Achse und zur Geraden g: $\vec{x} = \begin{pmatrix} 1 \\ -2 \\ 4 \end{pmatrix} + r \begin{pmatrix} 2 \\ -1 \\ 2 \end{pmatrix}$ verlaufen.

65. Gegeben sind die Ebenenschar $E_{a, b}$: $x + (1 - 2\,a)\,y + b\,z = 2$ $(a, b \in \mathbb{R})$.

a) Bestimmen Sie die Lagebeziehung von $E_{0, 1}$ und $E_{1, 0}$.

b) Zeigen Sie, dass alle Ebenen $E_{a, b}$ einen gemeinsamen Punkt besitzen, und geben Sie diesen an.

c) Gehört die Ebene F: $2\,x + 4\,y - 3\,z = 4$ zur Ebenenschar $E_{a, b}$?

d) Für welche Werte von a und b liegt die Ebene $E_{a, b}$ parallel zur z-Achse?

e) Für welche Werte von a und b liegt die Gerade g: $\vec{x} = \begin{pmatrix} 1 \\ 0 \\ 1 \end{pmatrix} + r \begin{pmatrix} 1 \\ 2 \\ -1 \end{pmatrix}$ in der Ebene $E_{a, b}$?

66. Gegeben sind die Ebenenschar $E_{a, b}$: $2\,x + a\,y + 6\,z = 8 + 2\,a + 6\,b$ $(a, b \in \mathbb{R})$ sowie die Ebene F: $x + 2\,y + 3\,z = 9$.

a) Gehört die Ebene F zur Ebenenschar $E_{a, b}$?

b) Für welche Werte von a und b schneiden sich die Ebenen $E_{a, b}$ und F?

c) Für welche Werte von a und b sind die Ebenen $E_{a, b}$ und F echt parallel?

d) Welche Bedingungen müssen für a und b gelten, damit g: $\vec{x} = \begin{pmatrix} 1 \\ 4 \\ 0 \end{pmatrix} + r \begin{pmatrix} 6 \\ 0 \\ -2 \end{pmatrix}$ die Schnittgerade von $E_{a, b}$ und F ist?

G. Zusammengesetzte Aufgaben

Die Übungen dienten bisher überwiegend der Festigung einzelner Techniken der Vektorgeometrie. Die Lösung der folgenden zusammengesetzten Aufgaben dagegen erfordert stets die Verwendung mehrerer Verfahren. Die Aufgabenstruktur ist der von Klausur- und Abituraufgaben ähnlich.

1. Gegeben sind die Gerade g: $\vec{x} = \begin{pmatrix} 14 \\ -1 \\ -1 \end{pmatrix} + r \begin{pmatrix} -8 \\ 2 \\ 1 \end{pmatrix}$ und die Ebene E durch die Punkte

A($-2|5|2$), B($2|3|0$) und C($2|-1|2$).
   a) Stellen Sie eine Parametergleichung und eine Koordinatengleichung der Ebene E auf.
   b) Prüfen Sie, ob der Punkt P($-2|3|1$) auf der Geraden g oder auf der Ebene E liegt.
   c) Untersuchen Sie die gegenseitige Lage von g und E. Bestimmen Sie ggf. den Schnittpunkt S.
   d) Bestimmen Sie die Schnittpunkte Q und R der Geraden g mit der x-y-Ebene bzw. der y-z-Ebene.
   e) In welchen Punkten schneiden die Koordinatenachsen die Ebene E?
   f) Zeichnen Sie anhand der Ergebnisse aus c), d) und e) ein Schrägbild von g und E.

2. Gegeben seien die Punkte A($0|0|0$), B($8|0|0$), C($8|8|0$), D($0|8|0$) und S($4|4|8$), die Eckpunkte einer quadratischen Pyramide mit der Grundfläche ABCD und der Spitze S sind.
   a) Zeichnen Sie in einem kartesischen Koordinatensystem ein Schrägbild der Pyramide.
   b) Eine Gerade g schneidet die z-Achse bei $z = 12$ und geht durch die Spitze S der Pyramide. Wo schneidet diese Gerade g die x-y-Ebene?
   c) Gegeben sei weiter die Ebene E: $2y + 5z = 24$.
      Welche besondere Lage bezüglich der Koordinatenachsen hat diese Ebene E?
      Wo schneiden die Seitenkanten $\overline{AS}$, $\overline{BS}$, $\overline{CS}$ und $\overline{DS}$ der Pyramide die Ebene E?
      Zeichnen Sie die Schnittfläche der Ebene E mit der Pyramide in das Schrägbild ein und zeigen Sie, dass diese Schnittfläche ein Trapez ist.
   d) In welchem Punkt T durchdringt die Höhe h der Pyramide die Schnittfläche aus c)?
      Zeichnen Sie auch h und T in das Schrägbild ein.

3. Gegeben ist der abgebildete Würfel mit der Seitenlänge 4.
   a) In welchem Punkt S schneidet die Gerade g durch D und F die Ebene E durch die Punkte P, Q und R?
   b) Die Punkte P, Q, R und F bilden die Ecken einer Pyramide. Bestimmen Sie deren Volumen.
   c) In welchen Punkten durchstößt die Gerade h durch Q und R die Koordinatenebenen?
   d) Bestimmen Sie die Gleichung der Schnittgeraden k der Ebene E und der Ebene F durch B, D und H.
   e) Wo durchstößt die Gerade durch B und H die Ebene E?

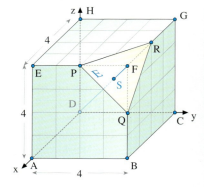

4. Gegeben sind die Geraden g: $\vec{x} = \begin{pmatrix} 1 \\ 2 \\ 3 \end{pmatrix} + r \begin{pmatrix} -1 \\ 0 \\ 2 \end{pmatrix}$ und h: $\vec{x} = \begin{pmatrix} 0 \\ 4 \\ 4 \end{pmatrix} + s \begin{pmatrix} 0 \\ -2 \\ 1 \end{pmatrix}$.

a) Zeigen Sie, dass g und h sich schneiden. Bestimmen Sie den Schnittpunkt S.

b) E sei diejenige Ebene, welche die Geraden g und h enthält.
Stellen Sie eine Parametergleichung von E auf.

c) Bestimmen Sie eine Koordinatengleichung von E sowie die Achsenabschnittspunkte.

d) Eine Gerade k geht durch die Punkte P(4|0|3) und Q(0|3|a). Wie muss die Variable a gewählt werden, damit k echt parallel zu E verläuft?

e) Der Ursprung des Koordinatensystems und die drei Achsenabschnittspunkte der Ebene E sind Eckpunkte einer Pyramide. Bestimmen Sie das Volumen der Pyramide.

f) Fertigen Sie mithilfe der Achsenabschnitte von E eine Schrägbild der Pyramide aus e) an.
Zeichnen Sie den Punkt P(1|2|2) ein. Liegt er im Innern der Pyramide?

5. Gegeben ist der abgebildete Würfel mit der Seitenlänge 4 in einem kartesischen Koordinatensystem. Das Dreieck BRP stellt einen Ausschnitt einer Ebene E dar. Das Dreieck MCR stellt einen Ausschnitt einer Ebene F dar.

a) Bestimmen Sie eine Parameter- und eine Koordinatengleichung von E.

b) Gesucht ist der Schnittpunkt S der Geraden g durch die Punkte D und Q mit der Ebene E.
Welches Teilstück der Strecke $\overline{DQ}$ ist länger, $\overline{DS}$ oder $\overline{SQ}$?

c) Bestimmen Sie eine Gleichung der Schnittgeraden der Ebenen E und F.

d) Von U(0|0|6) geht ein Strahl aus, der auf V(1,5|6|0) zielt. Trifft der Strahl den Würfel? Trifft der Strahl das Dreieck BRP?

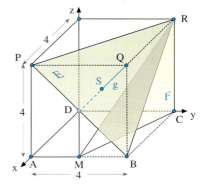

6. Die Gerade g und die Ebene E seien durch die Abbildung gegeben.

a) Bestimmen Sie Parametergleichungen von g und E sowie eine Koordinatengleichung von E.

b) Schneiden sich g und E?

c) Gesucht ist der Schnittpunkt der Seitenhalbierenden des Dreiecks ABC.

d) Wie lang ist die Strecke, die von der x-y-Ebene und der x-z-Ebene aus der Geraden g „herausgeschnitten" wird?

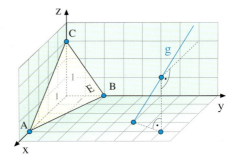

e) Welcher Punkt D der Geraden h durch A und B liegt dem Koordinatenursprung am nächsten?

7. Die Ebenen E_1, E_2 und E_3 schneiden sich paarweise.

a) Stellen Sie Parametergleichungen der Ebenen E_2 und E_3 auf.

b) Stellen Sie Koordinatengleichungen der Ebenen E_1, E_2 und E_3 auf.

c) Bestimmen Sie jeweils eine Gleichung der Schnittgeraden g von E_1 und E_2, h von E_1 und E_3 und k von E_2 und E_3.

d) Übertragen Sie die nebenstehende Abbildung in Ihren Hefter und zeichnen Sie die Teilstrecken der Geraden g und h auf dem abgebildeten Ausschnitt von E_1 ein. Wie lang sind diese Teilstrecken?

e) Gibt es eine Gerade, die auf allen drei Ebenen liegt?

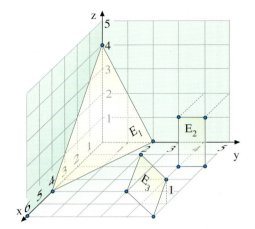

8. Gegeben sind die Punkte $A(2|-2|0)$, $B(2|4|0)$, $C(-4|4|0)$, $D(-4|-2|0)$ und $S(-1|1|6)$.
Betrachtet wird die Pyramide mit der Grundfläche ABCD und der Spitze S.
E sei die Ebene, die die Punkte $P(-1|3|2)$, $Q(2|0|4)$ und $R(3|3|2)$ enthält.

a) Stellen Sie eine Parametergleichung und eine Koordinatengleichung von E auf.

b) Zeichnen Sie ein Schrägbild der Pyramide im kartesischen Koordinatensystem.

c) Die Ebene E schneidet die Pyramidenkanten $\overline{SA}$, $\overline{SB}$, $\overline{SC}$ und $\overline{SD}$ in den Punkten A′, B′, C′ und D′. Bestimmen Sie die Koordinaten dieser Punkte.

d) Zeigen Sie, dass das Viereck A′B′C′D′ ein Trapez ist.

e) In welchem Punkt L durchdringt die Pyramidenhöhe das Trapez?

f) Zeichnen Sie das Trapez, die Pyramidenhöhe und L in das Schrägbild aus b) ein.

9. Gegeben seien die Punkte $A(2|-2|0)$, $B(2|4|0)$, $C(-4|4|0)$, $D(-4|-2|0)$ und $S(-1|1|6)$, die die Eckpunkte einer quadratischen Pyramide mit der Spitze S bilden.
g sei eine Gerade, die durch die Punkte $U(-3|6|0)$ und $V(0|-3|6)$ geht.

a) Stellen Sie eine Parametergleichung von g auf.

b) Die Gerade g durchdringt die Pyramide. Wie lang ist die in der Pyramide verlaufende Teilstrecke $\overline{ST}$ von g?

c) Trifft die Gerade g die Höhe h der Pyramide?

d) Kann man vom Punkt $X(4|0|0)$ den Punkt $Z(-5|3|6)$ erblicken oder steht die Pyramide im Weg?

e) Fertigen Sie ein Schrägbild an, das die Pyramide, die Strecke $\overline{ST}$ aus b) sowie das Ergebnis aus d) enthält.

3. Schnittwinkel

Im Anschluss an die Einführung des Skalarprodukts wurde die Kosinusformel zur Bestimmung des Winkels zwischen zwei Vektoren hergeleitet (s. S. 64).
Hiervon ausgehend lassen sich vergleichbare Formeln für den Schnittwinkel zweier Geraden bzw. einer Geraden und einer Ebene bzw. zweier Ebenen entwickeln.

A. Der Schnittwinkel von zwei Geraden

Der Schnittwinkel γ von Geraden wurde bereits behandelt (s. S. 98), wird aber hier zur Vervollständigung noch einmal kurz angesprochen. Er wird mit der rechts dargestellten Formel errechnet. Das Betragszeichen im Zähler sichert, dass der Winkel stets zwischen 0° und 90° liegt.

> **Schnittwinkel Gerade/Gerade**
>
> Schneiden sich zwei Geraden g und h mit den Richtungsvektoren $\vec{m}_1$ und $\vec{m}_2$, dann gilt für ihren Schnittwinkel γ:
>
> $$\cos\gamma = \frac{|\vec{m}_1 \cdot \vec{m}_2|}{|\vec{m}_1| \cdot |\vec{m}_2|}.$$

Übung 1

Errechnen Sie den Schnittpunkt und den Schnittwinkel der Geraden g und h.

$$g: \vec{x} = \begin{pmatrix} 0 \\ 0 \\ 1 \end{pmatrix} + r\begin{pmatrix} 1 \\ 2 \\ 2 \end{pmatrix}, h: \vec{x} = \begin{pmatrix} 2 \\ 0 \\ 2 \end{pmatrix} + s\begin{pmatrix} -1 \\ 2 \\ 1 \end{pmatrix}$$

Übung 2

Bestimmen Sie den Schnittwinkel γ der rechts dargestellten Geraden g und h.

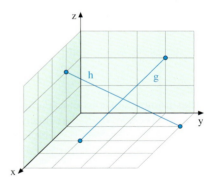

B. Der Schnittwinkel von Gerade und Ebene

Unter dem Schnittwinkel γ einer Geraden g und einer Ebene E versteht man den Winkel zwischen der Geraden g und der Geraden s, welche durch senkrechte Projektion der Geraden g auf die Ebene E entsteht. Er liegt zwischen 0° und 90°.

Winkel zwischen g und E

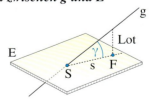

Man kann den Winkel γ bestimmen, indem man zunächst die Gleichung der Projektionsgeraden s ermittelt und anschließend den Winkel zwischen g und s errechnet. Es geht aber noch einfacher, wenn man einen Normalenvektor der Ebene verwendet, wie im Folgenden dargestellt.

Wir denken uns wie rechts abgebildet eine Hilfsebene H errichtet, die g enthält und senkrecht auf E steht. Sie schneidet E in der Geraden s.
Der Schnittwinkel γ von g und E ist der Winkel zwischen g und s.
Der Winkel $90° - \gamma$ lässt sich mit der Kosinusformel als Winkel zwischen dem Richtungsvektor $\vec{m}$ von g und dem Normalenvektor $\vec{n}$ von E errechnen, da beide Vektoren ebenfalls in der Hilfsebene liegen und $\vec{n}$ senkrecht auf s steht:

$$\cos(90° - \gamma) = \frac{|\vec{m} \cdot \vec{n}|}{|\vec{m}| \cdot |\vec{n}|}.$$

Da $\cos(90° - \gamma) = \sin\gamma$ gilt, erhalten wir die rechts dargestellte Formel für den Schnittwinkel von Gerade und Ebene.

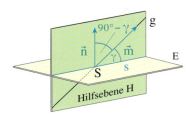

Schnittwinkel Gerade/Ebene

Die Gerade g: $\vec{x} = \vec{a} + r \cdot \vec{m}$ schneidet die Ebene E: $(\vec{x} - \vec{a}) \cdot \vec{n} = 0$.
Dann gilt für den Schnittwinkel γ von g und E die Formel

$$\sin\gamma = \frac{|\vec{m} \cdot \vec{n}|}{|\vec{m}| \cdot |\vec{n}|}.$$

▶ **Beispiel: Schnittwinkel Gerade/Ebene**

Die Gerade g durch A(2|1|3) und B(4|2|1) schneidet die Ebene E: $\left[\vec{x} - \begin{pmatrix} 3 \\ 5 \\ 1 \end{pmatrix}\right] \cdot \begin{pmatrix} 3 \\ 1 \\ 2 \end{pmatrix} = 0.$

Bestimmen Sie den Schnittpunkt S und den Schnittwinkel γ von g und E.

Lösung:
Wir bestimmen zunächst eine Parametergleichung von g und berechnen den Schnittpunkt S von g und E durch Einsetzung des allgemeinen Vektors von g in die Gleichung von E.
Resultat: S(4|2|1)

Parametergleichung von g:

$$g: \vec{x} = \begin{pmatrix} 2 \\ 1 \\ 3 \end{pmatrix} + r \cdot \begin{pmatrix} 2 \\ 1 \\ -2 \end{pmatrix}$$

Schnittpunkt von g und E: S(4|2|1)

Anschließend setzen wir den Richtungsvektor $\vec{m}$ von g und den Normalenvektor $\vec{n}$ von E in die Sinusformel für den Winkel zwischen Gerade und Ebene ein.
Wir erhalten $\sin\gamma \approx 0{,}2673$, woraus wir mithilfe des Taschenrechners das Resultat
▶ $\gamma \approx 15{,}50°$ erhalten.

Schnittwinkel von g und E:

$$\sin\gamma = \frac{|\vec{m} \cdot \vec{n}|}{|\vec{m}| \cdot |\vec{n}|} = \frac{\left|\begin{pmatrix} 2 \\ 1 \\ -2 \end{pmatrix} \cdot \begin{pmatrix} 3 \\ 1 \\ 2 \end{pmatrix}\right|}{\left|\begin{pmatrix} 2 \\ 1 \\ -2 \end{pmatrix}\right| \cdot \left|\begin{pmatrix} 3 \\ 1 \\ 2 \end{pmatrix}\right|} = \frac{3}{\sqrt{9} \cdot \sqrt{14}}$$

$\sin\gamma \approx 0{,}2673 \Rightarrow \gamma \approx 15{,}50°$

Übung 3
Bestimmen Sie den Schnittwinkel der Geraden g durch die Punkte A(1|0|−2) und B(−2|3|1) mit der Ebene E.

a) E: $\left[\vec{x} - \begin{pmatrix} 1 \\ 0 \\ 1 \end{pmatrix}\right] \cdot \begin{pmatrix} 3 \\ -2 \\ 2 \end{pmatrix} = 0$ b) E: $\vec{x} = \begin{pmatrix} 1 \\ 2 \\ 1 \end{pmatrix} + r \cdot \begin{pmatrix} 1 \\ -1 \\ 2 \end{pmatrix} + s \cdot \begin{pmatrix} -7 \\ 5 \\ 1 \end{pmatrix}$ c) E: x-y-Ebene

C. Der Schnittwinkel von zwei Ebenen

Wir untersuchen zwei Ebenen E_1 und E_2, die sich in einer Geraden s schneiden.

Dann bilden zwei Geraden g_1 und g_2, die senkrecht auf s stehen und sich wie abgebildet schneiden, den Winkel $\gamma \leq 90°$.

Man bezeichnet diesen Winkel als *Schnittwinkel der Ebenen* E_1 und E_2.

Die Normalenvektoren $\vec{n}_1$ und $\vec{n}_2$ der Ebenen E_1 und E_2 bilden miteinander exakt den gleichen Winkel, denn sie stehen jeweils senkrecht auf den Geraden g_1 und g_2, so dass sich der Winkel γ überträgt.

Daher lässt sich der Schnittwinkel γ zweier Ebenen nach der rechts aufgeführten Kosinusformel mithilfe der Normalenvektoren der beiden Ebenen berechnen.

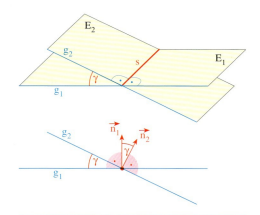

Schnittwinkel Ebene/Ebene

Schneiden sich zwei Ebenen E_1 und E_2 mit den Normalenvektoren $\vec{n}_1$ und $\vec{n}_2$, so gilt für ihren Schnittwinkel γ:

$$\cos \gamma = \frac{|\vec{n}_1 \cdot \vec{n}_2|}{|\vec{n}_1| \cdot |\vec{n}_2|}.$$

▶ **Beispiel: Schnittwinkel Ebene/Ebene**
Die Ebenen E_1: $4x + 3y + 2z = 12$ und E_2: $\left[\vec{x} - \begin{pmatrix} 0 \\ 0 \\ 6 \end{pmatrix}\right] \cdot \begin{pmatrix} 0 \\ 3 \\ 2 \end{pmatrix} = 0$ schneiden sich.
Berechnen Sie den Schnittwinkel γ.

Lösung:
Wir bestimmen zunächst Normalenvektoren von E_1 und E_2.
Die Koeffizienten in der Koordinatengleichung von E_1 (4, 3 und 2) sind die Koordinaten eines Normalenvektors von E_1. Ein Normalenvektor von E_2 kann aus der gegebenen Normalenform ebenfalls direkt entnommen werden.

Mithilfe der Schnittwinkelformel erhalten
▶ wir $\cos \gamma \approx 0{,}6695$ und daher $\gamma \approx 47{,}97°$.

Normalenvektoren:

$$\vec{n}_1 = \begin{pmatrix} 4 \\ 3 \\ 2 \end{pmatrix}, \vec{n}_2 = \begin{pmatrix} 0 \\ 3 \\ 2 \end{pmatrix}$$

Schnittwinkel:

$$\cos \gamma = \frac{|\vec{n}_1 \cdot \vec{n}_2|}{|\vec{n}_1| \cdot |\vec{n}_2|} = \frac{\left| \begin{pmatrix} 4 \\ 3 \\ 2 \end{pmatrix} \cdot \begin{pmatrix} 0 \\ 3 \\ 2 \end{pmatrix} \right|}{\left| \begin{pmatrix} 4 \\ 3 \\ 2 \end{pmatrix} \right| \cdot \left| \begin{pmatrix} 0 \\ 3 \\ 2 \end{pmatrix} \right|} = \frac{13}{\sqrt{29} \cdot \sqrt{13}}$$

$$\cos \gamma \approx 0{,}6695 \Rightarrow \gamma \approx 47{,}97°$$

Übung 4
Gesucht sind die Schnittgerade und der Schnittwinkel der Ebenen E_1: $x + 2y + 2z = 6$ und E_2: $x - y = 0$.

Übungen

5. Schnittwinkel von Vektoren

Gegeben ist eine Pyramide mit der Grundfläche ABC, der Spitze S und der Höhe 3.

a) Berechnen Sie den Winkel zwischen den Seitenkanten AB und AS sowie zwischen den Seitenkanten AS und CS.

b) Welche der drei aufsteigenden Pyramidenkanten ist am steilsten?

c) Wie groß ist der Winkel zwischen der Höhe und der Seitenkante AS?

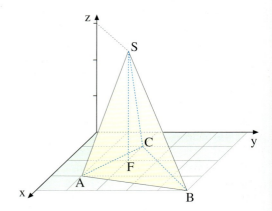

6. Schnittwinkel Gerade/Gerade

Zeigen Sie, dass die Raumgeraden g und h sich schneiden, und berechnen Sie den Schnittpunkt S und den Schnittwinkel γ.

a) $g: \vec{x} = \begin{pmatrix} 2 \\ 2 \\ 2 \end{pmatrix} + r \cdot \begin{pmatrix} 1 \\ 1 \\ -1 \end{pmatrix}$, $h: \vec{x} = \begin{pmatrix} 3 \\ 1 \\ 2 \end{pmatrix} + s \cdot \begin{pmatrix} 2 \\ 0 \\ -1 \end{pmatrix}$ b) $g: \vec{x} = \begin{pmatrix} 2 \\ 2 \\ 2 \end{pmatrix} + r \cdot \begin{pmatrix} 1 \\ 1 \\ 1 \end{pmatrix}$, $h: \vec{x} = \begin{pmatrix} 2 \\ 5 \\ 2 \end{pmatrix} + s \cdot \begin{pmatrix} 2 \\ -1 \\ 2 \end{pmatrix}$

c) $g: \vec{x} = \begin{pmatrix} 4 \\ 4 \\ 1 \end{pmatrix} + r \cdot \begin{pmatrix} 2 \\ 2 \\ -1 \end{pmatrix}$, $h: \vec{x} = \begin{pmatrix} 10 \\ 10 \\ 2 \end{pmatrix} + s \cdot \begin{pmatrix} 2 \\ 2 \\ 1 \end{pmatrix}$ d) g durch A(0|6|0), B(0|0|3)
h durch C(4|2|0), D(2|2|1)

7. Schnittwinkel Gerade/Ebene

Die Gerade g schneidet die Ebene E. Berechnen Sie den Schnittpunkt S und den Schnittwinkel γ.

a) $g: \vec{x} = \begin{pmatrix} 0 \\ 0 \\ 2 \end{pmatrix} + r \cdot \begin{pmatrix} 1 \\ 1 \\ 1 \end{pmatrix}$, $E: \left[\vec{x} - \begin{pmatrix} 2 \\ 0 \\ 3 \end{pmatrix} \right] \cdot \begin{pmatrix} 3 \\ 3 \\ 2 \end{pmatrix} = 0$

b) $g: \vec{x} = \begin{pmatrix} 0 \\ 2 \\ 4 \end{pmatrix} + r \cdot \begin{pmatrix} 1 \\ 1 \\ 2 \end{pmatrix}$, $E: -x + y + 2z = 6$

c) $g: \vec{x} = \begin{pmatrix} 2 \\ 2 \\ 1 \end{pmatrix} + r \cdot \begin{pmatrix} 1 \\ 1 \\ 1 \end{pmatrix}$, $E: \vec{x} = \begin{pmatrix} 1 \\ 0 \\ 2 \end{pmatrix} + s \cdot \begin{pmatrix} 2 \\ 0 \\ -4 \end{pmatrix} + t \cdot \begin{pmatrix} 0 \\ -1 \\ 2 \end{pmatrix}$

8. Schnittwinkel Gerade/Koordinatenebene

In welchen Punkten und unter welchen Winkeln durchdringt die Gerade g die angegebenen Koordinatenebenen? Fertigen Sie ein Schrägbild an.

a) $g: \vec{x} = \begin{pmatrix} 4 \\ 1 \\ 2 \end{pmatrix} + r \cdot \begin{pmatrix} 0 \\ 1 \\ -1 \end{pmatrix}$ b) $g: \vec{x} = \begin{pmatrix} 2 \\ 3 \\ 2 \end{pmatrix} + r \cdot \begin{pmatrix} -2 \\ 1 \\ 2 \end{pmatrix}$ c) $g: \vec{x} = \begin{pmatrix} 2 \\ 2 \\ 3 \end{pmatrix} + r \cdot \begin{pmatrix} -2 \\ 1 \\ -1 \end{pmatrix}$

E: x-y-Ebene   E: x-y-Ebene   E: x-z-Ebene
F: x-z-Ebene   F: y-z-Ebene   F: y-z-Ebene

9. Schnittwinkel Gerade/Ebene und Vektoren

Exakt in der Mitte der rechten Dachfläche der abgebildeten Halle tritt eine
12 m hohe Antenne aus, die durch
einen Stahlstab fixiert wird, der 4 m
unterhalb der Antennenspitze sowie
in der Mitte am Dachfirst verschraubt
ist.

a) Welchen Winkel bildet die Antenne mit der Dachfläche?
b) Welchen Winkel bildet der Stahlstab mit der Antenne bzw. mit der
   Dachfläche?

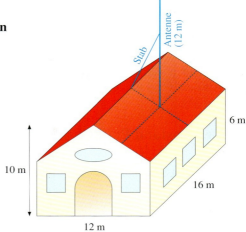

10. Schnittwinkel Ebene/Koordinatenachsen

Unter welchen Winkeln schneiden die Koordinatenachsen die Ebene E?

a) $E: \left[\vec{x} - \begin{pmatrix} 0 \\ 3 \\ 0 \end{pmatrix}\right] \cdot \begin{pmatrix} 3 \\ 2 \\ 2 \end{pmatrix} = 0$ b) $E: 2x + y + 2z = 4$ c) $E: \vec{x} = \begin{pmatrix} 2 \\ 3 \\ 0 \end{pmatrix} + r\begin{pmatrix} 1 \\ 3 \\ -4 \end{pmatrix} + s\begin{pmatrix} 2 \\ -6 \\ 8 \end{pmatrix}$

11. Schnittwinkel Ebene/Ebene

Die Ebenen E_1 und E_2 schneiden sich. Bestimmen Sie den Schnittwinkel γ.

a) $E_1: \left[\vec{x} - \begin{pmatrix} 1 \\ 0 \\ 2 \end{pmatrix}\right] \cdot \begin{pmatrix} 2 \\ -3 \\ 2 \end{pmatrix} = 0$ b) $E_1: 5x + y + z = 5$ d) $E_1: 2x + z = 1$

$\qquad$ $E_2: -x + y + z = 5$ $\qquad$ $E_2: x - z = 0$

$E_2: \left[\vec{x} - \begin{pmatrix} 0 \\ -2 \\ 0 \end{pmatrix}\right] \cdot \begin{pmatrix} -2 \\ 1 \\ 0 \end{pmatrix} = 0$ c) $E_1: 2x - y + 3z = 6$ e) $E_1: x + y = 3$

$\qquad$ $E_2: x - y - z = 3$ $\qquad$ $E_2: \quad y = 1$

12. Schnittwinkel Ebene/Ebene

Berechnen Sie den Schnittwinkel γ der Ebenen E_1 und E_2. Bestimmen Sie zunächst Normalenvektoren beider Ebenen.

a) $E_1: \left[\vec{x} - \begin{pmatrix} 0 \\ 0 \\ 0 \end{pmatrix}\right] \cdot \begin{pmatrix} -2 \\ 3 \\ 6 \end{pmatrix} = 0$, $\quad E_2: \vec{x} = \begin{pmatrix} 2 \\ 0 \\ 1 \end{pmatrix} + r\begin{pmatrix} 4 \\ 0 \\ -2 \end{pmatrix} + s\begin{pmatrix} 0 \\ -2 \\ 2 \end{pmatrix}$

b) $E_1: 2x - 3y + 6z = 12$, $\qquad E_2: \vec{x} = \begin{pmatrix} 0 \\ -1 \\ 7 \end{pmatrix} + r\begin{pmatrix} -2 \\ -1 \\ 4 \end{pmatrix} + s\begin{pmatrix} 0 \\ -1 \\ 3 \end{pmatrix}$

c) E_1: Ebene durch $A(4|2|0)$, $\quad E_2$: y-z-Koordinatenebene
   $B(8|0|0), C(4|0|0,5)$,

13. Schnittwinkel Ebene/Ebene und Koordinatenachse/Ebenenschar

Gegeben ist die Ebenenschar $E_a: \left[\vec{x} - \begin{pmatrix} 2a-1 \\ 0 \\ 0 \end{pmatrix}\right] \cdot \begin{pmatrix} 1 \\ a-1 \\ a+1 \end{pmatrix} = 0$ mit $a \in \mathbb{R}$.

a) Zeigen Sie, dass sich die Ebenen E_0 und E_1 der gegebenen Schar schneiden. Bestimmen
   Sie die Schnittgerade g und den Schnittwinkel γ.
b) Welche Ebene der Schar E_a wird von der y-Achse unter einem Winkel von 45° geschnitten?

4. Abstandsberechnungen

Im Folgenden werden Verfahren zur Bestimmung von Abständen behandelt. Es geht dabei um den Abstand von Punkten, Ebenen und Geraden.

A. Der Abstand Punkt/Ebene (Lotfußpunktverfahren)   154-1

Unter dem Abstand eines Punktes P von einer Ebene E versteht man die Länge d der Lotstrecke $\overline{PF}$, die senkrecht auf der Ebene steht.
Der Punkt F heißt *Lotfußpunkt*.

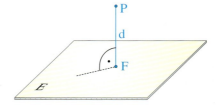

Zur Abstandsberechnung kann man das sogenannte *Lotfußpunktverfahren* verwenden. Dabei stellt man eine Lotgerade g auf, die senkrecht zur Ebene E steht und den Punkt P enthält. Man errechnet ihren Schnittpunkt F mit der Ebene E, den sogenannten Lotfußpunkt F. Der gesuchte Abstand d von Punkt und Ebene ergibt sich dann als Abstand der beiden Punkte P und F.

> **Beispiel: Lotfußpunktverfahren**
> Gesucht ist der Abstand d des Punktes P(4|4|5) von der Ebene E: $x + y + 2z = 6$.

Lösung:
Wir bestimmen zunächst die Gleichung der Lotgeraden g. Als Stützpunkt verwenden wir den Punkt P und als Richtungsvektor dient der Normalenvektor von E, denn die Gerade g soll senkrecht zu E verlaufen. Die Koordinaten $x = 1, y = 1, z = 2$ des Normalenvektors können hier direkt aus der Koordinatenform von E abgelesen werden.

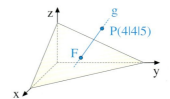

1. Lotgerade g: g: $\vec{x} = \begin{pmatrix} 4 \\ 4 \\ 5 \end{pmatrix} + r \begin{pmatrix} 1 \\ 1 \\ 2 \end{pmatrix}$

Nun wird durch Einsetzen der Koordinaten von g in die Gleichung von E der Schnittpunkt F berechnet.
Resultat: F(2|2|1)

2. Schnittpunkt von g und E:
$(4 + r) + (4 + r) + 2(5 + 2r) = 6$
$18 + 6r = 6$
$r = -2, F(2|2|1)$

Schließlich errechnen wir den Abstand der beiden Punkte P und F nach der wohlbekannten Abstandsformel.
Resultat: Der Punkt P und die Ebene E haben den Abstand $d = \sqrt{24} \approx 4{,}90$.

3. Abstand von P und F:

$d = |\overline{PF}| = \sqrt{(2-4)^2 + (2-4)^2 + (1-5)^2}$

$d = \sqrt{24} \approx 4{,}90$

Übung 1
Bestimmen Sie den Abstand des Punktes P von der Ebene E.
a) E: $4x - 4y + 2z = 16$, P(5|−5|6)   b) E: $-4x + 5y + z = 10$, P(−3|7|5)

B. Der Abstand Punkt/Ebene (Hesse'sche Normalenform)

Neben dem Lotfußpunktverfahren gibt es ein weiteres Verfahren zur Berechnung des Abstandes Punkt/Ebene, welches letztendlich schneller geht.

Dabei wird eine besondere Form der Ebenengleichung verwendet, die man nach dem deutschen Mathematiker *Ludwig Otto Hesse* (1811–1874) als *Hesse'sche Normalenform* bezeichnet.

 155-1

Es handelt sich hierbei um eine Normalengleichung der Ebene, in der ein Normalenvektor $\vec{n}_0$ verwendet wird, der normiert ist, d. h. die Länge $|\vec{n}_0| = 1$ besitzt.

Man spricht von einem *Normaleneinheitsvektor*.

> **Die Hesse'sche Normalenform**
>
> $$E: (\vec{x} - \vec{a}) \cdot \vec{n}_0 = 0$$
>
> $\vec{x}$: allg. Ortsvektor der Ebene
> $\vec{a}$: Ortsvektor eines Ebenenpunktes
> $\vec{n}_0$: Normalenvektor mit $|\vec{n}_0| = 1$

▶ **Beispiel: Hesse'sche Normalenform (HNF)**

Bestimmen Sie eine Hesse'sche Normalenform der Ebene $E: \left[\vec{x} - \begin{pmatrix} 1 \\ 0 \\ 2 \end{pmatrix}\right] \cdot \begin{pmatrix} 1 \\ 2 \\ 3 \end{pmatrix} = 0.$

Lösung:
Die Ebene ist schon in Normalenform gegeben. Wir müssen also lediglich ihren Normalenvektor $\vec{n}$ normieren.

Hierzu dividieren wir den Vektor $\vec{n}$ durch seinen Betrag $|\vec{n}| = \sqrt{14}$.

Wir erhalten den rechts aufgeführten Normaleneinheitsvektor $\vec{n}_0$.

Ersetzen wir nun in der gewöhnlichen Normalenform der Ebenengleichung den Vektor $\vec{n}$ durch $\vec{n}_0$, so erhalten wir die
▶ Hesse'sche Normalenform.

Betrag des Normalenvektors:

$$\vec{n} = \begin{pmatrix} 1 \\ 2 \\ 3 \end{pmatrix} \Rightarrow |\vec{n}| = \sqrt{1^2 + 2^2 + 3^2} = \sqrt{14}$$

Normaleneinheitsvektor:

$$\vec{n}_0 = \frac{\vec{n}}{|\vec{n}|} = \begin{pmatrix} 1/\sqrt{14} \\ 2/\sqrt{14} \\ 3/\sqrt{14} \end{pmatrix}$$

Hesse'sche Normalenform von E:

$$E: \left[\vec{x} - \begin{pmatrix} 1 \\ 0 \\ 2 \end{pmatrix}\right] \cdot \begin{pmatrix} 1/\sqrt{14} \\ 2/\sqrt{14} \\ 3/\sqrt{14} \end{pmatrix} = 0$$

Übung 2
Bestimmen Sie eine Hesse'sche Normalenform der Ebene E.

a) $E: \left[\vec{x} - \begin{pmatrix} 1 \\ 0 \\ 3 \end{pmatrix}\right] \cdot \begin{pmatrix} 1 \\ 2 \\ 2 \end{pmatrix} = 0$ b) $E: 2x + y - z = 6$ c) $E: \vec{x} = \begin{pmatrix} 1 \\ 4 \\ 3 \end{pmatrix} + r \begin{pmatrix} -3 \\ 3 \\ 4 \end{pmatrix} + s \begin{pmatrix} 12 \\ 5 \\ 1 \end{pmatrix}$

Die Bedeutung der Hesse'schen Normalengleichung für Abstandsberechnungen ergibt sich aus folgender Tatsache:

Ersetzt man den allgemeinen Ortsvektor $\vec{x}$ auf der linken Seite einer Hesse'schen Normalengleichung der Ebene E durch den Ortsvektor $\vec{p}$ eines Punktes P, so erhält man, abgesehen vom Vorzeichen, den Abstand des Punktes P von der Ebene E.

> **Abstandsformel (Punkt/Ebene)**
>
> E: $(\vec{x} - \vec{a}) \cdot \vec{n}_0 = 0$ sei eine Hesse'sche Normalengleichung der Ebene E. Dann gilt für den Abstand d eines beliebigen Punktes P mit dem Ortsvektor $\vec{p}$ von der Ebene E:
>
> $$d = d(P, E) = |(\vec{p} - \vec{a}) \cdot \vec{n}_0|.$$

> ▶ **Beispiel: Abstand Punkt/Ebene**
>
> Gesucht ist der Abstand des Punktes P(4|4|5) von der Ebene E: $\left[\vec{x} - \begin{pmatrix} 2 \\ 2 \\ 1 \end{pmatrix}\right] \cdot \begin{pmatrix} 1 \\ 1 \\ 2 \end{pmatrix} = 0$.

Lösung:
Wir stellen zunächst eine Hesse'sche Normalengleichung von E auf, indem wir einen Normaleneinheitsvektor errechnen.

Hesse'sche Normalenform von E:

$$E: \left[\vec{x} - \begin{pmatrix} 2 \\ 2 \\ 1 \end{pmatrix}\right] \cdot \begin{pmatrix} 1/\sqrt{6} \\ 1/\sqrt{6} \\ 2/\sqrt{6} \end{pmatrix} = 0$$

Anschließend ersetzen wir im linksseitigen Term der Gleichung $\vec{x}$ durch den Ortsvektor von P(4|4|5).
Wir errechnen das sich ergebende Skalarprodukt und bilden hiervon den Betrag.
Das Resultat 4,90 ist der gesuchte Abstand
▶ von P und E.

Abstand von P und E:

$$d = \left| \left[\begin{pmatrix} 4 \\ 4 \\ 5 \end{pmatrix} - \begin{pmatrix} 2 \\ 2 \\ 1 \end{pmatrix}\right] \cdot \begin{pmatrix} 1/\sqrt{6} \\ 1/\sqrt{6} \\ 2/\sqrt{6} \end{pmatrix} \right|$$

$$= \left| \begin{pmatrix} 2 \\ 2 \\ 4 \end{pmatrix} \cdot \begin{pmatrix} 1/\sqrt{6} \\ 1/\sqrt{6} \\ 2/\sqrt{6} \end{pmatrix} \right| = \frac{12}{\sqrt{6}} \approx 4,90$$

Begründung der Abstandsformel:
P sei ein Punkt, der auf derjenigen Seite der Ebene E liegt, nach der $\vec{n}_0$ zeigt.
Dann gilt folgende Rechnung:

$$(\vec{p} - \vec{a}) \cdot \vec{n}_0 = \overrightarrow{AP} \cdot \vec{n}_0 = (\overrightarrow{AF} + \overrightarrow{FP}) \cdot \vec{n}_0$$
$$= \overrightarrow{AF} \cdot \vec{n}_0 + \overrightarrow{FP} \cdot \vec{n}_0$$
$$= |\overrightarrow{AF}| \cdot |\vec{n}_0| \cdot \cos 90° + |\overrightarrow{FP}| \cdot |\vec{n}_0| \cdot \cos 0°$$
$$= |\overrightarrow{FP}| = d$$

Liegt P auf der anderen Seite von E, so ergibt sich $(\vec{p} - \vec{a}) \cdot \vec{n}_0 = -d$.
Insgesamt: $d = |(\vec{p} - \vec{a}) \cdot \vec{n}_0|$.

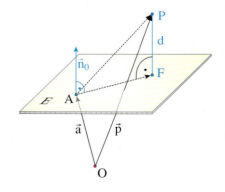

C. Anwendungen der Abstandsformel Punkt/Ebene

▶ **Beispiel: Höhe einer Pyramide**
Welche Höhe hat die abgebildete Pyramide mit der Grundfläche ABC und der Spitze S?
Welches Volumen hat die Pyramide?

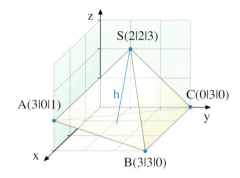

Lösung:
Die Höhe h ist der Abstand des Punktes S zu derjenigen Ebene E, welche A, B und C enthält.
Wir bestimmen zunächst eine Parametergleichung von E, wandeln diese in eine Normalengleichung um und stellen durch Normierung von $\vec{n}$ schließlich deren Hesse'sche Normalengleichung auf.

Durch Einsetzung des Ortsvektors der Pyramidenspitze S in die linke Seite der Hesse'schen Normalengleichung errechnen wir den Abstand h von S und E.
Resultat: $h \approx 2{,}53$ LE

Zur Berechnung des Pyramidenvolumens benötigen wir den Flächeninhalt A des Grundflächendreiecks ABC.
Wir wenden die Parallelogrammformel an (vgl. S. 68). Dabei können wir die Richtungsvektoren der Parametergleichung von E als aufspannende Vektoren des Dreiecks verwenden.
Der Flächeninhalt beträgt $A \approx 4{,}74$ FE.
▶ Das Volumen der Pyramide ist $V = 4$ VE.

Parametergleichung von E:

$$E: \vec{x} = \begin{pmatrix} 3 \\ 0 \\ 1 \end{pmatrix} + r \begin{pmatrix} 0 \\ 3 \\ -1 \end{pmatrix} + s \begin{pmatrix} -3 \\ 3 \\ -1 \end{pmatrix}$$

Hesse'sche Normalengleichung:

$$E: \left[\vec{x} - \begin{pmatrix} 3 \\ 0 \\ 1 \end{pmatrix} \right] \cdot \begin{pmatrix} 0 \\ 1/\sqrt{10} \\ 3/\sqrt{10} \end{pmatrix} = 0$$

Abstand von S und E:

$$h = \left| \left[\begin{pmatrix} 2 \\ 2 \\ 3 \end{pmatrix} - \begin{pmatrix} 3 \\ 0 \\ 1 \end{pmatrix} \right] \cdot \begin{pmatrix} 0 \\ 1/\sqrt{10} \\ 3/\sqrt{10} \end{pmatrix} \right| = \frac{8}{\sqrt{10}} \approx 2{,}53$$

Flächeninhalt von ABC:

$$A = \frac{1}{2} \cdot \sqrt{ \begin{pmatrix} 0 \\ 3 \\ -1 \end{pmatrix}^2 \cdot \begin{pmatrix} -3 \\ 3 \\ -1 \end{pmatrix}^2 - \left(\begin{pmatrix} 0 \\ 3 \\ -1 \end{pmatrix} \cdot \begin{pmatrix} -3 \\ 3 \\ -1 \end{pmatrix} \right)^2 }$$

$$= \frac{1}{2} \cdot \sqrt{10 \cdot 19 - 10^2} = \frac{1}{2} \cdot \sqrt{90} \approx 4{,}74$$

Volumen der Pyramide:

$$V = \frac{1}{3} \cdot A \cdot h = \frac{1}{3} \cdot \frac{1}{2}\sqrt{90} \cdot \frac{8}{\sqrt{10}} = 4$$

Übung 3

Von einem Würfel mit der Seitenlänge von 4 m wurde eine Ecke wie dargestellt abgeschnitten.

a) Welche Höhe hat die Pyramide über der Schnittfläche?
b) Wie groß ist das Restvolumen des Würfels?
c) In welchem Punkt schneidet die Würfeldiagonale das blaue Dreieck?

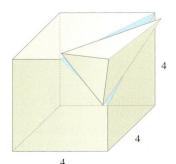

Eine Ebene teilt den dreidimensionalen Anschauungsraum in zwei Hälften. Da ein Normalenvektor der Ebene stets in einen der beiden *Halbräume* zeigt, kann man diese voneinander unterscheiden.

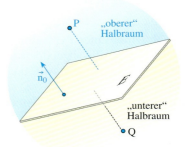

Dies ist der Grund dafür, dass man mithilfe der Abstandsformel Punkt/Ebene feststellen kann, ob zwei gegebene Punkte P und Q bezüglich einer Ebene E im gleichen oder in verschiedenen Halbräumen liegen.

> **Beispiel: Halbräume**
> Gegeben sind die Ebene E: $3x - 4y + 4z = 12$ sowie die Punkte $P(0|0|1)$ und $Q(3|-1|1)$. Bestimmen Sie die Abstände von P und Q zu E und stellen Sie fest, ob P und Q auf der „gleichen Seite" von E liegen. Welcher Punkt liegt näher an E?

Lösung:
Der Koordinatengleichung von E können wir durch Einsetzen ($x = 0$, $y = 0 \Rightarrow$ $z = 3$) einen Punkt und anhand der Koeffizienten ($3x - 4y + 4z$) einen Normalenvektor entnehmen, woraus wir die Hesse'sche Normalengleichung erstellen.

1. Hesse'sche Normalengleichung von E:

$$E: \left[\vec{x} - \begin{pmatrix} 0 \\ 0 \\ 3 \end{pmatrix} \right] \cdot \begin{pmatrix} 3/\sqrt{41} \\ -4/\sqrt{41} \\ 4/\sqrt{41} \end{pmatrix} = 0$$

Nun setzen wir die Ortsvektoren der Punkte P und Q in die linke Seite der HNF ein, ohne allerdings deren Betrag zu bilden. Wir erhalten für P den Wert $-1,25$ und für Q den Wert $0,78$.

2. Abstandsberechnung:

$$P: \left[\begin{pmatrix} 0 \\ 0 \\ 1 \end{pmatrix} - \begin{pmatrix} 0 \\ 0 \\ 3 \end{pmatrix} \right] \cdot \begin{pmatrix} 3/\sqrt{41} \\ -4/\sqrt{41} \\ 4/\sqrt{41} \end{pmatrix} = -\frac{8}{\sqrt{41}} \approx -1,25$$

$$Q: \left[\begin{pmatrix} 3 \\ -1 \\ 1 \end{pmatrix} - \begin{pmatrix} 0 \\ 0 \\ 3 \end{pmatrix} \right] \cdot \begin{pmatrix} 3/\sqrt{41} \\ -4/\sqrt{41} \\ 4/\sqrt{41} \end{pmatrix} = \frac{5}{\sqrt{41}} \approx +0,78$$

Das bedeutet:
Q liegt wegen des positiven Vorzeichens in demjenigen Halbraum bezüglich E, in den der Normalenvektor zeigt, wenn sein Fußpunkt auf E angenommen wird.
P liegt wegen des negativen Vorzeichens im anderen Halbraum.
Die Abstände zu E sind 1,25 bzw. 0,78.
▶ Q liegt näher an E als P.

3. Interpretation:

P und Q liegen auf unterschiedlichen Seiten von E.
Abstand von P zu E: $d(P, E) = 1,25$
Abstand von Q zu E: $d(Q, E) = 0,78$
Q liegt näher an E als P.

Übung 4
Gegeben sind die Ebene E: $2x + y + z = 4$ sowie die Punkte $P(0|1|2)$, $Q(-1|2|5)$, $R(1|1|1)$ und $T(1|3|2)$.
a) Berechnen Sie die Abstände von P, Q, R und T zu E.
b) Welche der Punkte liegen im gleichen Halbraum bezüglich E?
c) Liegt der Ursprung auf der gleichen Seite der Ebene wie der Punkt $P(0|1|2)$?

Übungen

5. Lotfußpunktverfahren

Bestimmen Sie den Abstand des Punktes P zur Ebene E mithilfe des Lotfußpunktverfahrens.

a) E: $x + 2y + 2z = 10$, $P(4|6|6)$

b) E: $3x + 4y = 2$, $P(9|0|2)$ d) E: $\vec{x} = \begin{pmatrix} 0 \\ 6 \\ 6 \end{pmatrix} + r \begin{pmatrix} 1 \\ 3 \\ 2 \end{pmatrix} + s \begin{pmatrix} 0 \\ 6 \\ 4 \end{pmatrix}$, $P(2|7|-2)$

c) E: $2x - 3y - 6z = -4$, $P(6|-1|-5)$

6. Hesse'sche Normalengleichung (HNF)

Bestimmen Sie eine Hesse'sche Normalengleichung der Ebene E durch die Punkte A, B, C.

a) $A(1|1|3)$ b) $A(3|4|-1)$ c) $A(7|3|2)$
   $B(2|-1|5)$ $B(6|2|1)$ $B(11|1|2)$
   $C(0|1|5)$ $C(0|5|-1)$ $C(9|1|3)$

7. Abstandsformel (HNF)

Stellen Sie zunächst eine Hesse'sche Normalengleichung der Ebene E auf. Berechnen Sie anschließend den Abstand von P und Q von der Ebene E mithilfe der Abstandsformel.

a) E: $6x + 3y + 2z = 22$ d) E: $\left[\vec{x} - \begin{pmatrix} 6 \\ -2 \\ 2 \end{pmatrix} \right] \cdot \begin{pmatrix} 3 \\ 4 \\ 0 \end{pmatrix} = 0$ $P(4|4|4)$
   $P(7|5|7)$, $Q(6|1|2)$ $Q(4|-0,5|1)$

b) E: $x - 2y + 2z = 8$ e) E: $\vec{x} = \begin{pmatrix} 2 \\ 2 \\ 0 \end{pmatrix} + r \begin{pmatrix} 3 \\ -2 \\ 0 \end{pmatrix} + s \begin{pmatrix} 2 \\ 2 \\ -15 \end{pmatrix}$ $P(7|11|5)$
   $P(7|1|6)$, $Q(2|-4|8)$ $Q(-5|-7|1)$

c) E: $2x + 3y + 6z = 12$ f) E: $\vec{x} = \begin{pmatrix} 3 \\ 2 \\ -2 \end{pmatrix} + r \begin{pmatrix} 1 \\ 1 \\ 0 \end{pmatrix} + s \begin{pmatrix} 12 \\ -5 \\ -6 \end{pmatrix}$ $P(17|5|12)$
   $P(4|3|5)$, $Q(-2|1|-6)$ $Q(5|5|-24)$

8. Pyramidenhöhe

Gegeben ist die abgebildete Pyramide mit der Grundfläche ABCD und der Spitze S.

a) Welche Höhe hat die Pyramide?
b) Welches Volumen hat die Pyramide?
c) Bestimmen Sie den Fußpunkt F der Pyramidenhöhe.

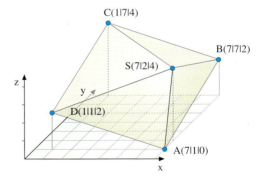

9. Relative Lage (Halbräume)

Gegeben sind die Ebene E sowie die Punkte P und Q.

Untersuchen Sie, ob P und Q im gleichen Halbraum bezüglich der Ebene E liegen.

Liegt einer der beiden Punkte P und Q im gleichen Halbraum wie der Ursprung?

a) E: $2x - 2y + z = -7$ b) E: $6x - 2y + 3z = 12$
   $P(2|10|1)$, $Q(4|4|3)$ $P(-1|-2|6)$, $Q(2|1|2)$

10. Parameteraufgaben

Für welche Werte des Parameters a hat der Punkt P den Abstand d zur Ebene E?

a) $E: \left[\vec{x} - \begin{pmatrix} 3 \\ 2 \\ 5 \end{pmatrix}\right] \cdot \begin{pmatrix} 3 \\ 6 \\ 2 \end{pmatrix} = 0$

   $P(5|4|a), d = 3$

b) $E: 2x - 6y + 9z = 32$

   $P(7|-1|a), d = 3$

c) $E: x + 8y + 4z = 46$

   $P(a|6|9), d = 5$

11. Koordinatenform

Ist $E: a_1 x + a_2 y + a_3 z = b$ eine Koordinatengleichung der Ebene E, so gilt für den Abstand d
eines Punktes $P(p_1|p_2|p_3)$ von E die nebenste-
hend aufgeführte Formel.

$$d = \left| \frac{a_1 p_1 + a_2 p_2 + a_3 p_3 - b}{\sqrt{a_1^2 + a_2^2 + a_3^2}} \right|$$

a) Berechnen Sie mithilfe dieser Formel die Abstände aus Übung $5a - 5c$ und $7a - 7c$.
b) Leiten Sie die Gültigkeit der Formel theoretisch her. Stellen Sie hierzu eine Hesse'sche
   Normalengleichung von E auf.

12. Pyramidenvolumen

Welches Volumen hat die Pyramide mit der Grundfläche ABC und der Spitze S?

a) $A(0|0|0), B(8|4|2), C(-2|6|-4),$
   $S(1|7|3)$

b) $A(4|0|0), B(0|5|0), C(0|0|6),$
   $S(0|0|0)$

13. Ebenenschar

Gegeben ist die Ebenenschar $E_a: 2x - 2y - z = a$.
a) Geben Sie eine Hesse'sche Normalenform der Ebenenschar E_a an.
b) Welche Ebenen der Schar E_a haben vom Punkt $P(1|3|1)$ den Abstand $d = 2$?
c) Welche Ebenen der Schar E_a haben vom Koordinatenursprung den Abstand $d = 1$?

14. Abstand paralleler Geraden und Ebenen

Verläuft eine Gerade g parallel zur Ebene E, so kann man den Abstand $d(g, E)$ errechnen,
indem man den Abstand irgendeines Punktes der Geraden g zur Ebene E errechnet.
Völlig analog kann der Abstand $d(F, E)$ einer Ebene F von einer parallelen Ebene E als
Abstand irgendeines Punktes der Ebene F zur Ebene E gedeutet werden.
Berechnen Sie den Abstand von g und E bzw. von E und F. Weisen Sie zunächst die Paral-
lelität nach.

a) $g: \vec{x} = \begin{pmatrix} 7 \\ -1 \\ 4 \end{pmatrix} + r \begin{pmatrix} 1 \\ 6 \\ 2 \end{pmatrix}$

   $E: 6x - 2y + 3z = 7$

b) $g: \vec{x} = \begin{pmatrix} 5 \\ 2 \\ 0 \end{pmatrix} + r \begin{pmatrix} -4 \\ 3 \\ 2 \end{pmatrix}$

   $E: \vec{x} = \begin{pmatrix} 0 \\ 0 \\ 5 \end{pmatrix} + s \begin{pmatrix} 1 \\ 1 \\ -4 \end{pmatrix} + t \begin{pmatrix} -1 \\ 0 \\ 2 \end{pmatrix}$

c) $E: \quad 4x + 2y - 4z = \quad 16$
   $F: -2x - \quad y + 2z = -26$

d) $E: 12x - \quad 5y + 13z = -204$
   $F: \quad 6x - 2,5y + 6,5z = \quad 67$

D. Der Abstand Punkt/Gerade in der Ebene

Analog zum Abstand eines Punktes zu einer Ebene im Raum versteht man unter dem *Abstand eines Punktes P von einer Geraden g* die Länge der Lotstrecke $\overline{PF}$, die vom Punkt P auf die Gerade führt und senkrecht auf ihr steht. Man verwendet in Analogie zwei Strategien zur rechnerischen Bestimmung des Abstandes.

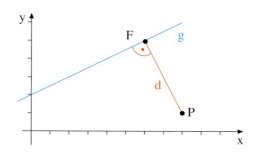

▶ **Beispiel: Lotfußpunktverfahren**

Bestimmen Sie den Abstand des Punktes P(12|3) von der Geraden g: $\vec{x} = \begin{pmatrix} 1 \\ 1 \end{pmatrix} + r \begin{pmatrix} 3 \\ -4 \end{pmatrix}$.

Lösung:
Wir bestimmen zunächst die Gleichung der Lotgeraden h. Als Stützpunkt verwenden wir den Punkt P, als Richtungsvektor einen Normalenvektor der Geraden g, da h senkrecht zu g steht.

1. Lotgerade:

$$h: \vec{x} = \begin{pmatrix} 12 \\ 3 \end{pmatrix} + s \begin{pmatrix} 4 \\ 3 \end{pmatrix}$$

Nun wird durch Gleichsetzen der rechten Seiten der Parametergleichungen der Schnittpunkt von g und h berechnet.
Wir erhalten als Resultat, dass sich die Geraden g und h in dem Lotfußpunkt F(4|−3) schneiden.

2. Schnittpunkt von g und h:

$$\begin{pmatrix} 1 \\ 1 \end{pmatrix} + r \begin{pmatrix} 3 \\ -4 \end{pmatrix} = \begin{pmatrix} 12 \\ 3 \end{pmatrix} + s \begin{pmatrix} 4 \\ 3 \end{pmatrix}$$

I $\quad 1 + 3\,r = 12 + 4\,s$
II $\quad 1 - 4\,r = 3 + 3\,s$ $\quad \Rightarrow r = 1, s = -2$

Lotfußpunkt: F(4|−3)

Schließlich errechnen wir den gesuchten Abstand als Abstand der beiden Punkte P und F voneinander.

3. Abstand von P und F:

$$d = |PF| = \sqrt{(12-4)^2 + (3+3)^2} = 10$$

Übung 15

Berechnen Sie den Abstand des Punktes P von der Geraden g.

a) g: $\vec{x} = \begin{pmatrix} -1 \\ 1 \end{pmatrix} + r \begin{pmatrix} 3 \\ 2 \end{pmatrix}$, P(9|−1)

b) g: $\vec{x} = \begin{pmatrix} 12 \\ 0{,}5 \end{pmatrix} + r \begin{pmatrix} 8 \\ -1 \end{pmatrix}$, P(9|9)

Geraden in der Ebene besitzen eine Normalengleichung, analog zur Ebene im Raum. Diese lässt sich durch Normierung des Normalenvektors in eine Hesse'sche Normalenform einer Geraden in der Ebene überführen.

Hesse'sche Normalenform der Geraden g

$$g: (\vec{x} - \vec{a}) \cdot \vec{n_0} = 0$$

↗   ↖

Stütz-   Normalen-
vektor   einheitsvektor

Mithilfe dieser Form lässt sich dann der Abstand eines Punktes zu einer Geraden leicht berechnen. Hierzu setzt man den Ortsvektor des Punktes in die linke Seite der Hesse'schen Normalenform ein. Der gesuchte Abstand ist der Absolutbetrag des sich ergebenden Wertes.

> **Abstandsformel**
> **Punkt/Gerade in der Ebene**
>
> $$d = d(P, g) = |(\vec{p} - \vec{a}) \cdot \vec{n_0}|$$

Beispiel: Abstandsformel

Bestimmen Sie den Abstand des Punktes $P(6|3)$ von der Geraden g: $\vec{x} = \begin{pmatrix} 1 \\ 3 \end{pmatrix} + r \begin{pmatrix} 1 \\ -2 \end{pmatrix}$.

Lösung:

g besitzt den Richtungsvektor $\begin{pmatrix} 1 \\ -2 \end{pmatrix}$.

Folglich ist $\vec{n} = \begin{pmatrix} 2 \\ 1 \end{pmatrix}$ ein Normalenvektor

von g und $\vec{n_0} = \begin{pmatrix} 2/\sqrt{5} \\ 1/\sqrt{5} \end{pmatrix}$ ein Normaleneinheitsvektor.

Hiermit erstellen wir die rechts dargestellte Hesse'sche Normalengleichung von g, in deren linke Seite wir sodann den Ortsvektor von $P(6|3)$ einsetzen, um d zu errechnen. Resultat: $d \approx 4{,}47$

1. Normalengleichung von g:

g: $\left[\vec{x} - \begin{pmatrix} 1 \\ 3 \end{pmatrix} \right] \cdot \begin{pmatrix} 2 \\ 1 \end{pmatrix} = 0$

2. Hesse'sche Normalenform von g:

g: $\left[\vec{x} - \begin{pmatrix} 1 \\ 3 \end{pmatrix} \right] \cdot \begin{pmatrix} 2/\sqrt{5} \\ 1/\sqrt{5} \end{pmatrix} = 0$

3. Abstandsformel:

$d = \left| \left[\begin{pmatrix} 6 \\ 3 \end{pmatrix} - \begin{pmatrix} 1 \\ 3 \end{pmatrix} \right] \cdot \begin{pmatrix} 2/\sqrt{5} \\ 1/\sqrt{5} \end{pmatrix} \right| = \frac{10}{\sqrt{5}} \approx 4{,}47$

Übung 16

Berechnen Sie den Abstand des Punktes P von der Geraden g mit der Abstandsformel.

a) g: $\vec{x} = \begin{pmatrix} 2 \\ 1 \end{pmatrix} + r \begin{pmatrix} 1 \\ 1 \end{pmatrix}$
   $P(6|-1)$

b) g: $\vec{x} = \begin{pmatrix} 0 \\ 3 \end{pmatrix} + r \begin{pmatrix} 2 \\ -1 \end{pmatrix}$
   $P(1|-2{,}5)$

c) g: $\vec{x} = \begin{pmatrix} 3 \\ 4 \end{pmatrix} + r \begin{pmatrix} 3 \\ -1 \end{pmatrix}$
   $P(0|0)$

Übung 17

Unter dem Abstand paralleler Geraden g und h versteht man den Abstand eines beliebigen Punktes P von h zur Geraden g. Berechnen Sie den Abstand der parallelen Geraden

g: $\vec{x} = \begin{pmatrix} 3 \\ 2 \end{pmatrix} + r \begin{pmatrix} 2 \\ 1 \end{pmatrix}$ und

h: $\vec{x} = \begin{pmatrix} 9 \\ -1 \end{pmatrix} + s \begin{pmatrix} -4 \\ -2 \end{pmatrix}$.

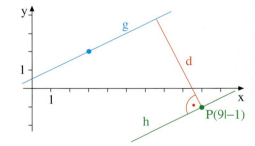

Übung 18

Gegeben sind die Punkte $A(2|0)$, $B(14|5)$, $C(17|9)$ und $D(5|4)$.

Zeigen Sie, dass ABCD ein Parallelogramm ist. Bestimmen Sie seine beiden Höhen sowie den Flächeninhalt.

E. Zusammengesetzte Aufgaben

Zum Abschluss bieten wir komplexe Aufgaben zur analytischen Geometrie an.

1. In einem ebenen kartesischen xy-Koordinatensystem sind die Geraden g und h gegeben.

g geht durch den Punkt $A(4|-3)$ und hat den Richtungsvektor $\vec{u} = \begin{pmatrix} 3 \\ 1 \end{pmatrix}$.

h geht durch den Punkt $B(1|0)$ und hat den Richtungsvektor $\vec{v} = \begin{pmatrix} 1 \\ 1 \end{pmatrix}$.

a) Begründen Sie, dass g und h sich schneiden, und berechnen Sie sowohl den Schnittpunkt als auch den Schnittwinkel von g und h.

b) Geben Sie eine Normalengleichung von g an und berechnen Sie den Abstand des Koordinatenursprungs von der Geraden g.

c) Das bisher benutzte ebene Koordinatensystem wird zu einem räumlichen xyz-Koordinatensystem erweitert. In diesem Koordinatensystem ist eine Ebene E durch

$E: \vec{x} = \begin{pmatrix} 1 \\ 0 \\ 1 \end{pmatrix} + r \begin{pmatrix} 4 \\ 3 \\ -1 \end{pmatrix} + s \begin{pmatrix} 2 \\ 0 \\ -1 \end{pmatrix}$ gegeben.

Geben Sie die Koordinaten der Punkte A und B in diesem Koordinatensystem an und zeigen Sie, dass beide Punkte nicht in der Ebene E liegen. Berechnen Sie sodann den Abstand des Punktes A von der Ebene E. Geben Sie eine Gleichung einer Geraden k an, die parallel zu E verläuft und durch den Punkt $P(2|-2|3)$ geht.

2. Gegeben sind die Geraden g: $\vec{x} = \begin{pmatrix} 5 \\ -4,5 \\ 2 \end{pmatrix} + r \begin{pmatrix} 7 \\ 0 \\ 4 \end{pmatrix}$ und h: $\vec{x} = \begin{pmatrix} 2 \\ 0 \\ 8 \end{pmatrix} + s \begin{pmatrix} 1 \\ -1 \\ 0 \end{pmatrix}$ sowie der

Punkt $A(4|-1|6)$. Durch die Gerade h und den Punkt A wird eine Ebene E eindeutig festgelegt.

a) Geben Sie eine Parameter- und Normalengleichung der Ebene E an.

b) Prüfen Sie, ob die Punkte $P(3|0|2)$ und $Q(5|-1|4)$ in E liegen.

c) Welchen Winkel schließen die beiden Richtungsvektoren der Ebene E ein?

d) Bestimmen Sie die Punkte X, Y und Z, in denen die Ebene E von den Koordinatenachsen durchstoßen wird. Diese Punkte bilden mit dem Koordinatenursprung eine Pyramide. Berechnen Sie das Volumen dieser Pyramide. Zeichnen Sie ein Schrägbild.

e) Zeigen Sie, dass sich E und g schneiden. Berechnen Sie den Schnittpunkt. Berechnen Sie den Schnittwinkel von g und E.

f) Bestimmen Sie die Gleichung der Spurgeraden von E in der x-y-Ebene.

3. Gegeben sind die Ebene E: $3x - 4y + 6z = 36$ und die Gerade g: $\vec{x} = \begin{pmatrix} 6 \\ -9 \\ 0 \end{pmatrix} + t \begin{pmatrix} 2 \\ 3 \\ 3 \end{pmatrix}$.

a) Stellen Sie die Ebene E durch eine Normalen- und eine Parametergleichung dar.

b) Bestimmen Sie die Schnittpunkte von E mit den Koordinatenachsen.

c) Bestimmen Sie $a \in \mathbb{R}$ so, dass der Punkt $P(3a|-2a|1-2a)$ in der Ebene E liegt.

d) Die Ebene E und die Gerade g schneiden sich. Bestimmen Sie den Schnittpunkt und den Schnittwinkel.

e) Welche Punkte der Geraden g haben zur Ebene E den Abstand $6 \cdot \sqrt{61}$?

f) Die Punkte $A(6|-9|6)$ und $A'(4|-5|-2)$ liegen spiegelbildlich bezüglich einer Ebene E*. Bestimmen Sie eine Gleichung der Ebene E*.

4. Gegeben sind die Ebenen E_1: $\vec{x} = \begin{pmatrix} 3 \\ 3 \\ -1 \end{pmatrix} + r \cdot \begin{pmatrix} -2 \\ 1 \\ 3 \end{pmatrix} + s \cdot \begin{pmatrix} 2 \\ 0 \\ 1 \end{pmatrix}$ und E_2: $\left(\vec{x} - \begin{pmatrix} 2 \\ 1 \\ 1 \end{pmatrix} \right) \cdot \begin{pmatrix} -1 \\ 5 \\ 5 \end{pmatrix} = 0$.

   a) Stellen Sie die Ebene E_1 durch eine Normalengleichung und die Ebene E_2 durch eine Parametergleichung dar.

   b) Zeigen Sie, dass sich die Ebenen E_1 und E_2 schneiden. Bestimmen Sie eine Gleichung der Schnittgeraden sowie den Schnittwinkel.

   c) Für welche Werte von $a \in \mathbb{R}$ liegt der Punkt $P(-2a|3a+3|a+5)$ in E_1 und für welche liegt er in E_2?

   d) Bestimmen Sie die Spurgerade von E_2 in der x-y-Koordinatenebene.

   e) Bestimmen Sie den Abstand des Punktes $Q(1|4|8)$ von der Ebene E_2. Liegt der Punkt Q in derselben durch die Ebene E_2 getrennten Raumhälfte wie der Koordinatenursprung?

   f) Der Punkt $Q(1|4|8)$ wird an der Ebene E_2 gespiegelt. Bestimmen Sie die Koordinaten des Spiegelpunktes Q'.

5. Die Punkte $A(6|4|0)$, $B(2|6|0)$, $C(0|0|0)$ bilden die dreieckige Grundfläche einer Pyramide mit der Spitze $S(2|3|6)$. Die Ebene E enthält die Punkte $A(6|4|0)$, $Q(4|5|0)$ und $R(0|2|3)$.

   a) Zeichnen Sie ein Schrägbild der Pyramide.

   b) Berechne Sie die Innenwinkel des Dreiecks ABC sowie dessen Flächeninhalt.

   c) Bestimmen Sie das Volumen der Pyramide.

   d) Stellen Sie eine Normalengleichung der Ebene E auf.

   e) Berechnen Sie die Spurgerade g_{xy} der Ebene E und zeigen Sie, dass die Punkte A und B auf dieser Geraden liegen.

   f) Die Ebene E schneidet die Pyramide in einer dreieckigen Schnittfläche. Bestimmen Sie die Koordinaten der Eckpunkte dieses Dreiecks. Berechnen Sie den Winkel, den diese dreieckige Schnittfläche mit der Grundfläche ABC der Pyramide einschließt.

6. In einem kartesischen Koordinatensystem sind die Punkte $A(5|2|-1)$, $B(3|6|3)$ und $D(1|-2|1)$ gegeben.

   a) Zeigen Sie, dass die Vektoren $\overrightarrow{AB}$ und $\overrightarrow{AD}$ orthogonal sind und gleiche Beträge haben.

   b) Bestimmen Sie die Koordinaten eines Punktes C so, dass ABCD ein Quadrat wird. Bestimmen Sie die Koordinaten des Quadratmittelpunktes M.

   c) Das Quadrat ABCD ist die Grundfläche einer Pyramide mit der Spitze $S(6|0|6)$. Zeigen Sie, dass $\overline{MS}$ die Höhe der Pyramide ist. Berechnen Sie das Volumen der Pyramide.

   d) Zeigen Sie, dass die Ebene E: $10x + y + 4z = 48$ die Punkte A und B enthält.

   e) Zeigen Sie, dass die Ebene E aus d) die Pyramide aus c) in einer Trapezfläche schneidet. Ist dieses Trapez gleichschenklig?

   f) Ermitteln Sie die Koordinaten des Punktes P, der von den Punkten A, B, C, D und S jeweils die gleiche Entfernung hat.

Test

Ebenen

1. Gegeben sind die Ebene E: $\vec{x} = \begin{pmatrix} 3 \\ 2 \\ 0 \end{pmatrix} + r \begin{pmatrix} 0 \\ -2 \\ 2 \end{pmatrix} + s \begin{pmatrix} -3 \\ 0 \\ 2 \end{pmatrix}$ sowie die Gerade g: $\vec{x} = \begin{pmatrix} 3 \\ 2 \\ 1 \end{pmatrix} + t \begin{pmatrix} -3 \\ 2 \\ 0 \end{pmatrix}$.

a) Stellen Sie eine Koordinatengleichung der Ebene E auf.
b) Wie lauten die Schnittpunkte X, Y und Z der Ebene E mit den Koordinatenachsen?
c) In welchen Punkten A und B schneidet die Gerade g die x-z-Ebene bzw. die x-y-Ebene?
d) Untersuchen Sie die gegenseitige Lage von g und E.

2. Gegeben sind in einem kartesischen Koordinatensystem die Punkte A(2|2|−1), B(0|3|1) und C(4|1|1). Die Ebene E enthält die Punkte A, B und C.

a) Stellen Sie eine Hesse'sche Normalengleichung der Ebene E auf.
b) Für welches $a \in \mathbb{R}$ liegt der Punkt P(−a|2a|1) in der Ebene E?
c) Bestimmen Sie die Achsenschnittpunkte von E.
d) Bestimmen Sie eine zu E orthogonale Gerade g, die den Punkt Q(4|6|3) enthält. In welchem Punkt F schneidet g die Ebene E?

3. Gegeben sind die Ebene E: $\left[\vec{x} - \begin{pmatrix} 4 \\ -3 \\ 2 \end{pmatrix} \right] \cdot \begin{pmatrix} 3 \\ -4 \\ 6 \end{pmatrix} = 0$ und die Gerade g: $\vec{x} = \begin{pmatrix} 8 \\ -6 \\ 2 \end{pmatrix} + r \begin{pmatrix} 2 \\ 3 \\ 2 \end{pmatrix}$.

Zeigen Sie, dass sich g und E schneiden. Bestimmen Sie den Schnittpunkt sowie den Schnittwinkel.

4. Gegeben sind die Ebenen E_1: $\vec{x} = \begin{pmatrix} 1 \\ 1 \\ 2 \end{pmatrix} + r \begin{pmatrix} -4 \\ 1 \\ 3 \end{pmatrix} + s \begin{pmatrix} 4 \\ 2 \\ -3 \end{pmatrix}$ und E_2: $x - 2y + z = 4$.

a) Zeigen Sie, dass sich die Ebenen E_1 und E_2 schneiden. Bestimmen Sie die Schnittgerade sowie den Schnittwinkel.
b) Bestimmen Sie den Abstand des Punktes P(6|3|7) von E_1.

5. Gegeben ist die Gerade g: $\vec{x} = \begin{pmatrix} 2 \\ 1 \\ 0 \end{pmatrix} + r \begin{pmatrix} 4 \\ 1 \\ 0 \end{pmatrix}$ und der Punkt P(8|11|0).

Bestimmen Sie den Abstand des Punktes P von der Geraden g.

Überblick

**Parametergleichung
einer Ebene:**

$E: \vec{x} = \vec{a} + r \cdot \vec{u} + s \cdot \vec{v} \quad (r, s \in \mathbb{R})$

     Stütz-   Richtungs-
     vektor   vektoren

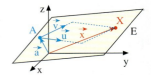

Dreipunktegleichung:

$E: \vec{x} = \vec{a} + r \cdot (\vec{b} - \vec{a}) + s \cdot (\vec{c} - \vec{a}) \quad (r, s \in \mathbb{R})$
$\vec{a}, \vec{b}, \vec{c}$ sind die Ortsvektoren dreier Ebenenpunkte A, B und C.

**Normalengleichung
der Ebene:**

$E: (\vec{x} - \vec{a}) \cdot \vec{n} = 0$

     Stütz-   Normalen-
     vektor   vektor

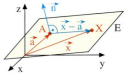

Ein Normalenvektor steht senkrecht auf der Ebene E und damit
senkrecht auf den Richtungsvektoren von E.

**Koordinatengleichung
der Ebene:**

$E: a\,x + b\,y + c\,z = d \quad (a, b, c, d \in \mathbb{R})$

$\vec{n} = \begin{pmatrix} a \\ b \\ c \end{pmatrix}$ ist ein Normalenvektor von E.

**Schnittwinkel von
Gerade und Ebene:**

$\sin \gamma = \dfrac{|\vec{m} \cdot \vec{n}|}{|\vec{m}| \cdot |\vec{n}|}$ $\vec{m}$ ist ein Richtungsvektor der Geraden.
                $\vec{n}$ ist ein Normalenvektor der Ebene.

**Schnittwinkel von
zwei Ebenen:**

$\cos \gamma = \dfrac{|\vec{n_1} \cdot \vec{n_2}|}{|\vec{n_1}| \cdot |\vec{n_2}|}$ $\vec{n_1}, \vec{n_2}$ sind Normalenvektoren der Ebenen.

**Hesse'sche Normalenform
der Ebene:**

$E: (\vec{x} - \vec{a}) \cdot \vec{n_0} = 0$ $\vec{n_0}$ ist ein Normaleneinheitsvektor von E.

Abstand Punkt/Ebene:

$d = d(P, E) = |(\vec{p} - \vec{a}) \cdot \vec{n_0}|$

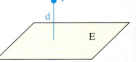

**Hesse'sche Normalenform
der Geraden in der Ebene:**

$g: (\vec{x} - \vec{a}) \cdot \vec{n_0} = 0$ $\vec{n_0}$ ist ein Normaleneinheitsvektor von g.

**Abstand Punkt/Gerade
in der Ebene:**

$d = d(P, g) = |(\vec{p} - \vec{a}) \cdot \vec{n_0}|$

V. Kreise und Kugeln

1. Kreise in der Ebene

A. Kreisgleichungen

Schon im Altertum betrachtete man Kreis und Kugel als die vollkommenst geformten geometrischen Figuren.

Ein Kreis in der Ebene ist der geometrische Ort aller Punkte X, die von einem gegebenen Punkt M, dem Mittelpunkt, den gleichen Abstand r besitzen.

Der Betrag des Vektors $\overrightarrow{MX}$, der vom Mittelpunkt M auf einen Kreispunkt X zeigt, ist also stets r:

$$|\overrightarrow{MX}| = r.$$

Man kann dies auch mithilfe der Ortsvektoren von M und X ausdrücken:

$$|\vec{x} - \vec{m}| = r.$$

Diese Bedingung lässt sich in ihrer quadratischen Form mit dem Skalarprodukt darstellen:

$$(\vec{x} - \vec{m})^2 = r^2.$$

Setzt man hier die Spaltendarstellung von $\vec{x}$ und $\vec{m}$ ein und multipliziert das Skalarprodukt aus, so erhält man eine *Koordinatengleichung des Kreises*:

$$\left[\begin{pmatrix} x \\ y \end{pmatrix} - \begin{pmatrix} m_1 \\ m_2 \end{pmatrix} \right]^2 = r^2.$$

$$(x - m_1)^2 + (y - m_2)^2 = r^2.$$

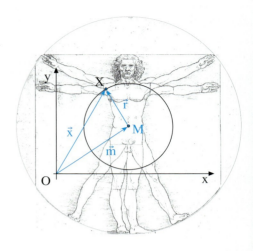

Kreisgleichungen

Der Punkt X(x|y) liegt genau dann auf dem Kreis mit dem Radius r um den Mittelpunkt M(m_1|m_2), wenn eine der folgenden Gleichungen erfüllt ist:

Vektorgleichung des Kreises

k: $|\vec{x} - \vec{m}| = r$ oder k: $(\vec{x} - \vec{m})^2 = r^2$

Koordinatengleichung des Kreises

k: $(x - m_1)^2 + (y - m_2)^2 = r^2$

▶ **Beispiel: Kreisgleichungen**
Stellen Sie eine vektorielle Gleichung und eine Koordinatengleichung des Kreises k um den Mittelpunkt M(2|−1) mit dem Radius r=5 auf.

Lösung:
Wir setzen die Koordinaten des gegebenen Mittelpunktes M(2|−1) sowie den Radius r = 5 in die obigen Formeln ein und erhalten die nebenstehenden Kreisgleichungen.

Vektorgleichung des Kreises:

k: $\left[\vec{x} - \begin{pmatrix} 2 \\ -1 \end{pmatrix} \right]^2 = 5^2$

Koordinatengleichung des Kreises:

k: $(x - 2)^2 + (y + 1)^2 = 25$

Vereinfachte Koordinatengleichung:

k: $x^2 - 4x + y^2 + 2y = 20$

Jede quadratische Gleichung der Gestalt $ax^2 + bx + cy^2 + dy = e$ stellt geometrisch-anschaulich einen Kreis dar. Allerdings können aus dieser Darstellungsform im Gegensatz zur Vektorgleichung bzw. zur Koordinatengleichung Kreismittelpunkt und Radius nicht direkt entnommen werden.

> **Beispiel:**
> Bestimmen Sie den Mittelpunkt M und den Radius r des Kreises k: $x^2 - 6x + y^2 + 2y = 6$.

Lösung:
Wir ergänzen sowohl den die Variable x
als auch den y enthaltenden Teilterm
quadratisch zu einem Binom.
So erhalten wir die Koordinatengleichung
des Kreises k, der wir Mittelpunkt und Radius direkt entnehmen können.

$$x^2 - 6x + y^2 + 2y = 6$$
$$x^2 - 6x + 9 + y^2 + 2y + 1 = 6 + 9 + 1$$
$$(x - 3)^2 + (y + 1)^2 = 16$$
Mittelpunkt: $M(3|-1)$
Radius: $r = 4$

Übung 1
Wie lautet die Gleichung des Kreises k mit folgenden Eigenschaften?
a) Kreismittelpunkt: $M(1|-4)$; Radius: $r = 5$.
b) Kreismittelpunkt: Ursprung; $P(3|-5)$ ist ein Punkt von k.
c) Kreismittelpunkt: $M(-2|-3)$; $P(2|4)$ ist ein Punkt von k.
d) Kreismittelpunkt: $M(3|-2)$; der Kreis geht durch den Ursprung.

Übung 2
Gesucht sind der Mittelpunkt und der Radius des Kreises k.
a) k: $x^2 - 4x + y^2 + 2y = 11$ b) k: $x^2 + y^2 = 8x - 7$ c) k: $x^2 + y^2 = 12y$

Übung 3
Welche der folgenden Gleichungen beschreibt einen Kreis?
a) $x^2 + y^2 - 4x - 8y - 5 = 0$ b) $x^2 + y^2 + 2x - 4y + 20 = 0$
c) $x^2 + y^2 - 4x + 6y = -20$ d) $x^2 + y^2 - 6x + 10y = -18$

Übung 4
Ordnen Sie den abgebildeten Kreisen die richtige Kreisgleichung zu.

k_1: $x^2 + y^2 - 4x + 2y = -1$
k_2: $x^2 + 4x + y^2 - 4y = 17$
k_3: $(x + 3)^2 + (y + 1)^2 = 4$
k_4: $x^2 + y^2 - 4x - 2y + 1 = 0$

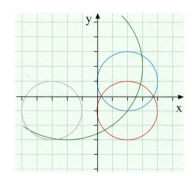

B. Relative Lage eines Punktes zu einem Kreis

▶ **Beispiel:** Untersuchen Sie die relative Lage der Punkte A(5|3) und B(−2|1) zu dem Kreis
k: $(x-2)^2 + (y+1)^2 = 25$.

Lösung:
Wir setzen die Koordinaten der gegebenen
Punkte in die linke Seite der Kreisgleichung ein, da diese nur das Quadrat des
Abstandes des Mittelpunktes vom gegebenen Punkt darstellt. Dann vergleichen
wir das Ergebnis mit der rechten Seite
der Kreisgleichung (dem Quadrat des Radius).
Da die Koordinaten von A die Kreisgleichung erfüllen, liegt A auf k.
Da der Abstand des Mittelpunktes zu
Punkt B kleiner als der Radius ist, liegt B
▶ im Inneren des Kreises k.

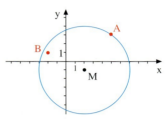

Einsetzen in die Kreisgleichung:
A: $(5-2)^2 + (3+1)^2 = 9 + 16 = 25$
$\Rightarrow$ A liegt auf dem Kreis k.

B: $(-2-2)^2 + (1+1)^2 = 16 + 4 = 20 < 25$
$\Rightarrow$ B liegt im Inneren des Kreises k.

Wir halten für die relative Lage eines Punktes zu einem Kreis folgende Aussagen fest:

Relative Lage eines Punktes zu einem Kreis
Gegeben sei ein Punkt $P(x_0|y_0)$ und ein Kreis k: $(x-m_1)^2 + (y-m_2)^2 = r^2$.

I.   Gilt $(x_0-m_1)^2 + (y_0-m_2)^2 = r^2$,   so liegt P auf dem Kreis k.
II. Gilt $(x_0-m_1)^2 + (y_0-m_2)^2 < r^2$,   so liegt P innerhalb des Kreises k.
III. Gilt $(x_0-m_1)^2 + (y_0-m_2)^2 > r^2$,   so liegt P außerhalb des Kreises k.

Übung 5
Bestimmen Sie die relative Lage der gegebenen Punkte zum Kreis k.
a) k: $(x-4)^2 + (y+1)^2 = 20$
   A(6|3), B(8|2)

b) k: $x^2 - 6x + y^2 + 2y = 15$
   A(7|0), B(0|3)

c) Kreis um M(1|3), r = 5
   A(−4|2), B(3|6), C(4|−1)

d) k: $\left[\vec{x} - \binom{-1}{3}\right]^2 = 25$
   A(2|1), B(−4|−1)

Übung 6
Ein Pilot kann mit seiner Maschine mit einer Tankfüllung bis zu 650 km fliegen. Bezogen auf seinen
Startpunkt Omega als Koordinatenursprung haben
die Farmen Alpha, Beta und Gamma die Koordinaten
A(180|240), B(−260|230) und G(−280|100).
Welche Farm sollte er nicht anfliegen, wenn er mit
einer Tankfüllung wieder sicher zurückkehren will?

C. Kreise durch drei Punkte

Durch drei nicht auf einer Geraden liegende Punkte A, B und C ist eindeutig ein Kreis festgelegt, der diese Punkte enthält. Man kann den Mittelpunkt und den Radius eines solchen Kreises zeichnerisch und rechnerisch z. B. mithilfe von Mittelsenkrechten bestimmen.

> ▶ **Beispiel: Kreis durch drei Punkte**
> Gegeben sind die Punkte $A(-8|3)$, $B(8|-5)$ und $C(10|9)$. Bestimmen Sie den Mittelpunkt und den Radius des Kreises k durch A, B und C.

Lösung:
Der gesuchte Kreis k ist der Umkreis des Dreiecks ABC. Dessen Mittelpunkt ist bekanntlich der Schnittpunkt der Mittelsenkrechten des Dreiecks. Es bietet sich also an, die Gleichungen von zwei Mittelsenkrechten zu bestimmen und ihren Schnittpunkt M zu errechnen.

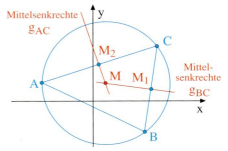

Die Mittelsenkrechte g_{BC} geht durch den Mittelpunkt M_1 der Strecke BC, also durch $M_1(9|2)$ als Stützpunkt. Sie steht senkrecht auf dem Streckenvektor $\overrightarrow{BC} = \begin{pmatrix} 2 \\ 14 \end{pmatrix}$. Als Richtungsvektor kann daher $\vec{n}_1 = \begin{pmatrix} 14 \\ -2 \end{pmatrix}$ verwendet werden. Dies führt auf die rechts dargestellte Geradengleichung von g_{BC}.

1. Gleichung von g_{BC}:

Stützvektor: $\overrightarrow{OM_1} = \frac{1}{2} \cdot (\overrightarrow{OB} + \overrightarrow{OC}) = \begin{pmatrix} 9 \\ 2 \end{pmatrix}$

Richtungsvektor: $\vec{n}_1 \perp \begin{pmatrix} 2 \\ 14 \end{pmatrix}; \vec{n}_1 = \begin{pmatrix} 14 \\ -2 \end{pmatrix}$

Gleichung: $g_{BC}: \vec{x} = \begin{pmatrix} 9 \\ 2 \end{pmatrix} + r \begin{pmatrix} 14 \\ -2 \end{pmatrix}$

Analog stellt man die Geradengleichung der Mittelsenkrechten g_{AC} auf.

2. Gleichung von g_{AC}:

$$g_{AC}: \vec{x} = \begin{pmatrix} 1 \\ 6 \end{pmatrix} + s \begin{pmatrix} 6 \\ -18 \end{pmatrix}$$

Nun können wir den Schnittpunkt der beiden Geraden errechnen, indem wir die linken Seiten der Geradengleichungen gleichsetzen und das so entstehende Gleichungssystem auflösen. Wir erhalten den Kreismittelpunkt $M(2|3)$.

3. Schnittpunkt von g_{BC} und g_{AC}:

$$\begin{pmatrix} 9 \\ 2 \end{pmatrix} + r \begin{pmatrix} 14 \\ -2 \end{pmatrix} = \begin{pmatrix} 1 \\ 6 \end{pmatrix} + s \begin{pmatrix} 6 \\ -18 \end{pmatrix}$$
I $9 + 14r = 1 + 6s$
II $2 - 2r = 6 - 18s$
Lösung: $r = -\frac{1}{2}, s = \frac{1}{6} \Rightarrow M(2|3)$

Der Kreisradius r lässt sich als Abstand der Punkte M und B errechnen.
▶ Resultat: $r = 10$

4. Radius r des Kreises:

$$r = |\overrightarrow{MB}| = \left| \begin{pmatrix} 6 \\ -8 \end{pmatrix} \right| = \sqrt{100} = 10$$

Übung 7

Wie lautet die Gleichung des Kreises k durch die Punkte A, B und C?
a) $A(5|0)$, $B(-1|-8)$, $C(-2|-1)$ b) $A(0|6)$, $B(12|0)$, $C(0|12)$
c) $A(4|5)$, $B(-3|4)$, $C(1|6)$ d) $A(9|7)$, $B(11|5)$, $C(3|-11)$

Man kann die Kreisgleichung eines Kreises durch drei gegebene Punkte auch durch Einsetzen in die allgemeine Koordinatengleichung ermitteln. Jedoch führt diese Methode auf ein Gleichungssystem, das gelöst werden muss. Wir zeigen diese Lösungsmethode im folgenden Beispiel.

> **Beispiel:** Bestimmen Sie die Gleichung eines Kreises k, der durch die Punkte $A(-8|3)$, $B(10|9)$ und $C(-4|-5)$ geht.

Lösung:

Setzen wir die Koordinaten der drei Punkte in die allgemeine Koordinatengleichung eines Kreises ein, so erhalten wir zunächst ein System vor drei quadratischen Gleichungen.

$$\text{I:} \quad (-8 - m_1)^2 + (3 - m_2)^2 = r^2$$
$$\text{II:} \quad (10 - m_1)^2 + (9 - m_2)^2 = r^2$$
$$\text{III:} \quad (-4 - m_1)^2 + (-5 - m_2)^2 = r^2$$

Wir multiplizieren dann die Klammerterme mithilfe der binomischen Formeln aus.

$$\text{I:} \quad 64 + 16\,m_1 + m_1^2 + 9 - 6\,m_2 + m_2^2 = r^2$$
$$\text{II:} \quad 100 - 20\,m_1 + m_1^2 + 81 - 18\,m_2 + m_2^2 = r^2$$
$$\text{III:} \quad 16 + 8\,m_1 + m_1^2 + 25 + 10\,m_2 + m_2^2 = r^2$$

Anschließend eliminieren wir die quadratischen Terme m_1^2, m_2^2 und r^2 und erhalten ein lineares Gleichungssystem mit 2 Gleichungen und den 2 Variablen m_1 und m_2.

$$\text{IV} = \text{I} - \text{II:} \quad 36\,m_1 + 12\,m_2 = 108$$
$$\text{V} = \text{II} - \text{III:} \quad -28\,m_1 - 28\,m_2 = -140$$

$$\text{VI} = 14 \cdot \text{IV} + 18 \cdot \text{V:} \quad -336\,m_2 = -1008$$

Dieses System besitzt die Lösung $m_1 = 2$ und $m_2 = 3$.

Nun können wir durch Einsetzen auch r berechnen und erhalten $r = 10$.

aus VI folgt: $m_2 = 3$
aus IV folgt: $m_1 = 2$
aus I folgt: $\quad r = 10$

Es handelt sich also um den Kreis mit dem Radius $r = 10$ um den Mittelpunkt $M(2|3)$. Die Kreisgleichungen sind nebenstehend aufgeführt.

$$k: (x - 2)^2 + (y - 3)^2 = 100 \quad \textit{Koordinatengleichung}$$

$$k: \left[\vec{x} - \binom{2}{3}\right]^2 = 100 \quad \textit{Vektorgleichung}$$

Übung 8

Stellen Sie die Gleichung des Kreises durch die Punkte A, B, C nach obiger Methode auf.

a) $A(0|2{,}5)$, $B(2|3{,}5)$, $C(4|-0{,}5)$ b) $A(-2|1)$, $B(6|-3)$, $C(2|9)$

Übung 9

Der Kreis k enthält die Punkte $A(-1|6)$ und $B(0|-1)$. Sein Mittelpunkt liegt auf der Geraden $y = x$.

a) Bestimmen Sie die Kreisgleichung von k.

b) Überprüfen Sie, ob k ein Umkreis des Dreiecks ABC mit $C(3|-2)$ ist.

Übung 10

Gegeben sind die Punkte $A(2|2)$, $B(8|4)$, $C(7|7)$ und $D(1|5)$.

a) Zeigen Sie, dass diese Punkte ein Rechteck ABCD bilden.

b) Die Punkte A, B, C, D liegen auf einem Kreis k. Bestimmen Sie eine Gleichung von k.

Übungen

11. Stellen Sie die Vektor- und die Koordinatengleichung des Kreises k auf.
  a) Mittelpunkt: $M(2|5)$; Radius: $r = 4$
  b) Mittelpunkt: $M(1|-3)$; $P(-2|1)$ ist ein Punkt von k.
  c) k berührt die x-Achse in $P(3|0)$ und geht durch $Q(0|1)$.

12. a) Zeichnen Sie den Kreis k: $(x-2)^2 + (y-1)^2 = 16$.
  b) Der Kreis k wird längs der y-Achse so verschoben, dass er die x-Achse berührt. Welche Gleichungen kann dieser Kreis haben?
  c) Wie lauten die Kreisgleichungen, wenn der Kreis k längs der x-Achse so verschoben wird, dass er die y-Achse berührt?

13. Für jede reelle Zahl $a \neq -2$ beschreibt die Gleichung $x^2 + (y-a)^2 = (a+2)^2$ einen Kreis.
  a) Setzen Sie für den Parameter a die Werte $a = -1$, $a = -0,5$, $a = 0$ und $a = 2$ ein. Zeichnen Sie die zugehörigen Kreise. Welche besondere Lage haben die Kreise zueinander?
  b) Geben Sie eine Schar von Kreisen an, die alle durch den Ursprung gehen.

14. Stellen Sie die folgenden Kreisgleichungen in Mittelpunktsform (Koordinatengleichung) dar. Bestimmen Sie M und r.
  a) k: $x^2 - 12x + y^2 + 2y = 0$ \qquad b) k: $x^2 + 3x + y^2 = 0$

15. Berechnen Sie den Abstand der Mittelpunkte der beiden Kreise k_1 und k_2.
  a) k_1: $x^2 + 2x + y^2 - 2y = 0$, \qquad k_2: $x^2 - 6x + y^2 + 8y - 24 = 0$
  b) k_1: $x^2 + 12x + y^2 - 28 = 0$, \qquad k_2: $x^2 + 10x + y^2 + 3y = 3$

16. Untersuchen Sie die relative Lage der gegebenen Punkte zu dem Kreis k.
  a) k: $\left[\vec{x} - \binom{0}{0}\right]^2 = 144$ \qquad b) k: $(x-2)^2 + (y+4)^2 = 36$
  $A(4|11)$, $B(-7|10)$, $C(6,5|10,1)$ \qquad\qquad $A(-1|1)$, $B(-4|0)$, $C(3,5|1,5)$

17. Wie muss a gewählt werden, damit der Punkt A auf dem Kreis k um den Mittelpunkt M mit dem Radius r liegt?
  a) $M(-1|5)$, $r = 5$, $A(2|a)$ \qquad b) $M(a|5,5)$, $r = 8,5$, $A(4|-2)$ \qquad c) $M(4|4)$, $r = a$, $A(-2|1,5)$

18. Gegeben ist der Kreis k: $(x-2)^2 + (y+3)^2 = 25$.
  a) Eine Teilstrecke der x-Achse ist eine Kreissehne. Wie lang ist diese Sehne?
  b) Eine Teilstrecke der senkrechten Geraden $x = 4$ verläuft im Inneren des Kreises. Wie lang ist diese Strecke?

19. Gegeben sind die Punkte $A(1|0)$, $B(9|4)$, $C(0|7)$ und $M(4|4)$.
  Zeigen Sie, dass M der Mittelpunkt des Umkreises des Dreiecks ABC ist. Geben Sie eine Gleichung des Umkreises k an.

20. Bestimmen Sie die Gleichung eines Kreises k, der die gegebenen Punkte enthält.
  a) $A(2|2)$, $B(9|1)$, $C(6|10)$ b) $A(-6|15)$, $B(15|12)$, $C(12|15)$
  c) $A(4|14)$, $B(-13|7)$, $C(-1|15)$ d) $A(-18|1)$, $B(-17|6)$, $C(0|13)$

Anwendungen

21. In der Wüste Saudi-Arabiens gibt es rotierende Bewässerungsanlagen, die es den Farmern dort ermöglichen, auf kreisförmigen Arealen Getreide anzubauen. Die abgebildeten Areale umfassen jeweils 2.005.000 m². Stellen Sie eine Gleichung auf, die den Rand eines solchen Areals beschreibt, wobei der Standpunkt des Sprengers der Koordinatenursprung ist.

22. Bei einer halbkreisförmigen Brücke mit einem Radius von 10 m liegt der Mittelpunkt des Halbkreises bei normalem Wasserstand auf Höhe der Wasseroberfläche.

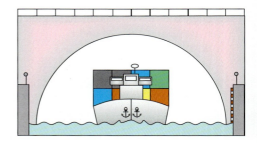

  a) Zeigen Sie, dass ein mit Containern beladener 6 m hoher Lastkahn der Breite 8 m die Brücke mittig durchfahren kann.
  b) Wie weit darf der Lastkahn von der Ideallinie bei der Durchfahrt seitlich höchstens abweichen?
  c) Ab welchem Wasserstand über Normal ist bei Hochwasser die Durchfahrt für den Lastkahn unmöglich?

23. Bei einer Schnitzeljagd starten drei Gruppen an den gekennzeichneten Punkten A, B und C (Angaben in km). Wo muss sich das Ziel Z befinden, damit alle drei Gruppen durch gleich große Entfernungen von Start- und Zielpunkt gleiche Siegeschancen haben?

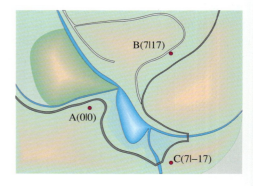

2. Kreise und Geraden

Drei Fälle sind möglich, wie ein Kreis k und eine Gerade g relativ zueinander liegen können.

1. g und k schneiden sich in 2 Punkten:
   g ist *Sekante* von k.
2. g berührt k in einem Punkt:
   g ist *Tangente* von k.
3. g und k haben keine gemeinsamen Punkte:
   g ist *Passante* von k.

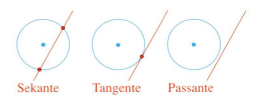

Sekante   Tangente   Passante

A. Schnittpunkte eines Kreises mit einer Geraden

▶ **Beispiel: Schnittpunktberechnung**
Die beiden Stationen A und B, zwischen denen ein kreisförmiger See liegt, sollen durch eine geradlinige Bahnstrecke verbunden werden.
In welchen Punkten schneidet die Verbindung das Seeufer?
Wie lang wird die Brücke über den See?

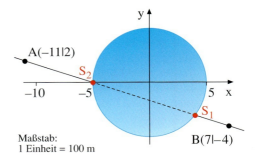

Maßstab:
1 Einheit = 100 m

Lösung:
Wir stellen die Kreisgleichung k und die Gleichung der Geraden g durch A und B auf und setzen die Geradengleichung in die Kreisgleichung ein.

Kreisgleichung: k: $x^2 + y^2 = 25$
Geradengleichung: g: $y = -\frac{1}{3}x - \frac{5}{3}$

g in k eingesetzt: $x^2 + (-\frac{1}{3}x - \frac{5}{3})^2 = 25$

$$\Rightarrow \quad x^2 + x - 20 = 0$$

Wir erhalten eine quadratische Bestimmungsgleichung für die x-Koordinate der Schnittpunkte.
Die Lösungsformel für quadratische Gleichungen, die sogenannte p-q-Formel, liefert die Lösungen $x_1 = 4$, $x_2 = -5$.

Lösungen:
$x_1 = 4$, $y_1 = -3$ $\Rightarrow S_1(4 \mid -3)$
$x_2 = -5$, $y_2 = 0$ $\Rightarrow S_2(-5 \mid 0)$

Die Entfernung der beiden Schnittpunkte von g und k beträgt d $\approx$ 9,49.
▶ Die Brücke wird also ca. 949 m lang sein.

Abstand:
$$d = d(S_1, S_2) = \sqrt{9^2 + 3^2} = \sqrt{90} \approx 9{,}49$$

Übung 1
k sei ein Kreis um M(2|1) mit Radius r = 5. Untersuchen Sie die relative Lage von g zu k.
a) g schneidet die x-Achse in P(−6|0) und hat die Steigung m = −0,5.
b) g geht durch A(−6|2) und B(0|−10).
c) g hat die Steigung $-\frac{4}{3}$ und schneidet die y-Achse in P(0|12).

Wir untersuchen nun die Lage einer Geraden zu einem Kreis in vektorieller Form.

> **Beispiel: Vektorielle Geradengleichung/Koordinatengleichung des Kreises**
> Betrachtet werden der Kreis k: $(x-2)^2+(y+3)^2=25$ sowie die Gerade g: $\vec{x} = \begin{pmatrix} 3 \\ 4 \end{pmatrix} + s \begin{pmatrix} 3 \\ -4 \end{pmatrix}$.
> Untersuchen Sie die gegenseitige Lage von g und k.

Lösung:
Zeichnen wir den Kreis k und die Gerade g in ein Koordinatensystem, so ergibt sich die Vermutung, dass g Tangente an k ist.

Für eine rechnerische Lösung setzen wir die Koordinaten $x = 3+3s$ und $y = 4-4s$ der Geraden g in die Kreisgleichung ein. Wir erhalten eine quadratische Gleichung für den Geradenparameter s.

$$(3+3s-2)^2+(4-4s+3)^2=25$$
$$(3s+1)^2+(-4s+7)^2=25$$
$$9s^2+6s+1+16s^2-56s+49=25$$
$$25s^2-50s+25=0$$
$$s^2-2s+1=0$$
$$s=1\pm\sqrt{1-1}=1$$

Wir lösen diese auf und erhalten genau eine Lösung $s=1$. g und k haben daher genau einen gemeinsamen Punkt B(6|0). Die Gerade g muss daher Kreistangente sein. Hätten wir zwei Lösungen oder keine Lösung erhalten, so würde es sich um eine
> Sekante oder um eine Passante handeln.

$\Rightarrow$ genau eine Lösung

$\Rightarrow$ g ist Tangente.
 Berührpunkt B(6|0)

Übung 2
Gegeben seien der Kreis k um den Mittelpunkt M(2|3) mit dem Radius $r=10$ sowie die Gerade g durch A und B. Welche gegenseitige Lage besitzen g und k?
a) A(12|19)   b) A(4|14)   c) A(6|0)
   B(10|15)   B(16|5)   B(−2|6)

Übung 3
Wie muss der Radius r des Kreises k um den Mittelpunkt M(3|2) gewählt werden, damit die Gerade g durch die Punkte A(4|9) und B(10|1)
a) eine Passante,   b) eine Tangente,   c) eine Sekante ist.

Übung 4
Gegeben sind der Ursprungskreis k mit dem Radius $r=10$ sowie das Dreieck ABC mit A(−16|−6); B(17|−6); C(−4|22).
Untersuchen Sie, ob die Seiten des Dreiecks den Kreis schneiden, berühren oder verfehlen. Fertigen Sie zunächst eine Zeichnung an.

B. Kreistangenten

▶ **Beispiel: Tangentengleichung**
Zeigen Sie, dass $P(3|2)$ auf dem Kreis um $M(1|1)$ mit dem Radius $r = \sqrt{5}$ liegt, und bestimmen Sie die Gleichung der Tangente, die k im Punkt P berührt.

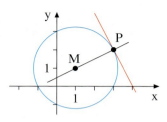

Lösung:
Die Koordinaten von P werden in die Kreisgleichung eingesetzt. Da sie die Kreisgleichung erfüllen, ist P ein Punkt von k.

Kreisgleichung: k: $(x-1)^2 + (y-1)^2 = 5$
Koordinaten von P in k eingesetzt:
$(3-1)^2 + (2-1)^2 = 5$

Die Gerade $\overline{MP}$ hat die Steigung 0,5. Die Tangente an k im Punkt P steht senkrecht auf $\overline{MP}$ und hat daher die Steigung -2. Diese Steigung und die Koordinaten von P bestimmen die Tangentengleichung:
▶ $y = -2x + 8$.

Tangentengleichung:

Steigung der Geraden $\overline{MP}$: $m_1 = \frac{2-1}{3-1} = \frac{1}{2}$

Steigung der Tangente: $m_2 = -\frac{1}{m_1} = -2$

Tangentengleichung: $y = -2x + 8$

Übung 5
Bestimmen Sie die Tangentengleichung an den Kreis k: $x^2 - 6x + y^2 + 2y = 0$ im Punkt $P(4|2)$.

▶ **Beispiel: Parallele Kreistangenten**
Bestimmen Sie die Tangentenberührpunkte und die Tangentengleichungen an den Kreis k: $(x+2)^2 + (y+3)^2 = 13$, wenn die Tangenten Parallelen zur Geraden $y = -\frac{3}{2}x + 4$ sind.

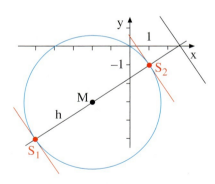

Lösung:
Zuerst wird die Gleichung der Geraden h durch den Kreismittelpunkt M aufgestellt, die senkrecht zur gegebenen Geraden liegt.

Geradengleichung von h:
$y = \frac{2}{3}x - \frac{5}{3}$

Die Schnittpunkte von h mit dem Kreis sind die Tangentenberührpunkte.

Schnittpunkte von h und k:
$(x+2)^2 + \left(\frac{2}{3}x + \frac{4}{3}\right)^2 = 13$
$x^2 + 4x - 5 = 0$
$x_1 = -5, \quad y_1 = -5 \quad \Rightarrow S_1(-5|-5)$
$x_2 = 1, \quad y_2 = -1 \quad \Rightarrow S_2(1|-1)$

Da von den Tangenten der Berührpunkt mit dem Kreis und die Steigung bekannt sind, können die Tangentengleichungen
▶ aufgestellt werden.

Tangentengleichungen:
$y = -\frac{3}{2}x - \frac{25}{2}$ und $y = -\frac{3}{2}x + \frac{1}{2}$

> **Beispiel: Tangentengleichung in vektorieller Form**
> Gegeben ist der Kreis k um den Mittelpunkt $M(2|1)$ mit dem Radius $r = \sqrt{5}$.
> Wie lautet die Gleichung derjenigen Kreistangente g, die den Kreis im Punkt $B(3|3)$ berührt?

Lösung:
Wir verwenden für die Tangentengerade
den vektoriellen Ansatz $g: \vec{x} = \vec{b} + s \cdot \vec{n}$.
Als Stützvektor wählen wir den Ortsvektor
des Berührpunktes $B(3|3)$.
Den Richtungsvektor $\vec{n}$ bestimmen wir fol-
gendermaßen:

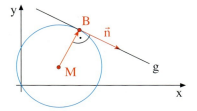

$\vec{n} = \begin{pmatrix} x \\ y \end{pmatrix}$ steht senkrecht auf dem Radiusvektor $\overrightarrow{MB} = \begin{pmatrix} 1 \\ 2 \end{pmatrix}$. Daher gilt $\vec{n} \cdot \overrightarrow{MB} = 0$. Dies führt auf

$x + 2y = 0$. Diese Bedingung ist erfüllt, wenn wir z. B. $x = 2$ und $y = -1$ wählen. Die gesuchte

► Tangentengleichung lautet daher $g: \vec{x} = \begin{pmatrix} 3 \\ 3 \end{pmatrix} + s \begin{pmatrix} 2 \\ -1 \end{pmatrix}$.

> **Beispiel: Berührpunkte mithilfe von Vektoren**
> Gegeben ist der Kreis k um den Mittelpunkt $M(3|1)$ mit dem Radius $r = 5$.
> Wie lauten die Berührpunkte der Kreistangenten, die parallel zur Geraden $g: \vec{x} = \begin{pmatrix} 9 \\ 9 \end{pmatrix} + t \begin{pmatrix} 3 \\ -4 \end{pmatrix}$
> sind?

Lösung:
h sei eine durch den Kreismittelpunkt lau-
fende, zu g senkrechte Gerade (in der Abbildung gestrichelt). Sie hat die Gleichung

$$h: \vec{x} = \begin{pmatrix} 3 \\ 1 \end{pmatrix} + s \begin{pmatrix} 4 \\ 3 \end{pmatrix}.$$

Die Berührpunkte B_1 und B_2 sind die
Schnittpunkte von h mit dem Kreis
$$k: (x-3)^2 + (y-1)^2 = 25.$$
Durch Einsetzen der Geradenkoordinaten
in die Kreisgleichung ergibt sich eine quadratische Gleichung mit den beiden Lösungen $s = +1$ und $s = -1$.
Hieraus ergeben sich die Berührpunkte

► $B_1(7|4)$ und $B_2(-1|-2)$.

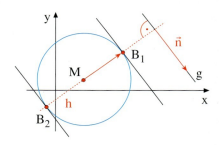

Schnittpunkte von h und k:
$$(3 + 4s - 3)^2 (1 + 3s - 1)^2 = 25$$
$$25s^2 = 25$$
$$s = \pm 1$$

$s = 1: \quad B_1(7|4)$
$s = -1: \quad B_2(-1|-2)$

Übung 6
Gegeben ist $k: (x-3)^2 + (x-1)^2 = 25$.
Gesucht ist die Gleichung der Tangente
von k im Berührpunkt $B(6|-3)$.

Übung 7
Gegeben ist $k: (x+3)^2 + y^2 = 169$ sowie
die Gerade g durch $A(5|7)$ und $B(0|-5)$.
Gesucht sind die zu g parallelen Kreistan-
genten.

Von einem Punkt Q, der außerhalb eines Kreises k liegt, können zwei Tangenten an den Kreis gelegt werden. Im Folgenden geht es darum, wie man die Gleichungen dieser Kreistangenten rechnerisch ermitteln kann.

▶ **Beispiel: Tangenten an einen Kreis von einem Punkt außerhalb des Kreises**
Gegeben ist der Kreis k mit dem Radius $r = 5$ um den Mittelpunkt M(2|3) sowie der Punkt Q(9|2). Bestimmen Sie die Gleichungen der beiden Tangenten, die vom Punkt Q an den Kreis k gelegt werden können.

1. Lösung: *(zeichnerisch)*
Zeichnerisch wurde dieses Problem schon in der Mittelstufe gelöst. Zur geometrischen Lösung bildet man den Thaleskreis über MQ. Dieser schneidet den Kreis k in zwei Punkten P_1 und P_2. Da im Thaleskreis die Winkel QP_1M und QP_2M rechte Winkel sind, bilden die Geraden QP_1 und QP_2 die gesuchten Tangenten an Kreis k.

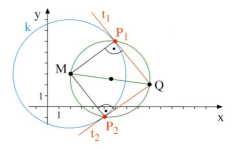

1. Bestimmung der Berührpunkte:

(I) $\left[\begin{pmatrix} p_1 \\ p_2 \end{pmatrix} - \begin{pmatrix} 2 \\ 3 \end{pmatrix} \right]^2 = 5^2$

(II) $\begin{pmatrix} p_1 - 2 \\ p_2 - 3 \end{pmatrix} \cdot \begin{pmatrix} p_1 - 9 \\ p_2 - 2 \end{pmatrix} = 0$

(I) $(p_1 - 2)^2 + (p_2 - 3)^2 = 25$
(II) $(p_1 - 2)(p_1 - 9) + (p_2 - 3)(p_2 - 2) = 0$

(I) $p_1^2 + p_2^2 - 4p_1 - 6p_2 = 12$
(II) $p_1^2 + p_2^2 - 11p_1 - 5p_2 = -24$

---

2. Lösung: *(rechnerisch)*
Ist $P(p_1|p_2)$ der Berührpunkt einer vom Punkt Q aus an den Kreis k gelegten Tangente, so muss P zwei Bedingungen genügen:
(I) P muss die Kreisgleichung erfüllen.
(II) $\overrightarrow{MP}$ muss orthogonal zu $\overrightarrow{QP}$ sein.

Diese Bedingungen führen auf zwei Bestimmungsgleichungen für die Koordinaten p_1, p_2 des Berührpunktes P.

Beide Gleichungen I und II enthalten die quadratischen Terme p_1^2 und p_2^2, die wir zunächst durch Substraktion I − II eliminieren.

III = I − II: $7p_1 - p_2 = 36$
IV: $p_2 = 7p_1 - 36$

IV in I: $(p_1 - 2)^2 + (7p_1 - 39)^2 = 25$
$\Rightarrow 50p_1^2 - 550p_1 + 1500 = 0$
$\Rightarrow \quad p_1^2 - 11p_1 + 30 = 0$
$\Rightarrow \quad p_1 = 6 \text{ oder } p_1 = 5$

Wir erhalten einen Zusammenhang zwischen p_1 und p_2 (IV), den wir in I rückeinsetzen, wodurch wir eine quadratische Gleichung für p_1 erhalten, die zwei Lösungen $p_1 = 6$ und $p_1 = 5$ besitzt.

aus IV $\Rightarrow$ $p_2 = 6 \text{ bzw. } p_2 = -1$

Hieraus folgt wiederum durch Rückeinsetzen $p_2 = 6$ bzw. $p_2 = -1$, womit die Be-
▶ rührpunkte gefunden sind.

Berührpunkte: $B_1(6|6)$ und $B_2(5|-1)$

Nun lassen sich auch die Tangentengleichungen unter Verwendung des Richtungsvektors $\vec{u} = \overrightarrow{PQ}$ aufstellen.

2. Bestimmung der Tangentengleichungen:

$t_1: \vec{x} = \begin{pmatrix} 6 \\ 6 \end{pmatrix} + r \begin{pmatrix} 3 \\ -4 \end{pmatrix}$ und

$t_2: \vec{x} = \begin{pmatrix} 5 \\ -1 \end{pmatrix} + s \begin{pmatrix} 4 \\ 3 \end{pmatrix}$

Übung 8

Bestimmen Sie die Gleichungen der beiden Tangenten vom Punkt Q an den Kreis k mit dem
Radius r um den Mittelpunkt M.

a) $r = 5$, $M(2|2)$, $Q(-5|3)$

b) $r = \sqrt{5}$, $M(4|3)$, $Q(1|4)$

c) $r = \sqrt{8}$, $M(3|-3)$, $Q(-2|-2)$

d) $r = \sqrt{13}$, $M(2|1)$, $P(-3|0)$

Übung 9

Ein kugelförmiger Wasserbehälter mit dem
Radius $r = 2$ soll durch gegenüber liegende,
tangential (am Querschnitt) angebrachte
Halteseile von den Punkten $A(5|-10)$ und
$B(-5|-10)$ aus abgesichert werden. Der
Koordinatenursprung liegt im Mittelpunkt
des Wasserbehälters. (1 Einheit = 1 Meter)
In welchen Punkten P und Q müssen die
Halterungen am Wasserbehälter angebracht werden? Wie lang sind die Siche-
rungsseile?

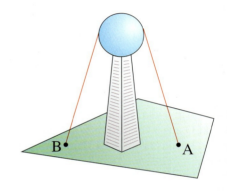

Übung 10

Parabouncing ist eine Funsportart aus den
USA. Ein kugelförmiger Ballon wird mit
Helium gefüllt, bis das Gewicht eines am
Ballon angebrachten Springers nahezu
ausgeglichen ist. Stößt sich der Springer
ab, sind bis zu 50 m hohe Sprünge mög-
lich. Nachdem der Springer den höchsten
Punkt erreicht hat, wird er von den Helfern
wieder heruntergezogen und kann erneut
springen. Die Halteseile, an denen der
Springer hängt, sind tangential angebracht
(Maße siehe Abbildung).

Wie groß ist der Winkel zwischen den beiden Halteseilen?

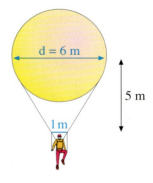

Übungen

11. Untersuchen Sie die gegenseitige Lage der Geraden g und des Kreises k.

a) $g: y = 0,5x + 1$
   $k: x^2 + y^2 = 8$

b) $g: y = x - 3$
   $k: (x-3)^2 + (y-4)^2 = 4$

c) $g: y = \frac{1}{3}x + \frac{2}{3}$
   $k: M(1|2), r = 3$

d) $g: \vec{x} = \begin{pmatrix} 11 \\ 0 \end{pmatrix} + s \begin{pmatrix} 2 \\ -2 \end{pmatrix}$
   $k: (x-3)^2 + (y+2)^2 = 52$

e) $g: \vec{x} = \begin{pmatrix} 2 \\ 9 \end{pmatrix} + s \begin{pmatrix} 2 \\ -1 \end{pmatrix}$
   $k: (x-5)^2 + y^2 = 45$

f) $g: \vec{x} = \begin{pmatrix} 11 \\ 0 \end{pmatrix} + s \begin{pmatrix} 3 \\ -8 \end{pmatrix}$
   $k: (x-2)^2 + (y+4)^2 = 73$

12. Wie lautet die Gleichung der Tangente an den Kreis k um den Mittelpunkt M mit dem Radius r im Berührpunkt B?

a) $M(3|5), r = 13, B(-9|0)$

b) $M(-2|2), r = 5, B(1|6)$

c) $M(1|6), r = 10, B(-7|12)$

d) $M(4|4), r = \sqrt{18}, B(7|1)$

13. a) Wie lauten die Gleichungen der Tangenten an den Kreis $(x-2)^2 + (y+3)^2 = 8$, die parallel sind zur Winkelhalbierenden des 1. Quadranten des Koordinatensystems?

b) Welche Tangenten von $k: (x-2)^2 + (y-4)^2 = 225$ schneiden die Gerade g durch $A(0|0)$ und $B(-3|4)$ orthogonal? Wie lauten die Schnittpunkte?

14. a) Für welche Steigungen m berührt die Gerade $y = mx + 5$ den Kreis $x^2 + y^2 = 5$?

b) Für welche Steigungen m erhält man Sekanten?

15. Welcher Kreis k um den Ursprung berührt die Gerade g?

Berechnen Sie zunächst den Berührpunkt B als Schnittpunkt von g mit einer zu g orthogonalen Ursprungsgeraden h.

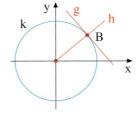

a) $g: \vec{x} = \begin{pmatrix} 4 \\ 0 \end{pmatrix} + s \begin{pmatrix} 1 \\ 1 \end{pmatrix}$

b) $g: \vec{x} = \begin{pmatrix} 4 \\ -3 \end{pmatrix} + s \begin{pmatrix} 1 \\ -2 \end{pmatrix}$

c) g durch $A(5|3), B(7|11)$

d) $g: y = 2x - 10$

16. Gegeben sind der Kreis k um den Koordinatenursprung mit dem Radius r sowie der Punkt P außerhalb von k. Von P können zwei Tangenten an den Kreis k gelegt werden. In welchen beiden Punkten berühren diese Tangenten den Kreis?

a) $r = 5, P(7|-1)$

b) $r = \sqrt{5}, P(3|-1)$

c) $r = \sqrt{13}, P(5|1)$

17. Unter dem Dach des Kaufhauses soll ein kugelförmiger Wasserbehälter $(r = 5\text{ m})$ als Vorratsgefäß für die Sprinkleranlage befestigt werden. Berechnen Sie die Koordinaten des Befestigungspunktes F.

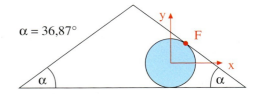

$\alpha = 36,87°$

3. Schnitt von zwei Kreisen

Analog zur Lage von Kreis und Gerade sind bei der Betrachtung von zwei Kreisen ebenfalls drei wichtige Fälle zu unterscheiden. Ein Vergleich des Abstandes d beider Mittelpunkte mit der Summe der Radien bzw. deren Differenz liefert ein erstes Ergebnis.

Wir betrachten zwei Kreise mit den Mittelpunkten M_1 und M_2 sowie den Radien r_1 und r_2 mit $r_1 \geq r_2$. Dann gelten folgende Bedingungen:

1. Fall: kein Schnittpunkt
Zwei Kreise schneiden sich nicht, wenn $d > r_1 + r_2$ oder $d < r_1 - r_2$ gilt.

2. Fall: Berührpunkt
Zwei Kreise berühren sich, wenn $d = r_1 + r_2$ oder $d = r_1 - r_2$ gilt.

3. Fall: 2 Schnittpunkte
Zwei Kreise schneiden sich in zwei Punkten, wenn $r_1 - r_2 < d < r_1 + r_2$ gilt.

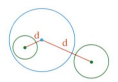
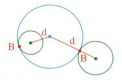
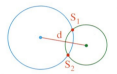

▶ **Beispiel:** Eine Telefongesellschaft möchte einen Autobahnabschnitt mit einem Funknetz für den Handybetrieb bedienen und sucht nun geeignete Stützpunkte für die Errichtung der Sendemasten.
Prüfen Sie, ob sich die kreisförmigen Empfangsbereiche der Sender $M_1(5|2)$, mit $r_1 = \sqrt{65}$ und $M_2(-5|4)$ mit $r_2 = \sqrt{13}$ überschneiden, und bestimmen Sie ggf. die Schnittpunkte.

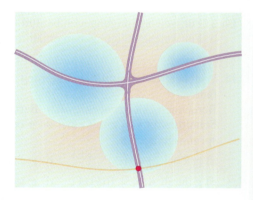

Lösung:
Der errechnete Abstand beider Sender ist kleiner als die Summe beider Radien und größer als die Differenz, also müssen zwei Schnittpunkte existieren.

Zu deren Bestimmung stellen wir zunächst beide Kreisgleichungen in Koordinatenform auf.

Die Schnittpunkte müssen beide Kreisgleichungen erfüllen. Wir multiplizieren
▼ die Klammern aus und fassen zusammen.

Abstandsbestimmung:
$$d = \sqrt{(-5-5)^2 + (4-2)^2} = \sqrt{104} \approx 10,2$$
$$r_1 + r_2 = \sqrt{65} + \sqrt{13} \approx 11,67$$
$$r_1 - r_2 = \sqrt{65} - \sqrt{13} \approx 4,46$$
$$\Rightarrow |r_1 - r_2| < d < r_1 + r_2$$

Kreisgleichungen:
$k_1\!: (x-5)^2 + (y-2)^2 = 65$
$k_2\!: (x+5)^2 + (y-4)^2 = 13$

I $x^2 - 10x + 25 + y^2 - 4y + 4 = 65$
II $x^2 + 10x + 25 + y^2 - 8y + 16 = 13$

Wir erhalten eine Gleichungssystem mit 2 Gleichungen und 2 Variablen. Subtrahiert man nun z. B. die untere Gleichung von der oberen, so können die quadratischen Terme eliminiert werden. Wir erhalten eine lineare Gleichung mit den Variablen x und y. Diese stellt die Trägergerade dar, auf der die gesuchten Schnittpunkte liegen. Um diese Schnittpunkte zu bestimmen, müssen wir die lineare Gleichung nach x oder y auflösen und in eine der beiden Kreisgleichungen einsetzen. Nach einigen Umformungsschritten entsteht eine quadratische Gleichung, die mit p-q-Formel gelöst werden kann. Den zugehörigen y-Wert erhalten wir, indem wir die errechneten x-Werte in die Trägergerade einsetzen.

$$\text{I} \qquad x^2 - 10x + y^2 - 4y = 36$$
$$\text{II} \qquad x^2 + 10x + y^2 - 8y = -28$$

$$\text{I} - \text{II}: -20x + 4y = 64$$
$$\text{bzw.} \qquad\qquad y = 5x + 16 \; (\textit{Trägergerade})$$

Einsetzen in k_2:
$$(x+5)^2 + (5x+12)^2 = 13$$
$$x^2 + 10x + 25 + 25x^2 + 120x + 144 = 13$$
$$26x^2 + 130x + 156 = 0$$
$$x^2 + 5x + 6 = 0$$
$$x_{1/2} = -2{,}5 \pm \sqrt{0{,}25} \Rightarrow x_1 = -3, \; x_2 = -2$$

Resultat:
Die Empfangsbereiche der beiden Sender schneiden sich in den Punkten $S_1(-3|1)$ und $S_2(-2|6)$.

Übung 1

Für das Handynetz aus dem letzten Beispiel ist die Station $M_2(-5|4)$ mit $r_2 = \sqrt{13}$ fest eingeplant. Für eine Station M_3 bieten sich nun zwei Standorte an. Prüfen Sie deren Tauglichkeit.
a) $M_3(-14|10)$ mit $r_3 = \sqrt{52}$ b) $M_3(-14|11)$ mit $r_3 = \sqrt{52}$

Übung 2

Gegeben sind die Kreise k_1 mit dem Mittelpunkt $M_1(2|4)$ und dem Radius $r_1 = \sqrt{5}$ sowie k_2 mit dem Mittelpunkt M_2 und dem Radius r_2.
Untersuchen Sie die Lage der Kreise k_1 und k_2 und bestimmen Sie gegebenenfalls gemeinsame Punkte. Zeichnen Sie die Kreise im kartesischen Koordinatensystem.
a) $M_2(0|-2)$, $r_2 = 5$ b) $M_2(-2|-1)$, $r_2 = \sqrt{20}$ c) $M_2(8|7)$, $r_2 = \sqrt{20}$
d) $M_2(1{,}25|2{,}5)$, $r_2 = \sqrt{0{,}3125}$ e) $M_2(8|4)$, $r_2 = \sqrt{45}$ f) $M_2(0|6)$, $r_2 = \sqrt{63}$

Übung 3

Zeigen Sie, dass sich die Kreise $k_1: \left[\vec{x} - \begin{pmatrix} 3 \\ -1 \end{pmatrix}\right]^2 = 100$ und $k_2: \left[\vec{x} - \begin{pmatrix} 12 \\ 8 \end{pmatrix}\right]^2 = 10$ schneiden.

Bestimmen Sie die Schnittpunkte von k_1 und k_2. Unter welchem Winkel schneiden sich die beiden Kreise k_1 und k_2?
Hinweis: Unter dem Schnittwinkel zweier Kreise versteht man den Schnittwinkel der zugehörigen Tangenten.

Übung 4

Geben Sie die Gleichung eines Kreises k_2 an, der durch die Punkte $P(1|4)$ und $Q(1|-4)$ geht und den Kreis $k_1: \left[\vec{x} - \begin{pmatrix} 7 \\ -2 \end{pmatrix}\right]^2 = 9$ berührt.

Übung 5

Zeigen Sie, dass sich die Kreise $k_1: x^2 + y^2 = 4$ und $k_2: (x+4)^2 + (y+3)^2 = 1$ nicht schneiden. Bestimmen Sie die Punkte P_1 auf k_1 und P_2 auf k_2 mit dem kleinsten Abstand.

Zusammengesetzte Aufgaben

1. In einem kartesischen Koordinatensystem seien der Kreis k_1 mit dem Mittelpunkt $M_1(-3|2)$ und dem Radius $r_1 = 5$ sowie die Punkte $P(1|0)$, $Q(-1|-4)$ und $R(1|-1)$ gegeben.

   a) Stellen Sie eine Kreisgleichung von k_1 auf.
   b) Untersuchen Sie die Lage der Geraden g, die durch P und Q geht, zum Kreis k_1. Bestimmen Sie gegebenenfalls gemeinsame Punkte.
   c) Zeigen Sie, dass der Punkt R auf dem Kreis k_1 liegt, und bestimmen Sie die Gleichung der Tangente h, die k_1 in R berührt.
   d) Der Kreis k_2 mit dem Mittelpunkt $M_2(9|-2)$ enthält den Punkt R. Bestimmen Sie den Radius r_2 von k_2.
   e) Untersuchen Sie die Lage der Kreise k_1 und k_2 und bestimmen Sie ggf. die Schnittpunkte.
   f) Die Kreispunkte $A(0|-2)$, $B(2|2)$, C und D von k_1 bilden ein Rechteck. Bestimmen Sie die Koordinaten von C und D.

2. Gegeben seien der Kreis k: $x^2 + y^2 - 8x + 4y = 30$ sowie der Punkt $P(12|-8)$.

   a) Bestimmen Sie die Koordinaten des Mittelpunktes M sowie die Maßzahl des Radius r für den Kreis k.
   b) Zeigen Sie, dass P nicht auf k liegt. Es existieren zwei Tangenten von P an den Kreis k. Bestimmen Sie deren Gleichungen h_1 und h_2.
   c) Unter welchem Winkel schneiden sich die Tangenten h_1 und h_2 aus b)?
   d) Bestimmen Sie jeweils die parallele Tangente zu den Tangenten aus b) an den Kreis k.
   e) Die Schnittpunkte dieser 4 Tangenten bilden ein Viereck. Bestimmen Sie die Koordinaten dieser Schnittpunkte. Um welches spezielle Viereck handelt es sich hierbei?
   f) Bestimmen Sie eine Gleichung des Kreis k_2 durch die Punkte $A(0|0)$, $B(0|-4)$ und $C(2|2)$.

3. In einem kartesischen Koordinatensystem seien der Kreis k_1: $x^2 - 10x + y^2 - 6y = -9$ und die Gerade g: $y = \frac{29}{3} - \frac{4}{3}x$ gegeben.

   a) Geben Sie die Koordinaten des Mittelpunktes M_1 und den Radius r_1 von k_1 an.
   b) Zeigen Sie, dass k_1 und g sich in zwei Punkten S_1 und S_2 schneiden. Berechnen Sie die Koordinaten dieser Schnittpunkte und zeigen Sie, dass $\overline{S_1S_2}$ ein Durchmesser von k_1 ist.
   c) Es existieren zwei Geraden h_1 und h_2, die parallel zu g sind und den Kreis k_1 berühren. Geben Sie die Gleichungen von h_1 und h_2 an.
   d) In den Kreis k_1 werden zwei Kreise k_2 und k_3 einbeschrieben, die die Geraden g und h_1 bzw. die Geraden g und h_2 berühren. Bestimmen Sie die Mittelpunkte und Radien der Kreise k_2 und k_3.
   e) Bestimmen Sie den Abstand des Koordinatenursprungs von der Geraden g.
   f) Ein Kreis k_4 liegt im 1. Quadranten, berührt beide Koordinatenachsen und hat den Radius 5. Stellen Sie eine Kreisgleichung von k_4 auf.

Anwendungen

4. Keisumgehung

Mitten in einer geplanten Straße liegt ein kreisrunder See. Die Straße führt von einem Punkt P bis B_1 aus geradlinig und tangential zum See, umrundet diesen dann in Form eines Viertelkreises und führt schließlich wieder geradlinig und tangential von B_2 zu einem Punkt Q. In einem kartesischen Koordinatensystem gelte $P(-4|5)$, $B_1(0|8)$, $B_2(7|7)$, $Q(10|3)$.

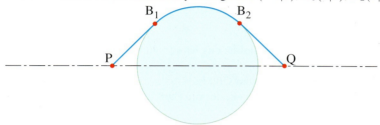

a) Stellen Sie die Gleichungen der Geraden PB_1 und QB_2 auf. Diese Geraden schneiden sich in einem Punkt S. Berechnen Sie die Koordinaten des Schnittpunktes S und begründen Sie, dass die Geraden orthogonal zueinander sind.

b) Bestimmen Sie den Mittelpunkt und den Radius des Sees sowie die Gesamtlänge der Straße.

5. Fahrradkette

Die genaue Länge einer Fahrradkette soll ermittelt werden. Die Zahnräder haben die Durchmesser 40 cm und 20 cm, der Abstand ihrer Mittelpunkte beträgt 50 cm.

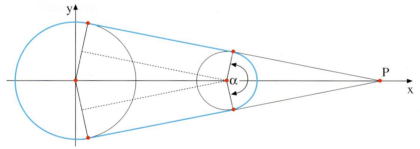

a) Ermitteln Sie zunächst mit einer Strahlensatzfigur die Lage eines Punktes P, von dem aus 2 Tangenten an die als Kreise idealisierten Zahnräder verlaufen. (Den Koordinatenursprung lege man in die Mitte des großen Zahnrades.) Bestimmen Sie die Kreis- und die Tangentengleichungen.

b) Berechnen Sie nun die Längen der Kettenstücke, die nicht um die Zahnräder liegen.

c) Bestimmen Sie den Winkel α, den die an den Zahnrädern anliegenden Kettenstücke einschließen.

d) Schließen Sie von dem unter c) berechneten Winkel auf die Längen der den Zahnrädern anliegenden Kettenstücke.

e) Tragen Sie nun Ihre Einzelergebnisse zu einem Gesamtresultat zusammen.*

---

* In der Realität haben solche Ketten nur diskrete Längen in Abhängigkeit von der Länge eines einzelnen Kettengliedes. Die Abweichung vom obigen Ergebnis kann durch eine Justierung am Hinterrad ausgeglichen werden.

Test

Kreise

1. Bestimmen Sie eine Vektor- und Koordinatengleichung des Kreises k.

   a) Ein Kreis k um M$(3\,|\,5)$ geht durch den Punkt P$(10\,|\,8)$.

   b) Ein Kreis k mit dem Mittelpunkt M im 1. Quadranten schneidet die Achsen im Ursprung und jeweils bei 6.

2. Bestimmen Sie den Mittelpunkt und den Radius des Kreises k: $x^2 + y^2 - 8(x + y) = 4$.

3. Gegeben sind die Punkte A$(5\,|\,3)$, B$(2\,|\,4)$ und C$(1\,|\,1)$.

   a) Bestimmen Sie die Gleichung des Kreises k, der die Punkte A, B und C enthält.

   b) Wie lang ist die Sehne AB?

   c) Wie groß ist der Abstand des Kreismittelpunktes M von k zur Sehne AB?

4. Untersuchen Sie die relative Lage der Geraden g zum Kreis k.

   a) k: $(x - 3)^2 + (y + 2)^2 = 52$ b) k: $\left[\vec{x} - \begin{pmatrix} 9 \\ 0 \end{pmatrix}\right]^2 = 20$

      g: $y = -x + 11$ g: $\vec{x} = \begin{pmatrix} 4 \\ 8 \end{pmatrix} + r\begin{pmatrix} 4 \\ -2 \end{pmatrix}$

5. a) Wie lautet die Gleichung der Tangente an den Kreis k: $(x - 2)^2 + (y + 1)^2 = 20$ im Punkt P$(6\,|\,1)$?

   b) Wie lautet die Gleichung der zur Tangente in P parallelen Tangente an den Kreis? In welchem Punkt Q berührt diese Tangente den Kreis?

6. Gegeben sind der Kreis k um M$(2\,|\,{-3})$ mit dem Radius r $= \sqrt{20}$ sowie der Punkt P$(12\,|\,{-3})$.

   a) Zeigen Sie, dass P nicht auf k liegt.

   b) Bestimmen Sie die Gleichungen der Tangenten, die von P an k gelegt werden können.

7. Gegeben sind die Kreise k_1: $(x - 4)^2 + (y - 3)^2 = 10$ und k_2: $(x - 10)^2 + y^2 = 25$. Untersuchen Sie die relative Lage der Kreise k_1 und k_2 und bestimmen Sie ggf. gemeinsame Punkte.

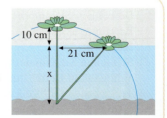

In einem See steht eine Wasserlilie; sie ragt 10 cm über die Wasseroberfläche hinaus. Bei einem Sturm wird sie so weit zur Seite gebogen, dass sich ihre Spitze in der Wasseroberfläche befindet. Die Entfernung zwischen dem Punkt, in dem die Wasserlilie bei gutem Wetter aus dem Wasser ragt und der Lage der Spitze während des Sturms beträgt 21 cm. Wie tief ist der See an dieser Stelle?

Überblick

Vektorgleichung des Kreises:
Ein Kreis k mit dem Mittelpunkt $M(m_1 | m_2)$ und dem Radius r hat die Gleichung:
k: $|\vec{x} - \vec{m}| = r$ oder k: $(\vec{x} - \vec{m})^2 = r^2$

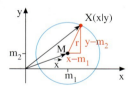

Koordinatengleichung des Kreises:
k: $(x - m_1)^2 + (y - m_2)^2 = r^2$

Relative Lage eines Punktes zu einem Kreis:
Gegeben sei ein Punkt $P(x_0 | y_0)$ und ein Kreis
k: $(x - m_1)^2 + (y - m_2)^2 = r^2$.

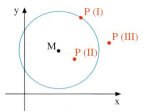

I.   Gilt $(x_0 - m_1)^2 + (y_0 - m_2)^2 = r^2$,
     so liegt P auf dem Kreis K.
II. Gilt $(x_0 - m_1)^2 + (y_0 - m_2)^2 < r^2$,
     so liegt P innerhalb des Kreises K.
III. Gilt $(x_0 - m_1)^2 + (y_0 - m_2)^2 > r^2$,
     so liegt P außerhalb des Kreises K.

Relative Lage einer Geraden zu einem Kreis:
Eine Gerade g, die einen Kreis in zwei Punkten schneidet, heißt *Sekante*.
Eine Gerade g, die einen Kreis in einem Punkt berührt, heißt *Tangente*.
Eine Gerade g, die keine gemeinsamen Punkte mit einem Kreis hat, heißt *Passante*.

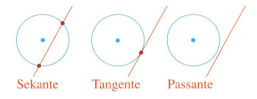

Sekante   Tangente   Passante

Schnitt von zwei Kreisen:
Für zwei Kreise mit den Mittelpunkten M_1 und M_2 sowie den Radien r_1 und r_2 mit $r_1 \geq r_2$ gelten folgende Bedingungen (d: Abstand der Kreismittelpunkte):

1. Fall: kein Schnittpunkt
Zwei Kreise schneiden sich nicht, wenn $d > r_1 + r_2$ oder $d < r_1 - r_2$ gilt.

2. Fall: Berührpunkt
Zwei Kreise berühren sich, wenn $d = r_1 + r_2$ oder $d = r_1 - r_2$ gilt.

3. Fall: 2 Schnittpunkte
Zwei Kreise schneiden sich in zwei Punkten, wenn $r_1 - r_2 < d < r_1 + r_2$ gilt.

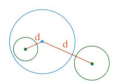

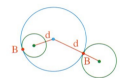

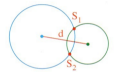

4. Exkurs: Kugelgleichungen

Kugeln im Raum können analog zu Kreisen in der Ebene sowohl durch eine Vektorgleichung als auch durch eine Koordinatengleichung dargestellt werden.

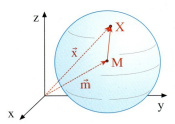

Jeder Punkt X der Kugel hat den gleichen Abstand r vom Kugelmittelpunkt M. Daher hat der Vektor $\overrightarrow{MX} = \vec{x} - \vec{m}$ stets den Betrag r.
Die Gleichung $|\vec{x} - \vec{m}| = r$ bzw. die äquivalente Gleichung $(\vec{x} - \vec{m})^2 = r^2$ wird also genau von den Punkten erfüllt, die auf der Kugel liegen.

Berliner Fernsehturm – Eröffnung: 3. Oktober 1969 – Höhe: 368 m – Kugel in 200-232 m Höhe – Kugeldurchmesser: 32 m

---

Kugelgleichungen

K sei eine Kugel um den Mittelpunkt $M(m_1|m_2|m_3)$ mit dem Radius r.
Ein Punkt X liegt genau dann auf der Kugel K, wenn eine der folgenden Gleichungen erfüllt ist:

Vektorgleichung der Kugel
$$K: |\vec{x} - \vec{m}| = r \quad \text{oder} \quad K: (\vec{x} - \vec{m})^2 = r^2$$

Koordinatengleichung der Kugel
$$K: (x - m_1)^2 + (y - m_2)^2 + (z - m_3)^2 = r^2$$

▶ **Beispiel: Kugelgleichung**
Wie lautet die Gleichung der Kugel K mit dem Mittelpunkt $M(2|3|1)$ und dem Radius $r = 3$?

Lösung:
Durch Einsetzen des Ortsvektors bzw. der Koordinaten von M und des Radius in die obigen Gleichungen erhalten wir die rechts dargestellte Vektorgleichung und die Koordinatengleichung der Kugel. Die Koordinatengleichung lässt sich durch
▶ Klammerauflösung noch vereinfachen.

$$K: \left|\vec{x} - \begin{pmatrix} 2 \\ 3 \\ 1 \end{pmatrix}\right| = 3; \quad K: \left[\vec{x} - \begin{pmatrix} 2 \\ 3 \\ 1 \end{pmatrix}\right]^2 = 9$$

$$K: (x - 2)^2 + (y - 3)^2 + (z - 1)^2 = 3^2$$

$$K: x^2 - 4x + y^2 - 6y + z^2 - 2z = -5$$

Übung 1
Gesucht sind Gleichungen der Kugel K mit dem Mittelpunkt M und dem Radius r.
a) $M(4|2|-1), r = 5$ b) $M(2|1|4), r = \sqrt{3}$ c) $M(0|-4|0), r = 16$

▶ **Beispiel: Punktprobe**
  Prüfen Sie, ob die Punkte A(6|1|2), B(4|3|4) und C(6|5|3) auf der Kugel K um den Mittelpunkt M(2|1|5) mit dem Radius r=5 liegen.

Lösung:

Wir stellen zunächst die Koordinatengleichung der Kugel K auf.
Anschließend setzen wir die Koordinaten der gegebenen Punkte in die linke Seite der Kugelgleichung ein. Nur der Punkt A erfüllt die Kugelgleichung. Er liegt auf der Kugeloberfläche. Der Punkt B liegt in der Kugel, da sein Abstand zum Mittelpunkt $3 < 5$ beträgt. Der Punkt C liegt außerhalb
▶ der Kugel, denn sein Abstand zum Mittelpunkt ist $6 > 5$.

Kugelgleichung:
$$(x-2)^2 + (y-1)^2 + (z-5)^2 = 25$$

Punktproben:
A: $(6-2)^2 + (1-1)^2 + (2-5)^2 = 25$
B: $(4-2)^2 + (3-1)^2 + (4-5)^2 = 9 < 25$
C: $(6-2)^2 + (5-1)^2 + (3-5)^2 = 36 > 25$

A liegt auf K.
B liegt innerhalb von K.
C liegt außerhalb von K.

Übung 2
Prüfen Sie, ob A und B auf der Kugel K mit dem Mittelpunkt M und dem Radius r liegen.
a) M(2|−1|4), r = 3
   A(4|1|5)
   B(3|2|1)
b) M(1|1|5), r = 5
   A(5|−2|5)
   B(−1|3|3)
c) M(−2|4|3), r = 6
   A(0|0|0)
   B(4|1|5)

Übung 3
a) Für welche Werte des Parameters t liegt der Punkt P(t|−2|12) auf der Kugel mit dem Mittelpunkt M(1|3|2) und dem Radius r = 15?
b) Wie lautet die Gleichung der Kugel K um den Mittelpunkt M(2|1|5), die den Punkt A(−6|5|4) enthält?

▶ **Beispiel: Radius und Mittelpunkt**
  Eine Gleichung der Form $x^2 + ax + y^2 + by + z^2 + cz = d$ kann eine Kugel K darstellen. Bestimmen Sie Mittelpunkt und Radius der Kugel K: $x^2 - 2x + y^2 - 4y + z^2 + 8z = 15$.

Lösung:

Die Kugelgleichung enthält drei quadratische Terme für x, y und z. Wir formen jeden dieser Terme mittels quadratischer Ergänzung in ein Binom um. Die rechte Seite der Gleichung ergänzen wir durch Addition entsprechend. Wir erhalten eine Gleichung der Form $(x-a)^2 + (y-b)^2 + (z-c)^2 = r^2$, aus der wir Mittelpunkt M und Radius r un-
▶ mittelbar ablesen können.

K: $x^2 - 2x + y^2 - 4y + z^2 + 8z = 15$
K: $x^2 - 2x + 1 + y^2 - 4y + 4 + z^2 + 8z + 16$
$\qquad\qquad\qquad\qquad = 15 + 21$
K: $(x-1)^2 + (y-2)^2 + (z+4)^2 = 36$
K: $(x-1)^2 + (y-2)^2 + (z+4)^2 = 6^2$

Mittelpunkt: M(1|2|−4)
Radius: r = 6

Übung 4
Bestimmen Sie Mittelpunkt M und Radius r der Kugel K.
a) K: $x^2 + 4x + y^2 - 6y + z^2 + 10z = 62$ b) K: $x^2 + y^2 + z^2 - 2x + 4y = 11$

Eine Kugel ist eindeutig durch Mittelpunkt und Radius oder durch Mittelpunkt und einen Ober-
flächenpunkt festgelegt. Verwendet man nur Oberflächenpunkte, so benötigt man vier solche
Punkte, die nicht in einer Ebene liegen, um die Kugel festzulegen.

▶ **Beispiel: Kugel aus 4 Punkten gewinnen**
Bestimmen Sie eine Gleichung der Kugel K, welche die Punkte A(1|13|4), B(3|9|6),
C(3|14|3) und D(6|14|2) enthält.

Lösung:
Als Ansatz verwenden wir die Koordinatenform der Kugelgleichung.

Ansatz für die Kugelgleichung:
$$K: (x - m_1)^2 + (y - m_2)^2 + (z - m_3)^2 = r^2$$

In diese Gleichung setzen wir die Koordinaten der vier gegebenen Punkte A, B, C
und D der Reihe nach ein.
Wir erhalten vier Gleichungen in den Variablen r, m_1, m_2 und m_3.

Einsetzen der Punktkoordinaten:
I. $(1 - m_1)^2 + (13 - m_2)^2 + (4 - m_3)^2 = r^2$
II. $(3 - m_1)^2 + (\ 9 - m_2)^2 + (6 - m_3)^2 = r^2$
III. $(3 - m_1)^2 + (14 - m_2)^2 + (3 - m_3)^2 = r^2$
IV. $(6 - m_1)^2 + (14 - m_2)^2 + (2 - m_3)^2 = r^2$

Nach Auflösung der Klammern (rechts
nicht dargestellt) eliminieren wir durch Dif-
ferenzbildung von je zwei Gleichungen
(I − II, I − III, I − IV) die quadratischen
Terme m_1^2, m_2^2, m_3^2 und r^2. Es verbleibt ein
lineares Gleichungssystem für die drei
Variablen m_1, m_2 und m_3. Wir lösen dieses
Gleichungssystem und erhalten zunächst
die Mittelpunktskoordinaten $m_1 = 1$,
$m_2 = 4$ und $m_3 = -8$. Durch Einsetzen dieser Werte in die Gleichung I errechnen wir
sodann auch den Radius r=15.

Elimination der quadratischen Terme:
I − II: $4m_1 - 8m_2 + 4m_3 = -60$
I − III: $4m_1 + 2m_2 - 2m_3 = \ 28$
I − IV: $10m_1 + 2m_2 - 4m_3 = \ 50$

Lösen des linearen Gleichungssystems:
$m_1 = \ \ 1$
$m_2 = \ \ 4$
$m_3 = -8$

aus I folgt: r = 15

Insgesamt ergibt sich als Resultat die ne-
▶ benstehend aufgeführte Kugelgleichung.

Kugelgleichung:
$$K: (x - 1)^2 + (y - 4)^2 + (z + 8)^2 = 15^2$$

Übung 5
Bestimmen Sie eine Gleichung der Kugel K, welche die Punkte A, B, C und D enthält.
a) A(2|10|4), B(4|8|6), C(5|9|4), D(0|−6|4)
b) A(10|6|13), B(10|10|11), C(−2|6|−5), D(10|−2|−3)

Übung 6
Bestimmen Sie eine Gleichung der Kugel K durch den Punkt P(12|4|16), welche die x-y-Ebene
im Ursprung berührt.

Übung 7
Die Kugel K geht durch den Punkt P(2|6|10) und wird von der y-Achse, die durch den Mittel-
punkt M von K geht, bei y=2 geschnitten. Bestimmen Sie Mittelpunkt und Radius der Kugel.

Übungen

8. Wie lautet die Gleichung der Kugel K um den Mittelpunkt M mit dem Radius r?
   a) $M(2|-1|2)$, $r = 4$
   b) $M(1|4|0)$, $r = 3$

   c) $M(0|1|1)$, $r = \sqrt{5}$
   d) $M(2|1|-1)$, $r = 1$

   e) $M(0|0|0)$, $r = 4$
   f) $M(1|1|1)$, $r = 2$

   Vektorgleichung | Koordinatengleichung | beide Gleichungsarten

9. Prüfen Sie, ob die Punkte A und B auf, innerhalb oder außerhalb der Kugel K liegen.

   a) $K: \left[\vec{x} - \begin{pmatrix} 0 \\ 0 \\ 0 \end{pmatrix}\right]^2 = 169$, $A(5|12|0)$, $B(10|8|2)$ b) $K: \left[\vec{x} - \begin{pmatrix} 6 \\ 5 \\ -2 \end{pmatrix}\right]^2 = 25$, $A(2|2|-2)$, $B(3|-3|2)$

   c) $K: (x - 3)^2 + (y + 1)^2 + (z - 1)^2 = 49$,   d) $K: x^2 + y^2 + (z + 3)^2 = 121$,
   $A(6|1|-5)$, $B(4|5|-2)$ $A(0|0|8)$, $B(2|6|6)$

   e) $K: M(2|0|3)$, $r = 9$, $A(6|4|10)$, $B(5|7|8)$ f) $K: M(0|0|-2)$, $r = \sqrt{17}$, $A(4|-1|-3)$, $B(2|3|0)$

10. Die gegebene quadratische Gleichung stellt eine Kugel K dar. Bestimmen Sie Mittelpunkt und Radius dieser Kugel.
    a) $K: x^2 + y^2 - 2y + z^2 + 2z = 2$ b) $K: x^2 + y^2 + z^2 - 8x + 4y + 10z = 4$
    c) $K: x^2 + y^2 + z^2 - 2 = 4x - 2y + 8$ d) $K: (x - 1)^2 + y^2 = 2y + 2z - z^2 - 1$
    e) $K: x^2 + y^2 + z^2 = 8x - 4z$ f) $K: x^2 - 2ax + z^2 = -y^2 - 2az + 7a^2 \ (a > 0)$

11. Gesucht ist die Gleichung einer Kugel K mit folgender Eigenschaft:
    a) K hat den Mittelpunkt $M(-1|2|-4)$ und geht durch den Punkt $A(3|6|3)$.
    b) K ist eine Ursprungskugel, welche die Ebene E: $z = 5$ berührt.
    c) K ist eine Ursprungskugel, welche den Punkt $A(6|17|6)$ enthält.

12. Eine Gerade g durch den Mittelpunkt der Kugel K schneidet die Kugel in den Punkten A und B. Bestimmen Sie Mittelpunkt und Radius der Kugel K.
    a) $A(3|7|10)$
       $B(-1|-5|-8)$
    b) $A(4|3|9)$
       $B(-4|-5|-5)$
    c) $A(4|13|12)$
       $B(-6|-7|-8)$

13. Der Punkt A liegt auf der Kugel K. Welcher Punkt B der Kugel K liegt exakt gegenüber von Punkt A?
    a) $K: (x - 6)^2 + (y + 2)^2 + z^2 = 121$, $A(8|4|9)$ b) $K: x^2 + (y - 4)^2 + z^2 = 361$, $A(6|21|6)$

14. Die Kugeln K_1 und K_2 schneiden sich nicht. Welche beiden Punkte von K_1 bzw. K_2 haben den geringsten Abstand voneinander?
    a) $K_1: x^2 + y^2 + z^2 = 81$ b) $K_1: (x - 1)^2 + (y - 1)^2 + (z - 1)^2 = 49$
       $K_2: (x - 6)^2 + (y - 12)^2 + (z - 12)^2 = 36$ $K_2: (x - 9)^2 + (y - 13)^2 + (z - 25)^2 = 196$

15. Die Kugel K um den Mittelpunkt M soll die Ebene E in einem Punkt B berühren. Welchen Radius r besitzt die Kugel? Wie heißt der Berührpunkt B?
    a) E: $4x - 4y + 7z = 81$, $M(0|0|0)$ b) E: $2x + 3y + 6z = 42$, $M(2|-4|-8)$

16. Gesucht ist die Gleichung der Kugel K durch die vier Punkte A, B, C und D.
    a) $A(3|-6|8)$, $B(-5|9|9)$, $C(-6|-3|8)$, $D(-8|5|8)$
    b) $A(3|7|-3)$, $B(6|-1|12)$, $C(-1|9|-1)$, $D(10|4|9)$

5. Exkurs: Kugeln, Geraden und Ebenen

A. Die gegenseitige Lage von Kugel und Gerade

Eine Gerade g im Raum kann Passante, Tangente oder Sekante einer gegebenen Kugel sein.
Man überprüft dies durch Einsetzen der Geradenkoordinaten in die Kugelgleichung.

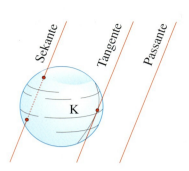

Beispiel: Passante/Tangente/Sekante

Gegeben sind die Kugel K um den Mittelpunkt $M(5|1|0)$ mit Radius $r = \sqrt{14}$ sowie die Geraden g_1, g_2 und g_3. Welche gegenseitige Lage besitzen die Geraden und die Kugel?

$$g_1: \vec{x} = \begin{pmatrix} 6 \\ 1 \\ 7 \end{pmatrix} + s \cdot \begin{pmatrix} 1 \\ -1 \\ 2 \end{pmatrix} \qquad g_2: \vec{x} = \begin{pmatrix} 4 \\ -4 \\ 3 \end{pmatrix} + s \cdot \begin{pmatrix} 2 \\ -4 \\ 1 \end{pmatrix} \qquad g_3: \vec{x} = \begin{pmatrix} -2 \\ 2 \\ 1 \end{pmatrix} + s \cdot \begin{pmatrix} 1 \\ 1 \\ 1 \end{pmatrix}$$

Lösung:
Wir stellen zunächst die Koordinatengleichung der Kugel auf.

Kugelgleichung:
$K: (x - 5)^2 + (y - 1)^2 + z^2 = 14$

In diese setzen wir die allgemeinen Koordinaten $x = 6 - s$, $y = 1 - s$ und $z = 7 + 2s$ der Geraden g_1 ein. Wir erhalten eine quadratische Gleichung für den Geradenparameter s, die die beiden Lösungen $s_1 = -3$ und $s_2 = -2$ hat. Die Gerade g_1 ist also Kugelsekante.

Lage von g_1 und K:
$(6 + s - 5)^2 + (1 - s - 1)^2 + (7 + 2s)^2 = 14$
$6s^2 + 30s + 50 = 14$
$s_1 = -3$ und $s_2 = -2 \quad \Rightarrow$ Sekante
$S_1(3|4|1)$, $S_2(4|3|3)$

Analog verfahren wir mit der Geraden g_2. Sie hat nur einen gemeinsamen Punkt $B(2|0|2)$ mit der Kugel. Die Gerade g_2 ist Kugeltangente.

Lage von g_2 und K:
$21s^2 + 42s + 35 = 14$
$s = -1 \qquad \Rightarrow$ Tangente
$B(2|0|2)$

Die Gerade g_3 hat gar keine gemeinsamen Punkte mit der Kugel. Es ist eine Kugelpassante.

Lage von g_3 und K:
$3s^2 - 10s + 51 = 14$
unlösbar $\qquad \Rightarrow$ Passante

Übung 1

Gegeben sind die Kugel K mit dem Mittelpunkt $M(-2|1|3)$ und dem Radius $r = \sqrt{6}$ sowie die Gerade g durch die Punkte A und B. Untersuchen Sie die gegenseitige Lage von g und K.

a) $A(-3|-7|8)$ b) $A(-1|4|4)$ c) $A(2|2|2)$
    $B(-2|-4|6)$ $B(1|5|4)$ $B(-3|2|7)$

B. Die gegenseitige Lage von Kugel und Ebene

Eine Kugel K und eine Ebene E können prinzipiell drei verschiedene Lagen zueinander einnehmen. Dazu betrachtet man den Abstand d des Kugelmittelpunktes M von der Ebene E.

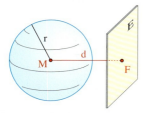 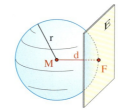 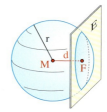

Ist d > r, so schneiden sich Ebene E und Kugel K nicht.
Der Lotfußpunkt F des Lotes von M auf E ist dann derjenige Ebenenpunkt, der den kleinsten Abstand zur Kugel K hat.

Ist d = r, so berührt die Ebene E die Kugel K im Fußpunkt F des Lotes von M auf E.
E ist eine Tangentialebene von K.

Ist d < r, so schneidet die Ebene E die Kugel K in einem Kreis k′, den man als Schnittkreis von Kugel und Ebene bezeichnet.

Übung 2

Prüfen Sie, ob die Ebene E die Kugel K schneidet, berührt oder verfehlt.

a) E: $\left[\vec{x} - \begin{pmatrix} 4 \\ 2 \\ 5 \end{pmatrix} \right] \cdot \begin{pmatrix} 1 \\ 2 \\ 2 \end{pmatrix} = 0$

  K: $x^2 + y^2 + z^2 = 25$

b) E: $2x - 4y + 4z = 38$

  K: $(x - 3)^2 + (y - 3)^2 + (z - 2)^2 = 36$

C. Der Schnittkreis von Kugel und Ebene

> ### Beispiel: Berechnung des Schnittkreises
> Zeigen Sie, dass die Ebene E: $2x - y - 2z = -7$ die Kugel K: $(x - 2)^2 + (y + 1)^2 + (z - 3)^2 = 9$ schneidet. Bestimmen Sie den Radius r′ und den Mittelpunkt M′ des Schnittkreises k′.

Lösung:
Wir stellen zunächst eine Hesse'sche Normalengleichung von E auf. Hierzu entnehmen wir der Koordinatengleichung einen Ebenenpunkt, z. B. A(0|7|0), sowie einen Normalenvektor.
Den Abstand des Kugelmittelpunktes M(2|−1|3) zur Ebene E ermitteln wir durch Einsetzen in die linke Seite der Hesse'schen Normalengleichung. Wir erhalten d = 2. Da dieser Wert kleiner als der Kugelradius r = 3 ist, schneidet die Ebene E die Kugel K.

Hesse'sche Normalengleichung von E:

E: $\left[\vec{x} - \begin{pmatrix} 0 \\ 7 \\ 0 \end{pmatrix} \right] \cdot \begin{pmatrix} 2/3 \\ -1/3 \\ -2/3 \end{pmatrix} = 0$

Abstand des Mittelpunktes M von E:

$d = \left| \left[\begin{pmatrix} 2 \\ -1 \\ 3 \end{pmatrix} - \begin{pmatrix} 0 \\ 7 \\ 0 \end{pmatrix} \right] \cdot \begin{pmatrix} 2/3 \\ -1/3 \\ -2/3 \end{pmatrix} \right| = 2 < 3$

$\Rightarrow$ Die Ebene E schneidet die Kugel K.

Der Radius r′ des Schnittkreises k′ von Kugel und Ebene kann mithilfe des Satzes von Pythagoras errechnet werden, was aus der nebenstehenden Grafik ersichtlich ist: $(r′)^2 = r^2 - d^2$. Wir erhalten $r′ = \sqrt{5}$.

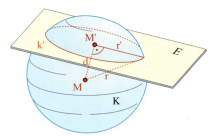

Der Mittelpunkt M′ des Schnittkreises k′ ist der Fußpunkt des Lotes von M auf die Ebene E.
Als Stützpunkt der Lotgeraden g können wir den Mittelpunkt M verwenden und als Richtungsvektor einen Normalenvektor $\vec{n}$ der Ebene. Dies führt auf:

$$g: \vec{x} = \begin{pmatrix} 2 \\ -1 \\ 3 \end{pmatrix} + s \cdot \begin{pmatrix} 2 \\ -1 \\ -2 \end{pmatrix}.$$

Durch Einsetzung hiervon in die Ebenengleichung errechnen wir den Schnittpunkt M′ von g und E.
▶ Das Resultat ist $M′\left(\frac{2}{3}\middle|-\frac{1}{3}\middle|\frac{13}{3}\right)$.

Der Radius r′ des Schnittkreises k′:
$$r′ = \sqrt{r^2 - d^2} = \sqrt{3^2 - 2^2} = \sqrt{5}$$

Der Mittelpunkt M′ des Schnittkreises k′:

$$\underbrace{\left[\begin{pmatrix} 2 \\ -1 \\ 3 \end{pmatrix} + s \cdot \begin{pmatrix} 2 \\ -1 \\ -2 \end{pmatrix}\right]}_{\text{Gerade g}} - \begin{pmatrix} 0 \\ 7 \\ 0 \end{pmatrix}\right] \cdot \begin{pmatrix} 2 \\ -1 \\ -2 \end{pmatrix} = 0$$

$$9s + 6 = 0, \quad s = -\frac{2}{3}$$

$$M′\left(\frac{2}{3}\middle|-\frac{1}{3}\middle|\frac{13}{3}\right)$$

Übung 3
Untersuchen Sie die gegenseitige Lage der Ebene E und der Kugel K. Bestimmen Sie ggf. Radius und Mittelpunkt des Schnittkreises.

a) $E: \left[\vec{x} - \begin{pmatrix} -1 \\ 0 \\ -2 \end{pmatrix}\right] \cdot \begin{pmatrix} 2 \\ -1 \\ 2 \end{pmatrix} = 0$, $\quad K: \left[\vec{x} - \begin{pmatrix} 3 \\ 2 \\ 1 \end{pmatrix}\right]^2 = 25$

b) $E: 2x + 3y + 6z = -21$, $\qquad K: (x+1)^2 + (y-2)^2 + (z-4)^2 = 100$

▶ **Beispiel: Spurkreise einer Kugel**
Die Kugel K um den Mittelpunkt $M(-2|4|3)$ mit dem Radius $r = 4$ schneidet die y-z-Ebene. Bestimmen Sie den Mittelpunkt M′ und den Radius r′ des Schnittkreises k′ von Kugel und y-z-Ebene, den man als Spurkreis der Kugel in der y-z-Ebene bezeichnet.

Lösung:
Der Spurkreismittelpunkt M′ ist der Fußpunkt des Lotes vom Kugelmittelpunkt $M(-2|4|3)$ auf die y-z-Ebene, d.h. der Punkt $M′(0|4|3)$.
Der Abstand d des Kugelmittelpunktes von der y-z-Ebene ist der Abstand von M und M′, also $d = 2$.
Der Radius r′ des Spurkreises ist daher
▶ $r′ = \sqrt{r^2 - d^2} = \sqrt{4^2 - 2^2} = \sqrt{12}$.

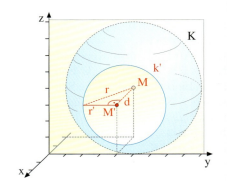

D. Tangentialebenen

Besitzen eine Ebene E und eine Kugel K nur genau einen gemeinsamen Punkt B, so bezeichnet man die Ebene E als *Tangentialebene* von K im Punkt B. Der Punkt B heißt *Berührpunkt* von E und K.

Der Vektor $\overrightarrow{BX}$, der vom Berührpunkt B zu einem beliebigen Ebenenpunkt X führt, ist orthogonal zum Radiusvektor $\overrightarrow{MB}$. Es gilt also: $\overrightarrow{BX} \cdot \overrightarrow{MB} = 0$ bzw. $(\vec{x} - \vec{b}) \cdot (\vec{b} - \vec{m}) = 0$.

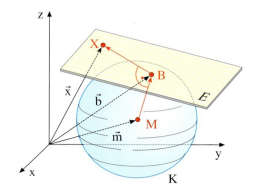

> **Gleichung der Tangentialebene**
> Die Tangentialebene E, welche die Kugel K um den Mittelpunkt M im Punkt B berührt, hat die Gleichung
> $$E: (\vec{x} - \vec{b}) \cdot (\vec{b} - \vec{m}) = 0.$$

▶ **Beispiel: Gleichung einer Tangentialebene**
Gegeben ist die Kugel K um den Mittelpunkt M(4|2|3) mit dem Radius $r = 3$.
Wie lautet die Gleichung der Tangentialebene E, welche die Kugel im Punkt B(3|0|5) berührt?

Lösung:

Wir setzen in die allgemeine Tangentialebenengleichung $E: (\vec{x} - \vec{b}) \cdot (\vec{b} - \vec{m}) = 0$ die Ortsvektoren des Berührpunktes B und des Mittelpunktes M ein. Auf diese Weise erhalten wir die rechts dargestellte Normalengleichung, die wir in eine Koordinatengleichung umwandeln können.

$$E: \left[\vec{x} - \begin{pmatrix} 3 \\ 0 \\ 5 \end{pmatrix}\right] \cdot \left[\begin{pmatrix} 3 \\ 0 \\ 5 \end{pmatrix} - \begin{pmatrix} 4 \\ 2 \\ 3 \end{pmatrix}\right] = 0$$

$$E: \left[\vec{x} - \begin{pmatrix} 3 \\ 0 \\ 5 \end{pmatrix}\right] \cdot \begin{pmatrix} -1 \\ -2 \\ 2 \end{pmatrix} = 0 \qquad \text{Normalengleichung}$$

$$E: -x - 2y + 2z = 7 \qquad \text{Koordinatengleichung}$$

▶ **Beispiel: Berechnung des Berührpunktes**
Weisen Sie nach, dass die Ebene $E: -2x + 2y - z = 26$ eine Tangentialebene der Kugel K um den Mittelpunkt M(2|2|1) mit dem Radius $r = 9$ ist.
Bestimmen Sie den Berührpunkt B von E und K.

Lösung:

Wir stellen eine Hesse'sche Normalengleichung von E auf und errechnen durch Einsetzung des Ortsvektors von M den Abstand d von M zur Ebene E.
Wir erhalten $d = 9$. Da dies genau der Radius $r = 9$ ist, handelt es sich bei der Ebene E um eine Tangentialebene zur Kugel K.

Hesse'sche Normalengleichung von E:

$$E: \left[\vec{x} - \begin{pmatrix} 0 \\ 0 \\ -26 \end{pmatrix}\right] \cdot \begin{pmatrix} -2/3 \\ 2/3 \\ -1/3 \end{pmatrix} = 0$$

Abstand von M und E:

$$d: \left| \left[\begin{pmatrix} 2 \\ 2 \\ 1 \end{pmatrix} - \begin{pmatrix} 0 \\ 0 \\ -26 \end{pmatrix}\right] \cdot \begin{pmatrix} -2/3 \\ 2/3 \\ -1/3 \end{pmatrix} \right| = 9$$

Der Berührpunkt B ist der Schnittpunkt der Lotgeraden g von M auf E. Als Stützvektor von g verwenden wir den Ortsvektor von M und als Richtungsvektor einen Normalenvektor von E.
Die Schnittpunktberechnung erfolgt durch Einsetzung der Koordinaten von g in die Koordinatengleichung von E.
▶ Resultat: $B(-4|8|-2)$

Lotgerade g von M auf E:

$$g: \vec{x} = \begin{pmatrix} 2 \\ 2 \\ 1 \end{pmatrix} + s \cdot \begin{pmatrix} -2 \\ 2 \\ -1 \end{pmatrix}$$

Schnittpunkt von g und E:
$$-2 \cdot (2 - 2s) + 2 \cdot (2 + 2s) - (1 - s) = 26$$
$$\Rightarrow s = 3$$
$$\Rightarrow B(-4|8|-2)$$

Übung 4
Betrachtet werden die Kugel K um den Mittelpunkt M mit dem Radius r sowie der Punkt B. Zeigen Sie, dass B auf K liegt, und bestimmen Sie die Gleichung der Tangentialebene E, welche die Kugel K in B berührt.
a) $M(-1|-2|1)$, $r = \sqrt{6}$, $B(0|0|2)$ b) $M(5|1|-2)$, $r = 6$, $B(7|5|2)$

Übung 5
Gesucht ist der Berührpunkt B der Kugel K um den Mittelpunkt M mit ihrer Tangentialebene E.
a) $M(1|1|-2)$, E: $2x + 3y - 6z = -81$ b) $M(-1|-1|2)$, E: $2x - y + z = 13$

▶ **Beispiel: Zu einer Ebene parallele Tangentialebenen**
Gegeben sind die Kugel K um den Mittelpunkt $M(2|1|0)$ mit dem Radius $r = 6$ sowie die Ebene E: $2x - y + 2z = 30$. Wie lauten die Gleichungen der beiden Tangentialebenen von K, die zu E parallel sind?

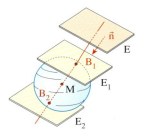

Lösung:
Wir bestimmen zunächst eine Gleichung der zur Ebene E orthogonalen Geraden g, die durch den Kugelmittelpunkt M geht (Stützvektor: Ortsvektor von M, Richtungsvektor: Normalenvektor von E).

Die Schnittpunkte B_1 und B_2 dieser Lotgeraden mit der Kugel sind die Berührpunkte der gesuchten Tangentialebenen an die Kugel. Wir errechnen sie durch Einsetzen der allgemeinen Koordinaten von g in die Kugelgleichung.

Die Tangentialebenen E_1 und E_2 besitzen den gleichen Normalenvektor wie E und enthalten die Punkte B_1 bzw. B_2, was auf
▶ die rechts dargestellten Gleichungen führt.

Lotgerade g von M auf E:

$$g: \vec{x} = \begin{pmatrix} 2 \\ 1 \\ 0 \end{pmatrix} + s \cdot \begin{pmatrix} 2 \\ -1 \\ 2 \end{pmatrix}$$

Gleichung der Kugel K:
K: $(x - 2)^2 + (y - 1)^2 + z^2 = 36$

Schnittpunkte von g und K:
$(2 + 2s - 2)^2 + (1 - s - 1)^2 + (2s)^2 = 36$
$9s^2 = 36$
$\quad s = 2: \qquad B_1(6|-1|4)$
$\quad s = -2: \qquad B_2(-2|3|-4)$

Tangentialebenen:
E_1: $2x - y + 2z = 21$
E_2: $2x - y + 2z = -15$

Übung 6

Gegeben ist die Kugel K um den Mittelpunkt M(5|2|4) mit dem Radius r = 9.

a) Gesucht sind diejenigen Tangentialebenen von K, welche zur Ebene E: $\left[\vec{x} - \begin{pmatrix} 12 \\ -6 \\ 1 \end{pmatrix}\right] \cdot \begin{pmatrix} 2 \\ -2 \\ 1 \end{pmatrix} = 0$
parallel verlaufen.

b) Bestimmen Sie die zur x-y-Ebene parallelen Tangentialebenen der Kugel K.

E. Die gegenseitige Lage zweier Kugeln

Zwei Kugeln mit den Mittelpunkten M_1 und M_2 sowie den Radien r_1 und r_2 ($r_1 > r_2$) schneiden sich nicht, wenn der Abstand d ihrer Mittelpunkte größer als die Summe $r_1 + r_2$ ihrer Radien oder kleiner als die Differenz $r_1 - r_2$ ist.

Sie schneiden sich daher, wenn die im Kasten rechts aufgeführte Bedingung erfüllt ist.

Das Schnittgebilde ist ein Kreis k', der in einer Ebene E liegt, die man als *Schnittebene* der Kugeln bezeichnet.

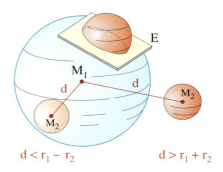

$$d < r_1 - r_2 \qquad\qquad d > r_1 + r_2$$

Schnittbedingung für Kugeln
$$r_1 - r_2 \leq d \leq r_1 + r_2 \quad (r_1 > r_2)$$

▶ **Beispiel: Schnitt von Kugeln**

K_1 sei eine Kugel um $M_1(8|16|17)$ mit dem Radius $r_1 = 17$. K_2 sei eine Kugel um $M_2(1|2|3)$ mit dem Radius $r_2 = 10$.

a) Zeigen Sie, dass die Kugeln sich schneiden.

b) Bestimmen Sie eine Gleichung der Schnittebene E.

Lösung zu a:
Die Kugeln schneiden sich, da der Abstand ihrer Mittelpunkte die oben dargestellte Schnittbedingung für Kugeln erfüllt.

$$d = \sqrt{(1-8)^2 + (2-16)^2 + (3-17)^2} = 21$$
$$d \geq r_1 - r_2 = 7$$
$$d \leq r_1 + r_2 = 27$$
$$\Rightarrow K_1 \text{ und } K_2 \text{ schneiden sich.}$$

Lösung zu b:
Wir stellen Koordinatengleichungen beider Kugeln auf und setzen diese gleich oder wir subtrahieren sie voneinander. Hierdurch werden die quadratischen Terme eliminiert.

Es verbleibt eine lineare Gleichung, welche die gesuchte Schnittebene E darstellt, die den Schnittkreis der Kugeln enthält.

$$K_1: (x-8)^2 + (y-16)^2 + (z-17)^2 = 289$$
$$K_2: (x-1)^2 + (y-2)^2 + (z-3)^2 = 100$$

$$K_1: x^2 - 16x + y^2 - 32y + z^2 - 34z = -320$$
$$K_2: x^2 - 2x + y^2 - 4y + z^2 - 6z = 86$$

$$E = K_2 - K_1: 14x + 28y + 28z = 406$$
$$E: \qquad\qquad x + 2y + 2z = 29$$

> **Beispiel: Berechnung von Radius und Mittelpunkt des Schnittkreises**
> Bestimmen Sie den Mittelpunkt und Radius des Schnittkreises der Kugeln K_1 und K_2 aus dem vorhergehenden Beispiel.

Lösung:

Die Gleichung der Schnittebene E von K_1 und K_2 wurde bereits im vorhergehenden Beispiel bestimmt.

1. Schnittebene:
$$E: x + 2y + 2z = 29$$

Wir berechnen zunächst die Gleichung der Geraden g durch die Kugelmittelpunkte M_1 und M_2, da auf dieser Geraden auch der Mittelpunkt M' des Schnittkreises k' liegt.

2. Gerade durch M_1 und M_2:
$$g: \vec{x} = \begin{pmatrix} 1 \\ 2 \\ 3 \end{pmatrix} + r \begin{pmatrix} 7 \\ 14 \\ 14 \end{pmatrix} \text{ bzw. } g: \vec{x} = \begin{pmatrix} 1 \\ 2 \\ 3 \end{pmatrix} + s \begin{pmatrix} 1 \\ 2 \\ 2 \end{pmatrix}$$

Der Mittelpunkt M' des Schnittkreises k' kann nun als Schnittpunkt der Geraden g und der Schnittebene E berechnet werden.

3. Schnittpunkt von g und E:
g in E:
$$(1+s) + 2(2+2s) + 2(3+2s) = 29$$
$$\Rightarrow s = 2 \Rightarrow M'(3|6|7)$$

Um den Radius des Schnittkreises k' zu ermitteln, benötigt man den Abstand d von M_1 und M'. Dann kann der Schnittkreisradius r' mit dem Satz von Pythagoras bestimmt werden, wie man an der nebenstehenden Skizze erkennt.

4. Bestimmung des Schnittkreisradius:

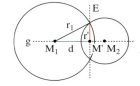

Resultat:
Der Schnittkreis k' hat den Mittelpunkt
> $M'(3|6|7)$ und den Radius $r' = 8$.

$$d = \sqrt{(8-3)^2 + (16-6)^2 + (17-7)^2} = 15$$
$$r' = \sqrt{r_1^2 - d^2} = \sqrt{17^2 - 15^2} = 8$$

Übung 7
Untersuchen Sie die relative Lage der beiden Kugeln K_1 und K_2.
a) $K_1: r_1 = 4, M_1(1|1|0)$; $K_2: r_2 = 1, M_2(2|3|2)$
b) $K_1: r_1 = 3, M_1(3|6|-4)$; $K_2: r_2 = 3, M_2(-6|8|-10)$

Übung 8
Zeigen Sie, dass die Kugeln K_1 und K_2 sich schneiden.
Bestimmen Sie die Gleichung der Schnittebene E.
Bestimmen Sie den Mittelpunkt und den Radius des Schnittkreises der Kugeln K_1 und K_2.
a) $K_1: r_1 = 34, M_1(2|1|4)$; $K_2: r_2 = 20, M_2(30|15|32)$
b) $K_1: r_1 = 25, M_1(6|1|0)$; $K_2: r_2 = 29, M_2(18|25|24)$

Übungen

9. Untersuchen Sie die gegenseitige Lage der Kugel K und der Geraden g.
Berechnen Sie ggf. die gemeinsamen Punkte von Kugel und Gerade.

a) K: $M(6|1|4)$, $r = \sqrt{17}$

$$g: \vec{x} = \begin{pmatrix} 4 \\ 1 \\ 3 \end{pmatrix} + s \cdot \begin{pmatrix} 1 \\ -2 \\ 1 \end{pmatrix}$$

b) K: $M(8|2|2)$, $r = \sqrt{50}$

$$g: \vec{x} = \begin{pmatrix} 6 \\ 10 \\ 11 \end{pmatrix} + s \cdot \begin{pmatrix} 1 \\ 1 \\ 3 \end{pmatrix}$$

c) K: $M(8|2|4)$, $r = 3$

$$g: \vec{x} = \begin{pmatrix} 2 \\ 8 \\ 7 \end{pmatrix} + s \cdot \begin{pmatrix} 4 \\ -4 \\ -2 \end{pmatrix}$$

d) K: $M(2|1|6)$, $r = \sqrt{5}$

$$g: \vec{x} = \begin{pmatrix} 10 \\ 10 \\ 4 \end{pmatrix} + s \cdot \begin{pmatrix} 2 \\ 2 \\ -1 \end{pmatrix}$$

10. Untersuchen Sie die *gegenseitige Lage* der Ebene E und der Kugel K.
Berechnen Sie hierzu den Abstand des Kugelmittelpunktes von der Ebene E.

a) E: $2x + 2y - z = 9$
   K: $M(0|0|0)$, $r = 6$

b) E: $2x - 2y - z = 35$
   K: $M(5|-4|1)$, $r = 5$

c) E: $2x + 3y + 6z = 12$

   K: $M(5|5|6)$, $r = 25$

d) E: $\left[\vec{x} - \begin{pmatrix} 7 \\ 6 \\ 12 \end{pmatrix} \right] \cdot \begin{pmatrix} 1 \\ 2 \\ 2 \end{pmatrix} = 0$

   K: $(x-1)^2 + (y-1)^2 + (z-2)^2 = 169$

e) E: $\left[\vec{x} - \begin{pmatrix} 19 \\ 0 \\ 0 \end{pmatrix} \right] \cdot \begin{pmatrix} 2 \\ -4 \\ 4 \end{pmatrix} = 0$

   K: $x^2 - 6x + y^2 - 6y + z^2 - 4z = 14$

f) E: $\vec{x} = \begin{pmatrix} 10 \\ 6 \\ 2 \end{pmatrix} + s \cdot \begin{pmatrix} 0 \\ 1 \\ -4 \end{pmatrix} + t \cdot \begin{pmatrix} 1 \\ -2 \\ 0 \end{pmatrix}$

   K: $(x-1)^2 + (y-3)^2 + (z-5)^2 = 144$

11. Die Ebene E und die Kugel K schneiden sich. Berechnen Sie Radius r' und Mittelpunkt M'
des *Schnittkreises* k'.

a) E: $8x + 4y + z = 106$
   K: $M(1|3|5)$, $r = 12$

b) E: $x - 4y - 4z = 33$
   K: $x^2 + y^2 + z^2 = 49$

c) E: $x - 2y + 2z = 19$
   K: $(x-3)^2 + (y-3)^2 + (z-2)^2 = 36$

12. Die Ebene E und die Kugel K mit dem Radius r schneiden sich im Kreis k' mit dem Mittelpunkt M' und dem Radius r'. Bestimmen Sie den *Mittelpunkt* M der Kugel K.
(Es gibt zwei Möglichkeiten M_1 und M_2.)

a) E: $x - 2y + 2z = -1$
   $r = 15$, $M'(3|2|2)$, $r' = 12$

b) E: $2x + 3y + 6z = 40$
   $r = 50$, $M'(5|2|6)$, $r' = 48$

c) E: $3x + 4y = 25$
   $r = \sqrt{41}$, $M'(3|4|0)$, $r' = 4$

13. Gegeben sind die Kugel K und die Ebene E. Gesucht sind Mittelpunkt M' und Radius r' des
Spurkreises von k in der Ebene E.

a) K: $M(7|20|15)$, $r = 25$
   E: y-z-Ebene

b) K: $M(4|4|12)$, $r = 13$
   E: x-y-Ebene

c) K: $M(8|6|7)$, $r = 10$
   E: x-z-Ebene

14. Gegeben ist die Kugel K um den Mittelpunkt M mit dem Radius r. Zeigen Sie, dass der Punkt B auf der Kugel liegt, und bestimmen Sie die Gleichung der *Tangentialebene* E, welche die Kugel in B berührt.
a) $M(2|5|6)$, $r = 14$, $B(6|-1|-6)$ b) $M(5|4|1)$, $r = 7$, $B(7|7|7)$
c) $M(4|5|1)$, $r = 9$, $B(5|9|9)$ d) $M(0|-3|3)$, $r = \sqrt{6}$, $B(1|-1|4)$

15. Die Kugel K um den Mittelpunkt M berührt die Ebene E im Punkt B.
Berechnen Sie die Koordinaten des *Berührpunktes* B.
a) $M(2|1|3)$, E: $2x + 2y + z = 18$ b) $M(3|5|7)$, E: $12x + 3y - 4z = 192$

c) $M(4|8|2)$, E: $\left[\vec{x} - \begin{pmatrix} 10 \\ 30 \\ 25 \end{pmatrix}\right] \cdot \begin{pmatrix} 8 \\ 1 \\ 4 \end{pmatrix} = 0$ d) $M(6|12|-4)$, E: $\vec{x} = \begin{pmatrix} 4 \\ 0 \\ 6 \end{pmatrix} + s \cdot \begin{pmatrix} 0 \\ 1 \\ 3 \end{pmatrix} + t \cdot \begin{pmatrix} 2 \\ -1 \\ 0 \end{pmatrix}$

16. Gegeben sind die Kugel K um den Mittelpunkt M mit dem Radius r sowie die Ebene E. Gesucht sind die Gleichungen der zu E parallelen *Tangentialebenen* von K.
a) K: $M(1|1|4)$, $r = 6$ b) K: $M(2|0|1)$, $r = 14$
   E: $x + 2y + 2z = 38$ E: $2x + 3y + 6z = 108$

17. Gegeben sind zwei Kugeln K_1 und K_2 durch ihre Mittelpunkte und Radien. Die Kugeln schneiden sich. Gesucht ist die Gleichung ihrer *Schnittebene* E. Bestimmen Sie außerdem den Mittelpunkt M des Schnittkreises der Kugeln.
a) K_1: $M_1(2|1|4)$, $r_1 = 34$, K_2: $M_2(30|15|32)$, $r_2 = 20$
b) K_1: $M_1(6|1|0)$, $r_1 = 25$, K_2: $M_2(18|25|24)$, $r_2 = 29$

18. Die Ursprungskugel K wird im Punkt $B(-6|-6|7)$ von der Kugel K' mit dem Radius $r' = 5{,}5$ wie abgebildet von innen berührt.
Wo liegt der Mittelpunkt M' der Kugel?

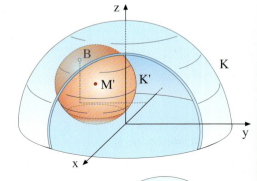

19. Gegeben ist die abgebildete Dreiecksfläche mit den Ecken $A(4|0|0)$, $B(0|4|0)$, $C(0|0|2)$.
In dieser Fläche befindet sich ein kreisförmiges Loch um den Mittelpunkt $M'(1|1|1)$ mit dem Radius $r' = 1$.
In dieses Loch wird eine Kugel K mit dem Radius $r = \sqrt{10}$ gelegt.
Bestimmen Sie den Mittelpunkt M der Kugel K.

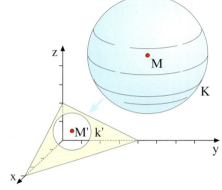

F. Zusammengesetzte Aufgaben

1. Gegeben sind die Kugel K um den Mittelpunkt M(2|2|0) mit dem Radius r=5 sowie die Ebene E: $2x - y + 2z = 11$.

   a) Bestimmen Sie eine Koordinatengleichung der Kugel K.

   b) Berechnen Sie den Abstand d des Kugelmittelpunktes M von der Ebene E.

   c) Begründen Sie unter Verwendung des Ergebnisses aus b), dass E und K sich schneiden.

   d) Bestimmen Sie den Mittelpunkt M' des Schnittkreises k' von E und K.

   e) Bestimmen Sie den Radius r' des Schnittkreises k'.

   f) Die Gerade g geht durch die Mittelpunkte M und M'. In welchen beiden Punkten schneidet g die Kugel K?

2. Gegeben sind die Kugel K um den Mittelpunkt M(2|2|0) mit dem Radius r=5 und der Punkt P(2|6|3).

   a) Zeigen Sie, dass der Punkt P auf der Kugel K liegt.

   b) Bestimmen Sie eine Gleichung der Tangentialebene F, welche die Kugel im Punkt P berührt.

   c) Wie lautet eine Gleichung der zu F echt parallelen Tangentialebene H?

   d) Die Kugel K wird an der Ebene F gespiegelt. Bestimmen Sie eine Koordinatengleichung der Spiegelkugel K*.

   e) Eine weitere Kugel K' um den Mittelpunkt P berührt die Kugel K im Punkt B. Bestimmen Sie eine Gleichung dieser Kugel sowie die Koordinaten des Berührpunktes B.

3. Gegeben sind die Kugel K_1 um den Mittelpunkt $M_1(2|0|1)$ mit dem Radius $r_1 = 5$ sowie die Kugel K_2 um den Mittelpunkt $M_2(8|6|4)$ mit dem Radius $r_2 = \sqrt{52}$.

   a) Prüfen Sie, ob der Punkt P(1|3|5) innerhalb, außerhalb oder auf der Kugel K_1 liegt.

   b) Die Kugeln K_1 und K_2 schneiden sich. Bestimmen Sie eine Gleichung der Schnittebene E.

   c) Gesucht sind der Mittelpunkt M' und der Radius r' des Schnittkreises k' der beiden Kugeln.

   d) F sei diejenige Ebene, welche die Punkte A(1|3|4), B(2|7|1) und C(5|3|4) enthält. Bestimmen Sie Gleichungen der zu F parallelen Tangentialebenen G und H an die Kugel K_1.

   e) Untersuchen Sie die gegenseitige Lage der Geraden g durch die Punkte Q(10|16|6) und R(6|4|14) und der Kugel K_2.

4. Gegeben sind die Ebene E: $2x + 3y + 6z = 29$, die Kugel K: $(x+2)^2 + (y-5)^2 + (z-3)^2 = 196$
sowie die Punkte $P(-2|7|23)$ und $Q(4|9|15)$.

a) Bestimmen Sie den Abstand d des Kugelmittelpunktes M von der Ebene E.
Welche gegenseitige Lage von E und K ergibt sich hieraus?

b) Gesucht sind der Mittelpunkt M' und der Radius r' des Schnittkreises k' von E und K.

c) Bestimmen Sie die Gleichungen der beiden zu E parallelen Tangentialebenen E_1 und E_2 der
Kugel K.

d) Die Gerade h durch die Punkte P und Q durchdringt die Kugel K.
Wie lang ist die Durchdringungsstrecke $\overline{AB}$?

e) Es gibt zwei Ebenen F_1 und F_2, die parallel zur Ebene E verlaufen und die Kugel in
Schnittkreisen mit dem Radius $\sqrt{183{,}75}$ schneiden.
Bestimmen Sie Gleichungen von F_1 und F_2.

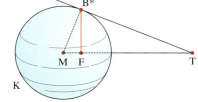

f) Ein vom Punkt $T(14|-3|19)$ ausge-
hender Strahl trifft die Kugel K tangential im Punkt B*. Berechnen Sie
die Länge der Strecke $\overline{B^*F}$.

5. Gegeben sind die Kugel K und die Gerade g:

$$K: (x-2)^2 + (y-4)^2 + (z-4)^2 = 9, \quad g: \vec{x} = \begin{pmatrix} 6 \\ -6 \\ 11 \end{pmatrix} + s \cdot \begin{pmatrix} 1 \\ -4 \\ 3 \end{pmatrix}.$$

a) Bestimmen Sie die Schnittpunkte S_1 und S_2 von g und K.

b) Stellen Sie Gleichungen der Tangentialebenen E_1 und E_2 in den Schnittpunkten von g und
K auf.

c) Bestimmen Sie die Schnittgerade h der Tangentialebenen E_1 und E_2.

d) Eine Ursprungskugel K' berührt die Kugel K. Welchen Radius r kann K' besitzen?
Wie lauten die Koordinaten des Berührpunktes B?

6. Gegeben sind die Kugel K: $(x-2)^2 + y^2 + (z-2)^2 = 25$ sowie die Ebene E: $2x - 2y + z = 15$.

a) Weisen Sie nach, dass die Ebene E die Kugel K schneidet.

b) Bestimmen Sie den Mittelpunkt M' und den Radius r' des Schnittkreises k' von E und K.

c) Gesucht ist die Gleichung einer zweiten Kugel K*, die den gleichen Radius wie K besitzt
und E ebenfalls im Schnittkreis k' schneidet.

d) Prüfen Sie, ob eine der beiden Kugeln K oder K* den Ursprung enthält.

e) Bestimmen Sie z so, dass der Punkt $P(2|3|z)$ auf der Kugel K liegt.

f) Gesucht ist derjenige Punkt A der Kugel K, welcher den geringsten Abstand zur Ebene
F: $8x + 6z = 103$ besitzt. Welcher Ebenenpunkt B von F liegt dem Punkt A am nächsten?

Test

Kugeln

1. Stellen Sie eine Gleichung der Kugel K um den Mittelpunkt $M(1|4|2)$ mit dem Radius $r=9$ auf.

Prüfen Sie, ob die Punkte $A(3|1|8)$ und $B(2|-4|6)$ innerhalb, auf oder außerhalb der Kugel K liegen.

2. Untersuchen Sie die gegenseitige Lage der Geraden $g: \vec{x} = \begin{pmatrix} 10 \\ 6 \\ 14 \end{pmatrix} + s \begin{pmatrix} 8 \\ -3 \\ 7 \end{pmatrix}$ und der Kugel $K: x^2 + (y-3)^2 + (z+2)^2 = 121$.

3. Untersuchen Sie die gegenseitige Lage der Ebene $E: 2x - 6y + 9z = 98$ und der Kugel $K: (x+4)^2 + (y-4)^2 + (z-1)^2 = 484$.

4. Die Ebene $E: -4x + 7y + 4z = 91$ schneidet die Kugel $K: (x-2)^2 + (y-2)^2 + (z-1)^2 = 324$. Bestimmen Sie den Mittelpunkt M' und den Radius r' des Schnittkreises k'.

5. Zeigen Sie, dass die Ebene $E_1: -3x + 4y - 12z = 55$ eine Tangentialebene der Kugel $K: (x-6)^2 + y^2 + (z-8)^2 = 169$ ist.

Bestimmen Sie den Berührpunkt von E_1 und K.

Welche zur Ebene E_1 parallele Ebene E_2 ist ebenfalls Tangentialebene von K?

6. Stellen Sie eine Gleichung derjenigen Kugel K auf, welche den Punkt $A(1|5|8)$ enthält und die y-z-Ebene im Punkt $B(0|4|4)$ berührt.

Überblick

Vektorgleichung der Kugel:
Eine Kugel K mit dem Mittelpunkt $M(m_1|m_2|m_3)$
und dem Radius r hat die Gleichung:
K: $|\vec{x} - \vec{m}| = r$ oder K: $(\vec{x} - \vec{m})^2 = r^2$

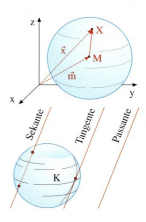

Koordinatengleichung der Kugel:
K: $(x - m_1)^2 + (y - m_2)^2 + (z - m_3)^2 = r^2$

Gegenseitige Lage von Kugel und Gerade:
Eine Gerade g im Raum kann *Passante, Tangente*
oder *Sekante* einer gegebenen Kugel sein.
Man prüft dies durch Einsetzen der Geradenkoordinaten in die Kugelgleichung.

Gegenseitige Lage von Kugel und Ebene:

1. Fall: kein Schnittpunkt   *2. Fall: Berührpunkt*   *3. Fall: Schnittkreis*

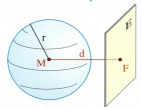   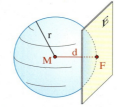   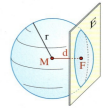

Ist $d > r$, so schneiden sich Ebene   Ist $d = r$, so berührt die Ebene E   Ist $d < r$, so schneidet die Ebene E
E und Kugel K nicht.   die Kugel K im Fußpunkt F des   die Kugel K in einem Kreis k',
Der Lotfußpunkt F hat den kleins-   Lotes von M auf E.   den man als Schnittkreis von Ku-
ten Abstand zur Kugel K.   E ist eine Tangentialebene von K.   gel und Ebene bezeichnet.

Tangentialebene:
Die Tangentialebene E, die die Kugel K um den
Mittelpunkt M in Punkt B berührt, hat die Glei-
chung:

E: $(\vec{x} - \vec{b}) \cdot (\vec{b} - \vec{m}) = 0.$

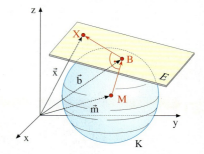

Gegenseitige Lage zweier Kugeln:
Zwei Kugeln mit den Mittelpunkten M_1 und M_2
sowie den Radien r_1 und r_2 $(r_1 > r_2)$ schneiden sich
nicht, wenn $d(M_1, M_2) > r_1 + r_2$ oder
$d(M_1, M_2) < r_1 - r_2$.
Zwei Kugeln schneiden sich, wenn gilt:
$r_1 - r_2 \leq d \leq r_1 + r_2$ $(r_1 > r_2)$.
Das Schnittgebilde ist ein Kreis k', dessen Trägerebene als *Schnittebene* der Kugeln bezeichnet wird.

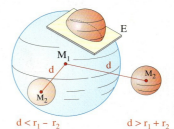

VI. Wiederholung der Grundbegriffe der Wahrscheinlichkeits- rechnung

1. Zufallsversuche und Ereignisse

Glücksspiele haben die Menschen seit jeher fasziniert. Schon Richard de Fournival (1201–1260) beschäftigte sich in seinem Gedicht „De Vetula" mit der Häufigkeit der Augensummen beim Werfen von drei Würfeln. Doch erst Galileo Galilei (1564–1642) gelang die Lösung dieses Problems. Die systematische Mathematik des Zufalls – die Wahrscheinlichkeitsrechnung – entwickelte sich im 17. Jahrhundert. Antoine Gombaud (1607–1684) – auch Chevalier de Méré genannt – traktierte den berühmten Mathematiker Blaise Pascal (1623–1662) mit Würfelproblemen. Schließlich trat Pascal in einen Briefwechsel mit Pierre de Fermat (1601–1665) ein, in dem beide mehrere Probleme lösten und systematische Methoden zur Kalkulation des Zufalls fanden.

Das Grundgesetz der Wahrscheinlichkeitstheorie – das Gesetz der großen Zahl – entdeckte 1688 der Mathematiker Jakob Bernoulli (1654–1705). Seine legendäre Abhandlung, die „Ars conjectandi", wurde 1713 veröffentlicht, acht Jahre nach Bernoullis Tod. Ars conjectandi steht hier für die Kunst des vorausschauenden Vermutens. Heute ist diese Kunst ein Teilgebiet der Mathematik, das als *Stochastik* bezeichnet wird und in die *Wahrscheinlichkeitsrechnung* und die *Statistik* unterteilt ist. Die Stochastik befasst sich mit dem Beurteilen von zufälligen Prozessen und mit Prognosen für den Ausgang solcher Prozesse.

Zunächst muss man festlegen, was unter einem *Zufallsprozess*, einem *Zufallsversuch* bzw. unter einem *Zufallsexperiment* zu verstehen ist.

Es ist ein Vorgang, dessen Ausgang ungewiss ist, auch im Falle der Wiederholung. Dabei ist es völlig unerheblich, aus welchem Grund der Ausgang des Experimentes nicht vorhersagbar ist. Es spielt keine Rolle, ob der Ausgang des Experiments prinzipiell nicht vorhersagbar ist oder nur deshalb nicht, weil es dem Experimentator an Wissen über den Zufallsprozess mangelt. Typische Beispiele für Zufallsprozesse sind der Münzwurf, der Würfelwurf, das Werfen eines Reißnagels, aber auch die Abgabe eines Lottotipps, die Durchführung einer Wahl, das Testen eines neuen Medikamentes. 206-1

Übung 1   Spiel

Hans und Peter werfen jeweils einen Würfel. Hans erhält einen Punkt, wenn er die höhere Augenzahl hat. Peter erhält einen Punkt, wenn seine Augenzahl Teiler der Augenzahl von Hans ist. Stellen Sie durch 50 Spiele mit Ihrem Nachbarn fest, wer von beiden die bessere Chance hat. Werten Sie die Ergebnisse der gesamten Klasse aus.

A. Ergebnisse und Ereignisse

Das Resultat eines Zufallsversuchs – d. h. sein Ausgang – wird als *Ergebnis* bezeichnet. Die Menge aller möglichen Ergebnisse bildet den *Ergebnisraum* Ω eines Zufallsexperiments. Nebenstehend werden diese Begriffe am Beispiel des Würfelns mit einem Würfel verdeutlicht. Hierbei sind die Ergebnisse so festzulegen, dass beim Durchführen des Experiments genau ein Ergebnis auftritt.

Ein wichtiger wahrscheinlichkeitstheoretischer Begriff ist der des Ereignisses. Ein *Ereignis* kann als Zusammenfassung einer Anzahl möglicher Ergebnisse zu einem Ganzen aufgefasst werden.

> Mathematisch gesehen ist ein *Ereignis* E also nichts anderes als eine Teilmenge des Ergebnisraumes Ω: **E $\subseteq \Omega$**.

Bei der Durchführung eines Zufallsexperimentes tritt ein Ereignis E genau dann ein, wenn eines seiner Ergebnisse eintritt. Besondere Ereignisse sind das *unmögliche Ereignis* **E=∅**, das nicht eintreten kann, da es keine Ergebnisse enthält, sowie das *sichere Ereignis* **E=Ω**, das stets eintritt, da es alle Ergebnisse enthält.
Außerdem werden die einelementigen Ereignisse als *Elementarereignisse* bezeichnet.

Erläuterungen am Beispiel „Würfeln"

Zufallsexperiment:	Würfelwurf
Beobachtetes Merkmal:	Augenzahl
Mögliche Ergebnisse:	Augenzahlen 1, 2, 3, 4, 5, 6
Ergebnisraum:	$\Omega = \{1, 2, 3, 4, 5, 6\}$

Beim Würfelwurf lässt sich das Ereignis E: „Es fällt eine gerade Zahl" durch die Ergebnismenge E = $\{2, 4, 6\} \subseteq \Omega$ darstellen.

E: „gerade Zahl" $\Leftrightarrow$ E = $\{2, 4, 6\}$

Das Ereignis „gerade Zahl" tritt genau dann ein, wenn eine der Zahlen 2, 4 oder 6 als Ergebnis kommt.

Die Elementarereignisse beim Würfeln mit einem Würfel sind die einelementigen Ereignisse $\{1\}$, $\{2\}$, $\{3\}$, $\{4\}$, $\{5\}$ und $\{6\}$.

Sie entsprechen den Ergebnissen, sind allerdings im Gegensatz dazu Mengen.

Übung 2

Ein Glücksrad mit 10 gleich großen Sektoren $0, \ldots, 9$ wird einmal gedreht.
a) Aus welchen Gründen ist dies ein Zufallsexperiment?
b) Geben Sie einen geeigneten Ergebnisraum an.
c) Stellen Sie das Ereignis E: „Es kommt eine gerade Zahl" als Ergebnismenge dar.
d) Beschreiben Sie die Ereignisse
$E_1 = \{1, 3, 5, 7, 9\}$, $E_2 = \{0, 3, 6, 9\}$ und $E_3 = \{2, 3, 5, 7\}$ verbal.

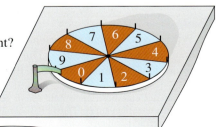

B. Vereinigung und Schnitt von Ereignissen

Beispiel: Max und Moritz bilden im Spielkasino beim Roulette ein Team. Max setzt auf die Zahl 23, Moritz setzt auf „douze premier" (das 1. Dutzend).[1] Rechts ist das Spielbrett des Roulettes abgebildet.

a) Geben Sie einen geeigneten Ergebnisraum an.

b) Stellen Sie die Ereignisse E_1: „Max gewinnt", E_2: „Moritz gewinnt" und E_3: „Das Team Max & Moritz gewinnt" als Ergebnismengen dar.

Lösung zu a:

Beim Roulette fällt eine Kugel in eines der Fächer einer drehbaren Scheibe, die von 0 bis 36 nummeriert sind. Folglich enthält der Ergebnisraum Ω die Zahlen 0 bis 36.

Lösung zu b:

Das Ereignis E_1: „Max gewinnt" tritt ein, wenn die Kugel in das Fach mit der Nummer 23 fällt. Das Ereignis E_2: „Moritz gewinnt" tritt ein, wenn die Kugel in ein Fach mit den Nummern 1–12 fällt. Das Ereignis E_3 tritt ein, wenn wenigstens einer der beiden Spieler gewinnt, wenn also die Zahl 23 **oder** eine Zahl des 1. Dutzends kommt, wenn also E_1 **oder** E_2 eintritt. Es lässt sich als *Vereinigungsmenge* $E_1 \cup E_2$ von E_1 und E_2 auffassen.

$$\Omega = \{0, 1, 2, 3, 4, 5, \ldots, 36\}$$

$$E_1 = \{23\}$$

$$E_2 = \{1, 2, 3, 4, 5, 6, 7, 8, 9, 10, 11, 12\}$$

$$E_3 = E_1 \cup E_2 = \{23\} \cup \{1, 2, 3, \ldots, 12\}$$

$$= \{1, 2, 3, 4, \ldots, 12, 23\}$$

Übung 3

Max und Moritz bilden im Spielkasino beim Roulette ein Team. Max setzt auf „manque" (die 1. Hälfte), Moritz setzt auf „noir" (alle schwarzen Zahlen). Stellen Sie die Ereignisse E_1: „Max gewinnt", E_2: „Moritz gewinnt" und E_3: „Das Team Max & Moritz gewinnt" als Ergebnismengen dar.

Übung 4

Ein Würfel wird einmal geworfen.

Stellen Sie die Ereignisse E_1: „Die Augenzahl ist kleiner als 3" und E_2: „Die Augenzahl ist ungerade" als Ergebnismengen dar. Bestimmen Sie die Ergebnismenge des Ereignisses $E_1 \cup E_2$.

---

[1] Setzt man auf eine bestimmte Zahl (*plein* genannt), so erhält man im Gewinnfall das 36fache des Einsatzes ausgezahlt, setzt man auf ein Dutzend, so erhält man das 3fache des Einsatzes. Bei *pair* (gerade Zahlen außer 0), *impair* (ungerade Zahlen), *rouge* (rote Zahlen), *noir* (schwarze Zahlen), *manque* (die 1. Hälfte), *passe* (die 2. Hälfte) erhält man jeweils das Doppelte des Einsatzes. Es gibt noch weitere Setzmöglichkeiten beim Roulette.

Beispiel: Aus einer Urne[1] mit 100 gleichartigen Kugeln, die die Nummern 1 bis 100 tragen, wird zufällig eine Kugel gezogen.
Stellen Sie die Ereignisse E_1: „Die Nummer ist durch 8 teilbar" und E_2: „Die Nummer ist durch 20 teilbar" sowie $E_1 \cap E_2$ als Ergebnismengen dar.

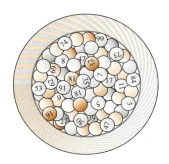

Lösung:
Mögliche Ergebnisse sind die Nummern 1 bis 100.
Für die Ereignisse E_1 bzw. E_2 erhalten wir die nebenstehenden Ergebnismengen.
Der Schnitt beider Ereignisse $E_1 \cap E_2$ tritt genau dann ein, wenn die Nummer der gezogenen Kugel sowohl durch 8 als auch durch 20 teilbar ist, d.h. wenn also E_1 **und** E_2 eintreten. Hierfür gibt es zwei Ergebnisse, die Nummern 40 und 80.

Das dargestellte Mengenbild veranschaulicht die *Schnittmenge*. Das Ereignis $E_1 \cap E_2$ tritt genau dann ein, wenn sowohl das Ereignis E_1 als auch das Ereignis E_2 eintritt, d.h. wenn beide Ereignisse eintreten.

$\Omega = \{1, 2, \ldots, 100\}$

$E_1 = \{8, 16, 24, 32, 40, 48, 56, 64, 72, 80, 88, 96\}$

$E_2 = \{20, 40, 60, 80, 100\}$

$E_1 \cap E_2 = \{40, 80\}$

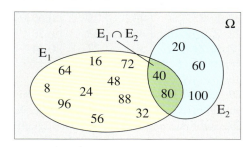

Übung 5

Aus einer Urne mit 50 gleichartigen Kugeln, die die Nummern 1 bis 50 tragen, wird zufällig eine Kugel gezogen. Stellen Sie die folgenden Ereignisse als Ergebnismengen dar:
E_1: „Die Nummer ist durch 9 teilbar."
E_2: „Die Nummer ist durch 12 teilbar."
E_3: „Die Nummer ist durch 23 teilbar."
Bestimmen Sie die Ergebnismengen der Ereignisse $E_1 \cap E_2$, $E_1 \cup E_2$, $E_2 \cap E_3$ und $E_1 \cup E_2 \cup E_3$.
Stellen Sie $E_1 \cup E_2 \cup E_3$ in einem Mengenbild dar.

Übung 6

Stellen Sie die folgenden Ereignisse beim Roulette als Ergebnismengen dar:
E_1: „rouge" (alle roten Zahlen),
E_2: „pair" (alle geraden Zahlen außer 0) und
E_3: „douze dernier" (das letzte Dutzend).
Bestimmen Sie die Ergebnismengen der Ereignisse $E_1 \cap E_2$, $E_1 \cup E_2$, $E_2 \cap E_3$, $E_2 \cup E_3$ sowie $E_1 \cap E_2 \cap E_3$ und $E_1 \cup E_2 \cup E_3$.

---

[1] In der Wahrscheinlichkeitsrechnung ist es üblich, ein Gefäß, in dem sich Kugeln o.ä. befinden, als *Urne* zu bezeichnen. Diesen Begriff prägte *Jakob Bernoulli* (1654–1705).

2. Relative Häufigkeit und Wahrscheinlichkeit

A. Das empirische Gesetz der großen Zahlen

Die Tabelle zeigt die Ergebnisse (Kopf K oder Zahl Z) einer Serie von Münzwürfen. Dabei bedeutet n die Anzahl der Würfe, $a_n(K)$ die *absolute Häufigkeit* und $h_n(K) = \frac{a_n(K)}{n}$ die *relative Häufigkeit* des Ergebnisses Kopf in n Versuchen. Der Graph zeigt das *Häufigkeitsdiagramm*.

Urliste	n	$a_n(K)$	$h_n(K)$
K Z Z Z K	5	2	0,40
K K K K K	10	7	0,70
K Z K Z K	15	10	0,67
K Z K K K	20	14	0,70
Z Z Z Z Z	25	14	0,56
K K K K K	30	19	0,63
K K K Z K	35	23	0,66
Z K Z Z Z	40	24	0,60
K Z Z Z Z	45	25	0,56
Z K Z Z K	50	27	0,54

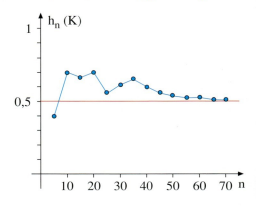

Die relative Häufigkeit $h_n(K)$ des Ergebnisses Kopf stabilisiert sich nach anfänglichen Schwankungen und nähert sich mit wachsender Versuchszahl n dem Wert 0,5.
Die Stabilisierung der relativen Häufigkeit mit wachsender Versuchszahl bezeichnet man als das *empirische Gesetz der großen Zahlen*. Es wurde von Jakob Bernoulli 1688 entdeckt.
Den *Stabilisierungswert* der relativen Häufigkeiten eines Ereignisses bezeichnet man als *Wahrscheinlichkeit* des Ereignisses.

Definition VI.1:
Gegeben sei ein Zufallsexperiment mit dem Ergebnisraum $\Omega = \{e_1; \ldots; e_m\}$.
Eine Zuordnung P, die jedem Elementarereignis $\{e_i\}$ genau eine reelle Zahl $P(e_i)$ zuordnet, heißt **Wahrscheinlichkeitsverteilung**, wenn folgende Bedingungen gelten:

$$\text{I.} \quad P(e_i) \geq 0 \text{ für } 1 \leq i \leq m$$
$$\text{II.} \quad P(e_1) + \ldots + P(e_m) = 1$$

Die Zahl $P(e_i)$ heißt dann **Wahrscheinlichkeit** des Elementarereignisses $\{e_i\}$.

Beispiel: Wurf eines fairen Würfels
Setzen wir $\Omega = \{1, 2, \ldots, 6\}$ und $P(i) = \frac{1}{6}$ für $i = 1, \ldots, 6$, so erhalten wir eine zulässige Häufigkeitsverteilung, denn es gilt:
I. $P(1) = P(2) = \ldots = P(6) = \frac{1}{6} \geq 0$ \qquad II. $P(1) + P(2) + \ldots + P(6) = 1$.

B. Rechenregeln für Wahrscheinlichkeiten

Wir übertragen nun den Begriff der Wahrscheinlichkeit auf beliebige Ereignisse.
Es liegt nahe, als Wahrscheinlichkeit eines Ereignisses E die Summe der Wahrscheinlichkeiten der Elementarereignisse zu nehmen, aus denen sich E zusammensetzt.

Satz VI.1: Summenregel

Gegeben sei ein Zufallsexperiment mit dem Ergebnisraum Ω. $E = \{e_1, e_2, \ldots, e_k\}$ sei ein beliebiges Ereignis. Dann gilt für die Wahrscheinlichkeit von E:

$$P(E) = P(e_1) + P(e_2) + \ldots + P(e_k).$$

Sonderfall: $P(E) = 0$, falls $E = \varnothing$ (das unmögliche Ereignis) ist.
                 $P(E) = 1$, falls $E = \Omega$ (das sichere Ereignis) ist.

Zu zwei beliebigen Ereignissen E_1 und E_2 sind oft auch die *Vereinigung* $E_1 \cup E_2$ bzw. der *Schnitt* $E_1 \cap E_2$ zu betrachten. Ebenfalls wird neben einem Ereignis E auch das *Gegenereignis* $\overline{E}$ untersucht, das genau dann eintritt, wenn E nicht eintritt.

Die Erläuterungen dieser Ereignisse sind in der folgenden Tabelle zusammenfassend dargestellt.

Symbol	Beschreibung	Mengenbild
$E_1 \cup E_2$	tritt ein, wenn wenigstens eines der beiden Ereignisse E_1 **oder** E_2 eintritt	
$E_1 \cap E_2$	tritt ein, wenn sowohl E_1 als auch E_2 eintritt (E_1 **und** E_2)	
$\overline{E} = \Omega \setminus E$	tritt ein, wenn E **nicht** eintritt	

Zwischen der Wahrscheinlichkeit eines Ereignisses E und der Wahrscheinlichkeit des Gegenereignisses $\overline{E}$ ($P(\overline{E})$ bezeichnet man auch als *Gegenwahrscheinlichkeit*) besteht ein wichtiger Zusammenhang.

Satz VI.2: Gegenwahrscheinlichkeit

Die Summe der Wahrscheinlichkeit eines Ereignisses $P(E) + P(\overline{E}) = 1$
E und der des Gegenereignisses $\overline{E}$ ist gleich 1.

Betrachtet man beispielsweise beim einfachen Würfelwurf mit $\Omega = \{1, 2, 3, 4, 5, 6\}$ das Ereignis E: „Es fällt eine Primzahl", also $E = \{2, 3, 5\}$, dann ist $\overline{E} = \Omega \setminus E = \{1, 4, 6\}$ das Gegenereignis „Es fällt keine Primzahl". Damit gilt:

$P(E) = \frac{1}{2}$, $P(\overline{E}) = \frac{1}{2}$, also $P(E) + P(\overline{E}) = 1$.

Satz VI.3: Der Additionssatz
Für zwei beliebige Ereignisse E_1, $E_2 \subset \Omega$ gilt:

$$P(E_1 \cup E_2) = P(E_1) + P(E_2) - P(E_1 \cap E_2).$$

Sind die Ereignisse unvereinbar, d. h. ist
$E_1 \cap E_2 = \varnothing$, dann gilt sogar vereinfacht:

$$P(E_1 \cup E_2) = P(E_1) + P(E_2)$$

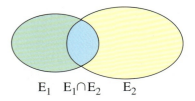

$E_1 \quad E_1 \cap E_2 \quad E_2$

Der Satz ist anschaulich klar. Man erkennt aus der Abbildung, dass in der Summe $P(E_1) + P(E_2)$ die Elementarereignisse aus der Schnittmenge $E_1 \cap E_2$ doppelt gezählt werden, weshalb sie einmal wieder abgezogen werden müssen. Mit dem Additionssatz kann die Wahrscheinlichkeit eines ODER-Ereignisses $E_1 \cup E_2$ errechnet werden.

Übung 1

Aus jeder der beiden Urnen wird eine Kugel gezogen. Als Gewinn zählt, wenn die Augensumme 7 ist (Ereignis E_1) *oder* wenn beide Kugeln Nummern unter 4 tragen (Ereignis E_2). Verwenden Sie als Ergebnismenge $\Omega = \{(1,1), \ldots, (8,6)\}$. Der Einsatz ist 1 €. Im Gewinnfall erhält man 2 €.

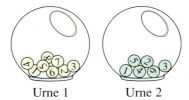

Urne 1   Urne 2

a) Stellen Sie E_1 und E_2 als Teilmengen von Ω dar.
b) Bestimmen Sie $E_1 \cap E_2$.
c) Wie groß ist die Gewinnwahrscheinlichkeit? Wenden Sie den Additionssatz an.
d) Beurteilen Sie, ob das Spiel für den Spieler günstig ist.

Übung 2

Aus den ersten 200 natürlichen Zahlen wird eine Zahl gezogen. Mit welcher Wahrscheinlichkeit ist die gezogene Zahl durch 7 *oder* durch 9 teilbar?

Übung 3

Bei einem Glücksspiel werden zwei Würfel zugleich geworfen. Man verliert, wenn die Augensumme ungerade ist (Ereignis E_1) *oder* wenn beide Würfel die gleiche Augenzahl zeigen (Ereignis E_2).

a) Geben Sie Ω an. Stellen Sie E_1 und E_2 als Teilmengen von Ω dar.
b) Begründen Sie: E_1 und E_2 sind unvereinbar.
c) Wie groß ist die Verlustwahrscheinlichkeit?
d) Der Betreiber des Glücksspiels zahlt im Falle des Gewinns 3 € an den Spieler aus. Welchen Einsatz muss er nehmen, um die durch die Auszahlung entstehenden Kosten zu decken?

C. Laplace-Wahrscheinlichkeiten

▶ **Beispiel:** Bei einem Würfelspiel werden zwei Würfel gleichzeitig einmal geworfen. Ist die Augensumme 6 oder die Augensumme 7 wahrscheinlicher?

Lösung:
Beide Würfel können die Augenzahlen 1 bis 6 zeigen.
Die Augensumme 6 ergibt sich aus den Augenzahlen als $1+5$, $2+4$ und $3+3$.
Die Augensumme 7 ergibt sich aus den Augenzahlen als $1+6$, $2+5$ und $3+4$.
Da es jeweils 3 Kombinationen gibt, könnte man vermuten, dass die Augensummen 6 und 7 beide mit der gleichen Wahrscheinlichkeit eintreten.
Aber die einzelnen Kombinationen sind nicht gleich wahrscheinlich. Wir denken uns die beiden Würfel farbig (z. B. rot und schwarz) und damit unterscheidbar und notieren die möglichen Augensummen tabellarisch, wie rechts dargestellt. Jeder der 36 möglichen Ausgänge in der Tabelle ist nun gleich wahrscheinlich. Anhand der Tabelle erkennen wir, dass sich die Augensumme 6 in 5 von 36 möglichen Ausgängen ergibt, die Augensumme 7 aber in 6 von 36 möglichen Ausgängen.
Somit tritt die Augensumme 6 mit der Wahrscheinlichkeit P(„Summe 6") $=\frac{5}{36}$ ein, die Augensumme 7 mit der Wahrscheinlichkeit P(„Summe 7") $=\frac{6}{36}$.
Die Augensumme 7 ist also wahrscheinlicher.

Summe 6: $1+5$, $2+4$, $3+3$

Summe 7: $1+6$, $2+5$, $3+4$

W₁ \ W₂	1	2	3	4	5	6
1	2	3	4	5	6	7
2	3	4	5	6	7	8
3	4	5	6	7	8	9
4	5	6	7	8	9	10
5	6	7	8	9	10	11
6	7	8	9	10	11	12

P(„Summe 6") $=\frac{5}{36}$

P(„Summe 7") $=\frac{6}{36}$

Resultat:
Die Augensumme 7 ist wahrscheinlicher.

Die Ergebnisse dieses Zufallsexperimentes sind Zahlenpaare. Eine „1" auf dem ersten Würfel und eine „5" auf dem zweiten Würfel können als (1 ; 5) dargestellt werden.
Dann besteht der Ergebnisraum Ω aus 36 gleich wahrscheinlichen Ergebnissen:
$\Omega = \{(1 ; 1), (1 ; 2), \ldots, (2 ; 1), (2 ; 2), \ldots, (6 ; 6)\}$. Die für die Augensumme 6 in Frage kommenden, sog. günstigen Ergebnisse sind die Ausgänge (1 ; 5), (2 ; 4), (3 ; 3), (4 ; 2) und (5 ; 1), also 5 von 36 möglichen Ergebnissen. Hierbei tritt z. B. die Kombination $1+5$ in zwei Fällen ein, nämlich bei (1 ; 5) und (5 ; 1), während $3+3$ nur in einem Fall eintritt. Die für die Augensumme 7 günstige Ergebnisse sind die Ausgänge (1 ; 6), (2 ; 5), (3 ; 4), (4 ; 3), (5 ; 2) und (6 ; 1), also 6 von 36 möglichen Ergebnissen. Diese Überlegungen bestätigen unsere obigen
▶ Wahrscheinlichkeiten.

Die Festlegung der möglichen Ergebnisse eines Zufallsexperimentes bereitete den Mathematikern im 17. und 18. Jahrhundert manchmal erhebliche Schwierigkeiten. Beispielsweise unterschied man beim Wurf mit 2 Würfeln Ausgänge wie (1 ; 5) und (5 ; 1) nicht, was zu Problemen führte. Wie das obige Beispiel zeigt, lassen sich Zufallsexperimente leichter handhaben, wenn alle möglichen Ausgänge gleich wahrscheinlich sind.

Derartige Zufallsexperimente, bei denen Elementarereignisse gleich wahrscheinlich sind, werden zu Ehren des französischen Mathematikers *Pierre Simon de Laplace* (1749–1827) auch als sogenannte *Laplace-Experimente* bezeichnet.

Bei Laplace-Experimenten liegt als Wahrscheinlichkeitsverteilung eine sogenannte *Gleichverteilung* zugrunde, die jedem Elementarereignis exakt die gleiche Wahrscheinlichkeit zuordnet.

www 214-1

Besteht also bei einem Laplace-Experiment der Ergebnisraum $\Omega = \{e_1, \ldots, e_m\}$ aus m Ergebnissen, so besitzt jedes einzelne Elementarereignis die Wahrscheinlichkeit $P(e_i) = \frac{1}{m}$. Für ein zusammengesetztes Ereignis $E = \{e_1, \ldots, e_k\}$ gilt dann $P(E) = k \cdot \frac{1}{m}$.

Satz VI.4: Bei einem Laplace-Experiment sei $\Omega = \{e_1, \ldots, e_m\}$ der Ergebnisraum und $E = \{e_1, \ldots, e_k\}$ ein beliebiges Ereignis. Dann gilt für die Wahrscheinlichkeit dieses Ereignisses:

$$P(E) = \frac{|E|}{|\Omega|} = \frac{k}{m} \qquad\qquad P(E) = \frac{\text{Anzahl der für E günstigen Ergebnisse}}{\text{Anzahl aller möglichen Ergebnisse}}$$

▶ **Beispiel:** Aus einer Urne mit elf Kugeln, die mit 1 bis 11 nummeriert sind, wird eine Kugel gezogen. Mit welcher Wahrscheinlichkeit hat sie eine Primzahlnummer?

Lösung:
Es liegt ein Laplace-Experiment vor, da jede Kugel die gleiche Chance hat, gezogen zu werden. Jedes Ergebnis, also jede der Nummern 1 bis 11, hat die gleiche Wahrscheinlichkeit $\frac{1}{11}$. Für das Ereignis E: „Primzahl", d.h. $E = \{2, 3, 5, 7, 11\}$, sind fünf der elf möglichen Ergebnisse günstig. Daher gilt $P(E) = \frac{5}{11} \approx 0,45$. Also ist in ca. 45% aller Ziehungen mit einer Primzahlnummer zu rechnen.

Viele Glücksautomaten bestehen aus Glücksrädern, die in mehrere gleich große Sektoren mit verschiedenen Symbolen, Zahlen oder Farben unterteilt sind. Kennt man diese Belegung, so kann man sich leicht die Gewinnchancen ausrechnen (vorausgesetzt, die Räder werden zufällig angehalten).

> **Beispiel:** Ein Glücksrad enthält 8 gleich große Sektoren. Vier der Sektoren sind rot, drei sind weiß und einer ist schwarz.
> Laut Auszahlungsplan erhält man für
>
> Rot   : 0,00 €,
> Weiß   : 0,50 €,
> Schwarz   : 2,00 €.
>
> Der Einsatz für ein Spiel beträgt 0,50 €. Ist hier langfristig mit einem Gewinn für den Automatenbetreiber oder für den Spieler zu rechnen?

Lösung:
4 der 8 Felder sind günstig für „rot", 3 Felder sind günstig für „weiß" und 1 Feld ist günstig für „schwarz". Wir erhalten daher folgende Wahrscheinlichkeiten:

$$P(\text{„rot"}) = \tfrac{4}{8}, \quad P(\text{„weiß"}) = \tfrac{3}{8}, \quad P(\text{„schwarz"}) = \tfrac{1}{8}.$$

Spielt man 8-mal, so ist im Durchschnitt mit 4-mal „rot" mit einer Auszahlung von $4 \cdot 0\,€ = 0\,€$, 3-mal „weiß" mit einer Auszahlung von $3 \cdot 0{,}5\,€ = 1{,}50\,€$ und 1-mal „schwarz" mit einer Auszahlung von $1 \cdot 2\,€ = 2\,€$ zu rechnen. Insgesamt kann man bei 8 Spielen eine Auszahlung von 3,50 € erwarten; das ergibt pro Spiel eine durchschnittliche Auszahlung von 0,44 €. Dem steht der Einsatz von 0,50 € gegenüber.
Bilanz: Langfristig sind pro Spiel 6 Cent Verlust zu erwarten.
Man kann die pro Spiel zu erwartende Auszahlung auch folgendermaßen berechnen:
Erwarteter Wert für die Auszahlung pro Spiel: $0\,€ \cdot \tfrac{4}{8} + 0{,}50\,€ \cdot \tfrac{3}{8} + 2\,€ \cdot \tfrac{1}{8} = 0{,}44\,€$. Zieht man
> davon den Spieleinsatz von 0,50 € ab, so kommt man ebenfalls auf 6 Cent Verlust.

Übung 4

Ein Glücksrad besteht aus neun gleich großen Sektoren. Fünf der Sektoren sind mit einer „1", drei mit einer „2" und einer mit einer „3" gekennzeichnet. Laut Spielplan erhält man bei einer „3" 5,00 € und bei einer „2" 2,00 € ausgezahlt. Der Einsatz für ein Spiel beträgt 1 €. Lohnt sich das Spiel langfristig für den Spieler?

Übung 5

Ein Glücksrad besteht aus sechs gleich großen Sektoren. Drei der Sektoren sind mit einer „1", zwei mit einer „2" und einer mit einer „3" gekennzeichnet.
Laut Spielplan erhält man bei einer „3" 1,00 € und bei einer „2" 0,50 € ausgezahlt.
Wie hoch muss der Einsatz mindestens sein, damit der Automatenbetreiber die besseren Chancen hat?

Übungen

6. Ein Wurf mit zwei Würfeln kostet 1 € Einsatz. Ist das Produkt der beiden Augenzahlen größer als 20, werden 3 € ausbezahlt. Ist das Spiel fair? Wie müsste der Einsatz geändert werden, wenn das Spiel fair sein soll?

7. Ein Holzwürfel mit roter Oberfläche wird durch 6 senkrechte Schnitte in 27 gleich große Würfel zerschnitten. Diese werden dann in eine Urne gelegt. Anschließend wird aus der Urne ein Würfel gezogen.
Berechnen Sie die Wahrscheinlichkeiten folgender Ereignisse:
E_1: „Der gezogene Würfel hat keine rote Seite."
E_2: „Der gezogene Würfel hat zwei rote Seiten."
E_3: „Der gezogene Würfel hat mindestens zwei rote Seiten."
E_4: „Der gezogene Würfel hat höchstens zwei rote Seiten."

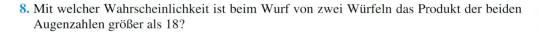

8. Mit welcher Wahrscheinlichkeit ist beim Wurf von zwei Würfeln das Produkt der beiden Augenzahlen größer als 18?

9.
Auf einem Schachbrett stehen lediglich ein einsamer schwarzer König auf d7 und ein schwarzer Bauer auf d5. Nun wird zufällig eine weiße Dame auf eines der verbleibenden 62 Felder postiert. Mit welcher Wahrscheinlichkeit bietet sie dem schwarzen König Schach?

10. In einer Urne liegen zwei blaue (B1, B2) und drei rote Kugeln (R1, R2, R3). Mit einem Griff werden drei der Kugeln gezogen.
Stellen Sie mithilfe von Tripeln eine Ergebnismenge Ω auf.
Bestimmen Sie die Wahrscheinlichkeiten folgender Ereignisse:
E_1. „Es werden mindestens 2 blaue Kugeln gezogen."
E_2: „Alle gezogenen Kugeln sind rot."
E_3: „Es werden mehr rote als blaue Kugeln gezogen."

11. Zwei Würfel mit den abgebildeten Netzen werden gleichzeitig geworfen.
a) Welche Augensumme ist am wahrscheinlichsten?
b) Mit welcher Wahrscheinlichkeit ist die Augensumme kleiner als 5?
c) Wie wahrscheinlich ist ein Pasch?

3. Mehrstufige Zufallsversuche / Baumdiagramme

A. Baumdiagramme und Pfadregeln

Im Folgenden betrachten wir *mehrstufige Zufallsversuche*.
Ein solcher Versuch setzt sich aus mehreren hintereinander ausgeführten einstufigen Versuchen zusammen (mehrmaliges Werfen mit einem oder mehreren Würfeln, mehrmaliges Ziehen einer oder mehrerer Kugeln etc.).

Der Ablauf eines mehrstufigen Zufallsversuchs lässt sich mit *Baumdiagrammen* besonders übersichtlich darstellen.

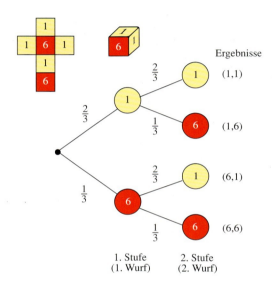

▶ **Beispiel: Zweifacher Würfelwurf**
Rechts ist ein zweistufiges Experiment abgebildet, nämlich das zweimalige Werfen eines Würfels, der 4 Einsen und 2 Sechsen trägt. Gesucht ist die Wahrscheinlichkeit dafür, dass sich eine gerade Augensumme ergibt.

Lösung:
Der Baum besteht aus zwei Stufen. Er besitzt insgesamt vier *Pfade* der Länge 2. Jeder Pfad repräsentiert das an seinem Ende vermerkte Ergebnis des zweistufigen Experiments.
Für das Ereignis „Augensumme gerade" sind zwei Pfade günstig, der Pfad (1,1), dessen Wahrscheinlichkeit $\frac{2}{3} \cdot \frac{2}{3} = \frac{4}{9}$ beträgt, und der Pfad (6,6) mit der Wahrscheinlichkeit $\frac{1}{3} \cdot \frac{1}{3} = \frac{1}{9}$. Insgesamt
▶ ergibt sich damit die Wahrscheinlichkeit P(„Augensumme gerade")$= \frac{4}{9} + \frac{1}{9} = \frac{5}{9} \approx 0,56$.

Die Pfadregeln für Baumdiagramme

Mehrstufige Zufallsexperimente können durch Baumdiagramme dargestellt werden. Dabei stellt jeder Pfad ein Ergebnis des Zufallsexperimentes dar.

I. Die **Wahrscheinlichkeit eines Ergebnisses** ist gleich dem Produkt aller Zweigwahrscheinlichkeiten längs des zugehörigen Pfades (Pfadwahrscheinlichkeit).

II. Die **Wahrscheinlichkeit eines Ereignisses** ist gleich der Summe der zugehörigen Pfadwahrscheinlichkeiten.

B. Mehrstufige Zufallsversuche

▶ **Beispiel:** In einer Urne liegen drei rote und zwei schwarze Kugeln. Es werden zwei Kugeln gezogen. Zeichnen Sie den zugehörigen Wahrscheinlichkeitsbaum und bestimmen Sie die Wahrscheinlichkeit für das Ereignis E: „Beide gezogenen Kugeln sind gleichfarbig" mit und ohne Zurücklegen der jeweils gezogenen Kugel.

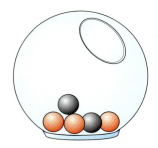

Lösung:

Ziehen mit Zurücklegen

Die erste Kugel wird gezogen und vor dem Ziehen der zweiten Kugel wieder in die Urne zurückgelegt.

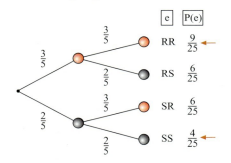

▶ $P(E) = P(RR) + P(SS) = \frac{9}{25} + \frac{4}{25} = \frac{13}{25} = 0,52$

Ziehen ohne Zurücklegen

Die zweite Kugel wird gezogen, ohne dass die bereits gezogene erste Kugel zurückgelegt wird.

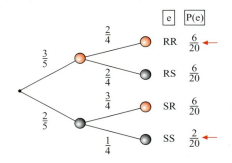

$P(E) = P(RR) + P(SS) = \frac{6}{20} + \frac{2}{20} = \frac{8}{20} = 0,40$

Übung 1

Ein Glücksrad hat zwei Sektoren. Der weiße Sektor ist dreimal so groß wie der rote Sektor. Das Rad wird dreimal gedreht. Zeichnen Sie den zugehörigen Wahrscheinlichkeitsbaum und bestimmen Sie die Wahrscheinlichkeiten folgender Ereignisse:

E_1: „Es kommt dreimal Rot",

E_2: „Es kommt stets die gleiche Farbe",

E_3: „Es kommt die Folge Rot/Weiß/Rot",

E_4: „Es kommt insgesamt zweimal Weiß und einmal Rot",

E_5: „Es kommt mindestens zweimal Rot".

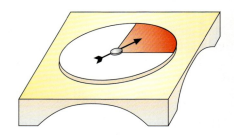

In vielen Fällen ist es nicht notwendig, den gesamten Wahrscheinlichkeitsbaum eines Zufalls-experimentes darzustellen. Man kann sich in der Regel auf die zu dem betrachteten Ereignis gehörenden Pfade beschränken und spricht dann von einem *reduzierten Baumdiagramm*. Dies ist insbesondere dann wichtig, wenn viele Stufen vorliegen oder die einzelnen Stufen viele Ausfälle zulassen, sodass ein vollständiges Baumdiagramm ausufernd groß wäre.

Beispiel: Mit welcher Wahrschein-lichkeit erhält man beim dreimaligen Würfeln eine Augensumme, die nicht größer als 4 ist?

Reduzierter Baum:

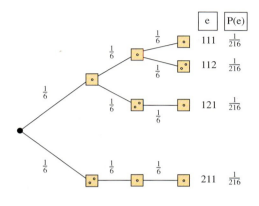

Lösung:
Bei dreimaligem Würfeln können nur die Augenzahlen 1 und 2 einen Beitrag zum betrachteten Ereignis E: „Die Augensum-me ist höchstens 4" liefern.
Von den insgesamt $6^3 = 216$ Pfaden des Baumes gehören nur 4 zum Ereignis E.
Jeder hat die Wahrscheinlichkeit $\left(\frac{1}{6}\right)^3$, so-dass $P(E) = \frac{4}{216} \approx 0{,}0185$ gilt. Es handelt sich also um ein 2%-Ereignis.

$$P(E) = 4 \cdot \frac{1}{216} \approx 0{,}0185 \approx 2\,\%$$

Übung 2
Die beiden Räder eines Glücksautomaten sind jeweils in 6 gleich große Sektoren ein-geteilt und drehen sich unabhängig von-einander (Abbildung).
a) Mit welcher Wahrscheinlichkeit erhält man eine Auszahlung von 5 € bzw. von 2 € (siehe Gewinnplan)?
b) Der Einsatz beträgt 0,50 € pro Spiel. Lohnt sich das Spiel auf lange Sicht?

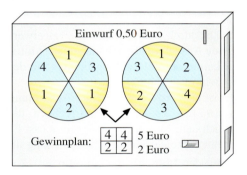

Übung 3
Ein Würfel mit dem abgebildeten Netz wird dreimal geworfen.
a) Wie groß ist die Wahrscheinlichkeit, dass alle Zahlen unterschiedlich sind?
b) Mit welcher Wahrscheinlichkeit ist die Augensumme der 3 Würfe größer als 6?
c) Mit welcher Wahrscheinlichkeit ist die Augensumme beim viermaligen Wür-feln kleiner als 6?

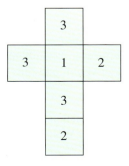

▶ **Beispiel:** Ein Glücksrad hat einen roten Sektor mit dem Winkel α und einen weißen Sektor mit dem Winkel $360° - \alpha$. Es wird zweimal gedreht. Gewonnen hat man, wenn in beiden Fällen der gleiche Sektor kommt.
a) Wie groß ist die Gewinnwahrscheinlichkeit?
b) Der Spieleinsatz betrage 5 €, die Auszahlung 8 €. Wie muss der Winkel α des roten Sektors gewählt werden, damit das Spiel fair wird?

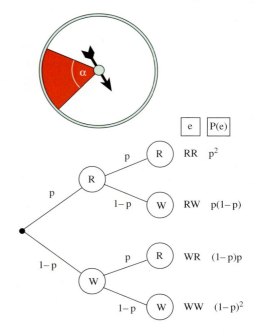

Lösung:
a) Die Wahrscheinlichkeit, dass der Zeiger des Glücksrades auf dem roten Sektor stehen bleibt, beträgt $p = \frac{\alpha}{360°}$.

Auf dem weißen Sektor kommt er mit der Gegenwahrscheinlichkeit $1 - p$ zur Ruhe. Nur die beiden äußeren Pfade des Baumdiagramms sind günstig für einen Gewinn.

Die Gewinnwahrscheinlichkeit beträgt daher: $P(\text{Gewinn}) = 2p^2 - 2p + 1$.

$$P(\text{Gewinn}) = P(RR) + P(WW)$$
$$= p^2 + (1 - p)^2$$
$$= 2p^2 - 2p + 1$$

b) Die durchschnittlich pro Spiel zu erwartende Auszahlung erhält man durch Multiplikation des Auszahlungsbetrags mit der Gewinnwahrscheinlichkeit.
Es ist also pro Spiel mit einer Auszahlung von $(2p^2 - 2p + 1) \cdot 8$ € zu rechnen, die gleich dem Einsatz von 5 € sein muss. Es ergibt sich eine quadratische Gleichung für p mit den Lösungen $p = \frac{3}{4}$ und $p = \frac{1}{4}$. Zu-
▶ gehörige Winkel: $\alpha = 270°$ bzw. $\alpha = 90°$.

Durchschn. Auszahlung $\overset{\text{fair}}{=}$ Einsatz

$$8 € \cdot (2p^2 - 2p + 1) = 5 €$$
$$2p^2 - 2p + 1 = \frac{5}{8}$$
$$p^2 - p + \frac{3}{16} = 0$$
$$p = \frac{1}{2} \pm \sqrt{\frac{1}{4} - \frac{3}{16}} = \frac{1}{2} \pm \frac{1}{4}$$

$p = \frac{3}{4} \;\Rightarrow\; \alpha = 360° \cdot p = 270°$

$p = \frac{1}{4} \;\Rightarrow\; \alpha = 360° \cdot p = 90°$

Übung 4

Ein Sportschütze darf zwei Schüsse abgeben, um ein bestimmtes Ziel zu treffen. Wie hoch muss er seine Trefferwahrscheinlichkeit p pro Schuss mindestens trainieren, damit er mit einer Wahrscheinlichkeit von mindestens 25% mindestens einmal das Ziel trifft?

Übung 5

Peter und Paul schießen gleichzeitig auf einen Hasen. Paul hat die doppelte Treffersicherheit wie Peter. Mit welcher Wahrscheinlichkeit darf Peter höchstens treffen, damit der Hase eine Chance von mindestens 50% hat, nicht getroffen zu werden?

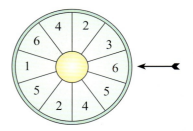

► **Beispiel:** Wie oft muss das abgebildete Glücksrad mindestens gedreht werden, damit die Wahrscheinlichkeit, mindestens eine Sechs zu drehen, wenigstens 90% beträgt?

Lösung:

n sei die gesuchte Anzahl von Drehungen. Die Wahrscheinlichkeit, dass bei einer Drehung keine Sechs auftritt, beträgt $\frac{8}{10} = 0,8$ bei einer Drehung, d.h. $0,8^n$ bei n Drehungen. Die Wahrscheinlichkeit für „mindestens eine Sechs bei n Drehungen" ist daher $1 - 0,8^n$. Diese Wahrscheinlichkeit soll wenigstens 90% betragen. Also muss gelten: $1 - 0,8^n \geq 0,90$.

Diese Ungleichung lösen wir nun durch Äquivalenzumformungen und durch Logarithmieren nach n auf.

Hierbei ist zu beachten, dass sich das Ordnungszeichen in einer Ungleichung umkehrt, wenn die Ungleichung mit einer negativen Zahl multipliziert bzw. durch eine negative Zahl dividiert wird. Wir erhalten als Resultat: Das Rad muss mindestens

► elfmal gedreht werden.

P(„mindestens eine 6 bei n Drehungen")

$$= 1 - P(\text{„keine 6 bei n Drehungen"})$$
$$= 1 - 0,8^n$$

Ungleichung:
$$1 - 0,8^n \geq 0,9 \qquad | -1$$
$$-0,8^n \geq -0,1 \qquad | : (-1)$$
$$0,8^n \leq 0,1 \qquad | \log$$
$$\log(0,8^n) \leq \log 0,1 \quad | \text{ Rechenregel}$$
$$n \cdot \log 0,8 \leq \log 0,1 \quad | : \log 0,8 (< 0)$$
$$n \geq \frac{\log 0,1}{\log 0,8} \approx 10,32$$
$$n \geq 11$$

Übung 6

Ein Glücksrad hat 5 gleich große Sektoren, von denen 3 weiß und 2 rot sind.

a) Das Glücksrad wird zweimal gedreht. Wie groß ist die Wahrscheinlichkeit dafür, dass in beiden Fällen Rot erscheint?

b) Das Glücksrad wird zweimal gedreht. Erscheint in beiden Fällen Rot, so erhält man 5 € ausgezahlt, erscheint in beiden Fällen Weiß, so erhält man 2 €. Ansonsten erfolgt keine Auszahlung. Bei welchem Einsatz ist das Spiel fair?

c) Wie oft muss das Rad mindestens gedreht werden, damit die Wahrscheinlichkeit, mindestens einmal Rot zu drehen, wenigstens 95% beträgt?

Übung 7

Eine Urne enthält 4 weiße Kugeln, 3 blaue Kugeln und 1 rote Kugel.

a) Wie groß ist die Wahrscheinlichkeit dafür, dass man beim dreimaligen Ziehen einer Kugel mit Zurücklegen drei verschiedenfarbige Kugeln zieht?

b) Wie groß ist die Wahrscheinlichkeit dafür, dass man beim dreimaligen Ziehen einer Kugel ohne Zurücklegen drei verschiedenfarbige Kugeln zieht?

c) Wie oft muss man aus der Urne eine Kugel mit Zurücklegen ziehen, damit die Wahrscheinlichkeit, mindestens eine blaue Kugel ziehen, mindestens 80% beträgt?

Übungen

Einfache Aufgaben zu Baumdiagrammen

8. In einer Urne liegen 12 Kugeln, 4 gelbe, 3 grüne und 5 blaue Kugeln.
3 Kugeln werden ohne Zurücklegen entnommen.
a) Mit welcher Wahrscheinlichkeit sind alle Kugeln grün?
b) Mit welcher Wahrscheinlichkeit sind alle Kugeln gleichfarbig?
c) Mit welcher Wahrscheinlichkeit kommen genau zwei Farben vor?

9. In einer Schublade liegen fünf Sicherungen, von denen zwei defekt sind. Wie groß ist die Wahrscheinlichkeit, dass bei zufälliger Entnahme von zwei Sicherungen aus der Schublade mindestens eine defekte Sicherung entnommen wird?

10. Aus dem Wort ANANAS werden zufällig zwei Buchstaben herausgenommen.
a) Mit welcher Wahrscheinlichkeit sind beide Buchstaben Konsonanten?
b) Mit welcher Wahrscheinlichkeit sind beide Buchstaben gleich?

11. Das abgebildete Glücksrad (mit drei gleich großen Sektoren) wird zweimal gedreht.
Mit welcher Wahrscheinlichkeit
a) erscheint in beiden Fällen Rot,
b) erscheint mindestens einmal Rot?

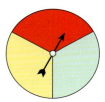

12. Sie werfen eine Münze wiederholt, bis zweimal hintereinander Kopf kommt. Mit welcher Wahrscheinlichkeit stoppen Sie exakt nach vier Würfen?

13. In einer Urne liegen 7 Buchstaben, viermal das O und dreimal das T. Es werden vier Buchstaben der Reihe nach mit Zurücklegen gezogen.
Mit welcher Wahrscheinlichkeit
a) entsteht so das Wort OTTO,
b) lässt sich mit den gezogenen Buchstaben das Wort OTTO bilden?

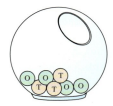

14. Alfred zieht aus einer Urne, die zwei Kugeln mit den Ziffern 1 und 2 enthält, eine Kugel. Er legt die gezogene Kugel wieder in die Urne zurück und legt zusätzlich eine Kugel mit der Ziffer 3 in die Urne. Nun zieht Billy eine Kugel aus der Urne. Auch er legt sie wieder zurück und fügt eine mit der Ziffer 4 gekennzeichnete Kugel in die Urne. Schließlich zieht Cleo eine Kugel aus der Urne.
a) Mit welcher Wahrscheinlichkeit werden drei Kugeln mit der gleichen Nummer gezogen?
b) Mit welcher Wahrscheinlichkeit wird mindestens zweimal die 1 gezogen?
c) Mit welcher Wahrscheinlichkeit werden genau zwei Kugeln mit der gleichen Nummer gezogen?

15. Robinson hat festgestellt, dass auf seiner Insel folgende Wetterregeln gelten:
(1) Ist es heute schön, ist es morgen mit 80 % Wahrscheinlichkeit ebenfalls schön.
(2) Ist heute schlechtes Wetter, so ist morgen mit 75 % Wahrscheinlichkeit ebenfalls schlechtes Wetter.

a) Heute (Montag) scheint die Sonne. Mit welcher Wahrscheinlichkeit kann Robinson am Mittwoch mit schönem Wetter rechnen?
b) Heute ist Dienstag und es ist schön. Mit welcher Wahrscheinlichkeit regnet es am Freitag?

16. In einer Lostrommel sind 7 Nieten und 1 Gewinnlos. Jede der 8 Personen auf der Silvester-Party darf einmal ziehen. Hat die Person, die als zweite (als dritte usw. als letzte) zieht, eine größere Gewinnchance als die Person, die als erste zieht?

17. In einer Schublade liegen 4 rote, 8 weiße, 2 blaue und 6 grüne Socken. Im Dunkeln nimmt Franz zwei Socken gleichzeitig aus der Schublade.
Mit welcher Wahrscheinlichkeit entnimmt er
a) eine weiße und eine blaue Socke,
b) zwei gleichfarbige Socken,
c) keine rote Socke?

18. Die drei Räder eines Glücksautomaten sind jeweils in 5 gleich große Sektoren eingeteilt und drehen sich unabhängig voneinander (Abbildung).
a) Mit welcher Wahrscheinlichkeit gewinnt man 7 € bzw. 2 €?
b) Lohnt sich das Spiel auf lange Sicht?

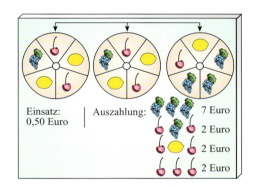

19. Eine Tontaube wird von fünf Jägern gleichzeitig ins Visier genommen. Zum Glück treffen diese nur mit den Wahrscheinlichkeiten 5 %, 5 %, 10 %, 10 % und 20 %.
a) Mit welcher Wahrscheinlichkeit überlebt die Tontaube?
b) Mit welcher Wahrscheinlichkeit wird die Tontaube mindestens zweimal getroffen?

20. Ein Würfel mit den Maßen $4 \times 4 \times 4$, dessen Oberfläche rot gefärbt ist, wird durch Schnitte parallel zu den Seitenflächen in 64 Würfel mit den Maßen $1 \times 1 \times 1$ zerlegt. Aus diesen 64 Würfeln wird ein Würfel zufällig ausgewählt und dann geworfen.
Mit welcher Wahrscheinlichkeit ist keine seiner 5 sichtbaren Seiten rot?

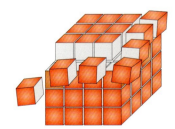

Zusammengesetzte Aufgaben

21. Bei dem abgebildeten Glücksrad tritt jedes der 10
    Felder mit der gleichen Wahrscheinlichkeit ein.
    Das Glücksrad wird zweimal gedreht.

    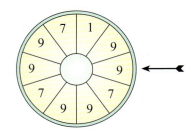

    a) Stellen Sie eine geeignete Ergebnismenge für
       dieses Zufallsexperiment auf und geben Sie die
       Wahrscheinlichkeiten aller Elementarereignis-
       se mithilfe eines Baumdiagramms an.
    b) Berechnen Sie die Wahrscheinlichkeiten der folgenden Ereignisse:
       A: „Es tritt höchstens einmal die 1 auf."
       B: „Es tritt genau einmal die 7 auf."
       C: „Es tritt keine 9 auf."
       $D = B \cap C$
    c) Wie oft müsste das Glücksrad mindestens gedreht werden, damit die Ziffer 7 mit einer
       Wahrscheinlichkeit von wenigstens 95 % mindestens einmal erscheint?

22. Im Folgenden wird mit einem Würfel geworfen,
    der das rechts abgebildete Netz mit den Ziffern 1,
    2 und 6 besitzt.

    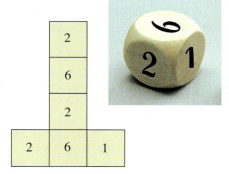

    a) Der Würfel wird dreimal geworfen. Berechnen
       Sie die Wahrscheinlichkeiten der folgenden
       Ereignisse:
       A: „Die Sechs fällt genau zweimal."
       B: „Die Sechs fällt höchstens einmal."
       C: „Die Sechs fällt mindestens einmal."
       $D = \overline{A}$
       $E = B \cap C$
       $F = A \cup B$
    b) Moritz darf den Würfel für einen Einsatz von 1 € zweimal werfen. Er hat gewonnen,
       wenn die Augensumme 3 beträgt oder wenn zwei Sechsen fallen. Er erhält dann 3 €
       Auszahlung. Ist das Spiel für Moritz günstig?
    c) Heino darf für einen Einsatz von 6 € dreimal würfeln. Bei jeder Zwei, die dabei fällt,
       erhält er eine Sofortauszahlung von a €. Für welchen Wert von a ist dieses Spiel fair?

23. Ein Glücksrad hat drei gleich große 120°-Sekto-
    ren, von denen zwei Sektoren die Ziffer 1, ein
    Sektor die Ziffer 2 trägt.

    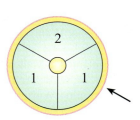

    a) Das Glücksrad wird dreimal gedreht. Berech-
       nen Sie die Wahrscheinlichkeiten der Ereig-
       nisse
       A: „Die Ziffer 2 tritt mindestens zweimal auf",
       B: „Die Summe der gedrehten Ziffern ist 4".
    b) Nun drehen zwei Spieler A und B das Glücksrad je einmal. Sind die beiden gedrehten
       Ziffern gleich, so gewinnt Spieler A und erhält 2 € von Spieler B. Andernfalls gewinnt
       Spieler B und erhält die Ziffernsumme in € von Spieler A. Welcher Spieler ist im Vorteil?

24. In einer Urne befinden sich 10 blaue (B), 8 grüne (G) und 2 (R) rote Kugeln.

a) Aus der Urne wird dreimal eine Kugel ohne Zurücklegen gezogen. Bestimmen Sie die Wahrscheinlichkeiten der folgenden Ereignisse:

A: „Es kommt die Zugfolge RBG.“

B: „Jede Farbe tritt genau einmal auf.“

C: „Alle gezogenen Kugeln sind gleichfarbig.“

D: „Mindestens zwei der Kugeln sind blau.“

b) Aus der Urne wird viermal eine Kugel mit Zurücklegen gezogen.

Mit welcher Wahrscheinlichkeit sind genau 3 blaue
Kugeln dabei?

c) Wie viele Kugeln müssen der Urne mit Zurücklegen entnommen werden, damit unter den
gezogenen Kugeln mit wenigstens 90 %iger Wahrscheinlichkeit mindestens eine rote
Kugel ist? Hinweis: Betrachten Sie das Gegenereignis „keine rote Kugel“.

d) In einer weiteren Urne U_2 befinden sich 8 blaue, 8 grüne und 4 rote Kugeln. Es wird
folgendes Spiel angeboten: Man muss mit verbundenen Augen eine der beiden Urnen
auswählen und 1 Kugel ziehen. Ist die gezogene Kugel rot, so erhält man 20 € ausbezahlt.
Wie groß ist die Gewinnwahrscheinlichkeit? Bei welchem Einsatz ist das Spiel fair?

25. Ein Oktaeder hat auf den acht Seiten
die Ziffern 1, 1, 1, 2, 2, 2, 3, 3. Ein
Tetraeder hat auf den vier Seiten die
Ziffern 1, 1, 2, 3. Das Oktaeder und
das Tetraeder werden zusammen je
einmal geworfen. Es gilt die Zahl auf
der Standfläche.

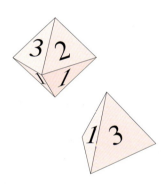

a) Berechnen Sie die Wahrscheinlichkeiten für folgende Ereignisse:

A: „Es werden zwei gleiche Zahlen geworfen.“

B: „Es wird mindestens eine Drei geworfen.“

C: „Die Augensumme beträgt 4.“

$D = A \cap B$

b) Es wird folgendes Spiel angeboten: Das Oktaeder und das Tetraeder werden einmal geworfen. Bei zwei gleichen Ziffern gewinnt man. Bei zwei Dreien erhält man 10 € ausbezahlt, bei zwei Zweien 5 € und bei zwei Einsen 3 €. Der Einsatz pro Spiel beträgt 2 €.
Berechnen Sie den durchschnittlichen Gewinn bzw. Verlust des Spielers pro Spiel.

c) Max vermutet, dass das Tetraeder mit einem gefälschten Tetraeder ausgetauscht wurde,
weil bei den letzten 4 Würfen des Tetraeders dreimal eine Drei gekommen ist. Bei dem
gefälschten Tetraeder ist die Wahrscheinlichkeit für eine Drei auf $\frac{3}{4}$ erhöht.

Mit welcher Wahrscheinlichkeit hat Max recht?

Mit welcher Wahrscheinlichkeit irrt sich Max?

4. Kombinatorische Abzählverfahren

Schon bei einfachen Zufallsversuchen kann es vorkommen, dass die Ergebnismenge so umfangreich wird, dass es nicht mehr sinnvoll ist, sie als Menge oder in Form eines Baumdiagramms darzustellen. Dann verwendet man kombinatorische Abzählverfahren, die in solchen Fällen die Berechnung von Laplace-Wahrscheinlichkeiten ermöglichen.

A. Die Produktregel

▶ **Beispiel:** Ein Autohersteller bietet für ein Modell 5 unterschiedliche Motorstärken (60 kW, 65 kW, 70 kW, 90 kW, 120 kW), 6 verschiedene Farben (Rot, Blau, Weiß, Gelb, Schwarz, Orange) und 4 verschiedene Innenausstattungen (einfach, normal, luxus, super) an. Unter wie vielen Modellvarianten kann ein Käufer auswählen?

Lösung:
Durch Kombination der 5 möglichen Motorleistungen mit den 6 möglichen Farben ergeben sich schon $5 \cdot 6 = 30$ Variationsmöglichkeiten.

Jede dieser 30 Zusammenstellungen kann mit jeweils 4 Innenausstattungen kombiniert werden.
Insgesamt erhält man so $5 \cdot 6 \cdot 4 = 120$ verschiedene Modellvarianten.

Das zugehörige – nebenstehend angedeutete – Baumdiagramm (Anzahlbaum) würde mit 120 Pfaden ausufern.

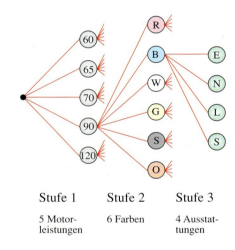

Stufe 1   Stufe 2   Stufe 3

5 Motor-   6 Farben   4 Ausstat-
leistungen   tungen

In gleicher Weise wie im obigen Beispiel können wir bei mehrstufigen Zufallsversuchen die Anzahl der Ergebnisse immer dann als Produkt der Anzahl der Möglichkeiten pro Stufe bestimmen, wenn die Anzahl der in einer Stufe bestehenden Möglichkeiten nicht vom Ausgang anderer Stufen abhängt.

> **Die Produktregel**
> Ein Zufallsversuch werde in k Stufen durchgeführt. Die Anzahl der in einer beliebigen Stufe möglichen Ergebnisse sei unabhängig von den Ergebnissen vorhergehender Stufen.
> In der ersten Stufe gebe es n_1, in der zweiten Stufe gebe es n_2, ... und in der k-ten Stufe gebe es n_k mögliche Ergebnisse.
> Dann hat der Zufallsversuch insgesamt $\mathbf{n_1 \cdot n_2 \cdot \ldots \cdot n_k}$ mögliche Ergebnisse.

Übung 1

In einer Großstadt besteht das Kfz-Kennzeichen aus zwei Buchstaben, gefolgt von zwei Ziffern, gefolgt von einem weiteren Buchstaben. Wie viele Kennzeichen sind in der Stadt möglich?

B. Geordnete Stichproben beim Ziehen aus einer Urne

Mehrstufige Zufallsexperimente, die in jeder Stufe in gleicher Weise ablaufen, lassen sich gut durch sogenannte *Urnenmodelle* erfassen. In einer solchen Urne liegen n unterscheidbare Kugeln. Nacheinander werden k Kugeln *mit oder ohne Zurücklegen* gezogen. Je nachdem, ob man sich für die Reihenfolge des Auftretens der Ergebnisse interessiert oder ob die Reihenfolge keine Rolle spielt, spricht man von einer *geordneten Stichprobe* oder von einer *ungeordneten Stichprobe*. Die Anzahl der möglichen Reihenfolgen lässt sich stets durch eine Formel erfassen.

Ziehen mit Zurücklegen unter Beachtung der Reihenfolge (geordnete Stichprobe)

Aus einer Urne mit n unterscheidbaren Kugeln werden nacheinander k Kugeln *mit Zurücklegen* gezogen. Die Ergebnisse werden in der Reihenfolge des Ziehens notiert. Dann gilt für die Anzahl N der möglichen Anordnungen (k-Tupel) die Formel

$$N = n^k.$$

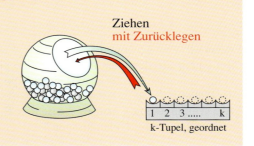

► **Beispiel: 13-Wette (Fußballtoto)**
Beim Fußballtoto muss man den Ausgang von 13 festgelegten Spielen vorhersagen. Dabei bedeutet 1 einen Sieg der Heimmannschaft, 0 ein Unentschieden und 2 einen Sieg der Gastmannschaft. Wie viele verschiedene Tippreihen sind möglich?

Lösung:
Man modelliert die Wette durch eine Urne, welche drei Kugeln mit den Nummern 0, 1 und 2 enthält. Man zieht eine Kugel, notiert das Ergebnis und legt die Kugel zurück. Das ganze wiederholt man 13-mal. Die Reihenfolge der Ergebnisse ist dabei wichtig.
Nach obiger Formel gibt es $N = 3^{13}$ verschiedene Anordnungen (13-Tupel), d. h. 1 594 323 Tippreihen.

Der Beweis der vorhergehenden Regel ergibt sich aus dem Produktsatz: Bei jeder Ziehung gibt es wegen des Zurücklegens stets wieder n mögliche Ergebnisse, insgesamt also n^k Anordnungen. Zieht man allerdings ohne Zurücklegen, so gibt es bei der ersten Ziehung n Ergebnisse, bei der zweiten Ziehung nur noch n − 1 Ergebnisse usw. In diesem Fall gibt es daher nach der Produktregel insgesamt n · (n − 1) · . . . · (n − k + 1) Anordnungen.

Ziehen ohne Zurücklegen unter Beachtung der Reihenfolge (geordnete Stichprobe)

Aus einer Urne mit n unterscheidbaren Kugeln werden nacheinander k Kugeln **ohne Zurücklegen** gezogen. Die Ergebnisse werden in der Reihenfolge des Ziehens notiert. Dann gilt für die Anzahl N der möglichen Anordnungen (k-Tupel) die Formel

$$N = n \cdot (n − 1) \cdot \ldots \cdot (n − k + 1)$$

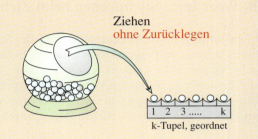

Ziehen ohne Zurücklegen

1 2 3 ..... k

k-Tupel, geordnet

Wichtiger Sonderfall: k = n. Aus der Urne wird solange gezogen, bis sie leer ist. Es gibt dann N = n · (n − 1) · . . . · 3 · 2 · 1 = n! (n-Fakultät) mögliche Anordnungen.

▶ **Beispiel: Pferderennen**

Bei einem Pferderennen mit 12 Pferden gibt ein völlig ahnungsloser Zuschauer einen Tipp ab für die Plätze 1, 2 und 3.
Wie groß sind seine Chancen, die richtige Einlaufreihenfolge richtig vorherzusagen?

Lösung:
Man modelliert den Vorgang durch eine Urne, welche 12 Kugeln enthält, für jedes Pferd eine Kugel. Man zieht eine Kugel und notiert das Ergebnis. Das entsprechende Pferd soll also Platz 1 erreichen. Dann wiederholt man das Ganze zweimal, um die Plätze 2 und 3 zu belegen. Dabei wird nicht zurückgelegt.
Nach obiger Formel gibt es insgesamt N = 12 · 11 · 10 verschiedene Anordnungen (3-Tupel) für den Zieleinlauf, d. h. 1320 Möglichkeiten. Die Chance für den sachunkundigen Zuschauer beträgt also weniger als 1 Promille.

Übung 2

Ein Zahlenschloss besitzt fünf Ringe, die jeweils die Ziffer 0, . . ., 9 tragen. Wie viele verschiedene fünfstellige Zahlencodes sind möglich? Wie ändert sich die Anzahl der möglichen Zahlencodes, wenn in dem Zahlencode jede Ziffer nur einmal vorkommen darf, d. h. der Zahlencode aus fünf verschiedenen Ziffern bestehen soll? Wie ändert sich die Anzahl, wenn der Zahlencode nur aus gleichen Ziffern bestehen soll?

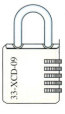

33-XCD-09

C. Ungeordnete Stichproben beim Ziehen aus einer Urne

▸ **Beispiel: Minilotto „3 aus 7"**
In einer Lottotrommel befinden sich 7
Kugeln. Bei einer Ziehung werden 3
Kugeln gezogen. Mit welcher Wahr-
scheinlichkeit wird man mit einem Tipp
Lottokönig?

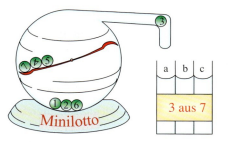

Lösung:
Das Ankreuzen der 3 Minilottozahlen ist
ein Ziehen ohne Zurücklegen. Würde es
dabei auf die Reihenfolge der Zahlen an-
kommen, so gäbe es $7 \cdot 6 \cdot 5$ unterschiedliche 3-Tupel als mögliche geordnete
Tipps.

Aus einer Menge von 7 Zahlen lassen
sich $7 \cdot 6 \cdot 5$ verschiedene 3-Tupel bilden.

Da es beim Lotto jedoch nicht auf die Reihenfolge der Zahlen ankommt, fallen all
diejenigen 3-Tupel zu einem ungeordneten Tipp zusammen, die sich nur in der Anordnung ihrer Elemente unterscheiden.

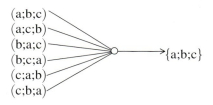

Da man aus 3 Zahlen insgesamt 3! 3-Tupel
bilden kann, fallen jeweils 3! dieser geordneten 3-Tupel zu einem Lottotipp, d. h. zu
einer 3-elementigen Menge zusammen.

Einer 3-elementigen Menge entsprechen jeweils 3! verschiedene 3-Tupel.

Es gibt also $\frac{7 \cdot 6 \cdot 5}{3!} = 35$ Lottotipps.

Die Chancen, mit einem Tipp Lottokönig
▸ zu werden, stehen daher 1 zu 35.

Eine Menge von 7 Zahlen besitzt genau
$\frac{7 \cdot 6 \cdot 5}{3!}$ 3-elementige Teilmengen.

Beim Minilotto werden aus einer 7-elementigen Menge ungeordnete Stichproben vom Umfang
3 ohne Zurücklegen entnommen. Eine solche Stichprobe stellt eine 3-elementige Teilmenge der
7-elementigen Menge dar.

Es gibt insgesamt genau $\frac{7 \cdot 6 \cdot 5}{3!} = \frac{7 \cdot 6 \cdot 5 \cdot 4 \cdot 3 \cdot 2 \cdot 1}{3! \cdot 4 \cdot 3 \cdot 2 \cdot 1} = \frac{7!}{3! \cdot 4!} = \binom{7}{3}$ solche Teilmengen.

Verallgemeinerung:
Aus einer n-elementigen Menge kann man $\binom{n}{k} = \frac{n!}{k! \cdot (n-k)!}$ k-elementige Teilmengen (ungeordnete Stichproben vom Umfang k) bilden.

Der Term $\binom{n}{k}$, gelesen „n über k", heißt ***Binomialkoeffizient***. Im Tabellenanhang (S. 337)
befindet sich ein Tabelle der Binomialkoeffizienten. Auch auf dem Taschenrechner existiert
eine spezielle Berechnungstaste, die nCr-Taste (engl.: n choose r; dt.: n über r).

Unsere Überlegungen lassen sich folgendermaßen als Abzählprinzip zusammenfassen:

Ziehen ohne Zurücklegen ohne Beachtung der Reihenfolge
(ungeordnete Stichprobe)

Wird aus einer Urne mit n unterscheidbaren Kugeln eine ungeordnete Teilmenge
von k Kugeln entnommen, so ist die Anzahl der Möglichkeiten hierfür durch folgende Formeln gegeben:*

$$\binom{n}{k} = \frac{n!}{k! \cdot (n-k)!} = \frac{n \cdot (n-1) \cdot \ldots \cdot (n-k+1)}{k!}.$$

▶ **Beispiel:** Wie viele verschiedene Tipps müsste man abgeben, um im Zahlenlotto „6 aus 49"
mit Sicherheit „6 Richtige" zu erzielen?

Lösung:
Beim Lotto wird aus der Menge von 49 Zahlen eine ungeordnete Stichprobe vom Umfang 6, d. h.
eine Menge mit 6 Elementen, ohne Zurücklegen entnommen.

Eine 49-elementige Menge hat $\binom{49}{6} = \frac{49!}{6! \cdot 43!} = \frac{49 \cdot 48 \cdot 47 \cdot 46 \cdot 45 \cdot 44}{6 \cdot 5 \cdot 4 \cdot 3 \cdot 2 \cdot 1} = 13983816$ verschiedene
▶ 6-elementige Teilmengen. So viele Tipps sind möglich und nur einer trifft ins Schwarze.

Übung 3
a) Berechnen Sie die Binomialkoeffizienten $\binom{5}{3}$, $\binom{7}{6}$, $\binom{4}{4}$, $\binom{5}{0}$, $\binom{8}{3}$, $\binom{9}{2}$, $\binom{22}{11}$, $\binom{100}{20}$.
b) Wie viele 5-elementige Teilmengen hat eine 12-elementige Menge?
c) Wie viele Teilmengen mit mehr als 4 Elementen hat eine 9-elementige Menge?
d) Wie viele Teilmengen hat eine 10-elementige Menge insgesamt?

Übung 4
a) An einem Fußballturnier nehmen 8 Mannschaften teil. Wie viele Endspielkombinationen
   sind möglich?
b) In einer Stadt gibt es 5000 Telefonanschlüsse. Wie viele Gesprächspaarungen gibt es?
c) Aus einer Klasse mit 25 Schülern sollen drei Schüler abgeordnet werden. Wie viele Gruppen-
   zusammenstellungen sind möglich?

Übung 5
a) Aus einem Skatspiel werden vier Karten gezogen. Mit welcher Wahrscheinlichkeit handelt es
   sich um vier Asse?
b) Aus den 26 Buchstaben des Alphabets werden 5 zufällig ausgewählt. Wie groß ist die Wahrscheinlichkeit, dass kein Konsonant dabei ist?

---

* Hinweise: $\binom{n}{k}$ ist nur für $0 \le k \le n$ definiert. Wegen $0! = 1$ gilt $\binom{n}{0} = 1$ und $\binom{n}{n} = 1$.

D. Das Lottomodell

Die Bestimmung von Tippwahrscheinlichkeiten beim Lottospiel kann als Modell für zahlreiche weitere Zufallsprozesse verwendet werden. Wir betrachten eine Musteraufgabe.

> **Beispiel:** Wie groß ist die Wahrscheinlichkeit, dass man beim Lotto „6 aus 49" mit einem abgegebenen Tipp genau vier Richtige erzielt?

Lösung:
Insgesamt sind $\binom{49}{6} = 13\,983\,816$ Tipps möglich. Um festzustellen, wie viele dieser Tipps günstig für das Ereignis E: „Vier Richtige" sind, verwenden wir folgende Grundidee:
Wir denken uns den Inhalt der Lotturne in zwei Gruppen von Zahlen unterteilt: in eine Gruppe von 6 roten Gewinnkugeln und ein Gruppe von 43 weißen Nieten.

Ein für E günstiger Tipp besteht aus vier roten und zwei weißen Kugeln.

Es gibt $\binom{6}{4} = 15$ Möglichkeiten, aus der Gruppe der 6 roten Kugeln 4 Kugeln auszuwählen.

Analog gibt es $\binom{43}{2} = 903$ Möglichkeiten, aus der Gruppe der 43 weißen Kugeln 2 Kugeln auszuwählen.

Folglich gibt es $\binom{6}{4} \cdot \binom{43}{2}$ Möglichkeiten, vier rote Kugeln mit zwei weißen Kugeln zu einem für E günstigen Tipp zu kombinieren.

Dividieren wir diese Zahl durch die Anzahl aller Tipps, d. h. durch $\binom{49}{6}$, so erhalten wir die gesuchte Wahrscheinlichkeit.
▶ Sie beträgt ca. 0,001.

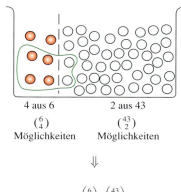

4 aus 6   2 aus 43
$\binom{6}{4}$ $\binom{43}{2}$
Möglichkeiten   Möglichkeiten

$\Downarrow$

$$P(\text{„4 Richtige"}) = \frac{\binom{6}{4} \cdot \binom{43}{2}}{\binom{49}{6}}$$

$$= \frac{15 \cdot 903}{13\,983\,816} \approx 0{,}001$$

Übung 6
a) Berechnen Sie die Wahrscheinlichkeit für genau drei Richtige im Lotto 6 aus 49.
b) Mit welcher Wahrscheinlichkeit erzielt man mindestens fünf Richtige?

Übung 7
Eine Zehnerpackung Glühlampen enthält vier Lampen mit verminderter Leistung. Jemand kauft fünf Lampen. Mit welcher Wahrscheinlichkeit sind darunter
a) genau zwei defekte Lampen,
b) mindestens zwei defekte Lampen,
c) höchstens zwei defekte Lampen?

Übungen

8. In einer Halle gibt es acht Leuchten, die einzeln ein- und ausgeschaltet werden können. Wie viele unterschiedliche Beleuchtungsmöglichkeiten gibt es?

9. Ein Zahlenschloss hat drei Einstellringe für die Ziffern 0 bis 9.
a) Wie viele Zahlenkombinationen gibt es insgesamt?
b) Wie viele Kombinationen gibt es, die höchstens eine ungerade Ziffer enthalten?

10. Ein Passwort soll mit zwei Buchstaben beginnen, gefolgt von einer Zahl mit drei oder vier Ziffern. Wie viele verschiedene Passwörter dieser Art gibt es?

11. Tim besitzt vier Kriminalromane, fünf Abenteuerbücher und drei Mathematikbücher.
a) Wie viele Möglichkeiten der Anordnung in seinem Buchregal hat Tim insgesamt?
b) Wie viele Anordnungsmöglichkeiten gibt es, wenn die Bücher thematisch nicht vermischt werden dürfen?

12. Trapper Fuzzi ist auf dem Weg nach Alaska. Er muss drei Flüsse überqueren. Am ersten Fluss gibt es sieben Furten, wovon sechs passierbar sind. Am zweiten Fluss sind es fünf Furten, wovon vier passierbar sind. Am dritten Fluss sind zwei der drei Furten passierbar. Fuzzi entscheidet sich stets zufällig für eine der Furten. Sollte man darauf wetten, dass er durchkommt?

13. Ein Computer soll alle unterschiedlichen Anordnungen der 26 Buchstaben des Alphabets in einer Liste abspeichern. Wie lange würde dieser Vorgang dauern, wenn die Maschine in einer Millisekunde eine Million Anordnungen erzeugen könnte?

14. Wie viele Möglichkeiten gibt es, die elf Spieler einer Fußballmannschaft für ein Foto in einer Reihe aufzustellen?

15. An einem Fußballturnier nehmen 12 Mannschaften teil. Wie viele Endspielpaarungen sind theoretisch möglich und wie viele Halbfinalpaarungen sind theoretisch möglich?

16. Acht Schachspieler sollen zwei Mannschaften zu je vier Spielern bilden. Wie viele Möglichkeiten gibt es?

17. Eine Klasse besteht aus 24 Schülern, 16 Mädchen und 8 Jungen. Es soll eine Abordnung von 5 Schülern gebildet werden. Wie viele Möglichkeiten gibt es, wenn die Abordnung
a) aus 3 Mädchen und 2 Jungen bestehen soll,
b) nicht nur aus Mädchen bestehen soll?

18. Am Ende eines Fußballspiels kommt es zum Elfmeterschießen. Dazu werden vom Trainer fünf der elf Spieler ausgewählt.
a) Wie viele Auswahlmöglichkeiten hat der Trainer?
b) Wie viele Auswahlmöglichkeiten gibt es, wenn der Trainer auch noch festlegt, in welcher Reihenfolge die fünf Spieler schießen sollen?

19. Aus einem Kartenspiel mit den üblichen 32 Karten werden vier Karten entnommen.
   a) Wie viele Möglichkeiten der Entnahme gibt es insgesamt?
   b) Wie viele Möglichkeiten gibt es, wenn zusätzlich gefordert wird, dass unter den vier Karten genau zwei Asse sein sollen?

20. Aus einer Urne mit 15 weißen und 5 roten Kugeln werden 8 Kugeln ohne Zurücklegen gezogen. Mit welcher Wahrscheinlichkeit sind unter den gezogenen Kugeln genau 3 rote Kugeln? Mit welcher Wahrscheinlichkeit sind mindestens 4 rote Kugeln dabei?

21. In einer Lieferung von 100 Transistoren sind 10 defekt. Mit welcher Wahrscheinlichkeit werden bei Entnahme einer Stichprobe von 5 Transistoren genau 2 (mindestens 3) defekte Transistoren entdeckt?

22. In einer Sendung von 80 Batterien befinden sich 10 defekte. Mit welcher Wahrscheinlichkeit enthält eine Stichprobe von 5 Batterien genau eine (genau 3, höchstens 4, mindestens eine) defekte Batterie?

23. Auf einem Rummelplatz wird ein Minilotto „4 aus 16" angeboten. Der Spieleinsatz beträgt pro Tipp 1 €. Die Auszahlungsquoten lauten 10 € bei 3 Richtigen und 1000 € bei 4 Richtigen. Mit welchem mittleren Gewinn kann der Veranstalter pro Tipp rechnen?

24. In einer Urne befinden sich 5 rote, 3 weiße und 6 schwarze Kugeln. 3 Kugeln werden ohne Zurücklegen gezogen. Mit welcher Wahrscheinlichkeit sind sie alle verschiedenfarbig (alle rot, alle gleichfarbig)?

25. Ein Hobbygärtner kauft eine Packung mit 50 Tulpenzwiebeln. Laut Aufschrift handelt es sich um 10 rote und 40 weiße Tulpen. Er pflanzt 5 zufällig entnommene Zwiebeln. Wie groß ist die Wahrscheinlichkeit, dass hiervon
   a) genau 2 Tulpen rot sind?
   b) mindestens 3 Tulpen weiß sind?

26. In einer Lostrommel liegen 10 Lose, von denen 4 Gewinnlose sind. Drei Lose werden gezogen. Mit welcher Wahrscheinlichkeit sind darunter mindestens zwei Gewinnlose?

27. Unter den 100 Losen einer Lotterie befinden sich 2 Hauptgewinne, 8 einfache Gewinne und 20 Trostpreise.
   a) Mit welcher Wahrscheinlichkeit befinden sich unter 5 gezogenen Losen genau ein Hauptgewinn und sonst nur Nieten (überhaupt kein Gewinn)?
   b) Mit welcher Wahrscheinlichkeit befinden sich unter 10 gezogenen Losen genau 2 einfache Gewinne, 3 Trostpreise und sonst nur Nieten (1 Hauptgewinn, 2 einfache Gewinne und sonst nur Nieten)?
   Anleitung: Teilen Sie die Lose in vier Gruppen ein.

5. Bedingte Wahrscheinlichkeiten

A. Der Begriff der bedingten Wahrscheinlichkeit

Die Wahrscheinlichkeit eines Ereignisses ist eine relative Größe. Sie kann durch Informationen beeinflusst werden. Wir betrachten als Beispiel einen Würfelwurf.

> **Beispiel:** Ein Würfel mit dem abgebildeten Netz wurde verdeckt geworfen. Betrachtet wird die Wahrscheinlichkeit für die Augenzahl 5. Wie groß ist diese Wahrscheinlichkeit? Wie hoch würde jemand die Wahrscheinlichkeit taxieren, der von einem direkten Beobachter die Information erhielt, dass eine grüne Fläche oben lag.

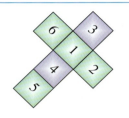

Lösung:
Die Wahrscheinlichkeit für die Augenzahl Fünf beträgt im Prinzip $\frac{1}{6}$, da es sechs gleichwahrscheinliche Ergebnisse 1, 2, 3, 4, 5, 6 gibt.
Hat man jedoch die Vorinformation, dass eine grüne Fläche gefallen ist, so kommen nur noch die Ergebnisse 1, 2, 5 und 6 in Frage, und man wird unter dieser Bedingung die Wahrscheinlichkeit für die Augenzahl Fünf auf $\frac{1}{4}$ taxieren.

Bedingte Wahrscheinlichkeiten beim Würfelwurf

A: „Es fällt eine Fünf"
B: „Es fällt eine grüne Fläche"

$$P(A) = \frac{1}{6} \qquad\qquad P_B(A) = \frac{1}{4}$$

Man spricht in diesem Zusammenhang von einer *bedingten Wahrscheinlichkeit*.

Man verwendet hierfür die symbolische Schreibweise $P_B(A)$.
(gelesen: Die Wahrscheinlichkeit von A unter der Bedingung B).

Bedingte Wahrscheinlichkeiten können durch zweistufige Baumdiagramme veranschaulicht werden. Rechts ist der Zusammenhang dargestellt. In der zweiten Stufe des Baumdiagramms treten vier bedingte Wahrscheinlichkeiten auf.

Bedingte Wahrscheinlichkeiten im Baumdiagramm

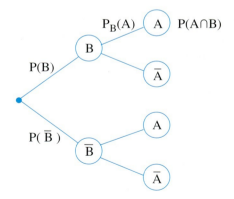

Beispielsweise gibt es für das Eintreten von A zwei bedingte Wahrscheinlichkeiten:
$P_B(A)$: Wahrscheinlichkeit, dass A eintritt, unter der Bedingung, dass B eingetreten ist.
$P_{\overline{B}}(A)$: Wahrscheinlichkeit, dass A eintritt, unter der Bedingung, dass $\overline{B}$ eingetreten ist.

Der Begriff der bedingten Wahrscheinlichkeit kann durch eine Formel definiert werden:

Definition VI.2: Bedingte Wahr-scheinlichkeit

$$P_B(A) = \frac{P(A \cap B)}{P(B)}, P(B) > 0$$

Satz VI.5: Multiplikationssatz

Für zwei Ereignisse A und B mit $P(B) > 0$ gilt die Formel

$$P(A \cap B) = P(B) \cdot P_B(A).$$

Zur Lösung von Aufgaben wird meistens der Multiplikationssatz herangezogen, weil er die Schnittwahrscheinlichkeit $P(A \cap B)$ auf die einfacher zu bestimmenden Wahrscheinlichkeiten $P(B)$ und $P_B(A)$ zurückführt.

▶ **Beispiel:** Aus einem Kartenspiel werden zwei Karten nacheinander gezogen. Wie groß ist die Wahrscheinlichkeit dafür, dass
a) beide Karten Buben sind,
b) beide Karten keine Buben sind?

Lösung:
Gesucht sind die Schnittwahrscheinlichkeiten $P(B_1 \cap B_2)$ und $P(\overline{B}_1 \cap \overline{B}_2)$, wobei B_1 und B_2 rechts aufgeführt sind.

4 der 32 Karten sind Buben. Daher gilt $P(B_1) = \frac{4}{32}$ und $P(\overline{B}_1) = \frac{28}{32}$.
Auch die bedingten Wahrscheinlichkeiten $P_{B_1}(B_2) = \frac{3}{31}$ und $P_{\overline{B}_1}(B_2) = \frac{4}{31}$ sind leicht zu bestimmen. Hieraus ergeben sich auch noch die bedingten Wahrscheinlichkeiten $P_{B_1}(\overline{B}_2) = \frac{28}{31}$ und $P_{\overline{B}_1}(\overline{B}_2) = \frac{27}{31}$ als Gegen-wahrscheinlichkeit.

Nun wird der Multiplikationssatz angewendet.

Alternativ kann man die Aufgabe mithilfe ▶ des abgebildeten Baumdiagramms lösen.

B_1: „Die 1. Karte ist ein Bube"
B_2: „Die 2. Karte ist ein Bube"

Anwendung des Multiplikationssatzes:
$$P(B_1 \cap B_2) = P(B_1) \cdot P_{B_1}(B_2) = \frac{4}{32} \cdot \frac{3}{31}$$
$$\approx 0{,}012 = 1{,}2\,\%$$

$$P(\overline{B}_1 \cap \overline{B}_2) = P(\overline{B}_1) \cdot P_{\overline{B}_1}(\overline{B}_2) = \frac{28}{32} \cdot \frac{27}{31}$$
$$\approx 0{,}762 = 76{,}2\,\%$$

Alternativ: Lösung mit Baumdiagramm:

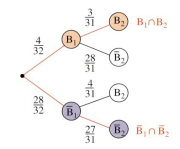

Übung 1

Otto hat fünf Schlüssel in seiner Hosentasche. Er zieht blindlings einen nach dem anderen, um in seine Wohnung zu gelangen. Wie groß ist die Wahrscheinlichkeit dafür, dass er den richtigen Schlüssel beim zweiten Griff (beim dritten Griff) zieht?

Übungen

2. 40% der Mitarbeiter einer Firma sind Raucher, 30% der Raucher treiben Sport. Unter den Nichtrauchern beträgt der Anteil der Sportler 45%.
Wie groß ist die Wahrscheinlichkeit dafür, dass ein beliebiger Mitarbeiter
a) besonders gesund lebt, d. h. Sport treibt und Nichtraucher ist,
b) sich besonders unvernünftig verhält, d. h. keinen Sport treibt und Raucher ist?

3. Eine Urne enthält 5 rote und 4 schwarze Kugeln. Es werden zwei Kugeln nacheinander ohne Zurücklegen gezogen. Wie groß ist die Wahrscheinlichkeit dafür,
a) dass die zweite gezogene Kugel rot ist, wenn die erste Kugel bereits rot war,
b) dass die zweite gezogene Kugel rot ist, wenn die erste Kugel schwarz war,
c) dass beide gezogenen Kugeln rot sind?

4. Die sensible Fußballmannschaft Berta BSC muss in 4 von 10 Fällen zuerst ein Gegentor hinnehmen. Tritt dieser Fall ein, wird das Spiel mit 80% Wahrscheinlichkeit verloren. Im anderen Fall werden 7 von 10 Spielen gewonnen. Es fällt mindestens ein Tor.
a) Max setzt vor dem Spiel 40 € darauf, dass Berta BSC das erste Tor schießt und das Spiel gewinnt. Moritz setzt 50 € dagegen.
b) Max setzt vor dem Spiel 10 € darauf, dass Berta BSC weder das erste Tor schießt noch gewinnt. Moritz setzt 30 € dagegen.
Wer hat die bessere Gewinnerwartung?

5. Bei einem Skatspiel erhält jeder der drei Spieler 10 Karten, während die restlichen beiden Karten in den Skat gelegt werden.
a) Felix hat genau 2 Buben und 8 weitere Karten auf der Hand und hofft, dass genau ein weiterer Bube im Skat liegt. Welche Wahrscheinlichkeit besteht hierfür?
b) Felix' Buben sind Herz- und Karo-Bube. Mit welcher Wahrscheinlichkeit liegt
b_1) genau 1 Bube, b_2) nur der Kreuz-Bube im Skat?

6. Eine Urne enthält schwarze und rote Kugeln. Nachdem eine Kugel aus der Urne gezogen und ihre Farbe festgestellt wurde, wird sie in die Urne zurückgelegt. Danach werden die Kugeln der anderen Farbe verdoppelt und es wird erneut eine Kugel gezogen.
a) Mit welcher Wahrscheinlichkeit ist die erste Kugel rot und die zweite Kugel schwarz? Unter welcher Bedingung ist diese Wahrscheinlichkeit gleich $\frac{1}{3}$?
b) Mit welcher Wahrscheinlichkeit sind beide Kugeln rot? Unter welcher Bedingung ist diese Wahrscheinlichkeit gleich 0,1?

7. An einem Tanzwettbewerb nehmen genau 5 Paare teil. Die Paare werden durch Auslosung neu zusammengewürfelt. Wie groß ist die Wahrscheinlichkeit dafür, dass
a) alle 5 Paare wieder zusammengeführt werden,
b) genau 1 Paar, genau 2 Paare, genau 3 Paare, genau 4 Paare zusammengeführt werden,
c) kein Paar zusammengeführt wird?

8. Auf einem Straßenfest wird folgendes Kartenspiel angeboten: Der Spielleiter präsentiert 3 Karten, beidseitig gefärbt, die erste Karte auf beiden Seiten schwarz, die zweite Karte auf beiden Seiten rot, die dritte Karte auf der einen Seite rot und auf der anderen Seite schwarz. Diese Karten werden in eine leere Kiste gelegt und man darf blindlings eine Karte daraus ziehen, von der alle jedoch nur die Oberseite sehen. Sie zeigt Rot.

Der Spielleiter wettet nun 10 € darauf, dass die unsichtbare Unterseite dieselbe Farbe wie die Oberseite hat. Sollte man bei dieser Wette 10 € dagegen halten?

9. Eine Schachtel enthält 15 Pralinen, davon 3 mit Marzipanfüllung. Peter nimmt zwei Pralinen. Mit welcher Wahrscheinlichkeit erwischt er zwei Marzipanpralinen?

10. Eine Packung mit 50 elektrischen Sicherungen wird vom Käufer einem Test unterzogen. Er entnimmt der Packung zufällig nacheinander ohne Zurücklegen zwei Sicherungen und prüft sie auf ihre Funktionsfähigkeit. Sind beide einwandfrei, so wird die Packung angenommen, ansonsten wird sie zurückgewiesen.
Mit welcher Wahrscheinlichkeit wird eine Packung angenommen, obwohl sie 10 defekte Sicherungen enthält?

11. Eine Urne enthält 3 rote und 3 schwarze Kugeln. Eine Kugel wird aus der Urne genommen und die Farbe festgestellt. Die Kugel wird zurückgelegt und die Anzahl der Kugeln der gezogenen Farbe ver-n-facht. Anschließend wird wieder eine Kugel gezogen.
Für welches n ist die Wahrscheinlichkeit für
a) 2 verschiedenfarbige Kugeln größer als 25 %,
b) 2 gleichfarbige Kugeln größer als 90 %?

Bei einem Würfelspiel erhält der Spieler 5 identische sechsflächige Würfel. Beim ersten Wurf würfelt er mit allen fünf Würfeln, beim zweiten mit vier, beim dritten mit drei und beim vierten mit zwei Würfeln.
Zeigen bei einem Wurf zwei der Würfel die gleiche Augenzahl, hat der Spieler verloren. Sind alle Augenzahlen jedoch verschieden, wird daraus die Summe gebildet. Der Spieler gewinnt, wenn er jeweils die gleiche Summe würfelt.

Über die Würfel ist Folgendes bekannt:
1. Alle sechs Augenzahlen sind positive ganze Zahlen.
2. Alle sechs Augenzahlen sind verschieden.
3. Die höchste Augenzahl ist 10.
4. Die Augenzahlsumme eines Würfels ist gerade.
5. Es ist möglich zu gewinnen.
Wie lauten die 6 Augenzahlen der identischen Würfel?

B. Unabhängige Ereignisse

Durch das Eintreten eines bestimmten Ereignisses B kann sich die Wahrscheinlichkeit für das Eintreten eines weiteren Ereignisses A ändern. Ist das der Fall, so werden A und B als *abhängige Ereignisse* bezeichnet. Ändert sich die Wahrscheinlichkeit von A durch das Eintreten von B jedoch nicht, so heißen A und B *unabhängige Ereignisse*.
Die exakte Definition des Begriffs lautet folgendermaßen:

Definition VI.2: Ereignisse A und B mit positiven Wahrscheinlichkeiten werden als *stochastisch unabhängig* voneinander bezeichnet, wenn $P_B(A) = P(A)$ bzw. $P_A(B) = P(B)$ gilt.

Beispiel: Ein Würfel wird zweimal geworfen. A_n sei das Ereignis, dass die Augensumme n erzielt wird. B sei das Ereignis, dass im ersten Wurf eine Primzahl fällt. Zeigen Sie, dass A_5 und B unabhängig sind, während A_8 und B abhängig sind.

Lösung:
Der Ergebnisraum $\Omega = \{(1;1), \ldots, (6;6)\}$ hat 36 Elemente, von welchen 4 für A_5 und 5 für A_8 günstig sind.

Also gilt: $P(A_5) = \frac{4}{36}$ und $P(A_8) = \frac{5}{36}$.

Setzen wir voraus, dass B eingetreten ist, so schrumpft der Ergebnisraum auf den gelb markierten Bereich, also auf 18 Zahlenpaare, von denen zwei für A_5 bzw. drei für A_8 günstig sind.

Also gilt: $P_B(A_5) = \frac{2}{18}$ und $P_B(A_8) = \frac{3}{18}$.

Die Wahrscheinlichkeit von A_5 wird also durch das Eintreten von B nicht beeinflusst. A_5 und B sind unabhängige Ereignisse.
Die Wahrscheinlichkeit von A_8 dagegen hängt vom Eintreten des Ereignisses B ab. A_8 und B sind abhängige Ereignisse.

$\Omega = \{(1;1),(1;2),\ldots,(6;5),(6;6)\}$
$A_5 = \{(1;4),(2;3),(3;2),(4;1)\}$
$A_8 = \{(2;6),(3;5),(4;4),(5;3),(6;2)\}$

$P(A_5) = \frac{4}{36}; \qquad P_B(A_5) = \frac{2}{18} = \frac{4}{36}$

$P(A_8) = \frac{5}{36}; \qquad P_B(A_8) = \frac{3}{18} = \frac{6}{36}$

In manchen Fällen ist intuitiv klar, ob zwei Ereignisse stochastisch unabhängig oder abhängig sind. Zieht man z. B. aus einer Urne mit 6 roten und 4 weißen Kugeln zwei Kugeln und betrachtet die Ereignisse A: „Weiße Kugel im 1. Zug" und B: „Weiße Kugel im 2. Zug", so ist klar, dass A und B unabhängig sind, wenn mit Zurücklegen gezogen wurde, und dass A und B abhängig sind, wenn ohne Zurücklegen gezogen wurde.
Im obigen Beispiel allerdings half die Intuition nicht weiter. Hier mussten wir rechnerisch überprüfen, ob die Beziehung $P_B(A) = P(A)$ oder die gleichwertige Beziehung $P_A(B) = P(B)$ galt.

Für die Praxis besonders interessant ist die Auswertung empirisch gewonnenen statistischen Datenmaterials unter dem Gesichtspunkt der Unabhängigkeit von Ereignissen.

▶ **Beispiel:** Eine Schule wird von 1036 Schülern besucht, 560 Jungen und 476 Mädchen. 125 Jungen und 105 Mädchen tragen eine Brille. Hängt das Sehvermögen der Kinder vom Geschlecht ab?

Lösung:
Wir können $P(B)$ und $P_M(B)$ näherungsweise bestimmen, indem wir aus den gegebenen statistischen Daten die entsprechenden relativen Häufigkeiten errechnen.
Wir stellen fest, dass die Wahrscheinlichkeit für das Tragen einer Brille nicht vom Geschlecht abhängt.

B: „Kind trägt eine Brille"
M: „Kind ist ein Mädchen"

$$P(B) = \frac{230}{1036} \approx 0{,}222 = 22{,}2\%$$

$$P_M(B) = \frac{105}{476} \approx 0{,}221 = 22{,}1\%$$

▶ **Beispiel:** Eine Umfrage unter den Eltern der Schüler aus letztem Beispiel ergibt, dass bei 213 Kindern beide Elternteile Brillenträger sind. In 70 dieser Fälle trägt das Kind ebenfalls eine Brille. Ist das Sehvermögen der Kinder von dem der Eltern abhängig?

Lösung:
Unter den Kindern mit brillentragenden Eltern ist die relative Häufigkeit für das Tragen einer Brille deutlich erhöht.
Das Sehvermögen der Kinder ist also vom Sehvermögen der Eltern abhängig.

B: „Kind trägt eine Brille"
E: „Beide Elternteile tragen eine Brille"

$$P(B) = \frac{230}{1036} \approx 0{,}222 = 22{,}2\%$$

$$P_E(B) = \frac{70}{213} \approx 0{,}329 = 32{,}9\%$$

Übung 12
Prüfen Sie die Ereignisse A und B auf stochastische Unabhängigkeit.
a) Ein Würfel wird zweimal geworfen. A sei das Ereignis, dass im zweiten Wurf eine 1 fällt. B sei das Ereignis, dass die Augensumme 5 beträgt.
b) Ein Würfel wird zweimal geworfen. A: „Augensumme 6", B: „Gleiche Augenzahl in beiden Würfen".
c) Aus einer Urne mit 4 weißen und 6 schwarzen Kugeln werden 2 Kugeln mit Zurücklegen gezogen. A: „Im zweiten Zug wird eine weiße Kugel gezogen", B: „Im ersten Zug wird eine weiße Kugel gezogen".
d) Das Experiment aus Aufgabenteil c wird wiederholt, wobei jedoch ohne Zurücklegen gezogen wird.

Übung 13
In einer großen Ferienanlage wohnen 738 Familien. 462 Familien sind mit dem PKW angereist, die restlichen mit dem Zug. Von den 396 Familien mit zwei oder mehr Kindern reisten 121 mit dem Zug. Ist das zur Anreise benutzte Verkehrsmittel von der Kinderzahl abhängig?

Übungen

14. Prüfen Sie beim zweimaligen Würfelwurf die Ereignisse A und B auf stochastische Unabhängigkeit.

a) A: Im ersten Wurf kommt eine Sechs.   B: Im zweiten Wurf kommt keine 6.

b) A: Im ersten Wurf kommt Eins.   B: Die Augensumme der Würfe ist gerade.

c) A: Gerade Augenzahl im ersten Wurf.   B: In beiden Würfen gleiche Augenzahl.

15. Ein Würfel wird einmal geworfen. Betrachtet werden die beiden folgenden Ereignisse:

A: Die Augenzahl ist gerade   B: Die Augenzahl ist durch 3 teilbar

Sind die beiden Ereignisse stochastisch unabhängig?

16. Die 10 Kugeln in einer Urne sind mit den Nummern 1, …, 10 versehen. Es werden nacheinander zwei Kugeln mit Zurücklegen gezogen. Untersuchen Sie jeweils zwei der Ereignisse A: „Es kommen zwei gleiche Nummern", B: „Im ersten Zug kommt die Nummer 10", C: „Die Nummernsumme ist kleiner als 8" auf stochastische Unabhängigkeit.

17. Bei einem Test lösten 360 Personen zwei Aufgaben. Betrachtet wurden die folgenden Ereignisse:

A: „Aufgabe 1 wird richtig gelöst"

B: „Aufgabe 2 wird richtig gelöst".

Die Testergebnisse wurden in einer Vierfeldertafel erfasst. Prüfen Sie, ob A und B unabhängig sind.

	B	$\overline{B}$
A	80	40
$\overline{A}$	160	80

18. Der englische Naturforscher Sir Francis Galton (1822–1911) untersuchte den Zusammenhang zwischen der Augenfarbe von 1000 Vätern und je einem ihrer Söhne. Die Ergebnisse sind in einer Vierfeldertafel dargestellt. Dabei sei V das Ereignis „Vater ist helläugig", S das Ereignis „Sohn ist helläugig". Untersuchen Sie V und S auf Unabhängigkeit.

	S	$\overline{S}$
V	471	151
$\overline{V}$	148	230

19. In einer empirischen Untersuchung wird geprüft, ob ein Zusammenhang zwischen blonden Haaren und blauen Augen bzw. blonden Haaren und dem Geschlecht besteht. Von 842 untersuchten Personen hatten 314 blonde Haare. Unter den 268 Blauäugigen waren 121 Blonde. 116 von 310 Mädchen waren blond. Überprüfen Sie die untersuchten Zusammenhänge rechnerisch.

C. Die totale Wahrscheinlichkeit

Die erste Pfadregel für Baumdiagramme ist äquivalent zum Multiplikationssatz für Schnittereignisse. In entsprechender Weise gibt es ein Äquivalent zur zweiten Pfadregel für Baumdiagramme, nämlich die folgende Formel von der totalen Wahrscheinlichkeit:

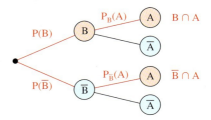

Satz von der totalen Wahrscheinlichkeit

A und B seien beliebige Ereignisse mit $P(B) \neq 0$, $P(\overline{B}) \neq 0$. Dann gilt:

$$P(A) = P(B) \cdot P_B(A) + P(\overline{B}) \cdot P_{\overline{B}}(A).$$

Der Satz führt die „totale Wahrscheinlichkeit" $P(A)$ des Ereignisses A auf die „bedingten Wahrscheinlichkeiten" $P_B(A)$ und $P_{\overline{B}}(A)$ des Ereignisses A zurück.

> **Beispiel:** Die Belegschaft eines großen Betriebes besteht zu 41% aus Angestellten und zu 59% aus Arbeitern. Die gesamte Belegschaft soll per Abstimmung entscheiden, ob für einige Abteilungen die gleitende Arbeitszeit eingeführt werden soll. Interne Umfragen ergaben, dass 80% der Angestellten, aber nur 25% der Arbeiter für die gleitende Arbeitszeit sind. Wie wird die Abstimmung wohl ausgehen?

Lösung:
Gesucht ist die Wahrscheinlichkeit, dass sich ein zufällig ausgewähltes Belegschaftsmitglied für die gleitende Arbeitszeit entscheidet. Diese Wahrscheinlichkeit lässt sich mithilfe der Formel für die totale Wahrscheinlichkeit nach nebenstehender Rechnung bestimmen. Da sie weniger als 50% beträgt, wird die Abstimmung vermutlich zuungunsten der gleitenden Arbeitszeit ausgehen.

Bezeichnungen:

G: „Entscheidung für gleitende Arbeitszeit"
R: „Die abstimmende Person ist Arbeiter"
$\overline{R}$: „Die abstimmende Person ist Angestellter"

Rechnung:

$$P(G) = P(R) \cdot P_R(G) + P(\overline{R}) \cdot P_{\overline{R}}(G)$$
$$= 0{,}59 \cdot 0{,}25 + 0{,}41 \cdot 0{,}80$$
$$= 0{,}4755$$

Übung 20
In einem Entwicklungsland leiden ca. 0,1% der Menschen an einer bestimmten Infektionskrankheit. Ein Test zeigt die Krankheit bei 98% der Kranken korrekt an, während er bei 5% der Gesunden irrtümlich die Krankheit anzeigt. Mit welcher Wahrscheinlichkeit zeigt der Test bei einer zufällig ausgewählten Person ein positives Resultat? (Lösen Sie mithilfe eines Baumdiagramms *und* des Satzes von der totalen Wahrscheinlichkeit.)

Übung 21
Ein Kandidat für den Posten des Schulsprechers wird von 63% der 528 weiblichen Schüler favorisiert. Von den Jungen wollen 41% für ihn stimmen. Insgesamt sind 1200 Schüler auf der Schule. Mit welchem Stimmanteil kann er rechnen?

▶ **Beispiel:** Im Schlippental ist das Wetter an 70 von 100 Tagen schön und an 30 von 100 Tagen schlecht.
Der königliche Hofmeteorologe simuliert das Wetter daher mithilfe einer Urne, die 7 rote und 3 schwarze Kugeln enthält. Zieht er eine rote Kugel, so prognostiziert er für den folgenden Tag schönes Wetter, andernfalls schlechtes Wetter.
Radio Schlippental hat einen einheimischen Breitmaulfrosch unter Vertrag, der schöne Tage mit 90% und schlechte Tage mit 60% Sicherheit vorhersagen kann.
Wessen Prognosen sind treffsicherer?

Lösung:
Wir verwenden folgende Bezeichnungen:
S: „Es tritt schönes Wetter ein"
M: „Die Prognose des Meteorologen ist richtig"
F: „Die Froschprognose ist richtig"

Nun bestimmen wir die totale Wahrscheinlichkeit der Ereignisse M und F, deren bedingte Wahrscheinlichkeiten $P_S(M) = 0{,}7$, $P_{\overline{S}}(M) = 0{,}3$, $P_S(F) = 0{,}9$ und $P_{\overline{S}}(F) = 0{,}6$ wir der Aufgabenstellung entnehmen können.

Mithilfe der abgebildeten Baumdiagramme bzw. mit der Formel von der totalen Wahrscheinlichkeit erhalten wir
    $P(M) = 58\%$ und $P(F) = 81\%$.

▶ Der Frosch ist also besser.

Treffsicherheit des Meteorologen:

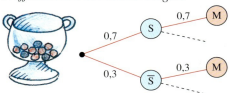

$$P(M) = 0{,}7 \cdot 0{,}7 + 0{,}3 \cdot 0{,}3 = 0{,}58 = 58\%$$

Treffsicherheit des Frosches:

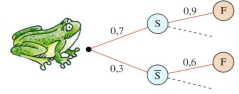

$$P(F) = 0{,}7 \cdot 0{,}9 + 0{,}3 \cdot 0{,}6 = 0{,}81 = 81\%$$

Übung 22
In unserem obigen Beispiel tritt nun ein Optimist hinzu, der stets schönes Wetter prognostiziert. Wie groß ist die Treffersicherheit des Optimisten?

Übung 23
Die vom beliebten Showmaster moderierte Fernsehsendung wird von sogenannten Vielsehern (Fernsehzuschauer, die täglich mehr als 3 Stunden fernsehen, 18% der Zuschauer) zu 75% gesehen. In der Gruppe der restlichen Fernsehteilnehmer beträgt die Einschaltquote 40%. Wie groß ist die Einschaltquote?

Übungen

24. Die Urne U_1 enthält 10 rote und 5 grüne Kugeln, die Urne U_2 enthält 3 rote und 7 grüne Kugeln. Jemand wählt blindlings (d. h. mit verbundenen Augen) eine der beiden Urnen aus und zieht eine Kugel.
a) Mit welcher Wahrscheinlichkeit ist diese rot?
b) Mit welcher Wahrscheinlichkeit ist diese grün?

25. 3% der Bevölkerung sind zuckerkrank. Ein Test zeigt bei 96% der Kranken die Krankheit an. Bei den Gesunden ergibt der Test bei 6% irrtümlich ein positives Ergebnis.
Welcher Prozentsatz der Durchschnittsbevölkerung wird bei einem Massenscreening ein positives Testergebnis erhalten?

26. Auf zwei Urnen werden 5 weiße und 5 rote Kugeln beliebig verteilt. Anschließend wird eine Urne ausgewählt und aus ihr eine Kugel gezogen. Bei welcher Verteilung ist die Wahrscheinlichkeit für das Ziehen einer roten Kugel besonders groß (klein)?

27. Ein Hersteller von elektrischen Widerständen produziert diese auf drei Maschinen M_1, M_2, und M_3. 20 % der Widerstände werden auf M_1, 30 % auf M_2 und 50 % auf M_3 produziert. Die Ausschussraten betragen 4 % für M_1, 3 % für M_2 und 2 % für M_3.
Welche Ausschussrate ergibt sich für die Gesamtproduktion?

28. Formulieren Sie den Satz von der totalen Wahrscheinlichkeit für den Fall einer Zerlegung des Ergebnisraumes Ω in 3 paarweise disjunkte (d. h. je zwei Mengen haben eine leere Schnittmenge) Teilmengen B_1, B_2, B_3.

29. Der Physiklehrer heißt bei allen Schülern Katastrophen-Willi, denn in der Mechanik misslingen 15%, in der Optik 26% und in der Elektrostatik 85% seiner Versuche. Wie groß ist der Anteil der misslungenen Experimente, wenn Katastrophen-Willi in Mechanik eine Klasse, in Optik 2 und in Elektrostatik 3 Klassen unterrichtet und pro Unterrichtsstunde genau ein Experiment durchführt?

30. In drei Urnen sind jeweils 50 Kugeln. In Urne i ($1 \le i \le 3$) befinden sich $10\,i+5$ rote Kugeln. Es wird eine Urne gewählt und aus dieser werden zwei Kugeln mit einem Griff gezogen. Mit welcher Wahrscheinlichkeit sind beide Kugeln rot?

31. Vier Kontrolleure führen zu gleichen Teilen die Endkontrolle durch. Dabei werden von ihnen 90%, 85%, 95%, 50% des Ausschusses entdeckt.
Mit welcher Wahrscheinlichkeit wird ein defektes Teil erkannt und aussortiert?

32. Doc Holliday und Billy The Cid tragen ein Pistolenduell aus. Doc Holliday trifft mit der Wahrscheinlichkeit 0,9, sein Gegner mit der Wahrscheinlichkeit 0,95. Es wird abwechselnd geschossen, wobei Doc Holiday den ersten Schuss hat.
Berechnen Sie die Wahrscheinlichkeit folgender Ereignisse:
a) Doc Holliday siegt mit seinem zweiten Schuss.
b) Billy The Cid siegt mit seinem zweiten Schuss.
c) Doc Holliday siegt spätestens nach insgesamt fünf Schüssen.
d) Billy The Cid siegt irgendwann im Laufe des Duells.

D. Der Satz von Bayes

244-1

Wir entwickeln im Folgenden eine Formel, die einen Gleichungszusammenhang zwischen den bedingten Wahrscheinlichkeiten $P_B(A)$ und $P_A(B)$ herstellt. Man spricht daher auch vom sogenannten Umkehrproblem für bedingte Wahrscheinlichkeiten. Die Formel lässt sich leicht gewinnen, wenn man den zu den Ereignissen B und A gehörigen zweistufigen Wahrscheinlichkeitsbaum mit dem dazu „inversen" Baumdiagramm vergleicht.

Baumdiagramm:

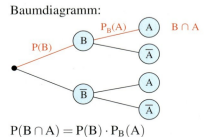

$$P(B \cap A) = P(B) \cdot P_B(A)$$

Inverses Baumdiagramm:

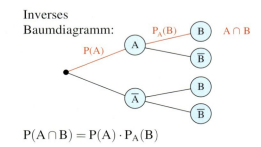

$$P(A \cap B) = P(A) \cdot P_A(B)$$

Die Ereignisse $B \cap A$ und $A \cap B$ sind identisch, also sind dies auch ihre Wahrscheinlichkeiten: $P(B) \cdot P_B(A) = P(A) \cdot P_A(B)$. Lösen wir diese Gleichung nach $P_B(A)$ auf, so ergibt sich die sogenannte Formel von Bayes*:

Der Satz von Bayes

Sind A und B Ereignisse mit $P(A) \neq 0$ und $P(B) \neq 0$, so gelten folgende Formeln:

$$P_B(A) = \frac{P(A) \cdot P_A(B)}{P(B)} \qquad\qquad P_B(A) = \frac{P(A) \cdot P_A(B)}{P(A) \cdot P_A(B) + P(\overline{A}) \cdot P_{\overline{A}}(B)}$$

Die zweite Formel folgt aus der ersten durch Anwendung des Satzes von der totalen Wahrscheinlichkeit auf den Nennerterm $P(B)$.

▶ **Beispiel: Die Aussagekraft medizinisch-diagnostischer Tests**
Eine von zehntausend Personen leidet an einer bestimmten Stoffwechselerkrankung. Für diese Erkrankung gibt es einen einfachen diagnostischen Test, der bei Kranken mit einer Wahrscheinlichkeit von 90% und bei Gesunden mit einer Wahrscheinlichkeit von 98% die korrekte Diagnose liefert. Eine Person, die sich dem Test unterzieht, erhält ein positives, d. h. für das Vorliegen der Erkrankung sprechendes Testergebnis. Wie wahrscheinlich ist es, dass dieser Patient tatsächlich erkrankt ist?

Lösung:
Gesucht ist die bedingte Wahrscheinlichkeit $P_T(K)$, dass jemand tatsächlich erkrankt ist, wenn der Test ein positives
▼ Resultat ergibt.

Bezeichnungen:

K: „Die getestete Person ist krank"
T: „Der Test zeigt ein positives Resultat"

---

* Thomas Bayes (1702–1761), engl. Geistlicher und Mathematiker

Gegeben sind die Wahrscheinlichkeiten:
$P(K) = 0{,}0001$, $P_K(T) = 0{,}9$, $P_{\overline{K}}(\overline{T}) = 0{,}98$.
Als Gegenwahrscheinlichkeiten ergeben
sich hieraus die Wahrscheinlichkeiten:
$P(\overline{K}) = 0{,}9999$, $P_K(\overline{T}) = 0{,}1$,
$P_{\overline{K}}(T) = 0{,}02$.

Baumdiagramm:

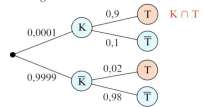

1. Möglichkeit:
Wir lösen die Aufgabe zunächst ohne Verwendung der Formeln nur mithilfe des zu
den Ereignissen K und T gehörigen zweistufigen Baumdiagramms sowie des dazu
inversen Baumdiagramms.*
Nach nebenstehend aufgeführter Rech-
nung erhalten wir dann $P_T(K) \approx 0{,}45\%$.

$P(T) = 0{,}0001 \cdot 0{,}9 + 0{,}9999 \cdot 0{,}02$
$ = 0{,}020088$

Inverses Baumdiagramm:

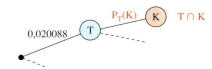

$P(T) \cdot P_T(K) \quad = P(T \cap K) = P(K \cap T)$
$0{,}020088 \cdot P_T(K) = 0{,}0001 \cdot 0{,}9$
$\phantom{0{,}020088 \cdot} P_T(K) = 0{,}00448 \approx 0{,}45\%$

2. Möglichkeit:
Die Anwendung der Formeln liefert ebenfalls das gesuchte Ergebnis. Hierzu berechnen wir zunächst die Wahrscheinlichkeit P(T) mithilfe der Formel von der
totalen Wahrscheinlichkeit.

Totale Wahrscheinlichkeit:
$P(T) = P(K) \cdot P_K(T) + P(\overline{K}) \cdot P_{\overline{K}}(T)$
$ = 0{,}0001 \cdot 0{,}9 + 0{,}9999 \cdot 0{,}02$
$ = 0{,}020088$

Nun können wir die gesuchte Wahrschein-
lichkeit $P_T(K)$ mithilfe des Satzes von
Bayes bestimmen.
Wir erhalten als Resultat $P_T(K) \approx 0{,}45\%$.

Anwendung der Formel von Bayes:
$P_T(K) = \dfrac{P(K) \cdot P_K(T)}{P(T)} = \dfrac{0{,}0001 \cdot 0{,}90}{0{,}020088}$
$ = 0{,}00448 \approx 0{,}45\%$

Die getestete Person muss sich also trotz des positiven Testergebnisses keine übertriebenen
Sorgen machen. Die aus Sicherheitsgründen folgenden Nachuntersuchungen werden mit großer
Wahrscheinlichkeit zum Ergebnis haben, dass die Testperson nicht an der Stoffwechselkrank-
▶ heit leidet. Bei einer seltenen Krankheit ist die Wahrscheinlichkeit einer Fehldiagnose oft hoch.

Übung 33
a) Der im obigen Beispiel beschriebene diagnostische Test fällt bei einem bestimmten Patienten
   negativ aus. Mit welcher Wahrscheinlichkeit liegt die Krankheit dennoch vor?
b) Im obigen Beispiel wurde die Diagnostik einer relativ seltenen Erkrankung untersucht. Betrachten Sie nun den Fall, dass eine relativ häufig auftretende Krankheit vorliegt, die bei einer
   von zwanzig Personen auftritt. Mit welchen Wahrscheinlichkeiten liefert der Test bei sonst
   gleichen Daten falsche Ergebnisse? Bestimmen Sie $P_{\overline{T}}(K)$ und $P_T(\overline{K})$.

---

* Bemerkung: Die Bestimmung von totalen Wahrscheinlichkeiten und die Lösung von Bayes-Aufgaben er-
fordern in der Regel keine Formeln. Man kommt mit Baumdiagrammen und inversen Baumdiagrammen aus.

Übungen

34. Mit einem Lügendetektor werden des Diebstahls verdächtige Personen überprüft. Der Detektor schlägt durch ein rotes Lichtsignal an oder entwarnt durch ein grünes Signal. Er ist zu 90% zuverlässig, wenn die überprüfte Person tatsächlich schuldig ist, und er ist zu 99% zuverlässig, wenn die Person unschuldig ist. Aus einer Gruppe von Personen, von denen 5% einen Diebstahl begangen haben, wird eine Person überprüft. Der Detektor gibt ein rotes Signal. Mit welcher Wahrscheinlichkeit ist die Person dennoch unschuldig?
a) Lösen Sie die Aufgabe mithilfe von Baumdiagrammen.
b) Lösen Sie die Aufgabe durch Anwendung der Formeln.

35. Eine noble Villa ist durch eine Alarmanlage gesichert. Diese gibt im Falle eines Einbruchs mit einer Wahrscheinlichkeit von 99% Alarm. Jedoch muss mit einer Wahrscheinlichkeit von 1% ein Fehlalarm einkalkuliert werden, wenn kein Einbruch stattfindet. Die Wahrscheinlichkeit für einen Einbruch liegt pro Nacht bei etwa 1:1000. Wie groß ist die Wahrscheinlichkeit, dass im Falle eines Alarms tatsächlich ein Einbruch begangen wird?

36. Der abgebildete Glücksspielautomat schüttet einen Gewinn aus, wenn die Augensumme größer als 11 ist.
a) Wie groß ist die Gewinnchance eines Spielers?
b) Ein Spieler hat gewonnen. Mit welcher Wahrscheinlichkeit zeigte das erste Rad „6"?

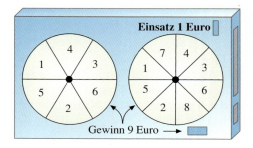

37. Urne U_1 enthält 3 weiße und 5 schwarze Kugeln. Urne U_2 enthält 7 weiße und 4 schwarze Kugeln. Jemand wählt blindlings eine Urne und zieht gleichzeitig drei Kugeln. Alle Kugeln sind schwarz (weiß). Mit welcher Wahrscheinlichkeit stammen sie aus U_2?

38. Über eine bestimmte Stoffwechselkrankheit ist bekannt, dass sie ca. eine von 150 Personen befällt. Ein recht zuverlässiger Test fällt bei tatsächlich erkrankten Personen mit einer Wahrscheinlichkeit von 97% positiv aus. Bei Personen, die nicht krank sind, fällt er mit 95% Wahrscheinlichkeit negativ aus.
a) Jemand lässt sich testen und erhält ein positives Resultat. Mit welcher Wahrscheinlichkeit ist er tatsächlich erkrankt?
b) Wie groß ist die Wahrscheinlichkeit, dass man bei einem negativen Ergebnis tatsächlich nicht erkrankt ist?
c) Welche Ergebnisse würde man bei a) erhalten, wenn die Krankheit nur eine von 1500 Personen befällt?

39. In Egon's Hosentasche befinden sich 10 Münzen, 9 echte mit Kopf (K) und Zahl (Z) und eine falsche, die beidseitig Zahl aufweist. Egon zieht zufällig eine dieser Münzen und wirft sie mehrfach. Es erscheint die Folge ZZZK. Bestimmen Sie für jede der Teilfolgen, also für Z, ZZ, ZZZ und ZZZK die Wahrscheinlichkeit, dass es sich um eine echte Münze handelt.

Überblick

Zufallsversuch:
Der Ausgang eines Zufallsversuches lässt sich nicht vorhersagen, auch nicht im Wiederholungsfalle.

Ergebnismenge:
Die Menge alle möglichen Ergebnisse bildet den Ergebnisraum Ω eines Zufallsversuches.

Ereignis:
Ein Ereignis ist eine Teilmenge der Ergebnismenge eines Zufallsversuches.

Elementarereignis:
Die einelementigen Ereignisse eines Zufallsversuches heißen auch Elementarereignisse.

Das empirische Gesetz der großen Zahlen:
Die relative Häufigkeit eines Ereignisses stabilisiert sich mit steigender Anzahl an Versuchen um einen festen Wert.

Wahrscheinlichkeit:
Gegeben sei ein Zufallsexperiment mit dem Ergebnisraum $\Omega = \{e_1, \ldots, e_m\}$.
Eine Zuordnung P, die jedem Elementarereignis $\{e_i\}$ genau eine reelle Zahl $P(e_i)$ zuordnet, heißt Wahrscheinlichkeitsverteilung, wenn die beiden folgenden Bedingungen gelten:

$$\text{I.} \quad P(e_i) \geq 0 \text{ für } 1 \leq i \leq m$$

$$\text{II.} \quad P(e_i) + \ldots + P(e_m) = 1$$

Die Zahl $P(e_i)$ heißt dann Wahrscheinlichkeit des Elementarereignisses $\{e_i\}$.

Laplace-Experiment:
Ein Zufallsexperiment, bei dem alle Elementarereignisse gleich wahrscheinlich sind, heißt auch Laplace-Experiment.

Laplace-Regel:
Bei einem Laplace-Experiment sei $\Omega = \{e_1, \ldots, e_m\}$ der Ergebnisraum und $E = \{e_1, \ldots, e_k\}$ ein beliebiges Ereignis. Dann gilt für die Wahrscheinlichkeit dieses Ereignisses:

$$P(E) = \frac{|E|}{|\Omega|} = \frac{k}{m} \qquad P(E) = \frac{\text{Anzahl der für E günstigen Ergebnisse}}{\text{Anzahl aller möglichen Ergebnisse}}$$

Mehrstufiger Zufallsversuch:
Ein mehrstufiger Zufallsversuch setzt sich aus mehreren, hintereinander ausgeführten, einstufigen Versuchen zusammen.

Pfadregeln für Baumdiagramme:
I. Die Wahrscheinlichkeit eines Ergebnisses ist gleich dem Produkt aller Zweigwahrscheinlichkeiten längs des zugehörigen Pfades (Pfadwahrscheinlichkeit).
II. Die Wahrscheinlichkeit eines Ereignisses ist gleich der Summe der zugehörigen Pfadwahrscheinlichkeiten.

Kombinatorische Abzählprinzipien:

Anzahl der Möglichkeiten bei k Ziehungen aus n Elementen (z. B. Kugeln)

Ziehen mit Zurücklegen unter Berücksichtigung der Reihenfolge: n^k

Ziehen ohne Zurücklegen unter Berücksichtigung der Reihenfolge: $n \cdot (n-1) \cdot \ldots \cdot (n-k+1)$

(Sonderfall: k = n, d. h. alle Elemente werden gezogen: $\qquad$ n!)

Ziehen ohne Zurücklegen ohne Berücksichtigung der Reihenfolge: $\binom{n}{k}$

Produktregel:

Ein Zufallsversuch werde in k Stufen durchgeführt. In der ersten Stufe gebe es n_1, in der zweiten Stufe n_2 ... und in der k-ten Stufe n_k mögliche Ergebnisse. Dann hat der Zufallsversuch insgesamt $n_1 \cdot n_2 \cdot \ldots n_k$ mögliche Ergebnisse.

Bedingte Wahrscheinlichkeit:

Für die Wahrscheinlichkeit, dass das Ereignis A eintritt unter der Bedingung, dass das Ereignis B bereits eingetreten ist, gilt: $P_B(A) = \frac{P(A \cap B)}{P(B)}$, $P(B) > 0$

Multiplikationssatz:

$P(A \cap B) = P(B) \cdot P_B(A)$, $P(B) > 0$

Unabhängige Ereignisse:

Die Ereignisse A und B heißen stochastisch unabhängig voneinander, wenn $P_B(A) = P(A)$ bzw. $P_A(B) = P(B)$ gilt.

Satz von der totalen Wahrscheinlichkeit:

A und B seien beliebige Ereignisse mit $P(B) \neq 0$, $P(\overline{B}) \neq 0$. Dann gilt: $P(A) = P(B) \cdot P_B(A) + P(\overline{B}) \cdot P_{\overline{B}}(A)$
Diese Formel gewinnt man direkt aus den Pfadregeln für das zu B und A gehörige Baumdiagramm.

Satz von Bayes:

Sind A und B Ereignisse mit $P(A) \neq 0$ und $P(B) \neq 0$, so gilt folgende Formel:

$$P_B(A) = \frac{P(A) \cdot P_A(B)}{P(B)} = \frac{P(A) \cdot P_A(B)}{P(A) \cdot P_A(B) + P(\overline{A}) \cdot P_{\overline{A}}(B)}$$

Diese Formel ergibt sich, wenn man das zu den Ereignissen B und A zugehörige inverse Baumdiagramm zeichnet.

VII. Zufalls-größen

1. Zufallsgrößen und Wahrscheinlichkeitsverteilung

Ein Glücksspieler interessiert sich nicht nur für die Gewinnwahrscheinlichkeiten, sondern auch für die den einzelnen Ereignissen zugeordneten „Wertigkeiten", die den Gewinn und Verlust zahlenmäßig beschreiben.
Der Spieler wird eine geringere Gewinnchance nur dann in Kauf nehmen, wenn er im Gewinnfall einen großen Geldbetrag erwarten kann.

Es kann also sinnvoll sein, jedem Ergebnis eines Zufallsversuchs eine Zahl zuzuordnen, die den „Wert" dieses Ergebnisses unter einem bestimmten Gesichtspunkt darstellt.

▶
Beispiel: Das Würfelspiel „Einserwurf"
Ein Spieler wirft gleichzeitig zwei Würfel. Fällt keine Eins, muss er 1 € zahlen. Ansonsten erhält er für jede Eins genau 1 €.
a) Ordnen Sie jedem möglichen Ergebnis den entsprechenden Gewinn/Verlust in € zu.
b) Fassen Sie diejenigen Ergebnisse, die zum gleichen Gewinn/Verlust führen, zu jeweils einem Ereignis zusammen.
c) Bestimmen Sie die Wahrscheinlichkeiten der Ereignisse aus Aufgabenteil b.

Lösung zu a:
In Abhängigkeit von der Anzahl der gewürfelten Einsen wird jedem der 36 möglichen Ergebnisse der entsprechende Gewinn X zugeordnet.

Es hängt vom Zufall ab, welchen der drei möglichen Zahlenwerte $x_1 = -1$, $x_2 = 1$ und $x_3 = 2$ die Größe X bei der Durchführung des Zufallsversuchs annimmt.
Man bezeichnet eine solche Größe daher als *Zufallsgröße* oder *Zufallsvariable*.

Ergebnisse: *Zugeordneter Gewinn:*

Lösung zu b:
Man kann alle Ergebnisse des Zufallsexperimentes „Einserwurf", deren Eintreten zum gleichen Zahlenwert x_i für die Zufallsgröße X (Gewinn) führt, zu einem Ereignis zusammenfassen, das man durch die Gleichung $X = x_i$ beschreiben kann.

Man erhält auf diese Weise eine sinnvolle Zusammenfassung der 36 Ergebnisse zu 3 Ereignissen.

Zusammenfassung zu Ereignissen:

$X = -1$: $\{(2;2),(2;3),\dots,(6;6)\}$

$X = 1$: $\{(1;2),(1;3),\dots,(2;1),\dots,(6;1)\}$

$X = 2$: $\{(1;1)\}$

Lösung zu c:
Mithilfe des abgebildeten Baumdiagramms kann man die Wahrscheinlichkeiten der drei Ereignisse ermitteln.

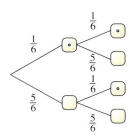

Beispielsweise ist die Wahrscheinlichkeit
dafür, dass genau eine Eins fällt, gleich $\frac{10}{36}$.
Man kann dies auch folgendermaßen aus-
drücken: Die Zufallsgröße X (Gewinn)
nimmt den Wert 1 mit der Wahrscheinlichkeit $\frac{10}{36}$ an.

Hierfür schreibt man kurz: $P(X = 1) = \frac{10}{36}$.

Auf diese Weise kann man jedem der drei
Werte der Zufallsgröße X die Wahrscheinlichkeit zuordnen, mit der dieser Wert
angenommen wird.

Die nebenstehende Tabelle zeigt zusammenfassend, wie sich diese Wahrscheinlichkeiten auf die verschiedenen Werte
der Zufallsgröße X verteilen.

Man bezeichnet die so definierte funk-
tionale Zuordnung daher auch als *Wahrscheinlichkeitsverteilung* der Zufalls-
▶ größe X.

$$P(X = -1) = \left(\frac{5}{6}\right)^2 = \frac{25}{36}$$

$$P(X = 1) \quad = 2 \cdot \frac{1}{6} \cdot \frac{5}{6} = \frac{10}{36}$$

$$P(X = 2) \quad = \left(\frac{1}{6}\right)^2 = \frac{1}{36}$$

Wahrscheinlichkeitsverteilung von X:

x_i	-1	1	2
$P(X = x_i)$	$\frac{25}{36}$	$\frac{10}{36}$	$\frac{1}{36}$

Graphische Darstellung:

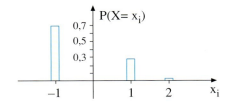

Wir fassen die im Beispiel erarbeiteten Begriffe allgemein zusammen:

Definition VII.1: Zufallsgröße und Wahrscheinlichkeitsverteilung

1. Eine Zuordnung **X**: $\Omega \to \mathbb{R}$, die jedem Ergebnis eines Zufallsversuchs eine reelle Zahl zuordnet, heißt *Zufallsgröße* oder *Zufallsvariable*.

2. Mit **X** = x_i wird das Ereignis bezeichnet, zu dem alle Ergebnisse des Zufallsversuchs gehören, deren Eintritt dazu führt, dass die Zufallsgröße X den Wert x_i annimmt.

3. Ordnet man jedem möglichen Wert x_i, den die Zufallsgröße X annehmen kann, die Wahrscheinlichkeit $P(X = x_i)$ zu, mit der sie diesen Wert annimmt, so erhält man die *Wahrscheinlichkeitsverteilung* der Zufallsgröße X.

Übungen

1. Aus der abgebildeten Urne wird dreimal mit Zurücklegen gezogen.
X sei die Anzahl der insgesamt gezogenen roten Kugeln. Welche Werte kann X annehmen? Geben Sie die Wahrscheinlichkeitsverteilung von X an.

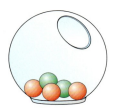

2. Die beiden Glücksräder drehen sich unabhängig voneinander.
Stellen Sie die Wahrscheinlichkeitsverteilung der Zufallsgröße X (Gewinn/Verlust) auf.

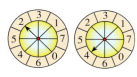

Einsatz: 1 Euro

Auszahlung:
0 0: 10 Euro
x x: 5 Euro
x 0:   1 Euro

x = Ziffer außer 0

3. In einem Karton sind 8 Lose, davon sind 4 Gewinne und 4 Nieten. Es wird ohne Zurücklegen gezogen. Jemand zieht drei Lose. X sei die Anzahl der dabei gezogenen Gewinne.
   a) Legen Sie ein Baumdiagramm an.
   b) Stellen Sie die Wahrscheinlichkeitsverteilung der Zufallsgröße X auf.

4. Ein Glücksrad wird zweimal gedreht. Gespielt wird nach nebenstehendem Gewinnplan. X sei der Gewinn.
   a) Welche Werte kann X annehmen?
   b) Stellen Sie die Wahrscheinlichkeitsverteilung von X auf.

Zweimal Drehen

Einsatz pro Spiel: 0,50 Euro

Auszahlung bei

10 Punkten: 4 Euro
9 Punkten: 2 Euro
8 Punkten: 1 Euro

5. Otto und Egon vereinbaren folgendes Spiel: Otto wirft eine Münze so lange, bis Kopf fällt, jedoch höchstens dreimal. Für jeden Wurf muss er Egon 1 € zahlen. Wenn Kopf fällt, erhält Otto von Egon 3 €.
Die Zufallsgröße X ordnet jedem möglichen Spielergebnis den Gewinn/Verlust von Otto zu. Untersuchen Sie, welche Werte X annehmen kann, und stellen Sie die Wahrscheinlichkeitsverteilung von X tabellarisch und graphisch dar.

6. Die Wahrscheinlichkeit für eine Knabengeburt beträgt ca. 0,51. Betrachtet werden die Familien mit exakt zwei Kindern. X sei die Anzahl der Mädchen der Familie.
   a) Welche Werte kann die Zufallsgröße X annehmen? Mit welchen Wahrscheinlichkeiten werden diese Werte angenommen.
   b) Lösen Sie die Fragestellung aus a) für Familien mit drei Kindern.

7. Ein Würfel wird dreimal hintereinander geworfen. X sei die Anzahl aufeinanderfolgender Sechsen in dieser Wurfserie. Welche Werte kann X annehmen? Wie lautet die Wahrscheinlichkeitsverteilung von X?

2. Der Erwartungswert einer Zufallsgröße

Führt man ein Zufallsexperiment mehrfach durch, so nimmt eine für dieses Experiment definierte Zufallsgröße X mit bestimmten Wahrscheinlichkeiten Werte aus ihrer Wertemenge an. Bei sehr häufiger Durchführung des Experimentes kann es sinnvoll sein den Durchschnitt aller von X angenommenen Werte unter Berücksichtigung der Häufigkeit ihres Auftretens zu bestimmen.

Beispiel: Auf einem Jahrmarkt wird der Wurf mit zwei Würfeln als Glücksspiel angeboten, wobei der nebenstehend aufgeführte Gewinnplan gelte. Welche langfristige Gewinnerwartung ergibt sich bei den offenbar günstigen Gewinnmöglichkeiten?

Einsatz 1 €	
Augensumme	Auszahlung
2–9	0 €
10	2 €
11	5 €
12	15 €

Lösung:
Die Zufallsgröße X = Gewinn pro Spiel hat die rechts dargestellte Wahrscheinlichkeitsverteilung.
Diese kann man folgendermaßen interpretieren: In 36 Spielen nimmt X im Durchschnitt 30-mal den Wert -1, dreimal den Wert 1, zweimal den Wert 4 und einmal den Wert 14 an.

Die Gewinn-/Verlusterwartung für 36 Spiele erhält man, indem man jeden der vier möglichen Werte von X durch Multiplikation mit der Häufigkeit seines Auftretens gewichtet und sodann die Summe der gewichteten Werte bildet.

Wir erhalten eine Verlusterwartung von durchschnittlich 5 € in 36 Spielen. Division durch 36 ergibt ca. 0,14 € Verlust pro Spiel. Das Spiel lohnt nicht.

Zum gleichen Resultat gelangt man, wenn man die vier möglichen Werte von X mit ihren Wahrscheinlichkeiten als Gewicht multipliziert und die Produkte summiert. Diese Größe wird als *Erwartungswert* der Zufallsgröße X bezeichnet. Man benutzt die Schreibweise $E(X) \approx -0,14$.

Zufallsgröße:

X = Gewinn/Verlust pro Spiel

Wahrscheinlichkeitsverteilung von X:

x_i	-1	1	4	14
$P(X = x_i)$	$\frac{30}{36}$	$\frac{3}{36}$	$\frac{2}{36}$	$\frac{1}{36}$

Gewinn-/Verlust-Rechnung für 36 Spiele:

$$
\begin{aligned}
(-1\ €) \cdot 30 &= -30\ € \\
(1\ €) \cdot 3 &= 3\ € \\
(4\ €) \cdot 2 &= 8\ € \\
(14\ €) \cdot 1 &= 14\ € \\
\hline
\text{Summe} &= -\ 5\ €
\end{aligned}
$$

Gewinn/Verlust pro Spiel:

$$\frac{-5}{36} \approx -0,14\ €$$

Erwartungswert von X:

$$E(X) = (-1) \cdot \frac{30}{36} + 1 \cdot \frac{3}{36} + 4 \cdot \frac{2}{36} + 14 \cdot \frac{1}{36}$$
$$= -\frac{5}{36} \approx -0,14\ €$$

Definition VII.2: X sei eine Zufallsgröße mit der Wertemenge $x_1, \ldots, x_m$. Dann heißt die Zahl

$$\mu = E(X) = \sum_{i=1}^{m} x_i \cdot P(X = x_i)$$

Erwartungswert der Zufallsgröße X.

Der Erwartungswert von X ist das gewichtete arithmetische Mittel der Elemente der Wertemenge von X.

Als Gewichte dienen die den Elementen x_i der Wertemenge zugeordneten Wahrscheinlichkeiten $P(X = x_i)$.

▶ **Beispiel:** Der Betreiber eines Spielautomaten möchte höchstens 80% der Einsätze als Spielgewinn wieder ausschütten. Wie hoch muss der Einsatz sein, damit diese Forderung erfüllt wird?

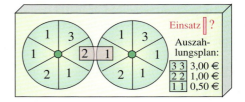

Lösung:
X sei die Ausschüttung pro Spiel in €. Die Wahrscheinlichkeitsverteilung von X bestimmen wir mithilfe eines reduzierten Baumdiagramms.

Die Berechnung des Erwartungswertes von X ergibt $E(X) = \frac{11}{36} \approx 0{,}31$.

Werden a € als Einsatz festgelegt, muss zur Erfüllung der Forderung die Ungleichung $\frac{11}{36} \leq 0{,}8\,a$ gelten.

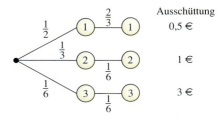

Wahrscheinlichkeitsverteilung von X:

x_i	0	0,5	1	3
$P(X = x_i)$	$\frac{21}{36}$	$\frac{12}{36}$	$\frac{2}{36}$	$\frac{1}{36}$

Diese führt auf $a \geq \frac{55}{144} \approx 0{,}38$. Also muss der Einsatz pro Spiel mindestens ▶ 0,38 € betragen.

Erwartungswert von X:

$$E(X) = 0{,}5 \cdot \frac{12}{36} + 1 \cdot \frac{2}{36} + 3 \cdot \frac{1}{36} = \frac{11}{36}$$
$$\approx 0{,}31$$

Übung 1

Otto und Egon vereinbaren folgendes Spiel. Otto zahlt 1 € Einsatz an Egon. Dann wirft er zweimal ein Tetraeder, dessen vier Flächen die Ziffern 1 bis 4 tragen. Als Augenzahl wird die Ziffer auf der Standfläche betrachtet. Fällt bei keinem der beiden Würfe die 1, erhält Otto von Egon 6 €. Fällt mindestens einmal die 1, zahlt Otto weitere 6 € an Egon.
Wer wird auf lange Sicht gewinnen?
Berechnen Sie den Erwartungswert des Gewinns von Otto pro Spiel.

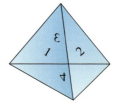

Übungen

2. Gegeben ist die tabellarische Wahrscheinlichkeitsverteilung einer Zufallsgröße X. Bestimmen Sie den Erwartungswert von X.

x_i	-5	0	11	50	100
$P(X = x_i)$	$\frac{1}{8}$	$\frac{3}{8}$	$\frac{5}{16}$	$\frac{1}{6}$	$\frac{1}{48}$

3. a) Wie groß ist der Erwartungswert für die Augenzahl beim Werfen eines Würfels?
   b) Es werden zwei Würfel geworfen. Berechnen Sie den Erwartungswert für Zufallsgröße
      X = „Anzahl der geworfenen Sechsen".

4. Eine Münze wird fünfmal geworfen. Die Zufallsgröße X ist die Anzahl der Kopfwürfe.
   a) Stellen Sie die Wahrscheinlichkeitsverteilung von X auf.
   b) Bestimmen Sie den Erwartungswert von X.

5. Ein Spiel geht folgendermaßen. Man wirft einen Würfel. Wirft man eine Primzahl, erhält
   man die doppelte Augenzahl ausgezahlt. Andernfalls muss man einen Betrag in Höhe der
   Augenzahl an die Bank zahlen.
   a) Ist das Spiel für die Bank profitabel?
   b) Welchen Einsatz pro Spiel müsste die Bank verlangen, um das Spiel fair zu gestalten?

6. Für einen Einsatz von 8 € darf man an folgendem Spiel teilnehmen.
   Eine Urne enthält 6 rote und 4 schwarze Kugeln. Es werden drei Kugeln mit einem Griff
   gezogen. Sind unter den gezogenen Kugeln mindestens zwei rote Kugeln, so erhält man
   10 € ausgezahlt. Es soll geprüft werden, ob das Spiel fair ist.
   a) X sei die Anzahl der gezogenen roten Kugeln. Stellen Sie die Wahrscheinlichkeitsver-
      teilung der Zufallsgröße X auf.
   b) Y sei der Gewinn pro Spiel (Auszahlung – Einsatz). Stellen Sie die Wahrscheinlichkeits-
      verteilung von Y auf und berechnen Sie den Erwartungswert von Y.
   c) Wie muss der Einsatz verändert werden, damit ein faires Spiel entsteht?

7. Otto schlägt folgendes Spiel vor: Gegen einen von Egon zu leistenden Einsatz e stellt er drei
   Geldstücke (1 Cent, 2 Cent, 5 Cent) zur Verfügung, die Egon gleichzeitig werfen darf. Alle
   Zahl zeigenden Münzen fallen an Egon. Den Einsatz erhält in jedem Fall Otto.
   Von welchem Einsatz an ist das Spiel für Otto günstig?

8. Ein Tontaubenschütze schießt solange, bis er eine
   Tontaube getroffen hat, maximal jedoch sechsmal. Er trifft pro Schuss mit einer Wahrscheinlichkeit von 50 %. Die Zufallsgröße X beschreibt
   die Anzahl seiner Schüsse.
   a) Stellen Sie die Wahrscheinlichkeitsverteilung
      von X auf.
   b) Wie groß ist der Erwartungswert von X?
   c) Wie groß ist der Erwartungswert von X, wenn
      die Treffersicherheit des Schützen nur 25 %
      beträgt?

9. In einer Urne liegen drei Kugeln mit den Ziffern 1, 2, 3. Der Spieler darf 1 bis 3 Kugeln ohne Zurücklegen ziehen. Er muss aber vor dem Ziehen der ersten Kugel festlegen, wie viele Kugeln er ziehen will. Für jede gezogene Kugel ist der Einsatz e zu zahlen. Ausgezahlt wird die Augensumme der gezogenen Kugeln. Zeigen Sie, dass es einen Einsatz e gibt, für den das Spiel fair ist, unabhängig davon, wie viele Kugeln der Spieler zieht.

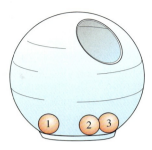

10. Ein Schütze schießt auf eine Scheibe, bis er das Zentrum trifft oder 5 Schüsse abgegeben hat. Die Zufallsgröße X beschreibe die Anzahl der abgegebenen Schüsse.
   a) Der Schütze trifft mit der Wahrscheinlichkeit 75% bei jedem Schuss. Bestimmen Sie den Erwartungswert von X.
   b) Der Schütze trifft beim 1. Schuss mit der Wahrscheinlichkeit 0,9 das Zentrum der Scheibe. Mit jedem Fehlschuss wächst seine Nervosität und die Trefferwahrscheinlichkeit reduziert sich um 0,1 pro Schuss. Bestimmen Sie den Erwartungswert von X.

11. In einer Urne liegen 4 Kugeln mit den Ziffern 1, 2, 3, 4. Der Spieler darf 1 bis 4 Kugeln ohne Zurücklegen ziehen. Er muss aber vor dem Ziehen der ersten Kugel festlegen, wie viele Kugeln er ziehen will. Für jede gezogene Kugel ist der Einsatz e zu zahlen. Ausgezahlt wird die Augensumme der gezogenen Kugeln. Zeigen Sie, dass es einen Einsatz e gibt, für den das Spiel fair ist, unabhängig davon, wie viele Kugeln der Spieler zieht.

12. Bei vier Würfeln sind jeweils 5 Seitenflächen ohne Kennzeichnung (blind), auf der sechsten Seitenfläche hat der erste Würfel eine Eins, der zweite Würfel eine Zwei, der dritte Würfel eine Drei und der vierte Würfel eine Vier. Bei einem Einsatz von 1 € werden die Würfel einmal geworfen. Ausgezahlt wird nach folgendem Plan:

Augensumme	0	1–5	6–7	8–9	10
Auszahlung in €	0	1	5	10	100

Ist das Spiel für den Spieler günstig?

13. Aus der abgebildeten Urne werden 2 Kugeln mit einem Griff gezogen. Bei zwei Dreien erhält man 10 €, bei einer Drei 5 €. Bei welchem Einsatz ist das Spiel fair?

14. (CHUCK A LUCK) Der Einsatz bei diesem amerikanischen Glücksspiel beträgt 1 $. Der Spieler setzt zunächst auf eine der Zahlen 1, ..., 6. Anschließend werden drei Würfel geworfen. Fällt die gesetzte Zahl nicht, so ist der Einsatz verloren. Fällt die Zahl einmal, zweimal bzw. dreimal, so erhält der Spieler das Einfache, Zweifache bzw. Dreifache des Einsatzes ausgezahlt und zusätzlich seinen Einsatz zurück.
   a) Ist das Spiel fair?
   b) Wenn die gesetzte Zahl dreimal fällt, soll das a-fache des Einsatzes ausgezahlt werden. Wie muss a gewählt werden, damit das Spiel fair ist?

3. Varianz und Standardabweichung

Die Werte x_i, die eine Zufallsgröße X bei der Durchführung eines Zufallsversuchs tatsächlich annimmt, streuen im Allgemeinen mehr oder weniger stark um den Erwartungswert $\mu = E(X)$ der Zufallsgröße.
Die folgende Grafik zeigt die Wahrscheinlichkeitsverteilungen zweier Zufallsgrößen X und Y mit dem gleichen Erwartungswert, aber unterschiedlicher Streuung.

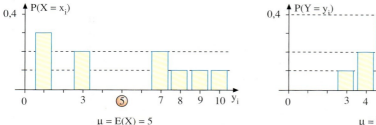

Während die Werte x_i stark vom Erwartungswert abweichen, liegen die Werte y_i in der näheren Umgebung des Erwartungswertes $E(Y)$.
Charakteristisch für das Streuungsverhalten einer Zufallsgröße X mit dem Erwartungswert $\mu = E(X)$ sind offenbar die Abweichungen $|x_1 - \mu|$, $|x_2 - \mu|$, ..., $|x_n - \mu|$. An Stelle der Abweichungen $|x_i - \mu|$ verwendet man in der Praxis deren Quadrate $(x_1 - \mu)^2$, $(x_2 - \mu)^2$, ..., $(x_n - \mu)^2$.

Dabei ist jede einzelne quadratische Abweichung $(x_i - \mu)^2$ mit der Wahrscheinlichkeit ihres Eintretens – d.h. mit $P(X = x_i)$ – zu wichten. Die Summe dieser „gewichteten quadratischen Abweichungen" stellt das gesuchte Streuungsmaß dar. Es wird als *Varianz* bezeichnet. Die Wurzel aus der Varianz, die sogenannte *Standardabweichung*, ist ebenfalls ein gebräuchliches Streuungsmaß.

> **Definition VII.3:** X sei eine Zufallsgröße mit der Wertemenge x_1, x_2, ..., x_n und dem Erwartungswert $\mu = E(X)$. Dann wird die folgende Größe als *Varianz* der Zufallsgröße X bezeichnet:
>
> $$V(X) = \sum_{i=1}^{n} (x_i - \mu)^2 \cdot P(X = x_i) = (x_1 - \mu)^2 \cdot P(X = x_1) + ... + (x_n - \mu)^2 \cdot P(X = x_n).$$
>
> Die Wurzel aus der Varianz $V(X)$ heißt *Standardabweichung* der Zufallsgröße X:
>
> $$\sigma(X) = \sqrt{V(X)}.$$

Für die Zufallsgrößen X und Y aus der oben dargestellten Graphik erhalten wir die Varianzen
$$V(X) = (1-5)^2 \cdot 0,3 + (3-5)^2 \cdot 0,2 + (7-5)^2 \cdot 0,2 + (8-5)^2 \cdot 0,1 + (9-5)^2 \cdot 0,1 + (10-5)^2 \cdot 0,1 = 11,4$$
und $V(Y) = (3-5)^2 \cdot 0,1 + (4-5)^2 \cdot 0,2 + (5-5)^2 \cdot 0,4 + (6-5)^2 \cdot 0,2 + (7-5)^2 \cdot 0,1 = 1,2$.
Der anschauliche Eindruck wird bestätigt: X streut erheblich stärker als Y.

▶ **Beispiel:** Vergleichen Sie die beiden folgenden Strategien beim Roulette. Berechnen Sie dazu den Erwartungswert der Zufallsgröße „Gewinn/Verlust pro Spiel" sowie die Varianz dieser Zufallsgröße und interpretieren Sie die Ergebnisse.

Strategie 1: Spieler A setzt stets 10 € auf seine Lieblingsfarbe ROT. | *Strategie 2:* Spieler B setzt stets 10 € auf seine Glückszahl 22.

Lösung:
X bzw. Y seien der Gewinn/Verlust pro Spiel unter Strategie 1 bzw. unter Strategie 2.

Kommt die gesetzte Farbe – die Wahrscheinlichkeit für dieses Ereignis ist $\frac{18}{37}$ (da es 18 rote, 18 schwarze Felder und die Null gibt) –, so wird der doppelte Einsatz ausgezahlt. Daher hat X die folgende Verteilung:

x_i	-10	10
$P(X = x_i)$	$\frac{19}{37}$	$\frac{18}{37}$

X besitzt also den Erwartungswert:

$E(X) = -\frac{10}{37} \approx -0{,}27.$

Für die Varianz von X ergibt sich:

$V(X) = \left(-10 - \left(-\frac{10}{37}\right)\right)^2 \cdot \frac{19}{37}$
$\qquad + \left(10 - \left(-\frac{10}{37}\right)\right)^2 \cdot \frac{18}{37} \approx 99{,}93.$

Kommt die gesetzte Zahl – die Wahrscheinlichkeit hierfür ist $\frac{1}{37}$ –, so wird das 36fache ausgezahlt.

Hieraus folgt für die Verteilung von Y:

y_i	-10	350
$P(Y = y_i)$	$\frac{36}{37}$	$\frac{1}{37}$

Der Erwartungswert von Y ist daher:

$E(Y) = -\frac{10}{37} \approx -0{,}27.$

Die Varianz von Y errechnet sich zu:

$V(Y) = \left(-10 - \left(-\frac{10}{37}\right)\right)^2 \cdot \frac{36}{37}$
$\qquad + \left(350 - \left(-\frac{10}{37}\right)\right)^2 \cdot \frac{1}{37} \approx 3408{,}04.$

Beide Strategien haben also den gleichen Gewinnerwartungswert. Dennoch unterscheiden sie sich erheblich. Spieler B spielt deutlich risikofreudiger als der eher vorsichtige Spieler A. Letzterer hat die Chance auf einen großen Gewinn, aber auch auf einen schnellen Ruin. Der Grund ist die Streuung der Werte der Zufallsgröße Y um ihren Erwartungswert, erkennbar an der sehr viel größeren Varianz von Y.

▶ Auch die Standardabweichungen $\sigma(X) \approx 9{,}996$ und $\sigma(Y) \approx 58{,}38$ zeigen dies an.

Übung 1

Ein weiterer Roulettespieler setzt stets auf das dritte Dutzend (die Zahlen 25 bis 36). Fällt eine Zahl aus dem dritten Dutzend, so erhält der Spieler das Dreifache seines Einsatzes ausgezahlt. Auch dieser Spieler setzt stets 10 €.
Berechnen Sie Erwartungswert und Varianz der Zufallgröße „Gewinn/Verlust pro Spiel" und vergleichen Sie anhand der Ergebnisse die Strategie dieses Spielers mit den Roulettestrategien aus obigem Beispiel.

Übungen

2. X sei die Augenzahl beim Werfen eines Würfels. Berechnen Sie Varianz und Standardabweichung von X.

3. X sei die Augensumme beim Werfen zweier Würfel. Berechnen Sie Erwartungswert, Varianz und Standardabweichung von X.

4. Ein Roulettspieler setzt seinen Einsatz von 10 € auf eine waagerechte Reihe von drei Zahlen. Fällt die Kugel auf eine dieser Zahlen, so wird der 12fache Einsatz ausgezahlt. Berechnen Sie den Erwartungswert, die Varianz und die Standardabweichung der Zufallsgröße „Gewinn".

5. Eine Urne enthält 4 rote und 3 weiße Kugeln. 2 Kugeln werden nacheinander ohne Zurücklegen gezogen. X sei die Anzahl der roten Kugeln unter den gezogenen Kugeln.
   Stellen Sie die Verteilung von X auf und berechnen Sie $E(X)$, $V(X)$ und $\sigma(X)$.

6. Ein Fabrikant lässt zwei Abfüllautomaten M_1 und M_2 überprüfen, die möglichst genau Kunststoffflaschen mit 1000 ml physiologischer Kochsalzlösung füllen sollen. Die empirische Überprüfung ergibt die unten dargestellte Verteilung für die tatsächliche Füllmenge X. Welche Maschine streut beim Füllen weniger?

Füllmenge in ml	996	997	998	999	1000	1001	1002	1003	1004
Automat M_1	1 %	2 %	8 %	18 %	45 %	16 %	4 %	4 %	2 %
Automat M_2	2 %	4 %	4 %	16 %	49 %	14 %	6 %	2 %	3 %

7. Drei Kandidaten bewerben sich um den letzten freien Platz in der Olympiamannschaft der Sportschützen. Die Schießleistungen in Serien von 50 Schüssen sind das entscheidende Auswahlkriterium (maximale Punktzahl der Serie: 500).
   Entscheiden Sie sich für den am besten geeigneten Kandidaten. Das ist derjenige Kandidat, der die größte Trefferquote bei den geringsten Schwankungen in der Leistung erreicht.

Punkte	492	493	494	495	496	497	498	499	500
Kandidat X	5 %	7 %	12 %	23 %	31 %	12 %	5 %	3 %	2 %
Kandidat Y	4 %	9 %	13 %	19 %	27 %	20 %	6 %	1 %	1 %
Kandidat Z	3 %	8 %	11 %	26 %	32 %	13 %	3 %	2 %	2 %

Lösen Sie das folgende Kryptogramm:

$$\begin{array}{r} E\ I\ N\ S \\ +\ \underline{E\ I\ N\ S} \\ Z\ W\ E\ I \end{array}$$

*Jeder Buchstabe muss durch eine Ziffer
ersetzt werden. Wie viele Lösungen finden Sie?*

Zusammengesetzte Übungen

1. Für den Wurf von 3 Würfeln wird an der Würfelbude der nebenstehende Gewinnplan verwendet. Die Zufallsgröße X gibt die Auszahlung pro Wurf an.

Wurf	Auszahlung
1-mal 6	3 €
2-mal 6	11 €
3-mal 6	a €

a) Der Betreiber der Würfelbude plant, im Durchschnitt 2 € pro Spiel auszuzahlen. Welche Auszahlung a muss er für einen Wurf von 3 Sechsen festlegen? Wie groß sind dann die Varianz und die Standardabweichung von X?

b) Der Betreiber möchte das Spiel mit 2 € Einsatz pro Spiel anbieten. Mindestens 30% des Einsatzes soll als Gewinn verbucht werden. Stellen Sie mit diesen Vorgaben einen Gewinnplan für das Spiel auf. Berechnen Sie für Ihren Vorschlag den Erwartungswert und die Standardabweichung.

2. Aus der Urne werden 2 Kugeln ohne Zurücklegen gezogen. Ausgezahlt wird die Augensumme der gezogenen Kugeln (Zufallsgröße X = Auszahlung).

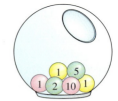

a) Geben Sie den Erwartungswert von X an.

b) Die Kugel mit der Aufschrift 10 wird durch eine zweite Kugel mit der Aufschrift 5 ersetzt. Prüfen Sie, ob der Erwartungswert von X immer noch über 5 liegt.

c) Geben Sie für die zweite Variante die Standardabweichung von X an.

3. Von der rechts dargestellten Wahrscheinlichkeitsverteilung X ist der Erwartungswert E (X) = 3 bekannt.

x_i	-10	0	10	20
$P(X = x_i)$	0,2	a	b	0,1

a) Bestimmen Sie die Werte a und b der Wahrscheinlichkeitsverteilung.

b) Berechnen Sie die Varianz und die Standardabweichung.

4. Peter schlägt vor, auf dem anstehenden Wohltätigkeitsfest das nebenstehende Glücksrad zu verwenden. Pro Spiel wird das Rad dreimal gedreht. Die Augensumme wird in € ausgezahlt. Die Zufallsgröße X gibt die Auszahlung pro Spiel an.

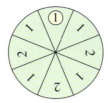

a) Geben Sie die Wahrscheinlichkeitsverteilung und den Erwartungswert von X an.

b) Berechnen Sie die Standardabweichung von X.

c) Thomas hat einen Verbesserungsvorschlag: „Wir ändern das Glücksrad so ab, dass ein Feld mit 1 und ein Feld mit 2 nunmehr mit einer 0 beschriftet wird. Das senkt den Auszahlungsbetrag pro Spiel um mindestens einen € und wir machen mit 4 € Einsatz mehr Gewinn." Hat Thomas Recht?

5. Die Seitenfläche zweier Würfel sind entsprechend den angegebenen „Würfelnetzen" mit Ziffern versehen. Beide Würfel werden gleichzeitig geworfen. Die Zufallsgröße X gibt die Augensumme der Würfel an.

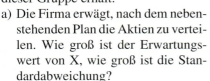

a) Bestimmen Sie die Wahrscheinlichkeitsverteilung von X.

b) Geben Sie den Erwartungswert, die Varianz und die Standardabweichung von X an.

c) Entwerfen Sie ein eigenes Würfelnetz und lösen Sie die Aufgabenteile a und b.

6. Für das Winterfest des Schützenvereins wird eine Tombola vorbereitet. Unter den 2000 Losen sind 1600 Nieten, 200 Lose mit 5 € Gewinn, 150 Lose mit 10 € Gewinn und 50 Lose mit 20 € Gewinn. Der Lospreis beträgt 2 €. Die Zufallsgröße X beschreibt den Gewinn bzw. Verlust eines Loskäufers.

a) Geben Sie die Wahrscheinlichkeitsverteilung von X an.

b) Bestimmen Sie für die Zufallsgröße X den Erwartungswert und die Varianz.

c) Der Vorsitzende des Festausschusses schlägt eine vereinfachte Variante vor: Es soll 1500 Nieten und 500 Gewinne mit a € Auszahlung geben. Welche Auszahlung a muss für ein Gewinnlos festgelegt werden, wenn der zu erwartende Reingewinn der Tombola so hoch sein soll wie bei der ersten Spielvariante?

7. Der Hersteller von Windkraftanlagen plant die Ausgabe neuer Aktien an der Börse. Das neue Papier ist sehr gefragt, es werden wesentlich mehr Aktien geordert als ausgegeben werden sollen. Deshalb wird beschlossen: Nur Anleger, die mindestens 200 Aktien geordert haben, werden berücksichtigt. Unter diesen Anlegern werden Aktienpakete zu 50 und zu 100 Aktien ausgelost. Die Zufallsgröße X gibt an, wie viele Aktien ein Käufer dieser Gruppe erhält.

a) Die Firma erwägt, nach dem nebenstehenden Plan die Aktien zu verteilen. Wie groß ist der Erwartungswert von X, wie groß ist die Standardabweichung?

x_i	0	50	100
$P(X = x_i)$	0,3	0,5	0,2

b) Der Vorstand berät als Alternative, den Anteil der Anleger, die mindestens 200 Aktien geordert haben und keine Aktien in der Verlosung erhalten, auf 20 % zu senken. Da die Gesamtzahl der auszugebenden Aktien unverändert bleiben soll, müssen die Zuteilungskontingente für 50 und 100 Aktien geändert werden. Machen Sie einen Vorschlag.

8. Das Albert-Einstein-Gymnasium bestellt für alle 81 Schüler und die 3 Mathematiklehrer der
   7. Klassen neue Taschenrechner. Durch eine Störung in der Produktion sind ein Drittel der
   Taschenrechner ohne Batterien geliefert worden. Die Zufallsgröße X gibt an, wie viele
   Taschenrechner ohne Batterien an Lehrer gegeben wurden.
   a) Geben Sie die Wahrscheinlichkeitsverteilung der Zufallsgröße X an.
   b) Berechnen Sie den Erwartungswert und die Standardabweichung der Zufallsgröße X.

9. Björn ist Sportschütze mit der Schnellfeuer-
   pistole. Er ist noch in der Ausbildung und
   trifft mit einer Wahrscheinlichkeit von
   $p = 0,8$ bei einem Schuss.
   a) Eine Serie besteht aus 3 Schüssen. Be-
      stimmen Sie die Wahrscheinlichkeitsver-
      teilung der Zufallsgröße X: „Anzahl der
      Treffer in einer Serie".

   b) Wie viele Treffer von Björn sind bei 20 Serien zu jeweils 3 Schuss zu erwarten?
   c) Wie groß ist die Standardabweichung der Zufallsgröße X?

10. Bei dem abgebildeten Spielautomaten dre-
    hen sich die drei Räder unabhängig vonein-
    ander und bleiben zufällig stehen. Der Ein-
    satz beträgt 1 € pro Spiel.

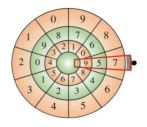

    a) Bei drei Einsen werden 50 € ausgezahlt,
       bei 2 Einsen 15 €, bei einer Eins 2 €. Die
       Zufallsgröße X gibt den Gewinn des Betrei-
       bers an. Welchen Erwartungswert hat X?
    b) Der Betreiber möchte mehr einnehmen: Er veranschlagt 20 % für Unkosten, dazu sollen
       7,5 % des Umsatzes als Gewinn bleiben. Auf welchen Betrag muss die Auszahlung für das
       Ereignis „2 Einsen" gesenkt werden, um diese Vorgaben zu erfüllen? Wie groß ist nun die
       Standardabweichung?

11. In den Schafherden Sachsen-Anhalts ist eine
    neue Infektionskrankheit aufgetreten, die nur
    durch aufwändige Bluttests nachgewiesen
    werden kann. Dazu wird allen Schafen eine
    Blutprobe entnommen. Anschließend wer-
    den die Proben von jeweils 50 Schafen ge-
    mischt und das Gemisch wird getestet. Ange-
    nommen in einer Herde von 100 Schafen be-
    finden sich im Mittel ein infiziertes Tier.

    a) Mit welcher Wahrscheinlichkeit enthält eine der gemischten Proben den Erreger?
    b) Die Zufallsgröße X gibt die Anzahl der Gruppen an, in denen bei Untersuchung der
       Blutgemische der Erreger gefunden wurde. Geben Sie die Wahrscheinlichkeitsverteilung
       von X an.
    c) Berechnen Sie den Erwartungswert sowie die Standardabweichung der Zufallsgröße X.

Test

Zufallsgrößen, Erwartungswert, Varianz

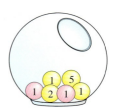

1. a) Aus der abgebildeten Urne wird eine Kugel gezogen. Die Zufallsgröße X gibt die Zahl auf der gezogenen Kugel an. Bestimmen Sie den Erwartungswert und die Standardabweichung von X.

   b) Es werden ohne Zurücklegen zwei Kugeln aus der Urne gezogen. Die Zufallsgröße Y ist die Augensumme der Zahlen auf den gezogenen Kugeln. Bestimmen Sie den Erwartungswert und die Standardabweichung von Y.

   c) Es werden mit einem Griff Kugeln aus der Urne gezogen, wobei nur die Farbe der Kugeln eine Rolle spielt. Für eine gezogene gelbe Kugel erhält der Spieler 2 €, für eine gezogene rote Kugel sind von ihm 5 € zu zahlen. Vor Beginn der Ziehung muss der Spieler festlegen, wie viele Kugeln er ziehen wird. Die Zufallsgröße Z beschreibt den Gewinn bzw. Verlust des Spielers.
   Peter ist vorsichtig. Er entscheidet sich, nur eine Kugel zu ziehen. Berechnen Sie den Erwartungswert von Z bei dieser Strategie.
   Sven ist der Meinung, dass seine Chancen besser sind, wenn er 3 Kugeln zieht. Beurteilen Sie seine Strategie.

2. Peter würfelt gegen die Bank. Bei einem beliebigen Einsatz bekommt er den 2-fachen Einsatz ausbezahlt, wenn die gewürfelte Zahl gerade ist, und er geht leer aus, wenn die gewürfelte Zahl ungerade ist. Peter möchte sein Glück erzwingen und spielt nach folgender Verdoppelungsstrategie:
   Er setzt 1 € und will im Gewinnfall aufhören. Gewinnt er beim ersten Spiel noch nicht, so will er im zweiten Spiel den Einsatz auf 2 € verdoppeln und dann wieder im Gewinnfall aufhören und im Verlustfall bei wiederum verdoppeltem Einsatz (4 €) abermals sein Glück versuchen. Da irgendwann eine gerade Zahl gewürfelt wird, glaubt Peter, so einen Gewinn erzwingen zu können.
   a) Peter hat 63 €. Wie oft kann er maximal spielen?
   b) Bestimmen Sie seinen Gewinn bzw. Verlust, wenn er im ersten, erst im zweiten, erst im dritten, ..., in keinem Spiel gewinnt.
   c) Bestimmen Sie den Erwartungswert für Peters Gewinn/Verlust.

3. Felix besitzt 4 € und spielt folgendes Spiel: Er wirft zweimal eine Laplace-Münze. Jedes Mal, wenn Kopf fällt, wird sein Guthaben halbiert; fällt Zahl, so wird sein Guthaben verdoppelt.
   a) Bestimmen Sie Erwartungswert und Varianz für sein Guthaben am Spielende.
   b) Das Spiel soll fair bleiben. Daher wird für Zahl das Guthaben nicht verdoppelt, sondern es wird um den Faktor a vervielfacht. Bestimmen Sie a.

Überblick

Zufallsgröße:

Eine Zuordnung X, die jedem Ergebnis eines Zufallsversuchs eine reelle Zahl zuordnet, heißt *Zufallsgröße*.

Ereignis $X = x_i$:

Mit $X = x_i$ wird das Ereignis bezeichnet, zu dem alle Ergebnisse des Zufallsversuchs gehören, deren Eintritt dazu führt, dass die Zufallsgröße X den Wert x_i annimmt.

Wahrscheinlichkeitsverteilung der Zufallsgröße X:

Ordnet man jedem möglichen Wert x_i, den die Zufallsgröße X annehmen kann, die Wahrscheinlichkeit $P(X = x_i)$ zu, mit der sie diesen Wert annimmt, so erhält man die *Wahrscheinlichkeitsverteilung* der Zufallsgröße X.

Erwartungswert von X:

X sei eine Zufallsgröße mit der Wertemenge $x_i, \ldots, x_m$. Dann heißt die Zahl $\mu = E(X) = x_1 \cdot P(X = x_1) + \ldots + x_m \cdot P(X = x_m)$ *Erwartungswert* der Zufallsgröße X.

Varianz von X:

X sei eine Zufallsgröße mit der Wertemenge $x_i, \ldots, x_m$ und dem Erwartungswert $\mu = E(X)$. Dann heißt die Zahl

$$V(X) = (x_1 - \mu)^2 \cdot P(X = x_1) + \ldots + (x_m - \mu)^2 \cdot P(X = x_m)$$

die *Varianz* der Zufallsgröße X.

Standardabweichung von X:

Die Größe $\sigma(X) = \sqrt{V(X)}$ heißt *Standardabweichung* der Zufallsgröße X.

VIII. Die Binomial-verteilung

1 Bernoulli-Ketten

Die Formel von Bernoulli

Ein Zufallsversuch wird als *Bernoulli-Versuch* bezeichnet, wenn es nur zwei Ausgänge E und $\overline{E}$ gibt. E wird als Treffer (Erfolg) und $\overline{E}$ als Niete (Misserfolg) bezeichnet. Die Wahrscheinlichkeit p für das Eintreten von E wird als Trefferwahrscheinlichkeit bezeichnet.

Beispiele:
Beim Werfen einer Münze: „Kopf" oder „Zahl"
Beim Werfen eines Würfels: „Sechs" oder „keine Sechs"
Beim Werfen eines Reißnagels: „Kopflage" oder „Schräglage"
Beim Ziehen aus einer Urne: „rote Kugel" oder „keine rote Kugel"
Beim Überprüfen eines Bauteils: „defekt" oder „nicht defekt"

Wiederholt man einen Bernoulli-Versuch n-mal in exakt gleicher Weise, so spricht man von einer *Bernoulli-Kette* der Länge n mit der Trefferwahrscheinlichkeit p.

> ▶ **Beispiel: Bernoulli-Kette der Länge n = 4**
> Ein Würfel wird viermal geworfen. X sei die Anzahl der dabei geworfenen Sechsen. Wie groß ist die Wahrscheinlichkeit für das Ereignis X = 2, d.h. für genau zwei Sechsen.

Lösung:
Es ist eine Bernoulli-Kette der Länge n = 4 mit der Trefferwahrscheinlichkeit $p = \frac{1}{6}$.
Das Diagramm veranschaulicht die Kette als mehrstufigen Zufallsversuch.

Die Wahrscheinlichkeit eines Weges mit genau zwei Treffern und zwei Nieten beträgt nach der Produktregel $\left(\frac{1}{6}\right)^2 \cdot \left(\frac{5}{6}\right)^2$.

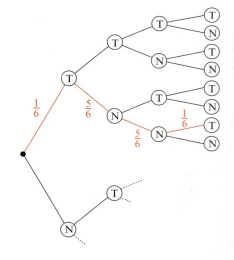

Es gibt $\binom{4}{2}$ solcher Pfade, da man $\binom{4}{2}$ Möglichkeiten hat, die beiden Treffer auf die vier Plätze eines Pfades zu verteilen. Die gesuchte Wahrscheinlichkeit lautet:

▶ $P(X = 2) = \binom{4}{2} \cdot \left(\frac{1}{6}\right)^2 \cdot \left(\frac{5}{6}\right)^2 \approx 0{,}1157$

Übung 1

In einer Urne befinden sich zwei rote und eine weiße Kugel. Aus der Urne wird sechsmal eine Kugel mit Zurücklegen gezogen. Mit welcher Wahrscheinlichkeit kommt genau viermal eine rote Kugel?

Verallgemeinert man die Rechnung aus dem vorhergehenden Beispiel, so erhält man die folgende Formel zur Bestimmung von Wahrscheinlichkeiten bei Bernoulli-Ketten.

Satz VIII.1: Die Formel von Bernoulli
Liegt eine Bernoulli-Kette der Länge n mit der Trefferwahrscheinlichkeit p vor, so wird die Wahrscheinlichkeit für genau k Treffer mit B(n;p;k) bezeichnet. Sie kann mit der rechts dargestellten Formel berechnet werden.

$$P(X = k) = B(n; p; k) = \binom{n}{k} \cdot p^k \cdot (1 - p)^{n-k}$$

🌐 267-1

Begründung:
$p^k \cdot (1 - p)^{n-k}$ ist die Wahrscheinlichkeit eines Pfades der Länge n mit k Treffern und $n - k$ Nieten. $\binom{n}{k}$ ist die Anzahl der Pfade dieser Art.

▶ **Beispiel: Multiple-Choice-Test**
Ein Test enthält vier Fragen mit jeweils drei Antwortmöglichkeiten. Er gilt als bestanden, wenn mindestens zwei Fragen richtig beantwortet werden.
Ein ganz und gar ahnungsloser Zeitgenosse versucht den Test durch zufälliges Ankreuzen zu bestehen. Wie groß sind seine Chancen?

Lösung:
Der Test kann als Bernoulli-Kette der Länge n = 4 betrachtet werden. Das korrekte Beantworten einer Frage zählt als Treffer. Die Trefferwahrscheinlichkeit ist $p = \frac{1}{3}$.
X sei die Anzahl der Treffer. Dann gilt:

$$P(X = 2) = \binom{4}{2} \cdot \left(\frac{1}{3}\right)^2 \cdot \left(\frac{2}{3}\right)^2 = \frac{24}{81} \approx 0{,}2963$$

$$P(X = 3) = \binom{4}{3} \cdot \left(\frac{1}{3}\right)^3 \cdot \left(\frac{2}{3}\right)^1 = \frac{8}{81} \approx 0{,}0988$$

$$P(X = 4) = \binom{4}{4} \cdot \left(\frac{1}{3}\right)^4 \cdot \left(\frac{2}{3}\right)^0 = \frac{1}{81} \approx 0{,}0123$$

Addiert man diese Einzelwahrscheinlichkeiten, so erhält man die gesuchte Ratewahrscheinlichkeit für das Bestehen des Tests. Sie beträgt $P(X \geq 2) = 0{,}4074 \approx 40\,\%$.

Übung 2
Ein Spieler kreuzt einen Totoschein der 13-er-Wette (vgl. S. 227) rein zufällig an. Wie groß ist seine Chance, mindestens 10 Richtige zu erzielen?

Es folgen zwei weitere typische Problemstellungen, die oft als Teilaufgabe auftreten.

▶ **Beispiel: Stichproben aus einer großen Gesamtheit**
Blumenzwiebeln werden in Großpackungen von 1000 Stück
an Gärtnereien geliefert. Im Durchschnitt gehen 20 % der
Zwiebeln nicht an. Ein Gärtner verkauft zehn Zwiebeln. Mit
welcher Wahrscheinlichkeit wird hiervon höchstens eine Zwie-
bel nicht angehen?

Lösung:
Hier wird eine Stichprobe vom Umfang
n = 10 entnommen. Diese kann als zehn-
maliges Ziehen ohne Zurücklegen inter-
pretiert werden.

X: Anzahl der unbrauchbaren Zwiebeln in
der Stichprobe

Die Trefferwahrscheinlichkeit ändert sich
wegen der großen Zahl von Zwiebeln in
der Packung von Zug zu Zug nur gering-
fügig, so dass *angenähert* eine Bernoulli-
Kette mit den Kenngrößen n = 10 und
p = 0,2 angenommen werden kann.
Die Rechnung rechts liefert das Nähe-

$$P(X \leq 1) \approx P(X = 0) + P(X = 1)$$
$$= B(10; 0,2; 0) + B(10; 0,2; 1)$$
$$= \binom{10}{0} \cdot 0{,}2^0 \cdot 0{,}8^{10} + \binom{10}{1} \cdot 0{,}2^1 \cdot 0{,}8^9$$
$$= 0{,}1074 + 0{,}2684$$
$$= 0{,}3758$$

rungsresultat $P(X \leq 1) \approx 37{,}58\,\%$. Das
▶ exakte Resultat wäre $37{,}46\,\%$.

▶ **Beispiel: Bestimmung der Länge einer Bernoulli-Kette**
Ein Glücksrad hat vier gleichgroße Sektoren, drei weiße und einen roten. Wie oft muss man
das Glücksrad *mindestens* drehen, wenn mit einer Wahrscheinlichkeit von *mindestens* 95 %
mindestens einmal ROT auftreten soll?

Lösung:
Es handelt sich um die beliebte *mindestens
– mindestens – mindestens – Aufgabe*, die
auch im Zusammenhang mit komplexen
Problemstellungen häufig auftritt.

n: Anzahl der Wiederholungen
X: Häufigkeit des Auftretens von ROT bei
n Wiederholungen

Da die Wahrscheinlichkeit für das Auftreten mindestens eines Treffers 0,95 oder
größer sein soll, verwenden wir den Ansatz $P(X \geq 1) \geq 0{,}95$.
Hiervon ausgehend, berechnen wir nach
nebenstehender Rechnung, wie lang die
Bernoulli-Kette mindestens sein muss,
um die Ansatzungleichung zu erfüllen.
Das Resultat lautet: Die Kette muss wenigstens die Länge n = 11 haben. So oft muss
▶ also das Glücksrad gedreht werden.

Ansatz:
$$P(X \geq 1) \geq 0{,}95$$
$$1 - P(X = 0) \geq 0{,}95$$
$$P(X = 0) \leq 0{,}05$$
$$B(n; 0{,}25; 0) \leq 0{,}05$$
$$\binom{n}{0} \cdot 0{,}25^0 \cdot 0{,}75^n \leq 0{,}05$$

$$0{,}75^n \leq 0{,}05$$
$$n \cdot \log(0{,}75) \leq \log(0{,}05)$$
$$n \geq 10{,}41$$

Übungen

3. Bestimmung einer Punktwahrscheinlichkeit: P(X = k)
51,4 % aller Neugeborenen sind Knaben. Eine Familie hat sechs Kinder. Wie groß ist die Wahrscheinlichkeit, dass es genau drei Knaben und drei Mädchen sind?

4. Bestimmung einer linksseitigen Intervallwahrscheinlichkeit: P(X ≤ k)
Ein Tetraederwürfel trägt die Zahlen 1 bis 4. Wird er geworfen, so zählt die unten liegende Zahl. Wie groß ist die Wahrscheinlichkeit, beim fünffachen Werfen des Würfels höchstens zweimal die Zahl 2 zu werfen?

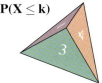

5. Bestimmung einer rechtsseitigen Intervallwahrscheinlichkeit: P(X ≥ k)
Ein Biathlet trifft die Scheibe mit einer Wahrscheinlichkeit von 80 %. Er gibt insgesamt zehn Schüsse ab. Mit welcher Wahrscheinlichkeit trifft er mindestens achtmal?

6. Bestimmung einer Intervallwahrscheinlichkeit: P(k ≤ X ≤ m)
Aus einer Urne mit zehn roten und fünf weißen Kugeln werden acht Kugeln mit Zurücklegen entnommen. Mit welcher Wahrscheinlichkeit zieht man vier bis sechs rote Kugeln?

7. Anwendung der Formel für das Gegenereignis: P(X > k) = 1 − P(X ≤ k)
Wirft man einen Reißnagel, so kommt er in 60 % der Fälle in Kopflage und in 40 % der Fälle in Seitenlage zur Ruhe. Jemand wirft zehn dieser Reißnägel. Mit welcher Wahrscheinlichkeit erzielt er mehr als dreimal die Seitenlage?

8. Bestimmung einer Mindestanzahl von Versuchen
Wie oft muss ein Würfel mindestens geworfen werden, wenn mit einer Wahrscheinlichkeit von mindestens 90 % mindestens eine Sechs fallen soll?

9. Nach Angaben der Post erreichen 90 % aller Inlandbriefe den Empfänger am nächsten Tag. Johanna verschickt acht Einladungen zu ihrem Geburtstag. Mit welcher Wahrscheinlichkeit
a) sind alle Briefe am nächsten Tag zugestellt?
b) sind mindestens sechs Briefe am nächsten Tag zugestellt?

10. Max gewinnt mit der Wahrscheinlichkeit $p = \frac{2}{3}$ beim Squash gegen Karl.
a) Mit welcher Wahrscheinlichkeit gewinnt Max genau sechs von zehn Spielen?
b) Mit welcher Wahrscheinlichkeit gewinnt er mindestens sechs von zehn Spielen?
c) Wie viele Spiele sind mindestens erforderlich, wenn die Wahrscheinlichkeit dafür, dass Karl mindestens ein Spiel gewinnt, mindestens 99 % betragen soll?

2. Eigenschaften von Binomialverteilungen

Im Folgenden sei X die Trefferanzahl bei einer Bernoulli-Kette der Länge n mit der Trefferwahrscheinlichkeit p. Die Wahrscheinlichkeitsverteilung von X bezeichnet man als *Binomialverteilung mit den Parametern n und p*.
Die wesentlichen Eigenschaften von Binomialverteilungen lassen sich relativ problemlos aus
der graphischen Darstellung der Verteilung ablesen. Säulendiagramme sind eine für diesen
Zweck geeignete Darstellungsform.   270-1

Die Wahrscheinlichkeit für genau k Treffer $P(X = k) = B(n; p; k)$ wird in Abhängigkeit von k durch eine Säule mit der
Breite 1 und der Höhe $P(X = k)$ dargestellt.

Das Flächenmaß dieser Säule ist gleich der
Wahrscheinlichkeit $P(X = k)$ für k Tref-
fer. Die Summe der Flächenmaße aller
Säulen ist gleich 1, da die Summe aller
Wahrscheinlichkeiten 1 beträgt. In der
zeichnerischen Darstellung verwendet
man allerdings häufig unterschiedliche
Achsenmaßstäbe.

**Die Binomialverteilung mit den Para-
metern n = 4 und p = 0,3:**

Tabelle: **Graph:**

k	$P(X = k)$
0	0,2401
1	0,4116
2	0,2646
3	0,0756
4	0,0081

A. Eigenschaften von Binomialverteilungen in Abhängigkeit von p (n fest)

Beispiel: Stellen Sie die Binomialverteilung mit den Parametern n und p für die Fälle
a) n = 5, p = 0,1,   b) n = 5, p = 0,35,   c) n = 5, p = 0,5,   d) n = 5, p = 0,65
graphisch dar und schildern Sie den Einfluss des Parameters p auf das Verteilungsbild.

Lösung:
Wir errechnen mithilfe der Bernoulli-Formel die Tabellenwerte $P(X = k) = B(5; p; k)$ für die
möglichen Trefferzahlen k = 0 bis k = 5 und zeichnen die zugehörigen Säulendiagramme.
a)   b)   c)   d)

Wir können Folgendes erkennen:

(1) Je größer p ist, umso weiter rechts liegt das Maximum der Verteilung.
(2) Für $p = 0{,}5$ ist die Verteilung symmetrisch: $B(n; p; k) = B(n; p; n-k)$.
(3) Es gilt die Symmetriebeziehung: $B(n; p; k) = B(n; 1-p; n-k)$.

Übung 1
a) Stellen Sie die Binomialverteilung tabellarisch und graphisch dar für $n = 5$, $p = 0{,}9$ bzw. für $n = 8$, $p = 0{,}2$ bzw. für $n = 8$, $p = 0{,}8$.
b) Prüfen Sie die Eigenschaft (3) aus der obigen Zusammenstellung für $n = 7$, $p = 0{,}3$.

B. Eigenschaften von Binomialverteilungen in Abhängigkeit von n (p fest)

▶ **Beispiel:** Vergleichen Sie die Binomialverteilungen mit den Parametern n und p für
a) $n = 3$, $p = 0{,}4$ b) $n = 6$, $p = 0{,}4$ c) $n = 10$, $p = 0{,}4$.

Lösung:
Die Tabellenwerte $B(n; p; k)$ errechnen wir mithilfe der Formel von Bernoulli. Wir können sie auch dem Tabellenwerk zur Binomialverteilung (s. S 338 f.) entnehmen.
Eine Darstellung der Tabelle für die Parameter $n = 10$, $p = 0{,}4$ findet sich als Beispiel rechts. Den folgenden Säulendiagrammen entnehmen wir die unten aufgeführten Eigenschaften der Binomialverteilung.

Verteilungstabelle für $n = 10$, $p = 0{,}4$:

k	P(X = k)	k	P(X = k)
0	0,006047	6	0,111477
1	0,040311	7	0,042467
2	0,120932	8	0,010617
3	0,214991	9	0,001573
4	0,250823	10	0,000105
5	0,200658		

$P(X=k) = B(3;0,4;k)$ $P(X=k) = B(6;0,4;k)$ $P(X=k) = B(10;0,4;k)$

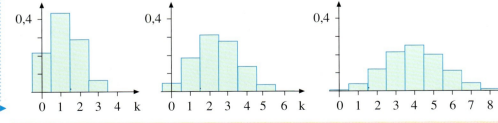

(4) Mit wachsendem n werden die Verteilungen flacher.
(5) Mit wachsendem n werden die Verteilungen symmetrischer.

C. Erwartungswert und Standardabweichung bei Bernoulli-Ketten

Ist X die Zufallsgröße, die die Trefferzahl in einer Bernoulli-Kette der Länge n angibt, so hängen ihr Erwartungswert E(X) – die durchschnittlich zu erwartende Trefferzahl – und die Standardabweichung σ(X) – die Stärke der Streuung um den Erwartungswert – von den Parametern n und p der Bernoulli-Kette ab. Dieses zeigte sich an den graphischen Darstellungen des letzten Abschnitts.

Der Erwartungswert:

Der Erwartungswert einer Zufallsgröße X ist gegeben durch die Definitionsformel:

$$E(X) = \sum_{k=0}^{n} k \cdot P(X = k).$$

Im Falle einer binomialverteilten Zufallsvariablen kann man
$P(X = k) = \binom{n}{k} \cdot p^k \cdot (1-p)^{n-k}$ einsetzen
und erhält nach diversen Umformungen, die wir hier nicht nachvollziehen, folgendes Resultat:

> X sei die Anzahl der Treffer in einer Bernoulli-Kette der Länge n und der Trefferwahrscheinlichkeit p. Dann gilt:
>
> $$\mu = E(X) = n \cdot p.$$

Die Standardabweichung:

Die Standardabweichung einer Zufallsgröße X ist gegeben durch die Definitionsformel:

$$\sigma(X) = \sqrt{\sum_{k=0}^{n} (k - \mu)^2 \cdot P(X = k)}.$$

Im Falle einer binomialverteilten Zufallsgröße können wir $\mu = E(X) = n \cdot p$ und
$P(X = k) = \binom{n}{k} \cdot p^k \cdot (1-p)^{n-k}$ einsetzen.

Nach längeren Umformungen, auf die wir hier verzichten, erhalten wir schließlich folgendes Resultat:

> X sei die Anzahl der Treffer in einer Bernoulli-Kette der Länge n und der Trefferwahrscheinlichkeit p. Dann gilt:
>
> $$\sigma(X) = \sqrt{n \cdot p \cdot (1-p)}.$$

Exemplarische Bestätigung der Formel für den Fall n = 5, p = 0,2:

Intuitiv ist klar, dass wegen p = 0,2 in 5 Versuchen 1 Treffer zu erwarten ist. Rechnerisch bestätigt sich dies:

k	$P(X = k)$	$k \cdot P(X = k)$
0	0,32768	0
1	0,4096	0,4096
2	0,2048	0,4096
3	0,0512	0,1536
4	0,0064	0,0256
5	0,00032	0,0016
$E(X) = 5 \cdot 0{,}2 = 1$		

Exemplarische Bestätigung der Formel für den Fall n = 2, p beliebig:

Mit $P(X = k) = \binom{2}{k} \cdot p^k \cdot (1-p)^{2-k}$ und $\mu = 2 \cdot p$ erhalten wir:

k	$P(X = k)$	$(k - \mu)^2 \cdot P(X = k)$
0	$(1-p)^2$	$(2p)^2 \cdot (1-p)^2$
1	$2p \cdot (1-p)$	$(1-2p)^2 \cdot 2p \cdot (1-p)$
2	p^2	$(2-2p)^2 \cdot p^2$

$\sigma(X)$
$= \sqrt{4p^2 \cdot (1-p)^2 + (1-2p)^2 \cdot 2p \cdot (1-p) + 4p^2 \cdot (1-p)^2}$
$= \sqrt{2p \cdot (1-p) \cdot [2p \cdot (1-p) + (1-2p)^2 + 2p \cdot (1-p)]}$
$= \sqrt{2p \cdot (1-p)}$

Übungen

2. Berechnen Sie Erwartungswert, Varianz und Standardabweichung der Trefferzahl X in einer Bernoullikette mit den Parametern n und p.

    a) $n = 12$, $p = 0{,}4$,   b) $n = 125$, $p = 0{,}2$,   c) $n = 37\,400$, $p = 0{,}95$.

3. Pollen können Heuschnupfen auslösen. Ein Nasenspray wirkt in 70 % aller Anwendungsfälle lindernd.

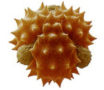

    a) 20 Patienten nehmen das Mittel gegen ihre Beschwerden ein. Bei wie vielen Patienten ist eine Linderung zu erwarten?

    b) Wie groß ist die Wahrscheinlichkeit, dass exakt bei dieser erwarteten Anzahl unter den 20 Patienten das Mittel hilft?

4. Von einer binomialverteilten Zufallsgröße sind der Erwartungswert µ und die Standardabweichung σ bekannt. Berechnen Sie die Parameter n und p der Verteilung.

    a) $\mu = 5$, $\sigma = 2$ b) $\mu = 225$, $\sigma = 7{,}5$ c) $\mu = 7{,}2$, $\sigma = 1{,}2 \cdot \sqrt{2}$

5. Ein Autohersteller bestellt Scheinwerferlampen für sein Standardmodell, das schon länger hergestellt wird. Erfahrungsgemäß sind 4 % der Lampen fehlerhaft.

    a) Wie viele fehlerhafte Lampen sind in einer Lieferung von 5000 Lampen zu erwarten? Geben Sie die Standardabweichung an.

    b) Der Autohersteller benötigt im Mittel mindestens 6000 fehlerfreie Lampen. Wie viele Lampen soll er bestellen?

6. In einer Urne befinden sich 4 rote, 6 gelbe und 10 blaue Kugeln. Es werden n Kugeln mit Zurücklegen gezogen. Die Zufallsgröße X beschreibt die Anzahl der roten Kugeln und die Zufallsgröße Y die Anzahl der gelben Kugeln unter den gezogenen Kugeln.

    a) Sei $n = 8$.
Skizzieren Sie die zugehörige Binomialverteilung der Zufallsgröße X.
Berechnen Sie den Erwartungswert und die Standardabweichung von X.
Mit welcher Wahrscheinlichkeit überschreitet der tatsächliche Wert von X den Erwartungswert E(X)?

    b) Wie viele Kugeln müssen mindestens gezogen werden, damit der Erwartungswert der Zufallsgröße Y größer als 5 ist? Wie groß ist in diesem Fall die Varianz von Y?

    c) Wie viele Kugeln müssen mindestens gezogen werden, damit der Erwartungswert von X mindestens gleich 1 ist?

    d) Wie viele Kugeln müssen mindestens gezogen werden, wenn mit mindestens 90 % Wahrscheinlichkeit mindestens eine rote Kugel gezogen werden soll?

3. Praxis der Binomialverteilung

Die Bestimmung von Trefferwahrscheinlichkeiten wird umso rechenaufwändiger, je länger die zugrunde liegende Bernoulli-Kette ist. Mithilfe von Tabellen zur Binomialverteilung – wie sie auf S. 338 f. abgedruckt sind – kann man den Rechenaufwand erheblich verringern.

A. Die Tabelle zur Binomialverteilung: B(n; p; k)   274-1

> **Beispiel:** Wie groß ist die Wahrscheinlichkeit, beim 10-maligen Werfen eines fairen Würfels genau 4-mal das Ergebnis „Sechs" zu erzielen?

Lösung ohne Tabelle:
X sei die Anzahl der Sechsen beim 10-maligen Würfelwurf.
Gesucht ist $P(X = 4) = B\left(10; \frac{1}{6}; 4\right)$.

Mithilfe der nebenstehenden Rechnung erhalten wir $B\left(10; \frac{1}{6}; 4\right) \approx 5{,}43\,\%$.

$$B\left(10; \frac{1}{6}; 4\right) = \binom{10}{4} \cdot \left(\frac{1}{6}\right)^4 \cdot \left(\frac{5}{6}\right)^6$$
$$\approx 210 \cdot 0{,}000772 \cdot 0{,}334898$$
$$\approx 0{,}0543 = 5{,}43\,\%$$

(Bernoulli-Formel)

Lösung mit Tabelle:
Effizienter ist die Anwendung der Tabelle 4 zur Binomialverteilung, die auf den Seiten 338 und 339 abgedruckt ist. Wir bestimmen $B(n; p; k) = B\left(10; \frac{1}{6}; 4\right)$ folgendermaßen:

(1) Wir suchen zunächst in der am linken Seitenrand dargestellten Eingangsspalte für den Parameter n den Tabellenblock für n = 10. Es ist der erste Block auf Seite 339.

$B\left(10; \frac{1}{6}; 4\right)$

n	k	0,02	0,03	0,04	0,05	0,10	1/6	0,20	0,25	0,30	1/3	0,40	0,50	n
	0	0,8171	7374	6648	5987	3487	1615	1074	0563	0282	0173	0060	0010	10
	1	1667	2281	2770	3151	3874	3230	2684	1877	1211	0867	0403	0098	9
	2	0153	0317	0519	0746	1937	2907	3020	2816	2335	1951	1209	0439	8
	3	0008	0026	0058	0105	0574	1550	2013	2503	2668	2601	2150	1172	7
	4		0001	0004	0010	0112	0543	0881	1460	2001	2276	2508	2051	6
10	5				0001	0015	0130	0264	0584	1029	1366	2007	2461	5	10
	6					0001	0022	0055	0162	0368	0569	1115	2051	4
	7						0002	0008	0031	0090	0163	0425	1172	3
	8							0001	0004	0014	0030	0106	0439	2
	9									0001	0003	0016	0098	1
	10											0001	0010	0

(2) Sodann suchen wir innerhalb dieses Blocks diejenige Zelle aus, welche zur Spalte $p = \frac{1}{6}$ und Zeile k = 4 gehört. In dieser Zelle steht der Eintrag 0543, der die ersten vier Nachkommastellen angibt und daher als 0,0543 zu interpretieren ist.

(3) Die gesuchte Wahrscheinlichkeit ist also gleich $B(10; \frac{1}{6}; 4) \approx 0{,}0543 = 5{,}43\,\%$.

Soll Tabelle 4 zur Bestimmung der Wahrscheinlichkeit $P(X = k) = B(n; p; k)$ in Bernoulli-Ketten mit der Trefferwahrscheinlichkeit $p > 0,5$ verwendet werden, so muss man an Stelle der am oberen und am linken Tabellenrand positionierten Eingänge für die Parameter p und k die am unteren und rechten Tabellenrand angeordneten und zusätzlich blau unterlegten Eingänge für diese Parameter benutzen.
Das funktioniert, weil die Beziehung $B(n; p; k) = B(n; 1 - p; n - k)$ gilt.

Beispiel: Durch 9-maliges Drehen des abgebildeten Glücksrades wird eine neunstellige Zahl erzeugt. Mit welcher Wahrscheinlichkeit sind genau 7 Ziffern dieser Zahl Primzahlen?

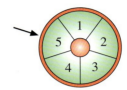

Lösung:
Die Trefferwahrscheinlichkeit in unserer Bernoulli-Kette der Länge $n = 9$ beträgt $p = 0,6$. Die Wahrscheinlichkeit für $k = 7$ Treffer (Primzahlen) ist daher gleich $B(9; 0,6; 7)$. Wir suchen in Tabelle 4 den Block $n = 9$ auf und innerhalb dieses Blocks diejenige Zelle, die zu den Parametern $p = 0,6$ und $k = 7$ gehört, wobei wir wegen $p > 0,5$ die blau unterlegten Eingänge verwenden. In der betreffenden Zelle steht der Eintrag 1612. Daher ist die gesuchte Wahrscheinlichkeit gleich $0,1612 = 16,12\%$.

Übung 1
15 Personen warten auf den Bus. Wie groß ist die Wahrscheinlichkeit dafür, dass unter den Wartenden genau doppelt so viele Männer wie Frauen sind, wenn man annimmt, dass im statistischen Durchschnitt der Frauenanteil an Haltestellen 50% (40%) beträgt?

Übung 2
Ein Betrieb produziert elektronische Bauelemente. Erfahrungsgemäß sind 10% der produzierten Bauteile defekt. Der laufenden Produktion werden 9 Bauteile entnommen.
a) Wie groß ist die Wahrscheinlichkeit dafür, dass genau zwei der 9 Bauteile defekt sind?
b) Mit welcher Wahrscheinlichkeit ist höchstens eines der 9 Bauteile defekt?

Übung 3
Eine medizinische Therapie schlägt im Mittel in 70% aller Anwendungsfälle an. Eine Klinik behandelt 20 Patienten. Es ist also statistisch zu erwarten, dass die Therapie in genau 14 Fällen wirkt. Wie wahrscheinlich ist es, dass dieser Ausgang tatsächlich eintritt?

Übung 4
Ein Multiple-Choice-Test enthält 8 Fragen. Zu jeder Frage existieren genau 3 Antwortmöglichkeiten, von denen jeweils genau eine richtig ist.
a) Wie groß ist die Wahrscheinlichkeit, dass ein wenig kenntnisreicher Kandidat, der lediglich auf gut Glück ankreuzt, mindestens 7 der Fragen richtig beantwortet?
b) Wie groß ist die Ratewahrscheinlichkeit aus Aufgabenteil a, wenn der Test 10 Fragen enthält und wenn zu jeder Frage 4 Antwortmöglichkeiten existieren, von denen stets genau zwei richtig sind?

B. Die Tabelle zur kumulierten Binomialverteilung: F(n; p; k)   276-1

In den oben besprochenen Beispielen wurde nach der Wahrscheinlichkeit dafür gefragt, dass die Trefferzahl in einer Bernoulli-Kette einen fest vorgegebenen Einzelwert annimmt: P(X=k). Besonders umfangreiche Rechnungen fallen an, wenn man die Wahrscheinlichkeit dafür sucht, dass die Trefferzahl einen fest vorgegebenen Wert nicht übersteigt: $P(X \leq k)$.
Bei dieser Aufgabenstellung lässt sich mithilfe einer Tabelle besonders viel Arbeit sparen. Man verwendet die Tabellen für die sogenannte kumulierte Binomialverteilung*, die man auf den Seiten 340 bis 346 findet.

> **Beispiel:** Ein Betrieb produziert Autoreifen. Im Durchschnitt weisen ca. 10 % der Reifen eine leichte Unwucht auf, die bei der Montage ausgeglichen werden muss. Ein Montage-betrieb erhält eine Lieferung von 50 Reifen. Mit welcher Wahrscheinlichkeit enthält die Lieferung nicht mehr als 6 Reifen mit der produktionsbedingten Unwucht?

Lösung:
X sei die Anzahl der unwuchtigen Reifen in der Lieferung vom Umfang n = 50.
Gesucht ist die Wahrscheinlichkeit dafür, dass X einen der Werte 0, 1, 2, 3, 4, 5 oder 6 annimmt, d. h. die Wahrscheinlichkeit $P(X \leq 6)$.
Diese Wahrscheinlichkeit lässt sich als Summe von sieben Wahrscheinlichkeiten darstellen:
$P(X \leq 6) = P(X = 0) + P(X = 1) + P(X = 2) + P(X = 3) + P(X = 4) + P(X = 5) + P(X = 6).$

Da die Zufallsgröße X binomialverteilt ist mit den Parametern n = 50 und p = 0,1, erhalten wir:
$P(X \leq 6) = B(50; 0,1; 0) + B(50; 0,1; 1) + B(50; 0,1; 2) + B(50; 0,1; 3) +$
$\qquad B(50; 0,1; 4) + B(50; 0,1; 5) + B(50; 0,1; 6).$

Nun würde uns einige Rechenarbeit bevorstehen, wenn wir auf die oben schon angekündigte Tabelle zur kumulierten Binomialverteilung verzichten müssten, in der die Werte solcher Summen von Binomialwahrscheinlichkeiten tabelliert sind.

Die gesuchte Summe kann dort unter der Bezeichnung $P(X \leq 6) = F(50; 0,1; 6)$ abgelesen werden: Man sucht in der Tabelle zur kumulierten Binomialverteilung den Block für den Parameter n = 50 auf und sodann sucht man innerhalb dieses Blocks diejenige Zelle, die zur Spalte p = 0,1 und zur Zeile k = 6 gehört. Dort steht der Eintrag 7702, der die Nachkommastellen der gesuchten Wahrscheinlichkeit darstellt. Daher gilt:

$$P(X \leq 6) = F(50; 0,1; 6) \approx 0,7702 = 77,02\,\%.$$

Übung 5
Ein Multiple-Choice-Test enthält 20 Fragen. Zu jeder Frage gibt es drei Antwortmöglichkeiten, von denen jeweils genau eine richtig ist. Der Test gilt als nicht bestanden, wenn nicht mehr als 10 Fragen richtig beantwortet werden. Mit welcher Wahrscheinlichkeit fällt man durch, wenn man alle Fragen auf gut Glück durch zufälliges Ankreuzen beantwortet?

---

* Das Wort „kumuliert" bedeutet hier: durch fortlaufendes Summieren entstanden.

Die Tabelle zur kumulierten Binomialverteilung kann auch dann angewendet werden, wenn für die zu Grunde liegende Trefferwahrscheinlichkeit die Ungleichung $p > 0,5$ gilt. Man kann sich dann der rot unterlegten Tabelleneingänge bedienen. Allerdings liefern diese Eingänge nicht die gesuchte Wahrscheinlichkeit, sondern die Gegenwahrscheinlichkeit.

▶ **Beispiel:** Eine Gärtnerei in Alaska verkauft Ananassamen. Die Keimfähigkeit wird mit 80 % beziffert. Ein Liebhaber kauft 18 Samen. Mit welcher Wahrscheinlichkeit entwickeln sich nur 10 oder weniger Samen zu einem Ananasbaum?

Lösung:
X sei die Anzahl der keimfähigen unter den 18 gekauften Samen.
Gesucht ist die Wahrscheinlichkeit $P(X \leq 10) = F(18; 0,8; 10)$.

Wegen $p > 0,5$ verwenden wir in der Tabelle zur kumulierten Binomialverteilung die blau unterlegten Eingänge.
Die den „blauen Parametern" $n = 18$, $p = 0,8$ und $k = 10$ zugeordnete Zelle enthält den Eintrag 9837.
Also ist 0,9837 die Gegenwahrscheinlichkeit der gesuchten Wahrscheinlichkeit.
Daher gilt:
$F(18; 0,8; 10) \approx 1 - 0,9837 = 0,0163$.
Die Wahrscheinlichkeit, dass sich höchstens 10 Samen entwickeln, beträgt nur ca.
▶ 1,63 %.

Gesuchte Wahrscheinlichkeit:
F(18; 0,8; 10)

Blaue Eingänge verwenden (wegen $p > 0,5$)!
n = 18; p = 0,8; k = 10

Abgelesener Tabellenwert:
0,9837

Resultat:
$F(18; 0,8; 10) \approx 1 - 0,9837 = 0,0163$

Begründen kann man dieses Verfahren folgendermaßen: Gesucht sei F(n; p; k) mit $p > 0,5$. Gehört eine Zelle zu den „blauen Eingangsparametern" n, p und k, so gehört sie, wovon man sich durch einen Blick überzeugen kann, zu den „weißen Eingangsparametern" n, $1 - p$, $n - k - 1$. Daher steht in dieser Zelle die Wahrscheinlichkeit $F(n; 1 - p; n - k - 1)$. Nun aber gilt:
$F(n; p; k) = P(\text{Trefferzahl} \leq k) = 1 - P(\text{Trefferzahl} \geq k + 1) = 1 - P(\text{Nietenzahl} \leq n - (k + 1))$
$= 1 - F(n; 1 - p; n - k - 1)$.

Also stellt der aus der Zelle entnommene Wahrscheinlichkeitswert gerade die Gegenwahrscheinlichkeit der gesuchten Wahrscheinlichkeit dar.

Übung 6
Eine Münze ist derart gefälscht, dass die Wahrscheinlichkeit für Kopf auf 70 % erhöht ist.
a) Wie groß ist die Wahrscheinlichkeit, dass bei 20 Würfen dennoch höchstens 10-mal Kopf kommt?
b) Einem Spieler wird angeboten, bei einem Einsatz von 2 € die Münze 50-mal zu werfen. 20 € werden ausgezahlt, wenn es ihm gelingt, nicht mehr als 30-mal Kopf zu werfen. Ist das Spiel günstig für diesen Spieler?
c) Das Spiel aus Teilaufgabe b soll fair werden. Wie muss die Höhe des Einsatzes festgelegt werden?

In den vorhergehenden Beispielen dieses Abschnitts wurden stets Wahrscheinlichkeiten der Form $P(X \leq k)$ bestimmt. Dieser Fall ist in der Tabelle zur kumulierten Binomialverteilung erfasst. Diverse anders strukturierte Fälle lassen sich ohne Schwierigkeiten auf diesen einen tabellierten Fall zurückführen. Wir zeigen dies anhand eines Beispiels.

▶ **Beispiel:** Ein Multiple-Choice-Test besteht aus 20 Fragen mit jeweils 5 Antwortmöglichkeiten, von denen stets genau eine richtig ist. Der Kandidat absolviert den Test, indem er zu jeder Frage auf gut Glück eine der Antwortmöglichkeiten ankreuzt.
Mit welcher Wahrscheinlichkeit erzielt er
1. höchstens 8 richtige Antworten,
2. genau 4 richtige Antworten,
3. mindestens 6 richtige Antworten,
4. 3 bis 8 richtige Antworten?

Lösung:
X sei die Anzahl der Fragen, die der Kandidat richtig beantwortet. Die Trefferwahrscheinlichkeit beträgt $p = 0,2$.

1. Gesucht ist die Wahrscheinlichkeit $P(X \leq 8)$ für ein **linksseitiges Intervall**. Dies ist der Standardfall. Wir können die gesuchte Wahrscheinlichkeit unmittelbar aus Tabelle 5 zur kumulierten Binomialverteilung entnehmen.	$\begin{aligned} P(X \leq 8) &= F(20; 0,2; 8) \\ &\approx 0,9900 \\ &= 99\% \end{aligned}$
2. Gesucht ist die **Punktwahrscheinlichkeit** $P(X = 4)$. Wir können diese unmittelbar aus Tabelle 4 zur Binomialverteilung als $B(20; 0,2; 4)$ ablesen. Wir können sie aber auch als Differenz zweier aufeinander folgender kumulierter Wahrscheinlichkeiten aus Tabelle 5 bestimmen.	$\begin{aligned} P(X = 4) &= B(20; 0,2; 4) \\ &\approx 0,2182 = 21,82\% \end{aligned}$ oder $\begin{aligned} P(X = 4) &= F(20; 0,2; 4) - F(20; 0,2; 3) \\ &\approx 0,6296 - 0,4114 \\ &= 0,2182 = 21,82\% \end{aligned}$
3. Gesucht ist die Wahrscheinlichkeit $P(X \geq 6)$ für ein **rechtsseitiges Intervall**. Wir können diese Wahrscheinlichkeit als Gegenwahrscheinlichkeit von $P(X \leq 5)$ bestimmen.	$\begin{aligned} P(X \geq 6) &= 1 - P(X \leq 5) \\ &= 1 - F(20; 0,2; 5) \\ &\approx 1 - 0,8042 \\ &= 0,1958 = 19,58\% \end{aligned}$
4. Gesucht ist die Intervallwahrscheinlichkeit $P(3 \leq X \leq 8)$. Wir können diese Wahrscheinlichkeit wiederum als Differenz zweier kumulierter Wahrscheinlichkeiten aus Tabelle 5 bestimmen.	$\begin{aligned} P(3 \leq X \leq 8) &= P(X \leq 8) - P(X \leq 2) \\ &= F(20; 0,2; 8) - F(20; 0,2; 2) \\ &\approx 0,9900 - 0,2061 \\ &= 0,7839 = 78,39\% \end{aligned}$

▶

Übung 7

Beim 18-maligen Werfen eines fairen Würfels erwartet man im Mittel dreimal die Sechs.

a) Wie wahrscheinlich ist es, dass dieser Erwartungswert tatsächlich eintritt bzw. dass er nicht eintritt bzw. dass er überschritten wird?

b) Wie wahrscheinlich ist es, dass die Anzahl der Sechsen den Erwartungswert um höchstens 1 unterschreitet (um höchstens 1 überschreitet)?

c) Wie wahrscheinlich ist eine Unterschreitung um mindestens 2 (eine Überschreitung um mindestens 2)?

d) Lösen Sie die Fragen a bis c für den Fall, dass der Würfel 12-mal geworfen wird.

e) Lösen Sie die Fragen a bis c für den Fall, dass der Würfel 50-mal geworfen wird.

Übung 8

Ein medizinisches Haarwaschmittel enthält Selen-(IV)-Sulfid. Dieser Inhaltsstoff führt bei ca. 3 % der Patienten zu einer nicht erwünschten Nebenwirkung in Form einer lokalen allergischen Reaktion. Ein Arzt behandelt pro Jahr durchschnittlich 10 Patienten mit diesem Mittel.

a) Wie groß ist die Wahrscheinlichkeit, dass der Arzt innerhalb eines Jahres wenigstens einen Patienten sieht, der allergisch reagiert?

b) Der Arzt glaubt, sich erinnern zu können, die besagte Allergie innerhalb der letzten 8 Jahre bei insgesamt 80 Anwendungsfällen ca. 4-mal bis 7-mal beobachtet zu haben. Ist es wahrscheinlich, dass diese Angaben den tatsächlichen Gegebenheiten entsprechen?

Übung 9

Das Spiel Superhirn – auch Mastermind genannt – ist ein interessantes Denk- und Taktikspiel für zwei Personen. Mit vier Farben wird vom ersten Spieler mithilfe von Plastikknöpfen ein vierstelliger Farbcode gebildet, wobei die Reihenfolge eine Rolle spielt. Es ist erlaubt, ein- und dieselbe Farbe mehrfach zu verwenden. Der zweite Spieler muss den Code herausfinden (die richtigen Farben an den richtigen Positionen). Dazu macht er in der ersten Runde einen simplen Rateversuch.

a) Wie groß ist die Wahrscheinlichkeit, dass er bei diesem Rateversuch die richtige Kombination auf Anhieb errät?

b) Welche Anzahl von richtig erratenen Stellen ist am wahrscheinlichsten?

c) Wie wahrscheinlich ist es, dass der zweite Spieler zwei bis drei Stellen richtig rät?

Übung 10

Otto und Egon werfen 20-mal zwei Münzen mit einem Wurf. Otto wettet 10 €, dass das Ergebnis „doppelter Kopfwurf" dreimal bis viermal kommt. Egon setzt 20 € dagegen.

a) Wessen Gewinnerwartung ist günstiger?

b) Wie lautet das Resultat, wenn beide Münzen 50-mal geworfen werden?

C. Exkurs: Das Galton-Brett

Sir Francis Galton wurde am 16. Februar 1822 in Birmingham geboren. Er war ein Cousin des berühmten Vererbungsforschers Charles Darwin (1809 bis 1882). Er unternahm Forschungsreisen auf den Balkan, nach Ägypten und Afrika. 1857 ließ Galton sich in London nieder. 1883 gründete er dort das Galton-Laboratorium, das mit Mathematik, Biologie, Physik und Chemie befasst war. Hier entwickelte Galton für die Auswertung von Statistiken das *Galton-Brett*, mit dem man Binomialverteilungen mechanisch erzeugen kann.

Das Galton-Brett besteht – wie unten abgebildet – aus einem geneigten Brett mit Nagelreihen, die so angeordnet sind, dass aus einem Trichter senkrecht auf den ersten Nagel fallende Kugeln jeweils mit der Wahrscheinlichkeit 0,5 nach links oder nach rechts abgelenkt werden. Bei günstiger Anordnung der Nägel trifft die Kugel wieder senkrecht auf einen Nagel der nächsten Reihe. Die Kugeln fallen schließlich in Fächer. Nummeriert man die Fächer mit 0 bis n, wobei n die Anzahl der Nagelreihen ist, so gibt die Nummer die Anzahl der Rechtsablenkungen der Kugeln an, die hier landen. Lässt man viele Kugeln durch das Brett laufen, entsteht in den Fächern angenähert die Binomialverteilung. Der Zusammenhang zwischen den Pfaden der Bernoulli-Kette im Baumdiagramm und dem Galtonbrett ergibt sich durch folgende Gegenüberstellung.

Bernoullikette: n = 4, p = 0,5

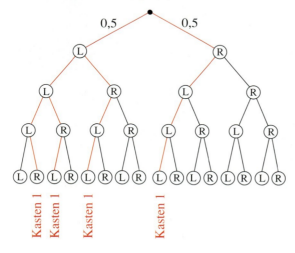

Galton-Brett: n = 4, p = 0,5

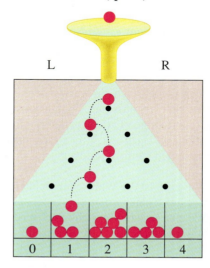

Der Baum besteht aus insgesamt 16 Pfaden. Die vier rot gezeichneten Pfade enthalten jeweils genau einen Treffer (hier: R). Sie führen auf dem Galton-Brett alle in den Kasten Nr. 1.

Alle Pfade mit genau einem Treffer (Rechtsablenkung R) werden in Kasten Nr. 1 gelenkt.

Übungen

11. Galton-Brett mit drei Stufen, Lauf einer Kugel

Das abgebildete Galton-Brett hat n = 3 Stufen. Die Wahrscheinlichkeit für eine Rechtsablenkung betrage p = 0,5. Eine einzelne Kugel durchläuft das Brett.

a) Wie viele Pfade gibt es insgesamt?

b) Wie viele Pfade führen zum Kasten Nr. 2?

c) Bestimmen Sie die Wahrscheinlichkeiten, mit welchen die Kugel im Kasten Nr. 0 bzw. Nr. 1 bzw. Nr. 2 bzw. Nr. 3 landet.

d) Mit welcher Wahrscheinlichkeit landet eine Kugel nicht in den beiden mittleren Kästen?

e) Durch Neigung des Brettes nach rechts wird die Wahrscheinlichkeit für eine Rechtsablenkung auf p = 0,6 gesteigert. Lösen Sie c) und d) für diesen Fall.

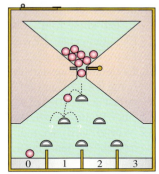

12. Galton-Brett mit drei Stufen, Lauf mehrerer Kugeln

Betrachtet wird wieder das oben abgebildete Galton-Brett mit n = 3 und $p = \frac{1}{2}$. Allerdings werden nun der Reihe nach m = 10 Kugeln über das Brett geschickt.

a) Mit welcher Wahrscheinlichkeit landet eine einzelne Kugel im Kasten Nr. 2?

b) Mit welcher Wahrscheinlichkeit landen genau 4 der 10 Kugeln im Kasten Nr. 2?

c) Mit welcher Wahrscheinlichkeit landen höchstens drei Kugeln im Kasten Nr. 2?

d) Wie wahrscheinlich sind die folgenden Ereignisse?

    A: „Genau 2 Kugeln landen im Kasten Nr. 0"

    B: „Alle Kugeln landen in den Kästen 1, 2 oder 3"

13. Arme Maus

Eine Maus irrt zu Versuchszwecken durch das abgebildete Labyrinth. Sie hat einen leichten Rechtsdrall und entscheidet an Abzweigungen mit einer Wahrscheinlichkeit von $\frac{2}{3}$ für rechts.

Teil I: Lauf einer Maus

a) Wie viele mögliche Wege existieren?

b) Mit welcher Wahrscheinlichkeit erreicht die Maus die Karotte bzw. die Walnuss?

c) Mit welcher Wahrscheinlichkeit wird die Erdbeere erreicht? Mit welcher Wahrscheinlichkeit findet die Maus überhaupt Futter?

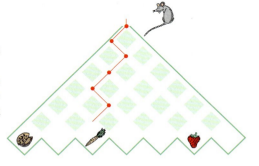

Teil II: Lauf mehrerer Mäuse

a) 10 Mäuse passieren nun das Labyrinth. Mit welcher Wahrscheinlichkeit finden mindestens 5 Mäuse die Erdbeere?

b) Wie viele Mäuse muss man mindestens durch das Labyrinth schicken, wenn mit mindestens 99 % Wahrscheinlichkeit sichergestellt werden soll, dass mindestens eine Maus die Erdbeere erreicht?

Vermischte Übungen

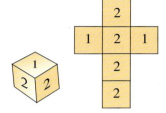

1. Ein Würfel mit dem abgebildeten Würfelnetz wird sechsmal geworfen.

a) Berechnen Sie die Wahrscheinlichkeiten für die folgenden Ereignisse:

A: „Es tritt keine Eins auf",

B: „Es treten genau 3 Zweien auf",

C: „Es treten höchstens 2 Zweien auf",

D: „Es treten mindestens 5 Zweien auf".

b) Wie viele Zweien sind im Mittel zu erwarten, wenn man den Würfel 30-mal wirft?

c) Wie oft ist der Würfel zu werfen, damit das Ereignis E: „Es tritt mindestens eine Eins auf" mit einer Wahrscheinlichkeit von mehr als 95 % eintritt?

d) Der Würfel wird zweimal geworfen. Die erste Zahl wird für den Koeffizienten b, die zweite Zahl für den Koeffizienten c in der quadratischen Gleichung $x^2 + bx + c = 0$ gewählt. Mit welcher Wahrscheinlichkeit ergeben sich dabei quadratische Gleichungen mit mindestens einer reellen Lösung?

2. Bei einer Nachrichtenübertragung werden zwei Signale (Zeichen) 0 und 1 mit der gleichen Wahrscheinlichkeit von 93 % richtig übertragen.

a) Eine Sequenz besteht aus 7 Zeichen.

Berechnen Sie die Wahrscheinlichkeiten der folgenden Ereignisse:

A: „Die Sequenz wird fehlerfrei übertragen",

B: „Nur die ersten vier Zeichen werden fehlerfrei übertragen",

C: „Fünf Zeichen werden fehlerfrei übertragen",

D: „Nur ein Zeichen, und zwar das vierte oder das fünfte, wird fehlerhaft übertragen".

b) Mit welcher Wahrscheinlichkeit werden von 9 aufeinander folgenden Sequenzen (aus je 7 Zeichen) mindestens 7 Sequenzen richtig übertragen?

c) Wie viele fehlerfreie Zeichen sind bei einer Sequenz aus 2000 Zeichen zu erwarten?

d) Wie groß ist die Standardabweichung von dem erwarteten Wert?

3. Eine Urne enthält eine schwarze und vier rote Kugeln. Es werden nacheinander 10 Kugeln gezogen, wobei nach jedem Zug die Kugel wieder in die Urne zurückgelegt wird.

a) Wie viele schwarze Kugeln sind zu erwarten?

b) Berechnen Sie die Wahrscheinlichkeiten folgender Ereignisse:

A: „Genau zwei Kugeln sind schwarz",

B: „Nur die erste Kugel ist schwarz",

C: „Genau vier Kugeln sind schwarz",

D: „Mindestens zwei Kugeln sind schwarz",

E: „Höchstens zwei Kugeln sind schwarz".

c) Wie viele Kugeln muss man aus dieser Urne mit Zurücklegen mindestens ziehen, damit mit einer Wahrscheinlichkeit von wenigstens 95 % erwartet werden kann, dass sich unter den gezogenen Kugeln mindestens eine schwarze befindet?

d) Es wird folgendes Spiel angeboten: Der Spieler erhält 4 € ausbezahlt, wenn 9 der 10 gezogenen Kugeln rot sind, und 8 € für 10 rote Kugeln.

Bei welchem Einsatz ist das Spiel fair?

4. Ein Schütze schießt auf Tontauben mit einer Trefferwahrscheinlichkeit von 70 %.
   a) Ist es wahrscheinlicher, dass er 4 von 8 Tontauben trifft oder 8 von 16?
   b) Ist es wahrscheinlicher, dass er mindestens 4 von 8 Tontauben trifft oder mindestens 8 von 16?
   c) Welche Trefferwahrscheinlichkeit muss der Schütze mindestens haben, um bei 3 Versuchen mindestens einen Treffer mit einer Wahrscheinlichkeit von wenigstens 90 % zu erzielen?

5. Bei dem abgebildeten Glücksrad tritt jedes der 10 Felder mit der gleichen Wahrscheinlichkeit ein. Das Glücksrad wird zehnmal gedreht.

   a) Berechnen Sie die Wahrscheinlichkeiten der folgenden Ereignisse:
      A: „Es tritt höchstens einmal die 1 auf",
      B: „Es tritt mindestens einmal die 5 auf",
      C: „Es tritt genau sechsmal die 7 auf",
      D: „Es tritt mindestens sechsmal die 7 auf",
      E: „Es tritt beim 10. Versuch zum 5. Mal die 7 auf".
   b) Wie viele Fünfen sind im Durchschnitt zu erwarten?
   c) Es wird folgendes Spiel angeboten: Der Einsatz pro Spiel beträgt 4 €. Dann wird das abgebildete Glücksrad dreimal gedreht. Bei drei Einsen erhält der Spieler 100 € ausbezahlt, bei drei Fünfen 50 € und bei drei Siebenen 10 €.
      Ist das Spiel für den Spieler langfristig günstig?
   d) Wie muss der Einsatz bei dem Spiel aus c) geändert werden, damit das Spiel fair wird?

6. Ein Unternehmen produziert Bauteile, von denen durchschnittlich 10 % defekt sind. Der laufenden Produktion werden 20 Bauteile entnommen.
   a) Berechnen Sie die Wahrscheinlichkeiten der folgenden Ereignisse:
      A: „Es sind genau 5 Bauteile defekt",
      B: „Es sind höchstens 2 Bauteile defekt",
      C: „Es ist kein Teil defekt",
      D: „Es sind mindestens 2 Teile, aber höchstens 5 Teile defekt",
      E: „Es sind mindestens 3 Teile defekt".
   b) Wie viele defekte Teile sind bei der Stichprobe zu erwarten?
   c) Wie groß ist die Standardabweichung vom erwarteten Wert?
   d) Wie viele Bauteile müsste man entnehmen, um mindestens ein defektes Bauteil mit einer Wahrscheinlichkeit von wenigstens 99 % zu erhalten?

7. Ein Fabrikant beglückt jeden seiner 200 Vertragshändler monatlich mit einer großen Einzellieferung von Zierleisten. Er beziffert seinen Ausschussanteil auf 4 %. Jeder Vertragshändler entnimmt seiner Einzellieferung 100 Zierleisten und prüft diese genau. Sind 5 bis 6 Leisten fehlerhaft, so geht die gesamte Lieferung zum Umtausch zurück.
   a) Welche Zahl von fehlerhaften Leisten in der Stichprobe ist im Mittel zu erwarten?
      Wie wahrscheinlich ist das Auftreten genau dieser Zahl von Ausschussstücken?
   b) Berechnen Sie die Wahrscheinlichkeit dafür, dass eine Lieferung umgetauscht wird.
   c) Wie groß ist die Gesamtzahl von Umtauschprozessen pro Monat durchschnittlich?

8. Im Folgenden wird mit einem Würfel geworfen, der das abgebildete Netz mit den Ziffern 1, 2 und 6 besitzt.

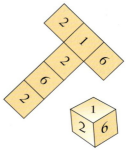

  a) Der Würfel wird 20-mal geworfen. Berechnen Sie die Wahrscheinlichkeiten der folgenden Ereignisse.
  A: „Die Sechs fällt genau 6-mal."
  B: „Die Sechs fällt mehr als 6-mal."
  C: „Die Sechs fällt 4- bis 8-mal."

  b) Wie oft muss der Würfel mindestens geworfen werden, damit mit einer Wahrscheinlichkeit von mindestens 85 % mindestens eine Sechs fällt?

  c) Moritz darf den Würfel für einen Einsatz von 1 € zweimal werfen. Er hat gewonnen, wenn die Augensumme 3 beträgt oder wenn zwei Sechsen fallen. Er erhält dann 3 € Auszahlung. Ist das Spiel für Moritz günstig?

9. Von einem Hemdenfabrikanten werden jeweils zwanzig Hemden in einen Karton gepackt.

  a) Ein Kaufhaus bestellt fünf Kartons. Der Einkäufer entnimmt jedem Karton zwei Hemden zur Überprüfung. Der Karton wird angenommen, wenn beide Hemden fehlerfrei sind.
  Gesucht sind die Wahrscheinlichkeiten folgender Ereignisse:
  A: Ein Karton wird angenommen, obwohl er genau zwei fehlerhafte Hemden enthält.
  B: Alle fünf Kartons werden angenommen, obwohl genau zwei fehlerhafte Hemden in jedem Karton sind.

  b) 10 % aller Hemden sind laut Hersteller fehlerhaft, weil ein Knopf fehlt (F_1) oder eine Naht locker ist (F_2). Der Fehler F_1 tritt mit einer Wahrscheinlichkeit von 4 % auf. Die Fehler F_1 und F_2 treten gemeinsam mit einer Wahrscheinlichkeit von 0,1 % auf.
  Mit welcher Wahrscheinlichkeit tritt der Fehler F_2 auf?
  Prüfen Sie das Auftreten der Fehler F_1 und F_2 auf stochastische Unabhängigkeit.

  c) X sei die Anzahl der fehlerhaften Hemden in einer Lieferung von 100 Hemden. Die Ausschussquote beträgt 10 %. Bestimmen Sie den Erwartungswert und die Standardabweichung von X.

  d) Wie groß ist die Wahrscheinlichkeit, dass in der Lieferung aus c) 7 bis 13 fehlerhafte Hemden sind?

10. In einer Urne befinden sich 10 schwarze (S), 8 weiße (W) und 2 rote (R) Kugeln.

  a) Aus der Urne wird dreimal eine Kugel mit Zurücklegen gezogen.
  Bestimmen Sie die Wahrscheinlichkeiten der folgenden Ereignisse:
  A: „Es kommt die Zugfolge RSW."   B: „Alle gezogenen Kugeln sind gleichfarbig."
  C: „Mindestens eine Kugel ist weiß."   D: „Höchstens eine Kugel ist schwarz."

  b) Wie viele Kugeln müssen der Urne mit Zurücklegen mindestens entnommen werden, damit unter den gezogenen Kugeln mit wenigstens 90 % Wahrscheinlichkeit mindestens eine rote Kugel ist?

  c) Aus der Urne werden 50 Kugeln mit Zurücklegen gezogen. Wie viele weiße Kugeln sind zu erwarten? Mit welcher Wahrscheinlichkeit werden 18 – 22 weiße Kugeln gezogen?

Test

1. Beim abgebildeten Glücksrad mit fünf gleich großen Sektoren wird nach dem Drehen im Stillstand durch einen Pfeil angezeigt, ob man einen Treffer (1) oder eine Niete (0) erzielt hat. Das Glücksrad wird zehnmal gedreht.

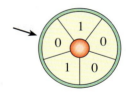

   a) Mit welcher Wahrscheinlichkeit erreicht man genau 5 Treffer?
   b) Mit welcher Wahrscheinlichkeit ergeben sich höchstens 2 Treffer?
   c) Mit welcher Wahrscheinlichkeit erreicht man mehr Treffer als Nieten?
   d) Mit welcher Wahrscheinlichkeit erhält man beim 10. Versuch den ersten Treffer?

2. Ein Führerschein-Test besteht aus 6 Fragen mit je 3 Antwortmöglichkeiten, von denen jeweils genau eine richtig ist.
   X sei die Zufallsgröße, die die Anzahl der richtig beantworteten Fragen beschreibt.
   a) Stellen Sie die Wahrscheinlichkeitsverteilung tabellarisch und graphisch dar.
   b) Berechnen Sie den Erwartungswert und die Varianz der Verteilung.
   c) Mit welcher Wahrscheinlichkeit besteht ein Kandidat den Test, wenn er auf gut Glück jeweils eine Antwort ankreuzt? Der Test gilt als bestanden, wenn mindestens 4 Fragen richtig beantwortet sind.

3. Ein Spieler rückt auf dem abgebildeten Spielfeld vom Startpunkt ausgehend nach rechts vor, wenn er mit einer Münze Kopf wirft. Wirft er Zahl, rückt er nach links vor. Nach vier Münzwürfen kommt er in einer der Positionen A bis E an, womit das Spiel endet.

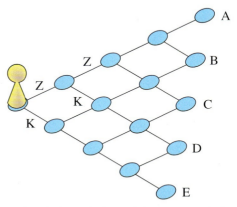

   a) Welche Wurfserien führen zur Position A, welche Wurfserien führen zur Position C?
   b) Berechnen Sie die Wahrscheinlichkeiten der folgenden Ereignisse:
   E_1: „Der Spieler erreicht A"
   E_2: „Der Spieler erreicht C"
   E_3: „Der Spieler erreicht C oder D."
   c) Ein Spieler führt 10 Spiele durch. Mit welcher Wahrscheinlichkeit erreicht er genau dreimal Position C?
   d) Wie viele Spiele muss der Spieler mindestens machen, wenn mit einer Wahrscheinlichkeit von mindestens 90 % mindestens einmal Position A erreicht werden soll?

Überblick

Bernoulli-Versuch/Bernoulli-Experiment
Ein Bernoulli-Versuch ist ein Experiment mit genau zwei Ausgängen E (Treffer/Erfolg) und $\overline{E}$ (Niete/Misserfolg)
Die Trefferwahrscheinlichkeit ist: $p = P(E)$.

Bernoulli-Kette der Länge n
Eine Bernoulli-Kette der Länge n ist die n-fache Wiederholung eines Bernoulliversuchs.

Formel von Bernoulli
Formel zur Berechnung der Wahrscheinlichkeit, in einer Bernoulli-Kette der Länge n mit der Trefferwahrscheinlichkeit p genau k Treffer zu erzielen

$$P(X = k) = B(n; p; k) = \binom{n}{k} \cdot p^k \cdot (1 - p)^{n-k}$$

Binomialverteilung
Verteilung einer Zufallsgröße X, welche die Anzahl k der Treffer in einer Bernoulli-Kette der Länge n mit der Trefferwahrscheinlichkeit p darstellt
Tabelle: S. 338-339

k	$P(X = k)$
0	0,2401
1	0,4116
2	0,2646
3	0,0756
4	0,0081

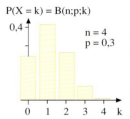

Kumulierte Binomialverteilung
Summe der Wahrscheinlichkeiten der Trefferzahlen 0, 1, …, k in einer Bernoulli-Kette der Länge n mit der Trefferwahrscheinlichkeit p
Tabelle: S. 340-346

$$P(X \leq k) = F(n; p; k)$$
$$= B(n; p; 0) + B(n; p; 1) + \ldots + B(n; p; k)$$

Berechnung von Bernoulli-Wahrscheinlichkeiten

Punktwahrscheinlichkeit:

$$P(X = k) = B(n; p; k) = \binom{n}{k} \cdot p^k \cdot (1 - p)^{n-k}$$

Linksseitige Intervallwahrscheinlichkeit:

$$P(X \leq k) = F(n; p; k) = B(n; p; 0) + \ldots + B(n; p;$$

Rechtsseitige Intervallwahrscheinlichkeit:

$$P(X \geq k) = 1 - P(X \leq k - 1) = 1 - F(n; p; k - 1)$$

Intervallwahrscheinlichkeit:

$$P(a \leq X \leq b) = P(X \leq b) - P(X \leq a - 1)$$

Binomialkoeffizienten
Der Binomialkoeffizient „n über k" gibt die Anzahl der Möglichkeiten an, aus n Elementen k Elemente auszuwählen, wobei es auf die Reihenfolge nicht ankommt.
Tabelle: S. 337   Taschenrechner: nCr-Taste

$$\binom{n}{k} = \frac{n!}{k! \cdot (n-k)!}, \quad 0 \leq k \leq n$$

$$n! = 1 \cdot 2 \cdot 3 \cdot \ldots \cdot (n-1) \cdot n$$

$$0! = 1 \quad 1! = 1$$

IX. Die Normal-
verteilung

1. Die Normalverteilung

Die zur Auswertung von Bernoulli-Ketten verwendeten Tafelwerke zu Binomialverteilungen können nur eine kleine Auswahl von Kettenlängen abdecken. In diesem Buch sind Tabellen für Bernoulli-Ketten der Längen n = 1 bis n = 20 sowie n = 50, n = 80 und n = 100 dargestellt. In der Praxis kommen natürlich auch Bernoulli-Ketten vor, die durch diese Tabellen nicht erfasst werden, z.B. sehr lange Bernoulli-Ketten.

Soll beispielsweise die Wahrscheinlichkeit dafür bestimmt werden, dass beim 500-maligen Werfen einer fairen Münze höchstens 260-mal Kopf kommt, so ist der Wert F(500; 0,5; 260) der kumulierten Binomialverteilung zu berechnen. Eine Tabelle für die Kettenlänge n = 500 steht uns nicht zur Verfügung. Die direkte Berechnung des Wertes F(500; 0,5; 260) ist so zeitaufwändig, dass wir einen Computer einsetzen müssten. Bei entsprechend langen Ketten ist schließlich auch ein Rechner ohne Chance.

Dennoch müssen wir nicht passen, denn es gibt die Möglichkeit, die Werte aller kumulierten Binomialverteilungen bei genügend großem Stichprobenumfang näherungsweise durch Funktionswerte einer einzigen relativ einfachen Funktion Φ darzustellen. Im Folgenden wird der nicht ganz einfache Prozess dargestellt, der schließlich zu dieser Funktion führt.

A. Die Standardisierung der Binomialverteilung

Die Gestalt des Histogramms zu einer binomialverteilen Zufallsgröße X hängt nur von den Parameters n und p ab. Diese bestimmen die Anzahl und die Höhe der Säulen sowie die Position der höchsten Säule, während die Säulenbreite stets 1 ist, sodass die Fläche der Säule Nr. k gleich B(n; p; k) ist.

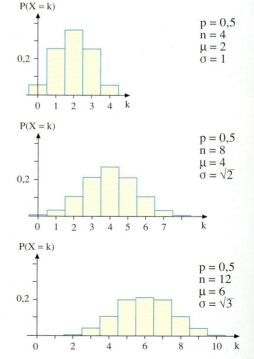

Halten wir die Grundwahrscheinlichkeit p fest, so ist Folgendes zu beobachten:

1. Mit wachsendem n rückt die höchste Säule des Histogramms weiter nach rechts.
   Der Erwartungswert $\mu = E(X) = n \cdot p$ wächst mit n an.

2. Mit wachsendem n wächst die Anzahl der Säulen des Histogramms an, das Histogramm wird breiter und flacher. Die Streuung, d.h. die Standardabweichung $\sigma(X) = \sqrt{n \cdot p \cdot (1 - p)}$ wird mit n größer.

Wird der Stichprobenumfang n für eine
feste Grundwahrscheinlichkeit p weiter
vergrößert, so nähert sich die Form des Histogramms im Grenzfall einer „Glockenkurve" an.
Es ergeben sich dabei je nach Wert von p
unterschiedliche Glockenkurven.

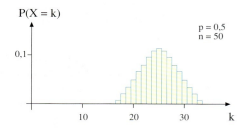

Allerdings kann man eine sogenannte Standardisierung durchführen. Dabei wird durch eine
geeignete Transformation allen Histogrammen eine relativ einheitliche Form und Lage verpasst.
Noch wichtiger ist, dass die transformierten Histogramme sich mit wachsendem n allesamt
unabhängig von p ein und derselben „Glockenkurve" anpassen.

Der Standardisierungsprozess

Schritt 1: Durch einen ersten Übergang
von der Zufallsgröße X zur Zufallsgröße
$Y = X - \mu$ wird der Erwartungswert nach
0 verschoben. Das mit wachsendem n zu
beobachtende Auswandern des Histogramms nach rechts wird vermieden.

Schritt 2: Anschließend sorgt ein weiterer
Übergang zu $Z = \frac{X - \mu}{\sigma}$ dafür, dass die
Standardabweichung auf 1 normiert wird.
Der wesentliche Teil des Histogramms
bleibt dann unabhängig von n stets etwa
gleich breit.
Die Streifenbreiten verändern sich aller-
dings von 1 auf $\frac{1}{\sigma(X)}$.
Der Erwartungswert wird nicht weiter be-
einflusst. Er bleibt bei 0.

Schritt 3: Zum Ausgleich der Streifen-
breitenänderung werden die Streifenhö-
hen mit $\sigma(X)$ multipliziert.
Dadurch erreicht man, dass die Streifen-
flächeninhalte gleich bleiben, sodass
Streifen Nr. k auch in der standardisierten
Form den Flächeninhalt $B(n; p; k)$ besitzt.

Die rechts dargestellte Bildfolge verdeutlicht das Verhalten einer standardisierten
Zufallsvariablen für wachsendes n.

Die unten dargestellten Histogramme sind
die standardisierten Formen der auf der
vorherigen Seite abgebildeten Histogramme. Beachten Sie die mit wachsendem n eintretende Annäherung an die eingezeichnete Glockenkurve.

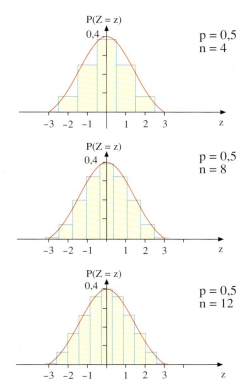

B. Die Näherungsformel von Laplace und de Moivre

Jede binomialverteilte Zufallsgröße X kann in der beschriebenen Weise standardisiert werden. Das Histogramm der zugehörigen standardisierten Zufallsgröße Z kann in jedem Fall durch ein und dieselbe Glockenkurve approximiert (angenähert) werden. Es handelt sich um die sogenannte *Gauß'sche Glockenkurve*.

Sie ist nach dem Mathematiker und Astronomen Carl Friedrich Gauß (1777–1855) benannt, der sie im Zusammenhang mit der Fehlerrechnung entdeckte.

Ihr Graph ist rechts abgebildet. Ihre Funktionsgleichung lautet:

Gauß'sche Glockenkurve
$$\varphi(t) = \frac{1}{\sqrt{2\pi}}\, e^{-\frac{1}{2}t^2}$$

Mithilfe der Funktion φ kann das Histogramm einer binomialverteilten Zufallsvariablen mit hoher Genauigkeit angenähert werden, wenn die sogenannte *Laplace-Bedingung* erfüllt ist:

Laplace-Bedingung
$$\sigma = \sqrt{n \cdot p \cdot (1-p)} > 3$$

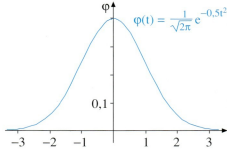
$$\varphi(t) = \frac{1}{\sqrt{2\pi}}\, e^{-0,5t^2}$$

Die Näherungsformel lautet:

Satz IX.1: Die lokale Näherungsformel von Laplace und De Moivre

Die binomialverteilte Zufallsgröße X erfülle die Laplace-Bedingung $\sigma = \sqrt{n \cdot p \cdot (1-p)} > 3$. Dann gilt die folgende Näherungsformel für $B(n; p; k)$.

$$P(X=k) = B(n;p;k) \approx \frac{1}{\sigma \cdot \sqrt{2\pi}}\, e^{-\frac{1}{2}z^2} = \frac{1}{\sigma} \cdot \varphi(z) \text{ mit } z = \frac{k-\mu}{\sigma}$$

Dabei sind $\mu = n \cdot p$ der Erwartungswert und $\sigma = \sqrt{n \cdot p \cdot (1-p)}$ die Standardabweichung von X.

290-1

Satz IX.2: Die globale Näherungsformel von Laplace und de Moivre für Binomialverteilungen

1. Prüfe, ob die Laplace-Bedingung $\sigma = \sqrt{n \cdot p(1-p)} > 3$ grob erfüllt ist.

2. Bestimme die obere Integrationsgrenze $z = \frac{k - \mu + 0{,}5}{\sigma} = \frac{k - n \cdot p + 0{,}5}{\sqrt{n \cdot p \cdot (1-p)}}$.

3. Lies aus der Tabelle der „Normalverteilung" den Funktionswert $\Phi(z)$ ab.

Dann gilt die Näherung: $\mathbf{P(X \le k) = F(n;\, p;\, k) \approx \Phi(z)}$ 293-1

Anhand eines typischen Beispiels erkennt man, wie die Laplace'sche Näherungsformel unter Verwendung der Tabelle zur Gauß'schen Integralfunktion praktisch eingesetzt wird.

▶ **Beispiel: Einführendes Beispiel zur Näherungsformel von Laplace**
Berechnen Sie, mit welcher Wahrscheinlichkeit bei 100 Würfeln mit einer fairen Münze höchstens 52-mal Kopf kommt. Verwenden Sie die Näherungsformel von Laplace.

Lösung:
X sei die Anzahl der Kopfwürfe beim 100-maligen Münzwurf.
X ist binomialverteilt mit den Parametern n = 100 (Länge der Bernoulli-Kette) und p = 0,5 (Wahrscheinlichkeit für Kopf bei einmaligem Münzwurf).
Gesucht ist $P(X \le 52) = F(100; 0{,}5; 52)$.

Gesuchte Wahrscheinlichkeit:

X = Anzahl der Kopfwürfe bei 100 Münzwürfen

$P(X \le 52) = F(100; 0{,}5; 52)$

Die Näherungsformel von Laplace und de Moivre ist anwendbar, da die Bedingung $\sigma > 3$ erfüllt ist.

Anwendbarkeit der Näherungsformel:

$\sigma = \sqrt{n \cdot p \cdot (1-p)} = \sqrt{100 \cdot 0{,}5 \cdot 0{,}5}$
$= \sqrt{25} > 3$

Also ist die gesuchte Wahrscheinlichkeit annähernd gleich $\Phi(z)$, wobei der Wert des Arguments z mithilfe der angegebenen Formel errechnet werden muss.
Wir erhalten z = 0,50.

Bestimmung der Hilfsgröße z:

$z = \frac{k - \mu + 0{,}5}{\sigma} = \frac{52 - 50 + 0{,}5}{5}$

$= \frac{2{,}5}{5} = 0{,}50$

Nun lesen wir aus der Tabelle zur Normalverteilung (Seite 347) den Funktionswert $\Phi(0{,}50)$ ab und erhalten folgendes Endresultat:
$P(X \le 52) \approx \Phi(0{,}50) \approx 0{,}6915 = 69{,}15\,\%$.

Bestimmung von $\Phi(z)$ mittels Tabelle:

$\Phi(0{,}50) \approx 0{,}6915$

Das Ergebnis stimmt fast mit dem Tabellenwert $F(100; 0{,}5; 52) = 0{,}6914$ überein.

Vergleich mit der Tabelle zur kumulierten Binomialverteilung:

$F(100; 0{,}5; 52) = 0{,}6914$

2. Anwendung der Normalverteilung

A. Bestimmung von $P(X \leq k) = F(n; p; k)$ für großes n

Anhand eines typischen Beispiels kann man am besten erkennen, wie die globale Näherungsformel von Laplace und de Moivre für Binomialverteilungen unter Verwendung der Tabelle zur Gauß'schen Integralfunktion praktisch eingesetzt wird.

> **Beispiel:** Ein fairer Würfel wird 1200-mal geworfen. Mit welcher Wahrscheinlichkeit fallen
> a) höchstens 10 % mehr Sechsen als die zu erwartende Anzahl,
> b) mindestens 5 % weniger Sechsen als die zu erwartende Anzahl?

Lösung:
Theoretisch sind 200 Sechsen zu erwarten.
Gesucht ist also
a) $P(X \leq 220)$,   b) $P(X \leq 190)$,
wobei X die Anzahl der in den 1200 Würfeln fallenden Sechsen sei.

Gesuchte Wahrscheinlichkeiten:

$$P(X \leq 220) = F\left(1200; \tfrac{1}{6}; 220\right)$$

$$P(X \leq 190) = F\left(1200; \tfrac{1}{6}; 190\right)$$

Die Näherungsformel ist anwendbar, denn es gilt:
$$\sigma = \sqrt{n \cdot p \cdot (1-p)} > \sqrt{166} > 3.$$
Nebenstehende Rechnung liefert:
a) $P(X \leq 220) \approx \Phi(1{,}59)$,
b) $P(X \leq 190) \approx \Phi(-0{,}74)$.

Bestimmung der Hilfsgröße z:

a) $z = \dfrac{220 - 200 + 0{,}5}{\sqrt{1200 \cdot \tfrac{1}{6} \cdot \tfrac{5}{6}}} \approx 1{,}59$

b) $z = \dfrac{190 - 200 + 0{,}5}{\sqrt{1200 \cdot \tfrac{1}{6} \cdot \tfrac{5}{6}}} \approx -0{,}74$

Tritt ein negatives Argument auf, ist die Funktionalgleichung $\Phi(-z) = 1 - \Phi(z)$ hilfreich, so dass auch bei b) die Tabelle zur Normalverteilung (Seite 347) verwendet werden kann. Wir erhalten als Resultate:
a) $P(X \leq 220) \approx 94{,}41\,\%$,
b) $P(X \leq 190) \approx 22{,}97\,\%$.

Anwendung der Näherungsformel:

a) $P(X \leq 220) \approx \Phi(1{,}59) = 94{,}41\,\%$

b) $P(X \leq 190) \approx \Phi(-0{,}74)$
$$= 1 - \Phi(0{,}74)$$
$$\approx 1 - 0{,}7703$$
$$= 0{,}2297 \ = 22{,}97\,\%$$

Die genauen Werte betragen übrigens
a) $94{,}24\,\%$ und   b) $23{,}21\,\%$.

Übung 1
Mit welcher Wahrscheinlichkeit fällt bei 500 Münzwürfen höchstens 260-mal Kopf?

Übung 2
Eine Maschine produziert Knöpfe mit einem Ausschussanteil von 3%. Ein Abnehmer macht eine Stichprobe, indem er 1000 Knöpfe prüft. Mit welcher Wahrscheinlichkeit findet er
a) nicht mehr als 42 ausschüssige Knöpfe,   b) höchstens 25 ausschüssige Knöpfe?

Übung 3

In einem Spiel wird eine Münze 80-mal geworfen. Erzielt man höchstens 40-mal Kopf, so hat man gewonnen. Berechnen Sie zunächst die Gewinnwahrscheinlichkeit mithilfe der Formel von Laplace näherungsweise. Wie groß ist der exakte Wert?

a) Die Münze ist fair.   b) Die Münze ist gefälscht mit P(Kopf) = 0,6.

Die inhaltlichen Konsequenzen des folgenden Beispiels sind von großer Praxisrelevanz. Es zeigt, in welchem Maße eine entschlossene Minderheit Entscheidungsfindungen in ihrem Sinn beeinflussen kann.

> **Beispiel: Die Dominanz einer Minderheit über eine Mehrheit**
> Die 200 Mitglieder des Tennis-Clubs möchten einen Pressesprecher wählen. Es melden sich nur zwei Bewerber, Hein und Johann. Es handelt sich um einfache Mehrheitswahl ohne die Möglichkeit der Enthaltung. Die beiden Kandidaten haben bisher kein Profil erworben, so-dass die Wahlchancen ausgeglichen erscheinen.
> Kurz vor der Wahl gewinnt Hein die Clubmeisterschaft. Das beeindruckt 20 Clubmitglieder so sehr, dass diese spontan beschließen, ihre Stimmen geschlossen für Hein abzugeben. Wie verändern sich dadurch die Wahlchancen der beiden Kandidaten?

Lösung:

Hein wird gewählt, wenn er insgesamt 101 Stimmen auf sich vereint. Da ihm 20 Stimmen ohnehin sicher sind, reichen ihm 81 Stimmen der verbleibenden 180 Stimmberechtigten. Die Wahrscheinlichkeit, dass er diese Stimmen erhält oder übertrifft, ist gegeben durch

$$P(X \geq 81) = 1 - P(X \leq 80)$$
$$= 1 - F(180; 0,5; 80)$$
$$\approx 1 - \Phi(-1,42)$$
$$= \Phi(1,42) \approx 0,9222.$$

X: Anzahl der Stimmen für Hein aus dem Kreis der Unentschlossenen

Binomialverteilung: $n = 180$; $p = 0,5$

Berechnung der Hilfsgröße z:

$$z = \frac{k - \mu + 0,5}{\sigma} = \frac{80 - 90 + 0,5}{\sqrt{180 \cdot \frac{1}{2} \cdot \frac{1}{2}}} \approx -1,42$$

Tabellenwert: $\Phi(1,42) = 0,9222$

Johann hat nur noch eine Restchance von 7,78 % (exakte Rechnung: 7,83 %).

Der kleinen 10 %-Minderheit von 20 Personen ist es also gelungen, die zunächst ausgeglichenen Wahlchancen auf ca. 12:1 zu Gunsten von Hein zu steigern.

Übung 4

Eine Volksabstimmung soll mit einfacher Mehrheit über eine Gesetzesänderung entscheiden, der die rund 4 Millionen Stimmberechtigten recht gleichgültig gegenüberstehen. Allerdings ist eine relativ kleine Interessengruppe von ca. 3000 Personen wild entschlossen, gegen die Gesetzesänderung zu stimmen. Mit welcher Wahrscheinlichkeit setzt die Minderheit ihren Willen durch?

B. Bestimmung von $P(k_1 \leq X \leq k_2)$ für großes n

In der statistischen Praxis sind häufig Wahrscheinlichkeiten der Form $P(k_1 \leq X \leq k_2)$ zu berechnen. Auch in diesen Fällen kann die Näherungsformel von Laplace für binomialverteilte Zufallsgrößen angewandt werden, sofern die Laplace-Bedingung erfüllt ist.

In solchen Fällen wendet man die Laplace-Formel zweimal an:

$$P(k_1 \leq X \leq k_2) = F(n; p; k_2) - F(n; p; k_1 - 1) \approx \Phi(z_2) - \Phi(z_1)$$

mit den Hilfsgrößen $z_2 = \frac{k_2 - \mu + 0{,}5}{\sigma}$ und $z_1 = \frac{k_1 - 1 - \mu + 0{,}5}{\sigma} = \frac{k_1 - \mu - 0{,}5}{\sigma}$.

▶ **Beispiel:** Im Automobilwerk sind 300 Mitarbeiter in der Produktion beschäftigt. Der Krankenstand liegt bei 5 %.
a) Wie groß ist die Wahrscheinlichkeit, dass mindestens 12 und höchstens 20 Personen erkrankt sind?
b) Die Produktion verläuft nur reibungslos, wenn an allen 300 Plätzen gearbeitet wird. Um die krankheitsbedingten Ausfälle zu kompensieren, gibt es eine „Springergruppe", deren Mitglieder bei Bedarf einspringen. Wie viele Personen müssen bereitstehen, um mit mindestens 99 % Sicherheit eine reibungslose Produktion sicherzustellen?

Lösung:
a) Gesucht ist die Wahrscheinlichkeit $P(12 \leq X \leq 20)$, wobei X die Anzahl der erkrankten Mitarbeiter ist. Wegen $\sigma = \sqrt{14{,}25} > 3$ ist die Anwendung der Näherungsformel berechtigt. Die nebenstehende Rechnung liefert:

$$\begin{aligned} P(12 \leq X \leq 20) &\approx \Phi(1{,}46) - \Phi(-0{,}93) \\ &= \Phi(1{,}46) - (1 - \Phi(0{,}93)) \\ &= 0{,}9279 - (1 - 0{,}8238) \\ &\approx 0{,}7517 = 75{,}17\,\%. \end{aligned}$$

b) Die Tabelle zur Normalverteilung zeigt, dass $\Phi(z) \approx 0{,}99$ für $z \approx 2{,}33$ gilt.
Dieses erlaubt den Rückschluss, welche Werte k für die Zufallsgröße X nun erlaubt sind.
Ergebnis: Stehen mindestens 24 Personen in Reserve, so ist die Produktion zu 99 % sichergestellt.

$$P(12 \leq x \leq 20) = P(X \leq 20) - P(X \leq 11)$$
$$= F(300; 0{,}05; 20) - F(300; 0{,}05; 11)$$

Hilfsgrößen:

$\mu = 15$

$\sigma = \sqrt{14{,}25}$

$z_2 = \frac{20 - 15 + 0{,}5}{\sqrt{14{,}25}} \approx 1{,}46$

$z_1 = \frac{12 - 15 - 0{,}5}{\sqrt{14{,}25}} \approx -0{,}93$

Ansatz: $P(X \leq k) \approx \Phi(z) \geq 0{,}99$

$\Rightarrow$ $z \geq 2{,}33$ (Tabelle)

$\Rightarrow$ $\frac{k - 15 + 0{,}5}{\sqrt{14{,}25}} \geq 2{,}33$

$\Rightarrow$ $k \geq 23{,}29$

Übung 5
Die Wahrscheinlichkeit einer Jungengeburt beträgt bekanntlich 51,4 %.
In einem Bundesland werden jährlich ca. 50 000 Kinder geboren.
Mit welcher Wahrscheinlichkeit werden zwischen 25 500 und 26 000 Jungen geboren?

Übungen

Approximation der Binomialverteilung durch die Normalverteilung

6. Eine Reißnagelsorte fällt mit Wahrscheinlichkeiten von $\frac{2}{3}$ in Kopflage und von $\frac{1}{3}$ in Seitenlage. Es werden 100 Reißnägel geworfen.
   a) Mit welcher Wahrscheinlichkeit wird genau 66-mal die Kopflage erreicht?
   b) Mit welcher Wahrscheinlichkeit wird die Kopflage genau 50-mal erreicht?

Approximation der kumulierten Binomialverteilung durch die Normalverteilung

7. Wie groß ist die Wahrscheinlichkeit dafür, dass bei 6000 Würfelwürfen höchstens 950-mal die Augenzahl Sechs fällt?

8. Eine Maschine produziert Schrauben. Die Ausschussquote beträgt 5 %.
   a) Wie groß muss eine Stichprobe sein, damit die Normalverteilung anwendbar ist?
   b) Mit welcher Wahrscheinlichkeit befinden sich in einer Stichprobe von 500 Schrauben mindestens 30 defekte Schrauben?
   c) Mit welcher Wahrscheinlichkeit sind weniger als 20 defekte Schrauben in der Probe?

9. Die Wahrscheinlichkeit einer Knabengeburt beträgt ca. 51,4 %. Mit welcher Wahrscheinlichkeit befinden sich unter 500 Neugeborenen mehr Mädchen als Knaben?

10. Bei einem gefälschten Würfel ist die Wahrscheinlichkeit für eine Sechs auf 12 % reduziert. Wie groß ist die Wahrscheinlichkeit, dass dieser Würfel bis 150 Wurfversuchen dennoch mehr Sechsen zeigt als bei einem fairen Würfel zu erwarten wären?

11. Eine Münze wird 1000-mal geworfen.
    a) Wie groß sind Erwartungswert und Standardabweichung der Anzahl X der Kopfwürfe?
    b) Wie groß ist die Wahrscheinlichkeit dafür, dass die Abweichung der Kopfzahl X vom Erwartungswert nach oben/unten höchstens die einfache Standardabweichung beträgt?

12. Ein Multiple-Choice-Test enthält 100 Fragen mit jeweils drei Antwortmöglichkeiten, wovon stets genau eine richtig ist. Befriedigend wird bei mindestens 50 richtigen Antworten vergeben. Ausreichend wird bei mindestens 40 richtigen Antworten vergeben.
    Ein Proband rät nur. Mit welcher Wahrscheinlichkeit besteht er den Test mit Befriedigend bzw. besteht er nicht bzw. erzielt er 28 bis 38 richtige Antworten?

13. Ein Reifenfabrikant garantiert, dass 95 % seiner Reifen keine Unwucht aufweisen. Ein Großhändler nimmt 500 Reifen ab.
    a) Wie groß sind Erwartungswert und Standardabweichung für die Anzahl X der unwuchtigen Reifen?
    b) Mit welcher Wahrscheinlichkeit weisen höchstens zehn der Reifen eine Unwucht auf? Mit welcher Wahrscheinlichkeit beträgt die Anzahl der unwuchtigen Reifen 20–30?

C. Exkurs: Normalverteilung bei stetigen Zufallsgrößen

Eine Zufallsgröße, die nur *ganz bestimmte isolierte Zahlenwerte* annehmen kann, bezeichnet man als *diskrete Zufallsgröße*. Ein Beispiel ist die Augenzahl beim Würfeln. Sie kann als Werte nur die diskreten Zahlen 1 bis 6 annehmen. Im Unterschied hierzu spricht man von einer *stetigen Zufallsgröße*, wenn diese innerhalb eines bestimmten Intervalls *jeden beliebigen reellen Zahlenwert* annehmen kann. Beispiele hierfür sind die Körpergröße eines Tieres, die Länge einer Schraube oder das Gewicht einer Kirsche.

Stetige Zufallsgrößen sind oft von Natur aus normalverteilt. Man stellt dies durch empirische Messreihen fest. Aus den Messwerten kann man dann auch den Erwartungswert μ und die Standardabweichung bestimmen. Anschließend kann man mithilfe der Normalverteilungstabelle diverse Problemstellungen lösen. Dabei wendet man den folgenden Satz an.

Satz IX.3: Normalverteilte stetige Zufallsgrößen
X sei eine normalverteilte stetige Zufallsgröße mit dem Erwartungswert μ und der Standardabweichung σ.
Dann gilt für jedes reelle r die Formel
$$P(X \leq r) = \Phi(z) \text{ mit } z = \frac{r-\mu}{\sigma}.$$

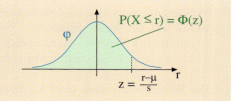

$$P(X \leq r) = \Phi(z)$$
$$z = \frac{r-\mu}{s}$$

> **Beispiel: Die Körpergröße**
> Die Körpergröße X von erwachsenen männlichen Grizzlys ist eine normalverteilte Zufallsgröße.
> Aus empirischen Untersuchungen sind Mittelwert und Standardabweichung bekannt.
> $\mu = 240$ cm, $\sigma = 10$ cm.
> Für einen zoologischen Garten wird ein Jungtier gefangen. Mit welcher Wahrscheinlichkeit wird seine Körpergröße maximal 230 cm erreichen?

Ursus Arctus Horribilis

Lösung:
Wir möchten $P(X \leq 230)$ berechnen. Aus r = 230, $\mu = 240$ und $\sigma = 10$ erhalten wir den Wert der Hilfsgröße z. Er ist z = −1.

Nun können wir die gesuchte Wahrscheinlichkeit $P(X \leq 230)$ mithilfe der Normalverteilungstabelle bestimmen (vgl. rechts).

Resultat: Der Grizzly wird mit einer Wahrscheinlichkeit von ca 16 % relativ klein bleiben, d.h. 230 cm nicht überschreiten.

Berechnung der Hilfesgröße z:
$$z = \frac{r-\mu}{\sigma} = \frac{230-240}{10} = -1$$

Berechnung von $P(X \leq 230)$:
$$P(X \leq 230) = \Phi(z) = \Phi(-1)$$
$$= 1 - \Phi(1)$$
$$= 1 - 0,8413$$
$$= 0,1587$$

Übung 14
Eine Maschine produziert Schrauben mit einer durchschnittlichen Länge von $\mu = 80$ mm und einer Standardabweichung von $\sigma = 2$ mm.
a) Wie groß ist der Prozentsatz aller produzierten Schrauben, die länger sind als 78 mm?
b) Wie groß ist der Prozentsatz der Schrauben, deren Längen zwischen 78 und 82 mm liegen?
c) Nach längerer Laufleistung steigt die Standardabweichung auf $\sigma = 4$ mm. Welcher Prozentsatz der Schrauben liegt nun innerhalb des Toleranzbereichs von 78 mm bis 82 mm?

Abschließende Bemerkungen
Bei einer *diskreten Zufallsgröße* X gibt es zu jedem Wert k, den X annehmen kann, eine Säule im Verteilungsdiagramm, deren Fläche die Wahrscheinlichkeit $P(X = k)$ darstellt. Als Beispiel hierfür kann eine binomialverteilte Zufallsgröße gelten (vgl. Diagramme S. 286).

Bei einer *stetigen Zufallsgröße* X hat jeder Einzelwert r die Wahrscheinlichkeit Null, denn ihm entspricht im Verteilungsdiagramm keine Säule, sondern nur noch ein Strich. Man betrachtet daher für stetige Zufallsgrößen keine Punktwahrscheinlichkeiten, sondern nur Intervallwahrscheinlichkeiten $P(X \leq r)$, $P(X > r)$ bzw. $P(a \leq X \leq b)$.

Hieraus ergibt sich: Die Formel aus Satz IX.3 benötigt *keine Stetigkeitskorrektur* im Gegensatz zu der Formel aus Satz IX.2 für eine binomialverteilte Zufallsgröße.

Übungen

15. Ein Intelligenztest liefert im Bevölkerungsdurchschnitt einen Mittelwert von $\mu = 120$ Punkten bei einer Standardabweichung von $\sigma = 10$ Punkten.
   a) Eine zufällig ausgewählte Person wird getestet. Mit welcher Wahrscheinlichkeit erreicht sie weniger als 100 Punkte?
   b) 20 Personen werden getestet. Mit welcher Wahrscheinlichkeit erreicht davon mindestens eine Person 130 oder mehr Punkte?

16. Eine Maschine produziert Stahlplatten mit einer durchschnittlichen Stärke von 20 mm. Die Standardabweichung beträgt $\sigma = 0,8$ mm. Die Platten können nicht verwendet werden, wenn sie unter 19 bzw. über 22 mm stark sind.
   a) Berechnen Sie, mit welcher Wahrscheinlichkeit eine Platte verwendet werden kann.
   b) Ein Abnehmer kauft 500 Platten. Wie viele kann er voraussichtlich verwenden?
   c) Die Maschine wird neu justiert. Ihre Standardabweichung beträgt nun nur noch 0,6 mm. Wie viele brauchbare Platten enthält nun der Abnehmer von 500 Platten?

17. Die EG-Richtlinie für Abfüllmaschinen besagt: *Die tatsächliche Füllmenge darf im Mittel nicht niedriger sein als die Nennfüllmenge.* Bei Literflaschen beträgt die Nennfüllmenge 1000 ml. Ein Abfüllbetrieb hat seine Maschinen auf den Mittelwert $\mu = 1005$ ml eingestellt. Die unvermeidliche Streuung beträgt $\sigma = 3$ ml.
   a) Berechnen Sie, mit welcher Wahrscheinlichkeit ein Kunde eine unterfüllte Flasche erhält, d. h. mit weniger als 1000 ml tatsächlicher Füllmenge.
   b) Eine neue Maschine hat eine Streuung von nur $\sigma = 1$ ml. Wie muss der Mittelwert eingestellt werden, wenn die Wahrscheinlichkeit für eine Unterfüllung gleich bleiben soll?

18. Die mittlere Windgeschwindigkeit an der westlichen Ostsee beträgt 18 km/h. Die Standardabweichung beträgt 6 km/h. Zur Vorbereitung von Segelregatten werden Messungen vorgenommen bzw. Wahrscheinlichkeiten berechnet.

a) Mit welcher Wahrscheinlichkeit wird bei einer Messung eine Windgeschwindigkeit über 25 km/h gemessen?

b) Wie wahrscheinlich ist es, dass beim Start der Regatta der Wind mit einer Geschwindigkeit von über 15 km/h bläst?

c) Es werden fünf zufällige Messungen vorgenommen. Mit welcher Wahrscheinlichkeit liegen alle Messwerte über 15 km/h?

d) Mit welcher Wahrscheinlichkeit wird die Windgeschwindigkeit bei mindestens drei der zehn geplanten Regatten über 15 km/h liegen?

Die Kieler Woche: Das größte Segelsport-Ereignis der Welt

19. Das Durchschnittsgewicht eines Erwachsenen beträgt 70 kg mit einer Standardabweichung von 10 kg.

a) Mit welcher Wahrscheinlichkeit wiegt eine zufällig ausgewählte Person mehr als 85 kg?

b) Acht Personen besteigen einen Aufzug, der eine Tragfähigkeit von 650 kg besitzt. Mit welcher Wahrscheinlichkeit wiegt keine der Personen mehr als 80 kg, so dass die Tragfähigkeit in jedem Fall gewährleistet ist?

c) Für einen Test werden zwanzig Personen mit einem Gewicht zwischen 65 kg und 75 kg benötigt. Wie viele Personen muss man überprüfen, um die zwanzig Testkandidaten zu finden?

20. Die Strandstraße ist eine 30-km-Zone. Die Fahrgeschwindigkeit wurde durch Radarmessungen statistisch in der Hauptverkehrszeit zwischen 15 und 17 Uhr erfasst. Es ergab sich eine angenäherte Normalverteilung mit $\mu = 32$ km/h und $\sigma = 7$ km/h.

a) Welcher Prozentsatz der Fahrzeuge überschreitet das Geschwindigkeitslimit?

b) Welcher Prozentsatz der Fahrer erhält ein Bußgeld, wenn dies ab 35 km/h verhängt wird?

c) Die Geschwindigkeitsbegrenzung wird versuchsweise auf 50 km/h angehoben. Danach ergibt eine Messung, dass nur noch 30 % der Fahrer das Limit überschreiten. Welche Durchschnittsgeschwindigkeit wird nun gefahren, wenn die Standardabweichung 10 km/h ist?

Test

1. Das abgebildete Glücksrad wird 200-mal gedreht. X sei die Anzahl der dabei insgesamt erzielten roten Sterne.

   a) Berechnen Sie den Erwartungswert μ und die Standardabweichung σ von X.

   b) Wie groß ist die Wahrscheinlichkeit für folgende Ergeignisse?

     A: Es kommt genau 80-mal ein roter Stern.

     B: Die Anzahl der roten Sterne ist nicht größer als die Anzahl der grünen Scheiben.

     C: Es gilt $60 \leq X \leq 100$.

2. a) Welche Bedingung muss erfüllt sein, damit die Binomialverteilung mit den Parametern n und p durch die Normalverteilung approximiert werden darf?

   b) Eine Maschine produziert mit einem Ausschussanteil von 5 %. Die Zufallsgröße X beschreibt die Anzahl der fehlerhaften Teile in einer Stichprobe. Welchen Umfang muss die Stichprobe mindestens haben, damit die Binomialverteilung von X durch die Normalverteilung approximert werden darf?

3. Eine Maschine befüllt Flaschen. In 2 % der Fälle wird die Normfüllmenge unterschritten. Ein Großkunde führt eine Stichprobe durch, indem er 1000 Flaschen prüft.

   a) Welche Anzahl von unterfüllten Flaschen wird bei einer solchen Stichprobe im Durchschnitt erwartet? Wie groß ist die Standardabweichung?

   b) Ist die Stichprobe hinreichend groß, um die Normalverteilung anwenden zu können?

   c) Mit welcher Wahrscheinlichkeit findet der Kunde höchstens zwanzig unterfüllte Flaschen? Mit welcher Wahrscheinlichkeit findet er dreißig oder mehr unterfüllte Flaschen?

   d) Mit welcher Wahrscheinlichkeit findet der Kunde 20 bis 30 unterfüllte Flaschen?

4. In der Schatztruhe des sagenhaft reichen Königs befinden sich zahllose Golddukaten und Silberlinge. Der Anteil der Golddukaten liegt bei 60 %.

   a) Der König lässt sich von seinem Schatzkanzler 50 zufällig aus der Truhe gegriffene Geldstücke bringen. Wie viele Golddukaten kann er erwarten? Wie groß ist die Wahrscheinlichkeit dafür, dass er genau 30 Golddukaten erhält?

   b) Für ein großes Festbankett werden der Schatztruhe zufällig 400 Geldstücke entnommen. Bestimmen Sie die Wahrscheinlichkeit folgender Ereignisse.

     A: Unter den entnommenen Geldstücken sind mindestens 250 Golddukaten.

     B: Unter den Geldstücken sind mindestens 230 und höchstens 245 Golddukaten.

Überblick

Die Gauß'sche Glockenkurve

$$\varphi(t) = \frac{1}{\sqrt{2\pi}}\, e^{-\frac{1}{2}t^2}$$

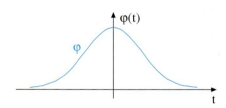

Die Gauß'sche Integralfunktion

$$\Phi(z) = \frac{1}{\sqrt{2\pi}} \int_{-\infty}^{z} e^{-\frac{1}{2}t^2}$$

Tabelle Seite 347

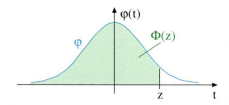

Die lokale Näherungsformel
Approximation der Binomialverteilung mithilfe der Gauß'schen Glockenkurve

X sei eine binomialverteilte Zufallsgröße. Dann kann $P(X=k) = B(n; p; k)$ mit der rechts aufgeführten Formel angenähert berechnet werden, wenn die sog. Laplace Bedingung $\sigma = \sqrt{n \cdot p \cdot (1-p)} > 3$ erfüllt ist.

$$P(X=k) = B(n; p; k) \approx \frac{1}{\sigma \cdot \sqrt{2\pi}}\, e^{-\frac{1}{2}z^2}$$

mit

$$z = \frac{k-\mu}{\sigma},\ \mu = n \cdot p,\ \sigma = \sqrt{n \cdot p \cdot (1-p)}$$

Die globale Näherungsformel
Approximation der kumulierten Binomialverteilung mithilfe der Gauß'schen Integralfunktion

X sei eine binomialverteile Zufallsgröße. Dann kann $P(X \leq k) = F(n; p; k)$ mit der rechts aufgeführten Formel angenähert berechnet werden, wenn die sog. Laplace Bedingung $\sigma = \sqrt{n \cdot p \cdot (1-p)} > 3$ erfüllt ist. Φ ist die Gauß'sche Integralfunktion.

$$P(X \leq k) = F(n; p; k) \approx \Phi(z)$$

mit

$$z = \frac{k-\mu+0,5}{\sigma},\ \mu = n \cdot p,\ \sigma = \sqrt{n \cdot p \cdot (1-p)}$$

Normalverteilung einer stetigen Zufallsgröße
X sei eine normalverteilte stetige Zufallsgröße mit dem Erwartungswert μ und der Standardabweichung σ.
Dann gilt für jedes reelle r die rechts aufgeführte Formel.

$$P(X \leq r) = \Phi(z)$$

mit

$$z = \frac{r-\mu}{\sigma}$$

X. Das Testen von Hypothesen

Eine *statistische Gesamtheit* – also z. B. die Bevölkerung eines Staates, der Produktionsausstoß einer Maschine, der Inhalt einer Schraubenschachtel – kann Merkmale besitzen, deren Häufigkeitsverteilung nicht genau bekannt ist, über die man aber Vermutungen besitzt.

Durch *Erhebung einer Stichprobe* aus der Gesamtheit kann man mit relativ geringem Aufwand die Frage entscheiden, welche der verschiedenen Vermutungen – die man auch als Hypothesen bezeichnet – wohl zutreffend ist.

Allerdings kann ein solches Verfahren zum *Prüfen von Hypothesen* zu Fehleinschätzungen führen, da eine Zufallsstichprobe durchaus ein falsches Bild der tatsächlichen Verhältnisse liefern kann. Im Folgenden wird das Risiko solcher Fehleinschätzungen für verschiedene Verfahren zum Testen von Hypothesen untersucht.

Wir behandeln zwei der wichtigsten Testverfahren, den Alternativtest und den Signifikanztest.

1. Der Alternativtest

In diesem Abschnitt werden die grundlegende Begriffe der statistischen Entscheidungstheorie an einem besonders einfachen Beispiel eingeführt.
Der so genannte *statistische Alternativtest* wird – wie der Name schon sagt – zur Entscheidung zwischen zwei zueinander alternativen Vermutungen, die man auch als alternative Hypothesen bezeichnet, verwendet.   304-1

A. Einführendes Beispiel zum Alternativtest

Beispiel: Ein Großhändler erhält eine Importlieferung von Kisten, die sehr viele Schrauben enthalten. Ein Teil der Kisten ist 1. Wahl, d. h. der Anteil der Schrauben, die die Maßtoleranzen überschreiten, beträgt 10 %. Die restlichen Kisten sind 2. Wahl, der Ausschussanteil beträgt hier 30 %. (*Alternativen*)

Da alle Kisten gleich aussehen und nicht beschriftet sind, soll durch Entnahme von Stichproben getestet werden, welche Qualität jeweils vorliegt.

Einer zu testenden Kiste werden zu diesem Zweck 20 Schrauben entnommen. (*Zufallsstichprobe*)
Sind höchstens 2 Schrauben Ausschuss, so wird die Kiste als 1. Wahl eingestuft, andernfalls als 2. Wahl. (*Entscheidungsregel*)

Dieses Verfahren kann natürlich zu Fehleinschätzungen führen.

Mit welcher Wahrscheinlichkeit wird eine Kiste, die tatsächlich 2. Wahl ist, aufgrund einer Stichprobe als 1. Wahl eingestuft? (*Irrtumswahrscheinlichkeit*)

Lösung:
p sei der Anteil der ausschüssigen Schrauben in der zu testenden Kiste.
X sei die Anzahl der ausschüssigen Schrauben in der Stichprobe (*Prüfgröße*).

Handelt es sich um eine Kiste 2. Wahl, so gilt p = 0,3.

Die Zufallsvariable X, die hier als Prüfgröße dient, ist dann näherungsweise binomialverteilt mit den Parametern n = 20 und p = 0,3.

In einer Stichprobe von n = 20 Schrauben sind im Mittel 6 ausschüssige Schrauben zu erwarten, aber es können zufallsbedingt auch nur 2 oder weniger sein.

Die Wahrscheinlichkeit für Letzteres ist
$P(X \leq 2) = F(20; 0,3; 2) \approx 3,55\%$, wie die Tabelle für die kumulierte Binomialverteilung zeigt.
Eine Kiste 2. Wahl wird also nur recht selten als 1. Wahl eingestuft.

X ist binomialverteilt mit n = 20, p = 0,3.

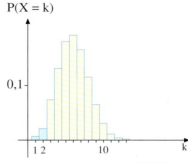

Entscheidung für 1. Wahl

P(Kiste 2. Wahl wird als 1. Wahl eingestuft)
$$= P(X \leq 2)$$
$$= F(20; 0,3; 2)$$
$$\approx 0,0355 \qquad = 3,55\%$$

Außer dieser ersten Art von Fehlentscheidung, die sich für unseren Schraubengroßhändler sehr geschäftsschädigend auswirken könnte, hat er noch eine zweite Fehlentscheidungsmöglichkeit, deren Inanspruchnahme seinen Kunden Freude bereiten dürfte:

> **Beispiel:** Das Entscheidungsverfahren aus dem vorherigen Beispiel kann zu einer zweiten Art von Fehlentscheidung führen: Eine Kiste 1. Wahl könnte irrtümlich als 2. Wahl eingestuft werden. Wie wahrscheinlich ist dies?

Lösung:

Ist die zu testende Kiste tatsächlich 1. Wahl, so gilt p = 0,1.
Die Prüfgröße X ist binomialverteilt mit den Parametern n = 20 und p = 0,1.

Die Wahrscheinlichkeit für die Einstufung der Kiste als 2. Wahl ist gleich
$$P(X > 2) = 1 - P(X \leq 2) = 1 - F(20; 0,1; 2)$$
$$\approx 1 - 0,6769$$
$$= 0,3231 = 32,31\%.$$

Diesen Fehler wird unser Entscheidungsverfahren also recht häufig produzieren.

X ist binomialverteilt mit n = 20, p = 0,1.

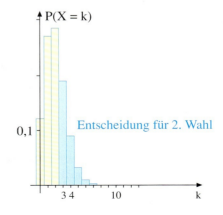

Entscheidung für 2. Wahl

B. Fachsprachliche Grundbegriffe des Hypothesentestens

Wir führen nun anhand des statistischen Alternativtests einige wichtige Fachbegriffe ein. Wir veranschaulichen diese Begriffe hier, indem wir sie durch eine Gegenüberstellung direkt auf unser Einführungsbeispiel beziehen.

Über eine *statistische Gesamtheit* gibt es zwei Vermutungen, die man Hypothesen nennt, die *Nullhypothese* H_0 sowie die *Alternativhypothese* H_1.

Diese Hypothesen schließen einander aus, sie sind in diesem Sinne Alternativen.
Sie können verbal oder in einer formelhaften Kurzform dargestellt werden.

Durch einen Test soll entschieden werden, welche der beiden Hypothesen als zutreffend angenommen werden soll.
Dieser *Hypothesentest* besteht darin, dass der vorliegenden statistischen Gesamtheit eine *Stichprobe* vom Umfang n entnommen wird.

Durch das Stichprobenergebnis wird der Wert einer Zufallsvariablen X, der sogenannten *Prüfgröße* festgelegt.

Mithilfe der Prüfgröße wird die *Entscheidungsregel* formuliert: Übersteigt der Wert der Prüfgröße in der Stichprobe die sogenannte kritische Zahl K nicht, so wird diejenige Hypothese angenommen, die niedrigeren Werten der Prüfgröße entspricht.

Die *kritische Zahl K* wird vor der Entnahme der Stichprobe unter mehr oder weniger subjektiven Gesichtspunkten festgelegt.

Sie unterteilt die Wertemenge der Prüfgröße X in zwei Bereiche:
den *Verwerfungsbereich* von H_0, der zugleich Annahmebereich von H_1 ist, und den *Annahmebereich* von H_0, der zugleich Verwerfungsbereich von H_1 ist.

Statistische Gesamtheit:
Menge der Schrauben in der Kiste

Hypothesen:
H_0: Die Kiste ist 2. Wahl.
H_1: Die Kiste ist 1. Wahl.

Kurzdarstellung der Hypothesen:
H_0: $p = 0{,}3$
H_1: $p = 0{,}1$

p = Anteil der ausschüssigen Schrauben in der Kiste

Stichprobe:
Der Kiste wird eine Zufallsstichprobe von $n = 20$ Schrauben entnommen.

Prüfgröße:
X = Anzahl der ausschüssigen Schrauben in der Stichprobe

Entscheidungsregel:
kritische Zahl: K = 2

$X \leq 2$: Entscheidung für H_1 (1. Wahl)
$X > 2$: Entscheidung für H_0 (2. Wahl)

Wahl der kritischen Zahl:
K klein: geringes Risiko, dass 2. Wahl als 1. Wahl eingestuft wird
K groß: geringes Risiko, dass 1. Wahl als 2. Wahl eingestuft wird

Annahmebereich/Verwerfungsbereich:

$X \in \{0, 1, 2\}$: $\begin{array}{l} H_1 \text{ annehmen} \\ H_0 \text{ verwerfen} \end{array}$

$X \in \{3, \ldots, 20\}$: $\begin{array}{l} H_0 \text{ annehmen} \\ H_1 \text{ verwerfen} \end{array}$

Die Entscheidungsregel kann wegen der Zufälligkeit des Stichprobenergebnisses zu Fehlentscheidungen führen.
Man unterscheidet zwei Fehlerarten und die zugehörigen Wahrscheinlichkeiten:

Fehler 1. Art:
Die Nullhypothese wird verworfen (abgelehnt), obwohl sie tatsächlich wahr ist.

Fehler 2. Art:
Die Nullhypothese wird angenommen, obwohl sie tatsächlich falsch ist.

Irrtumswahrscheinlichkeit 1. Art:
Wahrscheinlichkeit, mit der die gewählte Entscheidungsregel zu einem Fehler 1. Art führt (wird auch *α-Fehler* genannt). Sie hängt von der Wahrscheinlichkeitsverteilung der Prüfgröße X und der Wahl der kritischen Zahl K ab.

Entsprechend ist die *Irrtumswahrscheinlichkeit 2. Art* (*β-Fehler*) als Wahrscheinlichkeit eines Fehlers 2. Art definiert.

Diese Irrtumswahrscheinlichkeiten lassen sich in gewisser Weise als bedingte Wahrscheinlichkeiten interpretieren:

P(Fehler 1. Art) $=$ **P_{H_0} (Entscheidung für H_1)**

P(Fehler 2. Art) $=$ **P_{H_1} (Entscheidung für H_0)**

Im Allgemeinen geht man bei der Festlegung der Hypothesen H_0 und H_1 so vor, dass der Fehler 1. Art für den Anwender des Tests die dramatischeren Konsequenzen hat.
Der Test ist tauglich, wenn es gelingt, durch geeignete Wahl des Stichprobenumfanges n (Kostenfrage) und der kritischen Zahl K das Risiko des Fehlers 1. Art hinreichend klein zu halten, ohne dass die Wahrscheinlichkeit eines Fehlers 2. Art unvertretbar groß wird.

Fehlentscheidungen:

Fehler-arten	H_0 ist wahr	H_1 ist wahr
Entscheidung für H_0		Fehler 2. Art
Entscheidung für H_1	Fehler 1. Art	

Irrtumswahrscheinlichkeiten:
Die Zufallsgröße X (Anzahl der ausschüssigen Schrauben) ist annähernd binomialverteilt, da die Stichprobe klein ist im Verhältnis zur Gesamtheit, sodass sich der Ausschussanteil p durch die Entnahme der Stichprobe praktisch nicht ändert.

Im Falle des Fehlers 1. Art ist H_0 wahr (p = 0,3). Die Prüfgröße ist dann binomialverteilt mit n = 20 und p = 0,3.

P(Fehler 1. Art) = P_{H_0} (Entscheidung für H_1)

$$= P(X \leq 2), n = 20, p = 0,3$$
$$= F(20\,;0,3\,;2)$$
$$\approx 0,0355$$
$$= 3,55\,\%$$

Testtauglichkeit:
Unter dem subjektiven Gesichtspunkt, dass der Schraubengroßhändler wegen seines guten Rufs nach Möglichkeit vermeiden möchte, dass 2. Wahl als 1. Wahl eingestuft wird, ist das Testverfahren recht brauchbar, weil das Risiko hierfür nur 3,55 % beträgt.

Allerdings muss er in Kauf nehmen, dass recht häufig Kisten 1. Wahl unter Wert als 2. Wahl verkauft werden (32,31 %).

C. Weitere Beispiele zum Alternativtest

Der Testkonstrukteur wird bei statistischen Alternativtests mit unterschiedlichen Aufgabenstellungen konfrontiert: Bei gegebenem Entscheidungsverfahren sind Irrtumswahrscheinlichkeiten zu berechnen und bei gegebenen Irrtumswahrscheinlichkeiten sind passende Entscheidungsverfahren zu entwickeln. Im Folgenden demonstrieren wir die wesentlichen Variationen.

> **Beispiel: Berechnung der Irrtumswahrscheinlichkeiten bei gegebener kritischer Zahl**
> Ein Spieler besitzt gefälschte Münzen, bei welchen die Wahrscheinlichkeit p für Kopf auf 20 % erniedrigt ist. Dem Spieler ist entfallen, ob die Münze in seiner Hosentasche fair oder gefälscht ist, und er testet sie daher durch 12 Probewürfe. Fällt dabei mehr als viermal Kopf, so stuft er die Münze als fair ein, andernfalls als gefälscht.
> Wie groß sind die Irrtumswahrscheinlichkeiten?

Lösung:

Als alternative Hypothesen legen wir fest:
H_0: Die Münze ist fair.
H_1: Die Münze ist gefälscht.

Die Kurzdarstellung der Hypothesen ist:
H_0: p = 0,5
H_1: p = 0,2
Dabei ist p die Wahrscheinlichkeit, mit der die Münze Kopf liefert.

Als Prüfgröße X wählen wir die Anzahl der Kopfwürfe bei 12 Probewürfen.
Die Entscheidungsregel lautet:
$X > 4 \Rightarrow$ Entscheidung für H_0
$X \leq 4 \Rightarrow$ Entscheidung für H_1

X ist exakt binomialverteilt. Die Parameter sind n = 12 und p = 0,5, falls H_0 gilt, bzw. n = 12 und p = 0,2, falls H_1 gilt.

Faire Münze wird als gefälscht eingestuft:
P(Fehler 1. Art)
$$= P_{H_0} \text{ (Entscheidung für } H_1)$$
$$= P(X \leq 4), n = 12, p = 0,5$$
$$= F(12; 0,5; 4)$$
$$\approx 0,1938$$
$$= 19,38 \%$$

Gefälschte Münze wird als fair eingestuft:
P(Fehler 2. Art)
$$= P_{H_1} \text{ (Entscheidung für } H_0)$$
$$= P(X > 4), n = 12, p = 0,2$$
$$= 1 - F(12; 0,2; 4)$$
$$\approx 1 - 0,9274$$
$$= 0,0726$$
$$= 7,26 \%$$

Damit ergeben sich die in der rechten Spalte berechneten Irrtumswahrscheinlichkeiten, die nicht sehr groß sind, sodass das Testverfahren als bedingt geeignet erscheint.

Übung 1

Ein Gärtner übernimmt einen Posten von großen Behältern mit Blumensamen. Der Inhalt einiger Behälter ist zu 70 % keimfähig, der Inhalt der restlichen jedoch nur zu 40 %. Es ist aber nicht bekannt, um welche Behälter es sich jeweils handelt. Um dies festzustellen, wird jedem Behälter eine Stichprobe von 10 Samen entnommen und einem Keimversuch unterzogen. Geht mehr als die Hälfte der Samen an, wird dem Samen im entsprechenden Behälter eine Keimfähigkeit von 70 % zugeordnet, andernfalls nur eine von 40 %. Welche Irrtümer können auftreten, welche Konsequenzen haben diese Irrtümer und wie groß sind die Irrtumswahrscheinlichkeiten?

Nehmen wir an, dass der Spieler aus dem vorhergehenden Beispiel ein Falschspieler ist. Dann möchte er das Risiko, eine faire Münze als gefälscht einzustufen, möglichst gering halten. Das kann er bei sonst gleichen Bedingungen durch eine Abänderung der Entscheidungsregel erreichen.

> **Beispiel: Berechnung der kritischen Zahl bei gegebener Irrtumswahrscheinlichkeit**
> Wie muss im vorherigen Beispiel – bei sonst gleichen Voraussetzungen – das Entscheidungsverfahren abgeändert werden, damit eine faire Münze mit nicht mehr als 10 % Wahrscheinlichkeit irrtümlich als gefälscht eingestuft wird?

Lösung:
Die Entscheidungsregel lautet nunmehr:

$X > K \Rightarrow$ Entscheidung für H_0
$X \leq K \Rightarrow$ Entscheidung für H_1

mit einer zunächst noch unbestimmten kritischen Zahl K.

Die Forderung, dass die Wahrscheinlichkeit eines Fehlers 1. Art höchstens 10 % betragen darf, führt auf die kritische Zahl $K = 3$. Dies kann man, wie rechts dargestellt, der Tabelle für die kumulierte Binomialverteilung bei einem Stichprobenumfang von $n = 12$ entnehmen.

Nachteil: Der Fehler 2. Art steigt auf stolze 20,54 % an.
Verringert man die Irrtumswahrscheinlichkeit 1. Art, so erhöht sich bei gleichem Stichprobenumfang die Irrtumswahrscheinlichkeit 2. Art.

Bestimmung der kritischen Zahl K:

P(Fehler 1. Art) $\leq 0,10$
P_{H_0} (Entscheidung für H_1) $\leq 0,10$
$F(12; 0,5; K) \leq 0,10$

Der Tabelle ($n = 12$, $p = 0,5$) entnehmen wir:

$$F(12; 0,5; 3) \approx 0,073$$
$$F(12; 0,5; 4) \approx 0,1938$$

Daraus folgt: $K = 3$ ist geeignet.

Irrtumswahrscheinlichkeit 2. Art:

$$P(\text{Fehler 2. Art}) = 1 - F(12; 0,2; 3)$$
$$\approx 1 - 0,7946$$
$$= 0,2054$$
$$= 20,54\%$$

Übung 2
Die Münze aus dem letzten Beispiel soll durch 50 Probewürfe getestet werden.
Welche Entscheidungsregel ist zu wählen, damit in diesem Test eine faire Münze mit nicht mehr als 5 % Wahrscheinlichkeit irrtümlich als gefälscht eingestuft wird?

Übung 3
Der Gärtner aus Übung 1 strebt an, dass einem Behälter mit Samen niedriger Keimfähigkeit (40 %) mit nur geringer Wahrscheinlichkeit α irrtümlich eine hohe Keimfähigkeit (70 %) zugeordnet wird. Wie muss er seine Entscheidungsregel abändern, damit $\alpha \leq 5 \%$ gilt?
Welche Wahrscheinlichkeit ergibt sich nun für die irrtümliche Zuordnung einer niedrigen Keimfähigkeit zu einem Behälter mit tatsächlich hoher Keimfähigkeit? Ist das Testverfahren brauchbar?

Übungen

4. Ein Spieler behauptet, seine Geschicklichkeit sei so groß, dass seine Chancen, einen Pasch zu erzielen und damit zu gewinnen, bei 30 % liegen (H_1). Seine Freunde beschließen: Gewinnt er von 50 Testspielen mindestens 10, so wollen sie ihm glauben.

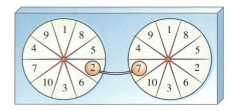

   a) Welche Fehler können durch die Anwendung der Regel auftreten und wie groß sind die Fehlerwahrscheinlichkeiten?

   b) Die Entscheidungsregel wird geändert: Dem Spieler wird seine angebliche Geschicklichkeit nur geglaubt, wenn er in 100 Spielen mindestens 20 Erfolge verbuchen kann. Welche Auswirkung hat diese Regeländerung auf die Fehlerwahrscheinlichkeiten? Ist der Gesamtfehler, d. h. die Summe von α-Fehler und β-Fehler, gegenüber Aufgabenteil a kleiner geworden?

5. Das Spielkasino bekommt aus Insiderkreisen einen „heißen Tipp": Es wurden gefälschte Würfel eingeschmuggelt, die die Sechs mit einer Wahrscheinlichkeit von 25 % produzieren (H_0). Das Kasino beschließt, alle Würfel durch 100 Testwürfe zu prüfen.

   a) Die Entscheidungsregel lautet: Bei mehr als 20 Sechsen wird der Würfel als gefälscht eingestuft. Wie groß sind α- und β-Fehler?

   b) Wie muss die Entscheidungsregel lauten, wenn die Wahrscheinlichkeit, dass ein gefälschter Würfel nicht erkannt wird, unter 3 % liegen soll?

6. Für eine Lotterie werden Losmischungen vorbereitet:

   Mischung 1: Lose für 1   €/Stück;   Anteil an Gewinnlosen: 20 %,
   Mischung 2: Lose für 0,50 €/Stück;   Anteil an Gewinnlosen: 5 %.

Leider wurde es versäumt, die Mischungen zu kennzeichnen. Zur Einstufung wird ein Alternativtest angewandt. Dabei sollen aus einer Mischung 20 Lose gezogen werden. Wie muss die Entscheidungsregel lauten, damit die Summe von α-Fehler und β-Fehler minimal ist?

7. Der Fliesenleger vermutet, dass ihm vom Hersteller irrtümlich statt Kacheln 1. Wahl (10 % Ausschuss) Kacheln 3. Wahl (30 % Ausschuss) geliefert wurden. Er testet eine Packung mit 50 Kacheln. Wie muss die Entscheidungsregel lauten, wenn der Fehler, dass eine Packung 3. Wahl als 1. Wahl eingestuft wird, unter 10 % liegen soll?

2. Der Signifikanztest

Mithilfe von statistischen Testverfahren wird aus Beobachtungen auf eine unbekannte Wahrscheinlichkeit p geschlossen.

Im vorigen Abschnitt ging es um den Fall, dass für p nur zwei ganz bestimmte, bekannte Werte p_1 und p_2 in Frage kamen, zwischen denen mithilfe des statistischen Alternativtests entschieden wurde.

In den meisten Fällen liegen die Dinge insofern etwas komplizierter, als dass man über den Wert von p nur eine Vermutung hat, die durch einen statistischen Test entweder bestätigt oder widerlegt werden soll. Einen solchen Test nennt man einen *Signifikanztest*.   311-1

A. Einführendes Beispiel zum Signifikanztest

> **Beispiel: Bestimmung der Irrtumswahrscheinlichkeiten**
> Ein Pharma-Hersteller hat ein neues Medikament gegen Schlaflosigkeit entwickelt.
> Das beste bereits auf dem Markt eingeführte Medikament mit vergleichbar geringen Nebenwirkungen zeigt in 50 % der Anwendungsfälle eine ausreichende Wirkung.
> Erste Anwendungen lassen die Forscher die Hypothese aufstellen, dass das neue Medikament in einem noch größeren Anteil der Anwendungsfälle ausreichend wirkt.
> Dies soll in einer Studie an 50 Patienten überprüft werden. Die Forscher sind vorsichtig und legen fest, dass die Hypothese nur dann angenommen werden soll, wenn das Medikament bei mehr als 30 Patienten ausreichend wirkt.
> Mit welcher Wahrscheinlichkeit wird dem Medikament eine bessere Wirkung als dem alten Medikament zugesprochen, wenn dieser Sachverhalt in Wirklichkeit gar nicht zutrifft?

Lösung:
Wir verwenden die nebenstehend aufgeführten Festlegungen.

p: Erfolgswahrscheinlichkeit des neuen Medikaments

Es ist üblich, die Forschungshypothese nicht als Nullhypothese H_0, sondern als Gegenhypothese H_1 zur Nullhypothese zu formulieren.
Die Nullhypothese ist eine *einfache*, nur aus dem Wahrscheinlichkeitswert p = 0,5 bestehende Hypothese, während die Gegenhypothese *zusammengesetzt* ist aus unendlich vielen Werten p, nämlich $0,5 < p \leq 1$.

X: Anzahl der Patienten, bei welchen das Medikament ausreichend wirkt

H_0: Das neue Medikament ist nur genauso gut wie das alte Medikament. $\boxed{H_0 : p = 0,5}$

H_1: Das neue Medikament ist besser als das alte Medikament. $\boxed{H_1 : p > 0,5}$

Die Entscheidungsregel wird mithilfe der Prüfgröße X formuliert. Ist X > 30, so wird das neue Medikament als das wirksamere Medikament eingestuft.

Entscheidungsregel:

$X \leq 30 \Rightarrow H_0$ wird angenommen
$X > 30 \Rightarrow H_0$ wird verworfen

Die Prüfgröße ist annähernd binomialverteilt, da der Stichprobenumfang $n = 50$ klein ist im Vergleich zur gesamten Bevölkerung.

Die Irrtumswahrscheinlichkeit 1. Art kann man unter Verwendung der Tabelle der kumulierten Binomialverteilung bestimmen. Sie beträgt ca. 5,95 %.
Das Risiko, dass die Forschungshypothese angenommen wird, obwohl sie falsch ist, ist daher gering.

Der Test ist also in diesem Sinne recht gut. Man sagt auch, dass sein Signifikanzniveau 5,95 % betrage.

Die Irrtumswahrscheinlichkeit 2. Art lässt sich beim Signifikanztest im Gegensatz zum Alternativtest nicht eindeutig bestimmen, da die Hypothese H_1 zusammengesetzt ist. Selbst wenn wir annehmen, dass H_1 zutrifft, kennen wir den tatsächlichen Wert von p nicht, sondern können nur $p > 0,5$ annehmen.
Je größer p ist, desto geringer ist die Irrtumswahrscheinlichkeit 2. Art.
Das heißt, je wirksamer das Medikament ist, umso geringer ist das Risiko, dass es zu Unrecht als unwirksam eingestuft
▶ wird.

Irrtumswahrscheinlichkeit 1. Art:

P(Fehler 1. Art)

$= P_{H_0}$ (Entscheidung für H_1)
$= P(X > 30)$, $n = 50$, $p = 0,5$
$= 1 - P(X \leq 30)$
$= 1 - F(50; 0,5; 30)$
$\approx 1 - 0,9405$
$= 0,0595$
$= 5,95\%$

Signifikanzniveau des Tests:

$\alpha = 5,95\%$

Irrtumswahrscheinlichkeit 2. Art:

P(Fehler 2. Art)

$= P_{H_1}$ (Entscheidung für H_0)
$= P(X \leq 30);$ $n = 50$, $p > 0,5$
$= F(50; p; 30)$
$$\approx \begin{cases} 0,5535 = 55,35\%, & \text{falls } p = 0,6 \\ 0,0848 = 8,48\%, & \text{falls } p = 0,7 \\ 0,0009 = 0,09\%, & \text{falls } p = 0,8 \end{cases}$$

Da neue Medikamente oft nur noch geringe Fortschritte bringen, ist die Wahrscheinlichkeit, dass sie im Signifikanztest durchfallen, in der Regel relativ groß.

Übung 1

Die Behauptung H_1, dass mehr als 20 % aller ABC-Schützen Linkshänder sind, soll anhand einer Stichprobe von 80 Kindern getestet werden. Findet man mehr als 20 Linkshänder, so wird H_1 als zutreffend eingestuft.
a) Wie groß ist das Signifikanzniveau des Tests (Irrtumswahrscheinlichkeit 1. Art)?
b) Mit welcher Wahrscheinlichkeit wird die Behauptung verworfen, wenn der wahre Anteil von Linkshändern unter allen ABC-Schützen 30 % beträgt?

B. Weitere Beispiele zum Signifikanztest

In unserem einführenden Beispiel war die Entscheidungsregel gegeben und das Signifikanzniveau in Gestalt des α-Fehlers gesucht.

In der Praxis ist es meistens genau umgekehrt: Man gibt das Signifikanzniveau α
vor und konstruiert die zugehörige Entscheidungsregel, indem man Annahme
und Verwerfungsbereich für die Nullhypothese geeignet festlegt.

Signifikanzniveau α eines Tests:

vorgegebene obere Schranke für die Irrtumswahrscheinlichkeit 1. Art bei einem
Signifikanztest

häufig verwendete Signifikanzniveaus:
α = 5%, α = 1%

▶ **Beispiel: Vorgabe des Signifikanzniveaus, einseitiger Test**
Der Pharma-Hersteller aus dem vorherigen Beispiel möchte in einer 50 Patienten umfassen-
den Studie testen, ob sein neues Schlafmittel wirklich – wie seine Forscher vermuten – besser
ist als die besten marktgängigen Produkte, die in 50% aller Fälle helfen.
Er möchte dieser Vermutung Glauben schenken, wenn das Medikament bei mehr als K der
50 Patienten wirkt.
Er ist recht vorsichtig und verlangt daher, dass die kritische Zahl K so bestimmt werden soll,
dass der Test ein 1%-Signifikanzniveau besitzt, d. h., die Wahrscheinlichkeit dafür, dass das
neue Medikament zu Unrecht als den alten Medikamenten überlegen eingestuft wird, darf
maximal 1% betragen.

Lösung:
Wir verwenden die in der Lösung zum vorhergehenden Beispiel verwendeten Bezeichnungen. In diesem Fall handelt es
sich um einen *einseitigen Test*, weil der
Ablehnungsbereich für H_0, der so genannte kritische Bereich, aus einem einzigen Intervall besteht.

Der Ansatz P(Fehler 1. Art) < 1% führt
nach nebenstehend aufgeführter Rechnung auf K = 33.

Die Entscheidungsregel lautet daher:
Dem neuen Medikament wird eine bessere
Wirksamkeit als den alten Medikamenten
zugesprochen, wenn es bei mehr als 33 der
▶ 50 Patienten wirkt.

Einseitiger Signifikanztest:

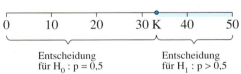

Bestimmung von K:

P(Fehler 1. Art) ≤ 0,01

$\Leftrightarrow$ P_{H_0} (Entscheidung für H_1) ≤ 0,01

$\Leftrightarrow$ $\qquad\qquad$ P(X > K) ≤ 0,01

$\Leftrightarrow$ $\qquad\qquad$ P(X ≤ K) > 0,99

$\Leftrightarrow$ $\qquad\qquad$ F(50; 0,5; K) > 0,99

nach Tabelle: K ≥ 33

▶ **Beispiel:**
Zweiseitiger Signifikanztest (p = 0,5)
In der Berliner Münze soll die Vermutung getestet werden, ob eine neue Prägemaschine Münzen mit unausgeglichener Gewichtsverteilung herstellt, so genannte unfaire Münzen.
Zu diesem Zweck wird eine der produzierten Münzen 100-mal geworfen und die Anzahl der Kopfwürfe gezählt. Weicht das Zählergebnis wenigstens um 10 vom erwarteten Wert 50 ab, so wird die Münze als unfair eingestuft.
Welches Signifikanzniveau ergibt sich?

Lösung:
Wir verwenden die nebenstehenden Bezeichnungen.

Stichprobenumfang: $n = 100$
p: Wahrscheinlichkeit für Kopf
X: Anzahl der Kopfwürfe bei 100 Würfen

Ist die Münze fair, so gilt $p = 0,5$.
Ist die Münze unfair, so gilt entweder $p > 0,5$ oder $p < 0,5$, d. h. $p \neq 0,5$.

H_0: Die Münze ist fair: $p = 0,5$
H_1: Die Münze ist unfair: $p \neq 0,5$

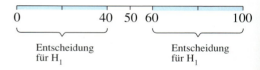

Der Verwerfungsbereich für H_0 setzt sich diesmal aus zwei Intervallen zusammen:
$0 \leq X \leq 40$ und $60 \leq X \leq 100$.

Ein Test, dessen kritischer Bereich aus zwei Intervallen besteht, wird als ein *zweiseitiger Test* bezeichnet.

Wir bestimmen nun das Signifikanzniveau des Tests, indem wir den α-Fehler errechnen.

$\alpha = P(\text{Fehler 1. Art})$
$= P_{H_0} (\text{Entscheidung für } H_1)$
$= P(X \leq 40) + P(X \geq 60), p = 0,5$
$= F(100; 0,5; 40) + 1 - F(100; 0,5; 59)$
$\approx 0,0284 + 0,0284$
$= 0,0568$

▶ Resultat: $\alpha \approx 5,68\%$

Übung 2
a) Welches Signifikanzniveau ergibt sich im obigen Beispiel für $n = 80$?
b) Wie groß ist im obigen Beispiel der β-Fehler, wenn $p = 0,4$ bzw. $p = 0,7$ gilt?
c) Wie kann durch Abänderung der im obigen Beispiel verwendeten Entscheidungsregel der α-Fehler auf maximal 1% gedrückt werden?

Im vorhergehenden Beispiel wurden die beiden Intervalle des zweigeteilten kritischen Bereichs gleich groß und symmetrisch zum Erwartungswert für die Prüfgröße angelegt.

Dies war sicher zweckmäßig, da wegen H_0: $p = 0,5$ eine symmetrische Verteilung vorlag.

Ist die Verteilung nicht symmetrisch (z. B. H_0: $p = 0,4$), so ist es üblich, die beiden Intervalle des kritischen Bereichs so zu wählen, dass der α-Fehler sich jeweils etwa zur Hälfte auf die beiden Intervalle verteilt.

Kritischer Bereich beim zweiseitigen Test:

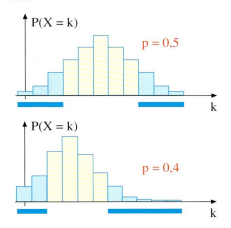

Beispiel: Zweiseitiger Signifikanztest ($p \neq 0,5$)

Der Abgeordnete Karlo Mann hat bei der letzten Wahl 40 % der Stimmen erhalten. Er möchte nun wissen, ob sich dieser Stimmanteil inzwischen verändert hat. Also lässt er 100 Personen aus seinem Wahlkreis befragen. Sollten dabei erheblich weniger oder erheblich mehr als 40 Personen für ihn votieren, so wird er annehmen, dass sein Stimmanteil sich verändert hat. Er möchte das Risiko, dass er aus dem Ergebnis der Umfrage irrtümlich auf einen veränderten Stimmanteil schließt, auf maximal 20 % begrenzen. Welche Entscheidungsregel sollte er bei der Auswertung des Umfrageergebnisses befolgen?

Lösung:
Unter Verwendung der rechts aufgeführten Bezeichnungen gilt:

Der kritische Bereich (Verwerfungsbereich für H_0) setzt sich aus zwei Intervallen zusammen: $[0\,;\,K_1]$ und $[K_2\,;\,100]$.

Wir wählen die kritischen Zahlen K_1 und K_2 derart, dass gilt:

1) $P(X \leq K_1) \leq \frac{\alpha}{2}$:
$P(X \leq K_1) \leq 0,1 \Leftrightarrow F(100\,;\,0,4\,;\,K_1) \leq 0,1$
gilt für $K_1 = 33$.

2) $P(X \geq K_2) \leq \frac{\alpha}{2}$:
$P(X \geq K_2) \leq 0,1 \Leftrightarrow 1 - F(100\,;\,0,4\,;\,K_2 - 1) \leq 0,1$
gilt für $K_2 - 1 \geq 46$, $K_2 \geq 47$.

Stichprobenumfang: $n = 100$

p: Anteil der Wahlberechtigten, die für Herrn Mann stimmen würden

X: Anzahl der befragten Personen, die für Herrn Mann stimmen würden

H_0: Stimmanteil unverändert: $p = 0,4$
H_1: Stimmanteil verändert: $\quad p \neq 0,4$

Entscheidungsregel:

$X \leq K_1 \qquad \Rightarrow$ Entscheidung für H_1
$X \geq K_2 \qquad \Rightarrow$ Entscheidung für H_1
$K_1 < X < K_2 \Rightarrow$ Entscheidung für H_0

Resultat:
$K_1 = 33$ und $K_2 = 47$

Abgeordneter Mann geht also nur dann von einem veränderten Stimmanteil aus, wenn er in der Umfrage höchstens 33 oder mindestens 47 Stimmen erhält.

Übungen

3. Der Marktanteil der Kaugummimarke Airwaves lag im vergangenen Quartal bei p = 25%.

Durch eine Umfrage soll festgestellt werden, ob der Marktanteil im neuen Quartal konstant geblieben ist (H_0: p = 0,25) oder ob er nun über 25% liegt (H_1: p > 0,25).
Es wird festgelegt: Wenn von 100 befragten Personen 30 oder mehr der Marke Airwaves den Vorzug geben gegenüber anderen Marken, soll H_0 abgelehnt werden.
Mit welchem Signifikanzniveau (α-Fehler) arbeitet der Test?

4. Eine Elektronikfirma produziert Platinen mit Speicherbausteinen. Der normale Ausschussanteil beträgt 10% $\left(H_0\text{: p} = 0,1\right)$. Aufgrund von Kundenbeschwerden wird vermutet, dass die Ausschussquote unbemerkt gestiegen ist $\left(H_1\text{: p} > 0,1\right)$.

Der Anteil der defekten Platinen soll durch eine Stichprobe vom Umfang n = 100 getestet werden. Wenn weniger als 15 Platinen der Stichprobe defekt sind, wird H_0 noch als zutreffend eingestuft.

a) Bestimmen Sie das Signifikanzniveau, d. h. den α-Fehler des Tests.

b) Mit welcher Wahrscheinlichkeit wird H_1 verworfen, obwohl der Ausschussanteil auf exakt 20% gestiegen ist?

5. Die Fernsehserie „Chicago Connection" hatte im Vorjahr eine Einschaltquote von p = 40%. Es soll geprüft werden, ob sich die Einschaltquote im neuen Jahr verändert hat, d. h. ob nun p ≠ 40% gilt.

a) Es werden 50 Personen befragt. Das Risiko, aus der Befragung irrtümlich auf eine veränderte Einschaltquote zu schließen, soll auf 10% begrenzt werden. Formulieren Sie die Entscheidungsregel eines zweiseitigen Tests, der H_0: p = 0,4 gegen H_1: p ≠ 0,4 testet.

b) Die erste Untersuchung hat ergeben, dass die Einschaltquote sich vermutlich erhöht hat. Daher wird erwogen, weitere neue Folgen der Serie einzukaufen. Sicherheitshalber werden nun 100 Personen befragt, um die Hypothesen H_0: p = 0,4 und H_1: p > 0,4 gegeneinander zu testen.

Der zuständige Redakteur legt fest: Es werden neue Folgen gekauft, wenn mehr als 48 von 100 befragten Personen regelmäßige Zuschauer der Serie sind. Wie groß ist die Irrtumswahrscheinlichkeit 1. Art (α-Fehler). Welche Auswirkungen hätte ein solcher Irrtum?

Mit welcher Wahrscheinlichkeit werden keine neuen Folgen gekauft, obwohl die Einschaltquote auf mindestens 60% gestiegen ist?

3. Anwendung der Normalverteilung beim Testen

Oft werden bei der Anwendung von Hypothesentests bei binomialverteilten Prozessen große Stichproben genommen, um die Testsicherheit zu erhöhen. In diesen Fällen kann man zur Approximation der Binomialverteilung die Normalverteilungstabelle verwenden.

> **Beispiel: Ein Alternativtest:** Ein Hersteller von Speicherchips versucht, den Ausschussanteil durch neue Maschinen von 5 % auf 3 % zu senken. Nach der Umstellung soll der Erfolg durch eine Stichprobe von n = 800 Chips getestet werden. Die Entscheidungsregel lautet: Sind höchstens 30 Chips fehlerhaft, wird angenommen, dass die Ausschussquote auf 3 % gesunken ist (Hypothese H_1: p = 0,03). Andernfalls wird angenommen, dass der Anteil nach wie vor 5 % beträgt (Hypothese H_0). Wie groß sind die Irrtumswahrscheinlichkeiten?

Lösung:
X sei die Anzahl der ausschüssige Teile in der Stichprobe vom Umfang n = 800.

Die Entscheidungsregel lautet:
$X \leq 30 \Rightarrow$ Entscheidung für H_1: p = 0,03
$X > 30 \Rightarrow$ Entscheidung für H_0: p = 0,05

Bei der Berechnung der Irrtumswahrscheinlichkeiten müssen kumulierte Binomialwahrscheinlichkeitsterme mit n = 800 berechnet werden, die in keiner Tabelle zu finden sind.

Diese Terme können jedoch problemlos mit der Gaußschen Integralfunktion $\Phi(z)$ approximiert werden, wie rechts dargestellt.

Die Irrtumswahrscheinlichkeiten betragen ca. 6,2 % für den α-Fehler und ca. 8,7 % für den β-Fehler.

Irrtumswahrscheinlichkeiten:
α-Fehler
$$= P_{H_0} \text{ (Entscheidung für } H_1)$$
$$= P(X \leq 30), n = 800, p = 0,05$$
$$= F(800; 0,05; 30)$$
$$\approx \Phi(z) \text{ mit } z = \frac{k - \mu + 0,5}{\sigma} = -1,54$$
$$= \Phi(-1,54) = 1 - \Phi(1,54)$$
$$= 1 - 0,9382 = 6,18 \%$$

β-Fehler
$$= P_{H_1} \text{ (Entscheidung für } H_0)$$
$$= P(X > 30), n = 800, p = 0,03$$
$$= 1 - F(800; 0,03; 30)$$
$$\approx 1 - \Phi(z) \text{ mit } z = \frac{k - \mu + 0,5}{\sigma} = 1,35$$
$$= 1 - \Phi(1,35) = 1 - 0,9115$$
$$= 0,0885 = 8,85 \%$$

> **Beispiel:** Im obigen Beispiel soll die Entscheidungsregel so abgeändert werden, dass der α-Fehler nicht mehr als 4 % beträgt. Wie muss die kritische Zahl K nun gewählt werden?

Lösung:
Wir verwenden für die Entscheidungsregel den folgenden allgemeinen Ansatz:
$X \leq K \Rightarrow$ Entscheidung für H_1: p = 0,03

Dann kann der α-Fehler wie rechts aufgeführt durch $\Phi(z)$ dargestellt werden.

α-Fehler
$$= P_{H_0} \text{ (Entscheidung für } H_1)$$
$$= P(X \leq K), n = 800, p = 0,05$$
$$= F(800; 0,05; K)$$
$$\approx \Phi(z) \text{ mit } z = \frac{K - 40 + 0,5}{\sqrt{38}}$$

Also wählen wir den Ansatz $\Phi(z) \le 0,04$.
Wir sehen in der Tabelle zur Normalverteilung nach, wie z gewählt werden muss, damit $\Phi(z) \le 0,04$ gilt.
Dies ist der Fall $z \le -1,76$.

Nun ersetzen wir z durch $\frac{K - 40 + 0,5}{\sqrt{38}}$ und lösen diese Ungleichung nach K auf.

▸ Das Endergebnis lautet: $K = 28$.

$$\text{Ansatz:} \quad \Phi(z) \le 0,04$$
$$z \le -1,76$$
$$\frac{K - 40 + 0,5}{\sqrt{38}} \le -1,76$$
$$K \le 28,65$$
$$\Rightarrow \quad K = 28$$

▸ **Beispiel: Ein Signifikanztest:**
Der Hersteller des beliebten Duschgels Yellow Kitty kalkuliert, dass ca. 20 % der jungen Damen der Zielgruppe der 16- bis 19-Jährigen den Kauf in Erwägung ziehen.
Durch eine Umfrage unter $n = 600$ Mädchen soll die Einschätzung bestätigt $(H_0: p = 0,20)$ oder widerlegt werden $(H_1: p \ne 0,20)$.
Es wird festgelegt: Wenn 100 bis 130 Personen der Testgruppe den Kauf des Duschgels erwägen, wird die Hypothese H_0 angenommen. Welches Signifikanzniveau, d.h. welchen α-Fehler besitzt der Test?

Lösung:
Es handelt sich hier um einen zweiseitigen Signifikanztest mit den Hypothesen $H_0: p = 0,20$ und $H_1: p \ne 0,20$.

Die Entscheidungsregel lautet:
$100 \le X \le 130 \qquad \Rightarrow$ Annahme von H_0
$X < 100$ oder $X > 130 \Rightarrow$ Annahme von H_1

Für den α-Fehler erhalten wir unter Verwendung der Normalverteilungstabelle laut nebenstehender Rechnung ca.
▸ 16,06 %.

α-Fehler
$= P_{H_0}$ (Entscheidung für H_1)
$= P(X \le 99) + P(X \ge 131)$
$= F(600; 0,2; 99) + 1 - F(600; 0,2; 130)$
$= \Phi(z_1) + 1 - \Phi(z_2)$
$= \Phi(-2,09) + 1 - \Phi(1,07)$
$= 1 - \Phi(2,09) + 1 - \Phi(1,07)$
$= 1 - 0,9817 + 1 - 0,8577$
$= 0,1606 = 16,06\,\%$

▸ **Beispiel:** Der Hersteller des Taschenrechners SnagiT glaubt, dass er seinen bisherigen Marktanteil von $p = 25\,\%$ durch eine Werbekampagne deutlich steigern könnte. Er plant, mit einer Stichprobe von $n = 400$ Personen die Hypothesen $H_0: p = 0,25$ und $H_1: p > 0,25$ zu testen, wobei der α-Fehler höchstens 5 % betragen darf. Wie lautet die Entscheidungsregel?

Lösung:
Wir verwenden für die Entscheidungsregel den folgenden allgemeinen Ansatz, wobei die kritische Zahl K bestimmt werden soll.

$X \le K \Rightarrow$ Entscheidung für $H_0: p = 0,25$
▸ $X > K \Rightarrow$ Entscheidung für $H_1: p > 0,25$

α-Fehler
$= P_{H_0}$ (Entscheidung für H_1)
$= P(X > K), n = 400, p = 0,25$
$= 1 - P(X \le K)$
$= 1 - F(400; 0,25; K)$
$\approx 1 - \Phi(z)$ mit $z = \frac{K - 100 + 0,5}{\sqrt{75}}$

Wir können also $1 - \Phi(z) \leq 0{,}05$ ansetzen, d. h. $\Phi(z) \geq 0{,}95$. Laut Normalverteilungstabelle gilt dies für $z \geq 1{,}65$.

Nun ersetzen wir z durch $\dfrac{K - 100 + 0{,}5}{\sqrt{75}}$ und lösen diese Ungleichung nach K auf.

▶ Das Endergebnis lautet: $K = 114$.

$$\text{Ansatz:} \quad 1 - \Phi(z) \leq 0{,}05$$
$$\Phi(z) \geq 0{,}95$$
$$z \geq 1{,}65$$
$$\frac{K - 100 + 0{,}5}{\sqrt{75}} \geq 1{,}65$$
$$K \geq 113{,}79 \Rightarrow K = 114$$

Übungen

1. Alternativtest

Ein Unternehmen erhält eine große Lieferung von Dioden. Der Hersteller verwendet zwei Maschinen mit unterschiedlichen Ausschussanteilen von $5\,\%\,(p_0 = 0{,}05)$ bzw. $8\,\%\,(p_1 = 0{,}08)$. Um festzustellen, welcher Ausschussanteil tatsächlich vorliegt, testet der Kunde eine Stichprobe von $n = 200$ Dioden.

a) Berechnen Sie für beide Fälle den Erwartungswert und die Standardabweichung der Zufallsgröße X, welche die Anzahl der defekten Dioden in der Stichprobe angibt.

b) Getestet wird die Hypothese $H_0: p = 0{,}05$ gegen die Hypothese $H_1: p = 0{,}08$. Dabei wird folgende Entscheidungsregel verwendet: $X \leq 12 \Rightarrow H_0$ wird angenommen.
Mit welchen Irrtumswahrscheinlichkeiten arbeitet der Test?

c) Wie muss die Entscheidungsregel aussehen, wenn der α-Fehler nur $5\,\%$ betragen soll?

2. Alternativtest

Durch Modernisierungen im Produktionsprozess ist die Ausfallrate eines elektronischen Bauteils von $10\,\%\,\left(H_1: p = 0{,}1\right)$ angeblich auf $5\,\%\,\left(H_0: p = 0{,}05\right)$ gesunken. Die Zufallsgröße X gibt an, wie viele Bauteile in einer Testreihe nicht funktionsfähig sind.

a) Es werden $n = 50$ Teile getestet. Mit welchen Irrtumswahrscheinlichkeiten ist die folgende Entscheidungsregel behaftet? Entscheidungsregel: $X < 4 \Rightarrow H_0$ wird angenommen.

b) In einem Großversuch werden $n = 200$ Bauteile getestet. Wie muss der Ablehnungsbereich für H_0 gewählt werden, wenn der α-Fehler des Tests höchstens $5\,\%$ betragen darf?

3. Einseitiger Signifikanztest

Ein Kaufhaus bietet verlängerte Öffnungszeiten am Abend und am Wochenende an. Die Geschäftsleitung weiß, dass $p = 30\,\%$ der Kunden das Angebot nutzen. Sie hofft, dass sich durch eine massive Werbekampagne der Anteil inzwischen erhöht hat.

a) 300 Kunden werden befragt. Falls davon mehr als 100 angeben, das Angebot zu nutzen, geht man davon aus, dass der Anteil sich erhöht hat (Hypothese $H_1: p > 0{,}3$).
Andernfalls wird von einem gleichbleibenden Anteil ausgegangen $\left(H_0: p = 0{,}3\right)$.
Wie groß ist die Fehlerwahrscheinlichkeit erster Art, d. h. der α-Fehler?

b) Ändern Sie bei gleichem Stichprobenumfang von $n = 300$ die Entscheidungsregel so ab, dass der α-Fehler höchstens noch $5\,\%$ beträgt bzw. höchstens $1\,\%$ beträgt.

4. Einseitiger Signifikanztest

Ein Ferienhotel besitzt 250 Zimmer.

a) In dem Hotel werden regelmäßig 10 % aller Buchungen kurzfristig storniert. Der Manager nimmt für ein Wochenende 270 Buchungen an. Mit welcher Wahrscheinlichkeit bekommt er Ärger wegen Überbuchung?

b) Der Anteil der unzufriedenen Gäste des Hotels lag im letzten Jahr bei $p = 4\%$. Es soll getestet werden, ob sich dieser Anteil erniedrigt hat.
Dazu wird als Stichprobe die augenblickliche Gästebesetzung von 200 Personen befragt. Die Hypothesen H_0: $p = 0,04$ und H_1: $p < 0,04$ sollen gegeneinander getestet werden. Die Zufallsgröße X gibt die Anzahl der unzufriedenen Gäste unter den Befragten an. Die Entscheidungsregel lautet: $X \geq 8 \Rightarrow H_0$ wird angenommen.
Bestimmen Sie die Irrtumswahrscheinlichkeit 1. Art, also den α-Fehler.

c) Formulieren Sie eine neue Entscheidungsregel, welche das irrtümliche Ablehnen der Hypothese H_0 auf höchstens 10 % begrenzt.

5. Einseitiger und zweiseitiger Signifikanztest

40 % aller Handybesitzer haben auf ihrem Handy zusätzliche Klingeltöne installiert, die bei verschiedenen Anbietern gekauft werden können.
Ein Anbieter von Klingeltönen möchte durch eine Umfrage unter $n = 500$ Handybesitzern ausloten, ob sich dieser Anteil in letzter Zeit geändert hat.

a) Da die Tarife für das Herunterladen von Klingeltönen gesenkt wurden, geht der Anbieter davon aus, dass der Anteil der Nutzer seines Dienstes auf jeden Fall gestiegen ist. Wie muss nun der Test konzipiert werden? Wie lauten die Hypothesen und die Entscheidungsregel bei einem Signifikanzniveau (α-Fehler) von 10 %?

b) Entwerfen Sie die Entscheidungsregel für einen zweiseitigen Signifikanztest ($n = 500$, H_0: $p = 0,4$ gegen H_1: $p \neq 0,4$), der ein Signifikanzniveau von $\alpha = 10\%$ besitzt.

6. Einseitiger Signifikanztest

Beim Kauf eines Neuwagens eines bekannten Herstellers werden ein Sicherheitspaket und ein Sportpaket angeboten. Man weiß, dass 20 % der Kunden das Sportpaket kaufen werden. Der Anteil von Kaufwilligen für das Sicherheitspaket ist nicht bekannt, liegt aber unter 40 %.

a) Pro Monat werden 300 Wagen produziert. Wie groß ist die Wahrscheinlichkeit, dass darunter mindestens 50 Wagen mit Sportpaket sind?

b) Durch eine Werbekampagne soll der Anteil der Käufer, die das Sicherheitspaket bestellen, auf 40 % gesteigert werden. Entwerfen Sie einen Signifikanztest, der als Stichprobenumfang eine Monatsproduktion umfasst (H_0: $p = 0,4$ gegen H_1: $p < 0,4$) und formulieren Sie eine Entscheidungsregel, welche den α-Fehler auf 3 % begrenzt.

c) Welche praktischen Auswirkungen hätte das Eintreten des α-Fehlers bzw. des β-Fehlers?

Test

1. Eine Urne enthält schwarze und weiße Kugeln. Es ist bekannt, dass der Anteil der weißen Kugeln entweder 40 % oder 50 % beträgt, d. h.: H_0: p = 0,40 und H_1: p = 0,50. Die Hypothese H_0 soll durch eine Stichprobe vom Umfang n = 100 getestet werden, d. h. n = 100 Kugeln werden mit Zurücklegen gezogen.

a) Die folgende Entscheidungsregel wird benutzt: Sind von den 100 gezogenen Kugeln höchstens 45 weiß, so fällt die Entscheidung für H_0.
Beschreiben Sie die bei der Anwendung der Regel möglichen Fehler und berechnen Sie deren Wahrscheinlichkeiten.

b) Der α-Fehler soll höchstens 5 % betragen. Wie muss die Entscheidungsregel nun lauten?

2. Der Stimmenanteil einer Partei A lag bisher bei 30 %. Nun soll getestet werden, ob sich der Anteil der Partei verändert hat. Dazu wird die Hypothese H_0: p = 0,3 gegen eine Hypothese H_1 getestet, was im Rahmen einer Stichprobenbefragung von n = 100 Personen geschieht.

a) Wie lautet bei dieser Ausgangslage die Gegenhypothese H_1?

b) Wenn von den 100 Personen mindestens 25 und höchstens 36 für Partei A votieren, wird von einem unveränderten Stimmanteil ausgegangen. Mit welchem α-Fehler arbeitet der Test?

c) Der Vorstand der Partei A geht davon aus, dass der Stimmenanteil der Partei keinesfalls gestiegen ist. Wie lautet jetzt die Gegenhypothese H_0? Bestimmen Sie zu einem vorgegebenen Signifikanzniveau von α = 2 % den Annahmebereich von H_0.

3. In einer Schatztruhe eines Königs befinden sich viele Golddukaten und viele Silberlinge. Der Anteil der Golddukaten liegt bei 60 % $\left(H_0\colon p = 0,6\right)$.

a) Für ein Festbankett werden der Schatztruhe willkürlich 400 Geldstücke entnommen. Mit welcher Wahrscheinlichkeit sind darunter mindestens 230 und höchstens 245 Golddukaten?

b) Der König hat den Verdacht, dass sein Hofmarschall heimlich einen Teil der Golddukaten durch Silberlinge ersetzt hat. Der König entschließt sich zu folgendem Testverfahren:
Der Schatzkiste werden willkürlich 200 Geldstücke entnommen. Wenn unter diesen mindestens 110 Golddukaten sind, will er dem Hofmarschall weiter sein Vertrauen schenken.

b_1) Wie groß ist die Gefahr, dass der König nach dem Ergebnis der Stichprobe seinen Hofmarschall fälschlicherweise des Betrugs bezichtigt?

b_2) Wie muss die Entscheidungsregel lauten, wenn der König die Gefahr der falschen Anschuldigung auf höchstens 1 % begrenzen will?

Überblick

Alternativtest

Es wird eine Entscheidung getroffen zwischen den beiden alternativen Hypothesen $H_0: p = p_0$ und $H_1: p = p_1$.

Entscheidungsregel

Ist $p_0 < p_1$ und gibt die Prüfgröße X die Anzahl an, mit der das zu untersuchende Merkmal in der Stichprobe vom Umfang n auftritt, so wird die Entscheidungsregel wie folgt aufgestellt:
$X \leq K \Rightarrow \quad H_0$ wird angenommen
$X > K \Rightarrow \quad H_1$ wird angenommen

Annahmebereich von H_0

Nimmt die Prüfgröße X einen Wert aus dem Annahmebereich von H_0 an, so wird die Hypothese H_0 angenommen. Mit der oben aufgestellten Entscheidungsregel ist der Annahmebereich von H_0 die Menge $\{0, 1, ... K\}$. Der Ablehnungsbereich ist die Menge $\{K + 1, K + 2, ..., n\}$.

Kritische Zahl K

Die kritische Zahl K trennt den Annahmebereich der Hypothese H_0 von ihrem Ablehnungsbereich, der zugleich der Annahmebereich von H_1 ist.

Fehler 1. Art (α-Fehler)

Die Hypothese H_0 ist richtig, die Entscheidung fällt aufgrund des Stichprobenergebnisses für die falsche Hypothese H_1.

Fehler 2. Art (β-Fehler)

Die Hypothese H_1 ist richtig, die Entscheidung fällt aufgrund des Stichprobenergebnisses für die falsche Hypothese H_0.

Einseitiger Signifikanztest

Die Nullhypothese $H_0: p = p_0$ wird gegen die Hypothese $H_1: p > p_0$ getestet.
Der Annahmebereich von H_0 ist eine Menge $\{0, 1, ... K\}$.

Zweiseitiger Signifikanztest

Die Nullhypothese $H_0: p = p_0$ wird gegen die Hypothese $H_1: p \neq p_0$ getestet, d. h. $H_1: \left(p < p_0 \text{ oder } p > p_0\right)$.
Der Annahmebereich von H_0 ist eine Menge der Gestalt $\{K_1 + 1, K_1 + 2, ... K_2 - 1\}$ mit den kritischen Zahlen K_1 und K_2.

Signifikanzniveau α

Den Fehler 1. Art oder α-Fehler eines Signifikanztests bezeichnet man als Signifikanzniveau des Tests.
Bei zweiseitigen Signifikanztests besteht der Ablehnungsbereich von H_0 aus zwei Teilen, der Menge $\{0, 1, ... K_1\}$ und der Menge $\{K_2, ..., n\}$ die zusammen den α-Fehler bestimmen. Die beiden kritischen Zahlen K_1 und K_2 ergeben sich aus den Bedingungen $P(X \leq K_1) = \frac{\alpha}{2}$ und $P(X \geq K_2) = \frac{\alpha}{2}$.

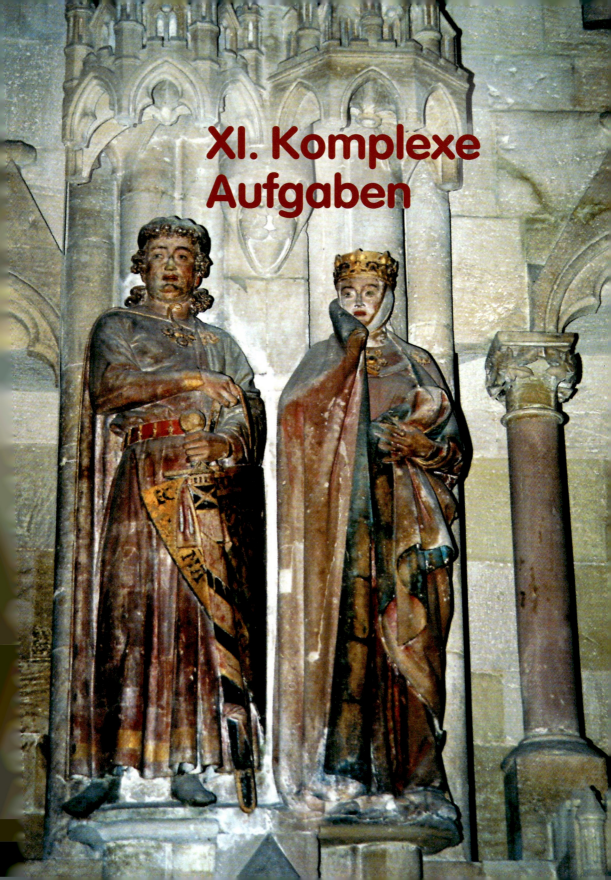

XI. Komplexe Aufgaben

1. Aufgaben zur Analytischen Geometrie

1. In einem kartesischen Koordinatensystem sei ein Kreis k um den Mittelpunkt M(5|5) mit
dem Radius r = 5 ergeben.
   a) Stellen Sie eine Kreisgleichung von k auf.
   b) Bestimmen Sie die Koordinaten der Berührpunkte B_x und B_y des Kreises k mit den
   Koordinatenachsen.
   c) Bestimmen Sie zwei weitere Kreispunkte P und Q, die zusammen mit den Punkten B_x und
   B_y ein Quadrat bilden.
   d) Zeigen Sie, dass der Punkt T(8|1) auf dem Kreis k liegt. Bestimmen Sie die Gleichung der
   Tangente an k durch T.
   e) Berechnen Sie den Abstand des Ursprungs zur Tangente aus d).

2. In einem kartesischen Koordinatensystem seien der Kreis k_1: $(x-2)^2 + (y+3)^2 = 65$ und
die Punkte A(4|−6), B(1|−8) und C(27|−8) gegeben.
   a) Untersuchen Sie die Lage der Geraden g, die durch A und B geht, zum Kreis k_1.
   b) Untersuchen Sie die Lage des Punktes C zu dem Kreis k_1.
   c) Bestimmen Sie die Gleichungen der Tangenten von Punkt C aus an den Kreis k_1. Unter
   welchem Winkel schneiden sich diese Tangenten?
   d) Gegeben sei ein weiterer Kreis k_2 um den Mittelpunkt M_2(7,5|−4,5) mit dem Radius
   $r_2 = \sqrt{32,5}$.
   Berechnen Sie den Abstand der Kreismittelpunkte M_1 und M_2 voneinander und folgern
   Sie daraus die Lage der zwei Kreise k_1 und k_2 zueinander.
   Bestimmen Sie ggf. gemeinsame Punkte von k_1 und k_2.

3. In einem kartesischen Koordinatensystem seien die Punkte A(2|1), B(5|2) und C(4|5) ge-
geben.
   a) Zeigen Sie, dass die Punkte ABC ein rechtwinkliges, gleichschenkliges Dreieck bilden.
   b) Bestimmen Sie die Koordinaten eines Punktes D so, dass ABCD ein Rechteck ist.
   c) A und B seien Punkte eines Kreises k, dessen Mittelpunkt auf der Geraden y = x liegt.
   Ermitteln Sie eine Gleichung für k.
   d) Untersuchen Sie, ob der Kreis k aus c) der Umkreis des Rechtecks ABCD ist.
   e) Zeigen Sie, dass die Gerade g durch A und B die Geraden h: $\vec{x} = \begin{pmatrix} 1 \\ 4 \end{pmatrix} + s \begin{pmatrix} 1 \\ 2 \end{pmatrix}$ schneidet.
   Bestimmen Sie den Schnittpunkt und den Schnittwinkel.
   f) Geben Sie eine Normalengleichung von h aus e) an und berechnen Sie den Abstand des
   Punktes B von der Geraden h.
   g) Das bisher benutzte Koordinatensystem wird zu einem räumlichen kartesischen Koor-
   dinatensystem erweitert. In diesem sei eine Ebene E: $\vec{x} = \begin{pmatrix} 2 \\ 0 \\ 0 \end{pmatrix} + r \begin{pmatrix} 3 \\ 2 \\ 0 \end{pmatrix} + s \begin{pmatrix} 1 \\ 0 \\ -2 \end{pmatrix}$ gegeben. Geben Sie die Koordinaten der Punkte A und B in diesem Koordinatensystem an und
   untersuchen Sie, ob diese Punkte dann in der Ebene E liegen.

4. Gegeben sind die Ebene E: $\vec{x} = \begin{pmatrix} 4 \\ -1 \\ 6 \end{pmatrix} + r \cdot \begin{pmatrix} -2 \\ 1 \\ 2 \end{pmatrix} + s \cdot \begin{pmatrix} 1 \\ -1 \\ 0 \end{pmatrix}$ und die Gerade

g: $\vec{x} = \begin{pmatrix} 5 \\ -4,5 \\ 2 \end{pmatrix} + t \begin{pmatrix} 7 \\ 0 \\ 4 \end{pmatrix}$.

a) Geben Sie eine Normalengleichung der Ebene E an.

b) Prüfen Sie, ob die Punkte P(3|0|2) und Q(5|−1|4) in E liegen.

c) Welchen Winkel schließen die beiden Richtungsvektoren der Ebene E ein?

d) Bestimmen Sie die Punkte X, Y und Z, in denen die Ebene E von den Koordinatenachsen durchstoßen wird. Diese bilden mit dem Koordinatenursprung eine Pyramide. Berechnen Sie das Volumen dieser Pyramide. Zeichnen Sie ein Schrägbild.

e) Zeigen Sie, dass sich E und g schneiden. Berechnen Sie den Schnittpunkt. Liegt der Schnittpunkt im Dreieck XYZ aus d)? Berechnen Sie den Schnittwinkel von g und E.

f) Bestimmen Sie die Gleichung der Spurgeraden von E in der x-y-Ebene.

5. Gegeben seien die Ebene E: $\vec{x} = \begin{pmatrix} 1 \\ 0 \\ 1 \end{pmatrix} + r \cdot \begin{pmatrix} 4 \\ 3 \\ -1 \end{pmatrix} + s \cdot \begin{pmatrix} 2 \\ 0 \\ -1 \end{pmatrix}$ und die Geraden

g: $\vec{x} = \begin{pmatrix} 4 \\ -3 \\ 2 \end{pmatrix} + t \begin{pmatrix} 0 \\ 3 \\ 1 \end{pmatrix}$ und h: $\vec{x} = \begin{pmatrix} 1 \\ 0 \\ 1 \end{pmatrix} + u \begin{pmatrix} 1 \\ 1 \\ 1 \end{pmatrix}$.

a) Geben Sie eine Normalengleichung der Ebene E an.

b) Zeigen Sie, dass die Gerade g parallel zur Ebene E verläuft, und bestimmen Sie den Abstand von g zu E.

c) Bestimmen Sie die Lage von E und h zueinander (ohne Rechnung).

d) Bestimmen Sie die relative Lage der Geraden g zu der Geraden h.

e) Bestimmen Sie den Schnittwinkel der Geraden g und h.

6. Gegeben sind die Ebene E: $\vec{x} = \begin{pmatrix} 1 \\ 1 \\ 0 \end{pmatrix} + r \cdot \begin{pmatrix} -1 \\ 1 \\ 1 \end{pmatrix} + s \cdot \begin{pmatrix} 0 \\ 1 \\ 2 \end{pmatrix}$ sowie der Geradenschar

$(a \in \mathbb{R})$ g_a: $\vec{x} = \begin{pmatrix} -1 \\ 2 \\ 6 \end{pmatrix} + t \cdot \begin{pmatrix} a \\ 1-a \\ -a \end{pmatrix}$ und die Gerade h: $\vec{x} = \begin{pmatrix} -1 \\ 2 \\ 6 \end{pmatrix} + k \begin{pmatrix} 1 \\ 1 \\ 3 \end{pmatrix}$.

a) Geben Sie eine Normalengleichung der Ebene E an.

b) Welchen Abstand hat der Ursprung zur Ebene E?

c) Bestimmen Sie den Schnittpunkt und den Schnittwinkel von g_1 und E.

d) Für welchen Wert von a steht die Gerade g_a senkrecht auf der Ebene E?

e) Zeigen Sie, dass keine Gerade der Schar g_a parallel zur Ebene E verläuft.

f) Zeigen Sie, dass die Gerade h parallel zur Ebene E verläuft, und berechnen Sie deren Abstand.

g) Bestimmen Sie die Gleichung der senkrechten Projektion von g_1 auf die Ebene E. (Hinweis: z.B. als Schnittgerade von zwei Ebenen)

7. Gegeben sind die Ebenen $E_1: \vec{x} = \begin{pmatrix} 1 \\ 0 \\ 1 \end{pmatrix} + r \cdot \begin{pmatrix} -1 \\ 2 \\ 1 \end{pmatrix} + s \cdot \begin{pmatrix} 0 \\ -1 \\ 1 \end{pmatrix}$ und

$E_2: \left[\vec{x} - \begin{pmatrix} 2 \\ -1 \\ -1 \end{pmatrix} \right] \cdot \begin{pmatrix} 1 \\ -1 \\ 1 \end{pmatrix} = 0.$

a) Stellen Sie die Ebene E_1 durch eine Normalengleichung und die Ebene E_2 durch eine Parametergleichung dar.

b) Zeigen Sie, dass sich die Ebenen E_1 und E_2 schneiden. Bestimmen Sie eine Gleichung der Schnittgeraden sowie den Schnittwinkel.

c) Die Schnittpunkte von E_1 mit den Koordinatenachsen bilden ein Dreieck. Bestimmen Sie den Umfang dieses Dreiecks.

d) Überprüfen Sie, ob der Punkt $P(-2|4|6)$ in der Ebene E_1 oder E_2 liegt.

e) Die Ebene E_2 schneidet die x-Achse im Punkt X und die y-Achse im Punkt Y. Bestimmen Sie den Flächeninhalt des Dreiecks XYP mit $P(-2|4|6)$.

f) Bestimmen Sie eine Gleichung einer Ebene E^*, die die Schnittgerade aus b) enthält und senkrecht auf E_2 steht.

8. Gegeben sind die Ebenen E_1 durch die Punkte $A(2|1|1)$, $B(5|5|3)$ und $C(4|3|2)$ und E_2 durch den Punkt $P(3|5|3)$ mit dem Normalenvektor $\vec{n} = \begin{pmatrix} 1 \\ -1 \\ 1 \end{pmatrix}$.

a) Stellen Sie eine Koordinatengleichung von E_1 sowie eine Normalengleichung von E_2 auf.

b) Zeigen Sie, dass sich die Ebenen E_1 und E_2 schneiden. Bestimmen Sie eine Gleichung der Schnittgeraden sowie den Schnittwinkel.

c) Bestimmen Sie die Spurgeraden g_{xy} und h_{xy} der Ebenen E_1 und E_2.
Unter welchem Winkel schneiden sich diese Spurgeraden?

d) Bestimmen Sie eine Gleichung einer Geraden h, die durch $Q(2|3|3)$ geht und zu den Ebenen E_1 und E_2 parallel verläuft.

e) Die Ebene E_2 wird am Ursprung gespiegelt. Wie lautet die Gleichung des Spiegelbildes E_2'.

9. Gegeben sind die Ebenen $E_1: \vec{x} = \begin{pmatrix} 10 \\ 10 \\ -2 \end{pmatrix} + r \cdot \begin{pmatrix} 1 \\ -1 \\ 0 \end{pmatrix} + s \cdot \begin{pmatrix} 0 \\ 1 \\ -2 \end{pmatrix}$ und
$E_2: 4x + 4y + 2z = 16.$

a) Bestimmen Sie eine Normalengleichung von E_2.

b) Unter welchem Winkel schneidet die Ebene E_2 die x-y-Koordinatenebene?

c) Bestimmen Sie die relative Lage der Ebenen E_1 und E_2 zueinander.

d) Bestimmen Sie die Spurgerade g_{xy} der Ebene E_2.

e) Bestimmen Sie eine Normalengleichung einer Ebene H, die die Ebene E_2 in deren Spurgerade g_{xy} senkrecht schneidet.

10. Die Punkte $A(0|0|0)$, $B(8|6|0)$, $C(2|8|0)$ bilden die dreieckige Grundfläche einer Pyramide P mit der Spitze $S(4|6|6)$.

a) Zeichnen Sie ein Schrägbild der Pyramide P.

b) Bestimmen Sie das Volumen der Pyramide P.

c) Gesucht sind eine Koordinatengleichung sowie die Achsenabschnittspunkte der Ebene E durch die Punkte B, C und S.

d) Die Ebene F: $\vec{x} = \begin{pmatrix} 1 \\ 5 \\ 2 \end{pmatrix} + r \begin{pmatrix} 2 \\ 2 \\ 1 \end{pmatrix} + s \begin{pmatrix} 3 \\ 7 \\ 3 \end{pmatrix}$ schneidet die Pyramide P.

Welche Form und welchen Umfang hat die Schnittfläche?

e) Trifft ein von $P(9|13|5)$ ausgehender Lichtstrahl, der auf einen in der Höhe $z = 1$ auf der z-Achse liegenden Punkt gerichtet ist, die Pyramide P?

11. In einem kartesischen Koordinatensystem sind der abgebildete Würfel ABCDEFGH mit der Seitenlänge 4 sowie die Ebene E: $y + 2z = 10$ gegeben.

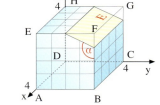

a) Geben Sie die Koordinaten der Würfeleckpunkte an.

b) Die Ebene E schneidet den Würfel ABCDEFGH. Berechnen Sie die Eckpunkte der viereckigen Schnittfläche und untersuchen Sie, um welches spezielle Viereck es sich handelt.

c) Berechnen Sie den Abstand des Koordinatenursprungs von der Ebene E sowie den Lotfußpunkt auf E.

d) Berechnen Sie die Volumina der Teilkörper, in die E den Würfel zerlegt.

e) Berechnen Sie den eingezeichneten Winkel α.

12. Gegeben sind in einem kartesischen Koordinatensystem die Punkte $A(7|5|1)$, $B(2|5|1)$ und $D(7|2|5)$.

a) Zeigen Sie, dass die Vektoren $\overrightarrow{AB}$ und $\overrightarrow{AD}$ orthogonal sind und gleiche Beträge haben.

b) Bestimmen Sie die Koordinaten eines Punktes C so, dass ABCD ein Quadrat wird. Bestimmen Sie die Koordinaten des Quadratmittelpunktes M.

c) Das Quadrat ABCD ist die Grundfläche einer Pyramide mit der Spitze $S(4,5|11,5|9)$. Zeigen Sie, dass $\overline{MS}$ die Höhe der Pyramide ist.
Berechnen Sie das Volumen der Pyramide.

d) Es existiert eine weitere Pyramide mit derselben Grundfläche ABCD und demselben Volumen. Berechnen Sie die Koordinaten der Spitze S' dieser weiteren Pyramide.

e) Die Punkte A, B und $T(7|6|3)$ bestimmen eine Ebene E. Diese Ebene E wird von der Pyramidenhöhe $\overline{MS}$ in einem Punkt P durchstoßen. Berechnen Sie die Koordinaten des Punktes P.

13. Die Bahnen zweier Flugzeuge werden als gerad-
linig angenommen, die
Flugzeuge werden als
Punkte angesehen. Das
erste Flugzeug bewegt
sich von $A(0|-50|20)$
nach $B(0|50|20)$. Das
zweite Flugzeug nimmt
den Kurs von Punkt
$C(-14|46|32)$ auf Punkt
$D(50|-18|0)$. Eine Ein-
heit entspricht 1 km.

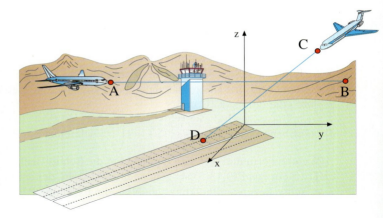

a) Untersuchen Sie, ob die beiden Flugzeuge bei gleichbleibenden Kursen zusammenstoßen
könnten. (Die Geschwindigkeiten der Flugzeuge bleiben unberücksichtigt.)

b) Das 2. Flugzeug ändert nach der Hälfte der Strecke $\overline{CD}$, in dem Punkt M, seinen Kurs, da
ein Nebel aufkommt. Das 2. Flugzeug fliegt nun von M aus über $T(0|25|20)$ nach D.
Berechnen Sie die Länge des durch den neuen Kurs entstandenen Umweges.

c) Untersuchen Sie, ob die beiden Flugzeuge auf dem neuen Kurs zusammenstoßen könnten
(ohne Berücksichtigung der Geschwindigkeiten).

d) Untersuchen Sie, ob es dem 2. Flugzeug gelungen ist, rechtzeitig vor der schmalen Nebel-
front, die sich durch die Ebene E: $2x - 2y - z = 20,8$ beschreiben lässt, seinen Kurs zu
ändern.

14. Auf der schiefen Ebene einer Bergwiese steht ein
Kirchturm mit einer regelmäßigen Pyramide der
Höhe h = 10 als Dach.
Für die Koordinaten (S. Abbildung) gilt:
$A(10|0|0)$, $B(10|10|0)$, $C(0|10|2)$, $E(10|0|20)$

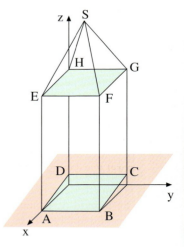

a) Bestimmen Sie eine Gleichung der Hangebene E
in Parameterform und in Normalenform.

b) Welchen Abstand hat die Turmspitze S zur Hangebene E?

c) Zu einer gewissen Tageszeit fällt Sonnenlicht in

Richtung $\vec{v} = \begin{pmatrix} -2 \\ 0,5 \\ -2,5 \end{pmatrix}$ auf den Turm.

Von der Turmspitze S fällt dann ein Schatten auf
den Hang. Bestimmen Sie die Koordinaten des
Schattenpunktes S* auf dem Hang.

d) Eine Dachfläche ist für den Betrieb von Solar-
zellen geeignet, wenn das einfallende Licht möglichst senkrecht einfällt. Prüfen Sie, ob eine der
4 Dachflächen dieses Kriterium erfüllt.

e) Welcher Punkt P im Innern des Dachraumes hat
von den 5 Ecken der Dachpyramide den gleichen
Abstand? Bestimmen Sie diesen Abstand.

2. Aufgaben zur Stochastik

1. Ereignisse, Binomialverteilung

Aus einer Urne mit drei blauen, fünf weißen und zwei gelben Kugeln werden n Kugeln mit Zurücklegen gezogen. X sei die Anzahl der blauen unter den gezogenen Kugeln.

a) Es werden der Reihe nach vier Kugeln mit Zurücklegen gezogen. Geben Sie die Wahrscheinlichkeitsverteilung der Zufallsgröße X an.

b) Gezogen werden vier Kugeln mit Zurücklegen. Bestimmen Sie die Wahrscheinlichkeiten der Ereignisse.
   A: „Alle vier Kugeln sind blau"
   B: „Die dritte gezogene Kugel ist blau"
   C: „Mindestens zwei der Kugeln sind blau"
   D: $= B \cap C$.

c) Nun werden 100 Kugeln mit Zurücklegen gezogen. Wie groß sind Erwartungswert und Standardabweichung von X? Mit welcher Wahrscheinlichkeit werden dabei 28 bis 32 blaue Kugeln gezogen?

d) Wie oft muss man mindestens ziehen, wenn die Wahrscheinlichkeit, dass mindestens eine gelbe Kugel gezogen wird, mindestens 99 % betragen soll?

e) Jemand behauptet, beim fünfzigmaligen Ziehen mit Zurücklegen 21 gelbe Kugeln gezogen zu haben. Wie ist diese Aussage zu beurteilen?

2. Ereignisse, Binomialverteilung, Normalverteilung

Eine Pizzeria bietet Pizza- und Nudelgerichte an. Der Chef weiß aus Erfahrung, dass 60 % aller Gäste eine Pizza wählen und 40 % ein Nudelgericht.

a) Mit welcher Wahrscheinlichkeit treten folgende Ereignisse ein.
   A: „Von den folgenden zehn Gästen bestellen genau sechs eine Pizza"
   B: „Von den folgenden fünfzig Gästen bestellt mindestens die Hälfte eine Pizza"
   C: „Von den folgenden einhundert Gästen bestellt mindestens die Hälfte eine Pizza"
   D: „Von den folgenden fünfhundert Gästen bestellen entweder weniger als 280 oder mehr als 320 eine Pizza"

b) Begründen Sie argumentativ, weshalb Ereignis C wahrscheinlicher ist als Ereignis B.

c) Die Küche hat heute 40 Portionen Nudelgerichte und 50 Portionen Pizza vorbereitet. Es erscheinen 80 Gäste. Mit welcher Wahrscheinlichkeit können alle Nudelliebhaber versorgt werden, mit welcher Wahrscheinlichkeit alle Pizzafreunde?

3. Binomialverteilung, Baumdiagramm, Erwartungswert

In einer Urne sind eine rote, zwei weiße und drei blaue Kugeln.

a) Der Urne werden mit Zurücklegen zehn Kugeln entnommen. Mit welcher Wahrscheinlichkeit werden dabei mindestens zwei rote Kugeln gezogen?

b) Der Urne werden ohne Zurücklegen drei Kugeln entnommen. Mit welcher Wahrscheinlichkeit werden dabei mindestens zwei blaue Kugeln gezogen? Mit welcher Wahrscheinlichkeit sind danach noch alle Farben in der Urne vertreten?

c) Ein Spiel wird angeboten. Aus der Urne werden ohne Zurücklegen zwei Kugeln entnommen. Sind beide weiß, erhält der Spieler 16 €. Ist eine Kugel weiß und eine rot, erhält der Spieler 4 €. In allen anderen Fällen muss der Spieler 3 € zahlen. Zeigen Sie, dass das Spiel unfair ist. Wie muss die Zahlungsverpflichtung des Spielers geändert werden, um das Spiel fair zu gestalten?

4. Binomialverteilung, Alternativtest

Der Hersteller von Mikroschaltern produziert mit
einem Ausschussanteil von 10 %. Die Schalter werden
in Packungen zu 100 Stück verkauft.

a) Mit welcher Wahrscheinlichkeit enthält eine
   Packung maximal zehn defekte Schalter?

b) Mit welcher Wahrscheinlichkeit enthält eine Packung 11 bis 16 defekte Schalter?

c) Eine schlecht justierte Maschine produzierte mit einem Ausschussanteil von 20 %. Ein
   Großauftrag, der betroffen sein könnte, wird daher mit einem Alternativtest überprüft.
   Dazu werden insgesamt 100 Schalter entnommen. Sind darunter zwölf oder mehr defekte
   Schalter, so wird für H_1: $p = 0,20$ entschieden, andernfalls für H_0: $p = 0,10$. Wie groß
   sind der α-Fehler und der β-Fehler?

d) Ein α-Fehler verursacht Zusatzkosten von 10 €, ein β-Fehler von 50 € pro Packung. Wie
   groß ist der Erwartungswert der Zufallsgröße Y = „Zusatzkosten pro Packung".

e) Wie muss die Entscheidungsregel aus c) geändert werden, wenn der β-Fehler maximal
   5 % betragen soll? Wie groß ist der Erwartungswert der Zusatzkosten pro Packung nun?

5. Signifikanztest

Die Gemeindevertretung beschließt den Bau einer neuen Umgehungsstraße. Bei der Be-
kanntgabe der Pläne stellt sich heraus, dass 30 % der Bürger gegen das Projekt sind (Hypothese H_0: $p = 0,3$). Aufgrund der üblichen Planungsspannen kommt es zu Zeitverzögerungen
bis zum Beginn des Genehmigungsverfahrens. Der Bürgermeister stellt die These auf, dass
in der Zwischenzeit der Prozentsatz der Gegner des Projekts gesunken ist (Hypothese H_1).

a) Formulieren Sie die Gegenhypothese des Bürgermeisters mathematisch.

b) Durch einen Test in Form einer Umfrage unter 100 Bürgern sollen die Hypothesen veri-
   fiziert werden. Die Wahrscheinlichkeit für die irrtümliche Annahme von H_1 soll höchstens 10 % betragen. Wie muss die Entscheidungsregel lauten?

c) Der Fraktionsvorsitzende der Oppositionspartei stellt die These auf, dass der Anteil der
   Projektgegner sogar gestiegen sei. Wie lautet seine Gegenhypothese in mathematischer
   Formulierung? Er bietet im Auftrag seiner Fraktion folgendes Verfahren an: Wenn von 80
   Befragten einer Stichprobe mehr als 33 gegen das Projekt sind, soll seine These gelten.
   Mit welchem α-Fehler (irrtümliche Annahme von H_1) arbeitet der Test?

6. Binomialverteilung, Normalverteilung, Signifikanztest

Ein Großmarkt handelt mit Kokosnüssen. Im Durchschnitt sind 10 % der Nüsse nur zweite
Wahl, weil keine Kokosmilch enthalten ist.

a) Ein Kunde kauft 20 Nüsse. Mit welcher Wahrscheinlichkeit sind mehr als vier dieser
   Nüsse nur zweite Wahl?

b) Ein Großhändler kauft 500 Nüsse. Er fordert, dass der Anteil der Nüsse zweiter Wahl
   maximal 12 % betragen darf. Wie wahrscheinlich ist es, dass diese Forderung bei einer
   normalen Lieferung ohne Zusatzkontrollen eingehalten wird?

c) Der Großmarkt hat seinen Lieferanten gewechselt. Die Geschäftsleitung vermutet aufgrund von Beschwerden, dass der Anteil p von Nüssen zweiter Wahl gestiegen ist. Es wird
   ein Signifikanztest durchgeführt. Sind in einer Stichprobe vom Umfang n = 50 mehr als
   sieben Nüsse zweiter Wahl enthalten, so wird die Hypothese H_1: $p > 0,1$ angenommen,
   andernfalls die Hypothese H_0: $p = 0,1$. Wie groß ist die Wahrscheinlichkeit für die irrtümliche Annahme von H_1?

7. Binomialverteilung, Signifikanztest

Beim Bäcker werden, gelbe, grüne und rote Tüten mit Brausepulver angeboten. Die Verkaufsanteile betragen 20 %, 30 % und 50 %.

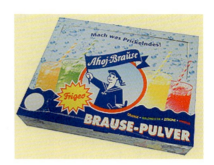

a) Acht Kinder kaufen jeweils eine Tüte. Berechnen Sie die Wahrscheinlichkeiten folgender Ergebnisse:

A: „Genau drei Tüten sind rot"

B: „Mindestens drei Tüten sind rot"

C: „Zwei bis fünf Tüten sind gelb"

D: „Die ersten drei Tüten sind grün.

b) Jemand kauft fünfzig Tüten, die alle rot und gelb sind. Die Wahrscheinlichkeit, bei einem Zug aus diesen fünfzig Tüten eine rote Tüte zu ziehen, beträgt 16 %. Wie viele gelbe Tüten wurden gekauft?

c) Der Bäcker vermutet, dass der Verkaufsanteil p der grünen Tüten zurückgegangen ist. Er möchte die Hypothesen H_0: $p = 0,30$ und H_1: $p < 0,30$ gegeneinander testen. Sind unter den folgenden zwanzig Verkäufen höchstens fünf grüne Tüten, so sieht er seinen Verdacht bestätigt. Wie groß ist der α-Fehler?

d) Wie muss die Entscheidungsregel aus c) abgeändert werden, damit der α-Fehler auf höchstens 5 % fällt?

e) Wie viele Tüten müssen mindestens verkauft werden, wenn die Wahrscheinlichkeit, mindestens eine grüne Tüte zu verkaufen, mindestens 99,99 % betragen soll?

8. Baumdiagramm, Binomialverteilung, Normalverteilung

In einer Urne U_1 befinden sich fünf weiße und eine rote Kugel. In einer Urne U_2 befinden sich acht weiße und zwei rote Kugeln. Ein Spieler löst einen Mechanismus aus, der eine Kugel aus Urne U_1 freigibt. Ist die Kugel rot, hat er sofort gewonnen. Ist die Kugel hingegen weiß, erhält er eine zweite Chance: Er darf eine weitere Kugel auslösen, diesmal aus Urne U_2. Wenn er jetzt eine rote Kugel erhält, hat er ebenfalls gewonnen.

a) Berechnen Sie, wie wahrscheinlich das Eintreten des Gewinnfalls bei diesem Spiel ist.

b) Zehn Personen nehmen an dem Spiel teil. Mit welcher Wahrscheinlichkeit gewinnen genau vier der 10 Personen?

c) Berechnen Sie die Wahrscheinlichkeit folgender Ereignisse:

A: „Bei 100 Spielen treten mehr als 30 Gewinne auf"

B: „Bei 300 Spielen treten mehr als 90, aber weniger als 110 Gewinne auf"

d) Im Gewinnfall werden 10 € ausgezahlt, der Spieleinsatz beträgt 3,5 €. Wie groß ist der Erwartungswert der Zufallsgröße Y = „Gewinn pro Spiel"?

e) Pro Tag werden durchschnittlich 300 Spiele durchgeführt. Der Einsatz pro Spiel beträgt 3,5 €. Wie groß ist das Risiko, dass der Betreiber am Abend ohne Gewinn dasteht?

f) Mit Sorge stellt der Betreiber fest, dass er Verluste macht. Bei 700 Spielen musste er 250 Gewinne auszahlen. Hatte er nur eine Pechsträhne, oder hat sich der Mechanismus zum Auslösen der Kugeln zu seinen Ungunsten verändert. Entwickeln Sie einen Signifikanztest, der mit einem Signifikanzniveau von 5 % arbeitet, um die Angelegenheit zu entscheiden.

9. Binomialverteilung, Baumdiagramme

Karl trifft beim Zielschießen auf die Torwand in 60 % der Fälle. X sei die Anzahl der Treffer bei einer Schussserie.

a) Karl schießt zehnmal auf die Torwand. Mit welchen Wahrscheinlichkeiten treten die folgenden Ereignisse ein?

  A: „Karl erzielt genau sechs Treffer"
  B: „Karl erzielt mindestens sieben Treffer"
  C: „Karl erzielt fünf bis sieben Treffer"

b) Karl schießt 100-mal auf die Torwand. Wie groß sind der Erwartungswert μ und die Standardabweichung σ der Zufallsgröße X = Trefferzahl? Mit welcher Wahrscheinlichkeit liegt die Trefferzahl von Karl zwischen $\mu - \sigma$ und $\mu + \sigma$?

c) Karl und Peter schießen abwechselnd auf die Torwand, wobei Karl beginnt. Die Trefferwahrscheinlichkeit von Peter beträgt 50 %. Das Spiel ist beendet, wenn jeder zwei Schüsse abgegeben hat. Gewonnen hat derjenige, der die meisten Treffer erzielt hat. Mit welcher Wahrscheinlichkeit gewinnt Karl? Verwenden Sie ein Baumdiagramm.

d) Bestimmen Sie für das Spiel aus c), wie viele Schüsse im Durchschnitt bis zur Erzielung des ersten Treffers abgegeben werden. Es sollen nur die Spiele betrachtet werden, in welchen mindestens ein Treffer fällt.

10. Binomialverteilung, Normalverteilung, Signifikanztest

Es ist bekannt, dass 40 % der Erwachsenen in Deutschland häufig Sachbücher lesen. Die Zufallsgröße X beschreibt die Anzahl der Deutschen in einer Stichprobe, die häufig Sachbücher lesen.

a) Berechnen Sie die Wahrscheinlichkeit dafür, dass in einer Stichprobe vom Umfang n = 20 folgende Ereignisse auftreten.

  A: X = 10
  B: $6 \leq X \leq 10$
  C: $X \geq 15$

b) Es wird vermutet, dass der Anteil der Sachbuchleser in Sachsen-Anhalt über dem Bundesdurchschnitt liegt. Um dies zu überprüfen, werden 100 Erwachsene einem Signifikanztest unterzogen. Sind darunter mindestens 45 Sachbuchleser, wird für H_1: p > 0,4 entschieden. Andernfalls wird für H_0: p = 0,4 entschieden. Berechnen Sie das Signifikanzniveau, d. h. den α-Fehler des Tests.

c) Der Test aus b) soll so verbessert werden, dass das Signifikanzniveau 5 % beträgt. Wie muss die Entscheidungsregel nun lauten?

d) Wie viele Personen müsste man mindestens befragen, damit mit einer Wahrscheinlichkeit von mindestens 99 % wenigstens eine Person darunter ist, die häufig Sachbücher liest?

e) Der Anteil der Berufstätigen unter den Erwachsenen beträgt 60 %. In dieser Gruppe liegt der Anteil der Sachbuchleser bei 50 %. Welcher Prozentsatz der Sachbuchleser ist berufstätig?

11. Binomialverteilung, Normalvertei-lung, bedingte Wahrscheinlichkeiten

Durchschnittlich 2 % der Bevölkerung eines Landes sind mit dem Erreger der Malaria infiziert. X sei die Anzahl der infizierten Personen in einer Stichprobe.

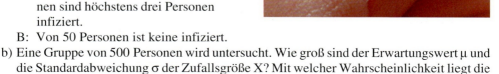

a) Gesucht ist die Wahrscheinlichkeit folgender Ereignisse:

A: In einer Gruppe von 100 Perso-nen sind höchstens drei Personen infiziert.

B: Von 50 Personen ist keine infiziert.

b) Eine Gruppe von 500 Personen wird untersucht. Wie groß sind der Erwartungswert μ und die Standardabweichung σ der Zufallsgröße X? Mit welcher Wahrscheinlichkeit liegt die Zahl der Infizierten zwischen $\mu - 3\sigma$ und $\mu + 3\sigma$?

c) Wie groß muss eine Personengruppe mindestens sein, damit man mit wenigstens 99 % Sicherheit mindestens einen Infizierten in der Gruppe findet?

d) Ein diagnostischer Test hat folgende Testsicherheitsdaten: Ist eine Person infiziert, so fällt der Test in 90 % der Fälle positiv aus. Ist eine Person nicht infiziert, so fällt der Test in 80 % der Fälle negativ aus. Eine Person unterzieht sich dem Test, der positiv ausfällt. Mit welcher Wahrscheinlichkeit ist die Person tatsächlich infiziert?

12. Binomialverteilung, Alternativtest

Ein Werbekugelschreiber enthält eine Klickmechanik und eine Großraummine. Innerhalb eines Gebrauchstages fällt die Klickmechanik in 20 % der Fälle aus. Die Großraummine wird unabhängig hiervon in 10 % der Fälle defekt. X sei die Anzahl der Großraumminen und Y sei die Anzahl der Klickmechaniken in einer Stichprobe, die am ersten Tag versagen.

a) Erläutern Sie, aus welchen Gründen die Zufallsgrößen X und Y als binomialverteilt angesehen werden können.

b) Mit welcher Wahrscheinlichkeit bleibt bei 100 verteilten Kugelschreibern die Miene in mindestens 90 Fällen intakt?

c) Mit welcher Wahrscheinlichkeit fällt die Klickmechanik bei 10 bis 15 von 50 Kugel-schreibern aus?

d) Mit welcher Wahrscheinlichkeit bleibt ein zufällig ausgewählter Kugelschreiber funk-tionsfähig?

e) Ein Kugelschreiber fällt aus. Mit welcher Wahrscheinlichkeit ist der alleinige Grund hierfür der Ausfall der Mine?

f) Ein weiteres, äußerlich völlig identisches Kugelschreibermodell besitzt eine verbesserte Mechanik, deren Ausfallwahrscheinlichkeit nur noch 10 % beträgt. Ein Kunde erhält einige sehr große Lieferungen von Kugelschreibern. Da es jeweils unklar ist, ob es sich um das verbesserte Modell handelt oder nicht, wird in Stichproben von 100 Kugelschrei-bern die Klickmechanik geprüft.

Findet sich bei höchstens 15 Kugelschreibern eine anfällige Mechanik, wird angenom-men, dass es sich um das verbesserte Modell handelt $\left(H_1: p = 0,10\right)$; andernfalls wird angenommen, dass das veraltete Modell geliefert wurde $\left(H_0: p = 0,20\right)$.

1. Berechnen Sie den α-Fehler (Irrtumswahrscheinlichkeit 1. Art) und den β-Fehler.

2. Wie muss die Entscheidungsregel verändert werden, um den α-Fehler auf höchstens 2 % zu drücken?

13. Baumdiagramm, Binomialverteilung, Normalverteilung

Ein Glücksrad enthält drei gleichgroße Sektoren, die mit den Zahlen 1, 2 und 3 beschriftet sind. Jeder Sektor besitzt die gleiche Wahrscheinlichkeit.

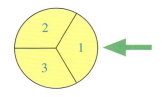

a) Das Rad wird zweimal gedreht. Die Zufallsgröße X sei die Augensumme der beiden dabei gefallenen Sektorzahlen. Geben Sie die Wahrscheinlichkeitsverteilung und den Erwartungswert von X an. Arbeiten Sie mit einem Baumdiagramm.

b) Ulf und Anja vereinbaren folgendes Spiel: Beide drehen das Glücksrad jeweils einmal. Ist die Ziffernsumme gerade, muss Anja einen Betrag in Höhe der Ziffernsumme an Ulf zahlen, andernfalls muss Ulf den entsprechenden Betrag an Anja zahlen.
Berechnen Sie den Erwartungswert für den Gewinn von Ulf pro Spiel.
Machen Sie einen Vorschlag zur Abänderung der Spielregel mit dem Ziel, das Spiel fair zu gestalten.

c) Ulf und Anja spielen fünfmal gegeneinander. Bestimmen Sie die Wahrscheinlichkeit folgender Ereignisse:
A: „Anja gewinnt genau eins der fünf Spiele"
B: „Ulf gewinnt mindestens drei der fünf Spiele"

d) Wie viele Spiele müssen mindestens gespielt werden, damit Anja mit mindestens 99 % Wahrscheinlichkeit mindestens ein Spiel gewinnt?

e) Ulf und Anja spielen 300-mal. Wie groß ist die Wahrscheinlichkeit, dass Ulf über die Hälfte der Spiele gewinnt?

f) Die Gewinnwahrscheinlichkeit von Ulf sei p_0 (vgl. Aufgabenteil c)). Ulf vermutet, dass das Glücksrad zwischenzeitlich zu seinen Ungunsten manipuliert wurde. Er möchte dies in einer Testserie von 100 Spielen anhand eines Signifikanztest mit einem Signifikanzniveau von 10 % überprüfen (H_0: $p = p_0$, H_1: $p < p_0$). Wie lautet die Entscheidungsregel?

14. Binomialverteilung, Normalverteilung, Signifikanztest

Ein Baustoffhändler handelt mit Keramikartikeln. Die Ausschussquote beträgt erfahrungsgemäß 5 %. X sei die Anzahl der ausschüssigen Artikel in einer Stichprobe.

a) Ein Kunde kauft 100 Teile. Mit welcher Wahrscheinlichkeit sind mindestens fünf ausschüssige Teile enthalten?

b) Der Händler erhält eine Lieferung von 500 Teilen. Berechnen Sie den Erwartungswert und die Standardabweichung der Zufallsgröße X. Prüfen Sie, ob die Normalverteilung angewendet werden darf. Mit welcher Wahrscheinlichkeit sind mindestens 7 % der Teile ausschüssig?

c) In einer Lieferung von 400 Teilen werden 35 ausschüssige Teile entdeckt. Deutet dies auf einen erhöhten Ausschussanteil hin oder handelt es sich lediglich um eine zufallsbedingte Abweichung?

d) Wie viele Teile müssen mindestens überprüft werden, damit die Wahrscheinlichkeit, gar kein ausschüssiges Teil in der Stichprobe zu finden, höchstens 2 % beträgt.

e) Aufgrund gesunkener Reklamationen wird vermutet, dass sich der Ausschussanteil erniedrigt hat. Entwickeln Sie einen Signifikanztest mit einem Stichprobenumfang von 400 Artikeln, mit welchem die Hypothesen H_0: $p = 0,05$ und H_1: $p < 0,05$ auf einem Signifikanzniveau von 5 % überprüft werden können.

XII. Tabellen zur Stochastik

Tabelle 1: Zufallsziffern

	1 5	10	15	20	25	30	35	40	45	50
1 —	07645	90952	42370	88003	79743	52097	46459	16055	04885	81676
	31397	83986	42975	15245	04124	35881	15664	53920	55775	90464
	64147	56091	45435	95510	23115	16170	06393	46850	10425	89259
	53754	33122	33071	12513	01889	59215	99336	20176	76979	04594
5 —	48942	10345	96401	03479	05768	46222	85046	69522	54005	32464
	37474	31894	64689	88424	73861	20001	55705	09604	26055	42507
	99179	74452	25506	81901	25391	62004	64264	22578	84559	63408
	62234	17971	39047	09212	46055	80731	38530	37253	56453	08246
	47263	39592	00595	36217	59826	17513	84959	39495	97870	84070
10 —	50343	07552	09245	02997	14549	18742	17202	99723	47587	16011
	04180	26606	13123	97241	44903	96204	29707	66586	70883	92893
	65523	38575	57359	89671	53833	04842	08522	39690	32481	65011
	14921	03745	66451	19460	24294	97924	27028	29229	04655	24922
	47666	54402	36600	40281	99698	24368	95406	69001	45723	32642
15 —	53389	90663	23654	18440	41198	50491	33288	89833	07561	34458
	29883	73423	92295	41999	63830	25723	70657	62113	32100	28627
	58328	04834	99037	87550	97430	80874	36852	76025	64062	63196
	68386	86595	16926	34726	57020	57919	29875	91566	59456	76490
	17464	56909	39716	70909	86319	08319	78268	08966	26344	06330
20 —	64647	05554	43990	16039	10538	79943	23034	75152	85281	44003
	42700	57566	06605	46843	42676	84957	73055	92008	21956	01070
	71945	22187	85606	49873	03167	44657	68081	28139	40882	24180
	34804	54003	20917	75562	63046	54262	83141	76543	04833	53219
	38092	86678	75331	63901	25998	42271	60142	25392	67835	50109
25 —	66038	58229	62401	83415	09164	66738	37200	60635	59995	42039
	04574	98571	24169	35956	54385	56046	98130	96214	79993	87923
	56953	17277	58442	09497	63787	82874	99406	55418	49956	30942
	08930	19934	31919	39146	28469	63330	88164	66251	41828	77422
	31985	18177	13605	48137	39121	76912	53359	31322	63719	18854
30 —	77173	90099	00361	28432	47697	10270	54598	33976	16252	22205
	23071	86680	45779	68009	80926	47663	42983	00410	26957	50733
	02260	64086	56653	06361	04266	01858	03479	44435	61505	03793
	66147	29316	57742	76431	53085	21801	15059	10971	79748	06138
	12048	67702	89264	26059	15657	97893	57191	69083	31888	41524
35 —	55201	60907	23787	13962	59556	34239	32550	91181	03666	67288
	65297	50989	89774	95925	16367	91984	83907	45804	05238	11927
	78724	94742	16276	84764	36733	26139	74702	92004	86534	69631
	69265	91109	33203	20980	01432	19777	83142	70847	54813	03173
	29185	97004	57993	74264	26531	55522	12875	76865	68140	97891
40 —	47622	20458	78937	88383	69829	63251	42173	28946	76039	98510
	92695	25285	16398	45868	71608	23131	46428	34930	76094	46840
	15534	67464	25228	35098	35653	86335	59430	10052	74102	02999
	02628	34863	75458	64466	31349	52055	04460	44614	86245	47550
	55002	28861	44961	41436	65292	24242	37353	48324	62207	84665
45 —	29842	01077	04272	20804	57334	38200	17248	79856	36795	35928
	43728	35457	96474	75955	44498	56476	69832	44668	54767	84996
	51571	31289	90355	73338	94469	38415	34530	99878	58325	78485
	03701	48562	76472	40512	87784	57639	35528	73661	63629	46272
	07062	58925	65311	88857	73077	07846	32309	94390	12268	46819
50 —	25179	03789	81247	22234	17250	54858	09303	78844	44162	69696

Tabelle 2: Fakultäten

$n! = 1 \cdot 2 \cdot 3 \cdot \ldots \cdot n$

n	n!
1	1
2	2
3	6
4	24
5	120
6	720
7	5 040
8	40 320
9	362 880
10	3 628 800

n	n!
11	39 916 800
12	479 001 600
13	6 227 020 800
14	87 178 291 200
15	1 307 674 368 000
16	20 922 789 888 000
17	355 687 428 096 000
18	6 402 373 705 728 000
19	121 645 100 408 832 000
20	2 432 902 008 176 640 000

Beispiel:

$6! = 1 \cdot 2 \cdot 3 \cdot 4 \cdot 5 \cdot 6 = 720$

Sonderfall:

$0! = 1$

Tabelle 3: Binomialkoeffizienten

$\binom{n}{k} = \dfrac{n!}{k! \cdot (n-k)!}$

Beispiele:

$\binom{15}{2} = 105$

$\binom{15}{12} = \binom{15}{15-12} = \binom{15}{3} = 455$

n \ k	0	1	2	3	4	5	6	7	8	9	10
0	1										
1	1	1									
2	1	2	1								
3	1	3	3	1							
4	1	4	6	4	1						
5	1	5	10	10	5	1					
6	1	6	15	20	15	6	1				
7	1	7	21	35	35	21	7	1			
8	1	8	28	56	70	56	28	8	1		
9	1	9	36	84	126	126	84	36	9	1	
10	1	10	45	120	210	252	210	120	45	10	1
11	1	11	55	165	330	462	462	330	165	55	11
12	1	12	66	220	495	792	924	792	495	220	66
13	1	13	78	286	715	1 287	1 716	1 716	1 287	715	286
14	1	14	91	364	1 001	2 002	3 003	3 432	3 003	2 002	1 001
15	1	15	105	455	1 365	3 003	5 005	6 435	6 435	5 005	3 003
16	1	16	120	560	1 820	4 368	8 008	11 440	12 870	11 440	8 008
17	1	17	136	680	2 380	6 188	12 376	19 448	24 310	24 310	19 448
18	1	18	153	816	3 060	8 568	18 564	31 824	43 758	48 620	43 758
19	1	19	171	969	3 876	11 628	27 132	50 388	75 582	92 378	92 378
20	1	20	190	1 140	4 845	15 504	38 760	77 520	125 970	167 960	184 756

Tabelle 4: Binomialverteilung

$$B(n\,;\,p\,;\,k) = \binom{n}{k} p^k (1-p)^{n-k}$$

n	k	0,02	0,03	0,04	0,05	0,10	1/6	0,20	0,25	0,30	1/3	0,40	0,50	k	n
2	0	0,9604	9409	9216	9025	8100	6944	6400	5625	4900	4444	3600	2500	2	2
	1	0392	0582	0768	0950	1800	2778	3200	3750	4200	4444	4800	5000	1	
	2	0004	0009	0016	0025	0100	0278	0400	0625	0900	1111	1600	2500	0	
3	0	0,9412	9127	8847	8574	7290	5787	5120	4219	3430	2963	2160	1250	3	3
	1	0576	0847	1106	1354	2430	3472	3840	4219	4410	4444	4320	3750	2	
	2	0012	0026	0046	0071	0270	0694	0960	1406	1890	2222	2880	3750	1	
	3			0001	0001	0010	0046	0080	0156	0270	0370	0640	1250	0	
4	0	0,9224	8853	8493	8145	6561	4823	4096	3164	2401	1975	1296	0625	4	4
	1	0753	1095	1416	1715	2916	3858	4096	4219	4116	3951	3456	2500	3	
	2	0023	0051	0088	0135	0486	1157	1536	2109	2646	2963	3456	3750	2	
	3		0001	0002	0005	0036	0154	0256	0469	0756	0988	1536	2500	1	
	4					0001	0008	0016	0039	0081	0123	0256	0625	0	
5	0	0,9039	8587	8154	7738	5905	4019	3277	2373	1681	1317	0778	0313	5	5
	1	0922	1328	1699	2036	3281	4019	4096	3955	3602	3292	2592	1563	4	
	2	0038	0082	0142	0214	0729	1608	2048	2637	3087	3292	3456	3125	3	
	3	0001	0003	0006	0011	0081	0322	0512	0879	1323	1646	2304	3125	2	
	4					0005	0032	0064	0146	0284	0412	0768	1563	1	
	5						0001	0003	0010	0024	0041	0102	0313	0	
6	0	0,8858	8330	7828	7351	5314	3349	2621	1780	1176	0878	0467	0156	6	6
	1	1085	1546	1957	2321	3543	4019	3932	3560	3025	2634	1866	0938	5	
	2	0055	0120	0204	0305	0984	2009	2458	2966	3241	3292	3110	2344	4	
	3	0002	0005	0011	0021	0146	0536	0819	1318	1852	2195	2765	3125	3	
	4				0001	0012	0080	0154	0330	0595	0823	1382	2344	2	
	5					0001	0006	0015	0044	0102	0165	0369	0938	1	
	6							0001	0002	0007	0014	0041	0156	0	
7	0	0,8681	8080	7514	6983	4783	2791	2097	1335	0824	0585	0280	0078	7	7
	1	1240	1749	2192	2573	3720	3907	3670	3115	2471	2048	1306	0547	6	
	2	0076	0162	0274	0406	1240	2344	2753	3115	3177	3073	2613	1641	5	
	3	0003	0008	0019	0036	0230	0781	1147	1730	2269	2561	2903	2734	4	
	4			0001	0002	0026	0156	0287	0577	0972	1280	1935	2734	3	
	5					0002	0019	0043	0115	0250	0384	0774	1641	2	
	6						0001	0004	0013	0036	0064	0172	0547	1	
	7								0001	0002	0005	0016	0078	0	
8	0	0,8508	7837	7214	6634	4305	2326	1678	1001	0576	0390	0168	0039	8	8
	1	1389	1939	2405	2793	3826	3721	3355	2670	1977	1561	0896	0313	7	
	2	0099	0210	0351	0515	1488	2605	2936	3115	2965	2731	2090	1094	6	
	3	0004	0013	0029	0054	0331	1042	1468	2076	2541	2731	2787	2188	5	
	4		0001	0002	0004	0046	0260	0459	0865	1361	1707	2322	2734	4	
	5					0004	0042	0092	0231	0467	0683	1239	2188	3	
	6						0004	0011	0038	0100	0171	0413	1094	2	
	7							0001	0004	0012	0024	0079	0313	1	
	8									0001	0002	0007	0039	0	
9	0	0,8337	7602	6925	6302	3874	1938	1342	0751	0404	0260	0101	0020	9	9
	1	1531	2116	2597	2985	3874	3489	3020	2253	1556	1171	0605	0176	8	
	2	0125	0262	0433	0629	1722	2791	3020	3003	2668	2341	1612	0703	7	
	3	0006	0019	0042	0077	0446	1302	1762	2336	2668	2731	2508	1641	6	
	4		0001	0003	0006	0074	0391	0661	1168	1715	2048	2508	2461	5	
	5					0008	0078	0165	0389	0735	1024	1672	2461	4	
	6					0001	0010	0028	0087	0210	0341	0743	1641	3	
	7						0001	0003	0012	0039	0073	0212	0703	2	
	8								0001	0004	0009	0035	0176	1	
	9										0001	0003	0020	0	
n		0,98	0,97	0,96	0,95	0,90	5/6	0,80	0,75	0,70	2/3	0,60	0,50	k	n

Für $p \geq 0{,}5$ verwendet man den blau unterlegten Eingang.

Tabelle 4: Binomialverteilung

$$B(n\,;\,p\,;\,k) = \binom{n}{k} p^k (1-p)^{n-k}$$

n	k	0,02	0,03	0,04	0,05	0,10	1/6	0,20	0,25	0,30	1/3	0,40	0,50	n
10	0	0,8171	7374	6648	5987	3487	1615	1074	0563	0282	0173	0060	0010	10
	1	1667	2281	2770	3151	3874	3230	2684	1877	1211	0867	0403	0098	9
	2	0153	0317	0519	0746	1937	2907	3020	2816	2335	1951	1209	0439	8
	3	0008	0026	0058	0105	0574	1550	2013	2503	2668	2601	2150	1172	7
	4		0001	0004	0010	0112	0543	1460	2001	2001	2276	2508	2051	6
	5				0001	0015	0130	0264	0584	1029	1366	2007	2461	5
	6					0001	0022	0055	0162	0368	0569	1115	2051	4
	7						0002	0008	0031	0090	0163	0425	1172	3
	8							0001	0004	0014	0030	0106	0439	2
	9									0001	0003	0016	0098	1
	10											0001	0010	0
15	0	0,7386	6333	5421	4633	2059	0649	0352	0134	0047	0023	0005	0000	15
	1	2261	2938	3388	3658	3432	1947	1319	0668	0305	0171	0047	0005	14
	2	0323	0636	0988	1348	2669	2726	2309	1559	0916	0599	0219	0032	13
	3	0029	0085	0178	0307	1285	2363	2501	2252	1700	1299	0634	0139	12
	4	0002	0008	0022	0049	0428	1418	1876	2252	2186	1948	1268	0417	11
	5		0001	0002	0006	0105	0624	1032	1651	2061	2143	1859	0916	10
	6					0019	0208	0430	0917	1472	1786	2066	1527	9
	7					0003	0053	0138	0393	0811	1148	1771	1964	8
	8						0011	0035	0131	0348	0574	1181	1964	7
	9						0002	0007	0034	0116	0223	0612	1527	6
	10							0001	0007	0030	0067	0245	0916	5
	11								0001	0006	0015	0074	0417	4
	12									0001	0003	0016	0139	3
	13											0003	0032	2
	14												0005	1
	15													0
20	0	0,6676	5438	4420	3585	1216	0261	0115	0032	0008	0003	0000	0000	20
	1	2725	3364	3683	3774	2702	1043	0576	0211	0068	0030	0005	0000	19
	2	0528	0988	1458	1887	2852	1982	1369	0669	0278	0143	0031	0002	18
	3	0065	0183	0364	0596	1901	2379	2054	1339	0716	0429	0123	0011	17
	4	0006	0024	0065	0133	0898	2022	2182	1897	1304	0911	0350	0046	16
	5		0002	0009	0022	0319	1294	1746	2023	1789	1457	0746	0148	15
	6			0001	0003	0089	0647	1091	1686	1916	1821	1244	0370	14
	7					0020	0259	0545	1124	1643	1821	1659	0739	13
	8					0004	0084	0222	0609	1144	1480	1797	1201	12
	9					0001	0022	0074	0270	0654	0987	1597	1602	11
	10						0005	0020	0099	0308	0543	1171	1762	10
	11						0001	0005	0030	0120	0247	0710	1602	9
	12							0001	0008	0039	0092	0355	1201	8
	13								0002	0010	0028	0146	0739	7
	14									0002	0007	0049	0370	6
	15										0001	0013	0148	5
	16											0003	0046	4
	17												0011	3
	18												0002	2
	19													1
	20													0
n		0,98	0,97	0,96	0,95	0,90	5/6	0,80	0,75	0,70	2/3	0,60	0,50	k	n

Für p ≥ 0,5 verwendet man den blau unterlegten Eingang.

Tabelle 5: Kumulierte Binomialverteilung

$$F(n \; ; \; p \; ; \; k) = B(n \; ; \; p \; ; \; 0) + \ldots + B(n \; ; \; p \; ; \; k) = \binom{n}{0} p^0 (1-p)^{n-0} + \ldots + \binom{n}{k} p^k (1-p)^{n-k}$$

n	k	0,02	0,03	0,04	0,05	0,10	1/6	0,20	0,25	0,30	1/3	0,40	0,50		n
2	0	0,9604	9409	9216	9025	8100	6944	6400	5625	4900	4444	3600	2500	1	2
	1	9996	9991	9984	9975	9900	9722	9600	9375	9100	8889	8400	7500	0	
3	0	0,9412	9127	8847	8574	7290	5787	5120	4219	3430	2963	2160	1250	2	3
	1	9988	9974	9953	9928	9720	9259	8960	8438	7840	7407	6480	5000	1	
	2			9999	9999	9990	9954	9920	9844	9730	9630	9360	8750	0	
4	0	0,9224	8853	8493	8145	6561	4823	4096	3164	2401	1975	1296	0625	3	4
	1	9977	9948	9909	9860	9477	8681	8192	7383	6517	5926	4752	3125	2	
	2		9999	9998	9995	9963	9838	9728	9492	9163	8889	8208	6875	1	
	3					9999	9992	9984	9961	9919	9877	9744	9375	0	
5	0	0,9039	8587	8154	7738	5905	4019	3277	2373	1681	1317	0778	0313	4	5
	1	9962	9915	9852	9774	9185	8038	7373	6328	5282	4609	3370	1875	3	
	2	9999	9997	9994	9988	9914	9645	9421	8965	8369	7901	6826	5000	2	
	3					9995	9967	9933	9844	9692	9547	9130	8125	1	
	4						9999	9997	9990	9976	9959	9898	9688	0	
6	0	0,8858	8330	7828	7351	5314	3349	2621	1780	1176	0878	0467	0156	5	6
	1	9943	9875	9784	9672	8857	7368	6554	5339	4202	3512	2333	1094	4	
	2	9998	9995	9988	9978	9842	9377	9011	8306	7443	6804	5443	3438	3	
	3				9999	9987	9913	9830	9624	9295	8999	8208	6563	2	
	4					9999	9993	9984	9954	9891	9822	9590	8906	1	
	5							9999	9998	9993	9986	9959	9844	0	
7	0	0,8681	8080	7514	6983	4783	2791	2097	1335	0824	0585	0280	0078	6	7
	1	9921	9829	9706	9556	8503	6698	5767	4450	3294	2634	1586	0625	5	
	2	9997	9991	9980	9962	9743	9042	8520	7564	6471	5706	4199	2266	4	
	3			9999	9998	9973	9824	9667	9294	8740	8267	7102	5000	3	
	4					9998	9980	9953	9871	9712	9547	9037	7734	2	
	5						9999	9996	9987	9962	9931	9812	9375	1	
	6								9999	9998	9995	9984	9922	0	
8	0	0,8508	7837	7214	6634	4305	2326	1678	1001	0576	0390	0168	0039	7	8
	1	9897	9777	9619	9428	8131	6047	5033	3670	2553	1951	1064	0352	6	
	2	9996	9987	9969	9942	9619	8652	7969	6786	5518	4682	3154	1445	5	
	3		9999	9998	9996	9950	9693	9457	8862	8059	7414	5941	3633	4	
	4					9996	9954	9896	9727	9420	9121	8263	6367	3	
	5						9996	9988	9958	9887	9803	9502	8555	2	
	6							9999	9996	9987	9974	9915	9648	1	
	7									9999	9998	9993	9961	0	
9	0	0,8337	7602	6925	6302	3874	1938	1342	0751	0404	0260	0101	0020	8	9
	1	9869	9718	9222	9288	7748	5427	4362	3003	1960	1431	0705	0195	7	
	2	9994	9980	9955	9916	9470	8217	7382	6007	4628	3772	2318	0898	6	
	3		9999	9997	9994	9917	9520	9144	8343	7297	6503	4826	2539	5	
	4					9991	9911	9804	9511	9012	8552	7334	5000	4	
	5					9999	9989	9969	9900	9747	9576	9006	7461	3	
	6						9999	9997	9987	9957	9917	9750	9102	2	
	7								9999	9996	9990	9962	9805	1	
	8	Nicht aufgeführte Werte sind (auf 4 Dez.) 1,0000.									9999	9997	9980	0	
n		0,98	0,97	0,96	0,95	0,90	5/6	0,80	0,75	0,70	2/3	0,60	0,50	k	n

Bei blau unterlegtem Eingang, d. h. $p \geq 0,5$ gilt: $F(n \; ; \; p \; ; \; k) = 1 -$ abgelesener Wert.

Tabelle 5: Kumulierte Binomialverteilung

$$F(n \; ; \; p \; ; \; k) = B(n \; ; \; p \; ; \; 0) + \ldots + B(n \; ; \; p \; ; \; k) = \binom{n}{0} p^0 (1 - p)^{n-0} + \ldots + \binom{n}{k} p^k (1 - p)^{n-k}$$

p (Eingang oben)

n	k	0,02	0,03	0,04	0,05	0,10	1/6	0,20	0,25	0,30	1/3	0,40	0,50	k	n
10	0	0,8171	7374	6648	5987	3487	1615	1074	0563	0282	0173	0060	0010	9	10
	1	9838	9655	9418	9139	7361	4845	3758	2440	1493	1040	0464	0107	8	
	2	9991	9972	9938	9885	9298	7752	6778	5256	3828	2991	1673	0547	7	
	3		9999	9996	9990	9872	9303	8791	7759	6496	5593	3823	1719	6	
	4				9999	9984	9845	9672	9219	8497	7869	6331	3770	5	
	5					9999	9976	9936	9803	9527	9234	8338	6230	4	
	6						9997	9991	9965	9894	9803	9452	8281	3	
	7							9999	9996	9984	9966	9877	9453	2	
	8									9999	9996	9983	9893	1	
	9											9999	9990	0	
11	0	0,8007	7153	6382	5688	3138	1346	0859	0422	0198	0116	0036	0005	10	11
	1	9805	9587	9308	8981	6974	4307	3221	1971	1130	0751	0302	0059	9	
	2	9988	9963	9917	9848	9104	7268	6174	4552	3127	2341	1189	0327	8	
	3		9998	9993	9984	9815	9044	8389	7133	5696	4726	2963	1133	7	
	4				9999	9972	9755	9496	8854	7897	7110	5328	2744	6	
	5					9997	9954	9883	9657	9218	8779	7535	5000	5	
	6						9994	9980	9925	9784	9614	9006	7256	4	
	7						9999	9998	9989	9957	9912	9707	8867	3	
	8									9994	9986	9941	9673	2	
	9										9999	9993	9941	1	
	10												9995	0	
12	0	0,7847	6938	6127	5404	2824	1122	0687	0317	0138	0077	0022	0002	11	12
	1	9769	9514	9191	8816	6590	3813	2749	1584	0850	0540	0196	0032	10	
	2	9985	9952	9893	9804	8891	6774	5583	3907	2528	1811	0834	0193	9	
	3	9999	9997	9990	9978	9744	8748	7946	6488	4925	3931	2253	0730	8	
	4			9999	9998	9957	9637	9274	8424	7237	6315	4382	1938	7	
	5					9995	9921	9806	9456	8822	8223	6652	3872	6	
	6						9987	9961	9857	9614	9336	8418	6128	5	
	7						9998	9994	9972	9905	9812	9427	8062	4	
	8							9999	9996	9983	9961	9847	9270	3	
	9									9998	9995	9972	9807	2	
	10											9997	9968	1	
	11												9998	0	
13	0	0,7690	6730	5882	5133	2542	0935	0550	0238	0097	0051	0013	0001	12	13
	1	9730	9436	9068	8646	6213	3365	2336	1267	0637	0385	0126	0017	11	
	2	9980	9938	9865	9755	8661	6281	5017	3326	2025	1387	0579	0112	10	
	3	9999	9995	9986	9969	9658	8419	7473	5843	4206	3224	1686	0461	9	
	4			9999	9997	9935	9488	9009	7940	6543	5520	3520	1334	8	
	5					9991	9873	9700	9198	8346	7587	5744	2905	7	
	6					9999	9976	9930	9757	9376	8965	7712	5000	6	
	7						9997	9988	9943	9818	9653	9023	7095	5	
	8							9998	9990	9960	9912	9679	8666	4	
	9								9999	9993	9984	9922	9539	3	
	10									9999	9998	9987	9888	2	
	11											9999	9983	1	
	12	Nicht aufgeführte Werte sind (auf 4 Dez.) 1,0000.											9999	0	
n		0,98	0,97	0,96	0,95	0,90	5/6	0,80	0,75	0,70	2/3	0,60	0,50	k	n

p (Eingang unten)

Bei blau unterlegtem Eingang, d.h. p ≥ 0,5 gilt: F(n ; p ; k) = 1 − abgelesener Wert.

Tabelle 5: Kumulierte Binomialverteilung

$$F(n\,;\,p\,;\,k) = B(n\,;\,p\,;\,0) + \ldots + B(n\,;\,p\,;\,k) = \binom{n}{0} p^0 (1-p)^{n-0} + \ldots + \binom{n}{k} p^k (1-p)^{n-k}$$

n	k	0,02	0,03	0,04	0,05	0,10	1/6	0,20	0,25	0,30	1/3	0,40	0,50	n
14	0	0,7536	6528	5647	4877	2288	0779	0440	0178	0068	0034	0008	0001	13
	1	9690	9355	8941	8470	5846	2960	1979	1010	0475	0274	0081	0009	12
	2	9975	9923	9823	9699	8416	5795	4481	2812	1608	1053	0398	0065	11
	3	9999	9994	9981	9958	9559	8063	6982	5214	3552	2612	1243	0287	10
	4			9998	9996	9908	9310	8702	7416	5842	4755	2793	0898	9
	5					9985	9809	9561	8884	7805	6898	4859	2120	8
	6					9998	9959	9884	9618	9067	8505	6925	3953	7
	7						9993	9976	9898	9685	9424	8499	6047	6
	8						9999	9996	9980	9917	9826	9417	7880	5
	9								9998	9983	9960	9825	9102	4
	10									9998	9993	9961	9713	3
	11										9999	9994	9935	2
	12											9999	9991	1
	13												9999	0
15	0	0,7386	6333	5421	4633	2059	0649	0352	0134	0047	0023	0005	0000	14
	1	9647	9270	8809	8290	5490	2596	1671	0802	0353	0194	0052	0005	13
	2	9970	9906	9797	9638	8159	5322	3980	2361	1268	0794	0271	0037	12
	3	9998	9992	9976	9945	9444	7685	6482	4613	2969	2092	0905	0176	11
	4		9999	9998	9994	9873	9102	8358	6865	5155	4041	2173	0592	10
	5				9999	9978	9726	9389	8516	7216	6184	4032	1509	9
	6					9997	9934	9819	9434	8689	7970	6098	3036	8
	7						9987	9958	9827	9500	9118	7869	5000	7
	8						9998	9992	9958	9848	9692	9050	6964	6
	9							9999	9992	9963	9915	9662	8491	5
	10								9999	9993	9982	9907	9408	4
	11									9999	9997	9981	9824	3
	12											9997	9963	2
	13												9995	1
	14													0
16	0	0,7238	6143	5204	4401	1853	0541	0281	0100	0033	0015	0003	0000	15
	1	9601	9182	8673	8108	5147	2272	1407	0635	0261	0137	0033	0003	14
	2	9963	9887	9758	9571	7892	4868	3518	1971	0994	0594	0183	0021	13
	3	9998	9989	9968	9930	9316	7291	5981	4050	2459	1659	0651	0106	12
	4		9999	9997	9991	9830	8866	7982	6302	4499	3391	1666	0384	11
	5				9999	9967	9622	9183	8103	6598	5469	3288	1051	10
	6					9995	9899	9733	9204	8247	7374	5272	2272	9
	7					9999	9979	9930	9729	9256	8735	7161	4018	8
	8						9996	9985	9925	9743	9500	8577	5982	7
	9						9998	9984	9929	9841	9417	7728		6
	10							9997	9984	9960	9809	8949		5
	11								9997	9992	9951	9616		4
	12									9999	9991	9894		3
	13										9999	9979		2
	14											9997		1
	15	Nicht aufgeführte Werte sind (auf 4 Dez.) 1,0000.												0
n		0,98	0,97	0,96	0,95	0,90	5/6	0,80	0,75	0,70	2/3	0,60	0,50	k	n

Bei blau unterlegtem Eingang, d.h. $p \geq 0{,}5$ gilt: $F(n\,;\,p\,;\,k) = 1 -$ abgelesener Wert.

Tabelle 5: Kumulierte Binomialverteilung

$$F(n\,;\,p\,;\,k) = B(n\,;\,p\,;\,0) + \ldots + B(n\,;\,p\,;\,k) = \binom{n}{0}p^0(1-p)^{n-0} + \ldots + \binom{n}{k}p^k(1-p)^{n-k}$$

p

n	k	0,02	0,03	0,04	0,05	0,10	1/6	0,20	0,25	0,30	1/3	0,40	0,50		n
17	0	0,7093	5958	4996	4181	1668	0451	0225	0075	0023	0010	0002	0000	16	17
	1	9554	9091	8535	7922	4818	1983	1182	0501	0193	0096	0021	0001	15	
	2	9956	9866	9714	9497	7618	4435	3096	1637	0774	0442	0123	0012	14	
	3	9997	9986	9960	9912	9174	6887	5489	3530	2019	1304	0464	0064	13	
	4		9999	9996	9988	9779	8604	7582	5739	3887	2814	1260	0245	12	
	5				9999	9953	9496	8943	7653	5968	4777	2639	0717	11	
	6					9992	9853	9623	8929	7752	6739	4478	1662	10	
	7					9999	9965	9891	9598	8954	8281	6405	3145	9	
	8						9993	9974	9876	9597	9245	8011	5000	8	
	9						9999	9995	9969	9873	9727	9081	6855	7	
	10							9999	9994	9968	9920	9652	8338	6	
	11								9999	9993	9981	9894	9283	5	
	12									9999	9997	9975	9755	4	
	13											9995	9936	3	
	14											9999	9988	2	
	15												9999	1	
18	0	0,6951	5780	4796	3972	1501	0376	0180	0056	0016	0007	0001	0000	17	18
	1	9505	8997	8393	7735	4503	1728	0991	0395	0142	0068	0013	0001	16	
	2	9948	9843	9667	9419	7338	4027	2713	1353	0600	0326	0082	0007	15	
	3	9996	9982	9950	9891	9018	6479	5010	3057	1646	1017	0328	0038	14	
	4		9999	9994	9985	9718	8318	7164	5187	3327	2311	0942	0154	13	
	5				9998	9936	9347	8671	7175	5344	4122	2088	0481	12	
	6					9988	9794	9487	8610	7217	6085	3743	1189	11	
	7					9998	9947	9837	9431	8593	7767	5634	2403	10	
	8						9989	9957	9807	9404	8924	7368	4073	9	
	9						9998	9991	9946	9790	9567	8653	5927	8	
	10							9998	9988	9939	9856	9424	7597	7	
	11								9998	9986	9961	9797	8811	6	
	12									9997	9991	9943	9519	5	
	13										9999	9987	9846	4	
	14											9998	9962	3	
	15												9993	2	
	16												9999	1	
19	0	0,6812	5606	4604	3774	1351	0313	0144	0042	0011	0005	0001	0000	18	19
	1	9454	8900	8249	7547	4203	1502	0829	0310	0104	0047	0008	0000	17	
	2	9939	9817	9616	9335	7054	3643	2369	1113	0462	0240	0055	0004	16	
	3	9995	9978	9939	9868	8850	6070	4551	2631	1332	0787	0230	0022	15	
	4		9998	9993	9980	9648	8011	6733	4654	2822	1879	0696	0096	14	
	5			9999	9998	9914	9176	8369	6678	4739	3519	1629	0318	13	
	6					9983	9719	9324	8251	6655	5431	3081	0835	12	
	7					9997	9921	9767	9225	8180	7207	4878	1796	11	
	8						9982	9933	9713	9161	8538	6675	3238	10	
	9						9996	9984	9911	9674	9352	8139	5000	9	
	10						9999	9997	9977	9895	9759	9115	6762	8	
	11								9995	9972	9926	9648	8204	7	
	12								9999	9994	9981	9884	9165	6	
	13									9999	9996	9969	9682	5	
	14										9999	9994	9904	4	
	15											9999	9978	3	
	16												9996	2	
	17	Nicht aufgeführte Werte sind (auf 4 Dez.) 1,0000.												1	
n		0,98	0,97	0,96	0,95	0,90	5/6	0,80	0,75	0,70	2/3	0,60	0,50	k	n

p

Bei blau unterlegtem Eingang, d. h. $p \geq 0{,}5$ gilt: $F(n\,;\,p\,;\,k) = 1-$ abgelesener Wert.

Tabelle 5: Kumulierte Binomialverteilung

$$F(n\,;\,p\,;\,k) = B(n\,;\,p\,;\,0) + \ldots + B(n\,;\,p\,;\,k) = \binom{n}{0}p^0(1-p)^{n-0} + \ldots + \binom{n}{k}p^k(1-p)^{n-k}$$

n	k	p 0,02	0,03	0,04	0,05	0,10	1/6	0,20	0,25	0,30	1/3	0,40	0,50	n
20	0	0,6676	5438	4420	3585	1216	0261	0115	0032	0008	0003	0000	0000	19
	1	9401	8802	8103	7358	3917	1304	0692	0243	0076	0033	0005	0000	18
	2	9929	9790	9561	9245	6769	3287	2061	0913	0355	0176	0036	0002	17
	3	9994	9973	9926	9841	8670	5665	4114	2252	1071	0604	0160	0013	16
	4		9997	9990	9974	9568	7687	6296	4148	2375	1515	0510	0059	15
	5			9999	9997	9887	8982	8042	6172	4164	2972	1256	0207	14
	6					9976	9629	9133	7858	6080	4793	2500	0577	13
	7					9996	9887	9679	8982	7723	6615	4159	1316	12
	8					9999	9972	9900	9591	8867	8095	5956	2517	11
	9						9994	9974	9861	9520	9081	7553	4119	10
	10						9999	9994	9960	9829	9624	8725	5881	9
	11							9999	9990	9949	9870	9435	7483	8
	12								9998	9987	9963	9790	8684	7
	13									9997	9991	9935	9423	6
	14										9998	9984	9793	5
	15											9997	9941	4
	16												9987	3
	17												9998	2
50	0	0,3642	2181	1299	0769	0052	0001	0000	0000	0000	0000	0000	0000	49
	1	7358	5553	4005	2794	0338	0012	0002	0000	0000	0000	0000	0000	48
	2	9216	8108	6767	5405	1117	0066	0013	0001	0000	0000	0000	0000	47
	3	9822	9372	8609	7604	2503	0238	0057	0005	0000	0000	0000	0000	46
	4	9968	9832	9510	8964	4312	0643	0185	0021	0002	0000	0000	0000	45
	5	9995	9963	9856	9622	6161	1388	0480	0070	0007	0001	0000	0000	44
	6	9999	9993	9964	9882	7702	2506	1034	0194	0025	0005	0000	0000	43
	7		9999	9992	9968	8779	3911	1904	0453	0073	0017	0000	0000	42
	8			9999	9992	9421	5421	3073	0916	0183	0050	0002	0000	41
	9				9998	9755	6830	4437	1637	0402	0127	0008	0000	40
	10					9906	7986	5836	2622	0789	0284	0022	0000	39
	11					9968	8827	7107	3816	1390	0570	0057	0000	38
	12					9990	9373	8139	5110	2229	1035	0133	0002	37
	13					9997	9693	8894	6370	3279	1715	0280	0005	36
	14					9999	9862	9393	7481	4468	2612	0540	0013	35
	15						9943	9692	8369	5692	3690	0955	0033	34
	16						9978	9856	9017	6839	4868	1561	0077	33
	17						9992	9937	9449	7822	6046	2369	0164	32
	18						9998	9975	9713	8594	7126	3356	0325	31
	19						9999	9991	9861	9152	8036	4465	0595	30
	20							9997	9937	9522	8741	5610	1013	29
	21							9999	9974	9749	9244	6701	1611	28
	22								9990	9877	9576	7660	2399	27
	23								9997	9944	9778	8438	3359	26
	24								9999	9976	9892	9022	4439	25
	25									9991	9951	9427	5561	24
	26									9997	9979	9686	6641	23
	27									9999	9992	9840	7601	22
	28										9997	9924	8389	21
	29										9999	9966	8987	20
	30											9986	9405	19
	31											9995	9675	18
	32											9998	9836	17
	33											9999	9923	16
	34												9967	15
	35												9987	14
	36												9995	13
	37												9998	12
n		0,98	0,97	0,96	0,95	0,90	5/6	0,80	0,75	0,70	2/3	0,60	0,50	k / n

Nicht aufgeführte Werte sind (auf 4 Dez.) 1,0000.

Bei blau unterlegtem Eingang, d.h. $p \geq 0,5$ gilt: $F(n\,;\,p\,;\,k) = 1 -$ abgelesener Wert.

Tabelle 5: Kumulierte Binomialverteilung

$$F(n;p;k) = B(n;p;0) + \ldots + B(n;p;k) = \binom{n}{0}p^0(1-p)^{n-0} + \ldots + \binom{n}{k}p^k(1-p)^{n-k}$$

p

n	k	0,02	0,03	0,04	0,05	0,10	1/6	0,20	0,25	0,30	1/3	0,40	0,50	n
80	0	0,1986	0874	0382	0165	0002	0000	0000	0000	0000	0000	0000	0000	79
	1	5230	3038	1654	0861	0022	0000	0000	0000	0000	0000	0000	0000	78
	2	7844	5681	3748	2306	0107	0001	0000	0000	0000	0000	0000	0000	77
	3	9231	7807	6016	4284	0353	0004	0001	0000	0000	0000	0000	0000	76
	4	9776	9072	7836	6289	0880	0015	0001	0000	0000	0000	0000	0000	75
	5	9946	9667	8988	7892	1769	0051	0005	0000	0000	0000	0000	0000	74
	6	9989	9897	9588	8947	3005	0140	0018	0001	0000	0000	0000	0000	73
	7	9998	9972	9853	9534	4456	0328	0053	0002	0000	0000	0000	0000	72
	8		9993	9953	9816	5927	0672	0131	0006	0000	0000	0000	0000	71
	9		9999	9987	9935	7234	1221	0287	0018	0001	0000	0000	0000	70
	10			9997	9979	8266	2002	0565	0047	0002	0000	0000	0000	69
	11			9999	9994	8996	2995	1006	0106	0006	0001	0000	0000	68
	12				9998	9462	4137	1640	0221	0015	0002	0000	0000	67
	13					9732	5333	2470	0421	0036	0005	0000	0000	66
	14					9877	6476	3463	0740	0079	0012	0000	0000	65
	15					9947	7483	4555	1208	0161	0029	0000	0000	64
	16					9979	8301	5664	1841	0302	0063	0001	0000	63
	17					9992	8917	6707	2636	0531	0126	0003	0000	62
	18					9997	9348	7621	3563	0873	0237	0007	0000	61
	19					9999	9629	8366	4572	1352	0418	0016	0000	60
	20						9801	8934	5597	1978	0693	0035	0000	59
	21						9899	9340	6574	2745	1087	0072	0000	58
	22						9951	9612	7447	3627	1616	0136	0000	57
	23						9978	9783	8180	4579	2282	0245	0001	56
	24						9990	9885	8761	5549	3073	0417	0002	55
	25						9996	9942	9195	6479	3959	0675	0005	54
	26						9998	9972	9501	7323	4896	1037	0011	53
	27						9999	9987	9705	8046	5832	1521	0024	52
80	28							9995	9834	8633	6719	2131	0048	51
	29							9998	9911	9084	7514	2860	0091	50
	30							9999	9954	9412	8190	3687	0165	49
	31								9978	9640	8735	4576	0283	48
	32								9990	9789	9152	5484	0464	47
	33								9995	9881	9455	6363	0728	46
	34								9998	9936	9665	7174	1092	45
	35								9999	9967	9803	7885	1571	44
	36									9984	9889	8477	2170	43
	37									9993	9940	8947	2882	42
	38									9997	9969	9301	3688	41
	39									9999	9985	9555	4555	40
	40									9999	9993	9729	5445	39
	41										9997	9842	6312	38
	42										9999	9912	7118	37
	43										9999	9953	7830	36
	44											9976	8428	35
	45											9988	8907	34
	46											9994	9272	33
	47											9997	9535	32
	48											9999	9717	31
	49											9999	9835	30
	50												9908	29
	51												9951	28
	52												9976	27
	53												9988	26
	54												9995	25
	55												9998	24
	56												9999	23
n		0,98	0,97	0,96	0,95	0,90	5/6	0,80	0,75	0,70	2/3	0,60	0,50	k	n

Nicht aufgeführte Werte sind (auf 4 Dez.) 1,0000.

p

Bei blau unterlegtem Eingang, d.h. p ≥ 0,5 gilt: F(n ; p ; k) = 1 – abgelesenerWert.

Tabelle 5: Kumulierte Binomialverteilung

$$F(n\,;\,p\,;\,k) = B(n\,;\,p\,;\,0) + \ldots + B(n\,;\,p\,;\,k) = \binom{n}{0}p^0(1-p)^{n-0} + \ldots + \binom{n}{k}p^k(1-p)^{n-k}$$

p

n	k	0,02	0,03	0,04	0,05	0,10	1/6	0,20	0,25	0,30	1/3	0,40	0,50	n
	0	0,1326	0476	0169	0059	0000	0000	0000	0000	0000	0000	0000	0000	99
	1	4033	1946	0872	0371	0003	0000	0000	0000	0000	0000	0000	0000	98
	2	6767	4198	2321	1183	0019	0000	0000	0000	0000	0000	0000	0000	97
	3	8590	6472	4295	2578	0078	0000	0000	0000	0000	0000	0000	0000	96
	4	9492	8179	6289	4360	0237	0001	0000	0000	0000	0000	0000	0000	95
	5	9845	9192	7884	6160	0576	0004	0000	0000	0000	0000	0000	0000	94
	6	9959	9688	8936	7660	1172	0013	0001	0000	0000	0000	0000	0000	93
	7	9991	9894	9525	8720	2061	0038	0003	0000	0000	0000	0000	0000	92
	8	9998	9968	9810	9369	3209	0095	0009	0000	0000	0000	0000	0000	91
	9		9991	9932	9718	4513	0213	0023	0000	0000	0000	0000	0000	90
	10		9998	9978	9885	5832	0427	0057	0001	0000	0000	0000	0000	89
	11			9993	9957	7030	0777	0126	0004	0000	0000	0000	0000	88
	12			9998	9985	8018	1297	0253	0010	0000	0000	0000	0000	87
	13				9995	8761	2000	0469	0025	0001	0000	0000	0000	86
	14				9999	9274	2874	0804	0054	0002	0000	0000	0000	85
	15					9601	3877	1285	0111	0004	0000	0000	0000	84
	16					9794	4942	1923	0211	0010	0001	0000	0000	83
	17					9900	5994	2712	0376	0022	0002	0000	0000	82
	18					9954	6965	3621	0630	0045	0005	0000	0000	81
	19					9980	7803	4602	0995	0089	0011	0000	0000	80
	20					9992	8481	5595	1488	0165	0024	0000	0000	79
	21					9997	8998	6540	2114	0288	0048	0000	0000	78
	22					9999	9370	7389	2864	0479	0091	0001	0000	77
	23						9621	8109	3711	0755	0164	0003	0000	76
	24						9783	8686	4617	1136	0281	0006	0000	75
	25						9881	9125	5535	1631	0458	0012	0000	74
	26						9938	9442	6417	2244	0715	0024	0000	73
	27						9969	9658	7224	2964	1066	0046	0000	72
	28						9985	9800	7925	3768	1524	0084	0000	71
	29						9993	9888	8505	4623	2093	0148	0000	70
	30						9997	9939	8962	5491	2766	0248	0000	69
	31						9999	9969	9307	6331	3525	0398	0001	68
	32							9985	9554	7107	4344	0615	0002	67
	33							9993	9724	7793	5188	0913	0004	66
	34							9997	9836	8371	6019	1303	0009	65
	35							9999	9906	8839	6803	1795	0018	64
	36							9999	9948	9201	7511	2386	0033	63
	37								9973	9470	8123	3068	0060	62
	38								9986	9660	8630	3822	0105	61
	39								9993	9790	9034	4621	0176	60
	40								9997	9875	9341	5433	0284	59
	41								9999	9928	9566	6225	0443	58
	42									9960	9724	6967	0666	57
	43									9979	9831	7635	0967	56
	44									9989	9900	8211	1356	55
	45									9995	9943	8689	1841	54
	46									9997	9969	9070	2421	53
	47									9999	9983	9362	3087	52
	48									9999	9991	9577	3822	51
	49										9996	9729	4602	50
	50										9998	9832	5398	49
	51										9999	9900	6178	48
	52											9942	6914	47
	53											9968	7579	46
	54											9983	8159	45
	55											9991	8644	44
	56											9996	9033	43
	57											9998	9334	42
	58											9999	9557	41
	59												9716	40
	60												9824	39
	61												9895	38
	62												9940	37
	63												9967	36
	64												9982	35
	65												9991	34
	66												9996	33
	67												9998	32
	68												9999	31
100		0,98	0,97	0,96	0,95	0,90	5/6	0,80	0,75	0,70	2/3	0,60	0,50	100
n													k	n

Nicht aufgeführte Werte sind (auf 4 Dez.) 1,0000.

p

Bei blau unterlegtem Eingang, d. h. $p \geq 0{,}5$ gilt: $F(n\,;\,p\,;\,k) = 1 -$ abgelesener Wert.

Tabelle 6: Normalverteilung

$\phi(z) = 0, \dots$
$\phi(-z) = 1 - \phi(z)$

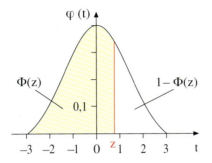
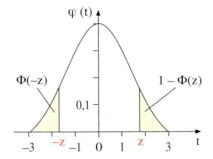

z	0	1	2	3	4	5	6	7	8	9
0,0	5000	5040	5080	5120	5160	5199	5239	5279	5319	5359
0,1	5398	5438	5478	5517	5557	5596	5636	5675	5714	5753
0,2	5793	5832	5871	5910	5948	5987	6026	6064	6103	6141
0,3	6179	6217	6255	6293	6331	6368	6406	6443	6480	6517
0,4	6554	6591	6628	6664	6700	6736	6772	6808	6844	6879
0,5	6915	6950	6985	7019	7054	7088	7123	7157	7190	7224
0,6	7257	7291	7324	7357	7389	7422	7454	7486	7517	7549
0,7	7580	7611	7642	7673	7703	7734	7764	7794	7823	7852
0,8	7881	7910	7939	7967	7995	8023	8051	8078	8106	8133
0,9	8159	8186	8212	8238	8264	8289	8315	8340	8365	8389
1,0	8413	8438	8461	8485	8508	8531	8554	8577	8599	8621
1,1	8643	8665	8686	8708	8729	8749	8770	8790	8810	8830
1,2	8849	8869	8888	8907	8925	8944	8962	8980	8997	9015
1,3	9032	9049	9066	9082	9099	9115	9131	9147	9162	9177
1,4	9192	9207	9222	9236	9251	9265	9279	9292	9306	9319
1,5	9332	9345	9357	9370	9382	9394	9406	9418	9429	9441
1,6	9452	9463	9474	9484	9495	9505	9515	9525	9535	9545
1,7	9554	9564	9573	9582	9591	9599	9608	9616	9625	9633
1,8	9641	9649	9656	9664	9671	9678	9686	9693	9699	9706
1,9	9713	9719	9726	9732	9738	9744	9750	9756	9761	9767
2,0	9772	9778	9783	9788	9793	9798	9803	9808	9812	9817
2,1	9821	9826	9830	9834	9838	9842	9846	9850	9854	9857
2,2	9861	9864	9868	9871	9875	9878	9881	9884	9887	9890
2,3	9893	9896	9898	9901	9904	9906	9909	9911	9913	9916
2,4	9918	9920	9922	9925	9927	9929	9931	9932	9934	9936
2,5	9938	9940	9941	9943	9945	9946	9948	9949	9951	9952
2,6	9953	9955	9956	9957	9959	9960	9961	9962	9963	9964
2,7	9965	9966	9967	9968	9969	9970	9971	9972	9973	9974
2,8	9974	9975	9976	9977	9977	9978	9979	9979	9980	9981
2,9	9981	9982	9982	9983	9984	9984	9985	9985	9986	9986
3,0	9987	9987	9987	9988	9988	9989	9989	9989	9990	9990
3,1	9990	9991	9991	9991	9992	9992	9992	9992	9993	9993
3,2	9993	9993	9994	9994	9994	9994	9994	9995	9995	9995
3,3	9995	9995	9996	9996	9996	9996	9996	9996	9996	9997
3,4	9997	9997	9997	9997	9997	9997	9997	9997	9997	9998

Beispiele für den Gebrauch der Tabelle:

$\phi(2,37) = 0,9911;$ $\phi(-2,37) = 1 - \phi(2,37) = 1 - 0,9911 = 0,0089;$

$\phi(z) = 0,7910 \Rightarrow z = 0,81;$ $\phi(z) = 0,2090 = 1 - 0,7910 \Rightarrow z = -0,81$

Stichwortverzeichnis Analytische Geometrie

Abstand
– Punkt/Ebene 154, 156, 166
– Punkt/Gerade in der Ebene
  161, 166
– zweier Punkte im Raum 31f.
Abstandsberechnungen 154ff.
Abstandsformel 162
Achsenabschnittsform der
  Ebenengleichung 118
Achsenabschnittspunkte 117
Addition von Vektoren 38
Additionsverfahren 11
Algorithmus, Gauß'scher 16
Anti-Kommutativgesetz 76
Anwendungen des Skalar-
  produktes 70
Anzahl der Lösungen eines LGS
  12, 24
Äquivalenzumformungen 11,
  24
Arbeit 60, 73
Assoziativgesetz 39, 76

Basis 53
Berührpunkt 178
Betrag eines Vektors 29, 34, 64,
  82
Billard 101

DESCARTES, RENÉ 30
Differenz von Vektoren 40
Distributivgesetz 41, 63, 76
Dreiecksform 16
Dreiecksregel 38
Dreieckssystem 15
Dreipunktegleichung einer
  Ebene 111, 166

Ebenenbüschel 142f.
Ebenengleichungen 110ff.
Ebenenscharen 142ff.
Eigenschaften des Vektorpro-
  dukts 75
eindeutig lösbares LGS 12, 15,
  24
Einheitsvektor 34
einparametrige unendliche
  Lösungsmenge 18

Flächeninhalt
– eines Dreiecks 68, 82
– eines Parallelogramms 68, 77,
  82

GAUSS, CARL FRIEDRICH 15, 290
Gauß'scher Algorithmus 16, 24
Gegenvektor 39
Geraden im Raum 84ff.
Geradengleichungen 84ff., 108
Geradenschar 104ff.
Gleichungssystem, lineares
  10ff.

Halbräume 158
HESSE, LUDWIG OTTO 155
Hesse'sche Normalenform
  (HNF) 155, 166
Höhe einer Pyramide 157
Höhen im Dreieck 71
Höhensatz 70

kanonische Basis 53
kartesisches Koordinaten-
  system 30
Kathetensatz 70
Koeffizienten eines LGS 10
kollineare Vektoren 44
Kommutativgesetz 38, 63
komplanare Vektoren 44
Komponenten eines Vektors 53
Koordinaten
– eines Punktes im Raum 30
– eines Vektors 27
Koordinatenform des Skalar-
  produktes 61, 82
Koordinatengleichung
– einer Ebene 116, 166
– einer Geraden 89, 108
– einer Kugel 188, 204
– eines Kreises 168, 187
Koordinatensystem, räumliches
  30
Kosinusformel 64, 82
Kreis durch drei Punkte 171
Kreise in der Ebene 168ff.
Kreise und Geraden 175ff.
Kreisgleichungen 168, 187
Kreistangente 177ff.
Kriterium für lineare Abhän-
  gigkeit/lineare Unabhängig-
  keit 46
Kugel aus vier Punkten 190
Kugelgleichungen 188, 204

Lagebeziehung
– Ebene/Ebene 134ff.
– Ebene/Kugel 193

Lagebeziehung, Gerade/Ebene
  125ff.
– Gerade/Gerade 92, 94, 108
– Gerade/Kreis 175ff., 187
– Gerade/Kugel 192, 204
– Kugel/Kugel 197f., 204
– Punkt/Dreieck 124
– Punkt/Ebene 122
– Punkt/Gerade 91
– Punkt/Kreis 170, 187
– Punkt/Strecke 91
LGS 10ff.
Lichtreflexion 101
linear abhängig und linear
  unabhängig 46, 82
lineares Gleichungssystem
  (LGS) 10ff.
–,eindeutig lösbares 12, 15, 24
–,Lösungsschema 20
–,nicht eindeutig lösbares 12,
  18, 24
–,überbestimmtes 19, 24
–,unlösbares 12, 18, 24
–,unterbestimmtes 19, 24
Linearkombination von Vek-
  toren 43, 82
Lösbarkeitsuntersuchungen
  18ff.
Lösungen eines LGS 12, 24
Lösungsmenge eines LGS 12, 24
–,einparametrige unendliche 18
–,zweiparametrige unendliche
  19
Lösungsschema für LGS 20
Lot 128
Lotfußpunkt 128
Lotfußpunktverfahren 154, 161
Lotgerade 127f.

Mittelpunkt einer Kugel 189
Mittelsenkrechte im Dreieck 71
Multiplikation eines Vektors
  mit einer reellen Zahl 41

nicht eindeutig lösbare LGS 12,
  18, 24
Normaleneinheitsvektor 155
Normalenform der Ebenen-
  gleichung 113
Normalengleichung
– einer Ebene 113, 166
– einer Geraden in der Ebene
  88, 108

Normalenvektor einer Ebene 113, 166
Normalform eines LGS 10
n-Tupel 10
Nullvektor 39
Nullzeile 18

orthogonale Vektoren 66, 82
Orthogonalität 99, 127
Orthogonalitätsbedingung 99
Ortspfeil 28, 33, 84
Ortsvektor 28, 33, 84

parallele Geraden 92, 108
Parallelität 127
Parallelogrammregel 39f.
Parallelverschiebung 26
parameterfreie Geraden-
   gleichung 89
Parametergleichung
– einer Ebene (Punktrichtungs-
   gleichung) 110, 166
– einer Geraden (Punktrich-
   tungsgleichung) 85, 108
Passante 192
Pfeil 26
Pfeilklasse 26
physikalische Arbeit 73
Punktprobe 122, 168, 189

Radius einer Kugel 189
räumliches Koordinatensystem
   30
Rechengesetze
– für das Skalarprodukt 61
– für das Vektorprodukt 76
– für die S-Multiplikation 41
Rechnen mit Vektoren 38
rechte Seite eines LGS 10
Richtungsvektor 84, 110
Rückeinsetzen 15

Satz des PYTHAGORAS 72
Satz des THALES 71
Schar paralleler Ebenen 144

Schattenwurf 102
schneidende Geraden 92, 108
Schnitt
– von Kugeln 197
– von zwei Kreisen 182f., 187
Schnittebene zweier Kugeln
   197f.
Schnittkreis
– von Kugel und Ebene 193
– zweier Kugeln 198
Schnittpunkte eines Kreises mit
   einer Geraden 175
Schnittwinkel 149ff., 166
– von Geraden 98
Sekante 192
Skalar-Multiplikation (S-Multi-
   plikation) 41
Skalarprodukt 60ff., 82
Spaltenvektor 27, 33
Spatprodukt 78
Spiegelung 127
Spurgeraden von Ebenen 138
Spurkreis einer Kugel 193
Spurpunkte 100
Stufenform 16
Stützvektor 84, 110
Subtraktion von Vektoren 40
Summe zweier Vektoren 38

Tangente 177ff., 192
Tangentialebene 194, 204
Teilverhältnis 55
Trägergerade 143

überbestimmtes LGS 19, 24
Umrechnung
– von der Koordinatengleichung
   zur Normalengleichung 116
– von der Koordinatengleichung
   zur Parametergleichung 119
– von der Normalengleichung
   zur Koordinatengleichung
   116
– von der Normalengleichung
   zur Parametergleichung 115

Umrechnung , von der Parametergleichung zur Koordinatengleichung 120
– von der Parametergleichung
   zur Normalengleichung 114
unlösbare LGS 12, 18, 24
unterbestimmtes LGS 19, 24
Ursprung 30

Vektor 26ff.
–,Komponenten 53
–,Koordinaten 27
Vektoraddition 38
Vektordifferenz 40
Vektorgleichung
– einer Kugel 188, 204
– eines Kreises 168, 187
vektorielle Parametergleichung
– einer Ebene (Punktrichtungsgleichung) 110
– einer Geraden (Punktrichtungsgleichung) 85, 108
Vektorprodukt 74, 82
vereinfachte Normalengleichung
   113
Vielfaches eines Vektors 41
Volumen
– einer dreiseitigen Pyramide
   78, 82
– eines Spats 78, 82

Widerspruchszeile 18
windschiefe Geraden 92, 108
Winkel
– zwischen Ebenen 151, 166
– zwischen Geraden 98ff.
– zwischen Vektoren 64
Winkelberechnung 64

Zahlentripel 30
zweiparametrige unendliche
   Lösungsmenge 19
Zweipunktegleichung einer
   Geraden 86, 108

Stichwortverzeichnis Stochastik

Abzählverfahren 226
Additionssatz 212
Alternativen 304
Alternativhypothese 306
Alternativtest 304ff., 322
Annahmebereich 306, 322
Anwendung der Normalvertei-
   lung 294ff.
– beim Testen 317ff.
Augensumme 213

Baumdiagramm 217
–,reduziertes 219
BAYES, THOMAS 244
bedingte Wahrscheinlichkeit
   234
BERNOULLI, JAKOB 206, 266ff.
Bernoulli-Kette 266, 286
Bernoulli-Versuch/Bernoulli-
   Experiment 266, 286
Binomialkoeffizient 229
Binomialverteilung 270ff., 286
–,kumulierte 276, 286
–,Näherungsformel von Laplace
   und de Moivre zur – 293

diskrete Zufallsgröße 264, 299

Eigenschaften von Binomial-
   verteilungen 270ff.
einseitiger Signifikanztest 313, 322
Elementarereignis 207
empirisches Gesetz der großen
   Zahlen 210
Entscheidungsregel 304, 306,
   311, 322
Ereignis 207
–,sicheres 207
–,unmögliches 207
Ergebnis 207
Ergebnisraum 207
Erhebung einer Stichprobe 304
Erwartungswert bei Bernoulli-
   Ketten 272
Erwartungswert 253f., 264

fachsprachliche Grundbegriffe
   des Hypothesentestens 306
Fehlentscheindungen 307
Fehler 1. und 2. Art 307, 322
FERMAT, PIERRE DE 206
Formel von Bayes 244
Formel von Bernoulli 267, 286

GALILEI, GALILEO 206
GALTON, SIR FRANCIS 280
Galton-Brett 280
GAUSS, CARL FRIEDRICH 15, 290
Gauß'sche Glockenkurve 290
Gauß'sche Integralfunktion 292
Gegenereignis 211
Gegenwahrscheinlichkeit 211
geordnete Stichprobe 227f.
Gesamtheit 304, 306
Gleichverteilung 214
globale Näherungsformel von
   Laplace und de Moivre 293
Glücksrad 207
GOMBAUD, ANTOINE 206
Grundbegriffe des Hypothesen-
   testens 306

Häufigkeit, relative 210
Häufigkeitsdiagramm 210
Hypothesentest 306

Irrtumswahrscheinlichkeiten
   304, 307, 311f.

kombinatorische Abzählverfahren 226
kritische Zahl 306, 322
kumulierte Binomialverteilung
   276, 286

LAPLACE, PIERRE SIMON 214,
   290, 292
Laplacce-Bedingung 290
Laplace-Experiment 214
Laplace-Wahrscheinlichkeit
   213ff.
lokale Näherungsformel von
   Laplace und de Moivre 290
Lottomodell 231

mehrstufiger Zufallsversuch
   217
MÉRÉ, CHEVALIER DE 206
MOIVRE, ABRAHAM DE 290, 292
Multiplikationssatz 235

Näherungsformeln von Laplace
   und de Moivre 290ff.
normalverteilte Zufallsgröße
   292
Normalverteilung 288ff.
– bei stetigen Zufallsgrößen 298

n über k 229, 286, 337
Nullhypothese 306, 311

PASCAL, BLAISE 206
Pfad 217
Pfadregeln 217
Praxis der Binomialverteilung
   274ff.
Produktregel 226
Prüfgröße 305

Rechenregeln für Wahrscheinlichkeiten 211
reduziertes Baumdiagramm 219
relative Häufigkeit 210
–,Stabilisierungswert 210
Roulette 208

Satz von Bayes 244
Satz von der totalen Wahrschein-
   lichkeit 241
Schnitt von Ereignissen 209, 211
Schnittmenge 209
sicheres Ereignis 207
Signifikanzniveau 312, 322
Signifikanztest 311, 322
Stabilisierungswert der relativen
   Häufigkeit 210
Standardabweichung 257, 264
Standardisierung 288f.
statistische Gesamtheit 304, 306
statistische Tests 304ff.
statistischer Alternativtest
   304ff.
stetige Zufallsgröße 264, 299
Stichprobe 304, 306
–,geordnete 227f.
–,ungeordnete 229f.
stochastisch unabhängig 238
Streuung einer Zufallsgröße 257
Summenregel 211

Tabelle
–,Binomialkoeffizienten 337
–,Binomialverteilung 274, 338f.
–,Fakultäten 337
–,kumulierten Binomialvertei-
   lung 276, 340ff.
–,Normalverteilung 347
–,Zufallsziffern 336
Test 244f., 304ff., 322
Testtauglichkeit 307
totale Wahrscheinlichkeit 241

unabhängig 238
ungeordnete Stichprobe 229f.
unmögliches Ereignis 207
Urne 209

Varianz 257, 264
– bei Bernoulli-Ketten 272
Vereinigung von Ereignissen
208, 211
Vereinigungsmenge 208
Verwerfungsbereich 306
Vierfeldertafel 240

Wahrscheinlichkeit 210
–,bedingte 234
–,Rechenregeln 211
–,totale 241
Wahrscheinlichkeitsverteilung
210, 251, 264
Würfelwurf 207

Ziehen mit/ohne Zurücklegen
218
Zufallsexperiment 206
Zufallsgröße 250, 264

Zufallsgröße, diskrete 264
–,stetige 264
Zufallsprozess 206
Zufallsstichprobe 304
Zufallsvariable 250f.
Zufallsversuch 206
–, mehrstufiger 217
zweiseitiger Signifikanztest
314f., 322

Bilder aus dem Bundesland Sachsen-Anhalt

Umschlag:	Wasserstraßenkreuz Magdeburg
Seite 9:	Magdeburger Dom
Seite 25:	Backsteinpagode im Englisch-Chinesischen Garten von Oranienbaum
Seite 83:	Marktplatz in Quedlinburg
Seite 109:	Teufelsmauer zwischen Neinstedt und Weddersleben
Seite 167:	Kloster Jerichow
Seite 205:	Marktplatz in Halle
Seite 249:	Schloss Bernburg
Seite 265:	Rappbodetalsperre
Seite 287:	Burg Falkenstein
Seite 303:	Nikolaikirche in Oschersleben
Seite 323:	Stifterfiguren Ekkehard und Uta im Naumburger Dom
Seite 335:	Bauhaus von Walter Gropius in Dessau